Menschen-Bilder

Markus Hilgert • Michael Wink
Herausgeber

Menschen-Bilder

Darstellungen des Humanen
in der Wissenschaft

 Springer

Herausgeber
Prof. Dr. Markus Hilgert
Universität Heidelberg
Seminar f. Sprachen und Kulturen des
Vorderen Orients, Assyriologie
Hauptstr. 126
69117 Heidelberg
Deutschland
markus.hilgert@ori.uni-heidelberg.de

Prof. Dr. Michael Wink
Universität Heidelberg
Inst. Pharmazie und Molekulare
Biotechnologie (IPMB)
Abt. Biologie
Im Neuenheimer Feld 364
69120 Heidelberg
Deutschland
wink@uni-hd.de

ISBN 978-3-642-16360-9   ISBN 978-3-642-16361-6 (eBook)
DOI 10.1007/978-3-642-16361-6
Springer Heidelberg Dordrecht London New York

Die Deutsche Nationalbibliothek verzeichnet diese Publikation in der Deutschen Nationalbibliografie;
detaillierte bibliografische Daten sind im Internet über http://dnb.d-nb.de abrufbar.

Gedruckt auf säurefreiem Papier

Einbandentwurf: deblik, Berlin

Springer ist Teil der Fachverlagsgruppe Springer Science+Business Media (www.springer.com)

Inhalt

1 „Menschen-Bilder – Darstellungen des Humanen in der
Wissenschaft". Zur Einführung 1
Markus Hilgert und Michael Wink

I Menschen-Bilder nach den Zeugnissen vergangener
Gesellschaften: Gesamtdarstellungen

2 Gliederpuppe oder komplexe Einheit? Zum Menschenbild
ägyptischer Körperteillisten 13
Joachim Friedrich Quack

3 Menschenbilder in der altgriechischen Kunst 27
Tonio Hölscher

4 Das transformative Menschenbild der Bibel. Die Erfindung des
„inneren Menschen" und seine Erneuerung im Urchristentum 49
Gerd Theißen

5 Der Mensch als Konstrukt und als Projekt – zu den
Anfängen anthropologischer Reflexion im Christentum des
2. Jahrhunderts 67
Winrich Löhr

6 Die Bilder des Selbst und das Selbst der Bilder: Spiegelungen
des Menschen in den *Libri di famiglia* und in der Autobiographie
in Italien, 1300–1600 85
Christof Weiand

II Menschen-Bilder nach den Zeugnissen vergangener
    Gesellschaften: Fallstudien

 7 Onomastische ‚Menschen-Bilder'. Die ältesten schriftlichen
    ‚Darstellungen des Humanen' 105
    Markus Hilgert

 8 Geschichtlichkeit und Normativität alttestamentlicher
    Anthropologie. Multiperspektivische Menschenbilder in
    der Biblia Hebraica und ihre Bedeutung für die Gegenwart
    – dargestellt am Fallbeispiel David 115
    Manfred Oeming

 9 Die Griechen-Barbaren Dichotomie im Horizont der
    conditio humana 135
    Jonas Grethlein

10 Transboundary Bodies – Eunuchs, Humanity, and
    Historiography in China 149
    Barbara Mittler

11 Jonny spielt auf – Die trügerische Lebenslust in Opern der
    Weimarer Republik 181
    Dorothea Redepenning

12 „Was man in der Jugend wünscht, hat man im Alter die
    Fülle" – Das Alter als Erfüllung, Chance und Herausforderung 205
    Dieter Borchmeyer

III Menschen-Bilder und Wissenschaft: Lebenswissenschaften

13 Menschenbilder und Altersbilder – differenzierte
    Repräsentationen des Alters in ihrer Bedeutung für
    personale Entwicklungsprozesse 215
    Andreas Kruse

14 Die Bedeutung von Kunst und Musik für das Menschen-
    Bild der Heilkunde 229
    Rolf Verres

15 Homo sapiens – vom Tier zum Halbgott 241
    Volker Storch

16   **Angriff auf das Menschenbild? Erklärungsansprüche
     und Wirklichkeit der Hirnforschung** 261
     Andreas Draguhn

IV   **Menschen-Bilder und Wissenschaft: Sozialwissenschaften**

17   **Menschenbilder in der Kriminologie** 281
     Dieter Dölling

18   **Zum Einfluss des Menschenbilds auf die Ergebnisse
     generalpräventiver Untersuchungen zur Todesstrafe** 291
     Dieter Hermann

19   **Das Personal der modernen Gesellschaft** 309
     Markus Pohlmann

20   **Person als Schlüsselkategorie in der Ethik** 323
     Peter Kunzmann

V   **Menschen-Bilder und Wissenschaft: Philosophie**

21   **Die Freiheit des Willens und der Pfeil der Zeit** 337
     Anton Friedrich Koch

VI   **Menschen-Bilder und Wissenschaft: Wissenschaftsgeschichte**

22   **Wissenschaft des Judentums 1819–1933 – Wissenschaft,
     Selbstbild und Trugbilder** 351
     Johannes Heil

Sachverzeichnis 373

Autorenverzeichnis

Prof. Dr. Dr. h.c. Dieter Borchmeyer Osterwaldstraße 53, 80805 München, Deutschland
E-Mail: Dieter@borchmeyer.de

Prof. Dr. Dieter Dölling Institut für Kriminologie, Friedrich-Ebert-Anlage 6-10, 69117 Heidelberg, Deutschland
E-Mail: doelling@krimi.uni-heidelberg.de

Prof. Dr. med. Andreas Draguhn Institut für Physiologie und Pathophysiologie, Medizinische Fakultät der Universität Heidelberg, Im Neuenheimer Feld 326, 69120 Heidelberg, Deutschland
E-Mail: andreas.draguhn@physiologie.uni-heidelberg.de

Prof. Dr. Jonas Grethlein Seminar für Klassische Philologie, Universität Heidelberg, Marstallhof 2–4, 69117 Heidelberg, Deutschland
E-Mail: Grethlein@uni-heidelberg.de

Prof. Dr. Johannes Heil Erster Prorektor Hochschule für Jüdische Studien Heidelberg, Landfriedstr. 12, 69117 Heidelberg, Deutschland
E-Mail: johannes.heil@hfjs.eu

Prof. Dr. Dieter Hermann Institut für Kriminologie, Universität Heidelberg, Friedrich-Ebert-Anlage 6-10, 69117 Heidelberg, Deutschland
E-Mail: hermann@krimi.uni-heidelberg.de

Prof. Dr. Markus Hilgert Seminar für Sprachen und Kulturen des Vorderen Orients, Assyriologie, Universität Heidelberg, Hauptstr. 126, 69117 Heidelberg, Deutschland
E-Mail: markus.hilgert@ori.uni-heidelberg.de

Prof. Dr. Tonio Hölscher Institut für Klassische Archäologie, Universität Heidelberg, Marstallhof 4, 69117 Heidelberg, Deutschland
E-Mail: tonio.hoelscher@zaw.uni-heidelberg.de

Prof. Dr. Anton Friedrich Koch Philosophisches Seminar der Universität Heidelberg, Schulgasse 6, 69117 Heidelberg, Deutschland
E-Mail: a.koch@uni-heidelberg.de

Prof. Dr. Dr. h.c. Andreas Kruse Institut für Gerontologie, Universität Heidelberg, Bergheimer Straße 20, Heidelberg, Deutschland
E-Mail: andreas.kruse@gero.uni-heidelberg.de

Prof. Dr. Peter Kunzmann Ethikzentrum, Friedrich-Schiller-Universität Jena, Zwätzengasse 3, 07743 Jena, Deutschland
E-Mail: peter.kunzmann@uni-jena.de

Prof. Dr. Silke Leopold Musikwissenschaftliches Seminar, Zentrum für Europäische Geschichts- und Kulturwissenschaften der Universität Heidelberg, Augustinergasse 7, 69117 Heidelberg, Deutschland
E-Mail: silke.leopold@zegk.uni-heidelberg.de

Prof. Dr. Winrich Löhr Theologische Fakultät Universität Heidelberg, Kisselgasse 1, 69117 Heidelberg, Deutschland
E-Mail: winrich.loehr@wts.uni-heidelberg.de

Prof. Dr. Barbara Mittler Institut für Sinologie, Akademiestraße 4–8, 69117 Heidelberg, Deutschland
E-Mail: barbara.mittler@zo.uni-heidelberg.de

Prof. Dr. Peter-Christian Müller-Graff Institut für Deutsches und Europäisches Gesellschaftsrecht, Friedrich-Ebert-Platz 2, 69117 Heidelberg, Deutschland
E-Mail: p.mueller-graff@igw.uni-heidelberg.de

Prof. Dr. Manfred Oeming Wissenschaftlich-theologisches Seminar, Kisselgasse 1, 69117 Heidelberg, Deutschland
E-Mail: manfred.oeming@wts.uni-heidelberg.de

Prof. Dr. Markus Pohlmann Max-Weber-Institut für Soziologie, Bergheimer Str. 58, 69115 Heidelberg, Deutschland
E-Mail: markus.pohlmann@soziologie.uni-heidelberg.de

Prof. Dr. Joachim Friedrich Quack Ägyptologisches Institut, Marstallhof 4, 69117 Heidelberg, Deutschland
E-Mail: joachim_friedrich.quack@urz.uni-heidelberg.de

Prof. Dr. Dorothea Redepenning Musikwissenschaftliches Seminar, Zentrum für Europäische Geschichts- und Kulturwissenschaften der Universität Heidelberg, Augustinergasse 7, 69117 Heidelberg, Deutschland
E-Mail: dororedepe@aol.com

Prof. Dr. Peter Paul Schnierer Anglistisches Seminar, Universität Heidelberg, Kettengasse 12, 69117 Heidelberg, Deutschland
E-Mail: PPS@urz.uni-heidelberg.de

Prof. Dr. Dr. h.c. Volker Storch Centre for Organismal Studies, Im Neuenheimer Feld 230, 69120 Heidelberg, Deutschland
E-Mail: volker.storch@zoo.uni-heidelberg.de

Prof. Dr. Gerd Theißen Wissenschaftlich-Theologisches Seminar, Universität Heidelberg, Kisselgasse 1, 69117 Heidelberg, Deutschland
E-Mail: gerd.theissen@wts.uni-heidelberg.de

Prof. Dr. med. Dipl.-Psych. Rolf Verres Institut für Medizinische Psychologie der Universität Heidelberg, Bergheimer Str. 20, 69115 Heidelberg, Deutschland
E-Mail: rolf.verres@med.uni-heidelberg.de

Prof. Dr. Christof Weiand Romanisches Seminar, Seminarstrasse 3, 69117 Heidelberg, Deutschland
E-Mail: christof.weiand@rose.uni-heidelberg.de

Prof. Dr. Michael Wink Institut für Pharmazie & Molekulare Biotechnologie (IPMB), Abt. Biologie, Universität Heidelberg, Im Neuenheimer Feld 364, 69120 Heidelberg, Deutschland
E-Mail: wink@uni-hd.de

Kapitel 1
„Menschen-Bilder – Darstellungen des Humanen in der Wissenschaft". Zur Einführung

Markus Hilgert und Michael Wink

,Menschen-Bilder' in der Wissenschaft – die erkenntnisleitende Fragestellung des vorliegenden Bandes provoziert durch ihre sprachliche Mehrdeutigkeit eine kritische Reflexion auf Sachverhalte, die inhaltlich und systematisch sehr verschieden sind. Vereinfacht gesprochen gilt es nämlich, die ,Menschen-Bilder' in den Blick zu nehmen, *über die, mit denen und für die* geforscht wird, sei es explizit oder implizit. Den ,Darstellungen des Humanen' in der Wissenschaft wird mithin eine dreifache Wirkmächtigkeit zugestanden: als *Gegenstand, Voraussetzung sowie Konsequenz* epistemischer Aktivität. Das Nachdenken über ,Menschen-Bilder' ist also stets auch kritische Epistemologie, indem es Praktiken wissenschaftlichen Erkenntnisgewinns selbstreflexiv hinterfragt.

Auf der Grundlage eines so weit gefassten Begriffsverständnisses muss eine fachübergreifende Auseinandersetzung mit ,Menschen-Bildern' in der Wissenschaft, wie sie in diesem Band versucht wird, auf verschiedenen Ebenen mit jeweils unterschiedlichen Methoden und Erkenntnisinteressen stattfinden. Zu diesen Ebenen der Reflexion zählen

1. die *inhaltliche*, auf der ,Darstellungen des Humanen' in verschiedenen Gesellschaften, Kulturen oder Epochen beschrieben und analysiert werden;
2. *die epistemologisch-methodologische*, auf der die anthropologischen Prämissen (implizit und explizit) epistemischer Aktivität und ihre forschungspraktischen Manifestationen in verschiedenen Disziplinen fokussiert werden; im Zusammenhang damit
3. die *weltanschauliche*, auf der die Prägung von ,Menschen-Bildern' in der Wissenschaft durch philosophische, religiöse oder politische Deutungssysteme thematisiert und identifiziert wird;
4. die *sozialhistorische*, auf der der Einfluss wissenschaftlich generierten Wissens auf gesellschaftlich relevante Vorstellungen vom Menschen im Mittelpunkt des Erkenntnisinteresses steht.

M. Hilgert (✉)
Seminar für Sprachen und Kulturen des Vorderen Orients, Assyriologie,
Universität Heidelberg, Hauptstr. 126, 69117 Heidelberg, Deutschland
E-Mail: markus.hilgert@ori.uni-heidelberg.de

M. Hilgert, M. Wink (Hrsg.), *Menschen-Bilder,*
DOI 10.1007/978-3-642-16361-6_1, © Springer-Verlag Berlin Heidelberg 2012

Das Begriffskompositum ,Menschen-Bilder', das den Gegenstand der hier unternommenen multidisziplinären Reflexion charakterisieren soll, verweist jedoch nicht nur auf den Menschen als handelndes Subjekt wissenschaftlicher Praxis, sondern lenkt auch den Blick auf einen weiteren epistemologisch bedeutsamen Sachverhalt: Anthropologische Prämissen in der Wissenschaft begegnen uns niemals als Menschenbilder ,an sich', sondern grundsätzlich als *Repräsentationen* solcher Menschenbilder, meist in der materialen Form von schrifttragenden oder unbeschrifteten Artefakten. Damit knüpft die übergeordnete Fragestellung des vorliegenden Bandes an eine rezente epistemologische Diskussion an, die in den Natur- und Geisteswissenschaften besonders engagiert geführt wird. Im Zentrum dieser Diskussion steht die Überzeugung, dass

> die Welt, wie *wir* sie wissen, … von Subjektivität geprägt [ist]. Die Namen und Bedeutungen von ,Realität' entstehen in Transformationen in die uns erscheinende *Wirklichkeit* – in Kulturen, in Zeichen und Symbolen, in denen Menschen ihre jeweiligen Welten entsprechend ihren Selbstbegriffen interpretieren und verstehen…. Jede Erkenntnis- und Wissenstheorie ist mit einer bestimmten Idee davon verbunden, was Repräsentationen sind, d. h., ob und wie die Realität bzw. die phänomenale Wirklichkeit im Bewusstsein präsent ist und in Zeichen repräsentiert wird (Sandkühler 2009, 11. 58).

In diesem Sinne versteht Hans-Jörg Rheinberger

> „den Prozess der Verfertigung von Wissenschaft als einen Vorgang… ", „in dem ständig Repräsentationen erzeugt, verschoben und überlagert werden… Es gibt weder konzeptuell noch materiell so etwas wie eine unproblematische Repräsentation eines Wissenschaftsobjekts im Sinne einer unmittelbaren Abbildung von etwas ,da draußen'. Bei näherem Hinsehen entpuppt sich jede vermeintlich Darstellung ,von' immer schon zugleich als eine Darstellung ,als'" (Rheinberger 2006, 128. 129).

Wissenschaftliche Reflexionen auf Menschenbilder können also immer nur Reflexionen auf ,*Darstellungen* des Humanen' in unterschiedlichen Formen der Repräsentation sein. Um diesem Sachverhalt auch begrifflich Rechnung zu tragen, sprechen wir hier von ,Menschen-Bildern', denn *Menschenbilder* sind stets durch ,*Menschen-Bilder*' dargestellt und material präsent. Auch in dieser Hinsicht ist also die Auseinandersetzung mit ,Menschen-Bildern' in der Wissenschaft kritische Epistemologie, setzt sie doch voraus, dass „unser Wissen die Realität" nicht „nach dem Maß der Dinge abbildet", sondern dass die „phänomenale Wirklichkeit – Wirklichkeit nach Menschenmaß – in Wissensordnungen, epistemischen Konstellationen bzw. Wissenskulturen entsteht" (Sandkühler 2009, 10).

Die Betonung der grundlegenden Funktion, die anthropogenen Repräsentationen bei der Generierung dieser „phänomenalen Wirklichkeit" in Wissenskulturen zukommt, macht zugleich die Notwendigkeit sichtbar, das reziproke Verhältnis zu beschreiben, das zwischen diesen *Artefakten* und menschlichen Akteuren im Rahmen epistemischer Praktiken besteht. Die Frage nach den ,Darstellungen des Humanen' in der Wissenschaft steht also, systematisch betrachtet, im größeren Kontext eines Problems, das insbesondere die kultur- und sozialwissenschaftliche Theorie- und Methodendiskussion in den letzten beiden Jahrzehnten nachhaltig geprägt hat und in folgender Frage kulminiert: Wie kann die Rolle von Dingen – natürliche Objekte und kulturell modifizierte Artefakte – als nicht-menschlicher ,Teilnehmer' sozialer Praktiken beschrieben und konzeptualisiert werden? Verschiedene theoretische Ansätze und Forschungsprogramme sind aus der Auseinandersetzung mit diesem Problem hervorgegangen, so etwa die ‚Akteur-Netzwerk-Theorie' (dazu z. B. zusammenfassend Wieser 2008) und die *material culture'*-Forschung (z. B. Glørstad und Hedeager 2008; Hurcombe 2007). Gerade in den altertums- und allgemein kulturwissenschaftlichen Disziplinen, die auch in diesem Band gut vertreten sind, ist die Frage nach den dinglichen Komponenten des Sozialen auf breite Resonanz gestoßen (z. B. Hartmann 2010; Hilgert 2010).

Die im vorliegenden Band der Heidelberger Jahrbücher angestellten Überlegungen zu ‚Menschen-Bildern' in der Wissenschaft sind demnach als eingebettet in eine aktuelle erkenntnis- und methodentheoretische Debatte zu verstehen, die für die natur- und geisteswissenschaftliche Forschung gleichermaßen stimulierend ist. Dass die Relevanz solcher Überlegungen sich jedoch nicht in Beiträgen zur Erkenntnis- und Methodentheorie erschöpft, sondern alle wissenschaftlichen Disziplinen betrifft, die explizit oder implizit über, mit oder für den Menschen forschen, verdeutlicht in eindrucksvoller Weise das breite Fächerspektrum, das in diesem Band vertreten ist. Dabei haben die Autoren ihren jeweiligen Zugang zu den ‚Darstellungen des Humanen' in der Wissenschaft gänzlich frei gewählt und so das Erkenntnispotential, das der inhaltlichen und methodischen Pluralität klassischer *universitas* innewohnt, eindrucksvoll unter Beweis gestellt. Vor dem Hintergrund dieses Ideals universitärer Lehr- und Forschungskultur ist das vorliegende Beitragswerk auch als Frucht unserer Bemühungen zu verstehen, eine Brücke zwischen den auf beiden Seiten des Neckars angesiedelten Fakultäten der *Ruperto Carola* zu schlagen und den multidisziplinären Austausch auf einer möglichst breiten Basis zu verankern.

Im Einklang mit dem oben formulierten Anspruch, ‚Menschen-Bilder' zu betrachten, *über die, mit denen und für die* geforscht wird, vereint der Band Beiträge, die aus dem Nachdenken *über* ‚Darstellungen des Humanen' entstanden sind – so etwa Tonio Hölschers Aufsatz „Menschenbilder in der altgriechischen Kunst" (S. 27–47) oder Gerd Theissens Abhandlung über „Das transformative Menschenbild der Bibel" (S. 49–66) –, die das wissenschaftliche Arbeiten *mit* ‚Menschen-Bildern' dokumentieren – beispielsweise Dieter Döllings Diskussion der „Menschenbilder in der Kriminologie" (S. 281–289) oder Peter Kunzmanns systematische Darstellung „Person als Schlüsselkategorie in der Ethik" (S. 323–334) – und die auf die Konsequenzen wissenschaftlicher Erkenntnis *für* ‚Menschen-Bilder' reflektieren – zu nennen wären hier etwa Rolf Verres' Gedanken zur „Bedeutung von Kunst und Musik für das Menschen-Bild der Heilkunde" (S. 229–239) oder Andreas Draguhns Essay „Angriff auf das Menschenbild? Erklärungsansprüche und Wirklichkeit der Hirnforschung" (S. 261–277).

Ihrer jeweiligen inhaltlichen Ausrichtung entsprechend, können die Beiträge dieses Bandes demnach zwei übergreifenden Bereichen zugeordnet werden: Insgesamt elf Abhandlungen, die am Anfang dieser Aufsatzsammlung stehen (S. 13–212), haben *„‚Menschen-Bilder' nach den Zeugnissen vergangener Gesellschaften"* zum Gegenstand, handeln also *über* ‚Darstellungen des Humanen'. Im zweiten Teil des Bandes finden sich weitere zehn Beiträge (S. 215–371), die unter dem Rubrum

„‚Menschen-Bilder' und Wissenschaft" subsummiert werden können und die die
Forschung mit bzw. für ‚Menschen-Bilder' dokumentieren.

Die ersten fünf Aufsätze spüren ‚Menschen-Bildern' in vergangenen Gesellschaften auf der Grundlage von Bild- und Schriftzeugnissen dieser Gesellschaften
nach (S. 13–102). Auf der Suche nach dem „Menschenbild ägyptischer Körperteillisten" stellt sich Joachim Friedrich Quack (Ägyptologie) der Frage „Gliederpuppe
oder komplexe Einheit?" (S. 13–26) und resümiert, dass „die Detailhaftigkeit [der
Körperteillisten; Anm. der Hrsgg.] … keineswegs ein Wert in sich und für den Partikularismus sein" soll. „Vielmehr unterstreicht sie … nur das vollständige Funktionieren des Körpers als Gesamtheit" (S. 25). Auch Tonio Hölscher (Klassische
Archäologie) befasst sich mit dem Thema des menschlichen Körpers. In seinem
Aufsatz „Menschenbilder in der altgriechischen Kunst" (S. 27–47) wendet er sich
zunächst dem Phänomen des ‚nackten Körpers' im antiken Griechenland zu, den er
als „eine kulturelle Neuschöpfung von größter Bedeutung und weitreichenden komplexen Folgen" (S. 27) apostrophiert. Doch dieses ‚Menschen-Bild' ist nach Hölscher in einen größeren sozial-kulturellen Kontext zu stellen, denn „der menschliche Organismus, die Ordnung des Staates wie auch der ganze Kosmos wurden als
Körper verstanden" (S. 46).

„Das Leben ist so komplex, dass wir es mit einem einzigen Menschenbild meist
nicht bewältigen können." Diese These (S. 50) vertritt Gerd Theißen (Neutesta-
mentliche Theologie), der in seinem Aufsatz „Das transformative Menschenbild
der Bibel. Die Erfindung des ‚inneren Menschen' und seine Erneuerung im Urchristentum" (S. 49–66) dafür plädiert, das Menschenbild, das den Schriften des
Paulus zugrundeliegt, als ein transformatives und tiefendynamisches Menschenbild
zu verstehen, das in eine „transformative, sogenannte apokalyptische Weltsicht eingebettet" (S. 65) ist. Im 2. Jahrhundert n. Chr. verortet Winrich Löhr (Antike und
mittelalterliche Kirchengeschichte) die Anfänge anthropologischer Reflexion im
Christentum („Der Mensch als Konstrukt und Projekt – zu den Anfängen anthropologischer Reflexion im Christentum des 2. Jahrhunderts"; S. 67–84). Löhr identifiziert bei christlichen Gnostikern den Versuch einer „konsilienten Anthropologie",
die „in der Konsequenz eine Anthropologie kategorischer Willensfreiheit und damit
maximaler Verantwortlichkeit des Menschen" (S. 83) bedeutete. Mit seinem Beitrag
„Die Bilder des Selbst und das Selbst der Bilder: Spiegelungen des Menschen in
den Libri di famiglia und in der Autobiographie in Italien, 1300–1600" (S. 85–102)
gibt Christof Weiand (Romanische Literaturwissenschaft [Französistik/Italianis-
tik]) einen Einblick in anthropologische Selbstreflexionen, die im Italien des vier-
zehnten bis sechzehnten Jahrhunderts entstanden sind, und erkennt in einem „unscheinbar anmutende[n] Text" des Girolamo Cardano „die überraschend souveräne
Gründungsakte der modernen Autobiographie" (S. 100).

Mit deutlich spezifischeren Fragestellungen beleuchten sechs weitere Beiträge
in Form von Fallstudien bestimmte Aspekte bzw. Erscheinungsformen von ‚Menschen-Bildern' in historischen Gesellschaften und spannen dabei einen zeitlichen
Bogen von den ältesten Schriftzeugnissen der Menschheitsgeschichte am Ende des
vierten vorchristlichen Jahrtausends bis in die erste Hälfte des 20. Jahrhunderts
n. Chr. In seinem Beitrag „Onomastische ‚Menschen-Bilder'. Die ältesten schriftli-

chen ‚Darstellungen des Humanen'" (S. 105–114) erwägt Markus Hilgert (Assyriologie) – ausgehend von der *editio princeps* einer keilschriftlichen Personennamen-
Liste in der Uruk-Warka-Sammlung der Ruprecht-Karls-Universität – altorientalische Personennamen als „onomastische ‚Menschen-Bilder'" zu konzeptualisieren.
Nach Hilgert können diese „onomastischen ‚Menschen-Bilder'" als „sprachlich
realisierte und schriftlich-material fixierbare Repräsentation des so Benannten"
verstanden werden, „nicht nur in den konkreten, historisch-kulturellen Bedingungen seiner Existenz, sondern gerade auch in seinem Verhältnis zur Transzendenz"
(S. 112). Am Beispiel des alttestamentlichen Königs David arbeitet Manfred Oeming (Alttestamentliche Theologie) die „Multiperspektivität alttestamentlicher
Anthropologien" (S. 119) heraus. Seine Überlegungen zu „Geschichtlichkeit und
Normativität alttestamentlicher Anthropologie. Multiperspektivische Menschen-
bilder in der *Biblia Hebraica* und ihre Bedeutung für die Gegenwart – dargestellt
am Fallbeispiel David" (S. 115–133) lassen Oeming schlussfolgern, dass „die alttestamentlichen Anthropologien … in ihrer Multiperspektivität nicht fremdartig da-
[stehen], sondern … sich als sachgemäßer und heute noch zeitgemäßer Zugriff auf
die Phänomene des menschlichen Seins" erweisen (S. 132).

In seinem Aufsatz „Die Griechen-Barbaren-Dichotomie im Horizont der *conditio humana*" (S. 135–147) geht Jonas Grethlein (Klassische Philologie [Gräzistik])
dem Phänomen des „‚orientalism' im klassischen Griechenland" (S. 136) auf den
Grund. Grethleins analytischer Blick „auf die Gründungsurkunden des ‚orientalism'
zeigt aber, dass die Dichotomie keineswegs stabil ist" (S. 146), sondern „im Horizont der *conditio humana*" (ibid.) immer wieder unterlaufen wird. Einem anderen
Phänomen der intellektuellen Auseinandersetzung mit menschlicher Alterität spürt
Barbara Mittler (Sinologie) nach, die die in China über Eunuchen existierenden
historischen Diskurse analysiert. Ihr Beitrag „Transboundary Bodies: Eunuchs, Humanity, and Historiography in China" (S. 149–179) illustriert die soziale Kraft kon-
ventionalisierter ‚Menschen-Bilder', indem Mittler zeigen kann, dass „as marginal
figures, eunuchs made trouble because of their ambiguous relationship to dominant
notions of community and individuality, of real and imagined boundaries" (S. 177).

Am Beispiel von Ernst Kreneks Oper „Jonny spielt auf" zeichnet Dorothea Redepenning (Musikwissenschaft) in ihrer Studie *„Jonny spielt auf. Die trügerische
Lebenslust in Opern der Weimarer Republik"* (S. 181–203) das Menschenbild dieser Epoche aus musikwissenschaftlicher Perspektive nach. Daran anknüpfend setzt
sich Redepenning mit der Frage auseinander, warum der Operntyp der „Zeitoper",
die unter Anderem durch das „selbstbewusste, zugleich oberflächliche Bekenntnis zum Hier und Jetzt" (S. 187) gekennzeichnet ist, scheitern musste. Literarische ‚Menschen-Bilder' der letzten beiden Jahrhunderte nimmt Dieter Borchmeyer
(Neuere deutsche Literaturwissenschaft) mit der grundlegenden Frage in den Blick,
ob das „Alter nicht unter dem melancholischen Vorzeichen eines ‚Nicht mehr'
[steht] – eines Nicht-mehr-möglich-Seins dessen, was einem in der Jugend reichlich geschenkt war" (S. 205). Sein Essay „‚Was man in der Jugend wünscht, hat
man im Alter die Fülle'. Das Alter als Erfüllung, Chance und Herausforderung"
(S. 205–212) zeigt unter Anderem eine anthropologische Konstante auf, die Julien

Green wie folgt auf den Punkt gebracht hat: „‚*Le coeur ne vieillit pas.*‘ Das Herz altert nicht!" (S. 212).

Den zweiten Teil des vorliegenden Bandes bilden die Aufsätze, die, wie bereits oben begründet, dem übergreifenden Themenkomplex „‚*Menschen-Bilder*‘ *und Wissenschaft*" zugerechnet werden können und die die Wirkmächtigkeit solcher ‚Menschen-Bilder‘ auch außerhalb der wissenschaftlichen Praxis bezeugen. Die ersten vier Beiträge dieses Abschnitts sind im Bereich der Lebenswissenschaften angesiedelt. Gewissermaßen als thematisches ‚Bindeglied‘ zum vorausgehenden Teil des Bandes dient Andreas Kruses (Gerontologie) Abhandlung „Menschenbilder und Altersbilder – differenzierte Repräsentationen des Alters in ihrer Bedeutung für personale Entwicklungsprozesse" (S. 215–227). Kruse favorisiert dabei ein „Menschenbild …, das von der lebenslang gegebenen *Entwicklungsmöglichkeit* des Menschen ausgeht, wie auch von dem lebenslang bestehenden Recht und der lebenslang bestehenden Verpflichtung des Individuums, sich zu *bilden*" (S. 226). Rolf Verres (Medizinische Psychologie) legt seinen Gedanken über „Die Bedeutung von Kunst und Musik für das ‚Menschen-Bild‘ der Heilkunde" (S. 229–239) ein ganz ähnliches ‚Menschen-Bild‘ wie Kruse zugrunde, indem er fragt, „welche Bedeutungen Kunst und Musik für ein Menschenbild haben können, welches am Gedanken der Gesundheit als lebenslangem Prozess einer ständigen Weiterentwicklung der Lebenskunst orientiert ist" (S. 230). Verres‘ Aufsatz will zeigen, „dass angesichts der spirituellen Dimension der Heilkunde die Beachtung der musischen Potentiale der Menschen nicht nur nahe liegt, sondern Möglichkeiten eines umfassenderen Menschenbildes eröffnet, als es bisher in den meisten Lehrbüchern der Medizin zu finden ist" (S. 239).

Volker Storch (Zoologie) beginnt seinen Aufsatz „Homo sapiens – vom Tier zum Halbgott" (S. 241–260) mit der Feststellung, dass der „moderne Mensch … – zoologisch betrachtet – eine von über 1,5 Millionen beschriebenen Tierarten [ist]. Im Zusammenhang mit seiner einzigartigen Intelligenz ist er jedoch weit aus dem Tierreich herausgetreten" (S. 241). Storchs Versuch einer Präzisierung des gegenwärtigen Menschenbildes vor dem Hintergrund der Erkenntnisse, die die rezente (Evolutions-)Biologie hervorgebracht hat, schließt mit einem hoffnungsvollen Ausblick: „Vielleicht ist der moderne Mensch, schon auf Zellniveau ein Kooperationsprodukt und in seiner Individualität abhängig vom Riesen-Metagenom seiner symbiotischen Bakterien, schließlich doch so einsichtig, dass die Schattenseiten ausgeleuchtet werden und letztlich doch eine Lichtgestalt entsteht. Die Intelligenz dazu ist vorhanden" (S. 259). Den Beitrag, den die Hirnforschung zur Konstitution von ‚Menschen-Bildern‘ leistet, untersucht schließlich Andreas Draguhn (Neuro- und Sinnesphysiologie). Sein Aufsatz „Angriff auf das Menschenbild? Erklärungsansprüche und Wirklichkeit der Hirnforschung" (S. 261–277) dient dem Ziel „der Unterscheidung tatsächlicher und vermeintlicher Geltungsansprüche von Hirnforschung" (S. 276). Dabei macht Draguhn deutlich, dass sehr verschiedene „Traditionen der Forschung und gesellschaftlichen Praxis, insbesondere Pädagogik und Rechtsprechung, von den Erkenntnissen der modernen Hirnforschung profitieren" (S. 276) können.

Dem Gebiet sozialwissenschaftlich relevanter Forschung sind vier weitere Beiträge zuzurechnen (S. 281–334), die – verallgemeinernd gesprochen – den Wechselwirkungen zwischen ‚Menschen-Bildern' in der Wissenschaft und gesellschaftlichen Realitäten nachgehen. Gleichsam als Antwort auf Andreas Draguhns Plädoyer für eine stärkere Berücksichtigung der durch die Ergebnisse der Hirnforschung beeinflussten ‚Menschen-Bilder' im Rahmen der Rechtspraxis erörtert Dieter Dölling (Kriminologie) „Menschenbilder in der Kriminologie" (S. 281–289). Auf der Basis eines wissenschaftsgeschichtlichen Rückblicks gelangt Dölling zu dem Schluss, „dass kriminelles Verhalten zum ‚Handlungsrepertoire' des Menschen gehört. Um Kriminalität auf ein erträgliches Maß zu reduzieren, bedarf es daher angemessener Bemühungen um die Sozialisation junger Menschen, kriminalpräventiver Maßnahmen und Kontrollen" (S. 287). Um das reziproke Verhältnis zwischen ‚Menschen-Bildern' auf der einen und Wissenschafts- bzw. Rechtspraxis auf der anderen Seite geht es auch Dieter Hermann (Kriminologie). Sein Beitrag „Zum Einfluss des Menschenbilds auf die Ergebnisse generalpräventiver Untersuchungen zur Todesstrafe" (S. 291–307) versteht sich als „Metaanalyse über empirische Studien zur Todesstrafe …, wobei die Frage nach dem Einfluss des Menschenbildes, das einer Untersuchung zugrunde liegt, auf das Untersuchungsergebnis im Mittelpunkt steht" (S. 292). Hermanns bemerkenswertes Fazit: „Den größten Einfluss auf die Ergebnisse hat der Forschungskontext; die theoretische Grundlage und Fachrichtung der Forscher bestimmen die (publizierten) Resultate" (S. 304).

„Persönlichkeit ist … wieder in. Je abstrakter moderne Gesellschaften werden, desto mehr illuminieren sie Personen und Persönlichkeiten als Konkretionsformen von Gesellschaft" (S. 321). Auf diesen prägnanten Nenner bringt Markus Pohlmann (Soziologie) seine Gedanken über „Das Personal der modernen Gesellschaft" (S. 309–322). Sein Aufsatz erörtert primär die „Prägung von Personen durch gesellschaftliche Zusammenhänge. Dabei versucht er zum einen, begriffliche Klarheit herzustellen, und zum anderen zu zeigen, wie sich diese gesellschaftlichen Konditionierungsformen von Personen im historischen Verlauf verändert haben" (S. 310). Konzeptualisierungen der „Person" interessieren auch Peter Kunzmann (Angewandte Ethik, Friedrich-Schiller-Universität Jena). Durch seine detaillierte Analyse der „Person als Schlüsselkategorie in der Ethik" (S. 323–334) kann Kunzmann zeigen, dass im Konzept „Person" Ansprüche kulminieren, „die aus vorgelagerten theoretischen und praktischen Theorien resultieren und die nicht umgekehrt von Personendefinitionen abhängen. Das macht es nicht schwer, sondern unmöglich, die Personenbegriffe wechselseitig zu übersetzen" (S. 332). Doch „zu den reizvollen Aspekten einer ethischen Theorie der Person als *moralisches Agens*" gehört nach Kunzmann, „dass sie auf andere Personen adäquat eingehen kann und auch auf Nicht-Personen" (S. 333).

Welche Konsequenzen das ‚Menschen-Bild' des „freien Akteurs" (S. 337) für die philosophische Theoriebildung haben kann, illustriert Anton Friedrich Koch (Philosophie). In seinem Beitrag „Die Freiheit des Willens und der Pfeil der Zeit" (S. 337–348) entwickelt Koch eine „Freiheitstheorie des Zeitpfeils" (S. 337). Sie basiert auf der These: „Weil sich in der Natur freie Akteure entwickelt haben, ist die Zeit asymmetrisch ausgerichtet, hat sie also einen ‚Pfeil', und zwar nun auch rückwirkend für den Zeitraum, als es noch keine freien Wesen gab, und vorgreifend für die Zeit, wenn es keine freien Wesen mehr geben wird" (S. 337). Kochs Überlegungen gipfeln in einem faszinierenden Gedanken: „Die Zeit verfließt und geht verloren, weil ständig Verzweigungen der Zukunft und damit Freiheitsspielräume wegfallen. Dadurch ändert die Zeit selber mit der Zeit ihren Charakter. Sie ist eine andere 2010 als 1960 oder 1910; nicht nur die Ereignisse, die sie jeweils ‚füllten‘, sind andere" (S. 347).

Eine wissenschaftsgeschichtliche Untersuchung beschließt den multidisziplinären Blick auf ‚Darstellungen des Humanen‘ in der Wissenschaft. In „Wissenschaft des Judentums 1819–1933 – Wissenschaft, Selbstbild und Trugbilder" (S. 351–371) zeichnet Johannes Heil (Religion, Geschichte und Kultur des europäischen Judentums, Hochschule für Jüdische Studien Heidelberg) die Entwicklung der „Wissenschaft des Judentums" nach, deren Anfänge in der Absicht jüdischer Akademiker des frühen 19. Jahrhunderts lagen, „die miteinander verknüpften Projekte Emanzipation und innere jüdische Reform auf dem Wege einer umfassenden geisteswissenschaftlichen Durchdringung des eigenen Erbes auf den Weg zu bringen" (S. 353). Die Betrachtung der verschiedenen selbstreflexiven ‚Menschen-Bilder‘, die der Etablierung der „Wissenschaft des Judentums", der „Judaistik" bzw. der „Jüdischen Studien" („Jewish Studies") zugrunde liegen, rundet den Beitrag ab. Als Aufgabe der „Jüdischen Studien" als „paradigmatische[r] Erfahrungswissenschaft zu Geschichte und Kultur der Minderheit" (S. 371) formuliert Heil, „in den sich religiös und kulturell ausdifferenzierenden Gesellschaften Europas Orientierung zu bieten und einen Beitrag zu Bezeichnung und Vermittlung von Selbstverständnissen und Menschenbildern zu leisten" (S. 371).

Wir, die Herausgeber des 54. Bandes der „Heidelberger Jahrbücher", hoffen schließlich, mit diesen sehr unterschiedlichen Annäherungen an das Thema „‚Menschen-Bilder‘", die die Vielfalt der Wissenschaftskultur am Standort Heidelberg abbilden, Denkanstöße zu liefern, die über die in diesem Band behandelten Einzelprobleme, Kulturzeugnisse und Fragen der kritischen Epistemologie hinausweisen. Die „Multiperspektivität" der ‚Menschen-Bilder‘ – um eine Formulierung Manfred Oemings (S. 115–133) aufzugreifen –, die sich explizit oder implizit als Paradigma anthropologischer (Selbst-)Reflexion auch in den Beiträgen dieses Bandes identifizieren lässt, folgt wohl notwendig aus der Tatsache, dass ‚Menschen-Bilder‘ stets ‚Darstellungen des Humanen‘ durch subjektiv handelnde, repräsentierende Akteure und demnach individuell variant sind. Sollte Volker Storchs These zutreffen, dass „der moderne Mensch, schon auf Zellniveau ein Kooperationsprodukt und in seiner Individualität abhängig vom Riesen-Metagenom seiner symbiotischen Bakterien" (S. 259) ist, so entspräche diese „Multiperspektivität" allerdings auch der evolutionsbiologischen Architektur des Menschen.

Literatur

Glørstad H, Hedeager L (2008) On the materiality of society and culture. In: Glørstad H, Hedeager L (Hrsg) Six essays on the materiality of society and culture, S 9–32
Hartmann A, (2010) Zwischen Relikt und Reliquie. Objektbezogene Erinnerungspraktiken in antiken Gesellschaften

Hilgert M (2010) ‚Text-Anthropologie': Die Erforschung von Materialität und Präsenz des Geschriebenen als hermeneutische Strategie. In: M Hilgert (Hrsg) Altorientalistik im 21. Jahrhundert. Selbstverständnis, Herausforderungen, Ziele. Mitteilungen der Deutschen Orient-Gesellschaft 142, S 87–126

Hurcombe L M (2007) Archaeological artefacts as material culture

Rheinberger H J (2006) Experimentalsysteme und epistemische Dinge. Eine Geschichte der Proteinsynthese im Reagenzglas

Sandkühler H J (2009) Kritik der Repräsentation. Einführung in die Theorie der Überzeugungen, der Wissenskulturen und des Wissens

Wieser M (2008) Technik/Artefakte: Mattering Matter. In: S. Moebius, A. Reckwitz (Hsrg) Poststrukturalistische Sozialwissenschaften, S 419–432

Teil I
Menschen-Bilder nach den Zeugnissen vergangener Gesellschaften: Gesamtdarstellungen

Kapitel 2
Gliederpuppe oder komplexe Einheit? Zum Menschenbild ägyptischer Körperteillisten

Joachim Friedrich Quack

Texte, die über den Körper sprechen, gibt es aus der altägyptischen Kultur nicht ganz wenige erhalten, auch wenn es leider kein vollständiges Lehrwerk der Physiologie (geschweige den einer Körpersoziologie) gibt. Aber es sagt natürlich auch schon etwas über eine Kultur aus, dass sie eben nicht dasselbe Bedürfnis wie die moderne empfunden hat, eine derartige Darstellung zu produzieren – und es sagt ebenso etwas über die Erwartungshaltung moderner Forscher aus, wenn sie insbesondere anhand der verstreuten Aussagen vornehmlich in medizinischen Texten versuchen, eine generelle physiologische Auffassung der Ägypter soweit möglich zu rekonstruieren.[1] Der ägyptischen Tendenz zum „Listenwissen" entspricht es auch, dass in manchen Texten einfach Wörter für verschiedene Körperteile hintereinander gestellt werden, wohl mit einer Systematik der Anordnung, aber ohne verbalisierte genauere Erläuterung.[2]

Vielleicht am ehesten als Äquivalent einer Darstellung der Funktionsweise des Körpers im Rahmen der medizinischen Texte kann der Traktat über das Gefäßsystem verstanden werden, der in zwei variierenden Fassungen überliefert ist. Im Papyrus Ebers stehen die beiden Fassungen direkt hintereinander, in einer anderen Handschrift (Papyrus Berlin 3038) wird nur die zweite Fassung überhaupt tradiert.[3] Dieser Text beschreibt, wie viele Körpergefäße zu jedem konkreten Körperteil führen und geht teilweise etwas genauer auf ihre Funktionen ein, z. B. dass sie Blut oder Luft transportieren würden. Dabei handelt es sich offensichtlich um einen traditionellen, lang überlieferten Text, der bereits in sich gewisse Varianten und Unstimmigkeiten aufweist. Sogar die Zahl der jeweiligen Gefäße weicht zwischen den beiden Fassungen nicht selten ab. Angesichts der Tatsache, dass der Text angibt,

---

[1] So etwa Grapow 1954.

[2] So Gardiner 1947, volume ii, 237*–256* mit Körperteilen wohl eines Ochsen.

[3] Edition der beiden Version in Grapow 1958a, 1–19; Grapow 1958b, 1–11; Übersetzung auch Westendorf 1999, 691–699.

J. F. Quack (✉)
Ägyptologisches Institut, Marstallhof 4, 69117 Heidelberg, Deutschland
E-Mail: joachim_friedrich.quack@urz.uni-heidelberg.de

M. Hilgert, M. Wink (Hrsg.), *Menschen-Bilder,*
DOI 10.1007/978-3-642-16361-6_2, © Springer-Verlag Berlin Heidelberg 2012

das Herz würde durch die Gefäße sprechen, wenn der Arzt die Hände auf bestimmte Körperteile geben würde, hat man geschlossen, es handele sich um Adern, ja über Pulsmessungen in Ägypten spekuliert. Jedoch zeigt sich wenigstens in einigen Fällen, dass die Gefäße nicht realiter Adern entsprechen können, sondern auch Harnleiter, Nervenstränge u. ä. darstellen. So muss man sich damit abfinden, dass hier grundsätzliche Kategorisierungssysteme einer alten Kultur nicht einfach mit heutigen zur Deckung zu bringen sind.

Weiterhin ist zu beachten, dass außerhalb dieses speziell, offenbar keineswegs leicht und allgemein zugänglichen Textes ein System zahlenmäßig definierter Körpergefäße relativ wenige Spuren hinterlassen hat. Am ehesten ist es kurioserweise in einem literarischen Text zu fassen, nämlich einem noch unpublizierten Gedicht zu einem Fest der Trunkenheit.[4] Dort wird im Rahmen des Festmahls auch die Rolle des Körpers und seiner (in ihrer Anzahl genannten) Gefäße gerade bei der Verdauung thematisiert. In einer scharfen Polemik gegen eine gegnerische Gruppe auch behaupten, deren Ahn sei aus demjenigen Gefäß entstanden, dass zum Hintern führen würde.

Sonstige medizinische Texte zeigen vorrangig Details zum Verständnis von Funktionen und Leiden einzelner Körperteile, und hier ist allenfalls mühsam und indirekt eine globale Konzeption auszumachen. Es ist noch nicht einmal sicher, ob die ärztliche Behandlung primär von einer übergreifenden Theorie geleitet war oder die Empirie hinsichtlich der Wirksamkeit bestimmter Drogen in den meisten Fällen dominierte.

Im Folgenden möchte ich dagegen den Schwerpunkt auf andere, vornehmlich religiöse Texte legen. Ihr Blick auf den menschlichen Körper zeigt durchaus viele Facetten, die insgesamt genommen einiges über dessen Verständnis in der ägyptischen Kultur aussagen können.[5] Ein wesentlicher Aspekt soll dabei auch sein, dass ich hier im Gegensatz zu den meisten Untersuchungen über Körperkonzepte nicht primär von Aussagen über einzelne Körperteile ausgehe. Vielmehr sollen Texte als Zusammenhang betrachtet werden, in dem die Sicht jedes einzelnen auf die Gesamtheit des Körpers besser herauskommt.

Ein charakteristisches Element vieler Texte ist die sogenannte „Gliedervergottung".[6] Bei diesem Verfahren werden Körperteile jeweils einzeln als Götter bzw. sprachlich wenigstens für die älteren Belege korrekter als die jeweiligen Körperteile der betreffenden Götter verstanden.

Gliedervergottungen können in relativ verschiedenen Zusammenhängen in Texten erscheinen. Ein erster wesentlicher Punkt sind funeräre Texte, bzw. Texte, deren heute erhaltene Niederschriften in funerärem Zusammenhang erscheinen. Des Weiteren kennt man sie aus magischen Texten, in denen es um Heilung geht.

---

[4] Übersetzung der besser erhaltenen Bereiche in Hoffmann/Quack 2007, 305–311.

[5] Bislang die umfassendste Untersuchung zum Körperverständnis in einem bestimmten Corpus religiöser Texte ist Nord 2009.

[6] Vgl. dazu besonders Ranke 1924; Quack 1995; Duquesne 2002; Assmann 2002, 182–188; Hellinckx 2004, 14; Nord 2009, 510–523.

Zur Illustration der möglichen Formen seien hier zunächst einige konkrete Beispiel übersetzt. Um die im Zentrum der Diskussion stehenden Passagen besser bewerten zu können, habe ich sie immer in ihren Kontext eingebettet, d. h. den gesamten Spruch vollständig übersetzt, in dem sie stehen.

Am Anfang stehen soll ein Spruch, der zuerst an den Wänden von Pyramiden des späteren Alten Reichs ab etwa 2300 v.Chr. belegt ist und in unseren modernen Bearbeitungen als Spruch 215 gezählt wird.[7] Später erscheint er vielfach auf den Innenwänden von Holzsärgen des Mittleren Reiches (ca. 2050-1800 v.Chr.).[8]

He NN,
Deine Boten ziehen aus, deine Melder hasten
zu deinem Vater, zu Atum:[9]
‚Atum, erhebe mich[10] dir,
umfasse mich in deiner Umarmung!
Es gibt keinen Sternengott ohne Gefährten;
ich bin dein Gefährte.
Sieh mich, wie du dir Gestalten angesehen hast der Kinder ihrer Väter,
die ihre Sprüche kennen, der unvergänglichen Sterne!
Mögest du die im Palast ansehen, d. h. Horus und Seth!
Mögest du Horus auf sein Gesicht spucken,
damit du die Verletzung an ihm beseitigst![11]
Mögest du Seth den Unterleib umschnüren,
damit du die Verstümmelung an ihm beseitigst!
Jener wurde für dich geboren, dieser in Schwangerschaft ausgetragen.'[12]
‚Du, Horus, wurdest geboren in diesem deinem Namen dessen, vor dem die Erde bebt,
[Du, Seth, wurdest in Schwangerschaft ausgetragen][13] in diesem seinem Namen dessen, vor
    dem der Himmel zittert.
Diese Verletzung gibt es nicht, diese Verstümmelung gibt es nicht – und umgekehrt!
Deine Verletzung gibt es nicht, deine Verstümmelung gibt es nicht!
Du, Horus, wurdest dem Osiris geboren,
warst aber ruhmvoller als er, warst mächtiger als er.
Du, Seth, wurdest dem Geb geboren,
warst aber ruhmvoller als er, warst mächtiger als er.
Es gibt keinen Samen eines Gottes, der ihm zugrunde gegangen wäre
du wirst ihm nicht zugrunde gehen.
Re-Atum wird dich nicht dem Osiris überlassen,
er wird dein Herz nicht kontrollieren,
Er wird keine Macht über deinen Sinn haben!
Re-Atum wird dich nicht dem Horus überlassen,
er wird dein Herz nicht kontrollieren,
Er wird keine Macht über deinen Sinn haben!

---

[7] Textedition Sethe 1908, 82–85. Studie Sethe o. J., 15–44. Neuere Übersetzungen Faulkner 1969, 42–43; Allen, 2005, 31–32. Speziell zur Thematisierung der Körperteile in den Pyramidentexten s. Ghuilou 1997; Spezialstudie Stadler 2010.

[8] Diese Passagen sind ediert in Allen 2006, 76–113.

[9] Der nachfolgende Text dürfte den Inhalt ihrer Botschaft darstellen.

[10] Hier und im folgenden Vers in der Niederschrift in die dritte Person transponiert.

[11] Spucke galt im Alten Ägypten als heilkräftig; vgl. Zibelius 1984; Ritner 1993, 73–110.

[12] Hier endet die Botschaft, das Nachfolgende ist die Antwort darauf.

[13] Dieser Teil fehlt im überlieferten Text, ist aber anhand des Parallelismus plausibel restituierbar.

Osiris, du hast keine Macht über ihn,
dein Sohn hat keine Macht über ihn.
Horus, du hast keine Macht über ihn,
dein Vater hat keine Macht über ihn.
Denn du gehörst diesem Gott, von dem das Zwillingspaar des Atum sagte:
,Erhebe dich', so sagten sie, ,in deinem Namen „Gott"!
Entstehe doch vollständig als jeder Gott!
Dein Kopf ist Horus von der Unterwelt, Unvergänglicher.
Deine Stirn ist Mechenti-Irti, Unvergänglicher!
Deine Ohren sind die Zwillingskinder des Atum, Unvergänglicher!
Deine Augen sind die Zwillingskinder des Atum, Unvergänglicher!
Deine Nase ist ein Schakal, Unvergänglicher!
Deine Zähne sind Sopdu, Unvergänglicher!
Deine Schultern sind Hapi und Duamutef;
wenn du erbittest, zum Himmel aufzusteigen, steigst du auf.
Deine Beine sind Amsti und Qebeh-Senuef;
wenn du erbittest, zum Unterhimmel hinabzusteigen, steigst du hinab.
Deine Glieder sind die Zwillingskinder des Atum, Unvergänglicher!
Du wirst nicht vergehen, dein Ka wird nicht vergehen, du bist ein Ka.'

Bereits dieses Beispiel zeigt das generelle ägyptische Prinzip der Anordnung der Körperteile im ägyptischen Denken. Man geht „a capite ad calcem" vor, also von oben nach unten den Körper entlang, was durch diesen Text bereits für das 3. Jahrtausend v.Chr. abgesichert wird und generell gültiges Prinzip bleibt. In diesem Fall ist die Gliedervergottung selbst nur der Schlussteil einer längeren Komposition, in der es insgesamt darum geht, den Status des Ritualnutzießers aufzuwerten. Bemerkenswert ist dabei dessen angenommene Rolle. Ist normalerweise Osiris, der getötete und wieder hergestellte Gott, das Leitmodell für einen menschlichen Verstorbenen, so erscheinen hier Horus und Seth als göttliches Vorbild. Die Wunden, welche sie sich gegenseitig im Streit um das Königsamt zugefügt haben,[14] werden beiderseits geheilt, und zwar durch direkte Aktionen des obersten und ältesten Gottes. Gerade weil es sich bei Horus und Seth in der mythologischen Konzeption nicht um getötete Götter handelt, sondern um sehr lebendige, welche Anspruch auf den Thron erheben (und deren Anwesenheit im Palast der Text ja auch explizit anspricht), wird man sich der Frage nicht entziehen können, ob hier ein Text vorliegt, der primär für die Epiphanie eines lebenden Pharao konzipiert war und erst sekundär im Umkreis der Bestattung aufgegriffen wurde.

Zu beachten ist auch, wie bei den Körperteilidentifizierungen meist abschließend „Unvergänglicher" hinzutritt, in einigen Fällen aber auch Bemerkungen über Auf- und Abstieg am Himmel. Hierbei ist zu beachten, dass „Unvergänglicher" im Ägyptischen auch ein spezifisches Epitheton der Fixsterne ist, also derjenigen Sterne, die dauerhaft am Firmament sichtbar sind und nie unter den Horizont geraten. Insofern sollte man damit rechnen, dass dieser Texte deutlicher als es auf den ersten Blick scheinen mag, eine Manifestation einer gottgleichen Gestalt im Kosmos intendiert.

Ein einschlägiger Spruch, in dem die Thematisierung des Körpers sogar einen erheblich größeren Anteil als im eben zitierten einnimmt, findet sich Korpus der

---

[14] Vgl. Griffiths 1960.

sogenannten Sargtexte, deren Niederschrift vor allem vom Ende des 3.und Beginn des 2. Jahrtausends v. Chr. stammt:[15]

> Worte sprechen; die Glieder eines Verklärten ihm in der Nekropole zusammenfügen.
> Erwache, erwache, oh NN, erwache!
> Mögest du sehen, was dein Sohn Horus für dich getan hat!
> Mögest du hören, was dein Vater Geb für dich getan hat!
> Er hat dir deine Feinde unterworfen.
> Komm doch heraus, daß du dich im „See des Lebens" reinigst,
> so daß dir anhaftendes Übel beseitigt wird im See des Kühlen!
> Du bist insgesamt zu einem Gott geworden:
> Dein Kopf ist Re,
> dein Gesicht ist der Wegöffner,
> deine Nase ist der Schakal,
> deine Lippen sind die beiden Kindchen,
> deine Ohren sind Isis und Nephthys.
> Deine Augen sind die beiden Kindchen des Atum,
> deine Zunge ist Thot,
> deine Kehle ist Nut,
> dein Nacken ist Geb,
> deine Schultern sind Horus,
> dein Schlund ist der Zufriedene, der Ka des Re,
> der große Gott, der in dir ist,
> deine Rippen sind Hu und Cheprer,
> dein Nabel ist der Schakal und das Löwenpaar,
> dein Rücken ist Anubis,
> dein Bauch ist das Löwenpaar.
> Deine Arme sind die beiden Kinder des Horus, Hapi und Amsti,
> deine Finger und Daumen sind die Kinder des Horus,
> dein Rücken ist der Ausstrecker des Lichtglanzes,
> deine Hüfte ist Anubis,
> deine Schenkel sind Isis und Nephthys.
> Deine Beine sind Duamutef und Qebehsenuef.
> Es gibt kein Glied an dir, das ohne Gott ist.
> Erhebe dich, Osiris NN!
> (Sargtext Spruch 761).

Einleitendes Motiv des Spruches ist der Triumph über Feinde, den ihm Götter ermöglichen; konkret für den in der Rolle des Osiris auftretenden Toten sowohl dessen Vater als auch dessen Sohn. Dieser Triumph ist in ägyptischen Totentexten ein nicht seltenes Bild, wird doch das Sterben als Folge eines Anschlags durch eben den Feind angesehen.[16] Die Reinigung kann gut als abschließende Maßnahme im Prozess der Behandlung des Leichnams verstanden werden: Nach Abschluss der Mumifizierung und der rituellen Reinigung ist der Körper in der Lage, in gottgleicher Gestalt triumphal zu erscheinen.

Dieser Text zeigt auch einen wesentlichen Zug, wie er sich in vielen vergleichbaren Sprüchen finden: Am Schluss gibt es eine resümierende Notiz, welche über die Einzelglieder hinaus wieder den gesamten Körper in den Blick nimmt.

---

[15] Zuletzt bearbeitet von Nord 2009, 512–518.

[16] Assmann 2001, 89–115.

Solche Listen von Gottheiten in Assoziation zu bestimmten Körperteilen sind in Ägypten nicht ganz selten.[17] Teilweise werden in ihnen neben Gottheiten auch Identifizierungen von Körperteilen mit Naturobjekten vorgenommen. Für die Auswahl der Götter bzw. Naturobjekte sind verschiedene Kriterien maßgeblich. Ein erstes liegt im Bereich der Grammatik. Das Genus des Körperteils in der ägyptischen Sprache entspricht grundsätzlich dem der gewählten Gottheit. Darüber hinaus kann die Funktion der Götter eine Rolle spielen, so wird der Sonnengott Re als Herrscher der Götter gerne mit dem Kopf verbunden. Der Bauch dagegen wird oft Nut, der Gebärerin der Götter zugeordnet. Auch lautliche Ähnlichkeit zwischen Götternamen und Körperteilbezeichnungen kann eine Rolle spielen. Speziell bei den Naturobjekten spielt die physische Ähnlichkeit eine Rolle (z. B. werden wir unten einen Text erleben, in dem die Brüste mit Früchten gleichgesetzt werden).

Die Forschung hat oft vermutet, dass die funeräre Anwendung auch die Wurzel des Verfahrens überhaupt ist – man habe sozusagen bei der Balsamierung die Hände auf den jeweiligen Körperteil gelegt.[18] Nun neigen Ägyptologen oft dazu, den funerären Bereich in den Mittelpunkt ihrer Analysen zu stellen, sind die hier erhaltenen Zeugnisse doch (zum Gutteil wegen der besseren Erhaltungsbedingungen in den Gräbern in der Wüste) mengenmäßig beeindruckend. Dennoch sollte man nicht übersehen, dass vergleichbare Listen ohne weiteres auch verwendet werden, wenn es etwa in der Magie darum geht, lebende Personen zu heilen oder zu schützen.

Zwar keine Identifizierung mit Gottheiten, wohl aber zumindest die Sicht auf den menschlichen Körper in einer Aufzählung wesentlicher Körperteile und deren idealer Eigenschaften zeigt sich auch in einer noch ganz anderen Textsorte, nämlich einigen Passagen neuägyptischer Liebeslieder.[19]

Die eine Schwester ohnegleichen,
die schönste von allen!
Sie wird erblickt wie der aufgehende (Sirius)stern,
zu Beginn des guten Jahres.
Leuchtend an Vollendung, von glänzender Haut,
schön sind die Augen beim Blicken.
Süß sind ihre Lippen beim Sprechen,
sie hat kein Wort zuviel.
Ihr Nacken ist lang, ihre Brust glänzend,
echtes Lapislazuli sind ihre Haare.
Ihr Arm nimmt es mit Gold auf,
ihre Finger sind wie Lotusknospen,
ihr Hinterteil ist schwer, die Taille gegürtet,
ihre Hüften dehnen ihre Schönheit aus,
mit vollkommenen Schritt, wenn sie über die Erde zieht.
(pChester Beatty I, vs. C, 1, 1–5)

Solche Texte kommen uns vermutlich sogar erheblich vertrauter vor als vieles andere, was ich in diesem Beitrag zitiere, und das nicht ganz ohne Grund. Auch im

---

[17] Massart 1959, Assmann 2002, 183–188.

[18] So Assmann 2001, 46–53.

[19] Zu diesen vgl. zuletzt umfassend Matthieu 1996.

biblischen Hohenlied, das in seiner Motivik einige Ähnlichkeiten mit ägyptischer Liebesdichtung hat, gibt es ja ähnliche Passagen.

Einen reizvollen Blick auf Körper und nun einmal nicht deren ideale Erscheinung, sondern ihnen zugeordnete Probleme zeigt ein Zauberspruch, der im Rahmen von Schutzsprüchen für die werdende bzw. frisch gegoren habende Mutter und ihr Kind überliefert ist.[20] Konkret geht es um dämonische Gestalten, denen aggressive Akte gegen Körperteile abgeraten werden. Gelegentlich werden die betreffenden Körperteile konkret mit Objekten im Umfeld von Gottheiten verbunden. Normalfall ist allerdings, dass die bei dem jeweiligen spezifischen Körperteil denkbare negative körperliche Ausformungen vor Augen stellt. Ungeachtet einiger noch bestehender Probleme insbesondere hinsichtlich der Übersetzung seltenen Vokabulars sei der Text hier im Ganzen geboten, gerade weil Negativbilder verfallender oder sonst schwacher Körperteile in Ägypten relativ selten explizit geäußert werden.

Der Spruch trägt den Titel „Beseitigen der Neschu-Krankheit an allen Körperteilen des Kindes". Der Rezitationstext dazu lautet:

> Du bist Horus, du bist als Horus erwacht,
> du bist Horus, der Lebende.
> Ich will jede Krankheit beseitigen, die an deinem Körper ist,
> das Leiden, das in deinen Gliedern ist.
> ... das flinke Krokodil inmitten des Flusses,
> die Schlange mit raschem Gift,
> der ... in den Händen des mutigen Schlachters.
> Iß sein Vieh nicht!
> Fall nicht über sein Mark her!
> Hüte dich vor dem Zertreten!
> Ihre Kessel sind zerbrochen,
> ihre Messer sind zerschellt.
> Sei entblößt, Neschu-Krankheit!
> Komm heraus, Benu, Bruder des Blutes,
> Freund des Eiters, Vater der Geschwulst!
> Oberägyptischer Schakal, komm!
> Du sollst dich legen,
> wenn du zu dem Ort gekommen bist, wo deine schönen Frauen sind,
> solche, an deren Haar Myrrhe gegeben wurde,
> und frischer Weihrauch an ihre Achseln.
> Sei entblößt, Neschu, komm heraus!
>
> Falle nicht über seinen Kopf her!
> Hüte dich vor seinen stechenden Schmerzen!
> Fall nicht über seinen Scheitel her!
> Hüte dich vor seiner Kahlheit![21]
> Fall nicht über seine Stirn her!
> Hüte dich vor Runzeln!
> Fall nicht über seine Augenbrauen her!
> Hüte dich vor Haarausfall!
> Fall nicht über seine Augen her!

---

[20] Zuletzt bearbeitet von Yamazaki 2003.

[21] Es dürfte *is*, nicht *ḥs* zu lesen sein.

Hüte dich vor ..., hüte dich vor Glaukom!
Fall nicht über seine Nase her!
Hüte dich vor Schnupfen!
Fall nicht über seine Wangen her!
Sie sind die Mandragora-Früchte der Hathor!
Fall nicht über seinen Mund her!
Hüte dich vor Sprachlähmung(?)!
Fall nicht über seine Zähne her!
Hüte dich vor Löchern!
Fall nicht über seinen Schlund her!
Hüte dich vor Fäulnis!
Fall nicht über seine Zunge her!
Sie ist die große Schlange am Loch ihrer Höhle!
Fall nicht über seine Lippen her!
Hüte dich vor ...
Fall nicht über sein Kinn her!
Es ist der Bürzel der Spießente!
Fall nicht über seine Schläfe her!
Hüte dich vor Taubheit!
Fall nicht über sein Ohr her!
Hüte dich vor Schwerhörigkeit!
Fall nicht über seinen Nacken her!
Hüte dich vor Steifheit(?)!
Fall nicht über seine Schultern her!
Sie sind lebende Falken![22]
Fall nicht über seine Arme her!
Hüte dich vor Lähmung!
Fall nicht über seine Finger her!
Hüte dich vor ...
Fall nicht über seine Brust her!
Hüte dich vor dem Einstürzen!
Fall nicht über seine Brüste her!
Sie sind die Brüste der Hathor!
Fall nicht über sein Zwerchfell(?) her!
Hüte dich vor dem ...
Fall nicht über seinen Bauch her!
Das ist Nut, welche die Götter geboren hat!
Fall nicht über seinen [...] her!
Hüte dich vor ...
Fall nicht über seinen Nabel her!
Das ist der einzelne Stern!
Fall nicht über sein Perineum her!
Hüte dich vor dem Tabu der Götter der Geburt!
Fall nicht über seinen Phallus her!
Hüte dich vor dessen Entzündung!
Fall nicht über sein Becken her!
Hüte dich vor Verwesung!
Fall nicht über seinen Rücken her!
Hüte dich vor dem Buckel!
Fall nicht über seine Lenden her!

---

[22] In Ägypten werden Halskragen gerne so konstruiert, dass sie als Abschlussstücke Falkenköpfe haben, die etwa über den Schultern zu liegen kommen.

Sie sind der Ba des Sohns der Sachmet!
Fall nicht über seinen Hinterteil her!
Hüte dich vor Hämorrhoiden(?)!
Fall nicht über seine Pobacken her!
Sie sind Straußeneier!
Fall nicht über seine Schenkel her!
Hüte dich vor dem Taumeln!
Fall nicht über sein Knie her!
Hüte dich vor dem Stolpern!
Fall nicht über seine Waden her!
Hüte dich vor seinem Umknicken!
Sei entblößt, Neschu, komm herab!
Speit auf seine Fußsohlen, Götterkindchen des Geb,
Küken der Götter!
Die Nilüberschwemmung trat ins Haus des Neschu ein,
mit einem Laken über ihren Schultern für den Bedarf ihres [...].
Oh Asiatin, bist du gekommen?
Oh Asiatin, bist du eingedrungen?
Oh Asiatin, ich bin gekommen, um über Ausfluß zu beraten,
und ich fand dich sitzend mit deinem ... des Redens in deiner Hand.
Wohin wirst du dich entfernen?
Der Krug zur Mulde(?) des Teiges,
Die Opferfiguren, das Brot des Neschu,
sie seien hin zu den Büschen der Bryonia,
zu den Fruchtkapseln der Sari-Pflanze,
zu den Ästen der Sykomoren,
zu den Quellorten des Nordwinds.
Sei entblößt, Neschu, komm herab!
(pBerlin 3027, 2, 10–5, 7).

Gerade die hier beschworenen Schreckensbilder leidbehafteter Körperteile regen dazu an, als Kontrast einen Text zu zitieren, in dem eben die Restituierung der idealen Funktionen der Glieder im Zentrum steht. Der betreffende Passus stammt aus einem Verklärungsspruch, der ursprünglich jährlich für den Gott Osiris rezitiert wurde, der von seinem Bruder Seth getötet worden war. Die Behandlung seines Leichnams, der durch göttliche Einwirkung wieder restituiert wird, ist das sinngebende Paradigma, an dem sich das Schicksal des menschlichen Verstorbenen orientieren kann. Entsprechend sind die erhaltenen Fassungen auch konkret für Menschen geschrieben worden. Die Texte wurden ihnen bei der Bestattung mitgegeben.[23]

He Osiris Chontamenti, Osiris des NN,
Die Götter und Göttinnen, ihre Köpfe sind niedergeschlagen,
Lang ist's her, daß zu ihnen kamst.
Die Leute sind in tiefem Kummer,
weil sie dich nicht mehr gesehen haben.
Du sollst zu uns kommen, ewig tugendhafter Ba.
Gut sei dein Körper, geheilt dein Leid,
beseitigt das Übel an deinen Gliedern,
es wird verhindert werden, es gibt kein Leid für dich!

---

[23] Letzte Übersetzung Smith 2009, 142–144.

Vollkommen ist dein Leib, kein Glied hat Mangel an dir!

He Osiris Chontamenti, Osiris des NN,
all deine Glieder sind dauerhaft an ihren Plätzen.
Vollkommen ist dein Kopf, der deine Krone trägt,
dein Haar ist aus echtem Lapislazuli,
Osiris Chontamenti, Osiris des NN.
Vollkommen sind deine Augen, so daß du mit ihnen sehen kannst,
die beiden Musikgöttinnen[24] schützen dich,
Osiris Chontamenti, Osiris des NN.
Vollkommen sind deine Ohren, welche die Gebete von Millionen erhören,
Osiris Chontamenti, Osiris des NN.
Vollkommen ist deine Nase, welche die Atemluft einsaugt,
Osiris Chontamenti, Osiris des NN.
Vollkommen ist dein Mund, wenn du redest,
Horus hat dir deinen Mund ins Lot gebracht,
Osiris Chontamenti, Osiris des NN.
Vollkommen sind deine Kiefer, dein Gesicht ist dauerhaft,
Osiris Chontamenti, Osiris des NN.
Vollkommen sind deine Augenbrauen,
der Bart blitzt von Strahlen,
Osiris Chontamenti, Osiris des NN.
Vollkommen sind deine Lippen,
scharf sind deine Zähne von Türkis,
Osiris Chontamenti, Osiris des NN.
Vollkommen ist deine Zunge beim Anleiten der beiden Länder,
wenn sie gegen deine Feinde leckt,
Osiris Chontamenti, Osiris des NN.
Vollkommen ist deine Kehle von Bronze,
deine Gurgel, sie soll nicht mangeln,
Osiris Chontamenti, Osiris des NN.
Vollkommen ist dein Nacken, der deinen Schmuck trägt,
das Amulett, deinen Anhänger,
Osiris Chontamenti, Osiris des NN.
Vollkommen sind deine Schultern und deine Oberarme,
das Schlangenkopfamulett an deinem Arm,
Osiris Chontamenti, Osiris des NN.
Vollkommen sind deine Arme, welche die Geißel tragen,
das Szepter ist fest in deiner Hand,
Osiris Chontamenti, Osiris des NN.
Vollkommen ist deine Hand,
die fest über dem Stab ist, der dauernd in deinem Griff ist,
Osiris Chontamenti, Osiris des NN.
Vollkommen sind deine Flanken, deine Wirbel sitzen fest,
Osiris Chontamenti, Osiris des NN.
Vollkommen sind dein Bauch und deine Bauchhöhle,
die verbirgt, was in ihr ist,
Osiris Chontamenti, Osiris des NN.
Vollkommen sind deine Hüften, befestigt an deinem Rücken,
Osiris Chontamenti, Osiris des NN.
Vollkommen sind dein Penis und deine Hoden zum Geschlechtsverkehr.
Osiris Chontamenti, Osiris des NN.

---

[24] In Ägypten sprachlich mit einem Wort für die Augen verbunden.

Vollkommen sind dein Rücken und dein Hinterteil,
die sich tagtäglich auf dem Thron niedersetzen,
Osiris Chontamenti, Osiris des NN.
Vollkommen sind deine Schenkel,
sie sollen wie Säulen sein,
Osiris Chontamenti, Osiris des NN.
Vollkommen sind deine Zehen,
,sie durchschreiten die beiden Himmel.
Osiris Chontamenti, Osiris des NN.
Vollkommen sind deine Fußsohlen auf der Erde,
darunter kommt das Wasser heraus,
Osiris Chontamenti, Osiris des NN.

He Osiris Chontamenti, Osiris des NN,
Isis und Nephthys, sie sagen:
,Empfang dir deinen Kopf, vereine dir dein Fleisch!
Sammle dir deine Glieder, raffe dir deinen Körper zusammen!'
Sie haben deine Mumienwicklungen versammelt,
so daß du als Sobek, Herr der Fische erscheinst.

He Osiris Chontamenti, Osiris des NN,
Du sollst gesund sein an deinem Leib!
Deine Krankheit sei beseitigt, dein Leiden vertrieben!
Jener Klageruf, er soll in Ewigkeit nicht kommen!
Komm zu uns, Bruder!
Komm zu uns, die Herzen leben zu der Zeit, wenn du kommst!
Die Männer rufen dich,
die Frauen beweinen dich,
angesichts der Länge der Zeit, daß du zu ihnen kommst.
Die beiden Kapellenreihen Oberägyptens und Unterägyptens,
sie sollen deines Namens nicht entbehren!
Du sollst dauern in den Gauen und den Städten der Götter in Ewigkeit!

In dieser Perspektive erscheint die Vollkommenheit der Glieder sogar spezifisch auf eine individuelle Größe zugeschnitten. Während manche der Aktionen allgemein menschlich sind, kann man andere gut als rollenspezifisch ausmachen. Das Halten der traditionellen Herrschaftssymbole Geißel und Krummstab ebenso wie das Sitzen auf dem Thron kommen Osiris als dem archetypischen ersten König Ägyptens zu, sonst noch späteren Herrschern, keineswegs jedoch jedem Menschen. Insofern ist die angestrebte Vollkommenheit tatsächlich ein Ideal: Das bestmögliche Schicksal, das einem körperlichen Menschen überhaupt widerfahren kann, nämlich die vollständige Restituierung des Körpers und der Rang eines Königs in der Unterwelt.

Instruktiv für die Auffassung der Ägypter von den Körperteilen und ihrem Funktionieren ist auch ein großer Hymnus an Chnum als Schöpfer des Menschen, der im Tempel von Esna überliefert ist (Esna 250). Die Niederschrift stammt aus der Zeit des Hadrian, ist also für das alte Ägypten relativ spät. Es ist allerdings keineswegs auszuschließen, dass der Text auf eine ältere Vorlage zurückgeht.[25] In diesem Fall wird allerdings eindeutig ein universeller Zugang zum Funktionieren des Körpers gewählt; nur für spezielle soziale Rollen relevante Sondereigenschaften fehlen.

---

[25] S. die Neubearbeitung durch Derchain 2004; vgl. auch Knigge 2006, S. 297–303.

Ein anderes: Anbetung des Chnum-Re, des Töpfers.
Er begründete das Land mit der Aktion seiner Arme,
es wurde zusammengefügt in der Gebärmutter,
es wurde modelliert in einem Erhalten der Küken,
er belebte die Küken mit dem Hauch seines Mundes,
er tunkte das Land unter den Urozean,
während der Ringozean und die umkreisende Flut um ihn sind.
Er töpferte die Götter und Menschen,
er schmiedete Klein- und Großvieh,
er machte die Vögel und die Fische,
er erbaute die Stiere,
er gebar die Kühe,
er fügte ... in den Knochen zusammen,
es wurde im Kasten geformt durch seine Aktion.
Nun ist der Wind des Lebens in allen Dingen.
Das Blut strömt mit dem Wasser in den Knochen,
um das Skelett zusammenzufügen zu Anbeginn.
Er ließ die Frau gebären, wenn der Leib seine Frist erreicht hat,
um zu öffnen [... ....] unter den Klagenden nach seinem Willen,
er verringerte die Fristen(?)[26] nach der Eingebung seines Herzens.
Er machte es den Leibern der Atmenden angenehm,
um die Küken im Mutterleib leben zu lassen.
Er ließ das Haar sprießen,
er ließ die Wolle wachsen,
die Haut wurde über den Gliedern geformt.
Er bildete den Schädel, er formte die Wangen,
um das Aussehen der Bildwerke zu prägen.
Er entschleierte die Augen, er öffnete die Ohren,
er verband den Leib mit der Luft.
Er machte den Mund zum Essen, die Zähne zum Kauen des Festen
und gemeinsam mit der Zunge auch zum Reden,
die Kiefer zum Herabschlingen,
die Kehle zum Schlucken,
den Schlund zum Schlingen sowie Ausspeien,
das Rückgrat zum Stützen, die Schultern zum Bewegen
den Oberarm zum Reckentum
den Ellbogen zum Verrichten von Arbeit,
die Handfläche zum Ergreifen,
die Hände und ihre Glieder zum Durchführen der Anstrengung,
das Herz zum Anleiten,
das Rückgrat(?)[27] zum Stützen,
und gemeinsam mit dem Penis zum Zeugen,
das vordere Fleisch zum Aufnehmen aller Dinge,
das hintere Fleisch, um den Eingeweiden Luft zu geben,
ebenso auch, um sich ruhig hinzusetzen,
und um die Rumpfhöhle im Bereich der Finsternis lebendig zu erhalten,
den Phallus zum Zeugen,
die Gebärmutter zum Empfangen
und um die jungen Leute in Ägypten zahlreich zu machen,

---

[26] Ich verstehe *nww.t* als phonetisch bedingte Schreibung für *nrw.t*, für die lautliche Ähnlichkeit der beiden Wörter in der Spätzeit vgl. Smith 1987, 65–66.

[27] Ich vermute eine Verschreibung zweier etwas ähnlicher hieroglyphischer Zeichen. Nach ägyptischer Vorstellung ist das Rückgrat mit dem Penis verbunden und spielt bei der Produktion des Samens eine große Rolle.

die Blase zum Urinieren,
den After(?) zum Ausscheiden und zum Vergrößern der Fettpolster(?) an den Hüften,
die Beine zum Herumlaufen,
die Schenkel zum Hochsteigen,
die Knochen insgesamt tun ihre Pflicht,
wobei sie aber insgesamt dem Herzen gehorchen.

Zum Abschluss möchte ich die Frage ansprechen, welche Auffassung vom Körper überhaupt hinter einem derartigen Verfahren steckt, das scheinbar soviel Wert darauf legt, Körperteile getrennt zu betrachten; ihnen jeweils Zuordnungen zu individuellen Gottheiten zu geben oder eine spezifische Funktion zuzuschreiben. Eine prominente Äußerung hierzu stammt von Emma Brunner-Traut.[28] Ihrer Auffassung nach sei von den Ägyptern der menschliche Körper in der künstlerischen Darstellung nicht primär als Einheit verstanden, sondern sukzessiv erfasst worden. Entsprechend wäre er auch nicht als Organismus, sondern als Kompositum seiner Glieder verstanden worden. Demnach sei er aus einer Anzahl von Telstücken zusammengeknotet und damit gleichsam eine Gliederpuppe. Dafür verweist sie auch als wichtiges Zeugnis auf Texte in der Art der hier präsentierten,

Brunner-Trauts Theorie ist nicht durchgängig positiv aufgenommen worden.[29] Auch ich würde ihr widersprechen. Ich hatte oben bereits auf einen Text hingewiesen, in dem am Ende der Aufzählung der einzelnen Körperteile eben die Gesamtheit des Leibes thematisiert wird. Dies sehe ich sogar als Quintessenz dieser Texte an: Die Detailhaftigkeit soll keineswegs ein Wert in sich und für den Partikularismus sein. Vielmehr unterstreicht sie m. E. nur das vollständige Funktionieren des Körpers als Gesamtheit, und dies eben mit um so mehr Emphase, je weiter in den Details sie dies ausführt.

Diesen Punkt kann man noch an einem anderen Punkt aufzeigen, nämlich dem speziellen Fall des Gottes Osiris. Dieser wird von seinem Bruder Seth getötet und in Stücke zerrissen. Diese Körperteile werden zumindest nach den späten religiösen Konzeptionen an verschiedenen Orten über das Land hin aufbewahrt. Alljährlich wird allerdings im Rahmen von Ritualen gerade die Zusammenführung der Glieder in einer konkreten Gesamtausführung zelebriert. Oben habe ich bereits einen Text zitiert, welcher eben das vollkommene Funktionieren des wiederhergestellten Osiriskörpers ausmalt. Neben der Detailaufzählung der Glieder gibt es im Bereich des Osiriskultes auch Detailaufzählungen von Ortschaften, in denen es Kulte des Osiris gibt. Gerade diese sind aber ebenfalls nicht einfach als regionaler Partikularismus zu verstehen, vielmehr soll in ihnen wesentlich herausgearbeitet werden, wie am Ende der Rituale das ganze Land zusammenkommt und sich als Einheit (auch im politischen Sinne) konstituiert.

Literatur

Allen JP (2005) The ancient Egyptian pyramid texts. Society of Biblical Literature, Atlanta
Allen JP (2006) The ancient Egyptian coffin texts, Bd 8. Middle Kingdom copies of pyramid texts. Oriental Institute, Chicago

---

[28] Brunner-Traut 1988.

[29] S. die skeptischen Bemerkungen in einer Kurzbesprechung des Artikels bei Ritner 1989.

Assmann J (2001) Tod und Jenseits im Alten Ägypten. C.H. Beck, München

Assmann J (2002) Altägyptische Totenliturgien, Bd 1. Totenliturgien in den Sargtexten des Mittleren Reiches. Universitätsverlag Winter, Heidelberg

Brunner-Traut E (1988) Der menschliche Körper – eine Gliederpuppe. Zeitschrift für ägyptische Sprache und Altertumskunde 115:8–14

Derchain Ph (2004) À eux le bonheur! (La naissance d'un homme Esna 250, 6–11), Göttinger Miszellen Bd 200:37–44

Duquesne T (2002) La déification des membres du corps. Correspondances magiques et identification avec les dieux dans l'Égypte ancienne. In: Koenig Y (Hrsg) La magie égyptienne: à la recherche d'une définition. La documentation française, S 237–271

Faulkner RO (1969) The ancient Egyptian pyramid texts. Clarendon Press

Gardiner AH (1947) Ancient Egyptian Onomastica. Oxford University Press

Ghuilou N (1997) Les parties du corps dans les textes de la pyramide d'Ounas. Pensée religieuse et pratiques funéraires. In: Berger C, Mathieu B (Hrsg) Études sur l'Ancien Empire et la nécropole de Saqqâra dédiées à Jean-Philippe Lauer. Université Paul Valéry. S 221–231

Grapow H (1954) Grundriss der Medizin der alten Ägypter I. Anatomie und Physiologie. Akademie-Verlag

Grapow H (1958a) Grundriss der Medizin der alten Ägypter V. Die medizinischen Texte in hieroglyphischer Umschreibung autographiert. Akademie-Verlag

Grapow H (1958b) Grundriss der Medizin der alten Ägypter IV 1. Übersetzung der medizinischen Texte. Akademie-Verlag

Griffiths JG (1960) The conflict of Horus and Seth from Egyptian and classical sources. Liverpool University Press

Hellinckx BR (2004) Altägyptische Totenliturgien. Orientalistische Literaturzeitung Bd 99:5–16

Hoffmann Quack (2007) Anthologie der demotischen Literatur. LIT-Verlag

Knigge C (2006) Das Lob der Schöpfung: Die Entwicklung ägyptischer Sonnen- und Schöpfungshymnen nach dem Neuen Reich. Academic Press Fribourg / Vandeoeck & Ruprecht

Massart A (1959) À propos des „listes" dans les textes égyptiens funéraires et magiques. In: Studia Biblica et Orientalia, Bd III. Oriens Antiquus. Pontificio Istituto Biblico, S 227–246

Matthieu B (1996) La poésie amoureuse de l'Égypte ancienne. Recherches sur un genre littéraire au Nouvel Empire. Institut Française d'Archéologie Orientale

Nord R (2009) Breathing flesh. conceptions of the body in the ancient Egyptian coffin texts. Museum Tusculanum Press

Quack JF (1995) Dekane und Gliedervergottung. Altägyptische Traditionen im Apokryphon Johannis, Jahrbuch für Antike und Christentum Bd 38, S 97–122

Quack JF (2008) Geographie als Struktur in Literatur und Religion. In: Adrom F, Schlüter K-A (Hrsg), Altägyptische Weltsichten. Harrassowitz, S 131–157

Ranke H (1924) Die Vergottung der Glieder des menschlichen Körpers bei den Ägyptern. Orientalistische Literaturzeitung Bd 27:558–564

Ritner RK (1989) Review of Brunner-Traut 1988. Society for Ancient Medicine & Pharmacology. Bd 17:42

Ritner RK (1993) The mechanics of ancient Egyptian magical practice. University of Chicago Press

Sethe K (1908) Die altägyptischen Pyramidentexte nach den Papierabdrücken und Photographien des Berliner Museums Erster Bd. Hinrichs

Sethe K (o.J) Übersetzung und Kommentar zu den altägyptischen Pyramidentexten I. Bd. Augustin

Smith M (1987) The mortuary texts of papyrus BM 10507. British Museum Press

Smith M (2009) Traversing Eternity. Texts for the Afterlife from Ptolemaic and Roman Egypt. Oxford University Press

Stadler M (2010) Metatranszendentalität im Alten Ägypten. Pyramidentextspruch 215 und der ramessidische Weltgott. In: Ernst St., Häusl M (Hrsg) Kulte, Priester, Rituale. Beiträge zu Kult und Kultkritik im Alten Testament und Alten Orient. Festschrift für Theodor Seidl zum 65. Geburtstag, S 3–31

Westendorf W (1999) Handbuch der altägyptischen Medizin. Brill

Yamazaki N (2003) Zaubersprüche für Mutter und Kind. Papyrus Berlin 3027. Achet-Verlag

Zibelius K (1984) Zu „Speien" und „Speichel" in Ägypten. Studien zu Sprache und Religion Ägyptens zu Ehren von Wolfhart Westendorf. Friedrich Junge, S 399–407

Kapitel 3
Menschenbilder in der altgriechischen Kunst

Tonio Hölscher

Im Jahr 720 v. Chr. soll Orsippos aus Megara bei den Spielen in Olympia als erster seine Kleider abgelegt haben und mit nacktem Körper zum Wettlauf angetreten sein. Der Reiseschriftsteller Pausanias sah noch im 2. Jahrhundert n. Chr. auf der Agora von Megara das Grab des Orsippos, der auch als Feldherr hervorgetreten war; bis in die Spätantike verkündete eine Inschrift, er habe als erster nackt den Siegeskranz erhalten. Andere Schriftquellen nennen Männer aus Sparta und Kreta als Urheber des Brauchs, athletische Übungen und Wettkämpfe mit nacktem Körper zu bestreiten. Was immer hier Legende oder Wahrheit ist, die Überlieferung macht zum einen deutlich, dass es sich um ein zentrales Phänomen der griechischen Kultur handelte, das mit hoher Bedeutung verbunden war und für das mehrere Städte die Priorität beanspruchten. Zum anderen wird dabei impliziert, dass dieser Brauch nicht seit Urzeiten gepflegt, sondern in der Frühzeit der griechischen Geschichte neu begründet wurde. In Olympia wurde die Einführung ein halbes Jahrhundert nach Gründung der Spiele angesetzt.

Der nackte Körper war für die Griechen nicht wie in der christlichen Religion oder in den Kulturutopien des späten 19. Jahrhunderts ein Phänomen eines naturhaften oder paradiesischen Urzustands, sondern eine kulturelle Neuschöpfung von größter Bedeutung und weitreichenden komplexen Folgen: Die gesamte griechische Lebenskultur war in einem hohen Maß auf den menschlichen Körper orientiert: Was der Mensch leistete und erlitt, bewirkte und erfuhr er unmittelbar mit den Kräften des eigenen Körpers, und wie er die Welt sah und verstand, geschah vielfach nach dem Paradigma von Körpern. Im nackten Körper haben diese Auffassungen einen pointierten Ausdruck gefunden.

Die Entstehung des Körpers als Leitmotiv der Lebenskultur fiel in die Epoche der Entstehung der Polis, des autonomen Stadtstaates, als archetypische Lebensform der Griechen. Am Körper wurden die zentralen sozialen Rollen des Polis-Bürgers definiert und performativ dargestellt.

T. Hölscher (✉)
Institut für Klassische Archäologie, Universität Heidelberg, Marstallhof 4,
69117 Heidelberg, Deutschland
E-Mail: tonio.hoelscher@zaw.uni-heidelberg.de

M. Hilgert, M. Wink (Hrsg.), *Menschen-Bilder,*
DOI 10.1007/978-3-642-16361-6_3, © Springer-Verlag Berlin Heidelberg 2012

Die Sphären der Männer und der Frauen, in ihrer körperlichen Präsenz und ihren kulturellen Rollen, erscheinen zunächst diametral entgegengesetzt. Weite Bereiche des sozialen Lebens waren von Männern dominiert: die meisten Aktivitäten der Gemeinschaft außerhalb des eigenen Hauses, Versammlungen von Rat und Volk auf der Agora, Gelage im Kreis der Standesgenossen, Aufsicht über Ländereien, und besonders Athletik, Jagd und Krieg. Die Frauen verwalteten das Haus, führten die Aufsicht über Kinder, Dienerinnen und häusliche Produktion. In der Öffentlichkeit zeigten Mädchen und Frauen sich nur in bestimmten Situationen: vor allem bei den religiösen Festen der Gemeinschaft, in Prozessionen und Tänzen zu Ehren der Gottheit, aber auch zum Wohlgefallen der männlichen und weiblichen Standesgenossen.

Die realen Körper von Menschen der Vergangenheit sind nicht mehr zu greifen. Unter den Zeugnissen haben die Bildwerke eine herausragende Bedeutung: nicht weil sie einen anschaulichen Ersatz für die verlorene Wirklichkeit böten – Bilder sind kaum jemals ‚getreue‘ Wiedergaben einer objektiv vorgegebenen Realität, sondern stellen Realität nach den kulturellen Kompetenzen und Konzepten der jeweiligen Gesellschaft, d. h. in kulturell gedeuteter Form dar. Aber gerade diese konzeptuellen Brechungen und Deutungen sind die eigentliche kulturelle, d. h. historische Wirklichkeit. In diesem Sinn wird hier nach dem Menschenbild der antiken Griechen mit seinen Facetten und Aspekten, seinem sozialen Spektrum und seinen historischen Veränderungen, in ihren Bildwerken gefragt.

In der Bildkunst werden die Menschen zunächst in den archetypischen Unterschieden der Geschlechter dargestellt, die hier z. T. fast stereotype Formen annehmen: Entsprechend den Lebensräumen von ‚Draußen‘ und ‚Drinnen‘ erscheinen Männer mit dunkler, Frauen mit heller Haut; entsprechend der unterschiedlichen Aktivität treten Männer in beweglicheren Stellungen auf als Frauen. Daneben stehen die ebenfalls diametralen Unterschiede zwischen den normativen Menschenbildern der Polisbürger auf der einen Seite und den ‚Gegenwelten‘ der Unterschichten und Sklaven, der Fremden und Feinde auf der anderen. In den Gegenbildern werden Selbstbilder definiert und bestätigt.

Männer: Athletik, Jagd und Krieg

Der Körper als kultureller Faktor wird zunächst in eminentem Maß in der Welt der Männer deutlich. Der männliche Körper ist ein öffentlicher Körper: Der Bürger der Polis wird vor allem körperlich definiert und ausgebildet. Von besonderer Bedeutung war dabei der Übergang von der Kindheit in den Stand der Erwachsenen, zum vollen Mitglied der Bürgergemeinschaft.

In einigen traditionellen Stadtstaaten haben sich noch lange Zeit Praktiken der Initiation erhalten, wie sie in der Frühzeit für viele Städte angenommen werden können. Zur Zeit der Pubertät wurden die jungen Männer in die wilden Randzonen der Berge und Wälder geschickt, wo sie sich durchschlagen, ihre Kräfte stärken und das Überleben in der Natur einüben mussten. In Sparta wurden die Jugendlichen ‚aufs Land‘ geschickt, wo sie tags sich verstecken und nachts umherschwei-

Abb. 1 Trainierende Athleten. Gefäß zum Weinmischen
(Kratér), hergestellt in Athen.
Berlin, SMPK, Antiken-
sammlung. Um 510 v. Chr.

fen und unter der unterworfenen Vorbevölkerung morden sollten. Auf Kreta hatte
der Brauch homoerotische Aspekte der Erweckung männlicher Kräfte und der Einführung in die Verhaltensformen der Oberschicht: Ein älterer Mann raubte einen
Jungen und hielt sich mit ihm bis zu zwei Monaten in den Wäldern bei Jagd und
Schmaus auf. Bei der Rückkehr in die Stadt erhielt der Jüngere Geschenke zum
Zeichen seines Eintritts in die Welt und die zentralen gesellschaftlichen Praktiken
der Erwachsenen: einen Stier für das Opferfest, einen Trinkbecher für das Männer-
gelage, einen Mantel für Jagd und Krieg.

Mit der Verdichtung und Verfestigung ‚städtischer' Gemeinwesen in der archaischen Zeit (7.–6. Jahrhundert v. Chr.) wurde diese Ausbildung der jungen Männer
immer stärker in eine aristokratische Form der Athletik umgeformt. Das Spektrum
der athletischen Disziplinen wurde immer weiter differenziert, von den einfachen
Formen des Laufens, Springens und Werfens zu differenzierten Techniken des Wa-
genfahrens und des geregelten Kampfsports, überdies gegliedert in verschiedene
Altersklassen; für die athletische Ausbildung war die Phase nach der Pubertät, die
sog. Ephebie, von besonderer Bedeutung. Die ursprüngliche Bestimmung als Vorbereitung zum Krieg und zu anderen körperlichen Tätigkeiten wurde immer stärker
überhöht zu einem Ideal mit eigenen Gesetzen und Kategorien; zu diesem Ideal ge-
hörte auch zunehmend die erotische Anziehung schöner Körper. Da das athletische
Training viel freie Zeit erforderte und darum nur der wohlhabenden Oberschicht
möglich war, wurde das Ideal des schönen leistungsfähigen Körpers zu einer Qualität der Elite: Schön und stark, edel und ‚gut' – und nicht zuletzt: jung – fielen in
diesem Ideal in eins.

Die Bilder der bemalten ‚Vasen' schildern diese Welt erotisch-athletischer Körper in der reizvollsten Vielfalt (Abb. 1): Die jugendlichen Männer legen in den
Stätten der Athletik die Kleider ab, ölen sich ein, lassen sich von nackten Knaben
bedienen, bereiten die Kampfstätte vor, zeigen sich im Lauf, Sprung, Speer– und
Diskuswurf, verknäueln sich im Ringkampf, in allen möglichen Ansichten, Stellungen und Bewegungen. Oft sind ältere Männer als Folie der jugendlichen Attraktion
dabei, sei es als Trainer und Kampfrichter, sei es als bewundernde Zuschauer. Ihre
Funktion hatten die Gefäße in der erotisierten Atmosphäre des vornehmen Trink-
gelages der Männer, die sich von attraktiven Hetären stimulieren und von schönen
Knaben aufwarten ließen.

Für die athletische Erziehung wurden seit dem 6. Jahrhundert gut ausgestattete Stätten, sog. Gymnasien (von *gymnos*: nackt), eingerichtet. Nach der Genese der Athletik aus der Ausbildung in der Wildnis lagen sie zunächst außerhalb der Städte, gewöhnlich bei dem Heiligtum eines Gottes, der die heranwachsende Jugend beschützte, etwa Herakles oder Apollon. Als Stätten der Muße und der aristokratischen Körperkultur wurden die Gymnasien Brennpunkte der homoerotischen Beziehungen zwischen Älteren und Jugendlichen, die für die Kohärenz der griechischen Männergesellschaft von höchster Bedeutung waren. Für die eigentlichen Wettkämpfe wurden in der selben Zeit Stätten in gesamtgriechischen Heiligtümern ausgebaut, neben Olympia auch in Delphi und anderen Orten, dazu in einzelnen Städten wie Athen. Sie wurden Treffpunkte für ‚internationale' Gesandtschaften zu den Kultfeiern und für Zehntausende von Besuchern aus der ganzen griechischen Welt. Dabei waren die athletischen Veranstaltungen Teil eines vielfältigen Festprogramms, mit kultischen Gesängen, Tänzen und Vorträgen von Dichtung, auch sie z. T. als Wettkämpfe ausgetragen. Die Sieger errangen nicht nur athletischen Ruhm, sondern auch gesellschaftliches Prestige, das ihnen vor allem in ihren Heimatstädten hohes Ansehen verschaffen konnte. Mehrfach kam es vor, dass Olympiasieger aufgrund dieses Ruhmes nach einer politischen Machtstellung strebten.

Für die Polis-Gemeinschaften wie für die führenden Familien war der athletisch ausgebildete Körper ein eminentes Symbol des sozialen Ranges und der Zugehörigkeit. Der Tyrann Kleisthenes von Sikyon sah durch einen Sieg in Olympia in der vornehmsten Disziplin des Wagenrennens seinen Ruhm so hoch gesteigert, dass er seine Tochter Agariste für die vornehmsten Freier aus der ganzen griechischen Welt auslobte. Ein Jahr lang lud er sie zusammen in seine Stadt ein und prüfte sie auf die Qualitäten, die von den führenden Männern erwartet wurden, darunter vor allem das Auftreten beim Festmahl und Gelage sowie die athletischen Kräfte, besonders im Ringkampf. Offenbar war er sicher, auf diese Weise den angesehensten Schwiegersohn zu gewinnen.

Derselbe Maßstab des zu Kraft und Schönheit ausgebildeten Körpers galt für die Polis insgesamt. In einer Reihe von Städten wurde der Körper der herangewachsenen Männer bei Festen des Ausziehens (*ekdysia*) und des (wieder) Anziehens (*endymatia*) zur Schau gestellt. Offensichtlich wurden die jungen Männer dabei auf ihre Bürger-Tauglichkeit geprüft. Diese Formen der Initiation machten den männlichen Körper zu einer öffentlichen Institution.

Ähnliche Ideale prägten die Jagd, ebenfalls ein Privileg der Oberschicht, das zu einer Demonstration körperlicher Fähigkeiten stilisiert wurde. Platon gibt unter den verschiedenen Formen des Jagens derjenigen den Vorzug, die nicht indirekt mit technischen Mitteln wie Netzen und Schlingen, nicht mit Hilfe von Täuschung, mit Leimruten oder im Dunkel der Nacht durchgeführt wird, sondern im offenen und direkten Gegenüber von Jäger und Tier, ‚mit den eigenen Körpern', also im Laufen, mit Schlag und Wurf, das heißt mit Schwert und Lanze, die im Grund Verlängerungen der körperlichen Gliedmaßen sind. Das war nicht nur eine persönliche Meinung eines Philosophen, der ein Ideal der Tugend entwickelte, sondern entsprach wohl weit verbreiteten Vorstellungen. In der Vasenmalerei wird die vornehme Jagd durchweg als Verfolgung und direkter Kampf mit starken und beweglichen Körpern und Waffen für die unmittelbare Tötung geschildert. Wie weit das der alltäglichen

Praxis entsprach, ist weniger wichtig als die unbestreitbare Tatsache, dass dies das normative Ideal darstellte. Und auch hier konnte das ethische Leitbild zur Grundlage des sozialen Ranges werden: In Makedonien wurden die Männer erst dann zum Gelage der erwachsenen Männer zugelassen, wenn sie einen Eber mit blanker Waffe, also ohne Netze und Schlingen, erlegt hatten.

Sogar der Krieg war von diesen Idealen durchdrungen. Lange Zeit kannte man keine Feldzüge mit langwierigen Belagerungen und Eroberungen, sondern nur Schlachten, auf einem ausgesuchten Schlachtfeld. Man kämpfte in dichten Schlachtreihen, als Kollektiv, aber wenn die Heere aufeinander getroffen waren, bestimmte der Kampf Mann gegen Mann die Erfahrung. Gelegentlich wurde sogar die Schlacht stellvertretend von zwei ausgewählten Einzelkämpfern als Zweikampf oder von kleineren Elitegruppen als Gruppengefecht ausgetragen. Fernwaffen galten dagegen als minderwertig, Pfeil und Bogen waren „feige" Waffen, wie sie vor allem von dem großen Feind, den Persern, eingesetzt wurden. Die beste Waffe war der eigene Körper, mit ihm war der größte Ruhm des mutigen und wilden Einsatzes zu gewinnen.

Zwei erstaunliche Episoden bezeugen die vitale Bedeutung des Körpers noch in der späten Zeit des 4. Jahrhunderts v. Chr. Als der Spartanerkönig Agesilaos einmal einem zahlenmäßig weit überlegenen Heer der Perser gegenüber stand und seine Soldaten zu verzagen drohten, ließ er drei persische Gefangene vor versammelter Mannschaft nackt ausziehen: Beim Anblick der weißen Körper, die augenscheinlich nie in einer griechischen Wettkampfstätte trainiert hatten, stieg der Kampfesmut der Griechen so stark an, dass sie einen glänzenden Sieg errangen. Eine umgekehrter Vorgang wird von dem überraschenden Angriff des thebanischen Feldherrn Epaminondas auf Sparta berichtet, der bereits in die Stadt eingedrungen war, als ein Spartaner Isidas aus seinem Haus stürmte, völlig nackt, den Körper wie ein Athlet eingeölt, und die Gegner reihenweise niederstreckte. Niemand, so sagte man, hätte ihn verwundet, sei es dass ein Gott ihn beschützte, sei es dass er selbst den Gegnern als ein höheres und mächtigeres Wesen erschien.

Solche Überlieferungen, wenn sie denn historisch sind, geben keine normale Realität wieder. Griechische Krieger trugen Rüstungen, je vornehmer, desto massiver. Aber die Episoden machen deutlich, welch zentrale Bedeutung der Körper *unter* den Rüstungen hatte: Er wurde als der entscheidende Faktor des Kampfes angesehen, der durch alle Schutz- und Angriffswaffen nur in seiner Wirkung gesteigert wurde.

Selbst die zentrale soziale Institution der männlichen Gemeinschaften, das Trinkgelage (*symposion*), war eine höchst intensive Erfahrung des Körpers. Die Kohäsion der Gruppe wurde durch den Wein und die Mitwirkung von stimulierenden Frauen (sog. *Hetären*) zu starker Sinnlichkeit gesteigert, die Gespräche waren von einer dionysisch-erotischen Atmosphäre geprägt, und bei dem anschließenden heiteren Umzug durch die Straßen lebten die Zecher ihre körperliche Hochstimmung in übermütigen Tänzen aus.

Die tatsächliche Nacktheit im Bereich der Athletik ist das institutionalisierte Symbol dieses Körpergefühls: ein komplexer Ausdruck eines anthropologischen Grundwertes der griechischen Kultur. In den Standbildern der sog. *Kouroi* hat dies Leitbild bereits in archaischer Zeit einen prägnanten Ausdruck gefunden. Sie wur-

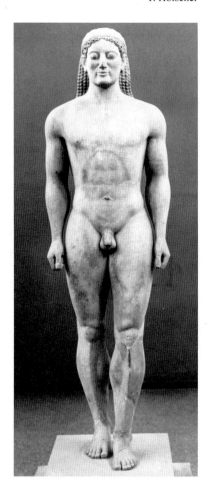

den als Weihgeschenke für die Götter in zentrale Heiligtümer gestiftet und gleichzeitig als Bilder früh verstorbener Adliger auf Gräbern errichtet (Abb. 2). Dort re-
präsentierten sie als kollektiver Typus ein aristokratisches Leitbild: selbstbewusster
Stand, breite ‚mutige' Brust, starkes Gesäß, kräftige Schenkel mit beweglichen Ge-
lenken, reiche perlende Haare, strahlende Augen und das Lächeln der Anmut. Auf
den glanzvollen jungen Männern ruhte die Hoffnung der Familien wie der ganzen
Gemeinschaft, darum wurden sie zum zentralen Thema der Bildkunst erhoben. In
diesen Bildwerken erscheint der Mensch in seinen höchsten Möglichkeiten ganz
auf die Kräfte, Fähigkeiten und Qualitäten des eigenen Körpers reduziert. Hier liegt
alles begründet, was ihn auszeichnet. Und das gesamte politische, soziale und religiöse Leben wird so eingerichtet, dass dies Bild des Menschen sich entfaltet und
zur Wirkung kommt. In der Praxis des athletischen Trainings und Wettkampfs, wo
die Männer unter sich waren, hat der nackte Körper einen ausgegrenzten kulturellen
Raum erhalten, in dem er explizit zur Vollendung ausgebildet und als gesellschaftlicher Wert erfahren werden konnte. In anderen Lebensbereichen, wie Jagd und
Krieg, Götterfest und Symposion, kam er implizit zur Wirkung.

Für die Struktur der griechischen Gesellschaften war die Gliederung in Altersklassen konstitutiv. Sie war stark an der körperlichen Entwicklung und ihren Zäsuren
orientiert. Die Knaben (*pais*) lebten bis zur Pubertät im Haus, vor allem unter der Obhut der Mutter. Nach der Übergangszeit als Heranwachsende (*ephebos*) durchliefen
sie, noch im väterlichen Haus wohnend, eine erste Phase von etwa zehn Jahren als
‚Junge Männer‘ (*neos*), als stimmberechtigte Bürger und Jungkrieger, die das dynamische und ‚heldenhafte‘ Element der Bürgerschaft darstellten. Mit etwa 30 Jahren
erreichten sie den Status des voll erwachsenen Mannes (*aner*). In diesem Alter heira-
teten sie und gründeten eine eigene Familie; dies war auch das Alter, ab dem sie erst
für öffentliche Ämter gewählt werden konnten. Nach der herrschenden Auffassung
war erst zu diesem Zeitpunkt der Körper zu voller Männlichkeit gereift; als äußeres
Merkmal galt der Übergang von einem (‚rötlichen‘) Flaumbart, der in den Bildwerken
nicht dargestellt wurde, zu einem (‚schwarzen‘) Vollbart, der in den Bildwerken Fami-
lienväter, Amtsträger und Herrscher kennzeichnet. Diese Zeit der Vaterrolle in Familie
und Staat endete etwa mit 60 Jahren mit dem Rückzug aufs Altenteil; das folgende
Alter der Greise (*geron*) wurde topisch als Phase des körperlichen Verfalls beklagt
und in Bildwerken dargestellt, nur selten werden dabei positiv Aspekte der Würde und
Weisheit zum Ausdruck gebracht. Bereits früh hat der Dichter Hesiod den Charakter
der Altersstufen auf eine sprichwörtliche Formel gebracht: „Den Jungen obliegen die
Taten, den Männern die Ratschläge, den Alten die Gebete“ (Fragment 220).

Frauen: Haus und Heiligtum

Während die Männer das öffentliche Leben der Polis beherrschten, lag das Zentrum
des Lebens der Frauen im Haus. An den politischen Angelegenheiten hatten sie keinen Anteil, und auch rechtlich waren sie den Männern in vieler Hinsicht untergeord-
net. Aber Politik und Recht waren nicht alles: Innerhalb der Familien hatten sie eine
durchaus geachtete Stellung, mit eigenen Leitbildern und Wertvorstellungen. Das
wird insbesondere an den Grabdenkmälern deutlich, wo Frauen schon in archaischer
Zeit und dann zunehmend seit dem 5. Jahrhundert v. Chr. mit besonders reichen
Reliefs und Statuen eine öffentlich sichtbare Ehrung erhalten, sowohl zusammen
mit dem Ehemann als auch für sich. Für den bürgerlichen Status der Familien waren
die Frauen nicht nur Hervorbringerinnen der folgenden Generation, sondern sie ge-
wannen daraus eine ihnen eigene Würde. Im bürgerlichen Wohnhaus hatten sie einen
Trakt, in dem sie mehr oder minder stark von der Einsicht männlicher Besucher ab-
geschirmt waren: Das war nicht nur Einschränkung, sondern auch Schutz.

Auf den bemalten Vasen erscheinen bürgerliche Frauen vielfach in einem eigenen Bereich von Weiblichkeit, mit Kindern und Dienerinnen. Der Wollkorb als Zeichen weiblicher Textilproduktion wird zum Symbol der Aufsicht über den Hausstand – aber er wird selten im Rahmen von Arbeit gezeigt. Charakteristisch ist eine
Atmosphäre vornehmer Muße, Hantieren mit Kleidern, Schmuck und Kränzen,
Musizieren mit Saiten– und Blasinstrumenten. Kleine Kinder zeigen die Rolle als
Mutter an, reizvolle Dienerinnen heben den sozialen Rang hervor. Wenn Männer,
meist jugendlich, anwesend sind, so ist das kaum im Sinn von realen Szenen ‚im

Wohnzimmer' zu verstehen, sondern als erotische Konstellation, in der die Rollen
der Geschlechter vor Augen gestellt werden.

Diese Rollen sind nicht individuell und ‚privat', sondern sozial. Ein zentrales
Thema für die Entfaltung sozialer Rollen ist der Auszug eines Kriegers und sein
Abschied von der Familie (Abb. 3): eine Situation, in der das mögliche Zerbrechen
des familiären Verbandes und damit das Schicksal seiner konstitutiven Mitglieder
reflektiert wird. Die Ehefrau, die dem Scheidenden zum Opfer eingießt, steht für die
weibliche Sphäre des Hauses; daneben repräsentiert oft der alte Vater die Tradition
der Familie. Geschlechter und Generationen bezeichnen konzeptuelle Lebensbereiche und Rollen: das ‚Drinnen' des Hauses gegen das ‚Draußen' des Krieges, die
Aktivität der mittleren Lebenszeit gegen die Würde des hohen Alters.

Aus einem anderen gesellschaftlichen Bereich waren die Frauen dagegen ausgeschlossen: aus dem Symposion der Männer. Hier wurde die sexuelle Stimulierung
von den so genannten Hetären übernommen, die in dieser gemeinschaftlichen Situation freizügiger als die Ehefrauen der Bürger die Grenzen der Scham überschreiten
konnten.

Gleichwohl war auch bei den Frauen und Töchtern der vornehmen Oberschicht
körperlicher Liebreiz (*charis*) ein hohes soziales Leitbild. Wie bei den Männern
wurde diese Rolle in öffentlichen Institutionen gefördert und in Bildwerken zum
Ausdruck gebracht. Auch bei den Frauen entwickelten sich die Leitbilder in typischen Altersstufen.

Seit früher Zeit wurden heranwachsende Mädchen, entsprechend den jungen
Männern, fernab von der städtischen Gemeinschaft auf den Übergang zur erwachsenen Frau vorbereitet. In Athen wurden junge Mädchen für mehrere Jahre in das weit
abgelegene Heiligtum der Artemis bei Brauron gebracht, wo sie ihre Körper auch
athletisch mit Wettläufen ausbildeten, nackt wie die männlichen Athleten. Ähnliche
Praxis ist aus Sparta und Olympia bekannt, sie muss verbreitet gewesen sein. In
denselben Bereich führen athenische Vasenbilder, in denen nackte Mädchen sich an
einem Wasserbecken waschen.

Junge Mädchen galten als wild und ungebärdig, wie junge Pferde. Für die Ehe,
in die sie im Gegensatz zu den jungen Männern gewöhnlich bald nach der Ge-

Abb. 4 Votivstatue eines
unbekannten Mädchens (sog.
Kore), aus Athen. Athen,
Akropolis-Museum. Um 500
v. Chr.

schlechtsreife eintraten, und für die Mutterschaft war ein starker Körper erwünscht
– nur musste er ‚gezähmt‘, und das hieß vor allem auch in Liebreiz und Eleganz
überführt werden. Dabei wurde der ausgebildete Körper mit Gewändern verhüllt
und mit einer kultivierten Körpersprache überformt. Diese Eigenschaften auszubilden und zu zeigen, war in verschiedenen öffentlichen Situationen möglich. Die jungen Mädchen traten öffentlich am Brunnenhaus auf, wo sie in reizvollen Haltungen
Wasser schöpften, die Gefäße auf dem Kopf davon trugen – und sich dabei männlichen Bewerbern zeigen konnten. Dies ist eine reduzierte Situation des Draußen, wie
die Sportstätten den männlichen Athleten. Weitaus feierlicher war die Teilnahme
von Ehefrauen und Töchtern aus vornehmen Familien bei den großen Götterfesten
der Stadt: Hier erhielten sie vor allem in den Prozessionen, in der Haltung und Bewegung des Rituals und im Schmuck festlicher Gewänder, eine starke Sichtbarkeit.

Der Status des heiratsfähigen Mädchens ist vor allem in archaischer Zeit in den
Standbildern der sog. *Koren* zu einem Leitthema der Oberschicht erhoben worden
(Abb. 4): Wie die *Kouroi* wurden sie als anonyme Repräsentanten der weiblichen

Jugend in Heiligtümer gestiftet und (seltener) als Denkmäler früh verstorbener
Mädchen auf Gräbern errichtet. Paradigmatisch werden an ihnen die Ideale der
weiblichen *charis* deutlich: die reichen und zarten, bunt gewebten und kunstvoll
drapierten Gewänder, die den Körper teils spielerisch verhüllen, teils sinnlich her-
vortreten lassen; das elegante Raffen des Stoffes neben dem Bein, das offenbar
bewusst eingeübt wurde; perlendes Haar und liebreizendes Lächeln, luxuriöser
Schmuck und reizvolle Attribute, wie Blüten oder Lieblingstiere.

Für verheiratete Frauen war die Funktion als Priesterin die wichtigste Möglichkeit einer öffentlichen Stellung. Vor allem in der Zeit des Hellenismus (4.–1.
Jh. v. Chr.) haben Frauen der Oberschicht immer mehr solche Positionen ange-
strebt und zur Erreichung sozialer Sichtbarkeit benutzt. Dazu gehört auch die
Errichtung öffentlicher Ehrenstatuen. Auf diese Weise konnten sie in den städtischen Räumen eine vergleichbare öffentliche Präsenz erreichen wie die männlichen Amtsträger. In den Bildnissen treten die Frauen in selbstbewussten und
körperbetonten Haltungen auf, raffiniert in luxuriöse, hauchdünne Stoffe gehüllt
(Abb. 5). Wie schon in archaischer Zeit, ist hier ein weibliches Leitbild entwickelt
worden, das ein gleichgewichtiges Gegenbild zu den Konzepten von Männlichkeit darstellt.

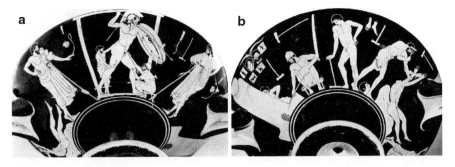

Abb. 6 Werkstatt eines Bronze-Bildhauers. Trinkschale, hergestellt in Athen. Berlin, SMPK, Antikensammlung. Um 470 v. Chr.

Jenseits der Normen: Handwerker und Sklaven, Krüppel und Arme Teufel, Fremde und Feinde

Nicht für alle kann es leicht gewesen sein, mit den hohen Anforderungen an Schönheit und Jugend zu leben. Der wohlgebildete leistungskräftige Körper war nicht ein Geschenk der Natur, sondern Errungenschaft und Besitz der wohlhabenden Oberschichten, die frei vom Zwang der Arbeit waren und sich die Muße der Ausbildung leisten konnten. Sie fanden in der weit überwiegenden Mehrzahl der Bildwerke in öffentlichen und ‚privaten' Lebensräumen eine visuelle Bestätigung. Überall waren Standbilder und narrative Szenen zu sehen, in denen der körperliche Habitus und die Handlungsmuster der führenden Schichten in exemplarischer Weise vor Augen standen.

Dieser Welt der hohen Werte werden in der Bildkunst – seltener, aber kohärent – soziale Gegenwelten gegenübergestellt. Sie bezeichnen Oppositionen in verschiedener Richtung zu den vorherrschenden kulturellen Leitbildern.

Handwerker, Sklaven In den letzten Jahrzehnten der archaischen Adelswelt und den ersten Generationen der demokratischen Staatsordnung erscheinen auf attischen Vasen verschiedenartige Szenen aus Handwerk und Handel. Eine Trinkschale in Berlin schildert die Arbeiten der ‚Banausen' (wie die werktätigen Handwerker genannt wurden) in ihrer unvornehmen Anstrengung (Abb. 6a,b): Ein älterer Mann bearbeitet mit dem Hammer die in Teilen gegossene Bronze-Statue eines startenden Wettläufers, am Feuerofen hantiert ein Mann mit dem Schürhaken, während ein Knabe den Blasebalg drückt, dazwischen ruht ein Jugendlicher sich von den Mühen aus. Auf der Gegenseite glätten zwei Männer das Standbild eines heroischen Kriegers, von den Seiten schauen zwei Bürger, im vornehmen Manteltuch und auf Stöcke der Muße gestützt, den Arbeiten zu. Die Handwerker stellen eine Welt der mühevollen Arbeit dar: geschäftig arbeitend, unelegant hockend mit exponierten Genitalien, das Haar mit einer Kappe bedeckt, im Hintergrund das vielfältige technische Inventar der Werkstatt – im krassen Gegensatz zu der lässigen Eleganz der vornehmen Betrachter, die durch Ölfläschchen und Schabgerät der Athleten ausgezeichnet sind. Zu deren Welt gehören die Produkte der handwerklichen Arbeit: kostbare Bildwerke, zur Weihung als Votive in die Heiligtümer bestimmt, als Verherrlichung des Ruhmes in athletischen Spielen und im Krieg, den ideellen Domänen der Oberschicht.

Allgemein führen solche Vasenbilder in die breite Schicht von Werktätigen, die teils aus den unteren Bürgerklassen, teils aus der Gruppe der fremden Nichtbürger oder auch aus dem Stand der Sklaven kamen. Unterschiede des rechtlichen Status sind aus den Darstellungen nicht zu erkennen. Doch dabei handelt es sich keineswegs um einen Wandel der sozialen Wertungen, um eine Aufwertung unterer Gesellschaftsschichten und ihrer Arbeit als solcher, als eine neue Grundlage der damals entstehenden Demokratie. Denn es fällt auf, dass fast durchweg solche Szenen dargestellt werden, in denen Produkte für die hohe Lebenskultur der Oberschichten angefertigt werden: Neben den Bildhauern, die Standbilder von Göttern, Heroen und Athleten für reiche Auftraggeber schaffen, bearbeiten Metallhandwerker die Rüstungen für die vornehmen Krieger; Schuhmacher stellen die modischen Sandalen her, die von den Vornehmen bei den Götterfesten, Gastmählern und Trinkgelagen getragen wurden; Fischhändler zerschneiden für wohlhabende Käufer exquisit große Fische; Zimmerleute schreinern kostbare Möbelstücke; und so fort. Andere Tätigkeiten, die weniger unmittelbar den Lebensformen der Reichen dienen, werden kaum zum Thema gemacht. Es geht nicht um Emanzipation der unteren Schichten, sondern um ihren Beitrag zur Dominanz der Oberschicht.

In einigen seltenen Bildern stellen Handwerker sich selbst oder ihre Standesgenossen in den gehobenen Situationen der Vornehmen dar: Vasenmaler beim Symposion, Bildhauer im Manteltuch des Bürgers und mit Attributen der Athletik. Offenbar war die Schichtung der Gesellschaft so durchlässig, dass erfolgreiche Handwerker zu diesen Lebensformen Zugang finden konnten. Aber damit brachten sie nicht eigene Werte der handwerklichen Arbeit zur Geltung und Anerkennung, sondern ließen diese Welt hinter sich und stiegen in die Wertvorstellungen der Oberschicht auf. Die griechische Demokratie hat nie ein neues Wertesystem des ‚Volkes‘ als Alternative zum archaischen Adel entwickelt, sondern hat vielmehr intentional einen Aufstieg breiterer Teile des Volkes zu den Werten und Lebensformen des Adels bewirkt.

Wo aber die Werktätigen in ihrer eigenen Sphäre dargestellt sind, erscheinen sie als Gegenbilder des mühefreien Habitus der vornehmen Oberschicht. Dies ist in eminentem Maß auch eine Opposition der Körper, ihrer Erscheinung, Bewegung und Handlung. Die Zweckbindung und Anstrengung körperlicher Arbeit, gegenüber der Ungebundenheit und Mühelosigkeit der Elite, führte nach diesem Konzept letzten Endes dazu, dass die unteren Schichten der Gesellschaft die freie Schönheit wohlgebildeter Körper nicht erreichen konnten. Ihr Rang bestand im Dienst für den Glanz der Oberen.

Krüppel und Arme Teufel In der hellenistischen Zeit, nach Alexander dem Großen (3.–1. Jahrhundert v. Chr.), wurden die sozialen Gegensätze in krasserer Weise zum Thema der Bildkunst gemacht. Die Reichen stellten sich in ihren Wohnsitzen Statuetten aus Terrakotta auf, die verkrüppelte Tänzer in grotesk–hässlichen Bewegungen darstellten. Offensichtlich ließ man solche Gestalten tatsächlich bei den privaten Gastmählern und Trinkgelagen zur Erheiterung der vornehmen Gäste auftreten: als Bestätigung der eigenen Verhaltensformen, die auf nobles Auftreten und beherrschte Körpersprache orientiert waren.

Sogar im öffentlichen Bereich der großen Heiligtümer scheint man Standbilder
in großem Format aufgestellt zu haben, die in schonungslosem Realismus Ange-
hörige der Unterschichten in beklagenswerten Zuständen vor Augen stellten. Alte
abgezehrte Bauern und Bäuerinnen schleppen Hühner und Früchte zum Fest heran;
Fischer mit stupiden Gesichtszügen und schlaffen Genitalien strecken in mühevoll
gebeugter Haltung ihre Angel ins Wasser. Besonders beklagenswert ist die berühmte ‚Trunkene Alte': eine Frau von ursprünglich gehobener Herkunft, ehemals vielleicht im Götterkult tätig, die mit verwelktem Körper in den schönen Kleidern aus
besseren Tagen am Boden hockt, sich an ihrer riesigen Weinflasche festhält und
blöde zu dem Betrachter hinauf lallt (Abb. 7). Die Figuren werden so in das Heiligtum gestellt, als würde der Besucher unerwartet auf sie stoßen: ein schockierender
Anblick, bei dem sozialer Tiefstand und körperlicher Verfall in eins gesehen werden
– als bestätigende Opposition zu der eigenen Lebenskultur, die immer noch von den
Werten körperlicher und geistiger Ausbildung geprägt ist.

Fremde und Feinde Die Griechen hatten das Glück, dass sie über lange Jahrhunderte ihre politische, gesellschaftliche und kulturelle Welt ohne wesentliche Bedrohung von außen ausbilden und einrichten konnten. Die Großmächte Vorderasiens und
Ägyptens hatten militärisch weder Interesse noch Möglichkeiten, nach Griechenland
auszugreifen. Sie standen den Griechen als bewunderte Kulturen vor Augen, in deren

Abb. 8 Kampf zwischen
Griechen und Perser. Wein-
kanne, hergestellt in Athen.
Boston, Museum of Fine
Arts. Um 450 v. Chr.

Kreis sie selbst durch Übernahme, Angleichung und Weiterbildung hineinwuchsen. Eine Erfahrung von grundsätzlicher Fremdheit der Welt jenseits der griechischen Stadtstaaten ergab sich dabei nicht. Erst im 6. Jahrhundert v. Chr. kam das expandierende Reich der Perser in Kleinasien mit den östlichen Stadtstaaten der griechischen Welt in Konflikt – und als dann persische Heere in das griechische Mutterland eindrangen und in ‚heldenhaften' Schlachten bei Marathon (490), Salamis (480) und Plataiai (479) geschlagen wurden, entwickelten die Griechen erstmals ein pointiertes Feindbild des östlichen ‚Barbaren' (der unverständlich bar–bar spricht). In diesem Bild wurde Barbarentum als diametrale Antithese gegen griechische Identität konstruiert: Despotie und Sklaverei gegen Freiheit, Hybris gegen Selbstbescheidung, Gottlosigkeit gegen Frömmigkeit. Hier liegt der Anfang der weltgeschichtlichen Antithese von Ost gegen West, die in wechselnder Besetzung bis zum Kalten Krieg und zum Clash zwischen Islam und dem ‚Westen' nachgewirkt hat.

Diese Antithese hatte in Griechenland wieder starke körperliche Aspekte. Sie wurde zuvörderst zu einem ethischen Gegensatz von orientalischem Luxus und griechischer Einfachheit zugespitzt; dies Ideal der schlichten Lebenskultur wurde in Griechenland erst damals als Zeichen der eigenen kulturellen Identität ausgebildet und als soziale Norm durchgesetzt. Damit verbunden, wenn auch nicht völlig deckungsgleich waren weitere, vielfach clichéhafte Oppositionen: Griechische Männlichkeit gegen den weibischen Charakter der Orientalen; griechische Tapferkeit gegen orientalische Feigheit; und so fort. In bildlichen Darstellungen von Perserkämpfen wird die Antithese zwischen den nackten, athletisch trainierten Körpern der Griechen und den bunten Hosen– und Ärmelgewändern aus den sprichwörtlichen luxuriösen ‚barbarischen Stoffen' zum Leitmotiv gemacht (Abb. 8). Ebenso der symbolische Gegensatz zwischen der griechischen Lanze für den mutigen

Abb. 9 Keltischer Fürst,
sich selbst und seiner Frau
den Tod gebend (sog. *Gallier
und sein Weib*). Rom, Museo
Nazionale Romano. Römi-
sche Kopie nach griechi-
schem Original von ca. 220
v. Chr.

Kampf Mann gegen Mann und dem persischen Bogen für den ‚feigen' Schuss aus
der Ferne. Der kämpferische Körper ist die Inkunabel griechischer Überlegenheit.

Dies kulturelle Konstrukt ließ sich allerdings auf die Dauer schwer durchhalten.
Je weiter die Bedrohung durch die Perser zur fernen Geschichte wurde, desto mehr
übte der Orient mit seinen Reichtümern und seiner üppigen Lebenskultur neue Faszination auf die wohlhabenden Oberschichten der griechischen Städte aus. Nachdem dann Alexander der Große das Perserreich in sein Großreich eingeschlossen
hatte, war die Rolle des Orients als Gegenwelt endgültig vorbei. Man brauchte ein
neues Gegenbild. Dies konstruierte man in einem neuen Erzfeind: den Kelten.

Die Griechen der hellenistischen Zeit hatten ihre eigenen kulturellen Leitbilder
neu konzipiert: im Sinn einer gebildeten städtischen Lebenskultur, in verfeinertem
Wohlstand, zugleich lokalpatriotisch und kosmopolitisch orientiert. Die Opposition
dazu bildete nun, statt des luxusverfallenen Orients, die ‚kulturlose' rohe Kraft der
keltischen Invasoren, die in 3. und 2. Jahrhundert v. Chr. die griechischen Zentren
im Mutterland und in Kleinasien bedrohten. Wie bei den Persern, wird der Gegensatz in Bildwerken in schlagkräftigen Formeln durchgespielt, besonders stark in den
Siegesdenkmälern der Könige von Pergamon (Abb. 9): Bei den Männern mächtige
nackte Körper in ungehobelten Haltungen, mit aufgesträubtem Haar und fremd-

ländischem Schnurrbart, teils an Giganten teils an Satyrn erinnernd, gegenüber den Griechen, die in öffentlichen Bildnisstatuen in vornehmer Kleidung, elegant auftretend, mit wohlgeschnittenem Haar und rasiertem Gesicht dargestellt werden; bei den keltischen Frauen schwere Körper in schlichten Gewändern aus groben Stoffen, mit vollen Gesichtern und unfrisierten Haarsträhnen, gegenüber den selbstbewusst aufgerichteten Haltungen der griechischen Damen, in kunstvoll drapierten durchscheinenden Seidenstoffen und mit Frisuren von klassischer Schönheit (Abb. 5).

Das griechische Selbstbild war der Maßstab für hohe Kultur, die archetypischen Fremden wurden jeweils in Opposition dazu konstruiert. Dabei waren die Gegenbilder durchaus komplex: Man begnügte sich nicht damit, eine negative Folie für die eigene Größe zu konstruieren. Im Bild der archetypischen Gegner konnte man durchaus unheimlich staunenswerte Züge sehen, so bei den Kelten eine naturwüchsige Heldenhaftigkeit – die den eigenen Sieg umso größer erscheinen ließ.

Nacktheit: Bildkunst und Wirklichkeit

Der nackte Körper ist ein Grundphänomen der antiken Bildkunst, das lange Nachwirkung bis in die Kunst der Neuzeit hatte und noch in jüngster Zeit in der Forschung heiße Kontroversen ausgelöst hat. Griechische Bildwerke stellen Menschen, vor allem Männer, vielfach mit nacktem Körper in solchen Situationen dar, in denen sie in Wirklichkeit bekleidet waren. Also nicht nur im Bereich athletischer Übungen und Wettkämpfe, sondern auch im kriegerischen Kampf, bei der Jagd, beim tänzerischen Umzug nach dem Symposion. Sogar öffentliche Standbilder stellen berühmte Persönlichkeiten, ohne eine spezifische Situation zu schildern, vielfach mit nacktem Körper vor Augen. Selbstverständlich sind griechische Männer mit Rüstung bzw. Kleidung in den Krieg gezogen, zur Jagd gegangen, bei Symposien erschienen und in der Öffentlichkeit aufgetreten. Bei allen diesen Themen entspricht die bildliche Darstellung mit nacktem Körper nicht der Wirklichkeit.

Man hat das Phänomen daher zumeist als ‚ideale‘ oder ‚idealisierende‘ Nacktheit gedeutet. Und weil vielfach auch Götter und Heroen mit nacktem Körper dargestellt werden, hat man die nackten Körper von Menschen in der Bildkunst auch als ein Motiv der Heroisierung oder Vergöttlichung gesehen. Der menschliche Körper werde über die Realität seiner alltäglichen Bekleidung zur idealen Schönheit einer heroisch–göttlichen Natur gesteigert. Diese Deutung als ‚ideale‘ oder ‚heroische‘ Nacktheit ist aber ein neuzeitliches Konzept. Denn die griechische Kunst stellt auch andere Gestalten entgegen der Wirklichkeit mit nacktem Körper dar, ohne damit heroische oder gar göttliche Bedeutungen zu implizieren: unterliegende Krieger in der Agonie der Verwundung und des Sterbens, Handwerker bei der Arbeit, Sklaven bei niedrigen Dienstleistungen, Krüppel in ihrer Deformierung, alle in der Uneleganz der Haltungen und Bewegungen oder der Hässlichkeit und Armut der äußeren Erscheinung. Daraus wird deutlich, was gemeint ist: In allen Bildwerken geht es um den Körper als solchen, als Kern des Menschen, in seinen hohen wie seinen niedrigen Werten, seiner Vollendung und seinen Mängeln, seinen Leistungen und Leiden. Die Bildkunst macht ihn zum Thema, auch wenn er in Wirklichkeit für das Auge unter Kleidung und Rüstung verdeckt ist. Dies ist alles andere als ‚Idealisierung‘: Die Bildwerke zeigen die *wirklichen* Körper, die triumphieren und untergehen, bewundert und verhöhnt werden. Es ist ein ‚konzeptueller Realismus‘, der die Wirklichkeit in denjenigen Aspekten erfasst und vor Augen stellt, die als essentielle Kräfte und Faktoren wahrgenommen und verstanden werden. Dass dies in so starkem Maß der Körper ist, weist auf dessen zentrale Bedeutung für die kulturelle Anthropologie der Griechen.

Individuelles Porträt

Seit der klassischen Epoche des 5. und 4. Jahrhunderts v. Chr. hat die griechische Bildkunst Formen der Darstellung individueller Porträtzüge entwickelt. Vorher war vor allem im alten Ägypten eine Kunst des individuellen Bildnisses entstanden. Es ist nicht auszuschließen, dass von dort allgemeine Anregungen nach Griechenland ausstrahlten, doch im wesentlichen muss die Entstehung des griechischen Individualporträts auf eigenen gesellschaftlichen Voraussetzungen beruhen. Letzten Endes war es ein neues Verständnis mächtiger und bedeutenden Persönlichkeiten im Verhältnis zur Gemeinschaft, das dazu führte, sie als Individuen von den kollektiven Typen des Menschenbildes zu unterscheiden.

Die wesentlichen Impulse in diese Richtung entstanden darum im Bereich der öffentlichen Ehrenstatuen für Staatsmänner und Träger der öffentlichen ‚Kultur‘. Themistokles, der griechische Feldherr in der Seeschlacht bei Salamis gegen die Perser (480 v. Chr.), wurde mit einem kugeligen Kopf und einem Ausdruck angespannter Energie dargestellt, an Bilder des Herakles erinnernd, aber in durchaus individueller Ausprägung. Aufgestellt in den öffentlichen Räumen der Städte, auf der Agora, in zentralen Heiligtümern oder an anderen Stätten des gemeinschaftlichen Lebens, dienten solche Bildnisse als Leitbilder politischen Verhaltens. Neben den Staatsmännern waren es dann vor allem die großen Vertreter der Literatur und Philosophie, die in öffentlichen Standbildern vor Augen gestellt wurden: Philosophen wie Sokrates, Platon und Aristoteles am Ort ihrer ‚Schule‘, Dichter wie Homer wohl in Heiligtümern, die Tragödiendichter Aischylos, Sophokles und Euripides im Theater, politische Redner wie Demosthenes auf der Agora. Bildniszüge konnten bei Lebenden oder kürzlich Verstorbenen nach persönlicher Kenntnis der Physiognomie gestaltet werden, bei historischen Personen zögerte man nicht, Porträtzüge zu erfinden.

Die öffentlichen Funktionen der Ehren– und Gedenkstatuen führten dazu, dass die Bildnisse nie zu ‚privaten‘ Individuen vereinzelt wurden. Bis zu einem gewissen Maß blieben sie an die kollektiven Typen des Menschenbildes gebunden: Die Individualisierung ist meist so zurückhaltend, dass auch die bedeutenden Einzelnen als Exponenten der Gemeinschaft erscheinen. Dabei werden im Rahmen des individuellen Porträts noch einmal Gruppierungen deutlich: Feldherren, Philosophen, sogar die verschiedenen philosophischen Schulen folgen trotz individueller Unterschiede bestimmten Gruppen-Typen: Die Stoiker erscheinen als intensive Vordenker, die

Epikureer als Autoritäten eines Lebensstils, die Kyniker in polemischer Abkehr von der bürgerlichen Lebenskultur.

Zur Charakterisierung im Porträt gehört in Griechenland, neben Kopf und Gesicht, immer auch der ganze Körper, bekleidet oder auch nackt. Damit ist keine Schilderung individueller Körperformen intendiert, sondern die Darstellung eines charakteristischen Habitus: als Staatsmann, Bürger-Dichter, Redner, Philosoph. Man kann davon ausgehen, dass die Menschen auch in ihrem Auftreten im wirklichen Leben von solchen Leitbildern geprägt waren. Sie spielten Rollen auf der Bühne des öffentlichen und gesellschaftlichen Lebens, die in körperlichen Haltungen und Bewegungen zum Ausdruck gebracht wurden. Ein eklatantes Beispiel dafür ist Alexander der Große, der seine äußere Erscheinung zu höchster Wirksamkeit steigerte: Mit langem Haar, über der Stirn aufsteigenden Locken und rasiertem Kinn verkörperte er ein Ideal jugendlicher Heldenhaftigkeit und Schönheit, mit einem intensiven Blick in die Ferne drückte er die Energie des Eroberers aus. Sein ‚Image‘ wurde zum Ideal aller Feldherren der Antike.

Große Gattungen von Bildwerken blieben jedoch weitgehend frei von individueller Charakterisierung. Vor allem die verbreitete Gattung der Grabreliefs, ebenso die normalen Votivreliefs in den Heiligtümern zeigten die Verstorbenen bzw. Weihenden in den Typen eines überpersönlichen Menschenbildes. Individuelle Charakterisierung blieb eine exzeptionelle Hervorhebung persönlicher Qualitäten.

Körper, Gesellschaft und Kosmos

Die Gemeinschaften der griechischen Stadtstaaten waren in einem tiefen Sinn auf direkte Interaktion *face to face* begründet. Nicht nur wurde der Krieg im direkten Kampf Mann gegen Mann und die Jagd in direkter Konfrontation mit dem Tier ausgefochten, wurden die athletischen Wettkämpfe auf die Konkurrenz im Einzelkampf ausgerichtet und das Symposion als Konstellation von kleinen Gruppen eingerichtet, sondern sogar die allmächtige Volksversammlung in demokratischen Staatswesen führte die Bürger der Intention nach vollständig zu gemeinsamen Entscheidungen zusammen. Aristoteles gibt als ideale Größe für eine Stadt an, dass jeder Bürger jeden anderen kennen und jeder die Stimme des Herolds hören könne. Dies Maß war in Athen zu seiner Zeit weit überschritten, aber es war noch ein Paradigma des ‚bürgerlichen‘ Verhaltens. Alles sollte im unmittelbaren Miteinander ausgetragen werden. Es war eine ‚Kultur des unmittelbaren Handelns‘.

In diesen Gesellschaften, in denen keine dauerhaften Strukturen der Macht von Herrscherdynastien oder Priesterschaften zu etablieren waren, kam sehr viel auf die Überzeugungskraft der Person an, auf die Schlagkraft des Wortes, aber auch auf die Wirkung der äußeren Erscheinung und des persönlichen Auftretens. Die Qualität der Charis, der Anmut, des körperlichen Liebreizes, wurde zu einer Tugend von höchster Bedeutung im öffentlichen Leben.

Unter diesen Voraussetzungen entwickelte der Bildhauer Polyklet eine Kunsttheorie, die den menschlichen Körper zu einem kanonischen Paradigma erhob, in

Abb. 10 Junger Held mit
Lanze (sog. Doryphoros) des
Bildhauers Polyklet. Napoli,
Museo Archeologico Nazio-
nale. Römische Kopie nach
griechischem Original von
ca. 440 v. Chr.

dem physische Schönheit und ethischer Wert in eins fielen. Die Voraussetzung dazu
war im frühen 5. Jahrhundert geschaffen worden, als man begann, den Körper nicht
mehr als Konstellation von kräftigen und schönen Einzelelementen zu sehen, sondern als einen funktionierenden Organismus, in dem alle einzelnen Teile sich zu
einem Ganzen zusammenschlossen. Mit der Unterscheidung von tragendem und
unbelastetem Bein, mit der daraus folgenden Reaktion des Körpers auf Anspannung
und Entspannung und der Drehung des Kopfes aus der Achse des Körpers hat die
ganze Figur eine neue Beweglichkeit erhalten, die sie ‚aus eigener Kraft' stehen
lässt. Polyklet hat eine Generation später in seinem Standbild eines Speerträgers
(sog. Doryphoros) diese beweglichen Elemente in eine rigorose Ordnung gebracht,
in der die gegensätzlichen Kräfte, die Aktivität und Entspannung der Beine und
der Arme, die Schräglage der Hüfte und der Schulter und die Wendung des Kopfes
gegeneinander versetzt und in eine ausgleichende Balance gebracht sind (Abb. 10).
Zu diesem Zweck hat der Bildhauer kanonische Maße festgelegt, durch die die einzelnen Teile des Körpers, Finger zur Hand, Hand zur Elle, und so fort, zueinander
in ein klares Verhältnis gebracht wurden. Die geordnete ‚Harmonie' des polykle-

tischen Körpers ist das Ergebnis einer rationalen Zuversicht, im Bild ein zugleich schönes und ‚gutes' Konzept des Menschen konstruieren zu können.

Ähnliche Konzepte finden sich in der Philosophie dieser Zeit, die im wesentlichen auf die Erklärung und das Verstehen der Natur ausgerichtet ist. Hier wird der Körper zu einem umfassenden Paradigma. Besonders aufschlussreich ist ein Fragment des Arztes Alkmaion von Kroton: Im menschlichen Körper sei die Gleichberechtigung der Kräfte, des Feuchten und Trockenen, Kalten und Warmen, Bitteren und Süßen, gesundheitsbewahrend, die alleinige Herrschaft eines Elements dagegen krankheiterregend. Denn die Alleinherrschaft des einen Gegensatzes sei verderblich, Gesundheit dagegen beruhe auf der gleichmäßigen Mischung der Qualitäten. Entscheidend ist hier die Wahl der Worte: Gesundheit und Krankheit werden mit Begriffen der Staatsordnung beschrieben. Gleichberechtigung heißt *isonomia*, das Schlagwort der neuen demokratischen Staatsform in Athen, Alleinherrschaft ist *monarchia*, damals der Gegenbegriff zu einer vernünftigen Staatsform. Das ist nicht reine Metaphorik: Nach den damaligen Anschauungen waren die Welten der physischen Körper und der gesellschaftlich–geistigen Ordnungen nicht grundsätzlich voneinander getrennt. Der menschliche Organismus, die Ordnung des Staates wie auch der ganze Kosmos wurden als Körper verstanden.

Literatur

Borbein AH (1995) Plastik – Dass Bild des Menschen in der Kunst. In: AHB (Hrsg) Das alte Griechenland. Geschichte und Kultur der Hellenen. München, S 241–289

Dover KJ (1978) Greek Homosexuality. London

Eule C (2001) Hellenistische Bürgerinnen aus Kleinasien. Weibliche Gewandstatuen in ihrem antiken Kontext. Istanbul

Fehr B (1979) Bewegungsweisen und Verhaltensideale. Physiognomische Deutungsmöglichkeiten der Bewegungsdarstellung an griechischen Statuen des 5. und 4. Jahrhunderts v. Chr. Bad Bramstadt

Giuliani L (1980) Individuum und Ideal. In: Bilder vom Menschen in der Kunst des Abandlandes. Kat. Ausstellung. Berlin, S 41–86

Giuliani L (1987) Die seligen Krüppel. Zur Deutung von Missgestalten in der hellenistischen Kleinkunst. Archäologischer Anzeiger, S 701–721

Himmelmann N (1971) Archäologisches zum Problem der griechischen Sklaverei. Mainz

Himmelmann N (1994) Ideale Nacktheit in der griechischen Kunst. Berlin

Hölscher T (1998) Aus der Frühzeit der Griechen. Räume-Körper-Mythen. Lectio Teubneriana VII. Stuttgart

Hölscher T (2000) Feindwelten-Glückswelten: Perser, Kentauren und Amazonen. In: TH (Hrsg) Gegenwelten zu den Kulturen Griechenlands und Roms in der Antike. Leipzig

Hölscher T (2003) Körper, Handlung und Raum als Sinnfiguren in der griechischen Kunst und Kultur. In: Hölkeskamp K-J, Rüsen J, Stein-Hölkeskamp E, Grüttner HTh (Hrsg) Sinn (in) der Antike. Orientierungssysteme, Leitbilder und Wertkonzepte im Altertum. Mainz, S 163–192

Hölscher T (2009) Herrschaft und Lebensalter. Alexander der Große: Politisches Image und anthropologisches Modell. Jacob Burckhardt–Gespräche auf Castelen. Basel

Jeanmaire H (1939) Couroi et Courètes. Lille

Kistler E (2009) Funktionalisierte Keltenbilder. Die Indienstnahme der Kelten zur Vermittlung von Normen und Werten in der hellenistischen Welt. Berlin

Kreilinger U (2007) Anständige Nacktheit. Körperpflege, Reinigungsriten und das Phänomen weiblicher Nacktheit im archaisch–klassischen Athen. Tübingen

Laubscher HP (1982) Fischer und Landleute. Studien zur hellenistischen Genreplastik. Mainz

Leitao DD (1993) The, Measure of Youth. Body and Gender in Boys' Transitions in Ancient Greece. Ann Arbor

Levis S (2002) The Athenian Woman. An iconographic handbook. London

Meier Chr (1985) Politik und Anmut. Berlin

Muth S (2008) Gewalt im Bild. Das Phänomen der medialen Gewalt im Athen des 6. und 5. Jahrhunderts v. Chr. Berlin

Pandora (1996) Frauen im Klassischen Griechenland. Kat. Ausstellung. Basel

Raeck W (1981) Zum Barbarenbild in der Kunst Athens im 6. und 5. Jahrhundert v. Chr. Bonn

Reinsberg C (1989) Ehe, Hetärentum und Knabenliebe im antiken Griechenland. München

Schefold K (1997) Die Bildnisse der antiken Dichter, Redner und Denkar. Basel

Schmitt Pantel N (1992) La cité au banquet. Histoire des repas publiques dans les cités grecques. Roma

Schnapp A (1995) Das Bild der jugend in der griechischen Polis. In: Levi G Schmitt J–Cl (Hrsg) Geschichte der Jugend, Von der Antike bis zum Absolutismus, Bd 1. Frankfurt, S 21–69

Schnapp A (1997) Le chasseur et la cité. Paris

Schneider L (1975) Zur sozialen Bedeutung der archaischen Korenstatuen. Hamburg

Stewart A (1996) Art, Desire and the Body in Ancient Greece. Cambridge

Stewart A (2004) Attalos, Athens and the Acropolis. The Pergamene ‚Little Barbarians' and their Roman and Renaissance Legacy. Cambridge

Vidal–Naquet P (1983) Le chasseur noir. Formes de pensée et formes de société dans le monde grec. Paris. Deutsch: (1989) Der Schwarze Jäger. Denkformen und Gesellschaftsformen in der griechischen Antike. Frankfurt, Main

Zanker P (1989) Die Trunkene Alte. Das Lachen der Verhöhnten. Frankfurt

Zanker P (1995) Die Maske des Sokrates. Das Bild des Intellektuellen in der antiken Kunst. München

Ziomecki J (1975) Les représentations d'artisans sur les vases attiques. Wrozlaw

Kapitel 4
Das transformative Menschenbild der Bibel

Die Erfindung des „inneren Menschen" und seine Erneuerung im Urchristentum

Gerd Theißen

Dass Menschen ihrem Verhalten und Erleben ein einheitliches Zentrum zuschreiben, ist nicht selbstverständlich, erst recht nicht, dass sich sein Wesen in der Geschichte verwandelt. Der „innere Mensch" wurde erst in der „Achsenzeit" um das 6. Jh. v. Chr. bei jüdischen Propheten und griechischen Philosophen „erfunden".[1] Darüber hinaus führte ein weiterer Schritt zu der Überzeugung, dass sich der Mensch grundsätzlich verwandeln kann. Diese Überzeugung findet sich zuerst bei einigen Propheten und lebte in jüdisch-christlichen Kreise um die Zeitenwende neu auf. Diese Kreise waren überzeugt, dass sich die ganze Welt erneuert und mit ihr der Mensch. Ein urchristlicher Autor bringt diese Sicht des Menschen auf den Nenner: „Es ist noch nicht erschienen, was wir sein werden" (1Joh 3,2). Beide Schritte gehören in der biblischen Tradition zusammen: Die durch den Willen Gottes geforderte Zentrierung des Lebens überfordert den Menschen. Er kann an diesem Ziel festhalten, wenn er die Hoffnung hat, sich erneuern zu können. Diesen Zusammenhang zwischen Zentrierung und Erneuerung aufzuzeigen, soll ein Ziel dieses Beitrags sein.

Menschenbilder kann man danach unterscheiden, wie der Mensch sein Verhalten und Erleben verschiedenen Ursachen zurechnet.[2] Er deutet es entweder *heterodynamisch* als abhängig von externen Faktoren, d. h. Göttern, Dämonen oder anderen Menschen. Er kann sich *autodynamisch* die Ursachen seines Verhaltens selbst zuschreiben, wenn er z. B. irrationale Impulse als seine eigenen Affekte deutet. Er

---

Ausführlicher zum Thema Theissen 2007, 49–109.

---

[1] Assmann 1993.

[2] Nitschke 1981; v. Gemünden 1995=dies. 2009, 34–51, hat diese drei Attributionsmuster für die Psychologie im Neue Testament übernommen und später (2009, 309–328) als vierte Kategorie eine tiefendynamische Kontrolle der Affekte hinzugefügt.

G. Theißen (✉)
Wissenschaftlich-Theologisches Seminar, Universität Heidelberg, Kisselgasse 1,
69117 Heidelberg, Deutschland
E-Mail: gerd.theissen@wts.uni-heidelberg.de

M. Hilgert, M. Wink (Hrsg.), *Menschen-Bilder,*
DOI 10.1007/978-3-642-16361-6_4, © Springer-Verlag Berlin Heidelberg 2012

kann ein *transformationsdynamisches* Bild seiner selbst entwickeln: In der Gegenwart sieht er sich abhängig, hofft aber, durch Verwandlung zur Ursache seines Verhaltens zu werden. Durch „räumliche" Differenzierung in seinem Inneren gelangt er zu einem *tiefendynamischen* Menschenbild: Er erlebt in ihm selbst lokalisierte Ursachen als Mächte, die sich seiner Erkenntnis und Verfügungsmacht entziehen. Uns interessiert im Folgenden neben dem Weg zu einem transformationsdynamischen Menschenbild auch die Erkenntnis, dass sich diese Pluralität von Attributionsmustern nebeneinander in einer Gruppe und sogar bei demselben Autor findet. Das Leben ist so komplex, dass wir es mit einem einzigen Menschenbild meist nicht bewältigen können. Das ist eine weitere These dieses Beitrags.

1) Die Erfindung des inneren Menschen und seine Zentrierung

Am Anfang der Antike erlebte sich der Mensch als innere Pluralität. Er schrieb sich mehrere Seelen zu, unter anderem eine Außenseele, die ihn begleitete, ein *Alter Ego*, das ihm als Todesbote entgegentrat, eine Exkursionsseele, die ihn in Traum und Ekstase vorübergehend verließ, und eine Totenseele, die ihn beim Sterben für immer verließ. Bei all diesen Erscheinungen würden wir heute von einem „dissoziativen Selbst" sprechen. Aber dieser Begriff setzt als Normalfall ein „zentriertes Selbst" voraus. Dieses Normalbild aber ist historisch entstanden. In Ägypten[3] unterschied man z. B. *Ba* und *Ka* als Körper- und Sozial-Selbst, Zentrum des Menschen aber war das Herz. Es wird im Totengericht gewogen. Dabei zeigt sich eine Zentralisierungstendenz: Der Mensch wurde immer mehr durch sein Herz gelenkt, Außensteuerung durch Innensteuerung ersetzt.[4] Das frühe Griechenland kennt wieder andere Differenzierungen.[5] Die Ilias singt von Achilleus, der „die Seelen (*psychás*) so vieler gewaltiger Helden zum Hades sandte, aber sie selbst (*autoús dè*) zum Raub den Hunden gewährte" (Hom. Ilias 1,1–4). Für Homer ist die Leiche der eigentliche Mensch, die Totenseele sein Schatten. Er nennt die Körper-Seele manchmal *thymós*, bezeichnet aber mit *thymós* oft nur die Emotionen, mit *noós* den Verstand, mit *ménos* eine konzentrierte Energie.[6] Die dissoziative Trennung der Person ist ein normaler Zustand. Als man in Griechenland das Personzentrum in einem Körperteil lokalisierte, suchten es die einen mit Aristoteles im Herzen, die anderen mit Plato im Kopf.[7] Der Schritt zur Einheit des Ich lässt sich noch in etwa datieren: „Die Vereinheitlichung der Seelenvorstellung und die Verlagerung der ,Seele' in das ,Innere' des Menschen – beides wohl parallele Prozesse – sind für die griechische Religionsgeschichte zuerst im Horizont des 6. vorchristlichen Jahrhunderts zu beobachten."[8]

---

[3] Assmann 2001, 116–159.

[4] Israel und Ägypten sind „Kulturen des Herzens": So J. Assmann 1993, 81–113, S. 82.

[5] Bremmer 1983.

[6] Snell [5]1955, 17–42.

[7] v. Staden 2000, 79–116, S. 87.

[8] Gladigow 2002, 90–109, dort 94 f.

Etwas vereinfacht gesagt: Damals wurden Lebenskraft und Totengeist eine Einheit und beide im lebenden Menschen lokalisiert. Dadurch entstand ein Personzentrum.

Welches psychische Vermögen die Führung übernahm, war je nach Kultur verschieden. In Israel war es der Wille, bei den Griechen die Erkenntnis.[9] Israel kennt das Herz als Zentrum des Menschen, auch wenn parallel zum Herzen andere Körperorgane genannt werden.[10] Dazu kommen Seele und Geist. Die Seele (*næpæš*) ist ursprünglich der Atem, der Geist (*rûach*) der Wind. Die „Seele" – ursprünglich einmal die Kehle – wurde immer mehr zur allgemeinen Lebenskraft, die man beim Sterben verliert.[11] Sie wirkt von innen, der „Geist" von außen. Wenn er über den Menschen kommt, kann er gut oder böse sein: Gott sendet Saul einen bösen Geist (1Sam 16,14.23), gibt aber dem umkehrenden Menschen auch einen neuen Geist (Ps 51). Verständlicherweise sehnt sich der Mensch danach, dass dieser neue Geist konstitutiv zu ihm gehört: Gott verheißt den Israeliten ein neues Herz und einen neuen Geist (Ez 18,31). Er stellt einen neuen Bund in Aussicht, in dem alle Menschen spontan seinen Willen erfüllen werden: Gott wird die Thora in das Herz des Menschen legen, so dass keiner den anderen mehr über sie belehren muss (Jer 31, 31–34). Unverkennbar ist: Die Verheißung einer Veränderung des Menschen entstand aus dem Verlangen, den Willen Gottes ganz erfüllen zu können.

Dieses Verlangen ist eine Folge der Zentrierung der menschlichen Person. Diese Zentrierung wird im AT vor allem durch Ausrichtung aller Kräfte auf den einen und einzigen Gott geschaffen – entsprechend dem Grundgebot: „Höre Israel, der Herr, unser Gott, ist ein Herr. Und du sollst den Herrn, deinen Gott, lieben von ganzem Herzen, von ganzer Seele und mit aller deiner Kraft" (Dtn 6,4). Monolatrie und Monotheismus waren in Israel die entscheidende Voraussetzung für die Entstehung einer einheitlichen Person, die Gott als „extrinsisches" und das Herz als „intrinsisches Zentrum" hatte.

Hinzu kommt als zweiter Faktor der Glaube an ein Überleben des Todes. Das AT kennt nur ein schattenhaftes Dasein im Tode. In spät- und nachalttestamentlicher Zeit entwickelt sich die Hoffnung auf ein Überleben des Todes in drei Formen: Im (1) *Beziehungsglauben* wird die Zugehörigkeit zu Gott so intensiv erlebt, dass sie zur Gewissheit einer Zugehörigkeit in wird. Der Psalmist betet: „Wenn ich nur dich habe, so frage ich nichts nach Himmel und Erde. Wenn mir gleich Leib und Seele verschmachtet, so bist du doch, Gott, allzeit meines Herzens Trost und mein Teil" (Ps 73,24–26). Auch der (2) *Auferstehungsglaube* ist in Gott begründet: Was Gott geschaffen hat, kann er neu erschaffen. Diese Erwartung ist zum ersten Mal im 2. Jh. v. Chr. für jüdische Märtyrer bezeugt (Dan 12,2 f; 2Makk 7,11). Schließlich finden wir (3) die Vorstellung einer *Unsterblichkeit* der Seele in der Weisheit Salomos (1. Jh. v. Chr.): Der Mensch wurde zur Unsterblichkeit nach Gottes Ebenbild geschaffen (Weish 2,23), unsterblich aber sind nur die Seelen der Gerechten, die Ungerechten vergehen.

---

[9] Dihle 1985.

[10] Janowski 2005, 143–175.

[11] Wolff 1973 [6]1994, 25–48.

Dazu kommt als dritter Faktor die Vereinheitlichung aller psychischen Kräften durch die Abwendung vom Satan. So finden wir in den Testamenten der XII Patriarchen die Vorstellung einer pluralen Seele. Gegen die sieben guten Geister im Menschen arbeiten die Geister der Hurerei, Unersättlichkeit, Streit, Gefallsucht usw. (TestRuben 2,1–7). Aber alle Seelenkräfte werden zu einer Einheit, wenn der Mensch vor die Alternative zwischen dem Geist der Wahrheit und der Verirrung gestellt wird (TestJuda 20,1 f). Die Entscheidung zwischen Gott und dem Satan fördert die innere Einheit des Menschen – und bedroht sie zugleich.

2) Die Erneuerung des inneren Menschen im Urchristentum

In nachalttestamentlicher Zeit zeigt sich nämlich eine Remythisisierung des Inneren eine Krise dieses Menschenbilds an. Der Mensch wird zum Kampfplatz transzendenter Mächte. Dämonen und Geister wirken in ihn hinein. Seine Grenze zur Außenwelt ist porös. Er ringt erneut darum, sich aus einem inneren Zentrum heraus selbst zu bestimmen und von der Außenwelt abzugrenzen. Umso mehr sehnt er sich danach, von Gottes Geist verwandelt zu werden. Die „Erneuerung des inneren Menschen" im Urchristentum hat dabei zu verschiedenen Menschenbildern geführt. Das ethische Menschenbild des Matthäusevangeliums ist *autodynamisch* und sieht den Menschen von seinem eigenen Willen bestimmt; das soteriologische Menschenbild im Johannesevangelium ist *heterodynamisch* und erwartet die Erlösung des Menschen vom Handeln Gottes. Paulus bietet in Gestalt eines *transformationsdynamischen* Menschenbilds eine „Synthese". Durch Gottes Handeln verwandelt sich der Mensch so, dass er sein Leben selbst bestimmen kann. Er hatte seinen freien Willen verloren (Röm 7,7 ff), aber ist zur Freiheit bestimmt (Gal 5,1.13). Gleichzeitig bahnt sich bei Paulus eine *tiefendynamische* Sicht des Menschen an: Der Mensch ist in seinem Innern von Kräften bestimmt, die er nicht durchschaut und die sich seiner Verfügung entziehen. Wir stellen im Folgenden diese verschiedenen Menschenbilder dar – mit einem besonderen Schwerpunkt auf Paulus.

a) *Das autodynamische Menschenbild im Matthäusevangelium*

Im MtEv wird Jesus zum Weltherrscher, der durch seine ethische Lehre alle Völker beherrschen will. Er ruft als humaner Gesetzgeber: „Kommt her zu mir, alle, die ihr mühselig und beladen seid; ich will euch erquicken. Nehmt auf euch mein Joch und lernt von mir … Denn mein Joch ist sanft, und meine Last ist leicht" (Mt 11,28–30). Das leichte Joch ist seine Lehre. Sie macht das Heil nur von der Erfüllung ethischer Minimalbedingungen abhängig, die alle erfüllen können: Alle können Hungrige speisen, Durstigen zu trinken geben, Nackte kleiden (Mt 25,35 f), alle können ihren Mitmenschen vergeben (Mt 6,14; 18,23–35).

Die Bergpredigt entfaltet eine „autodynamische" Ethik mit einem optimistischen Menschenbild. Die Einleitung sagt: Die Jünger sind durch gute Taten „das Licht der Welt" (Mt 5, 14.16). Die *Antithesen* (Mt 5, 21–48) proklamieren Freiheit gegenüber Tradition und aggressiven und sexuellen Affekten. Die Menschen sollen so vollkommen sein wie ihr Vater im Himmel. Die *Frömmigkeitsregeln* (Mt 6, 1–18) proklamieren Freiheit von Sozialkontrolle: Man soll unauffällig spenden, geben, beten und fasten. Fremdsteuerung soll durch Selbststeuerung ersetzt werden, denn Gott sieht ins Verborgene. Souveränität gegenüber dem Besitz wird auch in der *Sozialparänese* (Mt 6, 19–7, 11) verlangt: Der Mensch soll sein neidisches Auge überwinden, das ihn verdunkelt – und mehr noch, er soll seinen moralisierenden Blick unter Kontrolle halten, mit dem er die Fehler des anderen vergrößert und aktiv Sozialkontrolle über andere ausübt.

Die Möglichkeit ethischen Handelns ist eine Gabe Gottes. Daher steht im Zentrum der Bergpredigt das Vaterunser, das um drei Dinge bittet, die der Mensch zum Tun des Guten braucht: in der Gegenwart tägliches Brot, im Blick auf die Vergangenheit Vergebung, im Blick auf die Zukunft Bewahrung vor Versuchung (Mt 6, 9–13).

Der Erlösungsgedanke, nach dem der Mensch „heterodynamisch" auf Gottes Hilfe angewiesen ist, fehlt im MtEv nicht. Jesus ist die große Hoffnung für Heiden (Mt 2, 1–12) wie für Israel: „Das Volk, das in Finsternis saß, hat ein großes Licht gesehen, und denen, die saßen am Ort und im Schatten des Todes, ist ein Licht aufgegangen" (Mt 4, 16=Jes 9, 1). Auch im MtEv wird die Ethik umrahmt von einer soteriologischen Erzählung von Befreiung aus Not.

b) Das heterodynamische Menschenbild im Johannesevangelium

Im JohEv ist Jesus von Anfang an der Schöpfer aller Dinge, der Sinn in allem, was existiert und lebt. (Joh 1, 1 ff). Deshalb ist die entscheidende Aufgabe zu *erkennen*, dass er das verborgene Leben der Welt ist. Das „ewige" Leben besteht darin, den allein wahren Gott und seinen Gesandten Jesus zu *erkennen* (Joh 17, 3). Von Natur aus sind die Menschen nicht fähig, diese Beziehung zu Gott aufzunehmen. Dafür sind sie auf das von außen kommende Wort angewiesen.[12]

Um diese Beziehung zu Gott aufzunehmen, muss der Mensch verwandelt werden. Schon im Prolog werden die Christen als (neu) geborene Kinder Gottes angeredet (Joh 1, 13). Nikodemus wird gesagt: „Wahrlich, wahrlich, ich sage dir: Es sei denn, dass jemand von neuem geboren werde, so kann er das Reich Gottes nicht sehen" (Joh 3, 3). Die Jünger sollen durch ein sie transformierendes Sehen des Auferstandenen zum Leben kommen: „Ihr aber sollt mich sehen, denn ich lebe, und ihr sollt auch leben" (Joh 14, 19).

Von der Mannigfaltigkeit ethischer Themen bleibt nur das Liebesgebot übrig. Im JohEv ist Liebe aber zunächst die Liebe Gottes zu den Menschen: „Also hat Gott

---

[12] Urban 2001, 445–461.

die Welt geliebt, dass er seinen eingeborenen Sohn gab, damit alle, die an ihn glauben, nicht verloren werden, sondern das ewige Leben haben" (Joh 3,16). Auch das Liebesgebot an die Menschen ist in der Liebe Gottes begründet. Jesus sagt: „Wie mich mein Vater liebt, so liebe ich euch auch. Bleibt in meiner Liebe!" (Joh 15,9).

Das Menschenbild hat im JohEv deutlich eine heterodynamische Tendenz: Der Mensch wird von außen bestimmt. Auch das, was seine eigene Entscheidung zu sein scheint, ist durch den vorhergehenden Willen Gottes bestimmt: „Es kann niemand zu mir kommen, es sei denn, ihn ziehe der Vater, der mich gesandt hat" (Joh 6,44). Das gilt auch für sein ethisches Handeln, das im Bild der Früchte dargestellt wird: „Nicht ihr habt mich erwählt, sondern ich habe euch erwählt und bestimmt, dass ihr hingeht und Frucht bringt und eure Frucht bleibt …" (Joh 15,16).

Explizite anthropologische Terminologie findet sich selten. Das Fleisch wird dualistisch dem Geist entgegengesetzt (Joh 3,6). Das Fleisch ist nichts nütze, die Worte Jesu sind dagegen Geist und Leben (Joh 6,63). Gerade wegen dieses Dualismus von Fleisch und Geist ist die Inkarnation Christi so wichtig, weil sie diesen Dualismus überwindet: „Das Wort ward Fleisch" (Joh 1,14).

Das MtEv vertritt das optimistische Menschenbild eines ethischen Urchristentums, Johannes das pessimistische Menschenbild eines auf Erlösung ausgerichteten Urchristentums. Beide Menschenbilder antworten auf verschiedene Probleme. Im JohEv müssen sich Christen in einer feindseligen Welt defensiv behaupten. Das MtEv will Christen motivieren, in diese Welt offensiv das Licht einer humanen Ethik zu tragen. Beide Menschenbilder lassen sich auch bei demselben Autor nachweisen – je nachdem, mit welchen Problemen er konfrontiert ist. Bei Paulus ist das der Fall.

3) Das komplexe Menschenbild des Paulus

Die Erforschung der Anthropologie des Paulus begann Ende des 19. Jh. damit, dass man ein ethisches und ein physisches Menschenbild bei ihm unterschied, eins, das dem Menschen die Verantwortung für sein Handeln zuschreibt, und ein anderes, nach dem er nur aufgrund einer physischen Verwandlung Gutes tun kann.[13] In unserer Terminologie handelt es sich auf der einen Seite um ein autodynamisches Menschenbild, das dem Menschen Verantwortung zuspricht, auf der anderen Seite um ein transformationsdynamisches Menschenbild, das ihm eine Verwandlung zutraut. Dazu kommen Ansätze eines tiefendynamischen Menschenbildes, das eine größere Kontrolle über unbewusste Prozesse erhofft.

Der Mensch kann im MtEv so, wie er ist, die Forderungen Jesu erfüllen. Paulus ist dagegen überzeugt: „Da ist keiner, der gerecht ist, auch nicht einer" (Röm 3,10). Er ist im Blick auf den alten Menschen pessimistischer als das MtEv. Nur durch eine Verwandlung wird der Mensch in die Lage versetzt, Gottes Willen zu erfüllen.

---

[13] Lüdemann 1872.

Kein Mensch kann diese Verwandlung von sich aus vollziehen. Von Natur aus ist der Mensch nämlich, sofern er „Fleisch" ist, Feindschaft gegen Gott. Im Blick auf den erlösten Menschen ist er dagegen optimistischer als das MtEv: Der Mensch kann von Gottes Geist verwandelt werden, „damit die Gerechtigkeit, vom Gesetz gefordert, in uns erfüllt würde" (Röm 8,4).

Mit dem JohEv teilt Paulus die Vorstellung einer Erlösung, die den Menschen verwandelt, von ihm trennt ihn die Bedeutung des Gesetzes, das keine entscheidende Rolle im JohEv spielt. Das Alte Testament ist dort als Gesetz irrelevant, sein einziger Zweck besteht darin, auf Christus hinzuweisen.

a) Autodynamische Aspekte des Menschenbilds bei Paulus

Bei Paulus liegt eine Synthese verschiedener Menschenbilder vor. Ein Überblick stellt die anthropologischen Begriffe zusammen, die man im Sinne eines autodynamischen Menschenbilds deuten kann.

Das ***Herz*** (*kardía*) ist das Personzentrum des Menschen, der Ort von Verfinsterung (Röm 1,21) und Erleuchtung (2Kor 4,6).	
Durch ***Vernunft*** und ***Gewissen*** (*syneídēsis*) handelt das verstehende und moralisch urteilende Subjekt (Röm 7,23; 12,2)	Die ***Seele*** (*psyché*) ist die allgemeine Lebenskraft und das lebendige Subjekt (1Kor 15,45 vgl. Gen 2,7).
Der ***Geist*** (*pneûma*) ist anthropologisch der Geist des Menschen als selbstbewusstes Subjekt (1Kor 2,11).	Der ***Leib*** (*sôma*) ist der Mensch, der passiv und vergänglich ist, negativ der Leib der Sünde und des Todes, positiv der erlöste Leib: - ethisch der Leib des Handelns (Röm 12,1), - ekklesiologisch: Leib Christi (1Kor 12,12ff), - eschatologisch der „geistliche Leib" (1Kor 15,37.44).

Das Herz (*kardía*) ist das Personzentrum des Menschen. Im Herzen entscheidet sich, ob ein Mensch verfinstert oder erleuchtet ist (Röm 1,21; 2Kor 4,6), ob er sich seinen Begierden hingibt (Röm 1,24) oder Gott gehorsam ist (6,17). Zum Menschenbild des Paulus gehören neben dem Herzen noch weitere Instanzen mit nicht-dualistischer Dynamik: Menschliches Leben wird von der „Seele" (*psyché*) angetrieben und durch Vernunft (*noûs*) und Gewissen gesteuert. Unser moderner Gewissensbegriff ist umfassender als der bei Paulus. Das Gewissen ist bei ihm nicht die Stimme Gottes, sondern ein Organ, um diese Stimme zu vernehmen. Dieses Organ kann irren und „schwach" sein.

Die Begriffe von „Leib" und „Fleisch" (*sôma* und *sárx*) bezeichnen die biologische Natürlichkeit des Menschen. Manchmal meinen sie den Menschen, sofern er lebt: Wir „wissen: solange wir im *Leib* wohnen, weilen wir fern von dem Herrn" (2Kor 5,6). Synonym heißt es vom Fleisch: „Was ich jetzt lebe im *Fleisch*, das lebe ich im Glauben an den Sohn Gottes …" (Gal 2,20).

Paulus argumentiert oft innerhalb eines autodynamischen Menschenbildes, wenn er Fleisch und Leib aufgrund menschlichen Fehlverhaltens negativ beurteilt. So geht er in 2Kor 10,3 von der neutralen Rede von Fleisch zur negativen Bewertung über: „Denn obwohl wir im Fleisch (*en sarki*) leben, kämpfen wir doch nicht auf fleischliche Weise (*katà sárka*)." Wo immer Paulus ein Verb mit *katà sárka* verbindet, meint er ein verfehltes Verhalten, das nicht im Fleisch wurzelt, sondern im Menschen, der sich „nach dem Fleisch" richtet. Denn es ist nach wie vor *sein* Wandel nach dem Fleische (Röm 8,4; 2Kor 10,2 f), *sein* Leben nach dem Fleische (Röm 8,12.13), *sein* Wollen nach dem Fleische (2Kor 1,17), *sein* Erkennen nach dem Fleische (2Kor 5,16) und *sein* Sich-Rühmen nach dem Fleische (2Kor 11,18). Es ist nicht das Handeln einer personifizierten Größe „Fleisch", die den Menschen seiner selbst entfremdet. Dass der Mensch verantwortlich ist, zeigt Paulus anschaulich mit Bildern aus Ackerbau, Kult und Militärdienst.

Der *Ackerbau* ist in folgender Sentenz Bildspender: „Wer auf sein Fleisch sät, der wird von dem Fleisch das Verderben ernten; wer aber auf den Geist sät, der wird von dem Geist das ewige Leben ernten" (Gal 6,8). Hier ist das „Fleisch" als Sphäre alles Irdischen an sich neutral, nur wer darauf baut, verfehlt sein Leben. Verantwortlich ist der Mensch.

Ein anderes autodynamisches Bild ist der *Kult*: Der Leib ist der Tempel Gottes (1Kor 6,19). In ihm soll der wahre Gottesdienst geschehen: Christen sollen ihre Leiber hingeben „als ein Opfer, das lebendig, heilig und Gott wohlgefällig ist. Das sei euer vernünftiger Gottesdienst" (Röm 12,1).

Ein drittes autodynamisches Bild ist die *militia Christi*: In Röm 6,12 f mahnt Paulus: „So lasst nun die Sünde nicht herrschen in eurem sterblichen Leibe, und leistet seinen Begierden keinen Gehorsam. Auch gebt nicht der Sünde eure Glieder hin als *Waffen* der Ungerechtigkeit, sondern gebt euch selbst Gott hin, als solche, die tot waren und nun lebendig sind, und eure Glieder Gott als *Waffen* der Gerechtigkeit." Die Parallelität von „seine Glieder hingeben" und „sich selbst hingeben" zeigt, dass mit der Hingabe der Glieder des Leibes die ganze Person gemeint ist. Auch hier ist der Mensch verantwortlich.

Leib (*sôma*) und Fleisch (*sárx*) meinen an den angeführten Stellen die biologische Natürlichkeit des Menschen unter dem Aspekt von Sterblichkeit und Triebhaftigkeit. Beide Begriffe nehmen nur dort negativen Sinn an, wo sie durch menschliche Verfehlung negativ geworden sind. Der Mensch muss entscheiden, wie er mit „Leib" und „Fleisch" umgeht. Paulus vertritt insofern ein ganzheitliches Menschenbild.

b) Transformative Aspekte des Menschenbilds bei Paulus

Gleichzeitig denkt Paulus dualistisch. Eine starke Spannung zerreißt den Menschen und führt zur Sehnsucht nach einer Transformation, durch die dieser Dualismus überwunden wird. Platonischer Einfluss ist zu spüren, wenn Paulus von Urbild und Abbild, vom inneren und äußeren, von Geist und Fleisch spricht. Wieder sei zunächst ein Überblick über die dualistisch verwandten Begriffe gegeben

Der *Geist* (*pneûma*)	*Fleisch* (*sárx*)
ist transpersonal der Geist Gottes,	ist transpersonal der Mensch als Natur,
der den Menschen	Der Mensch verfehlt sich, wenn er
- als kontinuierliche Ausstattung gegeben ist	- „nach dem Fleische" lebt (Röm 8,12),
(1Kor 12,1ff) und	- weil das „Fleisch" Feindschaft gegen Gott ist
- als irrationale Kraft jeweils neu ergreift	(Röm 8,7).
(1Kor 14,1ff).	Zwei Mal ist es positiv ein paradoxer Ort der
	Offenbarung (2Kor 3,3; 4,11).
Zum *Ebenbild des himmlischen Menschen*	Das *Ebenbild des irdischen Menschen*
sind alle Menschen bestimmt (1Kor 15,49)	tragen alle Menschen (1Kor 15,49)
Der *innere Mensch* wird immer wieder	Der *äußere Mensch* zerfällt
erneuert (Röm 7,22; 2Kor 4,16).	von Tag zu Tag (Röm 7,22; 2Kor 4,16).

Der Mensch ist gespalten
durch Sünde (Röm 7,22f), Leid und Vergänglichkeit (2Kor 4,16).

Nach seiner „Architektur" ist der alte Mensch Ebenbild des irdischen, der neue Mensch Ebenbild des himmlischen Menschen. Hier wirken platonische Traditionen von Urbild und Abbild nach.[14] Analog hat Philo die Erschaffung des Ebenbildes Gottes im ersten Schöpfungsbericht als Erschaffung des himmlischen Urbilds gedeutet, der Mensch im zweiten Schöpfungsbericht ist dessen irdisches Abbild (all I,31 f; op 134). Paulus verändert die Reihenfolge: Zuerst wurde bei der Schöpfung der irdische Mensch, danach erst in der Gegenwart in Christus der himmlische Mensch geschaffen (1Kor 15,45–49). Das platonische Urbild im Himmel wird zum eschatologischen Zielbild. Paulus modifiziert die platonische Tradition im Sinne eines transformativen Menschenbilds.

Platonische Tradition ist auch der Gegensatz von „innerem und äußerem Menschen" (Röm 7,22; 2Kor 4,16). Plato unterschied die „äußere Hülle" vom „inneren Menschen" (rep 9,588bff). Die Pointe bei Paulus ist nicht der Gegensatz von Innen

---

[14] Heckel 1993.

und Außen, sondern der Übergang vom alten zum neuen Menschen. Er spricht vom „alten Menschen", der gekreuzigt wird und sterben muss (Röm 6,6), damit ein neues Leben wie Schöpfung aus den Toten schon jetzt beginnen kann (Röm 6,11.13). Auch der Dualismus von „innerem und äußerem Menschen" wird im Sinne seines transformativen Menschenbildes umgeprägt.

In diesem Menschenbild gibt es anthropologische „Teile", bei denen Paulus mit Konstanz und solche, bei denen er mit Verwandlung rechnet. Das Herz bleibt dasselbe, aber das „Fleisch" muss überwunden und vernichtet, dagegen der „Leib" nur verwandelt werden. Gerade im Äußeren, in Leib und Fleisch, findet eine Verwandlung geschehen. Diese transformative Sicht zeigt sich bei folgenden Begriffen:

Der *äußere Mensch* verfällt (2Kor 4,16).	Der *innere Mensch* wird täglich erneuert (2Kor 4,16).
Das *Fleisch* vergeht und wird vernichtet (1Kor 5,5; 15,50).	Der *Leib* wird in einen „pneumatischen Leib" verwandelt (1Kor 15,44).
Wir tragen das *Ebenbild* des irdischen Menschen (1Kor 15,49).	Wir werden das *Ebenbild* des himmlischen Menschen tragen (1Kor 15,49).
Gott liefert Menschen ihrer verworfenen *Vernunft* aus (Röm 1,28).	Die erneuerte *Vernunft* beurteilt Gottes Willen (Röm 12,3).
Das *Herz* verfinstert sich, weil sich die Menschen von Gott abwenden (Röm 1,21).	Das *Herz* wird durch Erleuchtung hell gemacht (2Kor 4,6).

Bei Paulus bleibt nicht etwa ein wertvoller Teil im Menschen erhalten, während der andere verfällt. Vielmehr sind die „Vernunft" und der „innere Mensch" ebenso erneuerungsbedürftig wie der äußere Mensch. Umgekehrt wird gerade der Leib verwandelt.[15] Innerhalb eines statischen Dualismus hätte Paulus sagen müssen: Der äußere Mensch verfällt, der innere bleibt bestehen. Aber bei Paulus wird gerade der innere Mensch verändert und erneuert.

Im Sinne einer solchen Transformationsdynamik ist auch der Dualismus von göttlichem Geist und menschlichem Fleisch zu verstehen. Das Fleisch (*sárx*) ist bei Paulus aktiver Gegenspieler Gottes, Feindschaft gegen Gott (Röm 8,5–8). Diese dualistischen Aussagen lassen sich nicht dadurch relativieren, dass man die Eigendynamik des „Fleisches" als Konsequenz menschlicher Verfehlungen hinstellt, als wüchsen dem Menschen die Folgen seines eigenen verfehlten Handelns über den Kopf. Gegen diese verbreitete Deutung spricht, dass das Fleisch Gegenspieler des Geistes ist, die Macht des göttlichen Geistes (des *pnêuma*) aber nicht als Eigendynamik menschlichen Handelns gedeutet werden kann. So wie der Geist den Menschen als fremde Macht überkommt und in sein Personzentrum eindringt, so ist auch das Fleisch eine fremde Macht, die das Personzentrum des Menschen bestimmen will.

Dieser Dualismus von Geist und Fleisch ist der entscheidende Beleg für die pessimistische Anthropologie bei Paulus und gilt oft als Ursache einer Selbstvergiftung

---

[15] Heckel 1993, 89–210.

unserer Kultur mit einem anthropologischen Pessimismus. In Wirklichkeit ist die Spannung zwischen Geist und Fleisch, zwischen göttlichem Willen und menschlicher Natur die Ursache für seine Verwandlungsdynamik und für eine sehr optimistische Aussage: Der Mensch kann ein anderer werden. Dennoch sieht Paulus im Fleisch die Wurzel des Bösen, aber er ist zugleich überzeugt, dass der Leib eine positive Aufgabe in der Welt hat: Er ist der Tempel Gottes (1 Kor 6,19). Wie ist das möglich?

Der Schlüssel zu dieser paradox klingenden Aussage ist das Verhältnis von Fleisch und Leib.[16] Beide Begriffe sind manchmal fast synonym, sofern sie auf den unerlösten Menschen bezogen werden: Leib (*sôma*) meint dabei jedoch stärker Passivität und Sterblichkeit, Fleisch (*sárx*) eher eine gottfeindliche Aktivität und Stärke. In Bezug auf den erlösten Menschen aber sind beide entgegengesetzt: Fleisch (*sárx*) meint das, was der Mensch an Energie in sich unterdrücken muss, Leib (*sôma*) die Energie, die er sublimieren kann. Das Fleisch wird getötet, der Leib durch den Geist lebendig gemacht.

	Der Mensch vor der erlösenden Transformation	Der Mensch aufgrund der erlösenden Transformation
sôma Leib	*Passivität und Tod*: *sôma* bedeutet Sklave, Leiche, Abhängigkeit und Sterblichkeit	*Konstruktive Aktivität*: Das *sôma*, durch das *pneûma* belebt, ist Grund prosozialen Verhaltens.
sárx Fleisch	*Destruktive Aktivität*: Die *sárx* ist Sitz der Affekte und der Feindschaft gegen Gott.	*Passivität und Tod*: Die *sárx* und ihre Affekte werden getötet.

Im Vorhergehenden haben wir eine wichtige Voraussetzung gemacht: Die Begriffe *sôma* und *sárx* bezeichnen weniger Aspekte der Architektur des Menschen als seiner Dynamik. Beide sind Energiezentren: „Denn fleischlich gesinnt sein ist *Feindschaft* gegen Gott, weil das Fleisch dem Gesetz Gottes nicht untertan ist; denn es vermag's auch nicht. Die aber fleischlich sind, können Gott nicht gefallen" (Röm 8,5–8). Das Fleisch erscheint hier als ein feindseliges Handlungszentrum. Das gilt auch für den Leib. Paulus kann von den zu tötenden „Taten des Leibes" (Röm 8,13) wie von den „Werken des Fleisches" (Gal 5,19) sprechen. Er redet von Leib und Fleisch wie von „Subjekten", die man personifizieren kann, weil in ihnen die Affekte und Begierden ihren Sitz haben. In diesen Begierden wird das Fleisch ein aktives Subjekt, das sich gegen Gottes Willen auflehnt. Diese rebellische Aktivität des Fleisches ist etwas Neues gegenüber der alttestamentlichen Rede vom „Fleisch" (als Ausdruck der Ferne des Geschöpfs von Gott).

---

[16] Scornaienchi 2008.

Es ist deshalb konsequent, dass das Fleisch und der Leib (*sárx* und *sôma*) ge-kreuzigt werden und sterben müssen, damit Menschen zum Heil gelangen: (Röm 6,6; 8,13). Die Christen vollziehen damit passiv das Geschick Jesu nach. Darüber hinaus gehen Aussagen, die von einem aktiven Kreuzigen sprechen, das Menschen an sich vollziehen: „Die aber Christus Jesus angehören, die haben ihr *Fleisch ge-kreuzigt* samt den Leidenschaften und Begierden" (Gal 5,24). In vergleichbarer Weise wird vom Leib gesagt: „Wenn ihr aber durch den Geist die Taten des *Leibes tötet*, so werdet ihr leben" (Röm 8,13). Die Vorstellung von einer Ausrottung der Leidenschaften ist der Antike vertraut. Die Stoiker erstrebten *apátheia*, die Leiden-schaftslosigkeit. Paulus ist ihnen darin verwandt.

Durch das Bild vom Kreuz schafft Paulus eine enge Beziehung zum Christus-geschehen: So wie Christus gekreuzigt wurde, sollen auch die Leidenschaften ge-kreuzigt werden. Konsequenterweise wird man hinzudenken müssen: Wie Christus auferweckt wurde, so soll auch die im Menschen gekreuzigte Energie in verän-derter Form erneuert werden. Den natürlichen Affekten des Menschen tritt in der Tat ein höherer Gegenaffekt gegenüber, das Sinnen und Trachten des Geistes: „Ich sage aber: Lebt im Geist, so werdet ihr die Begierden des Fleisches nicht voll-bringen. Denn das Fleisch begehrt (*epithymeî*) auf gegen den Geist und der Geist gegen das Fleisch; die sind einander entgegengesetzt, so dass ihr nicht tut, was ihr wollt" (Gal 5,16 f). Der erlöste Mensch ist von einer „irrationalen" Leidenschaft getrieben: vom Gegenaffekt des Geistes. Man kann daher mit Recht fragen: Lebt in diesem irrationalen Gegenaffekt des Geistes vielleicht etwas vom wiederauferstan-denen natürlichen Affekt des Menschen? Wenn Paulus davon spricht, dass etwas mit Christus „gekreuzigt" wird, muss er ja nach seinen tiefen Überzeugungen auch damit rechnen, dass es mit Christus „auferstehen" kann. Wird das Fleisch gekreu-zigt, damit es als Geist auferstehen kann? Wird das Fleisch vielleicht doch nicht so negativ bewertet?

Es gibt im 2Kor in der Tat zwei auffällig positive Aussagen, die das „Fleisch" sogar als Ort der Erlösung kennen: „Wir tragen allezeit das Sterben Jesu an unse-rem *Leibe*, damit auch das Leben Jesu an unserem Leibe offenbar werde" (2Kor 4,10). Parallel dazu heißt es: „Denn wir, die wir leben, werden immerdar in den Tod gegeben um Jesu willen, damit auch das Leben Jesu offenbar werde an unse-rem sterblichen *Fleisch*" (2Kor 4,11). Das Fleisch (*sárx*) ist hier parallel zum Leib der Ort der Epiphanie des Herrn. Selbst das „Fleisch" kann also zum Ort werden, an dem Christus erscheint! Angesichts des ansonsten so negativen Begriffs ist das eine erstaunlich positive Aussage. Schlägt hier in Spannung zu anderen Aussagen eine Überzeugung durch, dass auch das Fleisch am Transformationsprozess der Er-lösung teilhat? Es wird gekreuzigt, aber der Auferstandene kann in ihm erscheinen, um zu offenbaren, dass auch dieses sterbliche Fleisch durch „Kreuzigung" und Ver-nichtung hindurch erlöst und verwandelt wird.

Im vorhergehenden Kontext steht eine noch positivere Aussage über das Fleisch: Paulus hat die Botschaft Gottes wie einen Brief ausgerichtet. Dieser Brief ist nicht mit Tinte auf steinerne Tafeln, sondern durch den Geist Gottes auf „Tafeln *fleisch-licher* Herzen" eingeschrieben (2Kor 3,3). Hier begegnet Fleisch (*sárx*) als Adjektiv „fleischlich" (*sarkikós*). Das lebendige Fleisch ist Opposition zum toten Stein. So wie der Herr im „Fleisch" des Apostels epiphan wird, soll das Evangelium in „fleischernen Herzen" lesbar werden, d. h. in lebendigen Menschen. Deshalb braucht Paulus keine Empfehlungsschreiben wie seine Gegner.

Insgesamt aber gilt für Paulus trotz dieser beiden positiven Aussagen über das Fleisch der Grundsatz von 1Kor 15,50, „dass Fleisch und Blut das Reich Gottes nicht ererben können." An diesem Punkt unterscheidet sich der Begriff Leib deutlich von Fleisch. Während das Fleisch (*sárx*) die Antriebe und Impulse im Menschen meint, die von Gott nicht in Dienst genommen werden können, bezeichnet Paulus mit Leib (*sôma*) die Dynamik des Menschen, die in den Dienst Gottes gestellt werden kann. Hier spricht er von Affekten und Antrieben, die sublimiert werden können. Er macht über den Leib drei positive Aussagen: in ethischen, ekklesiologischen und eschatologischen Bildern.

Eine *ethische* Aussage ist, wenn der Leib als „lebendiges Opfer" Gott dienen soll (Röm 12,1–3). Es ist ein erneuerter Leib, als sei er aus dem Tode zu neuem Leben auferstanden (Röm 6,13),

Positiv ist auch die *ekklesiologische* Vorstellung vom Leib Christi. Paulus hat ein in der Antike für das Gemeinwesen verbreitetes Bild vom „Leib und seinen Gliedern" zu einem Bild für die Kirche gemacht (1Kor 12,12 ff; Röm 12,3 ff).

Schließlich kennt Paulus *eschatologische* Aussagen über den Leib. Paulus stellt sich das ewige Leben als Existenz in einem verwandelten geistlichen *Leib* (als *sôma pneumatikón*) vor (1Kor 15,35 ff). Er entwickelt diesen Gedanken einer Verwandlung als eine Vorstellung, die vorher nicht allgemein bekannt war: „Siehe, ich sage euch ein Geheimnis: Wir werden nicht alle entschlafen, wir werden aber alle verwandelt werden" (1Kor 15,51).

Wenn man (im Sinne eines kontrollierten Anachronismus) das transformative Menschenbild des Paulus mit einer modernen psychodynamischen Terminologie interpretieren wollte, könnte man sagen: Fleisch (*sárx*) meint die Energie, die im Menschen unterdrückt werden muss, Leib (*sôma*) die Energie, die sublimiert werden kann. Das „Fleisch" wird gekreuzigt, damit es als „Leib" aufersteht. Es wäre dabei unzulässig anachronistisch, diese Verwandlung nur als eine ethische Aufgabe des Menschen zu betrachten. Ermöglicht wird diese Verwandlung durch die Gabe des Geistes. Unzulässig wäre es auch, diese Verwandlung nur als ein anthropologisches Geschehen zu betrachten. Sie ist Teilnahme an einem kosmischen Wandel. Die ganze Welt verändert sich. Die Wandlung des Menschen hat eine transpersonale Dimension. Damit kommen wir zu den tiefendynamischen Aspekten im Menschenbild des Urchristentums. Nachdem die Antike den „inneren Menschen" entdeckt hatte, entdeckte sie in der Zeit des Urchristentums nämlich ansatzweise das „Unbewusste" im Menschen.

c) Tiefendynamische Aspekte des Menschenbilds bei Paulus

Die Entdeckung des Unbewussten in der Neuzeit setzt voraus, dass ein Beobachter im Menschen etwas wahrnimmt, was dieser selbst nicht an sich wahrnehmen will, weil es für ihn nicht akzeptabel ist. Der analysierende Beobachter ist in der Regel ein Psychoanalytiker, der analysierte Mensch jemand, der sich seine eigenen Äußerungen und Reaktionen nicht erklären kann. Eine Inkongruenz von analysierendem und analysiertem Bewusstsein ist vorausgesetzt. In vormodernen Zeiten konnte solch eine Inkongruenz in der Weise entstehen, dass der allwissende Gott, der alles im Menschen durchschaut, dem Menschen gegenübersteht, der nicht alles weiß, was in ihm vorgeht. Schon manche Aussagen im Alten Testament kommen dem nahe: „Mehr als alles andere ist das Herz tief und es ist menschlich. Wer kann es erkennen? Ich, der Herr, erforsche Herzen und prüfe Nieren, einem jeden zu vergelten nach seinem Verhalten" (Jer 17,9 Lxx). Oft ist mit dem Verborgenen, das Gott sieht, freilich nur das gemeint, was dem Blick anderer Menschen verborgen bleibt. Bei Paulus finden wir zum ersten Mal eine Stelle, die das Verborgene in ihm meint, das eindeutig auch seiner Selbstreflexion entzogen ist, aber von Gott gesehen wird.[17] Angesichts von Vorwürfen aus der korinthischen Gemeinde beruft er sich darauf, dass er Gottes Geheimnisse treu verwaltet habe:

> Mir aber ist's ein Geringes, dass ich von euch gerichtet werde oder von einem menschlichen Gericht, auch richte ich mich selbst nicht. Ich bin mir zwar nichts bewusst, aber darin bin ich nicht gerechtfertigt: der Herr ist's aber, der mich richtet. Darum richtet nicht vor der Zeit, bis der Herr kommt. Der auch ans Licht bringen wird, was im Finstern verborgen ist, und wird das Trachten der Herzen offenbar machen. Dann wird einem jeden von Gott sein Lob zuteil werden. (1Kor 4,3–5)

Ist das dem Menschen „Unbewusste" nur die Bewertung von ihm ansonsten voll zugänglichen Fakten? Paulus könnte seine eigenen Absichten gekannt und positiv beurteilt haben. Er könnte damit rechnen, dass Gott sie anders bewerten könnte. Auch dann gäbe es in ihm etwas Unbewusstes, wenn auch in begrenzter Form. Abgesehen davon aber muss man den Charakter der Geheimnisse berücksichtigen, deretwegen Paulus zur Rechenschaft gezogen wird. Von einem „Geheimnis" ist vorher nämlich schon in 1Kor 2,1 und 2,7 die Rede. Es ist ein Geheimnis, das „kein Auge gesehen hat und kein Ohr gehört hat und in keines Menschen Herz ‚aufgestiegen' ist, was Gott bereitet hat denen, die ihn lieben" (1Kor 2,9). Paulus kennt also die Vorstellung, dass Geheimnisse aus einer Tiefendimension in das Herz aufsteigen, wo sie bewusstseinsfähig werden. Sollte daher Paulus nicht auch damit rechnen, dass die ihm anvertrauten Geheimnisses Gottes den „Tiefen der Gottheit" entstammen, die nur der Geist Gottes selbst erforscht, von ihm selbst aber nicht ganz durchschaut werden?

Eine zweite Stelle, die sich in diesem Sinne deuten lässt, ist Röm 2,15 f.: Heiden beweisen eine Kenntnis dessen, was Gott fordert, „zumal ihr Gewissen es ihnen bezeugt, dazu auch die Gedanken, die einander anklagen oder auch entschuldigen – an dem Tag, an dem Gott das Verborgene der Menschen durch Christus Jesus richten wird, wie es mein Evangelium bezeugt." Der innere Dialog im Menschen setzt voraus, dass einem Teil des Menschen das eigene normwidrige Verhalten bewusst ist, ein anderer es aber leugnet – und erst Gott am Jüngsten Tag durch Offenbarung des Verborgenen die Wahrheit enthüllen wird. Auch hier gibt es teilweise unbewusste Aspekte im Menschen.

---

[17] Theißen 1983, ²1993, 66–120.

Aber nicht nur das Normwidrige wird vom Menschen verdrängt, sondern auch das Wirken des Heiligen Geistes ist für ihn nicht durchschaubar. Paulus schreibt: „Desgleichen hilft auch der Geist unserer Schwachheit auf. Denn wir wissen nicht, was wir beten sollen, wie sich's gebührt; sondern der Geist selbst vertritt uns mit unaussprechlichem Seufzen. Der aber die Herzen erforscht, der weiß, worauf der Sinn des Geistes gerichtet ist; denn er vertritt die Heiligen, wie es Gott gefällt" (Röm 8,26 f). Das Unbewusste hat bei Paulus also zwei Dimensionen: Sowohl normwidrige Impulse als auch der lebensspendende Geist bleiben dem Bewusstsein entzogen.

Neben dem Motiv vom Wissen Gottes um das Verborgene hat Paulus ein weiteres einprägsames Bild für das Unbewusste entwickelt. Ex 34,29–35 erzählt, dass Mose, nachdem er mit Gott auf dem Sinai gesprochen hatte, eine Aura ausstrahlte. Nachdem er die Gebote Gottes an das Volk ausgerichtet hatte, legte er deshalb eine Hülle an. Er legte sie wieder ab, wenn er zu Gott ging. Diese Hülle auf dem Antlitz des Mose deutet Paulus in zweifacher Weise um: zuerst als eine Hülle auf dem Verlesen der Thora, dann als eine Hülle auf dem Herzen der Menschen (2Kor 3,12–18). Die Hülle zeigt, dass selbst den Thoratreuen nicht alles verständlich ist. Ihrem Bewusstsein ist entzogen, dass die Thora vergänglich ist und dass der Buchstabe tötet. Paulus fasst in dieses Bild seine persönliche Erfahrung: Auch auf seinem Herzen lag einmal eine Hülle, als er von Gesetzeseifer motiviert die Christen verfolgte. Sie wurde erst durch Christus beseitigt. Jetzt erst erkannte er die Schattenseite der Thora, ihre Vergänglichkeit und die tötende Macht des Buchstabens.

Es ist ein langer Weg von der Erfindung des „inneren Menschen" in der frühen Antike und der Vision seiner Erneuerung bei den Propheten Israels bis zum transformativen Menschenbild des Paulus. Die Herausforderung durch die Aufgabe, das ganze Leben an den Geboten des einen und einzigen Gottes auszurichten, hat die Sehnsucht hervorgerufen, dass der Mensch in seinem Wesen verändert wird, um dieser Aufgabe gerecht zu werden. Nur dann wird er Gott mit ganzer Seele, ganzem Herzen und aller seiner Kraft lieben können. Die Zentrierung der Person brachte auf diese Weise ein Verlangen nach Transformation hervor – und das umso mehr, als diese Zentrierung durch die Beziehung auf den transzendenten Gott bewirkt worden war, der die Welt geschaffen hatte und auch den Menschen neu schaffen konnte.

In Griechenland hat die Zentrierung der Person keine solch hohen Anforderungen an den Menschen zur Folge gehabt. Sie geschah dort durch Unterordnung aller Seelenkräfte unter die menschliche Vernunft. Diese war auf diese Wirklichkeit gerichtet und orientierte sich an ihr. Sie respektierte auch die Wirklichkeit des Menschen und seine Grenzen. Daher entwickelt die griechische Kultur keine so weitreichende Träume von einer grundsätzlichen Verwandlung des Menschen. Aber auch hier finden wir – etwa im Höhengleichnis Platos – Ansätze einer Sehnsucht nach einer Wende im menschlichen Leben, indem er sich vom Irrtum abwendet und der Wahrheit zuwendet.

Bei Paulus finden wir eine radikalisierte Version dieser Sehnsucht – auch im Vergleich zum Alten Testament. Er erwartet, dass sich die ganze Welt verändert.[18] Er

---

[18] Back 2002.

will den Menschen nicht nur erneuern. Vielmehr muss der alte Mensch zuerst mit Christus *sterben*, um mit ihm schon hier und jetzt in ein *neues Leben* verwandelt zu werde. Die Vorstellung einer symbolischen Todeserfahrung ist den prophetischen Visionen eines neuen Menschen vor ihm fremd. Diese Vorstellung zeigt an, dass Paulus das Unheil des Menschen weit schärfer als die Traditionen vor ihm sieht. Nur durch ein „Sterben" kann man ihm entrinnen. Er kann daher radikal pessimistische Aussagen über den alten Menschen machen. Der moderne Leser ist mit Recht darüber irritiert, dass Paulus meint, dass sein Fleisch und sein Leib gekreuzigt werden muss, aber er übersieht eine für Paulus selbstverständliche Voraussetzung: Was mit Christus gekreuzigt wird, wird mit ihm in veränderter Gestalt wieder auferstehen. In dieser Gewissheit sind ganz überschwängliche optimistische Aussagen des Paulus begründet: Das Fleisch wir gekreuzigt, um zum „Leib" zu werden, der Gott dient. Er wird mit anderen Menschen im „Leib Christi" verbunden und bewahrt als „pneumatischer Leib" die personale Identität des Menschen trotz seiner Sterblichkeit bis in alle Ewigkeit.

Paulus verfolgt dabei dasselbe Ziel wie die Antike vor ihm: Der Mensch ist dazu bestimmt, sein Leben von einem inneren Zentrum her zu führen. Allgemein wurde diese konsequente Lebensführung bei Griechen und Juden als ein Leben nach dem „Gesetz" oder ein Leben unter der Anleitung der „Vernunft" konzipiert. Paulus aber ist skeptisch gegenüber solchen Lebensentwürfen. Sie überfordern den Menschen. Denn das Gesetz stimuliert nach Paulus Affekte, anstatt sie zu bändigen (Röm 7,5), die Vernunft ist ohnmächtig gegenüber dem Bösen (Röm 7,23). Seine Lösung ist ein transformativer Lebensentwurf. Der Mensch hat die Chance, sich durch den Geist Gottes so tiefgreifend zu verändern, dass er das Gesetz spontan erfüllt und zu einem vernünftigen Gottesdienst fähig wird.

Dieses transformative Menschenbild ist mit Ansätzen anderer Menschenbilder verbunden und wird erst durch die Pluralität simultaner Menschenbilder lebbar: Paulus lässt sich auf weite Strecken im Rahmen eines ethischen oder autodynamischen Menschenbildes interpretieren. Dass der Mensch sich selbst bestimmen soll, ist auch sein Ziel. Aber auch für den „alten Menschen", den er überwinden will, ist dieser Appell an die Verantwortung unersetzlich. Die autodynamischen Züge in seinem Menschenbild mildern den Enthusiasmus seines Traums vom verwandelten Menschen.

Von einer anderen Seite her macht die nur an wenigen Stellen durchbrechende Erkenntnis einer tiefendynamischen Dimension im Menschen das transformative Menschenbild lebbar: Auch wenn der Mensch der Überzeugung ist, durch den Geist zum Guten verwandelt zu sein, so ahnt er doch, dass er sich selbst nicht ganz im Griff hat und sich selbst nicht ganz durchsichtig ist.[19] Nicht der Appell an seine autodynamische Verantwortung, sondern die realistische Einsicht in die Grenzen dessen, was er in seinem Leben kontrollieren und durchschauen kann, versöhnt den Menschen mit dem, was er weder autodynamisch verantworten noch durch eine er-

---

[19] P. v. Gemünden 2009, 309–328, hat solch eine Tiefendynamik im Hirten des Hermas nachgewiesen. In ihm wird dargestellt, wie verdrängte Impulse aufgrund religiöser Erlebnisse bewusst gemacht werden.

träumte Verwandlung erreichen kann. Die Pluralität der Menschenbilder bei Paulus und im Urchristentum hat daher einen guten Sinn: Das Leben ist so komplex, dass man es nicht mit denselben Mustern des Erlebens, Denkens und Handelns bewältigen kann. Große Praktiker haben selten nur ein Menschenbild, sondern simultan mehrere. Je nach Problemsituation aktivieren sie diese verschiedenen Menschenbilder. Wer andere und sich selbst zu konkretem Handeln motivieren will, wird ein autodynamisches Menschenbild aktivieren. Das Bewusstsein von Selbstverursachung ist ein entscheidender Motivationsfaktor. Wer Menschen in Not helfen will, wird diese Not häufig heterodynamisch als unverschuldet interpretieren. Das verpflichtet ihn umso mehr zur Hilfeleistung. Wer vor Umorientierungen von Lebensentwürfen steht und nach dem fragt, was grundsätzlich in Zukunft möglich sein wir, wird transformationsdynamische Perspektiven entwickeln. Wer Erfahrungen des Scheiterns trotz bester Absichten bei sich und anderen verarbeiten muss, wird für die Möglichkeit offen sein, dass wir nicht alles durchschauen und nicht alles im Griff haben. Tiefendynamische Menschenbilder sind dann plausibel.

Schließlich sei an einen Aspekt erinnert, der in den hier vorgelegten Analysen zu wenig entfaltet werden konnte: Das transformative und tiefendynamische Menschenbild des Paulus ist in eine transformative, sogenannte apokalyptische Weltsicht eingebettet. Weil sich die ganze Welt ändert, kann sich auch der Mensch ändern. Zu dieser apokalyptischen Erwartung eines Wandels der ganzen Welt gehört auch die Erwartung des Jüngsten Gerichts. Gott, der das Verborgene des Herzens kennt, wird dann über alle Menschen richten und auch das Unbewusste im Menschen ans Licht bringen. Die Ansätze eines tiefendynamischen Menschenbildes sind durch diese Gerichtsvorstellung ermöglicht worden. Aber natürlich kann man diesen Zusammenhang von Menschenbild und Weltbild auch anders herum lesen: Weil sich der Mensch wegen der Spannung zwischen dem Guten und Bösen nach seiner Verwandlung sehnt, projiziert er mythische Vorstellungen eines Wandels in den Kosmos; und weil er sensibel geworden ist gegenüber den unbewussten Tiefen in sich, entwirft er die Vision eines Jüngsten Gerichts, bei dem alles zutage kommt. Das transformative Menschenbild ist auf jeden Fall an eine umfassendere Sicht der Wirklichkeit gebunden. Es begegnet in der Neuzeit manchmal in Zusammenhang von evolutionären Weltentwürfen. Mit der Bibel und besonders mit Paulus kam diese Unruhe in unsere Geschichte: Wir sind noch nicht das, was wir sein sollen.

Literatur

Assmann J (Hrsg) (1993a) Die Erfindung des inneren Menschen
Assmann J (Hrsg) (1993b) Zur Geschichte des Herzens im Alten Ägypten. Die Erfindung des inneren Menschen, S 81–113
Assmann J (Hrsg) (2001) Tod und Jenseits im Alten Ägypten
Back F (2002) Verwandlung durch Offenbarung bei Paulus. Eine religionsgeschichtlich-exegetische Untersuchung zu 2 Kor 2,14–4,6, WUNT II, 153
Bremmer J (1983) The Early Greek Concept of the Soul
Dihle A (1985) Die Vorstellung vom Willen in der Antike

Gemünden Pv (1995) La culture des passions à l'époque du Nouveau Testament. Une contribution théologique et psychologique. ETR 70:335–348

Gemünden Pv (2009) Die Affektkultivierung in neutestamentlicher Zeit. Ein theologischer und psychologischer Beitrag. In: Affekt, Glaube (Hrsg) Studien zur Historischen Psychologie des Frühjudentums und Urchristentums, Bd. 73. NTOA, S 34–51

Gladigow B (2002) Bilanzierungen des Lebens über den Tod hinaus. In: Assmann J, Trauzettel R (Hrsg) Tod, Jenseits und Identität, S 90–109

Heckel ThK (1993) Der Innere Mensch, Die paulinische Verarbeitung eines platonischen Motivs, 2, 53 WUNT

Janowski B (2005) Der Mensch im alten Israel, Bd. 102, ZThK, S 143–175

Lüdemann H (1872) Die Anthropologie des Apostels Paulus und ihre Stellung innerhalb seiner Heilslehre. Nach den vier Hauptschriften

Nitschke A (1981) Historische Verhaltensforschung. Analysen gesellschaftlicher Verhaltensweisen, UTB 1153

Robinson TM (2000) The Defining Features of Mind-Body Dualism in the Writings of Plato. In: Wright JP, Potter P (Hrsg) Psyche and Soma, S 37–77

Scornaienchi L (2008) Sarx und Soma bei Paulus. Der Mensch zwischen Destruktivität und Konstruktivität, Bd 67, NTOA

Snell B [5] (1955) Die Auffassung des Menschen bei Homer. In: ders., Die Entdeckung des Geistes, Studien zur Entstehung des europäischen Denkens bei den Griechen, S 17–42

Staden Hv (2000) Body, soul, and nerves: Epicurus, Herophilus, Erasistratus, the Stoics, and Galen. In: Wright JP, Potter P (Hrsg) Psyche and Soma, Physicians and metaphysicians on the mind–body problem from antiquity to enlightenment, S 79–116

Theißen G (1983, [2]1993) Psychologische Aspekte paulinischer Theologie, Bd. 131, FRLANT

Theißen G (2007) Erleben und Verhalten der ersten Christen. Eine Psychologie des Urchristentums

Urban Ch (2001) Das Menschenbild nach dem Johannesevangelium. Grundlagen johanneischer Anthropologie, Bd. 2, WUNT, S 137

Vollenweider S (1996) Der Geist Gottes als das Selbst der Glaubenden, Bd 93, ZThK, S 163–192.

Wolff HW (1973, [6]1994) Anthropologie des Alten Testaments, Bd 91, KT

Wright JP, Potter P (Hrsg) (2000) Psyche and Soma, Physicians and metaphysicians on the mind–body problem from antiquity to enlightenment

Kapitel 5
Der Mensch als Konstrukt und als Projekt – zu den Anfängen anthropologischer Reflexion im Christentum des 2. Jahrhunderts

Winrich Löhr

Es scheint, dass die Fortschritte in Biologie und Medizin einen tief greifenden Wandel unseres Menschenbildes erfordern. Zwar ist die Herausforderung, den Menschen als ein Lebewesen unter anderen Lebewesen zu verstehen, spätestens seit Charles Darwin Gegenstand intensiver Debatten und damit keineswegs eine schockierende Neuheit. Doch wenn nicht alles täuscht, haben die diesbezüglichen Debatten seit ungefähr zwanzig Jahren eine neue Qualität erreicht: Zum einen verfolgen die mit dem Menschen befassten Naturwissenschaften mehr und mehr interdisziplinäre Forschungsprogramme, die einen stetigen Fluss faszinierender Erkenntnisse generieren. Zum anderen und vor allem beginnen diese Forschungsergebnisse die öffentliche Diskussion und auch das Bewusstsein der gesellschaftlichen, kulturellen und intellektuellen Eliten auf eine neue, intensivierte Weise zu prägen. Konkurrierende anthropologische Theorien und Konzepte – sei es ethnologischer, soziologischer, philosophischer, historischer oder auch theologischer Provenienz – geraten in dieser Diskussionssituation mehr und mehr in die Defensive. Über Spontaneität, Willensfreiheit, Kreativität und Sprachvermögen des Menschen wird man ohne Bezug auf die Hirnforschung nicht mehr ernsthaft reden können. Die Reflexion über den Menschen als soziales Wesen wird die Ergebnisse der Soziobiologie beachten müssen, das gleiche gilt für ökonomische Theorien, die den Menschen als rational entscheidenden, in jeder Situation den eigenen Vorteil maximierenden Akteur begreifen. Die Liste ließe sich leicht verlängern.

Der sich abzeichnende tief greifende, die öffentliche Debatte prägende Wandel im Menschenbild ist in seinen Konsequenzen noch unabsehbar. Er erfordert auf jeden Fall eine breite, interdisziplinäre Diskussion auch und gerade innerhalb der Institution, die in unserer Gesellschaft ein privilegierter Ort solcher Debatten ist oder sein sollte, der Universität. Für die Geistes- und Kulturwissenschaften kommt viel darauf an, nicht in bloße Abwehrreflexe zu verfallen: So dürfte eine undifferenzierte Rede von dem naturwissenschaftlichen (biologischen) Menschenbild,

W. Löhr (✉)
Theologische Fakultät Universität Heidelberg, Kisselgasse 1, 69117 Heidelberg, Deutschland
E-Mail: winrich.loehr@wts.uni-heidelberg.de

M. Hilgert, M. Wink (Hrsg.), *Menschen-Bilder,*
DOI 10.1007/978-3-642-16361-6_5, © Springer-Verlag Berlin Heidelberg 2012

von dem beispielsweise das philosophische oder theologische Menschenbild so zu unterscheiden sei, dass ein Konflikt von vorneherein ausgeschlossen ist, zumindest teilweise derartigen Abwehrreflexen zu verdanken sein. Diese Redeweise verzeichnet nicht nur die in so vielen Fragen offene Forschungssituation in den Natur- und Geisteswissenschaften, sondern sie begibt sich von vorneherein der Möglichkeit, nach Übereinstimmungen und Komplementaritäten zwischen geisteswissenschaftlichen und naturwissenschaftlichen Konzeptionen zu suchen. Sie verhindert damit tendenziell auch sehr notwendige und zum Teil überfällige Korrekturen innerhalb der Geistes- und Kulturwissenschaften.

Der Disziplin Historische Theologie stellen sich in dieser Situation mehrere Aufgaben. Eine davon kann darin bestehen, angesichts der Offenheit und Unübersichtlichkeit der gegenwärtigen Situation an die Vielstimmigkeit und Offenheit der theologischen Reflexion über den Menschen zu erinnern. Die reiche Tradition christlicher Reflexion über den Menschen ist eine Tradition der Debatten, und das Spektrum der vertretenen Positionen, der ausprobierten Argumente und Konzeptionen ist viel reicher, als es vielleicht zunächst den Anschein hat. Eine weitere Aufgabe kann darin bestehen, durch historische Analyse bestimmte Denkerfahrungen im Bezug auf die Probleme der Anthropologie zu beschreiben, die sich aus der christlichen Diskussion (untereinander und mit nichtchristlichen Positionen) ergeben haben. Und vielleicht kann man aufgrund dieser Denkerfahrungen so etwas wie Denkinteressen benennen, die sich in der christlichen Debatte durchgehalten haben. Mit Denkinteressen sind konstruktive theoretische Optionen gemeint, die für eine christliche Theologie wichtig sind.

Ein solcher, durch breitere historische Analyse eröffneter Zugang zur Tradition christlicher Anthropologie scheint mir im Moment reizvoller zu sein, als die Archäologie eines postulierten, mehr oder weniger einheitlichen christlichen Menschenbildes voranzutreiben. Denn – so meine Beobachtung – bei einem solchen archäologischen Ansatz wird regelmäßig die Bandbreite der anthropologischen Konzepte z. B. im antiken Christentum sowie die sich aus dem jeweiligen Diskussionskontext ergebenden argumentativen Interessen der verschiedenen christlichen Autoren unterschätzt. Auf diese Weise werden Widersprüchlichkeiten und Ambivalenzen verdeckt, und die vielstimmige Dynamik der Genese eines christlichen Menschenbildes (oder vielmehr: eines Spektrums christlicher Menschenbilder) bleibt unterbelichtet. Die angemessene Reaktion auf eine Situation intellektueller Unübersichtlichkeit scheint mir aber für die Disziplin Historische Theologie gerade in der Präsenthaltung eines Spektrums von Unterscheidungen. Optionen, Erfahrungen und Interessen zu bestehen: Die Komplexität der Tradition ist dann durchaus auf Augenhöhe mit der Komplexität der Gegenwart.

Im Folgenden soll der Neueinsatz der Diskussion um anthropologische Konzeptionen skizziert werden, der im 2.Jahrhundert erfolgte. Dieser Neueinsatz ist mit den Theologen und Theologien verknüpft, die in der Forschung gewöhnlich als *Gnosis* oder *Gnostizismus* bezeichnet werden. Die jüngste Diskussion um diese Begriffe hat gezeigt, dass sie überaus problematisch sind.[1] Ich möchte mich hier auf die

---

[1] Williams 1996; King 2003.

christlichen Gnostiker beschränken und diese als solche Theologen charakterisieren die 1) das Christentum als Philosophie im antiken Sinne, als Einheit von Theorie und Lebensform lehren, die 2) zwischen dem obersten Gott und dem Schöpfer/den Schöpfern dieser Welt unterscheiden und die 3) ihre Theologien mit Bezug auf/oder in Form von einer heilsgeschichtlichen Erzählung (eines Mythos) entwerfen. Die so bezeichneten Theologen und Theologien wurden aus der Perspektive einer im 2.Jahrhundert sich langsam definierenden Orthodoxie als ‚häretisch' klassifiziert. Der Historiker wird diese Klassifikationen (also den Orthodoxie/Häresiediskurs) als historisches Phänomen beschreiben und zur Kenntnis nehmen; für ihn ist allerdings jede Theologie christlich, die sich selbst mit einiger Kohärenz und Konsistenz als christlich definiert. Da christliche Theologie immer als ein Spektrum von Positionen und Argumenten greifbar ist, würde ein Ausschluss ‚häretischer' Theologien – das dürfte Konsens der relevanten Forschung sein – den Befund verfälschen. Insofern gibt es also aus der Perspektive historischer Theologie nicht *das* christliche Menschenbild – nicht in der Antike und auch nicht heute.

I

1. Der Neueinsatz der anthropologischen Reflexion in der christlichen Theologie des 2. Jahrhunderts lässt sich an den ‚doktrinalen Mythen'[2] oder Lehrmythen zeigen, anhand derer die gnostischen christlichen Lehrer ihre jeweilige Konzeption der Menschenschöpfung entwerfen. So referiert Irenäus von Lyon folgendes über die Lehre des antiochenischen christlichen Lehrers Saturninus (Adversus haereses 1, 24,1):

> Von sieben bestimmten Engeln wurde die Welt gemacht und alles, was in ihr ist. Auch der Mensch ist ein Gebilde der Engel. Von oben, von der höchsten Macht (griechisch: *authentia*) erschien ein leuchtendes Bild. Sie (sc. die Engel) konnten es nicht festhalten, sagt er, weil es sofort wieder aufstieg. Da ermunterten sie sich gegenseitig und sprachen: ‚Lasst uns den Menschen machen nach dem Bild und Gleichnis' (Gen 1,26). Als das Gebilde dann entstanden war, sagt er, konnte es sich nicht aufrichten, weil die Kraft der Engel nicht reichte, und es musste kriechen wie ein Wurm. Da bekam die obere Kraft Mitleid mit ihm, weil es doch nach ihrem Gleichnis geschaffen war, und sie schickte einen Lebensfunken, der den Menschen aufgerichtet hat, ihn differenziert hat / bei ihm Glieder ausgebildet hat (*articulavit*[3]) und gemacht hat, dass er lebt. Dieser Lebensfunke, sagt er, kehrt nach dem Tod zu dem zurück, was ihm verwandt ist, und auch das übrige, wird in das aufgelöst, woraus es geschaffen wurde.[4]

---

[2] Ich übernehme diesen Ausdruck von Horn 2002, 144 der damit den Mythos in Platos Politikos bezeichnet und bemerkt: „Mit dem Text scheint jedoch ein ernsthafter und sogar weitreichender Wahrheits- und Erklärungsanspruch erhoben zu werden."

[3] Das Oxford Latin Dictionary von 1982 übersetzt das Verb articulo s.v.: „To divide into distinct parts, articulate."

[4] Rousseau und Doutreleau 1979a, 320. 322; Übersetzung Brox 1993, 297 (modifiziert).

Hier handelt es sich um einen der gnostischen Lehrmythen, die durch Verdichtung und Variation des vorliegenden (z. B. biblischen) Materials kritische Exegese betreiben. Im vorliegenden Fall lässt sich zunächst der Versuch beobachten, die zwei biblischen Schöpfungsgeschichten in Gen 1 und 2 exegetisch zu integrieren.[5] Der im auffälligen Plural formulierte Schöpfungsbefehl von Gen 1,26 wird als Aufforderung der (sieben) Engel untereinander verstanden. Doch wird der Mensch nicht – wie in Gen 1,26 (LXX) – nach ‚unserem Bild und nach dem Gleichnis' geschaffen, sondern ‚nach dem Bild und Gleichnis', d. h. dem Bild und Gleichnis, das von der transzendenten, obersten Macht produziert wird. Da die Engel aber das von oben erschienene Bild nicht festhalten können, wollen sie es auf Erden nach besten Kräften nachbilden. Doch dies gelingt nur unvollkommen, das Gebilde ist misslungen, es windet sich/pulsiert auf der Erde und ermangelt des aufrechten Ganges.

Nach dem Lehrmythos des Saturninus erbarmt sich die oberste Macht des auf der Erde pulsierenden ‚Menschenwurms', und es wird der Lebensfunke (griechisch: *spinthêr zôês*) geschickt, der das von den Engeln geschaffene Gebilde belebt. Offenbar wird damit eine Exegese von Gen 2,7 vorgeschlagen: Der ‚Lebenshauch' (griechisch: *pnoê zôês*) des biblischen Textes wird zum ‚Lebensfunken'.

Saturninus scheint der erste Zeuge für die Metapher des ‚Lebensfunken' zu sein: Sie sollte eine eindrucksvolle Wirkungsgeschichte haben, u. a. in gnostischen, christlichen und paganen anthropologischen Entwürfe von der Antike bis zum Hochmittelalter (Meister Eckhart).[6] Der Ursprung des Ausdrucks ist unklar; M. Tardieu vermutet Anknüpfung an eine Platostelle[7], welche die Seelen mit Sternschnuppen vergleicht. Doch ist diese Erklärung vielleicht zu weit hergeholt: Vielleicht handelt es sich schlicht um einen normalen metaphorischen Gebrauch, ohne besonderen platonischen Hintergrund. Im doktrinalen Mythos des Saturninus bezeichnet der Lebensfunken jedenfalls den transzendenten, von der obersten Macht her stammenden Teil der menschlichen Seele, der nach dem Tode des Menschen zu seinem Ursprung zurückkehrt.

Vielleicht kann man die Rolle des Lebensfunkens in diesem Mythos noch etwas genauer bestimmen. Allerdings stoßen wir hier auf eine bemerkenswerte Schwierigkeit: Der entscheidende Satz der lateinischen Irenäusübersetzung, der die Funktion des herabgesandten Lebensfunkens beschreibt, ist nicht nur von den modernen Herausgebern textkritisch bezweifelt worden, sondern schon seine antiken Leser schienen sich nicht einig gewesen zu sein, wie er genau zu verstehen sei.

> Es heißt, die obere Kraft (griechisch: *hê anô dynamis*) habe den Lebensfunken, die (lateinisch) *scintilla vitae*, geschickt – und so fährt nun die lateinische Irenäusübersetzung fort: *quae erexit hominem et articulavit et vivere fecit.*
> („der den Menschen aufgerichtet hat, ihn differenziert hat/bei ihm Glieder ausgebildet hat/ ihn fest gemacht hat und gemacht hat, dass er lebt.")

---

[5] Tardieu 1975, 228 der auf u. a. Philo von Alexandrien, Opf.146 als Parallele verweist.

[6] Tardieu 1975.

[7] Tardieu 1975, 252–255, der den Ausdruck letztlich auf Plato, Staat 621B1–4 zurückführt. S. aber Pétrement 1984, 263 die auf Sapientia Salomonis 3,7 verweist.

Tertullian, der auch Irenäus gelesen hat, schreibt in *De anima* 23,1 ironisch von einer *scintillula vitae*
quae illud exsuscitarit et erexerit et constantius animarit.
(„die jenes Gebilde aufwecken/aktivieren und aufrichten und sehr zuverlässig beleben sollte.")
Im griechischen Text des Hippolyt von Rom, *Refutatio* 7,28,3, der diesen Irenäusabschnitt mehr oder minder getreu abschreibt, heißt es nach der einzigen Handschrift, dem Parisinus suppl.gr.464[8]:
hos diêgeire ton anthrôpon kai zên epoiêse.
(„der den Menschen aufgeweckt/aufgerichtet hat und gemacht hat, dass er lebt.")
Epiphanius von Salamis, Panarion 23,1,8, der die Irenäusnotiz direkt oder indirekt kennt, schreibt:
kai di autou anôrthôse ton anthrôpon kai houtôs ezôgonêse, dêthen ton spinthêra psychên tên anthrôpeian phaskôn.
(„und durch ihn richtete er den Menschen auf und machte ihn so lebendig; Saturninus versteht daher unter dem Funken die menschliche Seele.")
Man sieht, dass das auffällige *articulavit* der lateinischen Irenäusübersetzung sich bei den späteren Zeugen nicht wieder findet. Die Herausgeber der maßgeblichen Irenäusedition haben es deshalb angezweifelt; ihnen zufolge dürfte der griechische Urtext so gelautet haben:
hos diegeire ton anthrôpon kai anorthôse kai zên epoiêse.
Das *anorthôse* sei, so die Herausgeber (Rousseau und Doutreleau 1979, 284–285), aufgrund einer Korruption des Textes zu *êrthrôse* oder *diêrthrôse* mutiert und dann lateinisch als *articulavit* übersetzt worden. Diese textkritische Hypothese setzt voraus, das entweder das *diegeire* im Sinne eines Aufweckens aus dem Schlafe zu verstehen sei (aber das von den Engeln geschaffene Gebilde schläft nicht!), oder dass *diegeire* und *anorthôse* ein Hendiadyoin bilden, dem etwas unelegant ein dritter Ausdruck (*zên epoiêse*) angeschlossen wird. Das von den Herausgebern vorgeschlagene *anorthôse* ist jedenfalls als die kommodere Lesart, als *lectio facilior* zu beurteilen.
In diesem Zusammenhang ist darauf hinzuweisen, dass das lateinische Verb sich noch an einer anderen Stelle in der lateinischen Irenäusübersetzung findet. In *Adversus haereses* 2,33,4 will Irenäus zeigen, dass die These, die Seele vergesse im Körper geistliche Schauungen und werde also vom Körper überwältigt, unzutreffend ist. Irenäus schreibt:
Non enim est fortius corpus quam anima, quod quidem ab illa spiratur et vivificatur et augetur et articulatur ...
Irenäus zufolge erhält der Körper also von der Seele den Geist, das Leben, die Fähigkeit zu Wachsen (eine Art vegetatives Vermögen) sowie die Glieder.[9]
Es ist durchaus möglich, dass die Korruption des Textes sich gerade umgekehrt vollzogen hat, als die Herausgeber es angenommen haben, dass also ein ursprüngliches *êrthrôse* oder *diêrthrôse* später nicht mehr verstanden und ausgelassen oder verschrieben wurde. Allerdings ist auch nicht gänzlich auszuschließen, dass *articulavit* die Glosse des antiken lateinischen Irenäusübersetzers darstellt.[10] Hält man das *articulavit*, – wofür ich plädieren würde – so bedeutet dies, dass der beseelende Lebensfunken dem Körper die Ausbildung von Gliedern und damit einer stabilisierenden differenzierten Struktur ermöglicht.[11]
Aufschlussreich ist die Version des Tertullian: Statt mit *vivere fecit* übersetzt er *zên epoiêse* mit *constantius animarit*: Für ihn wird das Gebilde also durch den Lebensfunken nicht

---

[8] Rousseau und Doutreleau 1979, 322; Marcovich 1986, 303.

[9] Vgl. Rousseau und Doutreleau 1982, 351, die *articulatur* hier mit: „*recoit....la cohésion*" übersetzen.

[10] So Tardieu 1975, 228.

[11] Hier kann man die rabbinische golem-Tradition vergleichen: Der golem, das ist der formlose Klumpen Erde, aus dem Adam geformt wird, in dem Zustand vor der Ausbildung der Glieder, vgl. Teugels 2000, 116–117. Die Seele erhält Adam erst, nachdem die Gliedmaßen geformt wurden.

erst belebt, sondern dieses, von dem er kurz zuvor bemerkt hatte, dass es *instabilis* war und ihm die *vires consistendi* fehlten, wird beständiger belebt. Dies ist konsequent wenn man – wie er – *diegeire* mit *exsuscitaret* übersetzt und damit zu verstehen gibt, dass hier ein bereits (irgendwie) lebendiges Gebilde aufgeweckt wird. Epiphanius schließlich versteht den Lebensfunken explizit als menschliche Seele, die einen leblosen Körper belebt.

Die drei Funktionen des Lebensfunken also werden in der lateinischen Irenäusübersetzung einer Art Antiklimax beschrieben: Der Lebensfunken richtet auf, differenziert/bildet Glieder aus und belebt.

Der aufrechte Gang charakterisiert den Menschen als Menschen: In der griechischen Philosophie findet sich dieser Gedanke offenbar zum ersten Mal bei dem Kyniker Diogenes: Diogenes zufolge ermöglichte es der aufrechte Gang dem Menschen, reinere und trockenere Luft als die Landtiere, deren Atmungsorgane dichter am Boden sind, einzuatmen.[12] Für Aristoteles signalisiert der aufrechte menschliche Gang die göttliche Natur des Menschen, d. h. die Tatsache, dass er mit Vernunft (griechisch: *nous*) begabt ist.[13] In späteren Quellen findet sich in der Tat explizit die Gleichsetzung des Funkens mit dem rationalen Teil der Seele, mit dem *nous*.[14]

Weiterhin sorgt der Lebensfunken offenbar dafür, dass das Gebilde sich differenziert, bzw. Gliedmaßen, d. h. eine stabile Gestalt, ausbildet. Die Frage der biologischen Entstehung des Menschen, besonders der Entwicklung des Embryos, war in der Antike umstritten: Auf der Basis zumeist der Erkenntnisse des Aristoteles diskutierte man, in welchen Etappen sich die Entwicklung des Embryo vollzieht, welche Ursachen daran beteiligt sind, welche Seelenvermögen bereits für die verschiedenen Stadien der Embryonalentwicklung vorauszusetzen sind.[15] Besonders wurde auch diskutiert, zu welchem Zeitpunkt die Seele (bzw. welche Seele) in den Embryo eintritt. Bei Aristoteles ist allerdings klar, dass die Ursache der embryonalen Entwicklung nicht außerhalb des Embryos zu suchen ist; es ist das Herz, dass als beseelter Körperteil „am Anfang der embryonalen Entwicklung steht und die weitere Entwicklung steuert."[16] Porphyrius notiert, dass laut Hippokrates zwei Hypothesen vorgeschlagen wurden: Entweder tritt die Seele in den Embryo ein, wenn er zuerst geformt wird, d. h. wenn sich der männliche Fötus nach dreißig Tagen, der weibliche nach zweiundvierzig Tagen ausdifferenziert hat. Oder die Seele tritt in den Embryo ein, nachdem die Gliedmaßen sich ausgebildet haben, die Nägel und Haare eingewurzelt sind und der Fötus beginnt, sich zu bewegen.[17] Clemens von Alexandrien wirft die Frage auf, ob schon der im Uterus befindliche männliche Same als Lebewesen bezeichnet werden könnte, oder nur der schon mit Gliedmaßen versehene, durchgestaltete Fötus.[18]

---

[12] Dierauer 1977, 47.

[13] Aristoteles, part. an. 686a25–687a1; Dierauer 1977, 148.

[14] Tardieu 1975, 235 mit Verweis auf u.a. Maximus von Tyrus, Philosophoumena 31,4.

[15] Scholten 2005, 397–404 (mit Bibliographie).

[16] Kullmann 1979, 42.

[17] Porphyrius, Ad Gaurum, prol.2,2; Festugière 1986, 267.

[18] Clemens von Alexandrien, Stromata 8,12,2.

Schließlich verleiht der Seelenfunken Leben (*vivere fecit*). Damit stellt sich die Frage, inwiefern das Gebilde vor der Herabkunft des Lebensfunkens überhaupt schon ein Lebewesen (griechisch: *zôon*) war. Antike Doxographie notiert Debatten darüber, inwieweit der Embryo im Mutterleib bereits als Lebewesen zu betrachten – diese Frage hing mit der Frage nach dem Zeitpunkt der Beseelung des Embryos zusammen, die Aristoteles offen gelassen hatte. Gefragt wurde in diesem Zusammenhang auch, inwieweit das Vorhandensein des untersten, vegetativen Seelenvermögens (d. h. der Fähigkeit zu wachsen) bereits die Definition eines Lebewesens erfüllt oder nicht: Plato bejahte die Frage angeblich, Aristoteles hingegen nicht: Dieser meinte, zum Lebewesen gehörten auch die Sinnesorgane.[19]

Porphyrius notiert in seiner Schrift *An Gaurus oder wie die Embryonen beseelt werden*, dass u.a. diskutiert wurde, welche Art von Lebendigkeit bei dem Embryo vorauszusetzen ist, der noch im Mutterleib ist. Einigkeit bestand darüber, dass der Embryo mit einer vegetativen Seele begabt ist (er könnte sonst nicht wachsen), diskutiert wurde aber, inwieweit er auch in gewisser Weise schon die Seele eines Lebewesens hat, d. h. schon mit eigenem Impuls und Sinnesorganen begabt ist. Diejenigen, die letzteres annahmen, mussten aber zugeben, dass die über die vegetative Seele hinausgehenden Seelenvermögen im Embryo nur in einer gewissen Potentialität vorhanden sind: Der Embryo verhält sich, als ob er in einer Art Erstarrung oder Winterschlaf ist.[20]

Wenn man den Begriff des Lebensfunkens strikt versteht, so wird man feststellen müssen, dass im Mythos des Saturninus vor der Herabkunft des Lebensfunkens das von den Weltschöpferengeln verfertigte Gebilde kein Lebewesen war: Genau so hatte Epiphanius von Salamis die Irenäusnotiz in der ihm vorliegenden Form auch verstanden, wenn er Lebensfunken und belebende Seele einfach gleichsetzte. Andererseits – und das hat ein antiker Leser wie Tertullian bemerkt – eignet schon dem von den Weltschöpferengeln zu verantwortenden, unvollendeten Gebilde eine gewisse, sich in einer ungeordneten Bewegung ausdrückende Lebendigkeit. Deutlich ist aber auch, dass die Lebendigkeit des Gebildes vor der Herabkunft des Lebensfunkens so eingeschränkt war, dass der Lebensfunken auf jeden Fall mehr vermittelt haben muss als nur das rationale Denkvermögen, den *nous*. Aristoteles betonte allerdings die sukzessive Entwicklung des Embryos.[21] Nur durch seine Theorie des *nous* erhält seine Anthropologie ein gewisses Diskontinuitätsmoment: Der *nous* kommt von außen und ist der unsterbliche Seelenteil. Aristoteles war sich der Problematik dieser Annahme bewusst und versuchte sie zu entschärfen; in seiner Schule wurde die *nous*- Lehre schließlich verworfen.[22] Der Lehrmythos des Saturninus verschärft hingegen das Diskontinuitätsmoment in narrativer Weise, wenn er das Gebilde ohne

---

[19] Clemens von Alexandrien, Stromata 8,10.

[20] Porphyrius, Ad Gaurum, prol. I,3; Festugière 1986, 266.

[21] Kullmann 1979, 42–45.

[22] Aristoteles, De generatione animalium II,3 736b28; De anima 408b18 f.; 29 f.; 430a 10–25; Dierauer 1977, 149–150.

den Lebensfunken/*nous* geradezu als Produkt der Schwäche und des Unvermögens seiner Konstrukteure darstellt.[23]

Der Versuch, das Konzept des Lebensfunkens im Lehrmythos des Saturninus etwas näher zu bestimmen, ist aufschlussreich für die Art und Weise, wie derartigen Mythen konstruiert werden: Sie kombinieren die narrative Exegese biblischer Texte mit einer impliziten Diskussion von Konzepten und Argumenten antiker Philosophie und Naturwissenschaft. Es ist also immerhin problematisch, die hier in narrativer Form artikulierte Position als ‚gnostisch‘ in dem Sinne zu charakterisieren, dass mythisch-poetische Fantasie eine Haltung radikaler Weltfremdheit und Kosmosfeindlichkeit artikuliert. Viel eher handelt es sich hier um ein spekulatives Weiterdenken, ein nicht schulmäßiges ‚Ausspinnen‘ bestimmter philosophischer Positionen, und war im Rahmen einer Exegese des biblischen Textes. Die Rede von einem göttlichen Lebensfunken ist daher nicht als ein völliger Bruch mit der philosophischen Anthropologie anzeigt und somit als radikaler anthropologischer Neueinsatz einzuschätzen. Der Lebensfunke ist per se nicht ‚weltfremder‘ als der aristotelische *nous*, am Ende kehrt er zu dem ihm ‚Verwandten‘ zurück; damit wird das in der Antike bekannte (physikalische und erkenntnistheoretische) Prinzip ‚Gleiches zu Gleichem‘ zitiert.[24]

2. Irenäus von Lyon fügt noch einige weitere Informationen über die Lehre des Saturninus an (Adversus haereses 1,24,2):

> Er behauptet, dass der Erlöser (griechisch: sôtêr) ungeboren sei, körperlos und ohne Gestalt; nur zum Schein ist er als Mensch erschienen. Der Gott der Juden ist einer von den Engeln, sagt er. Und weil sein Vater alle Archonten vernichten (wörtlich: auflösen) wollte[25], kam der Christus zur Zerstörung des Gottes der Juden und zum Heil für die, die an ihn glaubten: Diese aber sind diejenigen, die seinen Lebensfunken haben. Dieser [scil. Saturninus] hat als der erste[26] gesagt, dass zwei Arten von Menschen von den Engeln geschaffen worden seien, die eine nämlich böse, die andere gut. Und da Dämonen den bösen Menschen halfen, ist der Erlöser (griechisch: *sotêr*) gekommen, um die schlechten Menschen und die Dämonen zu vernichten (wörtlich: aufzulösen), den Guten aber das Heil zu bringen. Heiraten und Kinder zeugen aber, sagt er, sind vom Satan. Die meisten seiner Anhänger enthalten sich von beseelten Speisen (vom Fleisch). Durch solche geheuchelte Enthaltsamkeit verführen sie viele.[27]

Der Erlöser ist, so wird in dem Referat des Irenäus hervorgehoben, körperlos (griechisch: *asômatos*) und ohne Gestalt (griechisch: *aneideos*). Körperlosigkeit wird auch sonst von Gott ausgesagt[28], Gestaltlosigkeit ist in der platonischen Tradition

---

[23] Vgl. Luttikhuizen 2000, 145–146 mit Vergleichsmaterial.

[24] Müller 1965.

[25] Im Unterschied zur Übersetzung von N.Brox, die hier der lateinischen Irenäusübersetzung verpflichtet bleibt, folge ich dem griechischen Text bei Hippolyt, ref. 7,28,5, der das Original mehr oder weniger getreu bewahrt hat. S. auch Rousseau und Doutreleau 1979: 285.

[26] Man darf nicht mit Rousseau und Doutreleau 1979 285–286 textkritisch ‚hic primus‘ eliminieren, vgl. Irenäus von Lyon, Adversus haereses 1,11,1; 1,27,4.

[27] Rousseau und Doutreleau 1979a, 322.324; Übersetzung Brox 1993, 297.299 (stark modifiziert).

[28] Alkinoos, Did. 166,7; Whittaker und Louis 1990, 25.

Prädikat der Materie, welche die Ideen (griechisch: *eidê*) aufnimmt.[29] Doch findet sich bei Plotin die Gestaltlosigkeit als Prädikat des Einen, des obersten Prinzips.[30] Es wäre zu überlegen, ob aneideos nicht auch Prädikat des aristotelischen Nous sein könnte, der alle Ideen, die er denkt, aktualisiert. Schließlich ist zu notieren, dass der Erlöser und der Lebensfunken verwandt sind.

Der Erlöser kommt also zur Zerstörung der Archontenherrschaft und zur Rettung derjenigen, die an ihn glauben: Dies sind diejenigen, die den ‚Lebensfunken' in sich tragen.

Diese ergänzenden Informationen zur Anthropologie des Satuninus sind einigermaßen verwirrend: Während der Lehrmythos des Saturninus zunächst erzählt, dass der Mensch schlechthin (= alle Menschen durch ihr Menschsein) den Lebensfunken erhalten hat, so ist jetzt von zwei Menschenklassen die Rede. Irenäus von Lyon betont sogar, dass Saturninus der erste sei, der in dieser Weise zwei Menschenklassen unterschied, die guten Menschen und die bösen. Die schlechten Menschen werden von den Dämonen unterstützt. Diese sind wohl nicht mit den sieben Weltschöpferengeln identisch, denn am Ende des Referats wird betont, dass Satan ein Widersacher der Weltschöpferengel und besonders des Gottes der Juden gewesen sei.

Der im Saturninreferat des Irenäus von Lyon sichtbar werdende Widerspruch zwischen einer universalen Anthropologie und einer Menschenklassenlehre findet sich auch in weiteren gnostischen Mythen mit einer ähnlichen Anthropologie, so z. B. im *Apokryphon des Johannes*:[31] Was Grundausstattung des Menschen ist, wird im Laufe der Erzählung scheinbar zum Privileg einer besonderen Klasse von Menschen (z. B. den Pneumatikern, den Nachfahren des Seth). Eine Möglichkeit, den Widerspruch zu beseitigen, würde darin bestehen, den aufrechten Gang, der durch den Lebensfunken ermöglicht wird, im übertragenen Sinn zu verstehen.[32] Eine andere Möglichkeit bestünde darin, den ‚Lebensfunken' oder die Gabe des Pneuma als eine Bedingung, eine Ermöglichung des Heils zu deuten. In diesem Sinne will Luttikhuizen (2000) die in den Grundzügen vergleichbare, in den Details aber sehr viel komplexere mythische Erzählung des *Apokryphon des Johannes* verstehen.[33] Auch im Falle des Saturninus ist auffällig, dass die beiden Arten von Menschen evoziert werden, um das Erlösungshandeln des Sotêr zu beschreiben, der die bösen Menschen und die sie unterstützenden Dämonen bekämpft. Zugleich wird die enkratitische Lehre des Saturninus beschrieben, die aus dem Verzicht auf die Ehe und dem Fleischverzicht besteht. Die zwei Arten von Menschen beschreiben also nicht zwei ‚Menschenklassen', in welche die gesamte Menschheit eingeteilt werden kann, sondern sie beschreiben zwei Möglichkeiten des Menschseins, die für jeden Menschen gegeben sind.[34]

---

[29] Alkinoos, Did. 162,36; 163,6; Whittaker und Louis 1990, 96.

[30] Plotin, En.6, 7, 32.

[31] Luttikhuizen 2000, 147.

[32] Pétrement 1984, 153.263.

[33] Luttikhuizen 2000, 147–148. Vgl. auch King (2006), 121.

[34] Vgl. King (2006), 121, die Ähnliches für die Anthropologie des *Apokryphon des Johannes* feststellt.

Der augenscheinliche Widerspruch in der Lehre des Saturninus ergibt sich, weil sie zwei verschiedene Perspektiven auf den Menschen kombiniert:

Die eine Perspektive unterscheidet das von den sieben Weltschöpferengeln geschaffene Gebilde von dem Lebensfunken, der von der obersten Macht geschickt wurde. Der aus beiden Komponenten gebildete Mensch löst sich nach seinem Tode auf: Die Bestandteile, aus denen der Mensch konstruiert wurde, kehren zu ihrem jeweiligen Ursprung zurück. Folgt man dieser Perspektive, so ist der Mensch als Konstrukt der Engel ein funktionierender Teil des Kosmos, genauer gesagt: ein Konstrukt, das nach einem ersten, erfolglosen Versuch mit Hilfe der obersten Macht funktionstüchtig gemacht wurde.[35]

Die zweite Perspektive sieht den Menschen als wesentlich unvollkommen oder unvollendet: Der Mensch muss sich realisieren, er muss Askese üben (d. h. in diesem Fall Ehelosigkeit und Fleischverzicht). Dies können nur die Menschen, die den Lebensfunken haben und zu denen der Erlöser kommt. Diese zweite Perspektive ist die ethische[36] Perspektive: Ihr zufolge ist der Mensch ein Projekt, das erst noch zu vollenden ist. Das Projekt konzentriert sich dabei auf einen Kern (Lebensfunken), der von dem übrigen Gebilde unterschieden wird. Das Ziel der asketischen Praxis wird im Saturninreferat des Irenäus nicht explizit benannt: Es dürfte aber in der Bewahrung und Kultivierung dieses Kerns des Menschen bestehen.

II

1. Der Mensch als Konstrukt und funktionierender Teil des Kosmos – der Mensch als Projekt: Es sind diese beiden Perspektiven, die verschiedene gnostische Lehrer in Form einer narrativen Exegese (die Kritik und Rekonstruktion einschließt) immer wieder miteinander zu vereinen versuchen. Schon die relative Vielzahl gnostischer Menschenschöpfungsmythen deutet daraufhin, dass die Art und Weise, wie die Kombination beider Perspektiven zu vollziehen sei, Gegenstand von Debatten war.

Mögliche Gegenstände von Debatten waren z. B. folgende Fragen:

- Aus welchen Teilen des Kosmos und von welchen Mächten ist der Mensch konstruiert?
- Inwiefern entspricht das Konstrukt Mensch dem Plan und der Absicht der Konstrukteure? Inwiefern ist also das Konstrukt noch ein zu vollendendes Projekt?

---

[35] Mit ‚Kosmos‘ (der Begriff fällt im Saturninreferat des Irenäus nicht) bezeichne ich eine die hiesige Welt und die transzendente Sphäre übergreifende Welt bzw. Gesamtheit. Dies ist sachgemäß, denn die Art und Weise, wie die Auflösung des Menschengebildes evoziert wird, zeigt, dass der Lebensfunken in eine andere Sphäre derselben Welt, nicht in eine vollkommen andere Dimension zurückkehrt.

[36] ‚Ethik‘ ist hier im antiken Sinne zu verstehen, als Lehre vom richtigen Leben, als reflektierte Anleitung zur Selbstverwirklichung des Menschen.

- Inwiefern ist das Konstrukt den Konstrukteuren unterlegen, inwiefern überlegen? Wie gestaltet sich das Verhältnis von Konstrukt und Konstrukteuren?
- Wie kann sich das Konstrukt von den Konstrukteuren befreien und seine Bestimmung realisieren?
- Welche Rolle spielen bei dieser Befreiung die oberste Macht, welche die Erlösergestalt(en)? Inwiefern ist die Erlösergestalt mit Jesus Christus identisch?

Vor allem aber arbeiteten die verschiedenen Entwürfe gnostischer Heilsgeschichten immer wieder daran, die beiden genannten Perspektiven auf den Menschen plausibel miteinander zu kombinieren, den Menschen als Konstrukt und Teil des Kosmos und als noch zu vollendendes Projekt zu denken.

2. Auch der Lehrmythos der Valentinianer, der wahrscheinlich auf den Valentinschüler Ptolemäus zurückgeht, versucht sich an dieser Aufgabe[37]:

Ihm zufolge ist der Mensch ein Konstrukt aus folgenden Bestandteilen: Einer hylischen (materiellen) Seele,[38] einer in diese eingehauchten psychischen Seele sowie eine um dieses Gebilde gelegten Haut. Gen 1,26 wird ausgelegt: Der hylische Mensch ist nach dem ‚Bild‘ (griechisch: *eikôn*), der psychische Mensch nach dem ‚Gleichnis‘ (griechisch: *homoiôsis*). Die eingehauchte psychische Seele wird auf Gen 2,7 bezogen, die Haut auf Gen 3,21: Auch die Anthropologie des Ptolemäus versucht, Gen 1, 2 und Gen 3 exegetisch zu kombinieren. Schließlich wird durch den Demiurgen, der die psychische Seele schafft, auch das pneumatische Element, dass von gleicher Substanz (griechisch: *homoousios*) wie die Weisheit ist, mit der psychischen Seele in die hylische Seele eingehaucht. Dies geschieht ohne Wissen des Demiurgen.

Der Mensch besteht nach dieser Anthropologie also aus – abgesehen vom Körper – drei Seelenteilen bzw. Seelensubstanzen: Einer hylischen, einer psychischen und einer pneumatischen Seelensubstanz. Alle drei Substanzen stammen letztlich vom jüngsten der dreißig Äone des göttlichen Pleromas, der Sophia. Die hylische und die psychische Substanz entstammen dem Leiden der Sophia Achamoth, d. h. des Teils der Sophia, der nach ihrem Fall aus dem Pleroma außerhalb des Pleromas zurückblieb. Die Sophia Achamoth hat den Drang nach oben, zur Transzendenz, aber kann die Grenze des Pleromas nicht durchbrechen. Daraus resultieren Leidenschaften/Leiden (griechisch: *pathê*) – Trauer, Furcht, Angst, Unwissenheit. Schließlich kommt noch eine weitere psychische Disposition (griechisch: *diathesis*) hinzu, die Hinwendung/Bekehrung (griechisch: *epistrophê*) zu ihrem Erlöser.

Aus den Leiden der Sophia Achamoth hat der Erlöser (griechisch: *sôtêr*) die hylische Substanz geformt, aus der Disposition der Bekehrung die psychische Substanz. Aus beiden besteht die Welt. Damit die unkörperlichen Leidenschaften der Sophia in unkörperliche Materie verwandelt werden können, bedarf es der schöpferischen Tätigkeit des vom Vater gesandten Parakleten/Erlösers (Irenäus, Adversus haereses 1,4,5): Er versieht sie mit einer passiven Fähigkeit und einer Natur, die es möglich

---

[37] Irenäus von Lyon, haer.1,5,5.

[38] Die hylische (materielle) Substanz bezeichnet eine niedere Seelensubstanz, die psychische die nächsthöhere, die pneumatische die höchste.

macht, dass sie sich in Kombinationen (griechisch: *synkrimata*) und Körpern (griechisch: *sômata*) formen. Auf diese Weise entstehen die beiden Substanzen (griechisch: *ousiai*), die schlechte (aus den Leidenschaften) und die mit Leidenschaft behaftete (aus der Bekehrung).

Die hier entwickelte protologische Physik entwirft eine Schöpfung vor der eigentlichen Schöpfung, eine protologische Schöpfung. Diese protologische Schöpfung beschreibt eine Phase, in der die Materie (*hylê*) noch nicht mit den Ideen/Formen gestaltet wird, sondern nur erst einmal mit der passiven Fähigkeit (griechisch: *epitêdeiotês*)[39] versehen wird, in einer späteren Phase die Ideen/Formen aufnehmen zu können. Die pneumatische Substanz hingegen stammt direkt von der Sophia Achamoth, welche die Engel des Erlösers betrachtete.

Die eigentliche Schöpfung nach der protologischen Schöpfung wird dann im Mythos des Ptolemäus nach dem aristotelischen Schema Form-Materie Schema geschildert (Irenäus, Adversus haereses 1,5,1–4): Der Demiurg formt aus den Substanzen die Welt, freilich ohne die Ideen/Formen, nach denen er seine Welt gestaltet, zu kennen (Irenäus, Adversus haereses 1,5,3).

Deutlich ist, dass das Kompositum Mensch im valentinianischen Mythos als ein die Struktur des Kosmos reproduzierender Mikrokosmos entworfen wird. Der valentinianische Mythos konzipiert einen Weltprozess, der in der stufenweisen Reintegration der gefallenen Weisheit besteht. Am Ende wird die pneumatische Substanz in das göttliche Pleroma integriert, die psychische Substanz nimmt eine mittlere Position unter- und außerhalb des Pleromas ein, der Rest der materiellen Welt wird in einer finalen Ekpyrosis (nach stoischem Modell) vernichtet (Irenäus, Adversus Haereses 1,7,1).

Irenäus notiert nun ausdrücklich (Adversus Haereses 1, 7,5), dass die Valentinianer die drei Naturen nicht mehr in einem Individuum (*ouketi kath'hena*), sondern im ganzen Menschengeschlecht (*alla kata genos*) annehmen, symbolisiert durch Kain, Abel und Seth. Das choische (=hylische) Element wird am Ende vernichtet, das pneumatische Element wächst während des Weltprozesses im Schoße des psychischen Elementes heran, es wird genährt und erzogen. Am Ende werden beide getrennt: Das pneumatische Element wird in das Pleroma integriert, während das psychische Element außer-und unterhalb des Pleroma verbleibt. Anders als man erwarten könnte, nehmen die Valentinianer nicht drei Arten von Menschenseelen an, sondern – laut einer Präzisierung des Irenäus – nur zwei: Seelen, die gut von Natur sind und Seelen, die schlecht von Natur sind. Kriterium ist die Fähigkeit oder Unfähigkeit der Seelen, den pneumatischen Samen aufzunehmen.

Zu notieren ist, dass wie im Lehrmythos des Saturninus, so auch im Lehrmythos des Valentinianers Ptolemäus ein gewisser Bruch oder zumindest eine gewisse Spannung zwischen den beiden Perspektiven deutlich wird: Zum einen einer Physik, die den Menschen als Konstrukt und funktionierenden Teil des Kosmos versteht, zum anderen einer Ethik (im antiken Sinne), die den Menschen als zu vollendendes Projekt versteht.

---

[39] Die epitêdeiotês wird hier als terminus technicus verwendet und bezeichnet eine Weise des Möglichen, s. Alkinoos 36; Whittaker und Louis 1990, 52.

Der Lehrmythos des Valentinianers Ptolemäus versucht dabei noch viel stärker als derjenige des Saturninus, einen Prozess zu beschreiben, der Physik und Ethik zusammen denkt. Die Komplexheit und Kompliziertheit des so entworfenen Kunstmythos sind nicht Produkt einer wild wuchernden, poetisch-mythischen Phantasie, sondern vielmehr Indiz konzeptueller Schwierigkeiten und Debatten.

Thomassen (2006) hat darauf hingewiesen, wie in den verschiedenen Versionen des valentinianischen Mythos Begriffe aus der antiken Embryologie verwendet werden: Die Sophia, die erfolglos versucht, den väterlichen Urgrund zu erfassen, gebiert eine ‚ungeformte Substanz' (griechisch: *ousia amorphos*) – wie die Fehlgeburt einer Frau (Irenäus, Adversus Haereses 1,2,39). Der valentinianische Schöpfungsprozess sieht eine Formung in mehreren Phasen vor – in der antiken Embryologie, z. B. bei Galen, finden sich ähnliche Konzeptionen.[40] Der schon hervorgehobene terminus technicus der *epitêdeiotês* spielt gerade in der Embryologie des Porphyrius eine wichtige Rolle.[41] Auch bei der Produktion der pneumatischen Substanz wird auf embryologische Vorstellungen angespielt: Die Sophia Achamoth wird beim Anblick der Engel um den Erlöser schwanger und bringt pneumatische Früchte nach dem Bild jener Engel hervor (Irenäus, Adversus Haereses 1,4,5). Der Text spielt dabei nicht nur auf Gen 30,41 LXX an[42], sondern auch auf ähnliche Vorstellungen in der antiken Embryologie.[43] Der Mythos des Saturninus und die valentinianischen Mythen unterscheiden sich aber darin, dass bei letzteren die Kontinuität des anthropogonischen und kosmogonischen Prozesses viel stärker akzentuiert wird. Die verstärkten embryologischen Bezüge in den verschiedenen Versionen des valentinianischen Mythos sollen gerade die Kontinuität der Entwicklung betonen: Sie sind ein Mittel, die beiden benannten Perspektiven auf den Menschen miteinander zu integrieren.

Der Lehrmythos des Ptolemäus konzipiert den Weltprozess so, dass eine Realisierung christlich-gnostischer Weisheit denkbar wird. Die beiden Perspektiven auf den Menschen werden dabei so kombiniert, dass die Realisierung der Weisheit, die Vollendung der Pneumatiker, Teil der Selbstverwirklichung und Selbsterhaltung des göttlichen Pleroma ist. Thomassen (2006) schreibt:

> It [die valentinianische Heilsgeschichte/W.L.] describes an ongoing process of which we ourselves are a part. From this perspective, the entire history of the fall from the divine realm, the creation of the cosmos, and the sending of the Saviour forms nothing other than a grand detour in the gestation of the Pleroma, to be consummated eventually through the rebirth of the spirituals sown in the cosmos, effected through the ritual of baptism.[44]

---

[40] Thomassen 2006, 309–313.

[41] Aubry 2008.

[42] Rousseau und Doutreleau 1979, 193.

[43] Porphyrius, Ad Gaurum V,4; Festugière 1986, 276.

[44] Thomassen 2006, 313.

IV

1. Die Anthropologie dieser christlich-gnostischen Lehrmythen, so die hier vertretene These, sind ein antikes Beispiel konsilienten[45] Denkens, das ziemlich ambitioniert zwei verschiedene Perspektiven auf den Menschen kombinieren will: Auf der einen Seite der Mensch als Konstrukt und damit als Teil und Funktion einer übergreifenden Ordnung, des Kosmos, auf der anderen Seite der Mensch als Projekt, der Mensch mit einer Bestimmung und einer sich daraus ergebenden Lebensform. Zum Schluss sei gefragt, inwiefern das intellektuelle Vorhaben dieser christlichen Gnostiker in einem weiteren Kontext zu sehen ist.

In einem aufschlussreichen Aufsatz hat Wolff (1997) bei Plato und Aristoteles zwei Modelle für den Menschen beobachtet: Zum einen, in Werken wie Platos Dialog Timaios oder in den biologischen Schriften des Aristoteles, wird kein wesentlicher Unterschied zwischen Mensch und Tier definiert. Vielmehr wird eine ungebrochene Kontinuität zwischen den Formen des Lebendigen beschrieben. Wolff bemerkt zur Biologie des Aristoteles:

> La vraie distinction biologique est une distinction entre les âmes (ou facultés) et non une distinction entre des grands genres d'êtres vivants (vegetal / animal / homme).[46]

Von diesem Modell, das sich in biologischen und kosmologischen Texten der Philosophen findet ist nun laut Wolff ein zweites Modell zu unterscheiden, das die Mensch-Tier Unterscheidung etabliert. Dazu bedarf es aber eines Kriteriums, das alle beseelten Wesen außer dem Menschen so zusammenfasst, dass darüber die Unterschiede zwischen den verschiedenen Arten der Tiere zweitrangig werden. Wolff stellt fest, dass es für die Plato und Aristoteles ein solches Kriterium nur als Negation gibt: Das Tier ist das Andere des Menschen und hat nur also solches konzeptuelle Konsistenz.[47] So werden drei distinkte ,Faunas' beseelter Wesen gedacht: Tiere, Menschen und Götter. Die Menschen sind in diesem Schema durch ihre mittlere Position zwischen Tieren und Göttern definiert. Diese Mittelposition, die sein Wesen definiert, ist prekär und instabil: Der Mensch kann auf der einen Seite zum Tier herabsinken, auf der anderen Seite kann er zur göttlichen Natur aufsteigen, ihr ähnlich werden.[48] Der Mensch definiert sich dadurch, dass er fähig und aufgefordert ist, seine Lust zu normieren. D. h. es gibt so etwas wie ein Wesen und eine Natur des Menschen, das aber nur durch den rechten Gebrauch der Lust realisiert werden kann.[49] Sowohl das Tier als auch die Götter sind nach dieser Auffassung ,amoralisch', nicht an Normierungen gebunden und deshalb nicht menschlich. Der Mensch ist aufgefordert, seine Natur zu realisieren, ihr gemäß zu leben.[50]

---

[45] Um den programmatischen Begriff von Wilson 1999 aufzunehmen….

[46] Wolff 1997, 161.

[47] Wolff 1997, 166–171.

[48] Wolff 1997, 173.

[49] Wolff 1997,175.

[50] Wolff 1997, 176–179.

Die Beobachtungen von Wolff zur antiken philosophischen Anthropologie sind anschlussfähig an meine Überlegungen zu den zwei Perspektiven auf den Menschen in christlich-gnostischen Mythen. Beim Vergleich fällt auf, dass in den christlich-gnostischen Mythen durch die narrative Form und die mit ihr gegebenen Reflexionsmöglichkeiten die anthropologische Positionen und Perspektiven der philosophischen Tradition in neuer, ungewöhnlicher und intensiver Form reflektiert und kombiniert werden.

So wird z. B. in den Mythen des Saturninus und der Valentinianer die ethische Perspektive (der Mensch als Projekt) insofern verschärft und zugespitzt, als die drei von Wolff (1997) herausgestellten ‚Faunen‘ der Götter, Tiere und Menschen durch die ‚Faunen‘ der Hyliker, Psychiker und Pneumatiker ersetzt werden. Damit wird zum einen die in der antiken philosophischen Anthropologie angelegte, auf Seelenteile/Seelensubstanzen konzentrierte Psychophysik zu einer Menschenklassenlehre mit ethischer Perspektive erweitert. Zum anderen wird verdeutlicht, dass sowohl das Herabsinken auf ein bestialisches Niveau als auch der Aufstieg zum göttlichen Rang menschliche Möglichkeiten sind.[51] Schließlich wird hier auch die entschieden anthropozentrische Tendenz deutlich, welche die valentinianische Anthropologie mit anderen christlichen Anthropologien der Antike teilt.[52]

Weiterhin sei notiert, dass in den christlich-gnostischen Mythen bestimmte philosophische Metaphern, Schulformeln und Begriffe neu ausprobiert werden, indem man sie in einen narrativen, durch biblische Traditionen bestimmten Rahmen stellt. Der Lebensfunke im Mythos des Saturninus ist ebenso transzendent wie der aristotelische *nous*: Aber durch seine Herabkunft in das durch die Engelmächte geschaffene Gebilde erscheint seine Transzendenz dramatisch akzentuiert. Oder: Während im platonischen Timaios 42D die Konstruktion der niederen Seelenteile und der Körper den niederen Göttern zugewiesen wird, redet der Mythos des Saturninus verschärfend von einem gescheiterten Versuch der Engel, den Menschen nach dem Bild der obersten Macht zu konstruieren.[53] Oder: Im bereits erwähnten *Apokryphon des Johannes*, das eine ähnliche Anthropologie wie der Lehrmythos des Saturninus vertritt, wird schließlich der pneumatisch-psychische Urmensch (Adam) von den eifersüchtigen Archonten in einen Körper eingeschlossen, der als ‚Fessel‘ und ‚Grab‘ bezeichnet wird. Diese platonischen Metaphern (Phaedo 62B; 67D; 114B; Cratylus 400 C)[54] werden im christlich-gnostischen Mythos erzählend ausgelegt – die platonische Anthropologie wird damit auch neu durchdacht. Um auf die Terminologie der Einteilung antiker Philosophie zu rekurrieren: Die christlich-

---

[51] Die Beschreibung der Position des Menschen kann in antiken christlichen Anthropologie ganz verschieden erfolgen: die Engellehre hat u.a. in dieser Hinsicht eine wichtige systematische Funktion.

[52] Dieser Anthropozentrismus ist einer der Hauptkritikpunkte Plotins an den ihm bekannten – christlichen? – Gnostikern, vgl. Plotin, En. 2,9,9.

[53] Nota bene: Die oberste Macht im Mythos des Saturninus ist nicht so transzendent, dass sie nicht den Engeln erscheinen oder sie sich des Menschen erbarmen könnte. Christlich-gnostische Mythen zeichnen das Bild einer mit dem Menschen leidenschaftlich beschäftigten Transzendenz.

[54] Courcelle 1976; Luttikhuizen 2000, 149–151.

gnostischen Mythen sind Versuche, immer wieder neu Physik und Ethik narrativ zusammen zu denken.

2. Besonders der valentinianische Lehrmythos bedeutete einen entscheidenden Impuls für die anthropologische Debatte im antiken Christentum. Freilich wirkte dieser Impuls vor allem negativ: Es war in zT sehr polemischer Auseinandersetzung mit ihm, dass Theologen wie Irenäus von Lyon und Origenes von Alexandrien ihre jeweiligen anthropologischen Konzepte formulierten. Der valentinianische Versuch, antike Physik und antike Ethik im Hinblick auf die Anthropologie zusammen zu denken, überzeugte nicht. Der Vorwurf lautete, dass auf diese Weise ein Substanzen oder Menschenklassendeterminismus gelehrt werde und damit dem Menschen Entscheidungsfreiheit, Verantwortlichkeit und Verbesserungsfähigkeit abgesprochen werden: Die gnostische Anthropologie mache die Paränese überflüssig. Dieser Vorwurf, der sich bei genauerer Analyse als häresiologisches Cliché erweist[55] – trifft gleichwohl einen neuralgischen Punkt dieser ‚konsilienten' Anthropologie: Er moniert, dass die Perspektive der Physik (der Mensch als Konstrukt und Teil des Kosmos) die ethische Perspektive (der Mensch als Projekt) überformt hat.

Bei Origenes führte diese Kritik zum Entwurf einer Anthropologie, in der nunmehr die Ethik die Physik dominiert: Die Substanzen der rationalen Naturen sind von ihren vorausgehenden Entscheidungen abhängig. Im 4.Jahrhundert ergibt sich eine ähnliche Konstellation durch den manichäischen Mythos, der gut und böse mit den Substanzen von Licht und Finsternis verknüpfte.[56] Wenn Pelagius betont, dass die menschliche Natur in ihrem Kern Entscheidungsfreiheit ist und dass daher die menschliche Sünde ein Akt und keine Natur oder Substanz sei, so ist dies auch und gerade in Abgrenzung zu einer manichäischen Anthropologie gesagt.[57] Auch die Anthropologie des Augustin teilt in allen Phasen ihrer Genese diesen antignostischen und antimanichäischen Grundkonsens: Die Erbsünde, welche die menschliche Willensfreiheit der Adamsnachkommenschaft beschädigt hat, ist die Konsequenz einer freien Willenentscheidung des Urmenschen: Auch hier ist, in der Sprache antiker Philosophie gesprochen, die Ethik der Physik vorgeordnet.[58]

Das konsiliente Denken der christlichen Gnostiker wurde nicht nur von christlichen Denkern kritisiert, sondern auch von einem heidnischen Philosophen wie Plotin. Die gnostischen Lehrmythen mit ihrer kühnen *bricolage* heterogener Metaphern, Argumenten und Konzepten wirkten auf Plotin dilettantisch und unausgereift: Das ist der durchgängige Unterton seiner zT recht detaillierten Kritik an bestimmten gnostischen Spekulationen (es ist unklar, ob es sich um christliche Gnostiker handelt).[59]

Die Denkerfahrung mit dem von christlichen Gnostikern gemachten Versuch einer konsilienten Anthropologie blieb der christlichen Tradition für lange Zeit ein-

---

[55] Löhr 1992; Williams 1996, 189–212.
[56] Kobusch 1985.
[57] Löhr 2007.
[58] Löhr 2007a.
[59] Plotin, En. 2,9.

geschrieben. Dies bedeutete in der Konsequenz eine Anthropologie kategorischer Willensfreiheit und damit maximaler Verantwortlichkeit des Menschen. Dies bedeutete aber nicht, dass christliche Anthropologien sich von naturwissenschaftlichen bzw. naturphilosophischen anthropologischen Einsichten abgewendet hätten. Das Gegenteil war der Fall – wie z. B. Tertullians Schrift ‚Über die Seele' oder die Schrift des Nemesius von Emesa Über die Natur des Menschen eindrucksvoll zeigen.

Literatur

Aubry G (2008) Capacité et Convenance: La notion d'epitêdeiotês dans la théorie porphyrienne de l'embryo. In: Brisson L (u. a.) (Hrsg) L'embryon: formation et animation. S 139–155
Brox N (übers.) (1993) Irenäus von Lyon. Gegen die Häresien I (Fontes Christiani 8,1)
Courcelle P (1976) Gefängnis (der Seele). Reallexikon für Antike und Christentum 9:294–318
Dierauer U (1977) Tier und Mensch im Denken der Antike
Festugière A J (1986) La révélation d'Hermes Trismégiste III: Les doctrines de l'âme
Horn C (2002) Warum zwei Epochen der Menschheitsgeschichte? Zum Mythos des Politicos. In: Janka M, Schäfer C (Hrsg) Platon als Mythologe. Neue Interpretationen zu den Mythen in Platons. S 137–159
King KL (2003) What is Gnosticism?
King KL (2006) The Secret Revelation of John
Kobusch T (1985) Die philosophische Bedeutung des Kirchenvaters Origenes. Theologische Quartalsschrift 165:94–105
Kullmann W (1979) Die Teleologie in der aristotelischen Biologie. In: Sitzungsberichte der Heidelberger Akademie der Wissenschaften. Philosophisch-Historische Klasse. Jahrgang 1979. 2. Abhandlung
Löhr W (1992) Gnostic Determinism Reconsidered. Vigiliae Christianae 46:381–390
Löhr W (2007) Pelagius – Portrait of a Christian Teacher in Late Antiquity (Alexander Souter Memorial Lectures 1)
Löhr W (2007a) Sündenlehre. In: Drecoll VH (Hrsg) Augustin Handbuch. S 498–506
Luttikhuizen GP (2000) The Creation of Man and Woman in The Secret Book of John. In: Luttikhuizen GP (Hrsg) The Creation of Man and Woman. Interpretations of the Biblical Narrative in Jewish and Christian Traditions. S 140–155
Marcovich M (Hrsg) (1986) Hippolytus. Refutatio omnium haeresium, Patristische Texte und Studien: 26
Müller CW (1965) Gleiches zu Gleichem. Ein Prinzip frühgriechischen Denkens
Pétrement S (1984) Le Dieu séparé. Les origines du gnosticisme
Rousseau A, Doutreleau L (Hrsg) (1979) Irénée de Lyon. Contre les hérésies. Livre I, Sources chrétiennes 263
Rousseau A, Doutreleau L (1979a) Irénée de Lyon. Contre les hérésies, Livre I, Sources chrétiennes 264
Rousseau A, Doutreleau L (1982) Irénée de Lyon. Contre les hérésie. Livre II, Sources chrétiennes 294
Tardieu M (1975) Psychaios Spinthêr. Histoire d'une métaphore dans la tradition platonicienne jusqu'à Eckhart. Revue des Études Augustinienne 21:225–255
Teugels L (2000) The Creation of the Human in Rabbinic Interpretation. In: Luttikhuizen GP (Hrsg) The Creation of Man and Woman. Interpretations of the Biblical Narrative in Jewish and Christian Traditions. S 107–127

Thomassen E (2006) The Spiritual Seed. The Church of the ‚Valentinians'
Whittaker J, Louis P (1990) Alcinoos. Enseignement des doctrines de Platon
Williams MA (1996) Rethinking Enosticism
Wilson E (1999) Consilience – The Unity of Knowledge
Wolff F (1997) L'animal et le Dieu: Deux modèles pour l'homme. In: Cassin B, Labarrière JL
    (Hrsg) L'animal dans l'antitquité. S 157–180

Kapitel 6
Die Bilder des Selbst und das Selbst der Bilder: Spiegelungen des Menschen in den *Libri di famiglia* und in der Autobiographie in Italien, 1300–1600

Christof Weiand

1. Kurzer Blick in den häuslichen Spiegel

> Sono di statura comunale, con viso fresco e vermiglio, e di carnagione bianca, e con membra minute.[1]

Mit diesem selbstbewussten Satz zeichnet der Florentiner Jurist Donato Velluti sein Selbstporträt. Er beginnt mit der Körpergröße, die er als eine mittlere, erwartungsgemäß anzutreffende, bezeichnet. Er gibt sich ein gesundes Aussehen, das er seinem Gesicht abliest. Die Haut ist hell – wir dürfen vermuten: weil er sie nicht täglich der Sonne aussetzen muss –, und er ist von zierlichem Wuchs und damit ein Mensch, der nicht körperlich arbeitet. In deutscher Übersetzung lautet der expressive Satz:

> Ich bin von mittlerem Wuchs, mit einem frischen und rötlichen Gesicht, und von heller Hautfarbe und mit zierlichen Gliedmaßen.[2]

Velluti, der im Jahr 1301 geboren ist, schreibt diesen Satz in ein Buch, das Cronica domestica heißt, und das er zwischen 1367 und 1370 (das Jahr seines Todes) verfasst. Er schreibt es für die eigene Familie, die er über mehrere Generationen bis zu seiner eigenen hin ins Bild setzt. Jedes Familienmitglied findet mit Namen, Körpermerkmalen und der Erwähnung besonderer Eigenschaften seinen Platz in dieser Chronik. Dort steht der „buono cavalcatore", der gute Reiter, neben dem „grande parlatore", dem begabten Redner, dem „buono predicatore con lingua tagliente", dem Prediger mit scharfer Zunge oder dem „grande sonatore di chitarra e leuto e viuola", dem herrlichen Gitarren-, Lauten- und Geigenspieler. Der eine verschwendet sein Geld „in bene vestire, cavalcare e mangiare", der andere nimmt es den Verwandten weg; dieser hat eine „mala gamba", jenem fehlt ein Auge; hier spricht jemand von Natur aus sehr langsam, „parla molto adagio", dort wird gestottert –

---

[1] Del Lungo und Volpi 1914, 154.

[2] Übs. v. Vf., C.W.,Vermiglio' – zinnoberrot.

C. Weiand (✉)
Romanisches Seminar, Seminarstrasse 3, 69117 Heidelberg, Deutschland
E-Mail: christof.weiand@rose.uni-heidelberg.de

M. Hilgert, M. Wink (Hrsg.), *Menschen-Bilder,*
DOI 10.1007/978-3-642-16361-6_6, © Springer-Verlag Berlin Heidelberg 2012

„balbettava". Die weiblichen Verwandten fallen auf durch Liebreiz oder Schönheit. Ist eine Frau selbstbewusst, dann spricht Donato respektvoll von einer „impersonita donna". Die genealogische Welt der Vellutis wird lebendig geschildert, sie wächst, hat Erfolge vorzuweisen – das zeigt sich durch die Übernahme von öffentlichen Ämtern –, und sie verfügt in Donato über einen talentierten Schreiber im Raum der insbesondere in der Toskana aufsteigenden Welt der Händler und der Zünfte. Hier in diesem kleinen Personenkosmos zeigen Donatos Verwandte lebendige Präsenz wie im Falle seines Vaters:

> Lapo fu uomo di comunale statura, asciutto di carne, ardito e riottoso: fu de' Priori parecchie volte; poco contese a mercatantia, cavalcava la cavallata, e vivette buono tempo.[3]

2. Das Selbst im Rückblick und die edle Reue – Petrarca

Zeitgleich mit Donato Velluti, den nur Spezialisten kennen[4], ist Francesco Petrarca, den jeder gebildete Leser kennt, mit der Redaktion seiner Autobiographie beschäftigt, die er *Brief an die Nachwelt* betitelt, *Posteritati*.[5] Dieser Text entsteht zwischen 1367 und 1371. Die Bilder, die der große Dichter von sich selbst hinterlässt, sind von den ersten Zeilen an Bilder der Unruhe, der Unzufriedenheit, ja, der Reue. In rascher Folge erscheint er sich und dem Leser als der kleine, dem Tode geweihte Mensch („mortalis homuncio"), als der ungebildete Schüler („scolasticus rudis"), schließlich sogar als jemand, der dahin sieht („egrotus"). Das sind natürlich stilisierte, veredelte Schablonen des Ich, literarische Topoi also, die teilweise schon von anderen Autoren verwendet wurden.

Eckhard Keßler deutet die Erfahrung der Sterblichkeit, die Petrarcas Autobiographie zu dominieren scheint, als deren „hermeneutisches Prinzip"[6]. Denn Petrarca denkt nicht nur angestrengt an den eigenen Tod, er beklagt auch wiederholt den seiner Freunde. Auf der letzten Seite der Selbstdarstellung fällt er in Wehklagen im Gedenken an den Tod des Freundes Giacomo de Carrara:

> *Sed-heu! – nichil inter mortales diuturnum, et siquid dulce se obtulerit amaro mox fine concluditur.* (18) – Doch ach! nichts bei den Sterblichen währet lange und wenn etwa Süßes sich ereignet hat, so findet es bald ein bitteres Ende. (11)[7]

Donato Velluti – Francesco Petrarca: Der Unterschied zwischen Autobiographie und Familienbuch erscheint von dieser Stelle aus betrachtet wie der Kontrast zwischen der Freude am Dasein und der Freudlosigkeit im Denken an die Vergänglichkeit. Hier, bei Velluti bzw. in den *libri di famiglia* allgemein, pulsiert das Leben – auch in den Momenten existentieller Not; dort, bei Petrarca, auf den Seiten

---

[3] Del Lungo und Volpi 1914, 54.

[4] Guglielminetti 1977, 238–252.

[5] Martellotti et al. 1955, 1–19. Seitenangaben in Klammern ().

[6] Keßler 1983, 25.

[7] Hefele 1925, 1–11. Seitenangaben in Klammern ().

der traditionsreichen *scrittura autobiografica*, wird das ganze Leben zu einem Hin und Her zwischen Tugend und Laster. Die reflektierte Zerknirschung innerhalb der Lebensbeichte in der Autobiographie steht für sich allein, weit ab von der spielerischen Heiterkeit des Alltäglichen in den *libri*. Hören wir noch einmal Petrarca, sein Leben im Rückblick betrachtend:

> *Adolescentia me fefellit, iuventa corripuit, senecta autem correxit, experimentoque perdocuit verum illud quod diu ante perlegeram: quoniam adolescentia et voluptas vana sunt; imo etatum temporumque omnium Conditor, qui miseros mortales de nichilo tumidos aberrare sinit interdum, ut peccatorum suorum vel sero memores se se cognoscant. (2)* – Die Kindheit betrog mich, die Jugend verdarb mich, das Alter hat mich gebessert und mich am eigenen Leibe erfahren lassen, daß es wahr ist, was ich so oft gelesen, daß Jugend und Lust eitle Dinge sind – das Alter, oder besser Er, der Herr alles Lebens und aller Zeiten, der die armen Sterblichen in ihrer leeren Aufgeblasenheit bisweilen in die Irre gehen läßt, damit sie so, freilich oft erst spät, ihre Schwächen fühlen und sich selbst kennenlernen. (2)

Es ist, als stünde Petrarca drei Schicksalsgöttinnen gegenüber, die er namentlich anspricht. Sie heißen: *Adolescentia*, *Iuventa* und *Senecta*. In deren Spiegel blickend erkennt er nun, dass Sinnlichkeit („voluptas") und Jugend („adolescentia") ihn betrogen haben. Er ist vom rechten Weg abgekommen. Das nennt er *aberrare* und er gebraucht damit eine Metapher aus dem Arsenal der Lebenswegmetaphern. Das Alter, also die Biologie, hat ihn nun geläutert. Von den Gefährdungen im Umgang mit der Lust, so sagt er, hatte er früher nur gelesen. Jetzt sagt ihm das Gewissen, dass er selber immer schon betroffen war.

Ob er im Kontext dieser Erinnerung auch an Dante denkt? In der *Divina Commedia* kommt es gleich zu Beginn des *Inferno* zu jener eindrücklichen Szene, deren allegorischer Gehalt leicht zu durchschauen ist. Dante – auch er im besten Mannesalter stehend – findet sich, in Verfolg seines Lebensswegs, plötzlich in einen dunklen Wald verschlagen, weit entfernt von der geraden Straße („via dritta"), die er zu kennen meinte.

Er hat sich verirrt, *smarrirsi* nennt er das. Unheimliche Gefühle beschleichen ihn. Und schon stellen sich ihm drei wilde Tiere in den Weg, Allegorien der Jugendsünden, der Ausschweifung (*luxuria*), des Hochmuts (*superbia*), der Habsucht (*avaritia*). Sich deren Macht künftig zu entziehen, das lernt Dante im Verlauf seiner Läuterung. Schaut man näher hin, so verdankt er diese Läuterung der Mittlerrolle seiner Beatrice, die Frau, die er liebt. Die Menschenliebe – und das ist das Besondere der *Commedia* – transzendiert sich selbst geheimnisvoll. Sie steigt auf zur Gottesliebe.

Nicht so bei Petrarca. Dessen geliebte Herrin, Laura, kommt im *Brief an die Nachwelt* nicht einmal vor. Auch nicht der *Canzoniere*, Petrarcas große Gedichtsammlung, der seine Laura-Liebe als irdische Schmerzliebe besingt. Petrarca, der Dichter, hat erstaunlicherweise wenig zu schaffen mit Francesco, der nun im hohen Alter steht und das Leben Revue passieren lässt. Die Sphären des Lebens, so will es diese Autobiographie, sind nicht die der Kunst. Eine schier unüberwindliche Kluft tut sich auf zwischen *vita* und *arte*. Die drei Bilder zur Illustration vergangener Lebensstufen – der kleine Mensch, der Schüler, der Sieche –, sie werfen Petrarca auf sich selbst zurück. Im Wechsel dieser blässlichen Masken existentieller Dramatisierung verschwindet Francesco.

Paul de Man hat zu Recht darauf aufmerksam gemacht, dass der gelingende autobiographische Akt vom Mut zur Demaskierung, zum *de-facement*[8], abhängt. Petrarcas Maskenspiel betreibt das Gegenteil. Er allegorisiert sein Leben. Aus der Intimität des eigenen Daseins wird dadurch die Entzauberung des Daseins ganz allgemein. Dennoch erhofft er sich Selbsterkenntnis, die Erhellung des „se se cognoscere". Diese Formel mit dem auffälligen zweifachen Reflexivpronomen (sie besagt: ‚sich an sich selbst kennenlernen') ist vermutlich dem griechischen *gnōthi seautón* nachgebildet (‚Erkenne dich selbst'), ein Appell, der in der Antike den Eingang zum Orakel von Delphi geziert haben soll. Und wie erkennt sich Petrarca nun selbst? Als Sünder.

Der Sündenbegriff seines Briefs annulliert die zunächst philosophisch motivierte Frage nach dem individuellen Dasein. Als theologischer Begriff leitet er über zur Institution der christlichen Beichte, die im Bekenntnis der Verfehlung ihren Abschluss findet. Es ist bekannt, dass die Beichte durch das IV. Laterankonzil im Jahr 1215 zur Pflicht erhoben worden war.[9] Der Sündenkatalog schematisiert siebenstufig die Verfehlungen der *superbia, avaritia, luxuria, ira, gula, invidia, accidia*. Dieser Leitfaden christlicher Anamnese wird in der Alltagskultur und in der Literatur der frühen Neuzeit diskursbildend aktiv. In den Familienbüchern ebenso wie in der frühen Autobiographie. Besonders dann, wenn das Ich in eine Krise geraten ist.

Es ist fraglich, ob die Rede von der *voluptas* als Sünden-Diskurs wirklich in der Absicht Petrarcas gelegen hat oder ob es möglicherweise die starke Strömung der bei ihm versammelten Subtexte gewesen ist, die ihn unfreiwillig in die Nähe der Schemata der Lebensbeichte als Sakrament gebracht haben.

Welche Subtexte kommen hier in Frage? Petrarcas *vanitas*-Motiv etwa verweist auf das Buch *Kohelet* des Alten Testaments. Die Zweiteilung des Lebens in Jugend und Alter, falsches Leben und richtiges Leben, folgt dem Paradigma der *Confessiones* des Augustinus. Die *Etymologiae* des Isidor von Sevilla halten die Einteilung des Menschenlebens in einzelne charakteristische Abschnitte parat. Und wir sehen, dass zentrale Topoi aus der Bibel und aus der Patristik als tragende Strukturen das symbolische Feld der Autobiographie Petrarcas bestimmen.

Die Reduktion auf das Bild vom reuigen Sünder als Lebenssumme eines Petrarca ist dabei als eigentliche Aussage seiner Selbstdarstellung kaum vorstellbar. Abgerückt ist er von diesem Bild indes nicht. Es bleibt bei diesen Bildern, die, wenn nicht alles täuscht, seine auf die Sicherung von Ruhm abzielende Selbstdarstellung unterwandert haben. Und so steht zu vermuten, dass der Autor in der Drift eben dieser Bilder seinen poetischen Schwung verloren hat. Er gibt die Arbeit an seiner Autobiographie auf. Der *Brief an die Nachwelt* bleibt Fragment.

---

[8] De Man 1979.
[9] Weiand 1993, 27–31.

3. Private Menschenbilder im Fokus von vita und arte

Auch die *Ricordi* des Giovanni di Pagolo Morelli[10], aufgezeichnet um 1400, ist im eigentlichen Sinne ein Fragment. Sie sind, wie alle Familienbücher, als offener Diskurs angelegt, den die Wechselfälle des Lebens jederzeit unterbrechen können. Darin aber liegt ihr Reiz, vorab für den Chronisten selber. Jedes kleine Porträt ist eine echte Errungenschaft. Die Galerie der Menschenbilder in den *Ricordi* trotzt dem Vergessen und verdrängt wirkungsvoll die Vergänglichkeit. Das Porträt einer Schwester Morellis illustriert das auf das schönste:

> man rief sie immer Mea. Sie war von mittlerer Größe („di grandezza comune"), von schönster Haut („di bellissimo pelo"), weiß und blond („bianca e bionda"), eine sehr anmutige Person („molto fatta della persona"), sehr edelmütig („tanto gentile"). Zu den übrigen Schönheitsmerkmalen ihrer Glieder zählten die Hände wie aus Elfenbein („ell' avea le mani come di vivorio"), so gut gestaltet, daß sie wie von Giotto selbst gemalt aussahen („tanto bene fatte che pareano dipinte pelle mani di Giotto"): sie waren langgestreckt, sanft, die Finger lang und rund wie Kerzen, die Fingernägel lang und schön gewölbt, hochrot und durchscheinend („vermiglie e chiare"). Und mit dieser Schönheit entsprachen sie ihren Tugenden, so daß sie eigenhändig das zu tun wußte, was sie wollte und was sich schickt für eine Frau. („E con quelle bellezze rispondeano le virtù, ché di sua mano ella sapea fare ciò ch'ella voleva, che a donna si richiedesse.")[11]

Morellis detailreiches Porträt setzt die Anmut einer Frau ins Bild, deren körperliche Schönheit die ihrer Seele anzukündigen vermag. Das ist auch in der Dichtkunst des *Dolce Stil Novo*[12] zu Beginn des Trecento genau so. Die *gentilezza* bezeichnet hervorragende körperliche, geistige und seelische Eigenschaften einer Person. Aber nicht nur die Dichtkunst spielt bei Morelli eine wichtige Rolle, sondern auch die Malerei. Die Hände der Schwester erinnern ihn an Darstellungen der Hand bei Giotto, dem berühmten Freskenmaler. Die Bezüge zur Dichtung und zur Malerei stellen ein eminent wichtiges ästhetisches Signal dar. Die *libri di famiglia* blicken in die Künste und entdecken stilistische Möglichkeiten, die Sphären von *vita* und *arte* reizvoll einander anzunähern.

Während also einerseits die humanistische Autobiographie, wie bei Petrarca zu sehen ist, an Grenzen stößt, die mit den Fehlleistungen aus der Vergangenheit zu tun haben, generieren die *libri di famiglia* Menschenbilder der Präsenz. Menschen sehen Menschen. Und sie staunen. Dieser Aufschwung im Medium der Schrift setzt Impulse, von denen die Autobiographie der Renaissance in dem Bemühen, die Alltagswelt und ihre Protagonisten zu veranschaulichen, erheblich profitiert. Dort richtet sich der Blick auf das Subjekt im Werden, weniger auf dessen Gewordensein. Und die Sünde als unverzichtbarer Topos zur Erkundung des Selbst schickt sich an, narratives Ornament zu werden, das die neue Autobiographie elegant zu placieren versteht.

---

[10] Branca 1956.

[11] Branca 1956, 178. Übs. v. Vf., C.W.

[12] Contini 1991.

4. Menschenbilder in der Umschlingung von Schuld, Sünde, Sühne

Die Entdeckung der selbstbewussten Individualität ist natürlich als ein langer Prozess zu denken. Im hier gegebenen Kontext soll nur eine einzige Station auf diesem Weg der Individualisierung an einem Familienbuch des beginnenden Quattrocento vorgestellt werden. Im *Libro Segreto*[13] des Florentiner Händlers Goro Dati, er schreibt um 1400, heißt es:

> *per li nostri peccati siamo in questa misera vita sugetti a molte tribulazioni d'animo, e a molte corporali passioni* (68) – unserer Sünden wegen sind wir in diesem elenden Leben vielen Heimsuchungen des Gemüts und vielen körperlichen Prüfungen unterworfen.

Und er gelobt am ersten Tag des Jahres 1403, ein Datum von großer symbolischer Bedeutung für diesen Goro Dati, in Zukunft den Versuchungen der Lust (*luxuria*) besonders freitags zu widerstehen. Er ist etwa vierzig Jahre alt, er ist Ehemann und Vater vieler, vieler Kinder und er zweifelt plötzlich an sich selbst: „cominciò la fortuna a percuotermi forte" (116). Sein Leben soll eine Kurskorrektur erfahren. Er ist aber im Umgang mit sich selbst erfahren genug, um sogleich auch an Ausnahmen von der selbst verordneten Enthaltsamkeit zu denken – Ausnahmen aus Gründen der Vergesslichkeit oder deshalb, weil die sinnliche Natur eigene Wege gegangen ist. In solchen Fällen sollen Almosen für sofortige Sühne sorgen.

Goro Dati löst sich mit diesem Konzept aus eigener Kraft aus den Umschlingungen sündiger Sinnlichkeit, die Petrarca angeblich unterlegen sein ließ. Und diese Zurüstungschance des Selbst schreibt Goro Dati sich sorgfältig auf. Das macht seine *scrittura domestica* lebensnah und alltagstauglich, und darin ist sie besonders interessant für die Entwicklung der Autobiographie.

Benvenuto Cellini[14] und auch Girolamo Cardano[15] bedienen in ihren Viten ohne jedes Zögern den Topos der Sünde. Die Inquisition, die Cardano hart zugesetzt hat, wird Sätze wie den folgenden nicht ohne Genugtuung gelesen haben. Cardano schreibt:

> Einer trügerischen Hoffnung zuliebe habe ich den wirklichen Wert der Dinge mißachtet; in meinen Plänen und Überlegungen ging ich fehl und häufiger noch habe ich in meinem Tun gesündigt. (10, 39) – *Negligens ob malam spem res ipsas: in deliberando aberrabam, & frequentius in opere peccabam.* (X, 8)

Aber Cardano kann auch anders, und nicht weniger authentisch. Das Leben ist für ihn eine Komödie. Warum also nicht die Dinge heiter nehmen?

> Ich habe mich daran gewöhnt, meinen Gesichtszügen unmittelbar nacheinander den ganz entgegengesetzten Ausdruck zu geben. Ich vermag auf diese Weise ein fremdes Gefühl zu heucheln, doch verstehe ich es nicht, ein Gefühl, das ich wirklich besitze, zu verbergen. (13, 51)

---

[13] Gargiolli 1968. Seitenangaben in Klammern (). Übs. v. Vf., C.W.

[14] Cordiè 1960. Seitenangaben in Klammern (). Dtsch. Goethe 1977.

[15] Buck 1966. Seitenangaben in Klammern (). Dtsch. Hefele 1969.

Cardanos heitere Laune hat System. Zu seinen Maximen gehört nämlich der folgende Grundsatz:

> Ich möchte wohl, daß es bekannt sei, daß ich bin, ich wünsche aber nicht, daß jeder wisse, wie ich bin (9, 38) – *cuperem notum esse quod sim, non opto ut sciatur, qualis sim* (X, 8).

Cellini ist viel ungenierter als Cardano. Zwar gibt es auch bei ihm die Sünde als anthropologische Gegebenheit, aber er hat den Mut, im Rahmen seiner Vita die Ohrenbeichte zum Mittelpunkt eines riskanten Abenteuers zu machen, das er narrativ entwickelt. Er beichtet Papst Clemens VII. einen brisanten Diebstahl (I, XLIII/)[16].

Während des *Sacco di Roma* (1527) ist es dazu gekommen, dass Benvenuto beim Einschmelzen kurialen Goldes, wozu er von höchster Stelle beauftragt worden war, nicht hat verhindern können, dass ihm ein paar Klümpchen des feinen Metalls höchst eigenhändig zugefallen und damit aus dem Besitz des Papstes verschwunden sind. Das hätte Cellini den Kopf kosten können. Das Gold wurde aber, so trägt er nun mit gerührter Stimme seiner Heiligkeit vor, zur Unterhaltssicherung seines armen alten Vaters verwendet – „a confortare il mio povero vecchio padre". Der von Kriegen, Landsknechten, Verleumdungen und Intrigen schwer gebeutelte Papst und Beichtvater stöhnt leise auf, bevor er ‚seinen' Benvenuto – es ist Gründonnerstag des Jahres 1529 – von allen Sünden losspricht.

5. Cellini und das Abbild seines Gottes

a) vedere a che fine m'aveva creato Iddio: den Sternen auf der Spur

Die Autobiographie der Renaissance stellt die Ermutigung zu eigenverantwortlichem Handeln in den Horizont der Lesererwartung. Dazu wirft sie in je individueller Pointierung Fragen auf zu Freiheit, Notwendigkeit, Telezität. Auch Cellini stellt sich diesen Fragen. Bei der Erinnerung an seine glücklichste Lebensphase, die Jahre am französischen Hof des Königs François I, angekommen, packt ihn die Neugier in Erfahrung zu bringen, auf welches Ende hin Gott ihn geschaffen habe – „vedere a che fine m'aveva creato Iddio" (II, XXX).

Zur Beantwortung dieser Frage nimmt er den freien Willen („libero albitrio", I, CXV), das Wirken der Sterne, und das Walten Gottes als *prima causa* genauer in den Blick. Es sei gleich angemerkt, dass die Lektüre dieser *Vita* in der Summe den Eindruck vermitteln muss, daß Cellini sein eigener Gott ist. Vielleicht ist es das, was Goethe so sehr angesprochen hat, daß er Cellinis *Vita* sogar übersetzte. Als sein eigener – und dennoch ihm selbst verborgener – Gott hat Cellini dennoch die Sterne zu fürchten.

Der Begriff der Sterne ist für Cellini synonym mit dem des Schicksals: *istella* meint *fortuna*. Fortuna ist gut, und sie ist böse: „fa la fortuna, tanto in bene quanto

---

[16] Bei Goethe nach eigener Texteinteilung (1, 9, 496). Vgl. Goethe 1977.

in male" (II, XVII). Die Sterne haben Macht über den Menschen: „le stelle […] ci sforzano" (I, XVII). Cellini hat häufig genug „la malignità degli influssi celesti" (I, CXVI) am eigenen Leib erfahren müssen. Mit Insistenz spricht er von „mie perverse istelle" (I, LXXI), der „mala" (II, V), „cattiva" (I, CV) oder „perversa fortuna" (I, CIV), von den „perversi accidenti" (II, LXXV), wenn es um die Verschleierung seiner Schandtaten geht, für die er nicht verantwortlich sein will.

> *Or qui si conosce la rabbia della mala fortuna in verso d'un povero uom*o [sc. Benvenuto] e *la vituperosa fortuna a favorire uno sciagurato.* (II, LXXXIV) – Da sehe man nun die Wut des bösen Glücks gegen einen armen Mann, und die schändliche Gunst des guten Glücks gegen eine nichtswürdige Person! (4, 7, 815)

Der Mensch ist mithin sowohl Agent als auch Opfer der Fortuna. In deren Namen teilt er aus und muss er einzustecken selber auch bereit sein:

> *Sicché vegga il mondo, quando la fortuna vuol tòrre a 'ssaninare un uomo, quante diverse vie la piglia.* (I, CXIII) – Daraus kann man nun sehen, was das Glück für mancherlei Wege nimmt, wenn es einen einmal beschädigen und zu Grunde richten will. (2, 12, 641)

Wenn also in den Sternen der Untergang Benvenutos beschlossen liegen sollte, – er sagt dies als Gefangener in den Verließen des Castel Sant'Angelo, der jeden Augenblick vergiftet werden kann –, dann hilft nur die Ergebenheit in das Schicksal:

> *Da poi che le mie stelle mi avevano così destinato, mi pareva averne auto un buon mercato a uscirne per quella agevol via.* (I, CXXV) – Da doch einmal meine Sterne es so bestimmt hatten, so schien es mir ein gutes Los, auf eine so bequeme Weise aus der Welt zu gehen. (II, 13, 662).

Sogar *in extremis* spricht hier aus Benvenuto die Mentalität des Händlers, der glaubt, an einem vorteilhaften Geschäft, an einem *buon mercato*, beteiligt worden zu sein, der ihn rasch aus der Welt schaffen wird. Goethes „so bequeme Weise" ignoriert diesen zünftigen Hintergrund.

b) vedere a che fine m'aveva creato Iddio: Gott auf der Spur

Was sich dem Einfluss der Sterne nicht zuordnen lässt, Benvenuto aber auf die Probe stellt, das hat für ihn etwas mit Gott zu tun. Dessen Wille wirkt sich dreifach aus: als Hilfe, als Lohn, als Strafe. Mit dem „vero aiuto de Dio" entgeht Benvenuto einer „gran fortuna" (II, XXV), die sich im Zorn des französischen Königs abgezeichnet hatte. Der Gott der Wahrheit hat Benvenuto häufig beigestanden und aus großer Gefahr befreit:

> *Iddio amatore della verità mi difese, si come sempre insino a questa età di tanti smisurati pericoli e' m'à scampato, e spero che mi scamperà insino al fine di questa mia, sebbene travagliata, vita; pure vo innanzi, sol per sua virtù, animosamente, né mi spaventa nissun furore di fortuna o di perverse stelle: sol mi mantenga Iddio nella sua grazia. (II, LXXXII)* – wie denn Gott immer ein Freund der Wahrheit ist und mich aus so unsäglichen Gefahren bis zu diesem meinem Alter errettet hat, und mich erretten wird bis ans Ende meines Lebens, durch dessen Mühseligkeiten ich allein mit Beihülfe seiner Kraft mutig hindurchgehe, und weder die Wut des Glücks noch ungünstige Sterne befürchte, so lange mir Gott seine Gnade erhält. (4, 7, 810–811)

Und der Leser Cellinis hat recht verstanden, wenn er assoziiert, daß derjenige, dem der Gott der Wahrheit seinen Beistand nicht versagt, auch keine unwahre *Vita* zusammenreimen kann. Gottes Beistand ist zu unserem Besten, – „per il nostro meglio" (II, CII). Das hat Benvenuto an einem seiner wunden Punkte, der euphorischen Selbstüberschätzung, erfahren müssen und in Erinnerung behalten:

> *non volendo Iddio che io entrassi in tanta vanagloria, per il mio meglio mi volse dare ancora una maggiore disciplina che non era istata la passata* (I, CX) – so wollte Gott nicht, daß ich mich dieses eignen Ruhms überheben sollte, vielmehr sollte ich zu meinem Besten noch größere Prüfungen ausstehn, als jene waren, die ich schon erlitten hatte. (2, 11, 635)

Gott ist gerecht. Jeder erhält, was er verdient: „a ciascun da il suo merito" (I, XXXIII). Gott straft den Übeltäter („Dio non lascia mai impunito di qualsivolgia sorta gli uomini che fanno torti e ingiustizie agli innocenti." II, LI). Und damit gilt, woran ein Engel Benvenuto im Traum erinnert: „Lasciati guidare a lui e non perdere la speranza della virtù sua" (I, CXIX).

Gottes Walten wird mithin im Schicksal jedes Einzelnen erfahrbar. Zwar gibt es einen vorherbestimmten Weltenlauf, über den Gott allein erhaben ist, aber die Situation des Menschen kann sich – mit Gottes Duldung oder durch sein Zutun – jederzeit wandeln. Erstaunlicherweise gibt es in diesem Konzept nicht den Begriff der göttlichen Vorsehung, der *Providenza*. Das mag damit zusammenhängen, dass Cellini vor allem an sich selber glaubt.

c) vedere a che fine m'aveva creato Iddio: mir selbst auf der Spur

Die Formeln zur Profilierung seines selbstreflexiven Credos sind bei Cellini: *da per me* oder *da me medesimo*. Sie indizieren selbständiges Handeln („io ero uomo da per me a [fare]", I, LXXII); die Fähigkeit, sich selber Mut zuzusprechen („da me medesimo mi missi animo", I, LXXII); sich selbst zu beherrschen („vincer me medesimo", I, XCII); sich zu trösten („da per me medesimo io mi fui confortato", I, CXIX) oder sich selbst zu erheitern: („io mi rallegrai da me medesimo assai", I, CXX). Diese Formeln zeigen Benvenuto als einen Menschen, der sich bei sich selbst Rat holt – „era bene che io mi consigliassi un poco da per me medesimo" (II, XXX).

Dass Cellinis Selbstvertrauen gottgewollt ist – und daran sollte, ginge es nach seiner *Vita*, kein Zweifel bestehen bleiben – motiviert seine Überlebensstrategie. Ein heftiger Sturm macht einen Wald unpassierbar. Aber nicht für Benvenuto: „col *Miserere* bisognava far qualche opera" (II, L), und er wickelt sich Tücher um den Kopf in der Absicht, sich vor herabstürzenden Ästen zu schützen. Und so fällt ein Satz (es gäbe viele weitere), der ironisch gelesen zu werden verdient: „(m)ediante Iddio, io mi aiuterò ben da me" (I, LXVII).

Cellinis fromme Gottesverbundenheit, die von seinem exuberanten Selbstbewusstsein kaum zu unterscheiden ist, gründet sich auf die Selbstbezüglichkeit seiner eigenen Vernunft. Stolz verkündet er, schwierigste Situationen überstanden zu haben, „fidandomi della mia gran ragione che io tenevo" (I, XVI). Wessen Gott die eigene Vernunft sein kann, dessen Hilfe ist die des Gottes selbst, denn „Dio (…) aiuta sempre la ragione" (II, XXXII). So bilden die Vernunft, das Ich und Gott ein Kontinuum. Folgerichtig betet Benvenuto denn auch zu Beginn seiner spektakulären Flucht aus der Engelsburg: „Signiore Iddio, aiuta la mia ragione, perche io l'ho, come tu sai, e perche io mi aiuto" (I, CIX).

Benvenutos sprungbereite Selbsthilfe ist häufig genug aggressiver Natur. Dennoch ist sie gottgefällig und begründet den Raum subjektiver Freiheit, der seinerseits zum Gehäuse werden kann für Cellinis Glücksgefühl, für seine vitalistische *felicità*. Wir erinnern uns: Cellini hatte sich die Frage gestellt, zu welchem Ende Gott ihn geschaffen habe. Und die Antwort, die sich nun geben lässt, lautet:

> io mi cogniosco di essere libero e felice e in grazia a Dio. (I, CXXII) – Nun erkenne ich, daß ich frei und glücklich bin, und in der Gnade Gottes stehe. (2, 13, 658).

Im Licht der Epiphanie dieser Trias – Freiheit, Glück, Gottesgnadentum – verklärt sich Cellini. Die Manuskriptversion der *Vita* hatte er mit der in der *scrittura domestica* üblichen *invocatio* (der Gottesanrufung) begonnen. Mit ihr begab sich der Schreiber der Familienbücher in die Obhut des Im-Namen-des-Vaters. Und Cellini schrieb folgerichtig aus dem Geiste dieser Tradition:

> Al nome d'Dio vivo e i'mortale/Vita di Benvenuto Cellini/oreficie et scultore schritta/di sua mano propia.[17]

Diese Formel hat er für die Drucklegung der Vita signifikant überarbeitet. Den himmlischen Vater ersetzt er ohne zu zögern durch den leiblichen, durch *Giovanni Cellini*. Und plötzlich steht der Name Benvenuto sogar am Anfang des Syntagmas. *Benvenuto*, der Name aus neun Buchstaben, bringt die Demutsformel *Al nome d'Dio vivo e i'mortale* zum Verschwinden. Der Name des Herrn ist unsichtbar geworden. Im Medium der *scrittura autobiografica*, die an dieser Stelle ein Makro-Zeichen der *scrittura domestica* tilgt, zeigt sich: Benvenuto, der geniale Künstler, bringt sich erfolgreich selbst zur Erscheinung, *Per Lui Medesimo*, hier und jetzt, in Florenz. Und Cellinis autobiographischer Pakt mit dem Leser hält fest:

> La Vita/Di/Benvenuto Di Maestro/Giovanni Cellini Fiorentino/Scritta (Per Lui Medesimo)/ In Firenze.[18]

6. Im Spiegel der kleinsten Dinge das Große – Cardano

a) non ego vir gratiosus – *ich, kein Mann von Grazie*

Das Selbstbewusstsein eines Benvenuto Cellini ist seinem Zeitgenossen Girolamo Cardano fremd. Dieser sieht sich ohne jedes Pathos als „senex" (XV, 13), als Greis.

---

[17] Camesasca 1985, 79.
[18] Weiand 1993, 204.

Als er seine *Vita* zu Papier bringt, ist er fünfundsiebzig Jahre alt. Er sieht sich vom Glück verlassen („fortuna despectus"), nieder geworfen („iacens"), als ein Mann ohne Grazie („non ego vir gratiosus"). Wie hat man sich das Aussehen eines solchen Mannes vorzustellen? Als Arzt[19] beobachtet Cardano akribisch genau seinen Körper. Jeder äußeren Veränderung gilt seine Aufmerksamkeit, denn der Körper ist eine anatomische Uhr, angetrieben von der Zeit. Da er seine *Vita* im Alter schreibt, betrachtet er ohne Umschweife den gealterten, vom Leben gezeichneten Körper. So ist sein Hals „etwas zu lang und zu dünn, das Kinn geteilt, die Unterlippe schwülstig und herabhängend". Sein Gesicht ist „länglich", rasch fügt er noch an, „freilich nicht übertrieben" (5, 24). Spricht hier ein vom Leben enttäuschter Pessimist? Die Frage ist berechtigt, liest sich doch diese Vita wie das Erinnerungsbuch einer schier endlosen Kette traumatisierender Erfahrungen, die schwere Krisen ausgelöst haben.

> Zu wirklichem Unglück in meinem Leben rechne ich den schrecklichen Tod meines einen und die Torheit meines anderen Sohnes, die Unfruchtbarkeit meiner Tochter; mein eigenes früheres, langjähriges Unvermögen, mit Weibern geschlechtlich zu verkehren; die andauernde Armut, den ewigen Kampf, die unaufhörlichen Verfolgungen und Verleumdungen; Unannehmlichkeiten aller Art Krankheiten, Gefahren, meine Einkerkerung und das Unrecht [...], daß man mir Leute mit geringerem Verdienste vorzog. (46, 200) – *Infelicitates sunt mors filiorum maxime saeva, aut stultitia, vel sterilitas: impotentia ad congressum mulierum: paupertas perpetua, pugna, accusationes: incommoda, morbi, pericula, carcer, iniuria in praeferendo immeritos [...]. (XLVI, 43)*

und in dieser Form geht es noch mehrere Zeilen lang weiter. Cardano sucht und findet nun ersten Trost, indem er das Allgemeine des Lebens mit dem Besonderen seines eignen vergleicht. Niemand würde zögern, jemanden, „der weder Kinder, noch Amt und Würden, noch Reichtümer sein eigen nennen darf" (46, 200), gleich unglücklich zu nennen. Wie viel geringer sei der Anlass in seinem eigenen Fall, da er „von allen diesen Gütern wenigstens etwas besitz[e]". Sein Unglück ist mithin relativierbar. Also gilt es in diesem wie in jedem anderen Fall, die Lage derjenigen zu betrachten, denen es noch schlechter geht. Das ist eine seiner goldenen Regeln.

Über das Unglück erhaben wird Cardano aber erst bei dem Gedanken, zu (Selbst-) Erkenntnis gelangt zu sein. Die „sichere und seltene Kenntnis von vielen wichtigen und großen Dingen" (*cognitione*) ist die Mitte seiner Lebensklugheit, der *Prudentia*. Sie bietet die Chance, mit der Unbeständigkeit, Wandelbarkeit und Nutzlosigkeit menschlichen Tuns –„humanarum rerum inconstantia, fluxus atque inanitas" (XI, 9) – kraft eigenen Urteilsvermögens (*eubulia* und *phronesis*) fertig zu werden. Hier liegt das Motiv, warum Hans Peter Balmer neben die „Gründerheroen der Moralistik im engeren Sinne", neben Montaigne, Bacon, Gracian, auch Cardano stellt und ihn wegen der „Parzellierung und der Einsicht in die realen Dinge"[20] besonders schätzt.

---

[19] Keßler 1994.
[20] Balmer 1981, 53.

b) causae infelicitatis mortalium – *Gründe für das Unglück der Sterblichen*

Cardanos Bild vom Menschen fällt pointiert negativ aus.

> Im ganzen aber sind sie alle träge, stumpfsinnig, mißgünstig und als solche bösartig und geizig. (49, 215) – *Inertes autem, & rüdes, et invidi sunt, & tales maligni, avari etiam* [...]. (XLIX, 48)

Gilt das auch für ihn selber, für Cardano? Nein, im Gegenteil. Cardanos Denken organisiert sich negativ dialektisch. Was für die anderen gilt, gilt nicht für ihn und umgekehrt ist an ihm zu beobachten, was den anderen fehlt. Die kontrastive Dialektik dieser Autobiographie wird im Vergleich von zwei Kapiteln besonders deutlich. Das einunddreißigste trägt den Titel *Felicitas*, und das neunundvierzigste macht Ernst mit dem Gegenbegriff, mit der *infelicitas*.

Betrachten wir kurz jeweils die Eröffnung der Kapitel. Hier das einunddreißigste:

> Zwar scheint mein ganzes Wesen mit dem Begriff Glück nicht das mindeste zu tun zu haben, und doch komme ich der Wahrheit näher, wenn ich sage, daß es mir vergönnt gewesen, wenigstens manchmal und teilweise glücklich zu sein (31, 103). – *Quanquam felicitatis nomen à nostra natura longè abst, cùm tamen quod propius vero est, id ex parte ossequi contingit, ideò & eius particeps fui.* (XXXI, 22)

Und hier das Exordium des neunundvierzigsten Kapitels:

> Zwei Gründe sind es vor allem, warum die Sterblichen so sehr unglücklich sind. Während doch alles Irdische eitel Tand und Dunst ist, sucht der Mensch noch immer etwas, das vollkommen und von Dauer sei. (49, 211) – *Duae sunt causae infelicitatis mortalium, ut cum omnia sint vana & inania, homo quaerit aliquid, quod sit plenum & solidum.* (XLIX, 46)

Die Gegenüberstellung dieser Redeeröffnungen fördert eine weitere Dialektik zutage. Das Ich spricht sich im ersten Fall aus über die Wahrhaftigkeit seines Glücks. Im zweiten interessiert den anthropologisch kundigen Autobiographen das menschliche Glück schlechthin. Der scharfe Kontrast zwischen dem Besonderen und dem Allgemeinen ist typisch für Cardanos in sich selbst zurückgezogene *scrittura autobiografica*.

Zu den Bedingungen für Glück zählt Cardano in spät-scholastisch elaborierter Rede die Beachtung von drei Zeichen (*signum*, XXXI, 22), die zu lesen ihn das Leben gelehrt hat: erstens, Glück entsteht aus der absoluten Koinzidenz; zweitens, das Glück ist von kurzer Dauer; es bestimmt einzelne Abschnitte, nicht das Leben als Ganzes – „in portione [...] ad totum" (22); drittens, das Glück will gefunden werden; jeder optimiere daher seine persönlichen Stärken, dann ist, getreu der goldenen Regel, „esse quod possis" – sei, was du kannst –, irgendwann die Nähe zum Glück lokalisierbar. Wer die Zeichen richtig zu lesen und zu deuten versteht, der verfügt über Lebensklugheit. Ohne diese *Prudentia* nämlich, so Cardano für sich selbst sprechend, wäre wiederholt „mein ganzes Leben zerstört gewesen" (31, 103).

Die zweite Regel der Lebensklugheit – sie besagt: das Glück realisiert sich nur phasenweise –, ist im Leben Cardanos von besonderer Bedeutung. Wenn es gilt, eine Zeit zu benennen, die er als eine glückliche bezeichnen würde, kommt er immer wieder auf dieselbe Periode zu sprechen. Aus jener Zeit schöpft er in der Erinnerung ein Leben lang.

c) aetas mea floridissima – *die blühend schönste Zeit meines Erdendaseins*

Die erste Version der Zeit des Glücks ist als ein wunderschönes Idyll angelegt, als die Urszene eines gelingenden Tages:

> Frühmorgens absolvierte ich meine Vorlesungen, wenn ich gerade, wie zuerst in Mailand und später viel häufiger noch in Pavia, solche zu halten hatte; dann spazierte ich im Schatten draußen vor den Mauern der Stadt (*„deambulabam in umbra extra urbis maenia"*), frühstückte (*„prandebam"*), trieb Musik (*„Musicae post operam dabam"*), ging dann bei den Hainen und Wäldern in der Nähe der Stadt zum Fischen (*„piscatum ibam iuxta lucos, sylvas paulum ab Urbe distantes"*), las (*„studebam"*), schrieb (*„scribebam"*) und zog mich am Abend in mein Haus zurück (*„vesperi domum me recipiebam"*). (10, 40)

Daraus wird in der zweiten Version, ein kleiner Ortswechsel eingeschlossen, die Evokation der „aetas mea floridissima" (XXXI, 22) – der blühend schönsten Zeit meines Lebens. Sie ist bis in die Wortwahl zur Wiedergabe der szenischen Splitter hinein der ersten nachempfunden, weist aber gleich eingangs den Schatten einer Einschränkung auf, die etwas zu tun hat mit Cardanos Präferenz, über Relationen zu verfügen. Hier geht es um die Relation von ‚verhältnismäßig glücklich' zu ‚glücklich':

> So war auch ich, da ich in Sacco lebte, verhältnismäßig glücklich, ohne daß daraus folgte, daß ich überhaupt je einmal glücklich gewesen wäre. Damals spielte ich (*„ludebamus"*), trieb Musik (*„Musicae operam dabamus"*), ging spazieren (*„spaciabamur"*), speiste (*„epulabamur"*), vertiefte mich mitunter, wenn auch selten, in meine Studien, hatte keinen Ärger und keine Sorgen, war geachtet und verehrt und verkehrte freundschaftlich mit vornehmen Venezianern – die blühend schönste Zeit meines Erdendaseins! (31, 104)

Mehr wird im einunddreißigsten Kapitel aus dieser Zeit nicht überliefert. Es ist, als misstraue Cardano der Suggestion der Erinnerungen im Detail. Auch rhetorisch tritt er zu sich selbst in epische Distanz. Aus der subjektiven Rede des Ich wird, unter Einsatz des *plurale maiestatis* (*wir* spielten, *wir* trieben Musik usw.), die allgemeine Rede des Wir, welche die deutsche Übersetzung unterschlägt. Cardanos Erinnerung verfügt über unterschiedlich konkrete Schichtungen, die je nach Kontext des thematischen Zusammenhangs aufgerufen werden, um die Autobiographie passend zu illustrieren. Die humanistische Dynamik seines Denkens unterbricht erwartungsgemäß die Vergegenwärtigung der blühendsten Periode des Lebens, um zu der Erkenntnisfrage überzuleiten, wie es um das Glück bestellt war bei berühmten Figuren der Antike, bei Kaiser Augustus, dem Philosophen Seneca und anderen mehr. Die Ausführungen zu deren Glücksbegriffen fallen allerdings so ernüchternd aus, dass Cardano noch einmal auf sein eigenes Glück zu sprechen kommt, das, freilich als ein sehr relatives, insgesamt jedoch unter den Prämissen seiner Glücksvorstellungen gar nicht so schlecht dasteht. Der kleine Abschnitt lebt indes vom Charme der

Liebe Cardanos zur Abstraktion, einer Leidenschaft seines Denkens, die den Raum des Fühlens zurück drängt:

> So leben wir denn, da doch uns Sterblichen kein Glück vergönnt ist, nur ein welkes Dasein, öde, leer. („*Vivamus ergo cum nulla felicitas sit in his mortalibus, quorum substantia est marcida, inanis, & vacua.*") Wenn es aber überhaupt im Leben ein Gutes gibt, womit wir dieser Komödie Bühne schmücken können („*quo adornes hanc scenam*"), so bin ich um dergleichen wahrlich nicht betrogen worden: Erholung, Ruhe, stille Behaglichkeit, Besonnenheit („*quies, tranquillitas, modestia, temperantia*"), Ordnung, Abwechslung, Heiterkeit, Unterhaltung („*ordo, vicissitudo, hilaritas, spectacula*"), angenehme Gesellschaft, Behaglichkeit, Schlaf, („*societas, temperantia, somnus*"), Essen und Trinken („*cibus, potus*"), Reiten, Rudern („*equitatio, navigatio*"), Spazierengehen, Neuigkeiten, die man erfährt („*deambulatio, notitia rerum novarum*") […]. (31, 106)

Nicht zu übersehen ist: Das Ich ist ein Wir und umgekehrt: Wir, die Leser, sind Ich, Cardano. Von den zwei Gründen, warum die anderen schlecht vorbereitet sind, dem Glück entgegenzustreben, war eben die Rede. Der Mensch sucht die Dauer im täglichen Meer der Veränderungen und er tut dies, weil er, so heißt es jetzt, in seiner Verblendung, die *fluctuatio* der Dinge ignoriert. Cardanos neo-stoizistische Doktrin besagt: Alles unterliegt dem Zufall, verändert sich abrupt, „ex momentaneis", hervorbrechend aus der Wucht der Dinge. Diese Wucht des plötzlichen Momentums erläutert er nun an der recht derben und skurrilen Geschichte vom Hosenträger, der *ligula*.

d) Si ligula non fuisset – *Wäre die Sache mit dem Riemen nicht gewesen*

Am 17. Oktober 1562 steht Girolamo Cardano im Begriff, von Mailand nach Bologna abzureisen. Sechs Tage zuvor – Zahlen haben wahrscheinlich eine gnoseologische Bedeutung – hat er die Messingkappe des Riemens verloren, der seine Hose mit dem Brustlatz verbindet. Er hatte nur die Zeit, Ersatzriemen zu beschaffen, sechs Bündel. Den Austausch hat er stets verschoben.

Just im Augenblick des Aufbruchs sieht sich Cardano aus diuretischen Gründen zu einer Verzögerung genötigt. Nun will der Riemen, wegen der fehlenden Messingkappe, sich nicht wieder befestigen lassen. Cardano eilt in drei umliegende Geschäfte. Nirgends gibt es diese Riemen. Und die sechs Bündel, die sich im großen Reisekoffer befinden, was ist damit?

Der Schlüssel wird geholt, die *arca* geöffnet.

Als Cardano sich im Gepäck vorarbeitet, fällt ihm auf, dass alle seine selbstverfassten Bücher in die Reisekiste gepackt worden sind – „*librorum omnium, a me conscriptorum acervos ibi reconditos*". Sofort packt er um, denn die Kiste reist für sich. Anfang Dezember erhält er die Nachricht, sein Koffer sei unterwegs aufgebrochen und ausgeraubt worden. Was trägt dies wohl zur Erkenntnis über die Dinge dieser Welt bei?

> Wäre die Sache mit dem Riemen nicht gewesen, so hätte ich meine Bücher nicht bei mir
> gehabt, hätte meine Vorlesungen nicht halten können, hätte mein Lehramt verloren und
> betteln müssen, die Bücher, mein ganzes Lebenswerk, wären vernichtet gewesen, und ich
> selbst wäre wohl aus Trauer darüber bald gestorben. (49, 214)

Alles hing von einem zufälligen Augenblick (*ex momento*) ab. Cardano packt das
Grausen. So also ist es um den Menschen bestellt, „o humanam conditionem, aut
miseriam!" (XLIX, 48). Es lohnt sich also, an der Ermöglichung des Glücks mitzu-
arbeiten, denn das Glück entsteht, wie wir wissen, aus dem zeitgenauen Zusammenwirken mehrerer Faktoren.

Als Cardano die Geschichte vom Hosenträger in seiner Vita erzählt, ist das Ganze schon vierzehn Jahre her. Aber schon bietet sich ihm, taufrisch, eine neue und
zugleich analoge Einsicht in die Zusammenhänge von Zufall und Glück.

e) quot momentanea – *wie viele Zufälligkeiten*

In Rom ist er am Morgen des Tages, dessen Verlauf er nun schriftlich fixiert, mit
einer Droschke zum Forum gefahren, um ein paar Dinge zu erledigen. Er lässt an-
halten, der Kutscher soll warten. Als er zurückkommt, findet er von der Kutsche
keine Spur. Dafür läuft ihm ein Freund aus Bologneser Tagen über den Weg. Dieser
ist sofort bereit, ihm zu helfen.

Mit sich selbst allein, setzt bei Cardano das moralistische Denken ein. Cardano
spürt es genau, er ist – hier in Rom – dem Schicksal hilflos ausgeliefert. Er ist
einsam, verspürt Hunger, das Alter signalisiert einen sehr kritischen Erschöpfungs-
zustand. Was kann Girolamo tun? Er wappnet sich zuerst mit Klugheit und Geduld
(„prudentia & patientia"), denn das fordert er von sich selbst als Moralist. Sodann:
Fromm an Gott zu denken, kann auch nicht schaden. Also: „[a] *Deo me commen-
do*". Und siehe da, plötzlich steht die Kutsche vor ihm und alles wird gut. Er findet
zu seiner Rettung auch noch drei große getrocknete Trauben, „tria grana Zibibi" in
seiner Tasche, deren Verzehr es ihm erlaubt, seine „Besorgungen in aller Sicherheit
und mit Vergnügen aus (zu)führen – tuto perfeci, & etiam cum voluptate."

Aufschlussreich ist nun der abschließende Kommentar:

> Da siehst du nun, wieviel einzelne Zufälligkeiten hier zusammenwirken mußten („*quot
> occurrerunt momentanea*"): meine Begegnung mit Vincenzo, dann dessen Begegnung mit
> meinem Kutscher, mein Entschluß, zum Bankier zu gehen, sodann der Umstand, daß die-
> ser gerade freie Zeit für mich hatte, das Vorübergehen des Kommandanten, infolge davon
> wieder mein Verlassen des Hauses, wobei ich den Kutscher traf, und endlich jene kreti-
> schen Traubenbeeren. Dies sind sieben Einzelheiten. Und wäre auch nur eine einzige dieser
> sieben Einzelheiten etwas früher oder später eingetreten, etwa um soviel, als man an Zeit
> nötig hat, zwei Worte zu sprechen, so wäre ich vielleicht umgekommen oder hätte doch
> wenigstens die größten Unbequemlichkeiten und Unannehmlichkeiten gehabt. (49, 217)

Das ist Cardanos Realismusdoktrin, die mittels „Parzellierung" (Balmer) den Zufall
abschafft. Mit anderen Worten: der 28. April 1576 – Cardano stirbt am 20. September desselben Jahres – ist ein Tag, von dem er behaupten kann, er habe alles getan,
was in seiner Macht stand, um einen Augenblick des Glücks für sich zu erhaschen.

f) hic ipse umbilicus scriptorum – *der Nabel all meiner Schriften*

In seiner Autobiographie, *De propria vita* – er selbst nennt das Buch stolz „den Nabel all meiner Schriften – *hic ipse umbilicus scriptorum*" (XVL, 43) – ist Cardano auf der Suche nach dem Glück. In dem Maße, wie sein Denken negativ dialektisch vorgeht, sucht er das Glück auch und gerade im Umfeld des Unglücks. Die lebendige, auch schmerzliche Erinnerung stellt das Material der Vergegenwärtigung zur Verfügung. Der autobiographische Akt wird zum Refugium im Dienst des Erkenntnisgewinns.

Cardano schildert sich und damit seinen Lebensweg in der Krümmung sich steigernder Entkonkretisierung. Aus idyllischen Szenen werden listenartig gereihte Stichwörter. Diese fordern vom Leser die Bereitschaft zur Abstraktion. Die Farbigkeit der erinnerten Bilder wird reduziert auf die nüchterne Zeichenhaftigkeit der Begriffe. Die Autobiographie wird dabei mehr und mehr zum Tagebuch.

Die Frische der *memoria* – und das ist sehr wichtig – schafft nunmehr Raum für die Bilder vom Menschen weniger wie er sein sollte, als vielmehr wie er ist. Folglich kann es nicht mehr um reuige Bekenntnisse gehen. Die *scrittura autobiografica* affirmiert die Gegenwart, wie das auch die Familienbücher stets getan haben.

Cardano, der Autobiograph, Cardano, der Moralist, Cardano jetzt auch, der Diarist. Sein Denken, sein Schreiben, sein Leben, seine Bücher: Alles ist ausgerichtet auf eine Mitte hin. Auf das sich selbst durchsichtig werdende Bild vom Bewusstsein. In der Autopoiesis[21] liegt der Sinn dieser sich selbst entdeckenden Autobiographie. Cardanos Denken hält nicht zum ersten Mal an dieser Stelle epiphanischer Selbsttransparenz inne. Damit hatte er sich schon zuvor in der Abhandlung *De optimo vitae genere* beschäftigt. Und was der Autor im Rückblick über dieses Buch sagt, das gilt auch für seine im Begriff letzter Vollendung stehende Autobiographie.

> Ich schrieb dieses Buch, weil ich aus all dem Elend der Erinnerung an vergangenes, der drückenden Last des gegenwärtigen und dem drohenden Unheil künftigen Unglücks nie einen anderen Ausweg gefunden habe als den, mit der Unsterblichkeit eines Namens sich selbst Unsterblichkeit vorzutäuschen („*se immortalem fingere*"), zu sterben, ohne die Trübsal des Alters gespürt und doch die Mängel der Jugend überwunden zu haben, mitten in der eigenen Hast des Lebens sich seine Ruhe zu bewahren und im dauernden wirren Wechsel und Durcheinander der Dinge selbst fest (*quietus*) und beständig (*constans*) zu bleiben. (45, 193–4/XLV, 42)

Dieser unscheinbar anmutende Text ist in Wirklichkeit die überraschend souveräne Gründungsakte der modernen Autobiographie.[22] Sie zeigt den Menschen in doppelter Spiegelung. Befangen im Strom der Zeit, und erhaben in der Betrachtung seiner selbst. Im Fokus dieser doppelten Bespiegelung ereignet sich nun das Besondere. Cardano erkennt, dass der Horizont des Unglücks, der immer schon sein Leben bestimmt hat, durchbrochen werden kann. Er erkennt auch, dass er zu dieser Durchbrechung aus eigener Kraft imstande ist.

Der Sinn des Lebens hängt plötzlich ab von dem Imperativ des Wortes, das für ihn diese Durchbrechung denotiert. Cardanos Wort lautet: *fingere* – so tun, als ob.

---

[21] Luhmann 1985.
[22] Picard 1978.

Das Bewusstsein tue so, als sei es in der Lage, seiner Unsterblichkeit habhaft zu werden. Im autobiographischen Akt hinterlege es die infinite Spur seiner selbst. Möglich würde dies in der Verschmelzung des schreibenden Subjekts mit dem Leser. Im Denken des kommenden Lesers geborgen, antizipiert der Autor seine Teilhabe an der eigenen Unsterblichkeit.

Und der kathartische Effekt, den dieser literarästhetische Augenblick freisetzt, ist von solcher Wucht, dass alles Unglück in der Impression des Glücks sich selbst transzendiert. Die schillernde Suggestion des Unglücks wird plötzlich aufgehoben in der beseligenden *felicità*.

Cardanos Lebensklugheit zügelt an dieser Stelle ein wenig die Euphorie seiner Selbsterkenntnis. Gelassen durchschaut er das *Fingere* als ein Spiel des Bewusstseins. Dieses Spiel ist ihm indes als anthropologische Sinnmetapher sehr willkommen. Mit der Spielmethaper findet Cardano, findet Girolamo zu sich selbst. Und mit einem Mal herrscht auratisch die geheimnisvolle Stille, die das Ich umgibt, sich selbst betrachtend, sich selbst infinit erkennend.

Literatur

Branca V (Hrsg) (1956) Giovanni di Pagolo Morelli, Ricordi. Le Monnier

Buck A (Hrsg) (1966) Hieronymi Cardani, De propria vita, liber. In: Opera omina, Bd. 1. Faksimile-Neudruck der Ausgabe Lyon 1663 mit einer Einleitung von August Buck, Stuttgart – Bad Cannstadt 1966. Friedrich Fromm Verlag-Günter Holzboog

Camesasca E (Hrsg) (1985) Benvenuto Cellini. Vita.

Contini G (Hrsg) (1991) Dolce Stil Novo. [1971]

Cordiè, C. (Hrsg) (1960) La Vita di Benvenuto di M Giovanni Cellini. In: Opere di Castiglione, della Casa, Cellini

Del Lungo I, Volpi G (Hrsg) (1914) La Cronica domestica di messer Donato Velluti scritta fra il 1367 et il 1370, con le addizioni di Paolo Velluti, scritte fra il 1555 e il 1560

Gargiolli C (Hrsg) (1968) Il Libro Segreto di Gregorio Dati

Hefele H (Hrsg) (1925) Brief an die Nachwelt, Gespräche über die Weltverachtung, Von seiner und vieler Leute Unwissenheit, übersetzt u. eingeleitet v. H. Hefele, S 1–11

Hefele H (1969) Des Girolamo Cardano von Mailand eigene Lebensbeschreibung, übersetzt v. H. Hefele

Goethe (1977) Benvenuto Cellini [1803]. In: Johann Wolfgang Goethe, Sämtliche Werke (Artemis-Gedenkausgabe)

Martellotti G, Ricci PG, Carrara E, Bianchi E (Hrsg) (1955) Petrarca, Prose, S 1–11

Wissenschaftliche Literatur

Balmer H P (1981) Philosophie der menschlichen Dinge. Die europäische Moralistik

De Man P (1979) Autobiography as De-facement. MLN 94:919–930

Guglielminetti M (1977) L'autobiografia da Dante a Cellini

Keßler E (Hrsg) (1983) Antike Tradition, historische Erfahrung und philosophische Reflexion in Petrarcas ‚Brief an die Nachwelt'. In: Buck A (Hrsg) Biographie und Autobiographie in der Renaissance. S 21–34

Keßler E (Hrsg) (1994) Girolamo Cardano. Philosoph, Naturforscher, Arzt
Luhmann N (1985) Die Autopoiesis des Bewußtseins. Soziale Welt 36:402–446
Picard HR (1978) Autobiographie im zeitgenössischen Frankreich
Weiand C (1993) „Libri di famiglia" und Autobiographie in Italien zwischen Tre- und Cinquecento

Teil II
Menschen-Bilder nach den Zeugnissen vergangener Gesellschaften: Fallstudien

Kapitel 7
Onomastische ‚Menschen-Bilder'. Die ältesten schriftlichen ‚Darstellungen des Humanen'

Markus Hilgert

1. Eine Keilschrifttafel mit Personennamen in der Uruk-Warka-Sammlung der Ruperto Carola

In der Uruk-Warka-Sammlung der Ruprecht-Karls-Universität Heidelberg wird ein bislang unveröffentlichtes Tontafelfragment aufbewahrt, das mit Keilschrift beschrieben ist (W20219,1).[1] Das Bruchstück aus ungebranntem Ton, das 6,1 cm breit, 7,1 cm hoch und 1,5 cm dick ist, wurde am 6. Januar 1961 in den Ruinen der altorientalischen Metropole Uruk (heute Warka, ca. 300 km südlich von Baghdad, Irak) in sekundärer Fundlage entdeckt: Im nordwestlichen Abschnitt eines Palastes, den der lokale Herrscher Sin-Kaschid offenbar auf älteren Fundamenten im ersten Drittel des 2. Jahrtausends v. Chr. hatte errichten lassen, fand sich das Stück zusammen mit einem weiteren Tontafelfragment in der Nähe des Eingangs zu einer unterirdischen Backsteingruft.

Während die Rückseite der Keilschrifttafel heute völlig zerstört ist, haben sich auf der Tafelvorderseite zwei Kolumnen einer Keilinschrift erhalten, deren erste zwölf und deren zweite elf Textzeilen bietet. Aufgrund des sehr schlechten Erhaltungszustandes des Manuskripts lässt sich der Gesamtumfang des ursprünglich darauf vorhandenen Textbestandes nur schwer kalkulieren. Er dürfte jedoch bei einigen Dutzend Zeilen gelegen haben.[2]

---

[1] Das Korpus der noch unveröffentlichten Keilschrifttexte aus dem Sin-Kaschid-Palast wird gegenwärtig von Shirin Sanati-Müller (Heidelberg) für eine *editio princeps* bearbeitet. Shirin Sanati-Müller hat sich freundlicherweise damit einverstanden erklärt, dass das Tontafelfragment W20219,1 an dieser Stelle vorab publiziert wird. Dafür gebührt ihr mein herzlicher Dank.

[2] S. dazu auch in diesem Abschnitt unten.

M. Hilgert (✉)
Seminar für Sprachen und Kulturen des Vorderen Orients, Assyriologie,
Universität Heidelberg, Hauptstr. 126, 69117 Heidelberg, Deutschland
E-Mail: markus.hilgert@ori.uni-heidelberg.de

M. Hilgert, M. Wink (Hrsg.), *Menschen-Bilder,*
DOI 10.1007/978-3-642-16361-6_7, © Springer-Verlag Berlin Heidelberg 2012

Abb. 1 W20219,1: Mit Keilschrift beschriebenes Tontafelfragment. (Personennamen-Liste „Ba-…"; 1. Drittel 2. Jt. v. Chr.; Uruk-Warka-Sammlung der Ruprecht-Karls-Universität Heidelberg; Photo: M. Hilgert)

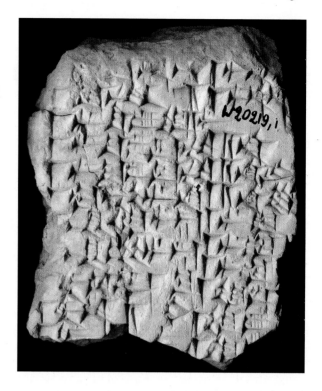

Bereits auf den ersten Blick zeigt sich, dass sämtliche erhaltenen Zeilen dasselbe Format besitzen: an einen senkrechten, keilförmigen Eindruck des Schreibgriffels schließt sich jeweils eine Sequenz von mehreren Keilschriftzeichen an, im erhaltenen Textabschnitt nie mehr als insgesamt fünf. Da jede dieser Sequenzen einen Personennamen darstellt, handelt es sich bei dem vorliegenden Tontafelfragment um eine Liste von Personennamen, deren Einträge jeweils durch einen senkrechten Keil eingeleitet werden. Die Sprache, der die überwiegende Mehrzahl dieser Anthroponyme zugeordnet werden kann, ist Sumerisch.[3] Zwei der hinreichend erhaltenen Personennamen könnten eine semitische Etymologie besitzen;[4] einige wenige Listeneinträge schließlich entziehen sich einer eindeutigen sprachlichen Analyse.[5]

Bevor wir uns der Frage nach dem konkreten Handlungskontext zuwenden, in den das Manuskript in der Antike eingebettet gewesen sein könnte, soll die erhaltene Namenliste hier in Umschrift und, soweit möglich, in Übersetzung vorgestellt werden.[6]

---

[3] Vs. Kol. I′ 3′–8′. II′ 1′. 3′–11′, insgesamt 16 Personennamen.

[4] Vs. I′ 9′–10′.

[5] Vs. I′ 1′– 2′. 11′– 12′. II′ 2′.

[6] Eine wissenschaftliche Edition der vorliegenden Personennamenliste mit einem ausführlichen philologischen Kommentar, der auch die zeitgenössischen, aus Nippur überlieferten Textvertreter berücksichtigt, wird der Autor in Kürze in der *Zeitschrift für Orient-Archäologie* vorlegen.

Grabungsnummer: W20219,1
Provenienz: Uruk (Warka, Irak), Sin-Kaschid-Palast, Grabungsareal Ea XIV 2
Datierung: altbabylonische Epoche (erstes Drittel des zweiten Jahrtausends v. Chr.)
Maße: 6,1 cm × 7,1 cm × 1,5 cm
Textbestand: Vs. ′ I′: + 12′ +; Vs. ′ II′: + 11′ +; Rs. ′: […] (vollständig zerstört)

	Transliteration	Übersetzung

Vs. Kol I′
(vorausgehender Textbereich zerstört)

1′	[DIŠ] ⌜KA-KA⌝-⌜ta⌝-⌜bi⌝[7]	„…“
2′	DIŠ KA-MU-$šu_2$-a[8]	„…“
3′	DIŠ ^{d}Ba-u_2-nin-am_3	„(Die Göttin) Bawu ist Herrin.“
4′	DIŠ ^{d}Ba-u_2-$teš_2$-$\hat{g}u_{10}$	„(Die Göttin) Bawu ist meine Lebenskraft.“
5′	DIŠ ^{d}Ba-u_2-ama-$\hat{g}u_{10}$	„(Die Göttin) Bawu ist meine Mutter.“
6′	⌜DIŠ⌝ Engar-zi-an-na[9]	„Rechter Landwirt des Himmels.“
7′	⌜DIŠ⌝ En-GUL-^{d}Inana[10]	„Herr … (der [?] Göttin) Inana.“
8′	⌜DIŠ⌝ En-gaba-<ri>-^{d}Inana[11]	„Herr, der entgegenbringt/entgegentritt (der Göttin) Inana (?).“
9′	⌜DIŠ⌝ ⌜I⌝m-ta-al-ku[12]	„Er/Sie beriet(en) sich.“
10′	⌜DIŠ⌝ Im-ta-⌜a⌝-hi[13]	„Mein Bruder … (?)“
11′	⌜DIŠ IM-IGI-IGI⌝[14]	„…“
12′	[DIŠ (x) (x) (x)] ⌜x⌝	„…“

(nachfolgender Textbereich zerstört)

---

[7] Dieser und der folgende Personenname entziehen sich einer plausiblen sprachlichen Analyse. Nicht auszuschließen ist, dass es sich weder um sumerische noch um akkadische Sprachzeugnisse handelt. Auf eine ausführliche Diskussion der im vorliegenden Manuskript überlieferten Personennamen wird hier – vor dem Hintergrund der Themenstellung dieses Beitrags – verzichtet. Sie erfolgt stattdessen in dem in Anm. 6 angekündigten Beitrag des Autors.

[8] S. die vorausgehende Anmerkung.

[9] Zu diesem sowie dem folgenden sumerischen Eigennamen s. den in Anm. 6 angekündigten Beitrag des Autors.

[10] S. die vorausgehende Anmerkung.

[11] In der hier transliterierten, ergänzten Form erscheint der Personenname in drei Manuskripten aus Nippur (mündliche Mitteilung Jeremiah Peterson).

[12] Zu diesem und dem folgenden Personennamen, für die eine semitische Etymologie wahrscheinlich ist, siehe die ausführliche Erörterung in dem in Anm. 6 angekündigten Beitrag des Autors.

[13] S. die vorausgehende Anmerkung.

[14] Dieser Personenname entzieht sich einstweilen einer eindeutigen Lesung und sprachlichen Analyse.

Vs. Kol II′

(vorausgehender Textbereich zerstört)

1′	DIŠ ⌜ᵈNa-n⌝[a-a-zi?-ĝu₁₀?]¹⁵	„(Die Göttin) Nanaja [ist mein Leben].“
2′	DIŠ ᵈNa-n⌜a⌝-[a?-	„(Die Göttin) Nanaja …“
3′	DIŠ A-na-[lu₂?]¹⁶	„Was – Mann?“
4′	DIŠ A-na-l⌜u₂⌝-[¹⁷	„Was – Mann …?“
5′	DIŠ A-na-i⌜n⌝- [	„Was hat er/sie/es …?“
6′	DIŠ ᵈŠara₂-[	„(Der Gott) Šara …“
7′	DIŠ ᵈŠara₂-⌜x⌝-[	„(Der Gott) Šara …“
8′	DIŠ ᵈŠara₂-⌜x⌝-[	„(Der Gott) Šara …“
9′	DIŠ Nin-šu-[gi₄?-gi₄?]	„Die Herrin gibt zurück/wiederholt.“
10′	DIŠ Nin-u₂-[šim?-e?]¹⁸	„Die Herrin, zu Gras und Kräutern –“
11′	⌜DIŠ Nin-u₂⌝-[	„Die Herrin – Gras …“

(nachfolgender Textbereich zerstört)

2. Lerninhalte ohne Praxisbezug? Zum Studium von Personennamen in den Curricula der altbabylonischen Zeit

Das vorausgehend beschriebene, äußerlich unscheinbare Tontafelfragment in der Uruk-Warka-Sammlung der Ruprecht-Karls-Universität stellt in wissens- und wissenschaftsgeschichtlicher Hinsicht eine kleine Sensation dar: Denn obwohl das Personennamen-Kompendium, aus dem das Fragment einen kurzen Abschnitt überliefert, als curricularer Bestandteil der altbabylonischen Schreib- und Gelehrtenausbildung durch zeitgenössische Textvertreter aus der babylonischen Stadt Nippur seit Langem bekannt ist, handelt es sich bei dem in Heidelberg aufbewahrten Manuskript um den ersten Hinweis darauf, dass diese ‚Lektion‘ im zeitgenössischen ‚Lehrplan‘ auch außerhalb Nippurs, im Palast des Sin-Kaschid von Uruk, gelehrt und gelernt wurde.¹⁹ Der Liste wurde also offenbar eine Bedeutung zugeschrieben,

---

¹⁵ Diese Rekonstruktion des Eintrags wird durch zwei Manuskripte des Kompendiums aus Nippur nahegelegt (mündliche Mitteilung Jeremiah Peterson).

¹⁶ Die Syntax dieses Kurznamens ist unklar.

¹⁷ S. die vorausgehende Anmerkung.

¹⁸ Die Bedeutung dieses um das Prädikat reduzierten Personennamens, der noch in Verwaltungsurkunden der vor-altbabylonischen Ur III-Zeit (konventionell 2112–2004 v. Chr.) aus Südmesopotamien gut bezeugt ist, bleibt undeutlich.

¹⁹ Eine kommentierte Übersicht über die curricular verwendeten Personennamenlisten der altbabylonischen Zeit einschließlich einer Zusammenstellung der jeweiligen Textvertreter durch Jeremiah Peterson steht kurz vor der Publikation (Peterson [im Druck]). Ich danke Jeremiah Peterson für die Überlassung des Manuskripts und die großzügige Erlaubnis, es für die Edition des vorliegenden Listenfragments benutzen zu dürfen.

die die überregionale Verbreitung und Verwendung des Werks im Rahmen eines weitgehend standardisierten Fundus an Unterrichtsmaterialien bedingte.[20]

Das onomastische Kompendium, mit dem das Tontafelfragment aus Uruk ganz oder teilweise beschrieben war,[21] wird heute, der altorientalischen Praxis folgend, nach seiner ersten Zeile, dem Inzipit, benannt. Da von diesem Inzipit bislang nur das erste Zeichen – das Zeichen BA – bekannt ist, wird das Werk in der Altorientalistik mit dem Titel „Ba-[...]" angesprochen. Die bis heute nicht vollständig rekonstruierte Liste „Ba-[...]" zirkulierte in Nippur in mindestens zwei Rezensionen[22] und enthielt neben sumerischen und akkadischen Personennamen möglicherweise auch solche in anderen seinerzeit verbreiteten Sprachen (z. B. Amurritisch). Zweifelsohne aus didaktischen Gründen wurden die im Kompendium „Ba-[...]" behandelten Personennamen in Gruppen zu je drei Namen präsentiert, deren erstes bzw. erste Zeichen in der Regel identisch waren (z. B. W20219,1 I′ 3′–5′: ^{d}**Ba-u$_2$**-nin-am$_3$, ^{d}**Ba-u$_2$**-teš$_2$-ĝu$_{10}$, ^{d}**Ba-u$_2$**-ama-ĝu$_{10}$). Dieses akrographische Anordnungsprinzip gehört zu den charakteristischsten Strukturierungsinstrumenten keilschriftlicher Listenwerke allgemein.[23]

Offenbar wurde das Kompendium „Ba-[...]" vergleichsweise früh im Rahmen der Ausbildung zum Schreiber studiert, im Anschluss an eine Lernphase, die basale Schreib- und weitestgehend standardisierte Zeichenübungen zum Gegenstand hatte.[24] Unmittelbar vor der Beschäftigung mit der Liste „Ba-[...]" konnte das Studium eines inhaltlich und formal verwandten Kompendiums stehen, das nach seinem Inzipit *Inana-teš* (sumerisch ^{d}Inana-teš$_2$ „(Die Göttin) Inana ist Lebenskraft") benannt wurde (*ibid.*). Den jungen Adepten der Schreibkunst, die in diesem Stadium der Ausbildung vermutlich noch im Kindesalter waren, begegneten in diesen beiden Personennamen-Kompendien also zum ersten Mal schriftlich fixierte sumerische und akkadische Sprachformen in einem realsprachlichen Kontext. Dabei wurden die Lerninhalte durch dreiteilige Textsegmente mit akrographischer Anordnung strukturiert und für eine stufenweise Vermittlung aufbereitet.

Von vorrangigem Interesse ist selbstredend die Frage, welches Wissen und welche Fähigkeiten den Schreibschülern durch das Studium des Personennamen-Kompendiums „Ba-[...]" vermittelt werden sollten und welchen Bezug diese didaktische Zielsetzung zu den Praktiken gehabt haben könnte, die zu den routinisierten Aufgaben eines Schreibers im Sin-Kaschid-Palast zu Uruk gehörten. Da eine zeit-

---

[20] Zu den in der Gelehrtenausbildung der altbabylonischen Zeit eingesetzten Schriftwerken s. die bei Charpin 2004, 422, zusammengestellte Literatur.

[21] Der schlechte Erhaltungszustand des Fragments lässt keine gesicherten Aussagen über die ursprüngliche Größe des Schriftträgers und den Umfang des darauf möglicherweise fixierten Textbestandes zu. Ob das Personennamen-Kompendium vollständig oder nur in einem Auszug niedergeschrieben war und ob gegebenenfalls zusätzlich dazu noch weitere Werkexzerpte auf dem Manuskript Platz gefunden hatten – eine gängige Beschriftungspraxis bei Tontafeln, die in den Anfangsstadien der Schreibausbildung verwendet wurden – bleibt somit ebenfalls unklar.

[22] S. Peterson (im Druck). Welche dieser Rezensionen in dem Manuskript aus Uruk vorliegt, lässt sich aufgrund seines fragmentarischen Erhaltungszustands nicht entscheiden.

[23] S. dazu beispielsweise Hilgert 2009.

[24] S. etwa Peterson (im Druck).

genössische, explizite Darstellung einer solchen didaktischen Zielsetzung fehlt, ist
man bei der Behandlung dieser Frage darauf angewiesen, ausgehend von den au-
genfälligen Charakteristika des in der Liste „Ba-[...]" schriftlich fixierten Wissens
begründete Vermutungen anzustellen.[25]

Entscheidend ist in diesem Zusammenhang allerdings zunächst die Feststellung,
dass das in dem hier behandelten Kompendium zusammengestellte onomastische
Material durchaus nicht repräsentativ für die Personennamen ist, die in den zeitgenössischen Urkunden und Briefen aus dem Sin-Kaschid-Palast bezeugt sind.
Besonders signifikant ist dabei die Tatsache, dass Personennamen in sumerischer
Sprache, die – dies verdeutlicht auch das vorliegende Tontafelfragment – einen erheblichen Teil der Liste „Ba-[...]" ausmachen, im Onomastikon dieser Gebrauchs-
texte aus der Palastadministration lediglich eine marginale Rolle spielen.[26] Das Studium des Kompendiums diente also offenbar nicht primär dazu, den angehenden
Schreibern das Repertoire der lokal gebräuchlichen Personennamen im Hinblick
auf die Abfassung solcher Dokumente zu vermitteln. Tatsächlich lässt sich sogar
zeigen, dass nicht wenige der im Kompendium „Ba-[...]" überlieferten sumerischen Namen bereits seit geraumer Zeit gänzlich ‚außer Mode' gekommen waren,
so beispielsweise die mit dem Namen der Gottheiten ^{d}Ba-u$_{2}$ (W20219,1 I' 3'–5')
und ^{d}Šara$_{2}$ (W20219,1 II' 6'–8') beginnenden Appellative.[27]

Obschon also das Kompendium „Ba-[...]" zumindest abschnittsweise onomas-
tisches Material enthielt, das in sprachlicher und inhaltlicher Hinsicht nicht mehr
‚aktuell' war, und mithin wohl auf deutlich älteren Namenlisten basierte, die durch
uns unbekannte Prozesse redaktioneller Bearbeitung ganz oder teilweise Eingang in
das Kompendium gefunden hatten, führte dieser augenscheinlich fehlende ‚Praxis-
bezug' des Unterrichtswerks nicht zu seinem Ausschluss aus dem Curriculum in
einer der ersten Phasen der zeitgenössischen Gelehrtenausbildung. Über die Gründe
dafür lässt sich heute lediglich spekulieren. Doch wenn die Verwendung des Werks
nicht allein einem ausgeprägten Traditionsbewusstsein geschuldet war, das die
Pflege seit Langem bewährten Lernmaterials unabhängig von dessen didaktischem
Nutzen diktierte, dürften die Vermittler der Schreibkunst dem Studium des Kompendiums „Ba-[...]" einen Sinn zugeschrieben haben, der jenseits der konkreten
Vorbereitung auf die Eventualitäten des Verfassens von Urkunden und Briefen lag.

Worin also könnte der didaktische ‚Mehrwert' gelegen haben, den die Auseinandersetzung mit dem Kompendium „Ba-[...]" erbrachte? Abgesehen von dem
offensichtlichen Lernziel, dass die Studierenden ihre ‚handwerklichen' Fähigkeiten
im Umgang mit den Schreibutensilien durch das Reproduzieren sumerischer und

---

[25] Zu dieser Forschungsstrategie s. Hilgert 2009.

[26] Dies ergibt sich aus der Sichtung der sumerischen Personennamen, die in den von Gerlinde
Mauer und Shirin Sanati-Müller veröffentlichten Keilschrifttexten aus dem Sin-Kaschid-Palast bezeugt sind (Mauer 1987; Sanati-Müller 1988; dies. 1989; dies. 1990; dies. 1991; dies. 1992; dies.
1993; dies. 1994; dies. 1995; dies. 1996; dies. 2000).

[27] In der der altbabylonischen Epoche vorausgehenden Ur III-Zeit (konventionell 2112–2004
v. Chr.) sind dagegen Personennamen, die mit diesen beiden theophoren Elementen gebildet werden, noch sehr verbreitet (s. die entsprechenden Einträge in Limet 1968). Zu Namenmoden im
antiken Zweistromland allgemein s. Edzard 1998–2001, 99a.

akkadischer Sprachformen in mehrgliedrigen Personennamen weiter zu verfeinern lernten, war es wohl in erster Linie lexikalisches, grammatisches, theologisches, mythologisches und historisches Wissen, dessen Vermittlung an die im Kompendium „Ba-[...]" zusammengestellten Personennamen geknüpft werden konnte. Zweigliedrige, nicht-verbale Sätze im Sumerischen, die mit oder ohne enklitische Kopula gebildet werden, konnte man beispielsweise anhand der Namen ^{d}Ba-u$_2$-nin-am$_3$ bzw. ^{d}Ba-u$_2$-teš$_2$-ĝu$_{10}$ und ^{d}Ba-u$_2$-ama-ĝu$_{10}$ studieren (W20219,1 I' 3'–5'), durch das sumerische Interrogativpronomen a-na „was?" eingeleitete Fragesätze anhand dreier entsprechend gebildeter Satznamen (W20219,1 II' 3'–5'). Überdies ist es wahrscheinlich, dass den Schreibschülern, die das Kompendium „Ba-[...]" zu memorieren und reproduzieren hatten, auch Wissen über den Charakter, die Geschichte sowie den Kult derjenigen Gottheiten vermittelt wurde, die als theophore Elemente in den Personennamen erscheinen, auch wenn diese Vermittlung zu Beginn der Gelehrtenausbildung wohl noch ausschließlich durch mündliche Explikation und nicht durch das Eigenstudium entsprechender Schriftwerke erfolgte.

Personennamen-Listen wie das Kompendium „Ba-[…]" besaßen also durchaus das Potential, mehr zu sein als bloße Schreib- und Grammatikübungen. Die sprachliche und inhaltliche Komplexität des in ihnen nach didaktischen Gesichtspunkten gesammelten und strukturierten onomastischen Materials ließ sie zu einem idealen Ausgangspunkt für die Aneignung von sehr viel weiter reichendem Wissen werden, das buchstäblich ein Wissen über ‚Gott und die Welt' war. Nicht wenige Personennamen sind darüber hinaus beredter Ausdruck der Überzeugung, dass eine direkte Beziehung zwischen Mensch und Transzendenz besteht, indem sie das personale Verhältnis des Namensträgers zu einer Gottheit definieren, so etwa die Personennamen ^{d}Ba-u$_2$-teš$_2$-ĝu$_{10}$ „(Die Göttin) Bawu ist meine Lebenskraft.", ^{d}Ba-u$_2$-ama-ĝu$_{10}$ „(Die Göttin) Bawu ist meine Mutter." oder ^{d}Na-na-a-zi-ĝu$_{10}$ „(Die Göttin) Nanaja ist mein Leben."[28] Welche anthropologischen und theologischen Prämissen die Grundlage für solche Praktiken der Namengebung darstellten, könnte schließlich ebenfalls Gegenstand der mündlichen Unterweisung gewesen sein, die das Studium des Listenwerks „Ba-[…]" begleitete.

3. Altorientalische Personennamen als ‚Menschen-Bilder'

Selbst wenn die jungen Lehrlinge der Keilschriftkunst die von ihnen kopierten und memorierten Personennamen nicht unter allen denkbaren Aspekten zu betrachten lernten und ihnen vielleicht der Zugang zu bestimmten, konzeptuell komplexen Bedeutungsebenen der darin enthaltenen Aussagen einstweilen verschlossen blieb, so dürften sie doch eine zentrale Lehre aus ihrer Beschäftigung mit dem Kompendium „Ba-[...]" und vergleichbaren Werken gezogen haben: Der Name, den ein Mensch trägt, ist weit mehr als lediglich ein Mittel sprachlicher Referenz auf diese

---

[28] Dass zahlreiche Personennamen den Namen einer Gottheit als theophores Element enthalten, gehört zu den grundlegenden Charakteristika des sumerischen und akkadischen Onomastikons.

Person. In seinem Bedeutungs- und Deutungspotential ist er vielmehr ‚Menschen-Bild‘, sprachlich realisierte und schriftlich-material fixierbare Repräsentation des so Benannten, nicht nur in den konkreten, historisch-kulturellen Bedingungen seiner Existenz, sondern gerade auch in seinem Verhältnis zur Transzendenz.

Dieses Verständnis des Personennamens als ‚Menschen-Bild‘ wurzelt in einer grundlegenden Konzeptualisierung des Namens und der Namengebung, die in den Gesellschaften des Alten Orients verbreitet war und die Karen Radner im Rahmen ihrer Untersuchung „Die Macht des Namens. Altorientalische Strategien zur Selbsterhaltung" unlängst wie folgt charakterisiert hat:

> In den Kulturen des Alten Orients werden Name (sum. mu=akk. *šumum*) und Namensträger als bis zur Austauschbarkeit zusammengehörig empfunden: Die Existenz des einen ist an die Existenz des anderen geknüpft. Dem Akt der Namengebung kommt deshalb genauso viel Bedeutung zu wie dem Schöpfungsakt, auf den er zwingend folgt und mit dem er deshalb weitgehend identifiziert wird: Die Formulierung, jemanden oder etwas „mit Namen nennen" (sum. (mu) še$_{21}$=akk. (*šumam*) *nabûm*), bezeichnet gleichzeitig auch die Erschaffung des Namensträgers oder, etwas schärfer formuliert, seine Konkretisierung – die genauere Bestimmung seiner Wesenhaftigkeit, seine „Persönlichkeitsbildung".
>
> Das Prinzip der Parallelität von physischer Existenz und Namen macht in sumerischen Texten die Art und Weise deutlich, wie die Menschheit möglichst umfassend beschrieben wird: „Menschen, Frauen und Männer, bei denen Lebenshauch vorhanden ist und die einen Namen haben" oder aber, unter Benutzung eines literarischen Ausdrucks für die Menschen, „die Schwarzköpfigen, bei denen Lebenshauch vorhanden ist und die einen Namen haben". Im Akkadischen spricht man, demselben Gedankengang folgend, gerne von einem „Mann und seinem Namen". … Die Auslöschung des Namens bedingte infolge der Zusammengehörigkeit von physischer Existenz und Name zugleich die Vernichtung des Namensträgers.[29]

Vor dem Hintergrund dieser konzeptuellen „Zusammengehörigkeit von physischer Existenz und Name" könnten keilschriftliche Listen von Personennamen, die wie viele andere keilschriftliche Zeichen- und Wortlisten in frühen Phasen der Gelehrtenausbildung auch eine praktische Verwendung fanden, nicht nur als Kompendien zahlreicher verschiedener onomastischer ‚Menschen-Bilder‘ zu verstehen sein, sondern vielmehr auch – bedingt durch ihren Umfang und Komplexität – als schriftliche ‚Darstellungen des Humanen‘ in seiner lebensweltlichen Diversität und transzendentalen Bindung insgesamt.

Inwieweit sich dieses Verständnis mit demjenigen vereinbaren lässt, das Gelehrte der altbabylonischen Epoche von Personennamen-Listen hatten und das sie an ihre Schüler weitergaben, muss aufgrund des Fehlens schriftlich überlieferter, zeitgenössischer Reflexionen auf entsprechende Werke ungeklärt bleiben. Bemerkenswert ist unabhängig davon allerdings die Tatsache, dass zu den frühesten Keilschriftzeugnissen, die aus dem antiken Zweistromland überliefert sind, bereits eine Liste mit Personennamen und Berufsbezeichnungen zählt.[30] Die ältesten Manuskripte des Werkes datieren in das ausgehende vierte Jahrtausend v. Chr. und wurden, wie das in diesem Beitrag vorgestellte Tafelfragment, in Uruk ausgegraben. Gemeinsam mit

---

[29] Radner 2005, 15–16.
[30] S. Englund 1998 103 mit Anm. 227; dazu Radner 2005, 33.

anderen keilschriftlichen Wortlisten, die etwa Städte, Tiere oder Pflanzen behandeln, war es vermutlich ebenfalls curricularer Bestandteil der Gelehrtenausbildung und zeugt damit wohl vom hohen Alter und der enormen zeitlichen Kontinuität der zugrundeliegenden didaktischen Prinzipien.

Setzt man voraus, dass die aus Keilschrifttexten des zweiten und ersten Jahrtausends v. Chr. erschlossene altorientalische Konzeptualisierung des Namens und der Namengebung bereits im späten vierten Jahrtausend gängig war, so dürfte es sich bei der soeben erwähnten ‚archaischen' Liste von Personennamen und Berufsbezeichnungen als einem Kompendium zeitgenössischer onomastischer ‚Menschen-Bilder' und einer schriftlichen ‚Darstellung des Humanen'[31] nicht nur um einen entfernten Vorläufer der hier edierten altbabylonischen Personennamen-Liste aus dem Sin-Kaschid-Palast zu Uruk handeln, sondern auch um eines der ältesten Schriftwerke überhaupt, das dem Thema „Mensch" gewidmet ist. Diese weltgeschichtlich wohl früheste schriftliche ‚Darstellung des Humanen' ist zugleich das erste artefaktische Zeugnis einer akademischen Tradition im antiken Mesopotamien, die zukünftigen Gelehrten die ‚existentielle' Bedeutung des Namens und der Namengebung zu vermitteln suchte.[32]

Literatur

Charpin D (2004) Histoire politique du Proche-Orient amorrite (2002–1595). In: Attinger P, Wäfler M (Hrsg) Mesopotamien. Die altbabylonische Zeit. Orbis Biblicus et Orientalis Bd 160/4. Academic, Fribourg. S 25–480

Edzard DO (1998–2001) Name, Namengebung (Onomastik). A. Sumerisch, Reallexikon der Assyriologie und Vorderasiatischen Archäologie 9:94b–103b

Englund RK (1998) Texts from the Late Uruk Period. In: Attinger P, Wäfler M (Hrsg.) Mesopotamien. Späturuk-Zeit und Frühdynastische Zeit. Orbis Biblicus et Orientalis Bd 160/1. Freiburg, Schweiz, S 15–233

Hilgert M (2009) Von ‚Listenwissenschaft' und ‚epistemischen Dingen': Konzeptuelle Annäherungen an altorientalische Wissenspraktiken. J Gen Phil Sci 40(2):277–309

Limet H (1968) L'anthroponymie sumérienne dans les documents de la 3e dynastie d'Ur, Paris

Mauer G (1987) W 20038,1–59. Ein Tontafelarchiv aus dem Palast des Sîn-Kāšid in Uruk. Baghdader Mitteilungen 18:133–198

Peterson J (Im Druck) Personal Name Lists in the Scribal Curriculum of Old Babylonian Nippur: An Overview

Radner K (2005) Die Macht des Namens. Altorientalische Strategien zur Selbsterhaltung, Bd 8. SANTAG

Sanati-Müller S (1988) Texte aus dem Sînkāšid-Palast, Erster Teil, Gerstenwerkverträge und Mehllieferungsurkunden. Baghdader Mitteilungen 19:471–538

Sanati-Müller S (1989) Texte aus dem Sînkāšid-Palast, Zweiter Teil, Fischtexte und Bürgschaftsurkunden. Baghdader Mitteilungen 20:226–313

Sanati-Müller S (1990) Texte aus dem Sînkāšid-Palast, Dritter Teil, Metalltexte. Baghdader Mitteilungen 21:131–213

---

[31] S. dazu oben.

[32] Zu diesem Themenkomplex s. ausführlich Radner 2005.

Sanati-Müller S (1991) Texte aus dem Sînkāšid-Palast, Vierter Teil, Texte verschiedenen Inhalts I. Baghdader Mitteilungen 22:314–330

Sanati-Müller S (1992) Texte aus dem Sînkāšid-Palast, Fünfter Teil, Texte verschiedenen Inhalts II. Baghdader Mitteilungen 23:119–161

Sanati-Müller S (1993) Texte aus dem Sînkāšid-Palast, Sechster Teil, Texte verschiedenen Inhalts III. Baghdader Mitteilungen 24:138–184

Sanati-Müller S (1994) Texte aus dem Sînkāšid-Palast, Siebenter Teil, Texte verschiedenen Inhalts IV. Baghdader Mitteilungen 25:309–340

Sanati-Müller S (1995) Texte aus dem Sînkāšid-Palast, Achter Teil, Texte in Zusammenhang mit den Skellettresten. Baghdader Mitteilungen 26:65–84

Sanati-Müller S (1996) Texte aus dem Sînkāšid-Palast, Neunter Teil, Rohrtexte. Baghdader Mitteilungen 27:365–399

Sanati-Müller S (2000) Texte aus dem Sînkāšid -Palast, Zehnter Teil, Holztexte, Elfter Teil, Fragmentarisch erhaltene Texte. Baghdader Mitteilungen 31:93–163

Kapitel 8
Geschichtlichkeit und Normativität alttestamentlicher Anthropologie

Multiperspektivische Menschenbilder in der Biblia Hebraica und ihre Bedeutung für die Gegenwart – dargestellt am Fallbeispiel David

Manfred Oeming

1. Das Problem: Wie verhalten sich Geschichtlichkeit und Normativität theologischer Anthropologie in alttestamentlicher Perspektive zueinander?

„Es gibt keine Politik ohne eine vorherige – ausgesprochene oder unausgesprochene – Festlegung auf ein Menschenbild. Wer als Christ an politischen Entscheidungen teilnimmt, hat sich zuvor auf ein bestimmtes Menschenbild festgelegt. Es ist das christliche Menschenbild, das nicht nur die Mütter und Väter unserer Verfassung sich zu eigen gemacht haben. Dieses Bild vom Menschen hat wie kein anderes die europäische Kultur über zwei Jahrtausende hinweg geprägt. Jüdische, antike und vor allem christliche Einflüsse haben ein Bild vom Menschen gezeichnet, das weltweit als einmalig und einzigartig gelten darf. Im Mittelpunkt dieses Menschenbildes steht die Überzeugung von der Unantastbarkeit seiner Würde. Es ist dies eine jedem Menschen in gleicher Weise zugesprochene Würde, ganz unabhängig von physischer oder psychischer Leistungskraft, Befindlichkeiten, Hautfarbe, Herkunft, Einkommen, körperlicher Verfassung und geistigen Fähigkeiten. Würde und Gerechtigkeit sind zwei Seiten einer Medaille."[1]

Die Frage nach dem Menschen hat erkennbar eine hohe gesellschaftspolitische Bedeutung. Dabei ist auffällig, dass gerade im Bereich politischer Debatten sehr oft der Singular „*das* christliche Menschenbild" verwendet wird. Das christliche Menschenbild gilt als Ursprungsort ethischer Normativität[2] und es wird so angeführt,. als ob es so klar und so eindeutig zu erheben wäre, dass man damit ein höchstes

---

[1] Programmheft für politische Bildung, Bildungswerk der Katholischen Arbeitnehmer-Bewegung Essen, 2008, Das Werk der Gerechtigkeit, S. 13.

[2] Vgl. J. Pieper, Über das christliche Menschenbild, Leipzig 1936, 7. Aufl. München 1964.

M. Oeming (✉)
Wissenschaftlich-theologisches Seminar, Kisselgasse 1, 69117 Heidelberg, Deutschland
E-Mail: manfred.oeming@wts.uni-heidelberg.de

M. Hilgert, M. Wink (Hrsg.), *Menschen-Bilder,*
DOI 10.1007/978-3-642-16361-6_8, © Springer-Verlag Berlin Heidelberg 2012

und letztes Kriterium für die Entscheidung gesellschaftlicher Probleme in der Hand hätte.

„Das christliche Menschenbild und sein Bekenntnis zur Personalität begründen ein Gesellschaftsbild und die Grundsätze gesellschaftlicher Ordnung. Im Mittelpunkt dieser Ordnung steht der Grundsatz der Subsidiarität. Er bewahrt vor aller Art von Entmündigung und kann deshalb als das Grundgesetz der Freiheit gelten. Wenn Subsidiarität der Grundsatz ist, nach dem sich Aufbau und Gliederung einer Gesellschaft richten, dann ist jeder sein eigener Herr, solange er seine Freiheit nicht auf Kosten der Würde Dritter sucht.

Auf diese Weise entwickelt sich ein Verständnis von Gesellschaft als einem Geflecht von Beziehungen gleichberechtigter Achtung und Anerkennung zum wechselseitigen Vorteil. Eine Folge dieses Gesellschaftsbildes ist es, dass beispielsweise eine mittelständische Ordnung der Wirtschaft immer Vorrang hat vor anderen Ordnungen, weil sie eben jener Beziehung wechselseitiger Verantwortung zum gegenseitigen Vorteil unmittelbaren Ausdruck verleiht. Dieses Verständnis einer sozialen Ordnung, die Spiegel eines Menschenbildes ist, muss einmünden in eine Politik, die mittels Anreizen zur Übernahme wechselseitiger Verantwortung Anlässe schafft. Es ist eben jener gegenseitige Vorteil, der in einer Gesellschaft einhergehen soll mit der Übernahme von Verantwortung im Gemeinwesen.

Eine Politik, die das christliche Menschenbild zum Maßstab nimmt, fördert solche Strukturen persönlicher Beziehung in wechselseitiger Verantwortung."[3]

Das christliche Menschenbild lässt sich nach diesen Vorstellungen pädagogisch in Lernschritte umsetzen: Es ergeben sich, um wieder aus dem schon eingangs angeführten Programm der katholischen Arbeitnehmer zu zitieren, folgende „Bildungsakzente":

  – Ohne „Menschenbild" ist kein Staat zu machen
  – Das christliche Menschenbild
  – Gibt es einen christlichen Politikansatz?
  – Die Würde des Menschen: Dreh- und Angelpunkt unserer Verfassung
  – Was kennzeichnet ein Leben in Würde?
  – Jeder Mensch ist einmalig …
  – Wenn der Mensch „wertlos" gemacht wird …
  – Würde und Gerechtigkeit: Zwei Seiten einer Medaille
  – Wie wir leben und arbeiten wollen.[4]

Das Problem besteht aber daran, dass *das* christliche Menschenbild (im Singular) eine sehr schwierige Kategorie ist. Das Menschenbild innerhalb des Christentums ist starken Wandlungen unterworfen. Der ideale Mensch im Kontext einer Idee von Mönchtum z. B. lebt in Armut, Keuschheit und Gehorsam; der vollendete Mensch im Kontext eines calvinistischen Erwählungsglaubens strebt aber nach wirtschaftlichem Erfolg, nach Kindersegen und Autonomie, um sich so seiner Erwählung durch Gott zu vergewissern. Ein Blick auf einige Klassiker soll diese Fundamentaldifferenzen weiter verdeutlichen: etwa der Streit Augustins mit Pelagius über die

---

[3] U. Zolleis, Die CDU. Das politische Leitbild im Wandel der Zeit, 70.

[4] AaO 14.

Freiheit des Menschen und die Frage, ob es unter den Bedingungen des postlapsarischen Menschseins eine Möglichkeit gibt nicht zu sündigen *(posse non peccare)* oder ob der Mensch nach dem Fall unter der Macht der Erbsünde dazu verdammt ist zu sündigen (*non posse non peccare*); oder Luthers Auseinandersetzung mit Erasmus darüber, ob es für den Menschen die Möglichkeit gibt, sich aus freiem Willen für den Glauben zu entscheiden (*de libero arbitrio)* oder eben nicht (*de servo arbitrio*). Es ist schwer bestreitbar, dass es innerhalb des Christentums sehr differente Menschenbilder gibt. Die Pluralität der faktischen Glaubensbekenntnisse (gegenüber der nur geglaubten Einheit der Kirche) ist nicht zuletzt in den verschiedenen anthropologischen Konzeptionen begründet. Tendenziell katholischer Optimismus im Blick auf die guten Kräfte des Menschen, tendenziell protestantischer Pessimismus im Blick auf den schwachen, sündigen Menschen (und alleiniger Optimismus im Blick auf die Gnade Gottes) führen in der Konsequenz zu sehr verschiedenen theologischen Großkonzepten. Die Frage steht damit im Raum, wie sich die in der Geschichte des Christentums entwickelten Differenzen zur Normativität *des* christlichen Menschenbildes verhalten? Gibt es eine Art Anthropologie, die der Geschichte enthoben wäre? Und wie kann man diese auffinden?

Die damit angedeuteten Problemkonstellationen treffen auch auf die Bibel zu. Auch in der „Biblischen Epoche", d. h. in der Zeit, in welcher die Texte und Bücher der Bibel entstanden, also von ca. 1000 vor bis 100 nach Christus, vollziehen sich grundstürzende anthropologische Großtransformationen. Zu verschiedenen Zeiten sind jeweils ganz andere anthropologische Leitbilder vorherrschend. „Was ist der Mensch" – so fragt Psalm 8. Darin artikulieren sich ein Erstaunen und zugleich eine Sehnsucht: ein Erstaunen darüber, dass der Mensch eine so herausragende Stellung im Kosmos hat, eine Sehnsucht aber auch zu verstehen, warum dies so ist. Die Bibel Israels ist Dokument für die Suche nach einem Schlüssel zum Verstehen des Menschen. Der Begriff „Wesen des Menschen" ist im Hebräischen schwerlich möglich, aber der Sache nach steht diese Frage zentral im Raum der Texte. Das Alte Testament kennt viele Denkarten (u. a. narrative, diskursive, liturgische, prophetische), die jeweils Beiträge zur Beantwortung der Frage leisten. Daher ist die Frage nach dem Menschsein des Menschen zunächst die diachrone exegetische Fragestellung, wie sich die Anthropologie in den verschiedenen Textgattungen über rund 1000 Jahre der Literaturgeschichte entwickelt hat. Es bedarf vielfältiger Einzelanalysen ganz unterschiedlicher Textcorpora, welche die (meist nur impliziten) Bilder vom Menschen erheben: unter anderem in den verschiedenen Erzählwerken aus vorexilischer Zeit (Jahwist, Elohist, Deuteronomium), aus dem Exil (Priesterschrift) und aus nachexilischer Zeit (redaktionelle Fortschreibungen des Pentateuchs, Chronik, Esra, Nehemia); ferner in den prophetischen Schriften von der klassischen vorexilischen Gerichtsprophetie über die exilische Heilsprophetie bis hin zum nachexilischen apokalyptischen Schrifttum; sodann in der fast über ein Jahrtausend gewachsenen Weisheitsliteratur der frühen Proverbien bis hin zu Hiob und Kohelet, in den Rechtstexten, in den Psalmen oder den Ritualtexten. Der Befund aus solchen Analysen ist überaus aspektreich und nuanciert. Es ist die Frage, ob eine zusammenfassende Gesamtdarstellung *des* Menschenbildes des Alten Testaments überhaupt möglich ist. Sie muss jedenfalls komplexer sein, als es der Klassiker in diesem

Bereich glauben macht: Hans-Walter Wolffs „Anthropologie des Alten Testaments"
(München 1973, 7. Aufl. 2002) bietet eine gute, aber eben doch reduktionistische
Auswahl ohne hinreichende diachrone Differenzierungskraft.

„Was ist der Mensch?" – mit seinen vielgestaltigen Fragen und Sehnsüchten
steht das Alte Testament in der langen und breiten Reihe der anderen antiken und
modernen Bemühungen um genau diese Frage. Die Fülle der Antwortversuche ist
außerordentlich groß.

Was in der Antike nahezu selbstverständlich war, dass nämlich der Mensch in
einer ganz besonderen Beziehung zur Transzendenz, d. h. zur Welt der Götter steht,
wird in der gegenwärtigen Debatte neu oder wieder entdeckt und betont: der *homo
religiosus* zieht (leider wohl vor allem wohl wegen seiner fanatischen, fundamen-
talistischen Auswüchse) aktuell viel Aufmerksamkeit auf sich. Was ist der religiöse Mensch? Neben Sprache, Kultur, Gesellschaft, Sexualität und Geschlecht wird
wieder intensiv nach der *theologischen* Dimension der Anthropologie gefragt. Wir
erleben in den letzten Jahren geradezu eine Welle von einschlägigen Forschungen,
was sich auch in der alttestamentlichen Wissenschaft spiegelt, (merkwürdigerweise
verstärkt in der deutschsprachigen Fachliteratur), wie ein Liste bedeutender Publikationen schnell verdeutlichen kann:

In einem sehr lesenswerten Aufsatz hat Jürgen von Oorschot die Geschichte der
Fragestellung sowie einige markante aktuelle Forschungsbeiträge kritisch Revue
passieren lassen.[5] Über seine Reflexionen, die sich schwerpunktmäßig um den
Begriff „*historische* Anthropologie" und ihrem Verhältnis zur normativen Anthropologie ranken, hinausgehend, möchte ich den eingangs schon herausgestellten Aspekt besonders herausstreichen: Meines Erachtens erklärt sich das große Interesse
für Anthropologie auch und gerade aus politischen Rahmenbedingungen. Natürlich
ist die Frage nach dem Menschen und seiner Beziehung zu Gott gleichursprünglich
mit der Existenz von Theologie als Wissenschaft. Nach Gott fragen heißt *per se*
immer auch nach dem Menschen fragen (und umgekehrt). Wenn es so eine Hausse
im rezenten Wissenschaftsbetrieb gibt, dann hat das auch mit gesellschaftlichen
Rahmenbedingungen zu tun. Und die Würde des Menschen etwa bedarf in Zeiten
von ökonomischer Krise ganz besonders immer neu einer Legitimation. So verbindet sich nach meinem Eindruck die anthropologische Forschung eben sehr gerne
mit der Frage nach der letztlichen Legitimation politischer Entscheidungen. Das
Wesen des Menschen soll seinen Wert verdeutlichen und in der Gesellschaft verankern. Theologische Anthropologie verheißt der Politik eine Art metaphysischer
Weihe und man erwartet von der Theologie solche Orientierungsleistungen. Die
Frage ist aber, ob es der Bibelwissenschaft gelingen kann, diese Erwartungen zu
befriedigen. Exegese hat politische Implikate für die Gegenwart, aber eben nicht
„auf Bestellung". Der Realismus der Bibel mag in diesem Erwartungshorizont zunächst zu Enttäuschungen führen. Enttäuschungen (im Sinne der Aufhebung von
Täuschungen) sind aber notwendig und heilsam, um dann Platz zu schaffen für die
wahre Leistungskraft der biblischen Anthropologien.

---

[5] Vgl. J. van Oorschot, Zur Grundlegung alttestamentlicher Anthropologie – Orientierung und
Zwischenruf, in: Oorschot und Iff, 2010, 1–41.

Für die weiteren Überlegungen greife ich ein Fallbeispiel heraus, und zwar David,[6] der nach Walter Dietrichs zutreffender Formulierung im Alten Testament als „der wahre Mensch"[7] gelten kann. An ihm und Teilaspekten der reichen Traditionsgeschichte um ihn herum möchte ich im zweiten Teil exemplarisch darlegen, wie sich das Bild bzw. die Bilder vom Menschen alttestamentlich darstellen, und auch andeuten, wie sie sich diachron verändert haben. David eignet sich dazu auch deswegen gut, weil es in der narrativen Konstruktion seiner Person auch um politische Interessen der jeweiligen Autorenkreise geht.

2. Multiperspektivität alttestamentlicher Anthropologien am Fallbeispiel Davids

David gehört zu den wenigen biblischen Gestalten, deren Leben uns sehr ausführlich erzählt wird. Wir besitzen aber gleich zwei episch breite Versionen seiner Vita, die eine in 1 Sam 16 bis 2 Kön 2 und die zweite in 1 Chr 10–29. Diese umfangreichen Texte bieten detailreiche Erzählungen über nahezu alle Phasen seines wechselvollen Lebens, weshalb es an Biographien Davids keinen Mangel hat.[8] Gemeinsamkeiten und Unterschiede dieser beiden Davidüberliefungskreise gehören zu den klassischen Arbeitsfeldern alttestamentlicher Wissenschaft.

In den *Samuelbüchern* hören wir über den jungen David, dem jüngsten und vermeintlich unbedeutendsten Sohn Isais aus Bethlehem, über seinen märchenhaften Aufstieg vom Hirtenjungen zum zweitmächtigen Mann am Hof Sauls, von seiner tiefen Freundschaft mit Jonathan, von seiner ersten Krise, als Saul ihn verfolgte und zu töten suchte. Uns wird erzählt, wie er sich (durchaus zwielichtig) zwischen den Fronten der Philister, Judäer und Israeliten „hindurch lavierte" und in der Wüste Juda ein System von „Schutzgeld" installierte. Wir erfahren, wie sich seine Macht Zug um Zug entfaltet – diverse Frauen spielten dabei eine wichtige Rolle – wie sein Königreich zunächst von Juda im Süden über die Stämme im Norden wuchs und sich schließlich durch seine Eroberung Jerusalems und durch die Einrichtung seiner Hauptstadt daselbst (2 Sam 5) vollendete. Auf dem Gipfelpunkt seiner Macht hatte er aber eine verhängnisvolle Affäre mit Bathseba und verstrickte sich dabei nicht nur in Ehebruch, sondern auch in Lüge und Mord (2 Sam 11 f.). Bei der Regelung der Frage, welcher seiner Söhne seinen Thron erben soll, verhielt er sich äußerst

---

[6] Dabei greife ich auf Analysen zurück, die ich in einem anderen Kontext entwickelt habe: M. Oeming, Alttestamentliche und philosophische Anthropologie – ein subtiles Verwandtschaftsverhältnis dargestellt am Beispiel David, in: A. Wagner (Hg.), Anthropologische Aufbrüche. Alttestamentliche und interdisziplinäre Zugänge zur historischen Anthropologie (FRLANT 232), Göttingen 2009, 297–318.

[7] RGG 4. Aufl., Band 2, 595.

[8] Z.B. Steven McKenzie, König David. Eine Biographie. Berlin [u. a.]: de Gruyter, 2002; Walter Dietrich, David, Berlin 2006; Stefan Ark Nitsche, König David. Gestalt im Umbruch, Gütersloh 2009.

unklar und ungeschickt, so dass er eine Staatskrise auslöst und eine zweite große Lebenskrise durchleiden musste, als sein eigener Sohn Absalom ihm letztendlich nach dem Leben trachtet und er fliehen muss. Schließlich wird in 1 Kön 1 sein Alter in schonungsloser Offenheit beschrieben (er leidet an Parkinson und wird impotent) und sein Tod mit seinen hässlichen letzten Worten geschildert, die nach Rache an seinen Feinden rufen (2 Kön 2, 1–9).

In der Darstellung der *Chronikbücher* aber wirkt die Vita Davids *ganz anders*, wesentlich frommer und homogener als die einer „spirituellen Persönlichkeit"; seine problematische Aufstiegsphase als „Räuberhauptmann" wird gar nicht erzählt; all sein Tun und Dichten ist permanent auf den Tempel gerichtet. Er agiert in Harmonie mit „ganz Israel" als der Planer und Vorbereiter des Tempelkults, für den er vom Bauplan bis zur Liste des anzustellenden Kultpersonals alles vorbereitet und es seinem Sohn Salomo zur Ausführung übergibt. Die gesamten Thronfolgewirren werden ebenso nicht berichtet wie auch sein Testament komplett umgedeutet. Aus dem schillernden Soldaten und Frauenhelden ist ein strahlender Priester und ein moralisches Vorbild geworden.

2.1. David im dtrG

Seine umfangreich erzählte Lebensgeschichte zeigt David als eine Persönlichkeit mit außergewöhnlich vielen Facetten. Hier sollen nur zwei für seine Charakterzeichnung zentrale Texte, nämlich sein Anfang und sein Ende, d. h. seine erste Präsentation in 1 Sam 16, 4–13 und seine letzten Worte in 1 Kön 2 bedacht werden.

> 4 Und Samuel tat, was der HERR geredet hatte, und kam nach Bethlehem. Da kamen die Ältesten der Stadt ihm aufgeregt entgegen und sagten: Bedeutet dein Kommen Friede? 5 Und er sprach: Ja, Friede! Ich bin gekommen, um dem HERRN ein Opfer zu bringen. Heiligt euch und kommt mit mir zum Schlachtopfer! Und er heiligte Isai und seine Söhne und lud sie zum Schlachtopfer. 6 Und es geschah, als sie kamen, sah er den Eliab und meinte: Gewiß, da steht sein Gesalbter vor dem HERRN! 7 Aber der HERR sprach zu Samuel: Sieh nicht auf sein Aussehen und auf seinen hohen Wuchs! Denn ich habe ihn verworfen. Denn der HERR sieht nicht auf das, worauf der Mensch sieht. Denn der Mensch sieht auf das, was vor Augen ist, aber der HERR sieht auf das Herz. 8 Da rief Isai den Abinadab und ließ ihn vor Samuel vorübergehen. Aber er sprach: Auch diesen hat der HERR nicht erwählt. 9 Dann ließ Isai Schamma vorübergehen. Er aber sprach: Auch diesen hat der HERR nicht erwählt. 10 Und Isai ließ seine sieben Söhne vor Samuel vorübergehen. Aber Samuel sprach zu Isai: Der HERR hat keinen von ihnen erwählt. 11 Und Samuel fragte Isai: Sind das die jungen Leute alle? Er antwortete: Der Jüngste ist noch übrig, siehe, er weidet die Schafe. Und Samuel sagte zu Isai: Sende hin und laß ihn holen! Denn wir werden uns nicht zu Tisch setzen, bis er hierhergekommen ist. 12 Da sandte er hin und ließ ihn holen. Und er war rötlich und hatte schöne Augen und ein gutes Aussehen. Und der HERR sprach: Auf, salbe ihn! Denn der ist es! 13 Da nahm Samuel das Ölhorn und salbte ihn mitten unter seinen Brüdern. Und der Geist des HERRN geriet über David von diesem Tag an und darüber hinaus. Samuel aber machte sich auf und ging nach Rama.

Die Erzählung verdeutlicht, dass David nicht *a priori* und augenscheinlich ein herausragender Mensch war, schon weil er keine überaus bemerkenswerten körperlichen Eigenschaften hatte. Er besaß zwar schöne Augen, eine gute Figur, auffälliges rötliches Haar, aber dennoch legt der Erzähler alles Gewicht auf die Erwählung durch Gott. „Der Mensch sieht auf das, was vor Augen ist, aber der HERR sieht auf das Herz." Von Anfang an war David der *homo electus* Gottes, d. h. in ihm wirkte Gott, dessen Geist über ihn kommt (vgl. 2 Sam 23, 2) und gleichzeitig Saul verlässt (V. 13 f.). Dieser Gedanke wird durch das narrativ stark herausgearbeitete Paradox ausgedrückt, dass ausgerechnet der Jüngste und Kleinste der Söhne Isais, an den nach menschlichen Maßstäben keiner gedacht hatte, nicht einmal sein Vater Isai selbst, der Besondere, der Herausragende und Mächtigste wird. Aus dieser Einführung ergibt sich der Rest des Lebens Davids – seine heldenhaften Taten, sein Aufstieg, seine Krönung zum König – wie eine logische Entfaltung der Pläne Gottes. Durch *Gott* gnadenhaft begabt wird David der Schöne, der Jugendliche, der Musische, der Tapfere, der Erfolg im Krieg hat und entsprechend noch mehr Erfolg bei den Frauen.

Aber in diese geistgewirkte Bilderbuchvita sind überraschende Schatten eingewebt, zahlreiche dunkle Seiten in politischer und charakterlicher Hinsicht: sein Hin- und Herlavieren zwischen den Fronten von Philistern und Israeliten, seine dubiose Loyalität und gleichzeitige Zersetzung der Autorität Sauls, der zweifelhafte Bandenführer und „Pate" für die Bürger des Negevs, eine Art Mafiaboss und ein Don Juan in einem. So gibt es eine merkwürdige Synkrasis von Aufstieg und Fall, die in 2 Sam 11 und 12 besonders deutlich zu Tage tritt. Die hässliche Sünde mit Batseba demonstriert *ad oculos*, wie David seinen sexuellen Begierden zum Opfer fällt, als er Batseba einfach so „nimmt", danach heuchelt und mit Tricks versucht, ihren Ehemann Uria zu täuschen, bevor er ihn schließlich umbringen lässt. David, *der* König, wird vollends zu *dem* Versager, als Absalom gegen ihn putscht und dabei stirbt; denn David sah den Aufruhr seines Sohnes nicht kommen und verhielt sich auch gefährlich ungeschickt. So muss er vor Absalom fliehen, vor dem eigenen Lieblingssohn, der ihn umbringen will, um den er aber dennoch – zum großen Ärger seiner Soldaten – heftig trauert und klagt, als Absalom seine Revolte letztlich mit seinem Leben bezahlen muss.

Und dann das hässliche Ende Davids! Zur Charakterzeichnung sind letzte Taten und Worte besonders gewichtig.[9]

> Und der König David war alt, hochbetagt. Man bedeckte ihn mit Kleidern, aber es wurde ihm nicht warm. 2 Da sagten seine Diener zu ihm: Man suche meinem Herrn, dem König, ein Mädchen, eine Jungfrau, daß sie vor dem König *dienend* stehe und seine Pflegerin sei! Wenn sie *dann* in deinem Schoß liegt, wird meinem Herrn, dem König, warm werden. 3 Und man suchte ein schönes Mädchen im ganzen Gebiet Israels; und man fand Abischag, die Schunemiterin, und brachte sie zum König. 4 Das Mädchen aber war überaus schön, und sie wurde Pflegerin des Königs und bediente ihn; aber der König erkannte sie nicht. (1 Kön 1, 1–4)

---

9 Zur Theorie der Erzählanalytik und zu den wichtigsten Werken dieser Forschungsrichtung im Alten Testament vgl. Joachim Vette, Narrative Poetics and Hebrew Narrative: A Survey, in: Hanna Liss/M. Oeming (Hg.), Literary Construction of Identity in the Ancient World, Winona Lake 2010, 50–90.

Am Ende des Lebens dieses starken Mannes und (Frauen-)Heldes steht paradoxerweise Impotenz. Den traurigen Abschluss bildet ein gehässiger, gekränkter, gewaltiger Fluch in Davids Testament:

> 1 Als nun die Tage Davids herannahten, dass er sterben sollte, befahl er seinem Sohn Salomo und sagte: 2 Ich gehe nun den Weg aller Welt. So sei stark und erweise dich als Mann! 3 Bewahre, was der HERR, dein Gott, zu bewahren geboten hat, dass du auf seinen Wegen gehst, indem du seine Ordnungen, seine Gebote und seine Rechtsbestimmungen und seine Zeugnisse bewahrst, wie es im Gesetz des Mose geschrieben ist, damit du Erfolg hast in allem, was du tust, und überall, wohin du dich wendest; 4 damit der HERR sein Wort aufrecht erhält, das er über mich geredet hat, als er sprach: Wenn deine Söhne auf ihren Weg achthaben, so dass sie in Treue vor mir leben mit ihrem ganzen Herzen und mit ihrer ganzen Seele, dann soll es dir nicht an einem Mann fehlen auf dem Thron Israels.
> 5 Auch hast du ja selbst erkannt, was mir Joab, der Sohn der Zeruja, angetan hat, was er den beiden Heerobersten Israels, Abner, dem Sohn Ners, und Amasa, dem Sohn Jeters, angetan hat, daß er sie ermordete und so mit Kriegsblut den Frieden belastete. So hat er Kriegsblut an seinen Gürtel gebracht, der um seine Hüften war, und an seine Schuhe, die an seinen Füßen waren. 6 So handle nun nach deiner Weisheit und laß sein graues Haar nicht in Frieden in den Scheol hinabfahren! 7 Aber an den Söhnen des Gileaditers Barsillai sollst du Gnade erweisen, und sie sollen unter denen sein, die an deinem Tisch essen; denn ebenso sind sie mir entgegengekommen, als ich vor deinem Bruder Absalom floh. 8 Und siehe, bei dir ist Schimi, der Sohn Geras, der Benjaminiter aus Bahurim; das ist der, der mich mit einem schlimmen Fluch verflucht hat am Tag, als ich nach Mahanajim ging. Aber er kam mir dann entgegen, an dem adem Schwert töte! 9 Jetzt aber laß ihn nicht ungestraft, denn du bist ein weiser Mann und wirst erkennen, was du ihm tun sollst. Laß sein graues Haar mit Blut befleckt in den Scheol hinabfahren! 10 Und David legte sich zu seinen Vätern und wurde in der Stadt Davids begraben. (1 Kön 2, 1–10)

In V. 2–4 erscheint der alte David als gewaltiger Prediger des dtr Programms mit der Tora als Zentrum des Lebens; der Appell zur Torafrömmigkeit ist verbunden mit der Verheißung von Erfolg und Wohlstand. In V. 5–9 aber predigt er erschreckenden Hass. Den traurigen Abschluss seiner Hasstiraden bildet in Davids „Testament" ein gehässiger, gekränkter, gewaltiger Fluch:

> Lass sein graues Haar im Blut in den Scheol hinabfahren!

Die Weisheit seines Sohnes Salomo soll sich darin erweisen, dass ihm schon etwas einfallen wird, wie er den Ehre gebietend ergrauten Mann, der seinen Vater einst schmähte, umbringen kann.

In Davids Vita verdichtet sich die dtr Sicht des Menschen als eines bipolaren Wesens: Dieses exilische Geschichtswerk entfaltet eine eindrückliche dialektische Anthropologie: Schönheit der Jugend, Hässlichkeit des Alters, Freiheit von jeder Blutschuld und doch ein niederträchtiger Mörder, ein Muster an Tora-Treue und doch ein Paradebeispiel für einen Übertreter des Gotteswillens, der liebende Vater, der genau dadurch unfähig ist zum Königsamt. David zeigt im dtr Geschichtswerk die innere Zerrissenheit und abgründige Triebhaftigkeit auch der Edelsten auf. Der Titel eines rezenten David-Buch von Baruch Halpern bringt das sehr schön zum Ausdruck: David's Secret Demons: Messiah, Murderer, Traitor, King.[10] Der

---

[10] Halpern betont die dunklen Seiten Davids massiv und belegt ihn mit allen Worten für Verbrecher, die das Englische bietet: serial killer, thug, adulterer, assassin, bandit, brigand und predator.

Mensch ist sowohl ein königlicher Mensch als auch zugleich ein niedriger, erbärmlicher, verräterischer Schuft. Frei nach Gottfried Benn[11]: „die Krone der Schöpfung, David, das Schwein".

2.2. David im Chr Geschichtswerk

In den Büchern der Chronik begegnet uns (nach meiner Datierung) ca. 250 Jahre später als der dtr David, 700 Jahre nach dem historischen David, ein ganz neuer David. Die völlige Neukonstruktion des Davidbildes lässt sich an der geänderten Art seiner Einführung und seines Todes leicht erkennen:

> 13 So starb Saul wegen seiner Untreue, die er gegen den HERRN begangen hatte in bezug auf das Wort des HERRN, das er nicht beachtet hatte, und auch, weil er den Totengeist befragt hatte, um Rat zu suchen; 14 aber bei dem HERRN hatte er keinen Rat gesucht. Darum ließ er ihn sterben und wandte das Königtum David, dem Sohn Isais, zu. 11, 1 Und ganz Israel versammelte sich bei David in Hebron. Und sie sagten: Siehe, wir sind dein Gebein und dein Fleisch. 2 Schon früher, schon als Saul König war, bist du es gewesen, der Israel ins Feld hinausführte und wieder heimbrachte. Und der HERR, dein Gott, hat zu dir gesprochen: Du sollst mein Volk Israel weiden, und du sollst Fürst sein über mein Volk Israel! 3 Und alle Ältesten Israels kamen zum König nach Hebron, und David schloss vor dem HERRN einen Bund mit ihnen in Hebron. Und sie salbten David zum König über Israel, nach dem Wort des HERRN durch Samuel. (1 Chr 10, 13–11, 3)

David beginnt sein Wirken in herzlicher Eintracht mit ganz Israel; er ist vom ganzen Volk geliebt, gewählt und getragen. Er und sein Volk sind eins, auch genealogisch. Gott selbst hat für alles Volk vernehmlich geredet und so David zum König bestimmt. Getilgt ist die Zwielichtigkeit der Aufstiegserzählung (getilgt sind später auch die Sündenfallgeschichte mit Batseba und die Hässlichkeiten und der abgründige Familienzwist der Nachfolgeerzählung). Völlig geändert ist Davids Lebenslauf: Keine Mordgeschichten, keine Sexskandale, keine Impotenz. David erscheint *ethisch gereinigt*, gleichsam klinisch steril gefiltert. Er konzentriert sich ganz auf den Gottesdienst, die Tempelrituale und das Gebet.

Charakteristisch wiederum der Schluss des Lebens: David ist mit ganz Israel im Gottesdienst vereint, ein Bild der Harmonie, des Respekts, der Ordnung, der Gottesfurcht und der Verehrung für den frommen König.

> 10 Und David pries den HERRN vor den Augen der ganzen Versammlung, und David sprach: Gepriesen seist du, HERR, Gott unseres Vaters Israel, von Ewigkeit zu Ewigkeit! 11 Dein, HERR, ist die Größe und die Stärke und die Herrlichkeit und der Glanz und die Majestät; denn alles im Himmel und auf Erden ist dein. Dein, HERR, ist das Königtum, und du bist über alles erhaben als Haupt. 12 Und Reichtum und Ehre kommen von dir, und du bist Herrscher über alles. Und in deiner Hand sind Macht und Stärke, und in deiner Hand *liegt es*, einen jeden groß und stark zu machen.13 Und nun, unser Gott, wir preisen dich,

---

Er präsentiert David als „the first human being in world literature", but „not someone whom it would be wise to invite to dinner. " (Covertext)

[11]   Gottfried Benns Gedicht „Der Arzt".

und wir loben deinen herrlichen Namen.14 Denn wer bin ich, und was ist mein Volk, dass wir imstande waren, auf solche Weise freigebig zu sein? Denn von dir kommt alles, und aus deiner Hand haben wir dir gegeben.15 Denn wir sind Fremde vor dir und Beisassen wie alle unsere Väter; wie ein Schatten sind unsere Tage auf Erden, und es gibt keine Hoffnung.16 HERR, unser Gott, diese ganze Menge, die wir bereitgestellt haben, um dir ein Haus zu bauen für deinen heiligen Namen, von deiner Hand ist sie, und das alles ist dein. 17 Ich habe erkannt, mein Gott, dass du das Herz prüfst, und an Aufrichtigkeit hast du Gefallen. Ich *nun*, in Aufrichtigkeit meines Herzens habe ich das alles bereitwillig gegeben; und ich habe jetzt mit Freuden gesehen, dass *auch* dein Volk, das sich hier befindet, dir bereitwillig gegeben hat. 18 HERR, Gott unserer Väter Abraham, Isaak und Israel, bewahre dieses für ewig als Streben der Gedanken im Herzen deines Volkes, und richte ihr Herz zu dir! 19 Und meinem Sohn Salomo gib ein ungeteiltes Herz, deine Gebote, deine Zeugnisse und deine Ordnungen zu beachten und das alles zu tun und den Palast zu bauen, den ich vorbereitet habe! 20 Und David sagte zu der ganzen Versammlung: Preist doch den HERRN, euren Gott! Und die ganze Versammlung pries den HERRN, den Gott ihrer Väter; und sie verneigten sich und warfen sich nieder vor dem HERRN und vor dem König. 21 Und am folgenden Tage brachten sie Schlachtopfer dem HERRN dar, und sie opferten dem HERRN Brandopfer: tausend Jungstiere, tausend Widder, tausend Lämmer und ihre Trankopfer und Schlachtopfer in Menge für ganz Israel. 22 Und sie aßen und tranken vor dem HERRN an jenem Tag mit großer Freude. Und sie machten Salomo, den Sohn Davids, zum zweitenmal zum König. Und ihn salbten sie dem HERRN zum Fürsten und Zadok zum Priester. 23 So setzte sich Salomo auf den Thron des HERRN als König anstelle seines Vaters David, und er hatte Gelingen; und ganz Israel gehorchte ihm. 24 Und alle Obersten und die Helden und auch alle Söhne des Königs David unterwarfen sich dem König Salomo. (1 Chr 29, 10–24)

Die Chronik ist in der Forschungsgeschichte heftig kritisiert, ja beschimpft worden als Geschichtsfälschung, als ideologische Geschichtsklitterung: Als *pars pro toto* nur Julius Wellhausens berühmtes Dictum:

> Was hat die Chronik aus David gemacht! Der Gründer des Reiches ist zum Gründer des Tempels und des Gottesdienstes geworden, der König und Held an der Spitze seiner Waffengenossen zum Kantor und Liturgen an der Spitze eines Schwarmes von Priestern und Leviten, seine so scharf gezeichnete Figur zu einem matten Heiligenbilde, umnebelt von einer Wolke von Weihrauch. … historischen Wert hat nur die Tradition der älteren Quelle.[12]

Meines Erachtens kommt man mit der Kategorie „historischer Wert" der Intention der Chronik nicht bei. Die Chronikbücher artikulieren vielmehr eine veränderte Anthropologie: in spätpersisch-frühhellenistischer Zeit vertritt der Chronist mit den Mitteln einer „Quasi-Historiographie" eine idealistische Anthropologie: Er wünscht sich einen Helden, der genau das lebt, was er für wünschenswert hält, und so kreiert er ihn.[13] David wird nicht mehr als ein Individuum, das voller Widersprüche in der inneren Zerrissenheit lebt, begriffen und dargestellt, sondern als eine Art corporate identity, als eine Person, die eine vollständige Einbindung des Einzelnen in das Glaubenskollektiv Israel vorlebt. Nicht mehr verwirrende Abgründigkeit, sondern klare Prinzipientreue, nicht mehr leidenschaftliche Lust und brutale Morde, sondern

---

[12] J. Wellhausen, Prolegomena zur Geschichte Israels, Berlin/New York 2011 (Nachdruck der 6. Aufl. 1927). 176f.

[13] Wellhausen, ebd., spürt dies auch selbst, wenn er völlig richtig davon spricht, dass die ältere Quelle „dem Geschmack der nachexilischen Zeit gemäß vergeistlicht" wurde, so dass David „Psalmen dichten musste".

konstant bußfertige Besonnenheit. Der Vergleich der Davidbilder in den beiden Geschichtswerken ist ein sehr schönes Beispiel für historische Anthropologie. Frömmigkeit wird jetzt nicht mehr verstanden als individualistisches und punktuelles Phänomen, sondern als konstante Haltung, bei der eine an strengen Normen ausgerichtete Ethik und eine am Tempel praktizierte Religion miteinander verschmelzen, grundlegend rückgebunden an die Gemeinde Israel, mit welcher David eine *unio mystica* vorlebt.

Zum Ende seines Lebens fordert David in 1 Chr 29 zum Gebet auf.

> Und David sagte zu der ganzen Versammlung: Preist doch den HERRN, euren Gott! Und die ganze Versammlung pries den HERRN, den Gott ihrer Väter; und sie verneigten sich und warfen sich nieder vor dem HERRN und vor dem König.

Was für ein Unterschied zum Mordaufruf am Ende des dtr Bildes: „Lass sein graues Haar im Blut (getränkt) in den Scheol hinabfahren!" Der König wird dadurch zur Respektsperson, dass er sich ganz in den Dienst Gottes stellt.

2.3. David in den Psalmen

In den Psalmen begegnet eine Art Synthese aus dtr und chr Davidbild. Auf der einen Seite sind die schweren Sünden Davids sowie seine Erfahrungen des Scheiterns und der Verfolgung aufgegriffen und bedacht (vgl. bes. Ps 51). Auf der anderen Seite aber wird David im Psalter zum bußfertigen Musterbeter stilisiert,[14] zum Schöpfer von bleibend gültigen Gebetsmustern. Aber auch von Denkmustern. David begegnet im Psalter auch als Musterdenker, als Philosoph mit Schwerpunkt Anthropologie. Er fragt:

> Was ist das Menschlein, dass du seiner gedenkst, und des Menschen Sohn, dass du dich um ihn kümmerst? Denn du hast ihn wenig geringer gemacht als Engel, mit Herrlichkeit und Pracht krönst du ihn. Du machst ihn zum Herrscher über die Werke deiner Hände; alles hast du unter seine Füße gestellt. (Ps 8, 5–7)

Der recht junge Psalm 8 reflektiert auf sehr hohem Niveau die Frage nach dem Wesen des Menschen und seiner Stellung in der Schöpfung. Dabei stößt das weisheitlich-philosophische Gebet vor zu einer erstaunlichen Dialektik: der Gegensatz von sehr klein und sehr groß bildet das gedankliche Grundraster, nach welchem der Psalm formal und inhaltlich strukturiert ist.

VV. 2 und 10 bilden einen Rahmen um das Corpus des Gebets; es preist die weltweite Größe und Herrlichkeit Jahwes. In diesen umrahmenden Lobpreis Gottes hinein ist eine doppelte *Dialektik* des Menschen eingezeichnet: VV. 2 f. und VV. 4–9 bilden jeweils eine in sich konsistente Bildwelt: das ganz Kleine bedeutet riesig Großes. Dieser Gedanke wird zweimal vorgeführt: V. 3 sagt, dass Gott aus den

---

[14] M. Kleer, Der liebliche Sänger der Psalmen Israels. Untersuchungen zu David als Dichter und Beter der Psalmen (BBB 108), Bodenheim 1996. – V.L. Johnson, David in Distress. His Portrait Through the Historical Psalms, London 2009.

Kleinkindern und Säuglingen „eine Macht und ein Bollwerk" bereitet, VV. 4 ff.
kontrastieren die in Relation zum Kosmos überwältigende Winzigkeit des Menschen mit seiner desto überwältigenderen Machtfülle.[15]

Der Psalter, „die fünf Bücher Davids"[16], eröffnet den Zugang zu rechter Selbsterkenntnis, wie Luther es in seiner Vorrede zum Psalter klassisch formuliert hat.
Nach ihm findet man im Psalter

> doch fast die gantze Summa verfasset in ein klein Büchlin. … Aber der Psalter rechte
> wacker lebendige Heiligen uns einbildet.Denn ein menschlich Hertz ist wie ein Schiff auff
> eim wilden Meer/welchs die Sturmwinde von den vier örtern der Welt treiben. Hie stös-
> set her/furcht und sorge fur zukünfftigem Vnfal. Dort feret gremen her und traurigkeit/von
> gegenwertigem Vbel. Hie webt hoffnung und vermessenheit/von zukünfftigem Glück. Dort
> bleset her sicherheit und freude in gegenwertigen Gütern.
>
> SOlche Sturmwinde aber leren mit ernst reden/und das hertz öffnen/und den grund eraus
> schütten. Denn wer in furcht und not steckt/redet viel anders von vnfal/denn der in freuden
> schwebt. Vnd wer in freuden schwebt/redet und singet viel anders von freuden/denn der
> in furcht steckt. Es gehet nicht von hertzen/(spricht man) wenn ein Trawriger lachen/oder
> ein Frölicher weinen sol/das ist/Seines hertzen grund stehet nicht offen/und ist nicht er aus.
> WJderumb/wo findestu tieffer/kleglicher/Trawrigkeit. jemerlicher wort/von Trawrigkeit/
> denn die Klagepsalmen haben? Da sihestu aber mal allen Heiligen ins hertze/wie in den
> Tod/ja wie in die Helle. Wie finster und tunckel ists da/von allerley Wort von betrübtem
> anblick des zorns Gottes. Also auch/Furcht und wo sie von furcht und hoffnung reden/brau-
> chen sie Hoffnung. solcher wort/das dir kein Maler also kündte die Furcht oder Hoffnung
> abmalen/und kein Cicero oder Redkündiger also furbilden.
>
> … SVmma/Wiltu die heiligen Christlichen Kirchen Bemalet sehen mit lebendiger Farbe
> und Bestalt/in einem kleinen Bilde Befasset/So nim den Psalter fur dich/so hastu einen
> feinen/hellen/reinen/Spiegel/der dir zeigen wird/was die Christenheit sey. Ja du wirst auch
> dich selbs drinnen und das rechte Gnotiseauton finden/Da zu Gott selbs und alle Creaturn.

Der Psalter ist somit eine kleine Biblia, eine *summa theologica*, aber auch eine *summa anthropologica*[17]. Anthropologisch gesehen repräsentiert der David des Psalters
eine tiefgründige Synthese aus DtrG und ChrG. David wird hier in *allen* Gefühls-
und Lebenslagen gezeigt, sowohl in den dunklen und problematischen, als auch in
den hellen und vorbildlichen. Entscheidend ist seine Fähigkeit und Bereitschaft zu
Umkehr und Buße:

> Verbirg dein Gesicht vor meinen Sünden, tilge all meine Frevel!Erschaffe mir, Gott, ein
> reines Herz, und gib mir einen neuen, beständigen Geist! Verwirf mich nicht von deinem
> Angesicht, und nimm deinen heiligen Geist nicht von mir!Mach mich wieder froh mit dei-
> nem Heil; mit einem willigen Geist rüste mich aus! (Ps 51, 11–14)

---

[15] Über die Idealisierung in der Chronik sogar noch hinausgehend findet man merkwürdigerweise in DtrG eine Stilisierung Davids zum „Heiligen". Möglicherweise finden sich hier im DtrG
(nach)chronistische Zusätze, die David sehr hoch ansetzen, z. B. 1 Kön 15,4: „Doch um Davids
willen gab ihm der HERR, sein Gott, eine Leuchte in Jerusalem, indem er seinen Sohn nach ihm
als König aufstehen ließ und indem er Jerusalem bestehen ließ" (vgl. Ps 132, 10).

[16] Midrasch Tehillim zu Psalm 1.

[17] Vgl. bes. B. Janowski, Konfliktgespräche mit Gott. Eine Anthropologie der Psalmen. Neukirchen-Vluyn ³2009.

Fazit 1: Das Datenmaterial zu David scheint für antike Verhältnisse überreich zu fließen. Wir kennen seine Taten und sogar seine Gedanken. Und dennoch ist die Quellenlage – kritisch betrachtet – durchaus problematisch. Die jetzt vorliegenden Schriftwerke stammen aus einer Zeit wenigstens 400 bis 650 Jahre nach dem Tod Davids. Gewiss handelt es sich bei den biblischen Daviddarstellungen im großen Umfang um literarisch konstruierte Identitäten, in denen sich das viel spätere (exilische und persisch-hellenistische) Denken Israels spiegelt. Für die historisch-kritische Chronikforschung schien es ja schon weitgehend sicher, dass hier keine alten Quellen überlebt haben, sondern theologisches „Wunschdenken" begegnet. Ebenso in der Psalmenforschung. Man wird von dem traditionellen Schema: Samuelbücher = Historie, Chronikbücher und Psalmen = theologische Konstruktion, abrücken müssen; zu deutlich ist, dass auch die Deuteronomisten ein klares politisches Interesse daran hatten, die dunklen Seiten Davids zu betonen, um auf diese Weise das dunkle Ende der Monarchie in Juda 586 v.Chr. von den Ursprüngen um 1000 v.Chr. her zu erklären. So gibt es in der alttestamentlichen Tradition mehrere Davidbilder, die nebeneinander stehen. Die Widersprüche werden nicht ausgeglichen, sondern im Kanon bewusst synchron nebeneinander gestellt. Der Kanon dokumentiert auch in anthropologischer Hinsicht eine Dynamik und Dialektik, und er reflektiert dieses Faktum sogar ansatzweise selbst: er setzt die unterschiedlichen Anthropologien im Psalter multiperspektivisch auf engstem Raum nebeneinander.

3. Der Ertrag des Fallbeispiels Davids zur Lösung des Problems: Geschichtlichkeit und Normativität im Spiegel von anthropologischen Konzepten der Bibel

Wir müssen nüchtern feststellen: *Das* biblische Menschenbild gibt es nicht. Wie die geschichtlichen Wandlungen des Davidbildes gezeigt haben, wandelt sich das Bild des Menschen deutlich, je nach der Zeit und je nach politischen Kontexten.

Diese Multiperspektivität führt aber den Gedanken der Normativität nicht *ad absurdum*.

Wenn auch die theologischen, kultischen, politischen und sonstigen Interessen der Autoren deutlich sind, so gibt es dennoch in dem durch den jeweiligen Horizont bedingten Wandel Gemeinsamkeiten, die über bloße Plattitüden hinausgehen: Unter anderem kann man folgende Aspekte geltend machen:

David ist „*Geschöpf Gottes*"; sein Aufstieg hat mit einem Charisma zu tun, das Gott ihm verliehen hat. Das bedeutet sehr viel. David ist gewollt, er ist „erwählt" (Saul aber ist verworfen). Zweitens muss man festhalten: David steht auch als der von Gott Erwählte und Begabte, vielleicht gerade deswegen, unter einem *ethischen Anspruch*. Das DtrG betont, dass er diesem Anspruch nicht gerecht wird und deshalb stürzt; auch David verfällt der Sünde. Er versagt mehrfach; besonders seine Sexualität ist stärker als seine Moralität. Die Macht der Sünde zeigt sich in einer erstaunlichen Bereitschaft zur Gewalt. Der deuteronomistische David ist ernüchternd, erschreckend, deprimierend.

Das ChrG betont dagegen, dass David den Anspruch Gottes idealtypisch erfüllt und daher eine Art verdienstlicher Werke ansammelt habe. David wird als Leitstern konstruiert, der einen positiven Glauben an das Gute begründen soll.

Beide Geschichtswerke wie auch der David der Psalmen sind sich aber über den Anspruch der Tora einig. Beide betonen drittens die *Autonomie* Davids. David ist frei, zu wählen, wie er sich verhält. De Leser beider Geschichtswerke wird geradezu selbst in die Entscheidung gerufen, was für ein David, was für ein Mensch er sein will.

Es ist nicht schwer, von diesen David-Bildern auf anthropologische Grundaussagen zu kommen, die auch in der Gegenwart Geltungsanspruch erheben können:

Der Mensch ist Geschöpf Gottes. Er ist gewollt und mit Gaben ausgestattet. Er kann diese Gaben zum Segen oder zum Fluch verwenden. Eine (Auf-)Gabe ist die ethische Autonomie; der Mensch kann es schaffen, die Gebote Gottes zu realisieren, er kann sie aber auch verfehlen. Er bleibt in Gelingen und Scheitern auf die Gnade Gottes angewiesen!

Die kulturprägende Kraft eines anthropologischen Leitbildes ist kaum zu überschätzen.

Sich wandelnde Entwürfe von Idealmenschen haben deshalb zu allen Zeiten enorme Auswirkungen auf Religion, Wissenschaft, Moral, Wirtschaft und Politik gehabt, und umgekehrt: religiöse, ökonomische, ethische oder staatslenkende Transformationen gehen stets auch mit anthropologischen Aufbrüchen einher. Ich will nur drei markante Beispiele für diese These nennen: a) die reformatorische Entdeckung des von Gott allein auf Grund seines Glaubens an Christus begnadeten Sünders im Zeitalter Luthers veränderte die Weltsicht und Weltordnung des Mittelalters radikal; es entstand das Bild des selbstbewussten, des Schreibens und Lesens kundigen, seinem eigenen Gewissen und seinem eigenen Urteilsvermögen vertrauenden Bürgers („der protestantische Mensch"). b) Die auf Gleichheit bedachte Sicht des Menschen wurde in der Französischen Revolution mit dem Ruf nach *égalité* politisch umgesetzt; sie bewirkte und spiegelte den Durchbruch der Aufklärung und dem daraus folgenden Siegeszug der Menschenrechte und der Sklavenbefreiung (der „aufgeklärte Mensch"). c) Schließlich bewirkte im 20. Jh. bis heute die Entdeckung der Gleichwertigkeit beider Geschlechter die Emanzipation der Frauen in allen Bereichen der Kultur (der „emanzipierte Mensch").

Es ist gut, dass die Bibel einen solchen dynamischen Wandel dokumentiert und damit auch weiter ermöglicht. Gerade in ihrer strukturierten Pluralität ist die Bibel normativ.

Die in der Geschichte sich entfaltenden Möglichkeiten des Menschseins – in ihren Stärken und in ihren Abgründen – werden theologisch umfangen in der Gnade Gottes. Die Hebräische Bibel bahnt realistische Multiperspektivität an, sie macht sie vor; ist darin vorbildlich. *Das* christliche Menschenbild erweist sich somit als eine problematische Größe.

4. Weitergehende Schlussfolgerungen aus der Problemlösung

Um zu verstehen, worum es der Sache nach in den sich historisch wandelnden David-Bildern geht und welche umfassende hermeneutische Potenz in ihnen steckt,
soll sie abschließend mit philosophischen Anthropologien (man beachte den Plural) ins Gespräch gebracht werden.[18] Man kann in der unüberschaubaren Fülle der
Versuche, das Wesen und die Wandlungen des menschlichen Seins zu beschreiben, stark schematisierend zwei Grundmodelle differenzieren: eine optimistische
und eine pessimistische Sicht des Menschen. Erstere ist klassisch ausgeprägt im
Zeitalter des Idealismus. Bei der Betrachtung der weißen Marmorbilder von Her-
culaneum kommt Johann Joachim Winckelmann in den Sinn, dass sich hier das
Menschheitsideal von der Einheit von Schönheit und Moral, von Natur und Ethik
einen gültigen Ausdruck verschafft habe, und er fasst diese Deutung in die wir-
kungsmächtige Formel: „eine edle Einfalt, und eine stille Größe"[19]. Winckelmann
hatte dieses sein Menschheitsideal als Kunsthistoriker gepredigt, mit seinem Gedicht „Das Göttliche" von 1783 hat der Dichter Johann Wolfgang von Goethe diesem Menschenbild der Deutschen Klassik ein bleibendes Sprach-Denkmal gesetzt:

> Edel sei der Mensch,
> Hilfreich und gut!
> Denn das allein
> Unterscheidet ihn
> Von allen Wesen,
> Die wir kennen.

Der zweite anthropologische Grundtyp ist der pessimistische, der etwa in Arthur
Schopenhauers Philosophie ihren ersten neuzeitlich-klassischen Ausdruck gefunden hat. Seine Vorstellung vom Menschen war ein leidenschaftlicher Protest gegen
den Idealismus Hegels. Unabhängig von, aber analog zu ihm entwickelte Sören
Kierkegaard sein Menschenbild. Alles Verrechnen des Einzelnen in eine Entwick-
lungsstufe der absoluten unpersönlichen Vernunft bedeutete Kierkegaard eine Verfehlung der Realität. Er setzte gegen Hegels Vernünftigkeit die risikohafte, irratio-

---

[18] Zur Einführung in die verschiedenen Modelle vom Menschensein vgl. W. Brüning, Philo-
sophische Anthropologie. Historische Voraussetzungen und gegenwärtiger Stand, Stuttgart 1960.
– E. Cassirer, Was ist der Mensch? Versuch einer Philosophie der menschlichen Kultur (engl.
New Haven 1944), Stuttgart 1960. – W. Keller, Einführung in die philosophische Anthropologie,
Stuttgart 1971. – E. Coreth, Was ist der Mensch? Grundzüge einer philosophischen Anthropologie, München-Innsbruck 1973.- J.J. Dagenais, Models of Man. A Phenomenological Critique of
Some Paradigms in the Human Sciences, Den Haag 1972. – A. Diemer, Philosophische Anthropologie, Düsseldorf 1976. – H.-G. Gadamer/P. Vogler (Hg.), Neue Anthropologie, 7 Bände Stuttgart
1972 ff.; G. Haeffner, Philosophische Anthropologie, Stuttgart [4]2005. – M. Landmann, Philosophische Anthropologie. Menschliche Selbstdeutung in Geschichte und Gegenwart, Berlin-New York
[5]1982. – W. Oelmüller, R. Oelmüller, Grundkurs philosophische Anthropologie, München 1996.

[19] In: Kleine Schriften (hg. von W. Rehm), Berlin 1968, 43.

nale persönliche Entscheidung des Glaubens. Dabei war ihm das Alte Testament ein anthropologischer Leitstern.

> Darum kehrt meine Seele stets zurück zum Alten Testament und zu Shakespeare. Da fühlt man doch, daß es Menschen sind, die da sprechen; da hasst man, da liebt man, mordet seinen Feind, verflucht seine Nachkommenschaft durch alle Geschlechter, da sündigt man.[20]

Friedrich Nietzsche brachte mit seinem radikalen Zweifel an der gültigen Wertordnung, mit seiner prophetischen Verkündigung des Umsturzes einen Geist der „Unbehaustheit", der Abgründigkeit und der kritischen Zersetzung aller Autoritäten ins Bewusstsein der Moderne. In diesem „Buche von der göttlichen Gerechtigkeit" (dem Alten Testament) findet er „Menschen, Dinge und Reden in einem so großen Stile", „dass das griechische und indische Schrifttum ihm nichts zur Seite zu stellen hat"[21]. Die so genannte „Existenzphilosophie" hat sich aus diesen Anfängen einer Protestbewegung gegen alles idealisierende Systematisieren heraus entwickelt und zu einer in sich vielfältigen und vielgestaltigen Bewegung ausdifferenziert, die aus ganz verschiedenen Blickwinkeln das wirkliche Sein des Menschen phänomenologisch erfasst. Es geht nicht um gedachte Existenz, sondern real gelebte Existenz.

Bei Heideggers Analyse des Lebens kommt die Abgründigkeit des Lebens zum Vorschein. Hinter der schönen Fassade einer allgemeinen Ausgelegtheit der Welt tritt das Eigentliche des jeweiligen Menschen hervor: aus seiner Verfallenheit an die Meinung der anderen, die Uneigentlichkeit der vollzogenen Entscheidungen, das Getragenwerden von einer anonymen Masse, die eine zwingende Macht ausübt wie ein Diktator gewinnt er die „Jemeinigkeit". Im „Vorlaufen zum Tod" kann ein Menschen wach gerüttelt werden und zur Besinnung auf sich selbst finden, in seine Eigentlichkeit gelangen.

Karl Jaspers [22] hat seine Philosophie als „Existenzerhellung" konzipiert, wobei insbesondere die Grenzsituationen eine zentrale Rolle spielen. An die Stelle der anthropologischen Idealbilder tritt die Beschreibung des „wahren" Menschen. Diese Philosophie wollte den Menschen ganzheitlich und wahrhaftig erfassen, deswegen ist sie pessimistisch: Zum ganzen Menschen gehört das Irrationale, Abgründige, Wilde, Leidenschaftliche, Böse. Karl Jaspers hat in seiner Vorlesung „Von der biblischen Religion", die er im Wintersemester 1945/46 in der wiedereröffneten Universität Heidelberg gehalten hat, erklärt, welche Rolle der biblischen Überlieferung zukam: „Die Bibel, dieses Buch, das in den zwölf Jahren unser Trost war, umfasst in ihren Texten den Niederschlag des Lebens eines Volkes, das hier von den primitivsten bis zu den sublimsten menschlichen Wirklichkeiten seine Erfahrung ausgesprochen hat … Durch die Bibel geht eine Leidenschaft, die einzig wirkt, weil sie auf Gott bezogen ist. Weil sie vor diesem Gott stehen, wachsen die Menschen der

---

[20] Entweder – Oder, 1. Teil, Gütersloh 1979, 29.

[21] Jenseits von Gut und Böse. Drittes Hauptstück: das religiöse Wesen, 52, Kritische Gesamtausgabe VI/2, Berlin 1968, 70.

[22] K. Jaspers, Erneuerung der Universität. Reden und Schriften 1945/46, Heidelberg 1986, 65–75.

Bibel, während sie als Menschen sich nichtig wissen, ins Übermenschliche. Es gibt Bibelworte, die still, rein, wie die Wahrheit selber wirken. Aber sie sind selten. Sie sind hineingenommen in einen *Wirbel der äußersten Möglichkeiten*. … Die Bibel ist das Depositum eines Jahrtausends menschlicher *Grenzerfahrungen*."[23] Für Jaspers ist die Bibel Spiegel eines inneren Kampfes, eines Diskurses, in dem extreme Möglichkeiten aufeinanderstoßen. Er entfaltet einerseits die positiven Gehalte und dann kritisch die negativen Möglichkeiten der „Entgleisungen". Die Grenzen des Menschen auch in Extremsituationen werden ausgetastet: Lust, Perversion, Hysterien, Wahnsinn, Verfolgungsangst, Suizid, Eifersucht, Neid, Hass, Gier nach Macht und Anerkennung, Neigung zur Gewalt, auch in subtilen Formen von Liebesentzug und Verachtung. Hässliches, Krankes, Kriminelles, Psychopathologisches gehören nach biblischem Zeugnis zum Menschen dazu. Im Zentrum der *anthropologischen* Aussagen der Biblia Hebraica steht – und darin hat Jaspers m. E. vollkommen recht – die Erfahrung des Scheiterns, des Irrtums, der Schuld und des Untergangs einerseits, der *theologischen* Vorstellungen von Vergebung, Bewahrung und Erlösung andererseits.

Fazit 2: Es gibt in der neueren philosophischen Anthropologie erhebliche Polarisierungen: Auf der einen Seite eine optimistische Sicht, die dem Menschen enorme Potentiale zutraut und mit einer systematischen Entwicklung und fortschreitenden Entfaltung des wahren Humanum rechnet. Auf der anderen Seite eine pessimistische Sicht, die Schattenseiten und Abgründe des Menschen analysiert. In der historischen Abfolge scheint sich die antiidealistische existenzphilosophische Dekonstruktion des Glaubens an den idealen Menschen – nicht zuletzt in Folge der beiden Weltkriege und der immer wieder enttäuschenden Wirkungslosigkeit des Kampfes um die Beachtung der Menschenrechte – allmählich durchzusetzen und eine Vorrangstellung zu behaupten. Dennoch ist es wichtig, dass es *beide* Strömungen gibt.

Methodisch wie inhaltlich ist der Rückgriff guter Philosophie auf biblische Texte wahrlich kein Zufall. Umgekehrt haben gute Theologen die Bedeutung der philosophischen Anthropologie für die Explikation des Gehaltes der Bibel immer erkannt. Am bedeutendsten sind die vielfältigen Rezeptionen der Existenzphilosophie durch Rudolf Bultmann, der durch sein weltweit stark diskutiertes Programm der existentialen Interpretation biblischer Texte in der Theologie einen wahrhaftigen anthropologischen Aufbruch bewirkte.

> Die Existenzphilosophie polemisiert gegen die idealistischen Systeme. Der Sinn der Geschichte, das Bild des Menschen, die Bedeutung Israels im Gang der Weltgeschichte usw., solche generalisierenden Fragen nach dem Allgemeinen werden als unsinnig entlarvt. Der Mensch wird hier also in seiner Zeitlichkeit und Geschichtlichkeit gesehen. Er wird, um sich zu verstehen, nicht auf das Allgemeine verwiesen, den Kosmos, um sich als dessen Glied zu erfassen, auf den Logos, um im zeitlosen das eigentlich Seiende zu finden, sondern er wird in eine konkrete Geschichte gewiesen …, die in dem konkreten Miteinander der „Nächsten" ihm die Forderung des Augenblicks entgegenbringt. Er weiß sich also nicht in einen kosmischen Rhythmus eingegliedert, dessen Bewegung sich nach ewigen Geset-

---

[23] 66 f.; Hervorhebungen M.O.

zen vollzieht, und in dem alles Drängen, alles Ringen ewige Ruhe in Gott dem Herren ist,
so daß es die höchste Möglichkeit des Menschen wäre, in der theoreia dieses Gottes inne
zu werden, sondern er weiß sich durch den göttlichen Willen an eine bestimmte Stelle des
zeitlichen Geschehens gestellt, das für ihn die Möglichkeit des Gerichtes und der Gnade
hat. Je nachdem er im gehorsamen Tun das tut, was Gott von ihm fordert. So ist Verhältnis
zu Gott nicht ein Sehen, sondern ein Hören, ein Gott-Fürchten und ihm Gehorchen, ein
Glauben, d. h. nicht eine optimistische Weltanschauung, sondern ein Auf-sich-Nehmen der
Vergangenheit in Treue, ein vertrauendes Warten auf Gott gegenüber der Zukunft, treuer
Gehorsam in der Gegenwart. Dieses Verständnis des Daseins ist aber das gleiche wie das
des Neuen Testaments [24]
In diesem Sinne kann auch das Alte Testament Wort Gottes sein. In ihm ist jenes Verständ-
nis von Gesetz und Evangelium in ihrer Korrelation enthalten, so wie es für das christ-
liche Seinsverständnis maßgebend ist. In ihm ist jenes Daseinsverständnis des Menschen
als eines Geschöpfes, das in seiner Geschichtlichkeit unter Gottes Anspruch steht, klaren
Ausdruck gefunden. … Wir als zum Glauben Aufgerufene sind es gewissermaßen, die ihr
Spiegelbild im Alten Testament sehen. (336)

Moderne Philosophien entfalten mit ihren jeweiligen analytischen und konstruktiven Mitteln ihre Sicht des Menschen. Implizit helfen sie damit, zu erläutern und
zu entfalten, was das Alte Testament selbst über den Menschen sagen will. Durch
philosophische „Explikatoren" wird deutlicher, was die alttestamentlichen Autoren
der Sache nach im Auge hatten, wenn sie es mit ganz anderen sprachlichen Mitteln
auszudrücken versuchen. Daher ist jeder Exeget gut beraten, sich mit den Entwicklungen im Raum der philosophischen Nachbardisziplin auseinanderzusetzen. Die
alttestamentlichen Anthropologien stehen in ihrer Multiperspektivität nicht fremdartig da, sondern erweisen sich als sachgemäßer und heute noch zeitgemäßer Zugriff auf die Phänomene des menschlichen Seins.

Literatur

Frevel C (Hrsg) (2010) Biblische Anthropologie. Neue Einsichten aus dem Alten Testament.
    Quaestiones disputatae 237, Freiburg
Frevel C, Wischmeyer O (2003) Menschsein. Perspektiven des Alten und Neuen Testaments.
    NEB, Themen 11, Würzburg
Hedwig-Jahnow-Forschungsprojekt (Hrsg) (2003) Körperkonzepte im Ersten Testament. Aspekte
    einer Feministischen Anthropologie. Stuttgart u. a
Janowski B (2004) Die lebendige Statue Gottes. Zur Anthropologie der priesterlichen Urgeschich-
    te. In: Markus W. (Hrsg) Gott und Mensch im Dialog, Bd 1. FS Otto Kaiser; BZAW 345,
    Berlin/New York, S 183–214
Janowski B (2005) Der Mensch im Alten Israel. Grundfragen alttestamentlicher Anthropologie.
    ZThK 102:143–175
Janowski B (2009) Konfliktgespräche mit Gott. Eine Anthropologie der Psalmen, Neukirchen-
    Vluyn 2003, 3. Aufl.
Janowski B, Liess K (Hrsg) (2009) Der Mensch im alten Israel. Neue Forschungen zur alttesta-
    mentlichen Anthropologie. Herders biblische Studien 59, Freiburg
Schroer S, Staubli T (2005) Die Körpersymbolik der Bibel, Darmstadt 2002, 2. Aufl.

---

[24] Die Bedeutung des Alten Testaments für den christlichen Glauben, GuV I, 313–336, hier 324.

Wagner A (2006) Emotionen, Gefühle und Sprache im Alten Testament. Drei Studien. KUSATU, Waltrop

Wagner A (2007) Die Menschengestaltigkeit Gottes. Das Bild Gottes auf dem Hintergrund alttestamentlicher und altorientalischer Bildkonzepte, Gütersloh

Wagner A (Hrsg) (2009) Anthropologische Aufbrüche. Alttestamentliche und interdisziplinäre Zugänge zur historischen Anthropologie. FRLANT 232, Göttingen

van Oorschot J, Iff M (Hrsg) (2010) Der Mensch als Thema theologischer Anthropologie. BThSt 111, Neukirchen-Vluyn

Kapitel 9
Die Griechen-Barbaren Dichotomie im Horizont der *conditio humana*

Jonas Grethlein

I. „Orientalism": Von den Irakkriegen in die Antike

Sowohl der erste als auch der zweite Irakkrieg wurde von vielen amerikanischen sowie einigen europäischen Politikern und Journalisten als eine Auseinandersetzung zwischen Demokratie und Diktatur, zwischen Freiheit und Despotie, zwischen Zivilisation und Barbarei dargestellt. Wachsamen Zeitgenossen ist nicht entgangen, dass dabei ganz ähnliche Dichotomien bemüht wurden wie die, mit deren Hilfe die antiken Griechen sich gegen ihre östlichen Nachbarn, vor allem die Perser, abgrenzten. Ja, man konnte bisweilen den Eindruck gewinnen, die Redenschreiber der amerikanischen Präsidenten verfügten über eine ausgezeichnete Kenntnis des herodoteischen Geschichtswerkes, in dessen Zentrum die Perserkriege des 5. Jh. stehen. Die Stigmatisierung der Perser als das „Andere" bildet eines der frühesten Kapitel in der langen Geschichte des „orientalism", von Edward Said definiert als „Western style for dominating, restructuring, and having authority over the Orient"[1].

Ein bekanntes ikonographisches Zeugnis für „orientalism" in der griechischen Antike bietet eine rotfigurige Hamburger Oinochoe, die in die Mitte des 5. Jahrhunderts zu datieren ist (Abb. 1): Auf der einen Seite ist ein junger, fast gänzlich nackter Mann im Laufschritt zu sehen, der den linken Arm ausstreckt und mit der rechten Hand seinen erigierten Penis hält. Auf der anderen Seite steht ein bärtiger Mann in persischem Gewand mit Bogen und Köcher, den Oberkörper nach vorn gebeugt. Die persische Alterität und Unterlegenheit wird hier in sexueller Semantik recht drastisch ausgedrückt – der Grieche übernimmt den aktiven, der Perser den passiven, femininen Part. Die Gegenüberstellung ist vertieft dadurch, dass in der griechischen Homosexualität die aktive Rolle gewöhnlich dem älteren Mann zufällt, hier aber der spärliche Bartwuchs den angreifenden Griechen als jünger charakterisiert.

---

[1] Said 1979, 3.

J. Grethlein (✉)
Seminar für Klassische Philologie, Universität Heidelberg, Marstallhof 2–4, 69117 Heidelberg, Deutschland
E-Mail: Grethlein@uni-heidelberg.de

M. Hilgert, M. Wink (Hrsg.), *Menschen-Bilder,*
DOI 10.1007/978-3-642-16361-6_9, © Springer-Verlag Berlin Heidelberg 2012

Abb. 1 Eurymedon Oinochoe, Museum für Kunst und
Gewerbe Hamburg, 1981.173

Eine weitere Verschärfung erfährt die Ikonographie, folgen wir Margarete Millers
jüngstem Vorschlag, der Grieche sei als ein Vertreter der unteren Schichten dargestellt. Dann wird der Perser von einem jungen, sozial niedrigstehenden Griechen
sexuell gedemütigt.[2]

Eine Inschrift, die vom Mund des Griechen bis zum Fuß des Persers reicht, gibt
der Darstellung noch eine spezifischere Signifikanz: „Ich bin Eurymedon, ich stehe
nach vorne gebeugt". Unabhängig davon, ob wir diese Aussage dem Griechen oder
dem Perser zu- oder sie zwischen den beiden aufteilen, verweist „Eurymedon" auf
den gleichnamigen Fluss in Südwest-Anatolien, an dem die Athener unter Kimon
in den 460er Jahren einen Sieg zu Wasser und zu Land über die Perser errangen.
Neben der generellen orientalisierenden Darstellung eines Persers steht also die me-
taphorische Präsentation einer Schlacht, in den Worten von Sir Kenneth Dover: „We
buggered the Persians at Eurymedon".[3]

Das erste und neben den herodoteischen *Historien* wohl wichtigste literarische
Zeugnis für „orientalism" im klassischen Griechenland sind Aischylos' *Perser*,
die einzige uns überlieferte historische Tragödie. Während alle anderen erhaltenen
Tragödien mythische Sujets haben, brachte Aischylos im Jahr 472 v. Chr. ein his-
torisches Ereignis auf die Bühne, das nur acht Jahre zurücklag, die Schlacht von
Salamis. Aischylos entfernt aber die tragische Handlung auf der Bühne von der
Lebenswelt des Publikums: Die homerische Sprache und epische Formen wie der
Katalog persischer Helden heroisieren das zeitgeschichtliche Ereignis und rücken
es in einen mythischen Horizont.[4] Zudem ist der Schauplatz das ferne Susa, Haupt-
stadt des persischen Reiches, und die Protagonisten sind Perser – kein einziger
Grieche wird namentlich erwähnt, nicht einmal der athenische Feldherr Themisto-
kles. Während die jüngere Forschung sich auf die Stigmatisierung der Perser als

---

[2] Miller 2010.

[3] Dover 1978, 105.

[4] Cf. Grethlein 2010a, 75–79.

das „Andere" konzentriert hat, soll hier gezeigt werden, dass Aischylos das Leid der Perser in den Horizont der *conditio humana* stellt und sein Publikum neben der Genugtuung über den Sieg auch Mitleid mit den Feinden empfinden lässt (II). Diese Überwindung von Feindschaft durch die Einsicht in die gemeinsame menschliche Natur ist präfiguriert in einer der ergreifendsten Szenen der griechischen Literatur, der Begegnung von Achill und Priamos im letzten Buch der *Ilias* (III). Zum Schluss werden wir zu Herodot zurückkehren – auch in seinen *Historien* wird die Polarisierung Barbaren-Griechen immer wieder unterlaufen (IV).

II. Aischylos' *Perser*: Mitleid mit dem Todfeind auf der Bühne

Werfen wir zuerst einen Blick auf die Handlung der Tragödie, bevor wir uns der Darstellung der Perser zuwenden: In seinem Einzugslied singt der Chor, bestehend aus alten Persern, vom Feldzug des Xerxes gegen Griechenland. Sie selbst sind als Wächter in Susa zurückgeblieben und warten auf Nachrichten vom Schlachtfeld. Der Chor rühmt die Stärke des Heeres, zugleich verrät er aber auch Sorge – alles menschliche Handeln, auch das des Mächtigsten, kann scheitern.

In der ersten Szene gesellt sich Xerxes' Mutter, Atossa, zu den alten Männern und erzählt einen schlimmen Traum. In ihm habe Xerxes zwei Schwestern, eine in griechischem, die andere in persischem Gewand, unters Joch gespannt. Die Griechin habe sich losgerissen und Xerxes zu Fall gebracht. Beunruhigt von diesem Traum, wollte Atossa opfern, wurde aber durch ein Vogelzeichen noch weiter verstört: ein Falke, der einen Adler jagt und bezwingt. Kaum ist es den alten Männern gelungen, Atossa zu beruhigen, da kommt ein Bote, der die schreckliche Kunde bringt: Das persische Heer ist bei Salamis nicht nur unterlegen, sondern fast völlig aufgerieben worden. Nur wenige, unter ihnen Xerxes, haben die Schlacht und den sich anschließenden Rückzug überlebt.

Im ersten Chorlied beklagt der Chor die Niederlage und den Schaden für das persische Reich. Atossa bittet dann den Chor, den Geist ihres Mannes Dareios zu beschwören, den sie um Rat fragen will. Auf die Beschwörung im zweiten Chorlied hin erscheint in einer spektakulären Szene der Geist des Dareios und lässt sich von seiner Frau die Ereignisse erzählen.[5] Mit scharfen Worten verurteilt er das Tun seines Sohnes als Hybris und sieht in dem Desaster die unerwartet schnelle Erfüllung eines alten Orakels. Schließlich prophezeit er eine weitere Niederlage, bei Plataia, und rät dem Chor, nie wieder gegen Griechenland zu ziehen.

Auf den Abgang von Dareios folgt das dritte Chorlied. In ihm schwelgen die alten Perser in Erinnerungen an die Herrschaft des alten Königs – welch ein Kontrast zur gegenwärtigen Misere! Das Ende des Stückes bildet dann die Rückkehr des Xerxes. Die anfänglich kritische Haltung des Chores weicht der gemeinsamen Trauer, die ihren Ausdruck in einem Wechselgesang findet.

---

[5] Zu einer metapoetischen Interpretation dieser Szene s. Grethlein 2007a.

Soweit die Handlung der ältesten uns vollständig überlieferten Tragödie. Bei ihrer Interpretation dürfen wir nicht vergessen, dass im Jahr 472 v. Chr. der letzte Einfall der Perser nur wenige Jahre zurücklag. Vom Dionysostheater aus konnten die Athener noch die Trümmer sehen, welche die Perser in Athen hinterlassen hatten. Unter den Zuschauern gab es wohl niemanden, der nicht einen Verwandten oder Freund unter den Gefallenen zu beklagen hatte. Für die Athener bringen die *Perser* also zuerst einmal die Erlösung aus verzweifelter Bedrängnis und den Triumph über einen übermächtigen Feind auf die Bühne. Nicht zuletzt die existenzielle Bedrohung wird die Griechen dazu veranlasst haben, die Fremdheit der Perser zu einer Alterität zu steigern, die als negativer Spiegel der eigenen Identität dient, wie der folgende Dialog zwischen Atossa und dem Chor zeigt (239–244):

> ATOSSA: Fügt von Bogen abgeschnellte Schärfe sich in ihre Hand?
> CHOR: Nein! Nur Lanzen für den Nahkampf und Bewaffnung mit dem Schild!
> ATOSSA: Wer steht als Gebieter über ihnen und befiehlt dem Heer?
> CHOR: Keines Mannes Knechte nennen sie sich, keinem untertan!
> ATOSSA: Wie vermögen sie dann Männern, die als Feinde nahn, zu stehn?
> CHOR: So, dass ihnen des Dareios großes, schönes Heer erlag.

Die Gegenüberstellung von persischem Bogen und der Ausrüstung des griechischen Hopliten bezeichnet mehr als einen technischen Unterschied in der Bewaffnung. Während der Hoplit sich im Kampf Mann gegen Mann bewähren muss, erlaubt der Bogen, den Feind aus sicherer Entfernung zu attackieren – er wird von daher oft mit Feigheit assoziiert. Noch wichtiger ist der Kontrast auf politischer Ebene. Der griechischen Demokratie steht die persische Despotie gegenüber, die Bürger zu Sklaven macht. Mit Tapferkeit-Feigheit und Freiheit-Tyrannei werden zwei Dichotomien aufgerufen, denen wir immer wieder in Darstellungen der Perser als des „Anderen" begegnen; hier gewinnen sie dadurch besondere Eindringlichkeit, dass sie den Persern selbst in den Mund gelegt werden.

Diese und ähnliche Passagen stehen im Mittelpunkt der jüngeren Forschung, welche die *Perser* vor allem als einen griechischen Triumphschrei deutet.[6] Aber die aischyleische Darstellung der Perser geht über die Orientalisierung hinaus. Folgende vier Punkte legen nahe, dass das griechische Publikum in den Persern auf der Bühne nicht nur Todfeinde, sondern auch und vor allem Mitmenschen sehen konnte: Zuerst ist der generische Rahmen zu betonen: Folgen wir der aristotelischen Poetik, so spielt Mitleid eine zentrale Rolle bei der Tragödienrezeption. Eine delikate Balance zwischen Nähe und Distanz zu den tragischen Helden ließ nach Aristoteles die Zuschauer mitfühlen, ohne selbst von deren Unglück betroffen zu sein.[7] In den *Persern* rückt nicht zuletzt die Episierung die Zeitgeschichte in Ferne und in einen Rahmen, der den Griechen immer wieder zu Zwecken der Identifikation diente. Dargestellt als ein fehlgeschlagener Nostos, eine epische Heimkehrergeschichte, dürfte Xerxes' Rückkehr Empathie in einem Publikum angeregt haben, das gewohnt war, mit Helden wie Odysseus mitzufiebern.

---

[6] Zum Beispiel Hall 1989; Harrison 2000.

[7] Cf. Belfiore 1992. Zu einer Anwendung dieses Konzepts auf die Perser-Rezeption im 20. Jh. s. Grethlein 2007b.

Eine solche Rezeption dürfte zweitens, wie jüngst Marianne Hopman gezeigt hat, der Chor erleichtert haben.[8] Die Rolle des Chores in der griechischen Tragödie ist zu komplex als dass sie sich auf die des „idealen Zuschauers" reduzieren ließe, aber ebenso wie die Kollektivität erleichtert die räumliche Position in der Orchestra eine vermittelnde Funktion des Chores zwischen Bühnenhandlung und Zuschauern.[9] In den *Persern* ruft der Chor zu Beginn aufgrund seiner Gebrechlichkeit Mitleid hervor. Die Kritik, welche die Choreuten dann an Xerxes üben, erinnert an das demokratische Prinzip der Redefreiheit und macht es den griechischen Zuschauern leicht, die Handlung aus der Perspektive der alten Perser zu verfolgen. Wenn der Chor sich schließlich in der gemeinsamen Klage mit seinem König versöhnt, wird es auch griechischen Zuschauern möglich, sich in die Lage des Feindes zu versetzen.

Griechen und Perser werden drittens einander nicht nur kontrastiv gegenübergestellt. Xerxes, der Spross einer „goldenen Familie" (80), stammt von Zeus ab, der Danae als goldener Regen erschien und Perseus zeugte. Die Perser sind also in das genealogische System der Griechen integriert. Zudem erscheinen Atossa in ihrem Traum Griechen und Perser als zwei Schwestern. Deren Reaktion auf das Joch mag verschieden sein, aber es ist dennoch bemerkenswert, dass die Feinde als Geschwister vorgestellt werden. Der Dual – „die zwei Schwestern aus der selben Familie" (185–6) – unterstreicht die Familienbande.[10]

Der vierte Punkt ist der gewichtigste: Vor allem der Chor reflektiert über das persische Desaster in Gnomen, allgemeinen Reflexionen, wie der folgenden (93–100):

> Doch dem list-sinnenden Trug des Gottes:
> Welcher sterbliche Mann entrinnt ihm?
> Wer, der mit schnellem Fuß
> Wohlbeflügelten Sprungs
> Enteilte?
> Denn freundlichen Sinnes schmeichelnd
> Zuerst, verführt den Menschen
> In ihre Netze Ate,
> Die Göttin des Verderbens.
> Daraus vermag entschlüpfend
> Kein Sterblicher zu entrinnen.

Solche Gnomen sind weitverbreitet in der griechischen Literatur; hier projizieren sie die Niederlage der Perser in den Rahmen der *conditio humana*. Was die Perser erlitten haben, kann allen Menschen zustoßen – auch Griechen sind nicht gefeit gegen Ates Netze. Die folgende Überlegung des Chores ist nicht nur allgemein, sondern hat besondere Signifikanz für die Griechen (821–828):

> Denn Überheblichkeit, herausgeblüht,
> Setzt fruchtend an die Ähre der Verblendung,
> Woher sie einen tränenreichen Herbst sich mäht.

---

[8] Hopman 2009.

[9] Marianne Hopman und Renaud Gagné bereiten einen Sammelband zur „intermediality" des Chores vor.

[10] Cf. Föllinger 2003, 277–279.

Die ihr für diese solcherlei Vergeltung seht:
Denkt an Athen und Hellas! Und mag keiner,
Gering den Daimon achtend, welcher ihm gegeben,
Nach anderem begierig, ausschütten den großen Segen.
Wahrhaftig! Zeus, als Zuchtmeister, steht über
Den gar zu hoch hinaus lärmenden Sinnesarten,
Ein Einforderer schwerer Rechenschaft.

Zeus straft nicht nur persischen Frevel, sondern überhaupt Unrecht – auch die Griechen unterliegen seiner Macht. Darüber hinaus macht die Warnung, „den großen Segen" nicht leichtfertig aufs Spiel zu setzen, mehr Sinn für die Athener im Publikum als für die Perser auf der Bühne, haben die Perser doch nach der Niederlage, wie Aischylos sie darstellt, nicht mehr viel zu verlieren. Athen dagegen steht am Beginn eines Aufschwungs. Eine solche Übertragung der Aussage vom internen (Bühnenhandlung) auf das externe Kommunikationssystem (Schauspieler-Zuschauer) wird erleichtert durch die zweite Person Plural, von der sich das Publikum direkt angesprochen fühlen kann, ohne dass die dramatische Illusion aufgehoben wird. Wir müssen uns davor hüten, *ex post* in Dareios' Worten eine Antizipation des athenischen Imperialismus zu sehen, aber die Möglichkeit, dass das athenische Publikum die Warnung vor Überheblichkeit vor allem auf sich bezogen hat, ist nur schwer von der Hand zu weisen.

Neben der generischen Konvention, der vermittelnden Funktion des Chores und der integrativen Genealogie tragen insbesondere Gnomen dazu bei, dass die Perser bei Aischylos nicht nur als das „Andere" stigmatisiert werden. Durch die Projektion ihrer Erfahrungen in die *conditio humana* erscheinen die Todfeinde zugleich als Mitmenschen, deren Schicksal auch Griechen zustoßen könnte. Die Unberechenbarkeit der Götter und die Fragilität menschlichen Lebens schaffen einen Horizont, der Griechen wie Perser überwölbt und die Antithese zwischen ihnen verblassen lässt.

III. *Ilias* 24: Das „Ich" im Antlitz des „Anderen"

Die Überwindung von Feindschaft durch die Erkenntnis gemeinsamer Hinfälligkeit ist präfiguriert in dem Gedicht, das am Beginn der griechischen Literatur steht, der *Ilias*. Die gut 15.000 Verse dieses Epos erzählen die Geschichte von 51 Tagen aus dem letzten Jahr des Trojanischen Krieg: wie Achill in Zorn entbrennt, als Agamemnon ihm Briseis aus seiner Kriegsbeute nimmt, die Griechen von den Trojanern arg bedrängt, ja bis an die Schiffe zurückgeworfen werden, da Achill sich vom Kampf fernhält und erst wieder zurückkehrt, als der Zorn über den Tod seines Intimus Patroklos den gegen Agamemnon überwiegt, und er dann in einem furchtbaren Blutbad nicht eher ruht, als er Patroklos' Mörder, Hektor, umgebracht hat. Der Tod Achills und der Fall Trojas fallen ebenso wenig in die erzählte Zeit wie die ersten neun Kriegsjahre, werden aber durch ein dichtes Netz von Vorverweisen eingeblendet. Vor dem Schlussakt der Erzählung, dem Begräbnis von Hektor, steht

Abb. 2 Amphora, attributed to the Rycroft Painter, Toledo Museum of Art (Toledo, Ohio), Purchased with funds from the Libbey Endowment, Gift of Edward Drummond Libbey, 1972,54. Photo Credit: Richard Goodbody, New York

eine der ergreifendsten Szenen der Weltliteratur: Priamos, König der Trojaner und Vater von Hektor, begibt sich heimlich in das Lager der Griechen zu Achill, dem Mörder seines Sohnes, und bewegt ihn dazu, ihm Hektors Leichnam zu übergeben (Abb. 2). Wie kommt es bei Achill, der zuvor in wilder Raserei die Trojaner wie Vieh niedergemetzelt hat, zu diesem Gesinnungswandel?

Kurz gesagt: Priamos erregt das Mitleid des Achill. Aber werfen wir einen genaueren Blick darauf, wie ihm dies gelingt:[11] Nach Aristoteles bedarf es, wie bereits erwähnt, einer Balance aus Nähe und Distanz zur Entstehung von Mitleid. Die Distanz zwischen dem besten der Achaier und dem trojanischen König ist offensichtlich; die erforderliche Nähe bildet sich, wenn Priamos Achills Vater erwähnt. Prononciert am Anfang und Ende seiner Rede vergleicht er sich mit Peleus (24.486 f.; 503 f.):

> Gedenke deines Vaters, den Göttern gleicher Achilleus!
> Der so alt ist wie ich, an der verderblichen Schwelle des Alters.
> …
> Aber scheue die Götter, Achilleus! Und erbarme dich meiner,
> Gedenkend deines Vaters! Doch bin ich noch erbarmungswürdiger.

Die Erinnerung an seinen Vater und dessen Ähnlichkeit zu Priamos bringt Achill dazu, sich in Priamos' Situation hineinzuversetzen (24.518–521):

> Ah, Armer! ja, schon viel Schlimmes hast Du ausgehalten in deinem Mute!
> Wie hast du es gewagt, zu den Schiffen der Achaier zu kommen, allein,
> Unter die Augen des Mannes, der dir viele und edle
> Söhne erschlug? Von Eisen muß dir das Herz sein!

Achill vergleicht dann das Los des Priamos und des Peleus – beide ragten durch ihren Segen unter den Menschen hervor, aber erfahren jetzt schweres Unglück: Priamos, der seinen liebsten Sohn verloren hat, Peleus, da er seinen einzigen Sohn

---

[11] Für eine ausführlichere Deutung der Begegnung von Priamos und Achill, s. Grethlein 2006, 291–302.

nicht mehr wiedersehen wird. Hinter der Parallele zwischen den beiden Vätern verbirgt sich eine Ähnlichkeit der Situation von Achill und Priamos (24.509–512):

> Und die beiden dachten: der eine an Hektor, den männermordenden,
> Und weinte häufig, zusammengekauert vor den Füßen des Achilleus,
> Aber Achilleus weinte um seinen Vater, und ein andermal wieder
> Um Patroklos, und ein Stöhnen erhob sich von ihnen durch das Haus.

Beide trauern um den Verlust eines ihnen lieben Menschen und müssen sich damit
abfinden, dass, was geschehen ist, nicht mehr umgekehrt werden kann. Achill hat
über lange Zeit kaum etwas gegessen und nur wenig geschlafen, Priamos hat seit
dem Tod seines Sohnes überhaupt keine Nahrung aufgenommen und ist gar nicht
zur Ruhe gekommen. Die Ähnlichkeit zwischen den beiden wird durch ein Gleichnis unterstrichen, in welchem Achills Klage der eines Vaters um seinen Sohn gegenübergestellt wird (23.222–225):

> Und wie ein Vater wehklagt um seinen Sohn, die Gebeine verbrennend,
> Den jung vermählten, der sterbend die armen Eltern bekümmerte:
> So wehklagte Achilleus um den Gefährten, die Gebeine verbrennend,
> Sich hinschleppend am Scheiterhaufen, mit dichtem Stöhnen.

Die Erkenntnis der Gemeinsamkeit im Mitleid eröffnet eine neue Perspektive und
lässt den Feind mit neuen Augen sehen (24.628–632):

> Doch als sie das Verlangen nach Trank und Speise vertrieben hatten,
> Ja, da staunte der Dardanide Priamos über Achilleus,
> Wie groß und wie schön er war: den Göttern glich er von Angesicht.
> Aber über den Dardaniden Priamos staunte Achilleus,
> Als er sah sein edles Gesicht und seine Rede hörte.

Bezeichnend ist nicht nur die Reziprozität des Blickes, sondern auch, dass Priamos
und Achill jeweils sich selbst im Gesicht des anderen erblicken, eine Konstellation,
welche an die Levinassche Ethik des Antlitzes erinnert:[12] es ist Priamos, der im
24. Buch achtmal als gottgleich bezeichnet wird, und die Schönheit, die Achill in
seinem Gegenüber sieht, ist eigentlich ein Attribut seiner eigenen Person.

Achill, der zuvor in der Schlacht wie ein Berserker gewütet hat, löst seine Einsicht in die *conditio humana* sogar von der gegenwärtigen Situation und gibt ihr
allgemeine Gültigkeit in der Form einer Parabel (24.525–533):

> Denn so haben es zugesponnen die Götter den elenden Sterblichen,
> Daß sie leben in Kummer, selbst aber sind sie unbekümmert.
> Denn zwei Fässer sind aufgestellt auf der Schwelle des Zeus
> Mit Gaben, wie er sie gibt: schlimmen, und das andere mit guten.
> Wem Zeus sie nun gemischt gibt, der donnerfrohe,
> Der begegnet bald Schlimmem und bald auch Gutem.
> Wem er aber von den traurigen gibt, den bringt er zu Schanden,
> Und ihn treibt schlimmer Heißhunger über die göttliche Erde,
> Und er kommt und geht, nicht vor Göttern geehrt noch Menschen.

---

[12] Levinas 1982.

Das Wissen um das gemeinsame Los veranlasst Achill, den Leichnam seines Erzfeindes für die Bestattung freizugeben. Er ordnet dafür sogar einen Waffenstillstand von elf Tagen an – eine außerordentliche Unterbrechung des Kriegsgeschehens: nachdem der homerische Erzähler in 24 Gesängen eindrücklich vor Augen geführt hat, wie wenig die Helden Herren ihres Schicksals sind und wie schnell sich ein Schicksal wenden kann, bestimmt nun am Ende ein Held den Verlauf von elf ganzen Tagen, in denen niemand fallen wird.[13] Damit erinnert Achill zum einen an die Götter, die am Beginn der *Ilias* die Handlung für elf Tage einfrieren, da sie einem Opfer der Aithioper beiwohnen. Zum anderen gleicht er dem Erzähler der *Ilias*, der immer wieder die Handlung retardiert. Das Wissen um die eigene Fragilität, mit Heidegger gesprochen die „vorlaufende Entschlossenheit", welche die „Zeitlichkeit ursprünglich erfährt",[14] verleiht Achill die Souveränität, die ein Erzähler über die Vergangenheit hat, für die Zukunft. Doch nur für kurze Zeit – ein dichtes Netz an Vorverweisen erlaubt keinen Zweifel daran, dass die Griechen und Trojaner nach elf Tagen den Kampf wiederaufnehmen werden und Achill der nächste große Held sein wird, der auf dem Schlachtfeld liegen bleibt.

Wenn Athenaeus Aischylos die Bemerkung zuschreibt, seine Tragödien seien Steaks von Homers Bankatten (8.347e), geht es vor allem um die Sujets, welche Tragödie und Epos miteinander verbinden. Unsere Lektüre des letzten Buches der *Ilias* und der *Perser* führt zudem eine Nähe im Menschenbild vor Augen. Zwar sind die Trojaner im Epos noch nicht als die „Anderen" stigmatisiert – der „orientalism" der Griechen entfaltet sich erst unter dem Eindruck der Perserkriege – aber sie stehen den Griechen doch in erbitterter Feindschaft gegenüber. Ebenso wie es Aischylos gelingt, bei den Griechen Mitleid mit den Persern zu erregen, indem er deren Leid in den Horizont der *conditio humana* einrückt, überwinden Priamos und Achill ihre Feindschaft dadurch, dass sie im anderen ihre eigene Hinfälligkeit erkennen.

IV. Herodot: griechische Barbaren und barbarische Griechen

Wenden wir uns abschließend dem Werk zu, das ich eingangs erwähnt habe, den herodoteischen *Historien*. Die Griechen haben im 5. Jh. die Geschichte nicht entdeckt, bereits davor beschäftigten sie sich mit der Vergangenheit in zahlreichen Gattungen und Medien, die auch weiterhin die Vorstellung von Geschichte grundlegend prägen sollten. Die Geschichte der Gattung Geschichtsschreibung beginnt aber erst in der zweiten Hälfte des 5. Jhs.[15] Die trümmerhafte Überlieferung der griechischen Literatur lässt nur vermuten, dass eine Reihe von Autoren zur gleichen Zeit wie

---

[13] Cf. Grethlein 2006, 302–306.

[14] Heidegger 1986, 304.

[15] Cf. Grethlein 2010a, b. Zu einem Versuch, den Beginn der griechischen Geschichtsschreibung neu vor dem Hintergrund der nichthistoriographischen *memoria* zu verstehen, s. Grethlein 2010a, 147–280.

Herodot Geschichte in Prosa schrieben;[16] erhalten sind uns nur seine *Historien*. Der thematische Reichtum dieses Werkes – der Leser findet geographische und geologische ebenso wie ethnologische Ausführungen – hat in der älteren Forschung zur These geführt, Herodot habe sich vom Geographen zum Historiker entwickelt.[17] Aber abgesehen davon, dass es sich bei den Kategorien „Geograph" und „Historiker" um anachronistische Rückprojektionen handelt, konnte gezeigt werden, dass die mannigfaltigen Exkurse gut in die Erzählung integriert sind und eine solche analytische These nicht erforderlich ist.[18] Bemerkenswert ist trotzdem, dass der Beginn der Geschichtsschreibung einhergeht mit einem starken Interesse am Fremden: die Konvergenz der Beschäftigung mit temporaler und spatialer Alterität lädt ein zu Überlegungen darüber, ob nicht die militärische Konfrontation mit dem Fremden auch einen neuen Blick auf die eigene Vergangenheit ausgelöst hat.

Die Griechen-Barbaren Dichotomie strukturiert die neun Bücher der *Historien*. Deren Thema sind die Auseinandersetzungen zwischen Griechen und ihren östlichen Nachbarn vom lydischen König Kroisos bis zu den Perserkriegen. Vor allem François Hartog hat die zahlreichen Ebenen herausgearbeitet, auf denen die Alterität der Barbaren entfaltet wird.[19] Dass, wie die These des „orientalism" besagt, der Blick auf das andere nicht zuletzt der Konstruktion der eigenen Identität dient, zeigt sich zum Beispiel, wenn Xerxes sich über die Institution der olympischen Spiele wundert und zu seinem Vetter sagt: „Weh, Mardonios! Gegen was für Leute führtest du uns in den Krieg, die nicht um Geld ihre Kampfspiele halten, sondern um den Preis der Tüchtigkeit!" (8.26.3). An einer anderen Stelle erscheint die griechische Polis-Ordnung im Licht der persischen Despotie: Als Xerxes den Griechen Demaratos fragt, ob die Griechen seinem großen Heer Widerstand leisten werden, sagt dieser über die tapfersten der Griechen, die Spartaner: „Sie sind zwar frei, aber nicht in allem. Über ihnen steht nämlich das Gesetz als Herr, das sie viel mehr fürchten als deine Untertanen dich." (7.104).

Die Griechen-Barbaren Dichotomie ist aber bei Herodot komplex gestaltet und wird an vielen Stellen unterlaufen.[20] So sind weder die Barbaren noch die Griechen selbst homogen. Die Skythen mögen für die Griechen das „Andere" verkörpern, aber in ihrer Begegnung mit den Amazonen, den „Anderen" der „Anderen", erscheinen sie gleichsam als normal. Die Ägypter wiederum treffen sich mit Herodot selbst in ihrem wissenschaftlichen Interesse, ganz besonders in ihrer Erinnerungspflege, so dass Herodot sich auf das Zeugnis der Priester des ägyptischen Thebens beruft, um den Bericht der *Ilias* in Zweifel zu ziehen. Innerhalb der Griechen deutet sich bereits die Antithese an, welche dann grundlegend für Thukydides' Darstellung des Peloponnesischen Krieges wird: Athen versus Sparta.

Auch auf der Makroebene der Erzählung wird eine klare Polarisierung von Griechen und östlichen Völkern destabilisiert. Das narrative Rückgrat der *Historien*

---

[16] Cf. Fowler 1996; Porciani 2001.

[17] E.g. Jacoby 1913.

[18] Cf. Immerwahr 1966.

[19] Hartog 1980.

[20] Cf. Pelling 1997.

wird durch den Aufstieg und den Fall östlicher Despoten gebildet: Kroisos, Kyros, Kambyses, Dareios und Xerxes. Narrative Muster wie das Überqueren von Flüssen, hybrides Lachen oder die Figur des Warners markieren die Parallelen zwischen den Karrieren dieser Herrscher. Die herodoteische Erzählung endet zwar im Jahr 449 v. Chr., aber die letzten Bücher sind voller Vorverweise auf die späteren Hegemonialkämpfe der Griechen, die dann im Peloponnesischen Krieg kulminieren.[21] Zu den Streitigkeiten um den Oberbefehl über die Flotte bei Artemision etwa bemerkt Herodot: „Bereits am Anfang, noch ehe man daran dachte, auch nach Sizilien mit der Bitte um Beistand zu schicken, war die Rede davon, man müsste die Seemacht eigentlich den Athenern anvertrauen. Da die Bundesgenossen aber dagegen Einspruch erhoben, hatten die Athener nachgegeben, weil ihnen die Rettung Griechenlands am Herzen lag und sie wohl wussten, dass Griechenland im Streit um den Oberbefehl zugrunde gehen müsse. Das war ein richtiger Gedanke; denn Zwietracht im Innern ist um so viel schlimmer als ein einmütig geführter Krieg, wie Krieg schlimmer ist als Friede. Eben aus diesem Grund widersetzten sie sich nicht, sondern fügten sich, solange sie jene ganz nötig brauchten, wie sie später bewiesen. Denn als sie den Perser zurückgeschlagen hatten und nunmehr um deren Land kämpften, nahmen sie den Lakedaimoniern den Oberbefehl weg, indem sie die Überheblichkeit des Pausanias als Grund vorschützten. Das geschah aber erst später." (8.3).

Diese und zahlreiche weitere Passagen deuten an, dass das nächste Reich, das einen steilen Aufstieg erfahren und einen jähen Fall erleiden werde, das der Athener ist. Ebenso wie Thukydides die Perserkriege immer wieder als Folie für den Peloponnesischen Krieg evoziert, zeichnet Herodot den Kampf gegen den Perserkönig vor dem Horizont der intrahellenischen Kriege seiner eigenen Zeit.[22] Derartige Vergleiche zwischen athenischer und persischer Machtpolitik unterminieren eine klare Polarisierung in Griechen und Barbaren. Aus herodoteischer Perspektive wirkt die Mahnung des Chores der *Perser*, sich, des Schicksals der Perser eingedenk, vor Hybris zu schützen, in der Tat wie eine Prophezeiung.

Beschließen wir diese Lektüre der *Historien* mit einer Anekdote, welche die Griechen-Barbaren Dichotomie unterläuft, indem sie einem Perser eine griechische Weisheit zuschreibt. Thersander von Orchomenos berichtet, er habe während des Xerxes-Zuges an einem gemeinsamen Gastgelage von Persern und Thebanern teilgenommen. Der Perser, mit dem er eine Kline geteilt habe, habe ihm folgendes gesagt: „Da du mit mir an einem Tische gegessen und gemeinsam das Trankopfer gespendet hast, will ich dir ein Andenken an meine freundliche Gesinnung hinterlassen, damit du es vorher wissest und rechtzeitig an deine Sicherheit denken kannst. Siehst du die Perser hier schmausen und auch das Heer, das wir dort im Lager am Fluss zurückgelassen haben? Von allen diesen Leuten wirst du in ganz kurzer Zeit nur noch ganz wenige am Leben sehen." Bei diesen Worten habe der Perser viele Tränen vergossen. Er selbst habe, erstaunt über diese Äußerung, geantwortet: „Müßte man das nicht dem Mardonios sagen und allen anderen von Rang und An-

---

[21] Cf. Stadter 1992; Moles 1996.
[22] Cf. Rood 1999.

sehen nach ihm?" Darauf habe jener geantwortet: „Mein Freund, was die Gottheit beschlossen hat, kann der Mensch nicht abwenden. Dem, der die Wahrheit sagt, will keiner gehorchen. Das wissen viele Perser recht gut; wir folgen aber dennoch, weil die Not uns bindet. Der bitterste Kummer auf der ganzen Welt aber ist der, dass man bei aller Einsicht über nichts Gewalt in den Händen hat." (9.16.2–9.16.5). Die Unabwendbarkeit des göttlichen Willen erinnert an Herodots Reflexionen über das Handeln der Götter in der Geschichte, zudem haben Interpreten immer wieder die Stimme Herodots in der abschließenden Bermerkung über die eigene Machtlosigkeit gesehen.

Unser heutiger Gebrauch des Wortes „Barbar" zeigt an, wie prägend die griechische Stigmatisierung ihrer östlichen Nachbarn für die Geschichte des „orientalism" ist. Ein genauerer Blick auf die Gründungsurkunden des „orientalism" zeigt aber, dass die Dichotomie keineswegs stabil ist, sondern immer wieder unterlaufen wird. Gerade die Unberechenbarkeit der Götter und die menschliche Fragilität weichen die Polarisierung auf. Im Horizont der *conditio humana* verliert die Alterität der Barbaren an Bedeutung – der „Andere", der dem gleichen Los unterworfen ist wie man selbst, wird zum Mitmenschen.

Literatur

Belfiore E (1992) Tragic Pleasures. Aristotle on Plot and Emotion

Dover KJ (1978) Greek Homosexuality

Föllinger S (2003) Genosdependenzen. Studien zur Arbeit am Mythos bei Aischylos

Fowler RL (1996) Herodotus and his Contemporaries. JHS 116:62–87

Grethlein J (2006) Das Geschichtsbild der Ilias. Eine Untersuchung aus phänomenologischer und narratologischer Perspektive

Grethlein J (2007a) The Hermeneutics and Poetics of Memory in Aeschylus' *Persae*. Arethusa 40:363–396

Grethlein J (2007b) Variationen des ‚nächsten Fremden'. Die Perser des Aischylos im 20. Jahrhundert. Antike und Abendland 53:1–20

Grethlein J (2010a) The Greeks and their Past. Poetry, oratory and history in the fifth-century BCE

Grethlein J (2010b) The Rise of Greek Historiography and the Invention of Prose. In: Feldherr A (Hrsg) The Oxford history of historiography. I. The Greco-Roman World

Hall E (1989) Inventing the Barbarian. Greek self-definition through tragedy, S 148–170

Harrison T (2000) The emptiness of Asia. Aeschylus' *Persians* and the history of the fifth century

Hartog F (1980) Le miroir d'Hérodote. Essai sur la représentation de l'autre

Heidegger M (1986) Sein und Zeit

Hopman M (2009) Layered Stories in Aeschylus' *Persians*. In: Grethlein J, Rengakos A (Hrsg) Narratology and interpretation. Reading the content of the form, S 357–376

Immerwahr HR (1966) Form and thought in Herodotus

Jacoby F (1913) Herodotus. RE Supplement-Band II, 205–520

Levinas E (1982) En décrouvrant l'existence avec Husserl et Heidegger

Miller MC (2010) Persians, Pots and Poetry. The art as vehicle of discourse on the enemy. In: War, culture, and democracy in classical Athens

Moles J (1996) Herodotus warns the Athenians. Papers of the Leeds International Latin Seminar 9:259–284

Pelling C (1997) East is East and West is West – or are they? National Stereotypes in Herodotus, Histos 1

Porciani L (2001) Prime forme della storiografia greca. Prospettiva locale e generale nella narrazione storica

Rood T (1999) Thucydides' Persian Wars. In: Kraus CS (Hrsg) The limits of historiography. Genre and narrative in ancient historical texts, S 141–168

Said E (1979) Orientalism

Stadter PA (1992) Herodotus and the Athenian arche. ASNP III 22:781–809

Kapitel 10
Transboundary Bodies

Eunuchs, Humanity, and Historiography in China

Barbara Mittler

Eunuchs are a human invention, using human raw materials.
Eunuchs, in other words, are not human, but the capacity to
make eunuchs is uniquely human.
What are eunuchs? Nonhuman monsters.
And what are humans? Monster makers.

(Taylor 2000: 213)

Xiong (Zhang Xiong, fl. 1520) deeply hated his father because
of the fact that his father did not love him and caused him
to castrate himself and therefore refused to see him when
he visited. But his fellow eunuch urged him to see his father
whereupon he lowered a curtain and beat his father, after which
he embraced him and wept: such was his inhumanity 其无人理
如此.[1]

(History of the Ming, Mingshi 304: 7795)

Eunuchs are perhaps the most reviled group in Chinese historical writing. The dynastic histories are replete with constant complaints about them. Transboundary creatures, caught between two sexes, themselves quite literally the fluid border between (female) yin and (male) yang,[2] they are depicted as sycophants, traitors, profiteers, spendthrifts and sex-addicts. They are considered extraordinary beings,

---

I would like to thank my research assistants, Xiong Jingjing and Ann Kathrin Dethlefson, for their ever patient and prompt replies to all of my requests for locating materials I needed and taking over most of the formatting work on this article.

---

[1] The translation follows Fryslie 2001.

[2] Furth 1988:5: "In Chinese biological thinking, based as it was on yin-yang cosmological views, there was nothing fixed and immutable about male and female as aspects of yin and yang."

B. Mittler (✉)
Institut für Sinologie, Akademiestraße 4–8, 69117 Heidelberg, Deutschland
E-Mail: barbara.mittler@zo.uni-heidelberg.de

M. Hilgert, M. Wink (Hrsg.), *Menschen-Bilder,*
DOI 10.1007/978-3-642-16361-6_10, © Springer-Verlag Berlin Heidelberg 2012

"not quite human" 无人理 as dynastic histories (such as the *History of the Ming* cited above) would attest—borders between humanity and monstrosity at best.[3] They are continually forced to occupy positions of included exclusion and they are attributed with the most negative traits to be found both in men and in women. And yet, quite obviously, the Chinese imperial system needed these inhumane transboundary bodies: while everyone condemns eunuchs unanimously for their wickedness, no one ever invokes their permanent elimination.[4]

---

[3] For the idea of humans as borders, see Balibar 2002.

[4] In the conclusion to *Qingshigao*: 118, a memorial by an official Tao Mo 陶模 of 1901 is mentioned which apparently was intercepted and perhaps never reached the emperor's eyes. Bland and Backhouse 1910: 106–108 quote it. It begins with a hackneyed warning that an emperor who has unworthy counsellors will not lead his country to success: "Das Gedeihen des Staates hängt lediglich von der Tugend des Herrschers ab. Wo der Souverän sich mit weisen und rechtschaffenen Leuten umgibt, da muss das Land gedeihen, wo er Heuchler zu Räten wählt, ist Aufruhr und Chaos unvermeidliches Ergebnis." The memorial continues to complain how eunuchs delude their emperors and separate them from their good advisors. While he admits that not all eunuchs are necessarily evil, he still argues that close contact with eunuchs will necessarily undermine an emperor's moral conduct: "Wie kann aber ein Volk schrecklichem Unheil entrinnen, wenn zwischen Souverän und Untertanen eine Schranke errichtet ist, die aus Leuten verächtlichster und unwürdigster Art besteht? Diese Geschöpfe sind *nicht alle notwendigerweise Verräter oder kundige Halunken.* Es genügt, um einen Souverän unglücklich zu machen, daß er stündlich von ungebildeten Leuten umgeben ist, denen es an moralischem Verständnis fehlt, die seinen Launen Vorschub leisten und seinen Grillen schmeicheln. Selbst der schlechteste Staatsminister hat nicht die Gelegenheit, den Kaiser zum Übeln hin zu beeinflussen, wie diese ständig um seine Person beschäftigten Eunuchen. Vertraulichkeit mit den Eunuchen bringt *notwendigerweise* die Untergrabung des moralischen Gefühls mit sich und kein Herrscher, der ihrem Einfluß ausgesetzt ist, kann mit seinem Volk in direkter Berührung bleiben." He then turns to propose to get rid of the eunuchs, rather than just restrict their sphere of influence as had been common practice for centuries and millennia. Just as with pests, Tao Mo considers, eunuchs must be eradicated from the roots. He suggests that this measure would be one of the most important in the series of reforms initiated by the emperor recently, one which would regain China international recognition: "Wenn wir aber diesen Einfluß auszurotten wünschen, so müssen wir dabei vorgehen, als wenn wir Wicken in einem Felde ausjäten wollten. Wenn wir die Wurzeln im Boden belassen, so werden sie früher oder später zu neuem Leben aufblühen. Gänzliche Ausrottung ist das einzige Heilmittel. ... Wenn frühere Dynastien Eunuchen anstellten, so geschah es auf Grund der großen Anzahl von Konkubinen im Palast, aber der Harem der gegenwärtigen Majestät ist bescheiden und er könnte daher weibliche Dienstboten vorzugsweise für seinen persönlichen Dienst beschäftigen, während die amtlichen Pflichten des Hofstaates von Leuten guter Geburt und Erziehung erledigt werden könnten. Warum müssen denn durchaus Eunuchen diese Ämter bekleiden? Zur Zeit verwendet der Hof in Hsi-an eine riesige Anzahl von Eunuchen; es bietet sich daher eine günstige Gelegenheit, ihre Zahl zu vermindern und nur etwa zwanzig bis dreißig der Bewährtesten zurückzubehalten. Es sollte nach der Rückkehr des Hofes Befehl gegeben werden, dass in Zukunft keine weiteren Eunuchen angestellt werden und daß die Verwaltung des Palastes durchaus neu gestaltet werde. Hiermit werden veraltete Mißstände abgestellt und der Ruhm der Regierung Eurer Majestät wird für alle Zeiten gesteigert werden. Zur Zeit werden viele Reformen geplant, in deren Betreff Eure Majestäten Winke von vielen hohen Beamten empfangen haben. Aber nach meiner Ansicht übertrifft diese Frage der Eunuchenverwertung, obgleich scheinbar von geringer Wichtigkeit, alle anderen, und die Möglichkeit von Reformen hängt größtenteils von ihrer Beseitigung ab. In allen fremden Ländern ist das System beseitigt und besteht nur noch in China. Es setzt uns gegnerischer Kritik und vielem Hohne aus und wenn wir es beseitigen, so werden wir die Achtung der zivilisierten Nationen gewinnen."

This only happens after their regular encounters with foreigners from afar since the early 19th century. Along with this came the adaptation not only of foreign machinery, weapons and goods, but of concepts and ideas as well. Evolutionist historical thought superseded the cyclical model of historiography and this became the moment when eunuchs were finally given a voice, when they were no longer exclusively and generally maligned but portrayed, at least in part, with sympathy: they became unbounded, demystified bodies, humans again.

The loathsome reputation of the eunuch is easy to explain: through his emasculation, he gave up his means to procreate and to continue the family line, thus committing the most heinous unfilial act. Indeed, "genital mutilation severed more than body parts," it simultaneously "symbolically destroyed former familial and social bonds." (Dale 2000: 2) By his very being, then, the eunuch challenged established notions of morality and for this lack he became excluded, a marginal existence within the Chinese universe: no longer could he act as the affiliate human being that he, as anyone (male) in the Chinese universe, was expected to be (Fryslie 2001: 207).

At the same time, this marginality, the fact that only a sexless being had the possibility to live and work so close to the emperor and his entourage, gave him an immense potential to wield influence and power. And this is why eunuchs have been made responsible for many an event that would cause the fall of a dynasty. For centuries they became useful tools in the writing of cyclical history for a class of people authoring these histories who were their direct rivals wooing for the emperor's favours: the literati officials. To portray the eunuchs as borders of humanity would elevate their rivals' human identity. This essay presents the "textual eunuch" as Matthew Fryslie calls him in a recent study on eunuch representations in the *Ming History* (Fryslie 2001). Textual eunuchs, as they come into being in the rhetorics of Chinese official histories, appear quite consistently as exotic, inhumane, even monstrous figures (Fryslie 2001: 439).[5]

This essay consists of three parts. It begins, first, with a lengthy introduction which presents an event crucial to the history of eunuchdom in China, a palace fire taking place in the Forbidden City in Beijing in 1923, and a problem with it: why was it "obviously" the eunuch's fault? Second, the main body of the paper contextualizes the derogatory discourse about eunuch involvement in the 1923 fire by comparing it with official writings on eunuchs throughout Chinese history. Third, I will end with a short conclusion which presents some thoughts on real and imagined powers of eunuchs and the relationship of these powers with the type of discourse used to describe them.[6] The essay attempts to show that fateful events, such as a

---

[5] Fryslie 2001: 11: "Eunuchs have been a continuous presence in the received texts of the Chinese tradition since its beginnings, first appearing in such early canonical texts as the *Zuozhuan* (The Chronicles of Zuo) and the *Shijing* (The Classic of Poetry) almost three thousand years ago. Furthermore, it is clear from these texts that the use of eunuchs to guard the seraglio was already an established institution at the time of the Zhou dynasty (1121–249 BC)."

[6] Eunuchs have been a hot topic of research since the 1980s when many (Chinese) scholars, some of them prompted by the imminent disappearance of eunuchs, began to rediscover and reconstruct the private as well as official lives of eunuchs. Much important scholarship on their social and political functions as well as on their private lives has been conducted. Here, I only mention

palace fire, and significant men, as the eunuchs allegedly were, were the fuel that kept the engine of Chinese history writing running. Says the *Jiu Tangshu*: "Since there have been books and writing, there have always been eunuchs."[7] It also shows that with the advent and establishment of a new system of history writing in China, the temperature of allegedly hot events such as a palace fire apparently cools down while the importance of once ostensibly significant men such as the palace eunuchs diminishes and thus monsters become humans again.

1. Setting the Scene: A Fire and its Causes

One evening in June 1923 Henry (the last emperor of China and his wife) Elizabeth were endeavouring to find a breath of cool air on the verandah of their apartment, when a eunuch came running to let them know the "Palace of Established Happiness" was in flames. The Italian Legation nearby obligingly sent its fire-brigade, but it was already too late to do more than stop the blaze from spreading. Even as it was, no less than ten apartments were completely destroyed, but it was their contents rather than the buildings themselves which constituted the loss, for the "Palace of Established Happiness" had for some time been used as a store for imperial art-treasures. More than six thousand five hundred valuable pieces – gold Buddhas, pictures, porcelain, jade and books – perished in the disaster.[8]

This is a retelling of the great fire taking place on June 27th, 1923 behind the closed gates of the Forbidden City which since the proclamation of the Chinese Republic in January 1912 had remained the permanent residence of the former emperor and

---

some of the sources more relevant to my own endeavour, which is purely a reconstruction of the peculiar rhetorics on eunuchdom, the construction of the "textual eunuch" as Fryslie calls it, and not so much about its historical and institutional realities which have been studied thoroughly: seminal to all studies on eunuchs is Mitamura's Chinese Eunuchs: *The Structure of Intimate Politics* (Mitamura 1970) which covers the Han, Tang and Ming Dynasties. The evolution of the eunuch system is studied in an edited volume by Shi Shuo, Duan Yuming and others, Huanguan daguan 1987. Most important to a revisionist history of eunuchs which also gives an account of their private lives and endeavours are the studies of the eunuch system by Yu Huaqing *Zhongguo huanguan zhidushi* (Yu 1993) and the history by Du Wanyan *Zhongguo huanguan shi* (Du 1996). Quite a few works on Qing Imperial Institutions, such as Evelyn S. Rawski's *The Last Emperors: A Social History of Qing Imperial Institutions* (Rawski 1998), too, include important sections on the eunuchs. Many works on eunuchs focus on the more (in)famous eunuchs, but exceptions, such as Yang Zhengguang's study of China's last eunuch *Zhongguo zuihou yi ge taijian* (Yang 1990), who deals with the "common eunuch" and Jennifer Jay's "*Another Side of Chinese Eunuch History: Castration, Marriage, Adoption, and Burial*," (Jay 1993) who deals with some aspect of their more "common lives" have started to surface. The two studies most helpful to the conception of this essay were two recent PhD theses: Melissa S. Dale's "*With the Cut of a Knife: A social History of Eunuchs during the Qing Dynasty (1644–1911) and Republican Periods (1912–1949)*" (Dale 2000) and Matthew Fryslie's "*The Historian's Castrated Slave: The Textual Eunuch and the Creation of Historical identity in the Ming History*" (Fryslie 2001) who deals with textual constructions of the eunuch figure with a focus on the *Mingshi* (History of the Ming) but following its traces throughout Chinese history in official as well as popular sources.

[7] Fryslie 2001: 31.

[8] McAleavy 1963: 133–134.

his entourage, the so-called "little court." Obviously, the damage caused by the fire
had been great, but who was responsible? The emperor had been quick to decide that
the plot cleared by the fire would be ideal for a tennis court—for years now he had
dreamed of setting one up for himself so that his British Tutor, Reginald Johnston,
who had complained incessantly about Pu Yi's lack of physical fitness, could teach
him to play.[9] This, however, should not be taken to mean that the emperor himself
had somehow plotted the fire in order to find a space to get his physical exercise
within the confines of the Forbidden City.[10] Rumours were much different, indeed:

> … in a day or two another tale began to get about. Had such a quantity of valuables really
> been lost in the flames? Some charred or melted remains were found in the ashes, but too
> few to justify such a prodigious assessment of damage. What if the bulk of the treasure had
> been removed before the fire broke out? The eunuchs had had free access to all the rooms,
> and there was only their word for what had happened. If there had been any pilfering, the
> disaster had occurred very opportunely, for the emperor had just begun to take an inventory
> and must soon have discovered the thefts. Certainly, the eunuchs would stop at nothing
> where their interests were concerned.[11]

This view of the matter, the assumption that the eunuchs must have committed
arson in order to cover up their thefts was the one tale which would be accepted as
the unquestioned and unquestionable Truth within a short while. Memoirs, by the
emperor, his foreign tutor[12]—even those by other eunuchs at the court[13]—and the
news media, from daily newspapers to women's magazines and no matter whether
foreign or Chinese, were quite unanimous in their support of this theory.[14] The immediate result of this interpretation of the incident, with the eunuchs as scapegoats,

---

[9] Pu Yi 1967: 115: "At that time I had been looking for a cleared space for a tennis court where
Johnston could teach me to play. ... The space left by the fire would, I thought, suit this purpose
perfectly, so I ordered the Houshold Department to clean it up."

[10] Complaints about the claustrophobic nature of the Forbidden City and its negative effects on Pu
Yi's constitution are everpresent in the imperial tutors' memoirs (cf. Johnston 1934).

[11] McAleavy 1963: 133–134.

[12] Cf. Johnston 1934, Pu Yi 1967.

[13] Cf. for instance the remarks made in an, albeit fictionalized, autobiographical account, based on
a diary by late Qing eunuch Yu Chunhe, and narrated by Dan Shi in 1989 (一个清宫太监的草鱼)
during a phase of feverish "final retrieval" of oral histories by the last eunuchs to survive (for this
trend in Chinese scholarship see Dale 2000: 8). The book was translated by Nadine Perront as *Mémoires d'un Eunuque dans la Cité Interdite* (Dan 1995): "A la vérité, le chef eunuque Huang Jinlu
et un groupe de ses complices avaient simplement fait partir en fumée la preuve de leur forfait, car
les richesses qu'il continait n'avaient point disparu pour tout le monde; les murs était tout ce qu'ils
avaient laissé du palais avant de l'incendier." (Dan 1995: 203)

[14] Cf. for instance this summary of the foreign press, given in Johnston 1934: 336–37: "The great
fire in the Forbidden City naturally caused excitement in Peking, and the general belief which
found full expression in the Chinese press was that it had been caused by eunuchs who dreaded the
imminent discovery of their malpractices. The following is an example of the statements which appeared in the local newspapers and were allowed by the Neiwu Fu to go uncontradicted. 'Peking,
June 29th: – It now appears that an inventory of the property in the buildings of the Forbidden City
destroyed by fire on Wednesday had actually been started. A close tabulation of the treasures had
been ordered by the young emperor and two rooms had been gone over when the fire occurred.
This strengthens the view taken that culprits who had been gradually denuding the palaces of the

was earth-shaking: Pu Yi decided – probably at the suggestion of his British tutor – to bring to an end a tradition which went back several millennia in Chinese history.[15] A mere fortnight after the fire, on July 15th, 1923, an edict was issued, banishing eunuchs from the Forbidden City. All 2.000 or so eunuchs[16] were rounded up and marshalled in the courtyard. The edict of expulsion was read to them, and most

property saw that they would soon be caught and adopted this desperate measure of covering their tracks."

For Chinese media responses to the events and the ensuing dismissal of eunuchs which is always put in direct connection with the fire, see e.g. the *Dagongbao* (DGB 大公报 17 July 1923) "Qing Pu Yi fangzhu erqian taijian zhi chuangju"(Qing emperor Pu Yi initiates the dismissal of two thousand eunuchs 清溥仪放遂二千太监之创举) which gives all kinds of reasons for Pu Yi's anger which leads to the dismissal of the eunuchs, the fire featuring prominently. The Taiwan bimonthly newsletter *Taiwan Minbao* (TWMB 台湾民报 1923, 1(5)) "Neiwai shishi: Xuantong Di dajiefang huanguan" (The Xuantong Emperor liberates a large number of eunuchs 内外时事: 宣统帝大解放宦官) also mentions that "it is alleged that the eunuchs (who engaged in all kinds of evil deeds 作出种种恶德) were in fact responsible for the fire" (云宦官之所为) in an article in: *Hong Zazhi* (HZZ 红杂志 1923, 2(9): 3) by Cheng Zhanlu 程瞻庐, "Beiqian taijian zhi anchafa" (Measures of relief for dismissed eunuchs 被遣太监之安插法). Again, the first sentence mentions that there was a fire in the palace recently and that it was caused by eunuchs. The Shanghai daily, *Shenbao*, reports the incident as a clear case of eunuch thefts and arson and so does the *Minguo Ribao*. Cf. the section "telegraphed news" *Shenbao* (SB 17 July 1923), cf. also MGRB 17 July 1923 "Pu Yi da zhuizhu yansi" (Pu Yi dismisses a large number of eunuchs 溥仪大追遂阉寺). *Shenbao* further states that eunuchs had long been known to steal palace treasures, selling them to local antique dealers for great profit. Now, they had attempted to hide their doings by arson, because Pu Yi had started investigating. According to this newspaper, the eunuchs had "used the fire to make their traces unseen." SB 20 July 1923 "Qinggong dajiefang jixiang." (Details of the Qing court's dismissal of a large number of eunuchs 清宫大解放纪详), esp. L. 11f (citation from L. 12). Cf. also SB 21 July 1923 "Qinggong quzhu yanhuan xuzhi" (More information on the eunuch dismissal by the Qing imperial household 清室驱逐阉宦续志), L. 1–4 and SB 23 July 1923 "Qinggong quzhu taijian zhi yuanyin" (Reasons for the Qing Court's dismissal of eunuchs 清宫驱逐太监之原因), L. 6. See further *Shaonian* (SN 少年 1923, 13(8)) "Qinggong quzhu taijian" (The Qing Court dismisses the eunuchs 清宫驱逐太监), *Shidi xuebao* (SDXB 史地学报 1923, 2(2)) "Beida shixuexi zhengli qinggong dang'an" (Beijing University History Department clears the Qing Archives 北大史学系整理清宫档案(摘北大日刊)), *Shidi xuebao* (史地学报 1923, 2(7)) "清宫之失火", *Xinsheng: Funü wenyuan* (XS 心声:妇女文苑 1923, 2(6)) "Daichou qinggong feijian shengjifa" (Qing Court measures of relief for dismissed eunuchs 代筹清宫废监生计法). Dale 2000: 231 cites further evidence from the *Shenjing Shibao*.

[15] Cf. Dale 2000: 1. Shang oracle bones contain visuals including a knife and a male organ (Jay 2003: 460). Cf. also Ringrose 1997: 498.

[16] The numbers appearing in different histories of eunuchs and other sources differ and range around 900–1500 for Pu Yi's reign (e.g. Ding 1948: 186, Dale 2000: 220). Contemporary press sources, however, all talk of (more than) 2.000 eunuchs: e.g. the literary journal *Hong Zazhi*, see HZZ 1923, 2(9): 3, "Beiqian taijian zhi anchafa" (Measures of relief for dismissed eunuchs 被遣太监之安插法), the daily *Dagongbao*, see DGB 17 July 1923"Qing Pu Yi fangzhu erqian taijian zhi chuangju" (Qing emperor Pu Yi initiates the dismissal of two thousand eunuchs 清溥仪放遂二千太监之创举), or the daily *Minguo Ribao*, see MGRB 17 July 1923 "Pu Yi da zhuizhu yansi" (Pu Yi dismisses a large number of eunuchs 溥仪大追遂阉寺) and the bimonthly *Taiwan Minbao* (1923, 1(5)) "Neiwai shishi: Xuantong Di dajiefang huanguan" (The Xuantong Emperor liberates a large number of eunuchs 内外时事: 宣统帝大解放宦官). The number of eunuchs retained after 1923 is again debatable. It is given as between 170 and 220 as well as 470 in different secondary sources (e.g. Dale 2000: 219–220, 252) and as only 30 in TWMB 1923, 1(5).

of them, if not all, as the imperial court could not exist without its eunuch servants,[17] had to shuffle away – (almost) forever.[18]

It was very easy to persuade court and public, that the eunuchs were evil (and the *Dagongbao* article thus subtitles laudingly that no-one would dare call Pu Yi a "ruler wo had lost his country" as he decided to "get rid of the last leftovers from autocracy" and "cleanse history of its dirty spots" 扫除专制之遗, 洗涤历史之污点, 孰为溥仪为王国之君耶).[19] The easy acceptance of such a view was due to the fact that historical precedent – arguably one of the most powerful authorities within the Chinese cultural context – more than supported the likelihood of eunuch involvement in such affairs – and thus it could only be considered fair and just that they should finally be punished for what they had done for centuries already.

2. Creating the Discourse: A History of Eunuch-Bashing

> Eunuch disasters 奄宦之祸 came incessantly one after another.
> (Mingyi daifang lu, Huang Zongxi 1995: 176)

As a study of rhetoric and discourse, this essay now considers the media discourse surrounding these events within the context of the general discourse of eunuch-bashing in Chinese historical writing. I will show in "A: The Discourse of Eunuchs in Power" that in 1923 the media took up age-old patterns of talking about eunuchs, they portray exactly the figure coined in a recent dissertation as the "textual eunuch" who changed only very little over time and contained particular monstrous traits he would never lose.[20] In a second step, the discourse surrounding the events in 1923 will be considered within the context of later depictions and descriptions of eunuchs. I will show that eunuch-bashing changes because in 1923 the institution of palace-eunuchs comes to a (first) official end and eunuchs lose their potential to acquire power. Immediately upon this turn of events, a humanitarian factor begins to play an important role in debates on eunuchs. I will argue in B: "The Discourse of Eunuchs out of Power" that as their roles now challenged but no longer threatened established notions of morality and gender, the transboundary eunuchs were – under these changed circumstances – considered completely powerless. Accordingly, they were no longer maligned but pitied.

---

[17] Cf. Dale 2000: 255.

[18] Not all of them were dismissed, as they were still needed for some tasks in the imperial household or "little court" as it was called after the emperor's abdication in 1912 (cf. Dale 2000: 220). Some more eunuchs were called back again by Pu Yi to serve in his court during his Manzhouguo puppet regime for the Japanese (1934–45).

[19] DGB 17 July 1923.

[20] Fryslie 2001: 10.

A. The Discourse of Eunuchs in Power

Response to the dismissal of the eunuchs was immediate and widespread.[21] Some of the first news-reports dealing with the dismissal of eunuchs from the palace on July 15th, 1923, appear in the Tianjin *Dagongbao* and the Shanghai Dailies *Shenbao* (SB 17 July 1923) and *Minguo Ribao* 民国日报 (MGRB 17 July 1923).[22] In the *Shenbao*, it is reported starkly that the Qing Court dismissed all eunuchs except a dozen or so, and that each of the eunuchs had been given a monetary compensation in accordance with his position in the palace service. The reasons for the dismissal are: eunuch thefts and the recent fire in the palace which is considered eunuch arson. Other papers, too, mention these reasons for eunuch dismissal.[23] *Minguo Ribao* reports on the emperor's anger at finding that involved in the thefts had been two eunuchs working for two concubines who were now supportive of them (MGRB 17 July 1923).[24] A few days later (SB 20 July 1923), a longer article in *Shenbao* deals with the matter in greater detail.[25] The eunuchs are described as ignorant and abominable creatures – half man, half woman 半女性男子. They are portrayed as a cliquish bad lot, always out to make a personal profit.[26] It is alleged that they have

---

[21] See e.g. "Neiwai shishi: Xuantong Di dajiefang huanguan" (The Xuantong Emperor liberates a large number of eunuchs 内外时事: 宣统帝大解放宦官) in the Taiwan bimonthly *Taiwan Minbao* 1923, 1(5) , "Beiqian taijian zhi anchafa" (Measures of relief for dismissed eunuchs 被遣太监 之安插法) in: *Hong Zazhi* 1923, 2(9), "Qinggong quzhu taijian" (The Qing Court dismisses the eunuchs 清宫驱逐太监) in: *Shaonian* 1923, 13(8), "Beida shixuexi zhengli qinggong dang'an" (Beijing University History Department clears the Qing Archives 北大史学系整理清宫档案) in: *Shidi Xuebao* 1923, 2(2), "Qinggong zhi shihuo" (The Qing palace fire 清宫之失火) in: *Shidi Xuebao* (史地学报 SDXB 1923, 2(7)), "Daichou qinggong feijian shengjifa" (Qing Court measures of relief for dismissed eunuchs 代筹清宫废监生计法) in: *Xinsheng: Funü wenyuan* 1923, 2(6). "Beiqian taijian zhi anchafa" (Measures of relief for dismissed eunuchs 被遣太监之安插法), in: *Hong Zazhi* 1923, 2(9), "Qinggong quzhu taijian" (The Qing Court dismisses the eunuchs 清宫驱逐太监) in *Shaonian* 1923, 13(8). See also Zhou Xin 周新, "Taijian de chulu" (A way out for the eunuchs 太监的出路(附照牴)) in the Shanghai journal *Xiwang* (XW希望1931, 1(3)).

[22] MGRB 17 July 1923, DGB 17 July 1923.

[23] See e.g. DGB 17 July 1923 which gives all kinds of reasons for Pu Yi's anger which leads to the dismissal of the eunuchs, the fire featuring prominently. The Taiwan bimonthly TWMB 1.5.1923 also mentions that "it is alleged that the eunuchs (who engaged in all kinds of evil deeds 作出种种恶德) were in fact responsible for the fire 云宦官之所为." In *Hong Zazhi* 1923, 2(9): 3, again, the first sentence mentions that there was a fire in the palace which was caused by eunuchs. The Shanghai daily, *Shenbao* reports the incident as a clear case of eunuch thefts and arson and so does the *Minguo Ribao*. Cf. the section "telegraphed news" *Shenbao* 17 July 1923, cf. also MGRB 17 July 1923. *Shenbao* furter states that eunuchs had long been known to steal palace treasures, selling them to local antique dealers for great profit. Now, they had attempted to hide their doings by arson, because Pu Yi had started investigating. According to this newspaper, the eunuchs had "used the fire to make their traces unseen." (SB 20 July 1923).

[24] The incident is also related in the DGB 17 July 1923 which has the emperor storming out in anger.

[25] SB 20 July 1923.

[26] For a long discussion on the Confucian abhorrence of private profit 私利 *sili* cf. Mittler 2004, chapter 2.

frequently committed pilferings, taking palace antiques and selling them to local merchants for their own profit.[27] It is conjectured therefore that when Pu Yi started investigating the contents of the "Palace of Established Happiness," they saw no escape but to set fire to it, to "make their traces unseen."

This view of the matter is reiterated in a sequel to the article, appearing the next day (SB 21 July 1923).[28] It begins with a general statement that the eunuchs' depravity had always been quite profound, and that stealing old antiques had from times immemorial been a general habit among them. In the most elaborate article dealing with the case, appearing on July 23rd,[29] this kind of general condemnation is used as a repeated triumphant flourish. The article begins with the pompous statement: "The foul and illegal debauchery of the Qing eunuchs is known all over the world." It gives two reasons for the dismissal of the eunuchs: the robberies and fire, and, their "lewd behaviour." Indeed, the article insinuates, that so many "dark affairs" involving palace ladies and especially young eunuchs had occurred lately that they could not be "mentioned in one breath."

The two main points of criticism raised in these articles, profiteering, and sexual debauchery, are key features in a stock inventory of eunuch-bashing in the Chinese dynastic histories recorded by moralizing Confucian scholars, as part of a repertoire of Confucian vices which condemned excesses in alcohol, sex, wealth and sentiment 酒色财气 (Fryslie 2001: 246). Again, it becomes clear that the eunuch is a special creature: others would betray the human affiliative order (villaneous ministers, women), but he was never even part of this order. Accordingly, he is portrayed as both limited and sterile in his body and yet excessive and polluting in his behavior and influence, he is seen as a body infested with vice, constantly crossed by unchecked storms of desire and pleasure that are not confined or sublimated to the higher purposes of either reproduction or of earning the admiration of men of later generations through the historical record (Fryslie 2001: 263–264).

In the dynastic histories, eunuchs are described, accordingly, as having accumulated legendary fortunes. One infamous eunuch Hou Lan 侯览 is characterized as "greedy and unrestrained" (贪放) in the *Houhanshu*. He constantly takes money from the families he is supposed to oversee. He is said to have had 16 residences and he even had enough money to have his own mausoleum built.[30] Zhang Rang 张让 and Zhao Zhong 赵忠, his contemporaries, too (illegally) imitated imperial residences in building their own villas. They are described in almost comical manner, nervously making sure that the emperor's gaze is diverted every time he passes their villas. They, too, are accused of squeezing and abusing the people in order to accumulate their fortunes and these kinds of stories continue.[31] Indeed, during the Song,

---

[27] For evidence of eunuch antique shops, see Dale 2000: 226.

[28] SB 21 July 1923.

[29] SB 23 July 1923.

[30] Hou Lan is discussed in detail in his biography in the *Houhanshu* HHS 78, cf. also Jugel 1976: 365.

[31] HHS 78, "Zhang Rang and Zhao Zhong". The introduction to the eunuch chapter in the *Weishu* (chapter 94) complains that eunuchs tended to acquire wealth by thievery and the taking of bribes,

when everyone – including the state – seemed to be out of money, (some) eunuchs were still able to pay their bills! (e.g. *Songshi* 468 "Fang La 方腊")

Only few eunuchs, so the histories contend, were able to withstand the offer of material gains or use them for a good purpose (see e.g. *Songshi* 467 "Zhang Maoze 张茂则"). Infamous Liu Jin 刘瑾 is even accused of having caused a number of floods with his own hands by manipulating a spring, for example. He did so because he was the one in charge of supervising the repairs. Thus, he could cash in on the relief budget. At his death, his immense fortune included several thousand bars of gold and silver, thousands of pieces of gold jewellery, and belts with gems among other things. The value of these treasures is said to have exceeded the yearly imperial budget.[32]

To what extent these stories were simply rumoured and fabricated and to what extent they were indeed true can no longer be verified today. To be sure, it was not the average eunuch who would command over lavish wealth, but the exception.[33] Even more dubious is the factuality of eunuch proclivity to sex – especially in view of the fact that castration in the Chinese case actually meant the removal of both scrotum and penis.[34] Castration could be rendered as "removing the power" 去势 i.e. of the male reproductive organs (Jay 1993:464).

In spite of all their "non possum,"[35] eunuch's alleged sexual activities are a stock element in the dynastic histories, too.[36] The younger brother of Cao Jie 曹节 who

---

too. Eunuchs such as Duan Ba 段霸, Wang Ju 王琚 and Li Jian 李坚 are accused of having owned uncountable 不可称计 fortunes for themselves and their families. Cf. their individual biographies in the Weishu. The quotation is taken from Wang Ju's biography. Such accusations continue in the Tang histories. Yu Chao'en 鱼朝恩, one of the most famous military eunuchs of the Tang who flourished in the mid-eight century, is said to have had large possessions. However, he was so powerful that nobody dared to divulge this or any of his other depravities. (*Xin Tangshu* 207 "Yu Chao'en"). A few decades later, Dou Wenchang 窦文场, even made a profit precisely by instigating fear. Everybody seems to have deemed it necessary to soothe his wrath by giving him huge bribes (*Xin Tangshu* 207 "Dou Wenchang"). Many eunuchs received generous presents and enfeoffments from the emperors or empresses they served. Often, the authorities only realized how much a eunuch had thus accumulated during his lifetime after his death: it is almost customary, therefore, at the end of a eunuch's biography, to resume the assets he collected during his lifetime, most of which were invariably bequeathed to members of his family. Take, for example, 仇士良 Qiu Shiliang's biography in *Xin Tangshu* 207. Perhaps the most extreme case, at least in terms of "numerical description" in the dynastic histories is that of Wa Ci 瓦刺 (*Mingshi* 304).

[32] *Mingshi* 304 "Liu Jin". For more on the Ming eunuch's wealth and how it was accumulated (taxation being one means), see Fryslie 2001: 251–255.

[33] Dale 2000: 102–103, in a careful study of eunuch lifestyles and expenses, makes this point of generalized exceptionalism when it comes to eunuchs very clear.

[34] Cf. the photograph of a young eunuch reproduced in Matignon 1936.

[35] Cf. Taylor 2000: 42. Obviously, in the Chinese case, a eunuch was never taken at his word. Therefore, his condition could not, in the sense of John Donne, produce "an extension of power... This that seems to have a name of impotence, Non possum, I cannot, I the fullest omnipotence of all, I cannot sin." (in: Simpson & Potter 1953).

[36] For examples, see Jay 1993: 465ff, for the Ming, Fryslie 2001: 50–52, 255–256. Eunuch lechery is not restricted to the Chinese cultural sphere, however, even more so, as castration practices were different in other countries. For testimony of alleged eunuch lechery cf. for instance Lukian "Der

served under Shundi 顺帝 (126–145) is one of whom it is said that "his lechery and violence was unspeakable" 其淫暴无道 according to the *Houhanshu*. It is mentioned that he caused the suicide of hundreds of women.[37] Hou Lan is said to have "seized" the beautiful wives of innocent people. The phrase to describe this action 多取良人美女以为姬妾 returns as a stock element in a number of other eunuch biographies.[38] During the Tang, and first under empress Wu Zetian (690–705), eunuchs officially gain the privilege to establish their own households and get married. From this point onwards, they are reported to take numerous wives and concubines and news about their debaucherous sexual behaviour abound.[39]

Evidently, then, the two key points mentioned in some of the newspaper articles dealing with the dismissal of eunuchs in 1923, namely, eunuch interest in private gain and profit as well as eunuch proclivity to sexual dissipation, are key features in the stock inventory of eunuch-bashing to be found in Chinese dynastic and unofficial, as well as foreign histories. In spite of the fact that these (hi)stories usually base their statements on individual examples of eunuch depravity,[40] eunuch-bashing is always directed against the collective: the consolidation is a revelation of the "truth

---

Eunuch oder Der Philosoph ohne Geschlecht" in: Lukian 1981: 113–119, and esp. 116 and Terenz "Eunuchus (Der Eunuch)" in: Terenz 1974: 1094–143, esp. Act IV Scene 3, 1121: Pythia: "Ich habe wohl gehört, sie seien unmäßig auf die Frauen erpicht, vermögen aber nichts; indes an sowas hätt ich nie gedacht; ich hätte sonst ihn eingesperrt, ihm nicht das Mädchen anvertraut, " as well as the recent film *Farinelli* (1994) by Gérard Corbiau which highlights the singer's alleged (but again, difficult to verify historically) sexual activities.

[37] Cf. HHS 78, biography of Cao Jie and group biography of Dan Chao 单超, Xu Huang 徐璜, Ju Yuan 具瑗, Zuo Guan 左悺 and Tang Heng 唐衡. The male relatives of the 5 eunuch lords, who served under Huandi 桓帝 (147–168), were feared by women throughout the empire, too.

[38] HHS 78, group biography of the 5 eunuch lords. The *Weishu*, too, mentions a number of lecherous eunuchs, cf. the biographies of Wang Zhi 王质 and Liu Teng 刘腾 in *Weishu* 94.

[39] Yu Chao'en and Qiu Shiliang 仇士良 are singled out for lewd behaviour, if only in abstract terms, in the *Xin Tangshu* which claims such behaviour to be typical for eunuchs in general in its concluding evaluation. Cf. the biographies of each in XTS 207 and the final evaluation of eunuchs in XTS 208. General accusations of sexual debauchery abound in the *Songshi*, too, indeed, one eunuch, Chen Yuan 陈源, who served at the end of Xiaozong's 孝宗 reign during the Southern Song (1163–1190) is even doubted to be a real eunuch at all 闻人疑其非宦者云. Cf. e.g. the biographies of Liang Shicheng 梁师成 and Cheng Fang 程昉 *Songshi* 468, and of Chen Yuan, Gan Shengnei 甘升内 and Wang Deqian 王德谦, *Songshi* 469. Wei Lizhuan 韦力转, a eunuch during the second reign of Emperor 英宗 (1457–1465) is said to have engaged in "sexual play" with the wife of his adopted son. Liang Fang 梁芳 who served under Xianzong 英宗 (1465–1488) allegedly even pursued imperial concubines, and quite a few others assaulted women and virgins among the common people. Cf. the biographies of Wei Lizhuan, Liang Fang, and, for similar cases those of Qian Neng 钱能, Zhang Zhong 张忠, and Chen Feng 陈奉 in *Mingshi* 304. Interestingly, the official history of the Ming makes much less of the alleged sexual activities of chief eunuch Wei Zhongxian 魏忠贤 (1568–1627) than do inofficial histories, such as the *Zhuozhongzhi* 酌中志, for example – which, ironically, is authored by a Ming eunuch and contemporary of Wei. Cf. the official description in *Mingshi* 305, and the unofficial history Zhuozhongzhi 酌中志 authored by Liu Ruoyu 刘若酌 (Liu 1976).

[40] E.g. the introductions to *Weishu* 94 and the *Xin Tangshu* 207 and *Songshi* 466 as well as the concluding remarks in *Qingshigao* 118. Similarly constructed are the beginning paragraphs in an early *Shenbao* article on eunuchs, SB 29 September 1880.

about eunuchs."[41] It does not allow for individual fates, nor less for individual good-
ness in eunuchs – one evil eunuch proves all eunuchs evil.[42]

It is not as if the dynastic histories gloss over and do not mention good eunuchs
– those loyal, smart and even loved by the people.[43] Indeed, their biographies are
just as elaborate as those of evil eunuchs. And even in the case of bad eunuchs,
their biographies, too, more often than not, actually present neutral and occasionally
even sympathetic accounts of their lives: reading through eunuch biographies in the
Weishu, for example, one ends up with the impression that there had actually been
more good than bad eunuchs during that time (*Weishu* 94). Even more striking is the
case of infamous Tang eunuch Gao Lishi 高力士. His biography in the *Xin Tangshu*
contains touching stories about his relationship with his mother, for example, which
certainly would not be expected in rote descriptions of a rogue (XTS 207). And
it is not all that seldom that one encounters people (and often none other than the
emperor himself) crying out over a eunuch's punishment or death or bestowing on
a eunuch favourable posthumous honorifics.[44]

Nevertheless, the general introductions and conclusions to these biographies
make it crystal clear that eunuchs as a whole (and, by implication, even their families, too) are a bad lot, in spite of rare exceptions. The conclusion to the eunuch
chapter in the *Houhanshu* warns of employing those who are harmful to the country
害国 (HHS 78), and eunuchs are – implicitly – identified as such. The introduction
to the eunuch chapters in the *Xin Tangshu* begins with a statement about eunuchs
being *xiaoren* 小人, despicable and unworthy – inhumane – people in the Confucian
order (as in the *Analects* 14.6 where Confucius states clearly that what the *xiaoren*
is missing is precisely his *ren* 仁, i.e. humanity 未有小人而仁者也). The *Xin Tangshu* concludes that since times immemorial, whenever eunuchs were strong, the
country was bound to fall into chaos *luan* 乱. This conclusion is repeated at the end
of the second eunuch chapter.[45] It recurs, in similar manner, in the introduction to
the eunuch chapter in the *Weishu*, where it predicts calamity *huan* 患 for a state with
strong eunuchs (*Weishu* 94). The *Mingshi* insists that if history is taken as a mirror
for contemporary government, it becomes clear that eunuchs need to be restricted

---

[41] Fryslie 2001: 47.

[42] Only the unofficial histories and fictional depictions tend to individualize the eunuch crimes
more.

[43] Indeed, the XTS 207 mentions one Ma Cunliang 马存亮 who is described as one of the most
loyal men in Tang times, in spite of the fact that he is a eunuch! For Zheng He (the Vasco da Gama
of China), cf. Finlay 1992: 226 whose comparative account of Vasco da Gama and Zheng He's
seafaring activities shows enormous asymmetries at work. According to Finlay "China was in all
respects far better suited than Portugal to pursue hegemony in the seas of Asia." (Finlay 1992:
230). Zheng He becomes the object of several retrospectives that are all directed at modernization
and opening up of China/Singapure to the markets: the TV series *He Shang* (River Elegy) on the
one hand and a theatrical entitled "Descendants of the Eunuch Admiral" recently performed in
Singapore (Wee 2004).

[44] E.g. *Songshi* 268 "Chen Yan 陈衍". Posthumous honorifics occur particularly often in the chapter on eunuchs, cf. *Weishu* 94.

[45] The introduction is contained in XTS 207, the conclusion in XTS 208.

in order to ensure proper government. The *Songshi* and the *Qingshigao* both give a history of such restrictions, yet they also show that these restrictions were obviously always there to be broken by "the evil eunuchs."[46] There is a strong difference, then, between individual biographies and general statements about eunuchs in the dynastic histories, but if in doubt, the general statements probably weigh much heavier and they are unanimous in their condemnation of eunuchs as a group.[47]

In spite of the fact that it is rather difficult to prove any of the allegations at illegal personal material gains and even more so at sexual debauchery,[48] it is clear why "the eunuchs" (as a group) were accused of these particular faults. They are, as we have mentioned, primary vices within the Confucian canon. An accomplished man (the Confucian *junzi* 君子) had no interest in private gains and profits but thought of the common good: Confucius (*Lunyu* 4.16) argues that only "the mean man *xiaoren* is conversant with profit." 君子喻于义, 小人喻于利. An accomplished man, on the other hand, practiced restraint *jie* 节 in anything and especially when it came to sexual matters. He abhorred lewdness *yin* 淫, for he knew that all excess would lead to chaos. Man was the microcosm that functioned in exactly the same way as the macrocosm, the world around him. Accordingly, lack of restraint could lead to the downfall of a country. Therefore, it was man's most important duty to practice restraint first in the self, then in the family, and thus in the state.

To accuse eunuchs of these particular faults, then, was to attribute to them enormous powers. Indeed, as we have seen above, they were blamed for having caused, time and again in Chinese history, the downfall of the imperial houses they served. The fall of the later Han, the fall of the Tang and the Ming and the decline of many other emperors that reigned over China are associated with names of (in-)famous eunuchs. They are the source and origin of imperial weakness: the *Weishu* complains that it was Zong Ai's 宗爱 fault alone that the first Wei emperor eventually fell 世祖暴崩 爱所为也 (*Weishu* 94 "Zong Ai"). All evil in the mid-Tang is blamed on Qiu Shiliang and Hong Zhi 盖过原于士良弘志. And the final collapse of the Tang, too, was allegedly caused by none other than a eunuch, Han Quanhui 韩全诲 (*Xin Tangshu* 207 "Qiu Shiliang"). One memorial cited in the *Songshi* argues that if one does not get rid of mighty eunuchs such as Langui Kanglü 蓝珪康履, the

---

[46] Cf. the introductions to *Mingshi* 304, to *Songshi* 466 and the conclusion to *Qingshigao* 118.

[47] Perhaps the most striking example for such discrepancies between individual depiction and general conclusion is the case of Li Xian 李宪 (*Songshi* 467) who is well-loved by his emperor and receives an extremely honourable posthumous epithet (loyal and smart 忠敏) which appears to agree with what one can learn in his biography of his deeds and life. Nevertheless, at the end of the biography, the historiographer debunks all this to reverse the verdict: Li Xian may have been an able general, but he made the people suffer and thus he brought disaster to China, he concludes (害民终贻患中国云).

[48] This is even more so as many of these accusations are rather general in nature as we have seen in the discussion above. Very few of the biographies actually give detailed descriptions of the sexual conduct or concrete reasons for the material wealth of individual eunuchs. Indeed, in most cases, when eunuchs are deplored for their misbehaviour, the histories simply mention the exact number of accusations made by officials but usually do not go into detail as to the nature of the accusations.

country is doomed 不除之天下之患未已 (*Songshi* 469.). Another argues that the well-being of the country depended on the failure of a particular eunuch, Li Xian 李宪. His success, on the other hand, would bring disaster 鬼章之患小, 用英之患大. 英功不成其祸小, 有成功其祸大 (*Songshi* 467).[49] These histories suggest, then, that eunuchs, themselves depraved, inhumane creatures, would – almost by default – delude their emperors and lead them away from the path of virtue.[50] Perhaps one of the more striking cases is that of Liu Jin 刘瑾 and emperor Wuzong 武宗(1506–1522) in the Ming. Liu is said to have cleverly manipulated the emperor, always involving him in some entertaining play and then bringing in some memorials, so that the emperor felt annoyed at any kind of political work and was quite happy to be relieved of it by his eunuch (*Mingshi* 304). Thus, these histories insinuate, "the eunuchs" had – time and again – caused the balance of the macrocosm to tilt, and the mandate of Heaven to be lost.

In these accounts, eunuchs are *xiaoren* 小人, despicable and unworthy creatures (XTS 207), they are described as rogues, thieves and vagabonds 与盗贼无异,[51] characterized as greedy for power,[52] cunning,[53] or unyielding and fierce.[54] From the point of view of the officials, eunuchs were direct rivals in the battle over an emperor's favour. They were responsible for the earliest part of the emperor's education and they were constantly around the emperor. Thus, they could easily spread rumours about the mandarins which the emperor was prone to believe as he had no other contact to the outside world (and the officials) but through his eunuchs. [55] This rivalry and competition is perhaps the most significant reason for eunuch-bashing in the dynastic histories: history-writing was one of the few things that was never in the hands of eunuchs (many of whom could not read and write in the first place).[56] It was the prerogative of (Confucian) officials.[57] And, speaking according to the teleology of dynastic history writing, these mandarins hated the eunuchs. Confu-

---

[49] *Songshi* 467.

[50] There are many examples for this accusation which can be found implicitly throughout the dynastic histories, cf. e.g. the case of Cheng Yuanzhen 程元振 and emperor Daizong 代宗 (763–780) in the Tang (XTS 207).

[51] The quotation is taken from HHS 78, Biography of 5 Eunuch Lords.

[52] Cf. e.g. XTS 208 "Yang Fugong 杨复恭:" 复恭不欲分己权.

[53] E.g. *Songshi* 468 "Tong Guan 童贯." He is described as *qiaomei* 巧媚.

[54] E.g. *Mingshi* 304 "Zhang Zhong 张忠:" 性皆凶悖, and *Mingshi* 305 "Zhang Jing 张鲸" who is described as *xing gangguo* 性刚果.

[55] For the eunuchs as agents in an oral field of discourse see Fryslie 2001: 50–51.

[56] Cf. Dale 2000:11, see also ibid. 83: "The rural (and lowly) origins of the majority of eunuchs ensured that less than 20% entered the palace able to recognize characters. Denied access to an education once employed by the court, the majority of eunuchs remained illiterate." During the Qing, eunuchs assigned to bureaus such as the Chancery of Memorials had to learn to read and write. Generally, however, less than 1/10 of the eunuch body would be able to do receive an education (Dale 2000: 80–82). Dale talks of about a dozen eunuchs receiving an education in the eunuch school under Kangxi (Dale 2000: 82).

[57] Jay 1993 shows, especially in her discussion eunuch family adoption tables, that eunuchs and Confucians could even belong to the same family.

cius already is said to have despised them and the eunuch biographies are full of relations about eunuch's outrageous (and deathly) behaviour against officials and, accordingly, of official complaints against eunuchs.[58] A great many of the eunuch biographies are narrated along repeated attempts by officials – sometimes even taking to the streets to demonstrate or flooding the emperor with their memorials of criticism – to topple a particular eunuch by accusing him of unspeakable crimes and faults.[59]

The eunuchs' bad reputation is thus caused by a certain type of narration and a particular type of authorship in Chinese history writing which was essentially a discourse of self-defence. As the dynastic histories were written by – at least potentially – eunuch-hating mandarins, it is not surprising that they would be interested in the eunuchs only in so far as they could be declared state enemies. It is for this reason that (next to women) [60] eunuchs have become crucial elements in the construction of the cyclical order of Chinese dynastic history: each dynasty starts with a period of great flourish and restoration (during which eunuchs have no part to play) and ends in depravity and decline (as eunuchs thrive). The textual eunuch's narrative trajectory begins with "initial containment" and develops to a "gradual increase in influence that leads to an inevitable scenario of disastrous reversal of the accepted order of things, conditioned by a cultural understanding of the attractions

---

[58] One of the most ruthless "official-killers" was Liu Jin of whom it is said in the *Mingshi* 304 that he caused the submission to the cangue and the death of uncountable numbers of officials 枷死者无数.

[59] While the two most famous cases of eunuch-official rivalry are those of the 东林 Donglin academicians who rallied up against Wei Zhongxian during the late Ming and that leading up to the so-called Danggu-incidents 党锢 of the late Han, all eunuch chapters in the dynastic histories basically live of conflicts between eunuchs and officials. Many times, the accusations tend to be rather vague, giving no more than the number of crimes a eunuch allegedly committed, but not their nature. Also, the eunuchs retort and make, in many cases, very similar claims about the "rebellious and power-hungry" court officials they are facing. While the thrust of the argument against eunuchs is again provided by the moralizing introductory or ending sections to the eunuch chapters, in the individual biographies it is not always clear why the attacks brought forth by officials against eunuchs ought to be so much more valid than those by the eunuchs against the officials (this is strikingly evident in XTS 208 "Yang Fuguang," for example). Eunuch-official rivalries are particularly blatant in HHS 78 "Hou Lan 候览," HHS 78 "Cao Jie 曹节." HHS 78 "Zhang Rang and Zhao Zhong" even describes a large-scale demonstration by officials against eunuchs. More striking examples are XTS 207 "Tutu Chengcui 吐突承璀," "Qiu Shiliang," XTS 208 "Yang Fuguang," *Songshi* 467 "Li Xian 李宪," *Mingshi* 304 "Jin Ying 金英," "Liang Fang 梁芳," and, particularly dramatically, with all measures from oral to written to allusive criticism conveyed to the emperor, Liu Jin's own biography.

[60] See here the very interesting discussion in Fryslie 2001:43ff of Fan Ye's final discussion of the eunuch's biographies in the Hou Hanshu. He later comes back to the seductive forces of the eunuch, especially vis-à-vis the emperor and the officials. This is couched in terms regularly used for "female danger" 女祸 (see Fryslie 2001: 290–292). See also Fryslie 2001: 250 who argues that the influence of eunuchs on the homosocial affiliative order, like that of seductive feminine beauty (though not so clearly defined), is characterized as one of spreading influence, excess, and eventual destruction. He concludes that for this reason, the importance of the control and containment of eunuchs is stressed again and again in the *Mingshi* as well as in other dynastic histories and presumably for the same reason it fails almost as often as it is stressed.

and dangers of malignant influences, often characterized as watery, feminine, and yin."[61] With the eunuchs used as (rhetorical) whipping boys, many other historical factors that may also have caused the fall of dynasties could be neglected.

This version of Chinese history typically allows not for the slandered eunuch's voice, and thus, there is little dissent.[62] It is significant, however, that the *Shiji*, which would become the prototype for dynastic history writing ever after, was in fact composed by none other than a eunuch, Sima Qian 司马迁 (145-86 v. Chr.) who had been castrated by punishment. Yet, Sima Qian did not accept this fate. The ambiguous argumentation in his letter to Ren An (任安 whose literary name is Ren Shaoqing 任少卿) as contained in *Hanshu* 62, betrays that he always considered himself a cut above other eunuchs. This is why he complains of his humiliation towards the end of his letter: [63]

> It is not easy to dwell in poverty and lowliness while base men multiply their slanderous counsels. I met this misfortune because of the words I spoke. I have brought upon myself the scorn and mockery even of my native village and I have soiled and shamed my father's name. With what face can I again ascend and stand before the grave mound of my father and mother? Though a hundred generations pass, my defilement will only become greater. This is the thought that wrenches my bowels nine times each day. Sitting at home, I am befuddled as though I had lost something. I go out, and then realize that I do not know where I am going. Each time I think of this shame, the sweat pours from my back and soaks my robe. I am now no more than a servant in the harem.[64]

But of course, Sima did not consider himself "no more than a servant in the harem." Only on the surface, does he admit that castration has put him into the lowest category of mankind. Deep down, however, and in truth, he feels himself on a par with an entirely different crowd.[65] This becomes clear in the following paragraph in which he compares himself and his project, the writing of the *Shiji*, with a number of important names and works from Chinese history, from Confucius and the *Chunqiu* over Qu Yuan and the *Lisao,* to Sunzi and his *Bingfa.* [66]

---

[61] Fryslie 2001: 6.

[62] For the lack of eunuch's voices in Chinese history writing, see also Fryslie 2001: 14 ff.

[63] For a very learned and useful discussion of the letter see Fryslie 2001: 57–59.

[64] Watson *Ssu-ma Ch'ien,* 66.

[65] A similar case of a eunuch who was considered different in terms of body and mind, is that of Liu Siyi 刘思逸 related in the *Weishu* 94 思逸虽身在阉寺而性颇豪率.

[66] See Watson 1958: 66–67: "Too numerous to record are the men of ancient times who were rich and noble and whose names have yet vanished away. It is only those who were masterful and sure, the truly extraordinary men, who are still remembered. ... Confucius was in distress and he made the *Spring and Autumn* (i.e. the *Chunqiu*); Ch'ü Yüan was banished and he composed his poem *Encountering Sorrow* (i.e. the *Lisao*); ... most of the three hundred poems of the *Book of Odes* (i.e. the *Shijing*) were written when the sages poured forth their anger and dissatisfaction. All these men had a rankling in their hearts, for they were not able to accomplish what they wished. Therefore, they wrote about past affairs in order to pass on their thoughts to future generations.... I too have ventured not to be modest but have entrusted myself to my useless writings. ... But before I had finished my rough manuscript, I met with this calamity. It is because I regretted that it had not been completed that I submitted to the extreme penalty without rancor." Earlier, he explains that the filial obligation to finish his father's work, the *Shiji* was the only reason why he opted for castration:

To the end of his life Sima insisted that he had been castrated innocently.[67] Perhaps to ensure proper judgement after his death, and obviously in order to set himself off from that transboundary species so despised by common – or rather proper – men, Sima engaged – quite openly – in defamations of eunuchs himself.[68] Paradoxically perhaps, a eunuch thus set the pattern for eunuch-bashing in the dynastic histories to come.[69]

Only very few sources preserve records of eunuchs who refused to accept their fate as scapegoats in Chinese history. The *Shijing* contains one poem which is an answer to eunuch-slanderers and which gives significant testimony to the arbitrariness of official accusations.[70] The poem reads:

The Eunuch (xiangbo 巷伯 – Keeper of the Inner Palace)

A few elegant lines
May be made out to be shell-embroidery.
Those slanderers
Have gone to great excess.

A few diverging points
May be made out to be the southern Sieve
those slanderers!
Who devised their schemes for them?

"But the reason I have not refused to bear these ills and have continued to live, dwelling in vileness and disgrace without taking my leave, is that I grieve that I have things in my heart which I have not been able to express fully, and I am ashamed to think that after I am gone my writings will not be known to posterity." (Watson 1958: 65)

[67] Sima Qian had made the mistake of defending his friend the Han-General Li Ling 李陵 who had been defeated by the Mongols and then defected in fear of Han Wudi's brutal punishment. As a result, Sima Qian was given the choice of capital punishment or castration.

[68] One typical example for Sima Qian's eunuch-bashing are his gloating and malicious remarks at the end of chapter 6 on the death of Qin Shi Huangdi's favourite eunuch Zhao Gao 赵高, *Shiji* 6. The *Shiji* does not yet contain a separate section of eunuch biographies, but mentions several eunuchs separately.On the *Shiji* as the not-quite-prototype of dynastic historical writing on eunuchs which also omits an institutional history of the eunuch, see Fryslie 2001: 15, 18.

[69] The case of both the *Zhuozhongzhi* (Liu 1976) mentioned above and the anecdotal evidence given in Dan Shi's *Mémoirs d'un eunuque* (Dan 1995) in which the narrator attacks one of the rich eunuchs (Zhang Lande) ruthlessly precisely for his reckless sexual behaviour and his profiteering, are other examples for this practice of trying to buy oneself out be deprecating others all the more cruelly. The concurrence of these unofficial depictions of eunuch depravity with those given in official accounts written by officials is all the more astonishing as Liu Ruoyu, for example, in the preface to his *Zhuozhongzhi* writes that it is his intention to disprove the type of "objective" history writing concerning eunuchs that is to be found in official histories. His attempt to give more personal details to flesh out the life of eunuchs during the late Ming, in fact turns out to create an even more degrading depiction, most certainly in the case of arch villain Wei Zhongxian. The idea, however, that one such eunuch would prove all eunuchs evil is refuted in these depictions. Much more clearly than in the dynastic histories, eunuch evil here (and in the novels studied by Laura Wu) becomes individual evil rather than a collective's evil.

[70] This is not to say that the *Shijing* is consistently sympathetic to the eunuchs, however. In part 3 of this essay, below, another poem from the *Shijing* is cited which has been interpreted to criticize eunuchs alongside with women, although this reading is by no means unambiguous (cf. Legge 1991: 559ff and for a criticism of this reading of the poem cf. Goldin 2000: 133–161).

With babbling mouths you go about,
Scheming and wishing to slander others.
But be careful of your words;
People will yet say that you are untruthful!

Clever you are, and ever changing
In your schemes and wishes to slander.
They receive it now indeed,
But by and by it will turn to your own hurt.

The proud are delighted,
And the troubled are in sorrow,
O azure Heaven! O azure Heaven!
Look on those proud men,
Pity those troubled.

Those slanderers!
Who devised their schemes for them?
I would take those slanderers
And throw them to wolves and tigers.
If these refused to devour them.
I would cast them into the north.
If the north refused to receive them.
I would throw them into the hands of great Heaven.

The way through the willow garden
Lies near acred height.
I, the eunuch Mengzi (孟子),
Have made this poem
All ye officers,
Reverently hearken to it![71]

The eunuch appeals to none other than Heaven 苍天 itself to find rectification for the slandering that he and his fellows are suffering from. Ironically, he beats the slanderers at their own game by quoting their "elegant (but excessive!) lines" 萋斐, and their ever "babbling mouths" 缉缉, their "pride and arrogance" 骄, their "everchanging cleverness" 捷捷幡幡 and their vicious "scheming" 谋. He uses the very arguments that have been brought forth against the eunuchs to accuse those who slander them: for eunuchs are charged for hiding their vicious schemes behind elegant words in order to ensnare their emperors and lead them to debauchery. This eunuch's confident ironical voice, however, remains a singular testimony of a species much-maligned and never loved in Chinese history because their very marginality supposedly gave them powers unimaginable.

Time and again throughout Chinese history, Chinese officials had pleaded with their emperors to check and circumcise the eunuchs' powers. Yet, none ever actually asked for the abolishment of the eunuch institution. One could conclude from this that the eunuchs themselves were not really the problem after all but indeed the dynastic system, widely supported, of course, by state officials. Eunuchs were needed within this system, for the upkeep of the cyclical order of history. Their viciousness, their incapability, their lechery and most of all their responsibility for the fall of so many dynasties is perhaps more than just a "figment of the imagination," yet, it was

---

[71] The translation is taken from Legge 1991: 346–349.

primarily discussed for one particular purpose: the formal logic of cyclical history writing required a specific number of scapegoats to explain the decline of each of the dynasties without endangering the imperial system as such.[72]

The case of Sima Qian, himself punished and made into a eunuch in the latter part of his life, who, nevertheless, was the one to set the tone of eunuch-bashing for centuries to come, makes it impossible even to state that had eunuchs had a hand in writing Chinese histories, eunuch-bashing would never have happened. Therefore, it is quite difficult, today, to uncover the question of what role the eunuchs really played and what powers they actually had in influencing and directing the course of Chinese history. Some of the peasant rebellions and provincial revolts which characterized the final years of many a Chinese dynasty, may indeed have been caused by eunuch control over official posts and weak child emperors, or by eunuch debauchery and profiteering, resulting in heavy taxation which left the population utterly poor and starving.

Yet, these reproaches are to be made not to the eunuchs alone, but also to court officials and military officers, indeed the entire Chinese aristocracy. Moreover, even a closer look at some of the eunuch cliques described in the dynastic histories reveals that these cliques by no means consisted of eunuchs only. Their families – from whom they were only theoretically cut off but for whom they could obviously do quite a lot once they had moved up far enough in the court hierarchy[73] – and many officials, too, supported eunuchs.[74] Even, or especially the most powerful eunuchs (who had a busy time killing or averting all their adversaries) obviously needed a league of "willing executioners" and not all of them were eunuchs.[75] Wei Zhongxian support crew, for example, by no means consisted of eunuchs alone (*Mingshi* 305). Eunuch cliques were nothing but a mixed bag. For the purpose of cyclical history writing, however, the eunuchs, and the eunuchs alone, – marginal figures whose roles challenged and threatened established notions of morality and gender – were attributed with many more powers than they actually had.

Only when the cyclical order of history became obsolete, was it possible to make away, for ever, with eunuchdom. This possibility opened up at the end of the Qing with the foreign "intrusion" to China. The foreigners had turned over the Chinese cosmological order so many times and on so many counts that nothing that was once right could be considered so any more. Gradually, in this process, the cyclical

---

[72] Jay 1993: 463.

[73] Many a eunuch biography contains short biographical notes on some of their more important relatives at the end. Being related to a eunuch could potentially be dangerous, for when he fell from grace all those from his family whom he had supported would fall with him and be punished accordingly. Cf. e.g. *Songshi* 469 "Langui Kanglü."

[74] Reading the special chapter on eunuch cliques in the *Mingshi* 306, one is struck by the number of successful examination candidates (obviously no eunuchs!) who were ganging up, nonchalantly, with the eunuchs.

[75] This fact is actually admitted in the introduction to the chapter on eunuch cliques in *Mingshi* 306. It explains that while the eunuch plague was severe during the Ming, they could not have done without their support gang. Moreover, without these supporters, their evildoings would have been much less serious 明代阉官之祸酷矣, 然非诸党人附丽之, 羽翼之, 张其势而助之功, 虐焰不若是其烈也.

order of history had to make way to the concept of linear historical evolution, too. Thus, the history of eunuchdom abused ends with the official end of cyclical history · writing, i.e. the death of the dynastic system in China[76] – and it is no coincidence, that a foreign tutor has been associated with putting this idea into Pu Yi's head. It is at that moment that eunuchs are finally given a voice, they are no longer exclusively and generally maligned but portrayed, at least in part, with sympathy.[77]

B. The Discourse of Eunuchs out of Power

The new discourse on eunuchs which can be traced back to their being granted citizenship two years after the establishment of the Republic,[78] thus began at the point of their dismissal in 1923. This act of dismissal was carried by a set of new rules and ideals: those of a "Chinese modernity." These new ideals are captured characteristically in the media response to the events: for some of the same newspaper articles complaining about eunuch profiteering and eunuch debauchery, in terms well familiar from Chinese traditional historiographical writings, will also include passages that strike an entirely different note and find words of empathy for the eunuchs, "curtailed," as they were, "first in body and now in purse."[79] These articles are often – at least in part – written from the point of view of the eunuchs themselves, sympathizing with their plight, calling their dismissal an "earth-shattering event,"[80] and generally feeling with them, even suggesting options for their alternative employment in girls' schools and other such venues, for example, as in the literary journal *Hong Zazhi* 红杂志.[81] Contemporary newspaper accounts thus

---

[76] There are, of course, those who argue rightly that formal elements of cyclical history writing continue to play an important part even in the conception of contemporary Communist Party History (cf. e.g. the work on Party historiography, such as Weigelin-Schwiedrzik 1984). Yet, theoretically, the linear and evolutionary model was accepted with the end of the dynastic system in 1912 and the advent of the May Fourth and New Culture Movements a few years later.

[77] I here take up an argument with Dale (Dale 2000: 220–221, 264) who argues that a sympathetic treatment of eunuchs as "representatives of a suppressed class" and victims of the "feudal imperial system" only began with the Communist victory and culminated in the period which so saw the imminent extinction of the eunuch in the 1990s.

[78] This, however, was ineffective as long as they were still serving the Imperial Household within the confines of the Forbidden City, as Dale 2000: 221, relates.

[79] The unknown source, an unnamed Shanghai journal, is cited in McAleavy 1963: 136. He finds that "such protests were rare." My reading of contemporary news media, however, suggests otherwise and indeed puts enlightened outrage at the institution of eunuchs and criticism of harsh treatment of the dismissed eunuchs in one and the same category. McAleavy rightly states (ibid.: 136): "For the first and last time in their association Pu Yi and Johnston had done something of which the country as a whole could approve." In the humanist manner in which the arguments were made, this meant both the condemnation of the institution of the eunuchs *and* the embracement of the poor dismissed individuals who only happened to be eunuchs by bad chance.

[80] Cf. SB 23 July 1923.

[81] Cf. HZZ 1923, 2(9): 3.

clearly reveal society's efforts to address the eunuch problem by attempting to refashion them to meet Republican society's needs (Dale 2000:257).

They are described, for example, as they try to negotiate with Pu Yi through his wife after the fire;[82] it is related in detail how, after their dismissal, they are led out of the palace by military, and then, having nowhere to go, and no work to do, how they cannot but stand miserably outside Shenwu Gate and wait, some loudly complaining, some completely depressed, especially, as it starts pouring with rain, as the *Dagongbao* among others relates.[83] In many ways, then, they are described as "quite pitiable" 可怜.[84] There are complaints that they are given only meagre monetary compensations;[85] and that they are only allowed back into the palace in groups of tens to take of their belongings only their clothes and bedding.[86] Surely, as one article demands, "if one talks about humanism, there must be humanism for everyone," even for eunuchs![87]

The newspapers are eager to mention that Republican officials were the ones who suggested measures of relief for the eunuchs.[88] At their instigation, the emperor eventually gives in to support the eunuchs at least to an extent: he provides funds for their travel home or even a homestay in one of their temples.[89] It is also stated repeatedly that the Republic had "always supported" a slow phasing out of eunuch-dom which is condemned as a cruel institution. One article even begins with the following sentence: "The institution of eunuchs is most terrible and immoral."[90] It is argued that while the enlightened Republican government had been preaching this for a long time, the degenerate court was still practicing its own style. One article

---

[82] This in fact makes him even angrier and more determined to get rid of them cf. SB 20 July 1923.

[83] DGB 17 July 1923.

[84] The quote is taken from SB 21 July 1923. For a similar description cf. SB 20 July 1923.

[85] The figures do not tally in the different articles, however. Cf. the telegraphed report SB 17 July 1923, SB 20 July 1923, and SB 21 July 1923.

[86] This latter fact is mentioned in SB 21 July 1923. The journalist is somewhat surprised that only very few eunuchs appear keen to actually retrieve their belongings. SB 23 July 1923 also reports on the restrictions in terms of what belongings the eunuchs were allowed to take!

[87] Cf. SB 20 July 1923. Cf. also the record left by Pu Yi's cousin Pu Jia: "In the days and months following the expulsion order, initial praise for the emperor's decision turned to concern and unease. Residents of the capital now found themselves prented with a large grop of unemployed, homeless persons squatting at the Yinchilou and roaming the city as vagrants. Six months after the expulsion, more than 200 of the 900 expelled eunuchs continued to live at the Yinchilou." Pu Jia recalls the condition of these eunuchs: "Whenever I passed by this place on my way to the palace I always saw quite a few eunuchs in tattered clothes under the porticos cooking over open fires. They really looked like refugees fleeing from a famine. Their appearance was really heartbreaking. Time after time the military police (*juncha*) moved in to expel the eunuchs fearing that they would cause a fire." (Dale 2000:245)

[88] Cf. e.g. SB 23 July 1923.

[89] Cf. SB 20 July 1923.

[90] SB 20 July 1923.

complains that slow eunuch eradication had been one condition at the abdication of the dynasty, but that the court had not been keeping within these terms. [91]

It is "enlightened" rhetoric such as this which determines discussions of the eunuch institution from this point onwards. In this rhetoric, foreign values which have been internalized by all "modern Chinese," including, of course, China's Republican politicians (and apparently also emperor Pu Yi) play an important role. According to Pu Yi's tutor Johnston, the eunuch system "was regarded by the Western world as a relic of barbarism."[92] In order to regain its place among the "civilized nations," China must quickly abandon the institution, so the contemporary Chinese retort.[93]

Yuan Lükun and Wei Jianxun in their semi-scientific study of eunuchs *Taijian shihua* 太监史话 of 1984 take up on this assumption that foreigners despise and abhor the eunuch system. In their introduction, they state that the eunuch system "came out of a barbarian moral, out of an autocratic system and, from an enlightened, scientific point was simply a shame" for the Chinese nation.[94] An even more radical evaluation of the system gives Bo Yang, a Taiwanese cultural critic, who has little faith in Chinese national character and finds that the Chinese proclivity for eunuchs is one way to prove its "ugliness." One of Bo Yang's essays "Signs and symptoms of Chinese cultural senility" from the early 1980s begins with the following paragraphs:

> I don't recall which clever ancient Chinese gentleman it was who spawned that magnificent conception, the eunuch. Eunuchs are men, to be sure, but once their penises are chopped off, they take on the qualities one expects from a friend: useful, not threatening. Such a brilliant invention! Chinese emperors were enthralled by their eunuchs, and thus they became one of those venerable Chinese institutions that survived for thousands of years.
>
> Alas! Confucius said, 'Be benevolent,' and Mencius said, 'Be righteous.' I hate to bring it up, but it seems to me that chopping off a man's penis is neither benevolent nor righteous. The odd thing is that throughout the centuries, not a single enlightened Chinese sage … ever suggested that there was anything improper about reducing healthy young men to eunuchs ….

---

[91] SB 20 July 1923 argues as follows: "In the last twelve years since the Republic has been founded, ... the Qing court established its own customs and did whatever it wanted to do. So nothing happened in terms of eradicating the eunuchs, to the contrary, their numbers increased instead of decreasing. And this is true not just for the imperial court but for the princely residences, too. Time and again, young eunuchs appear. Most of these are clearly raised after the founding of the Republic. There is no doubt about it. For the citizen of Beijing, these young eunuchs are in fact a common sight."

[92] Johnston reports (Johnston 1934:338): "I had often discussed the eunuch-system with him, and he was aware *that it was regarded by the Western world as a relic of barbarism.*" (my emphasis). For a similar evaluation cf. also Bland & Backhouse 1910: 81.

[93] This echoes some of the arguments brought forth in the intercepted memorial by Canton Viceroy Tao Mo of 1901–02, too. He also made the connection between the degree of civilization in a state and the keeping of eunuchs. According to him, nothing but the eunuch institution had caused China's reputation to suffer, internationally. Cf. the ending passage of the memorial in Bland & Backhouse 1910: 107–108, quoted above.

[94] Yuan & Wei 1984: 4.

I can think of two explanations for this. First, some of the great sages of the past were well aware of the unseemliness of this practice, but kept their mouths shut because the emperors had invented the institution of eunuchs to protect themselves from cuckoldry. Had one of these enlightened sages succeeded in persuading the emperor to replace his eunuchs with a bunch of handsome, well-endowed young men, the number of incidents of imperial cuckoldry would have increased strikingly, and the emperor would have regularly flown into a rage. The only way out for a sage who committed a sin of this magnitude would be to swallow a large dose of arsenic. (This is why) throughout Chinese history, even heroes courageous enough to swallow raw pork would pretend that they had never seen the emperor ordering men to have their penises chopped off.

Secondly, for the last 5000 years, lords, vassals, saints and sages alike have all been much too preoccupied with muddling their way through life to concern themselves with the moral niceties of this cruel variation on decapitation. Chinese culture fails to inspire the sort of insight necessary for making moral judgements of this nature. The emperor had the power to execute anyone he pleased. What did slicing off a few penises amount to when whacking off a thousand heads was the most natural thing in the world. Humanitarian values disappear under reigns of terror, and the slave mentality thrives. The wise man would say, 'As long as you make me a petty official, I'll approve of anything you do, no matter how horrible it is.'[95]

Bo Yang's verdict, too, condemns the brutality and immorality of the eunuch system. He styles the eunuchs into pitiable young men deprived of their most precious possession. He sympathizes with their plight and their perpetual suffering through the ages. Precisely this kind of humanist gesture also recurs in Tian Zhuangzhuang's cinematographic depiction of Li Lianying, Cixi's (in-)famous eunuch, in a 1993 feature film bearing the eunuch's name.[96] The film is an obvious critique of the "feudal" imperial system, rather than a critique of the eunuch, Li Lianying, himself (Jiao 1991: 3). In fact, it makes a point of showing the individual suffering of much-maligned people such as the empress dowager Cixi and her eunuch, Li Lianying.[97] His obvious suffering at having to commit cruel deeds for the empress dowager, his strong refusal to a relative's attempt of making his son into a eunuch, are typical for this sympathetic approach. Li Lianying comes across as a thoughtful, caring human being, rather than the unfeeling, cruel monster as which eunuchs had so often been described (not just in China).

This "enlightened" style is not the only one chosen in describing eunuchs after 1923, however. According to Dale, „prior to the establishment of the Republic, eunuch retirees could at least glean some sense of prestige due to their former association with the imperial court. Eunuchs expelled in 1923 encountered a vastly different society which perceived of them as "court rats" and "living anachronisms of the old imperial order."[98] Both retirees and expelled eunuchs found themselves removed from an environment in which eunuchs were the majority, and placed in

---

[95] Bo 1992: 63–64. For the Chinese original cf. Bo 1988: 118–119.

[96] Tian Zhuangzhuang (Dir.) Guo Tianxiang (Script) *Da Taijian Li Lianying* (大太监李莲英), Beijing 1993.

[97] Cixi's death, for example, is shown in a very personal dimension from the eunuch's point of view: for him, her death is nothing but a tragedy. Cf. scene 6 in the film script reprinted in Jiao 1991.

[98] Dale 2000: 246. Unfortunately, she does not give any evidence of this!

another "in which they were a social minority, labeled as freaks and social misfits." Privacy, for example, "became a problem for eunuchs as some members of the public attempted to satisfy their curiosity and catch a glimpse of the eunuch's emasculated body while he used the restroom." (Dale 2000: 248)

Egon Erwin Kisch in his reportage novel *China geheim* has a passage in which this feeling of curiosity is very much reflected. Kisch describes an afternoon stroll through the streets of Northern Beijing when he suddenly comes accross a group of people who look strangely similar to each other. They are old women, workers, apparently, at a small estate. Kisch is bewildered only by the fact that these women are wearing blue trousers but no shirts, their breasts hanging shamelessly. He observes how shrill their voices are and is finally much confused – yet at the same time enlightened – by a strange scene: one of the women turns around and urinates, standing up, as men do. It is at this moment that Kisch understands that he is facing a group of eunuchs. He summarizes his surprise: "We stared at them: only five minutes ago we thought they were women, then they seemed to be men, but now we knew what they were!"[99]

This description of a bunch of harmless little old women clashes significantly with the following paragraphs in which Kisch describes the dubious roles that palace eunuchs had played in Chinese history, having poisoned emperors and suppressed the people with heavy taxation, opening and closing doors for an emperor's

---

[99] Kisch 1986, 65–72: "Zufälliger Besuch bei Eunuchen." The original appeared in 1932, soon translated into Chinese by Zhou Yibo as *Mimi de Zhongguo* (秘密的中国). I thank R. G. Wagner for mentioning this text to me. The original reads: (68)

"Die Menschen, die uns entgegenkamen, sahen einander in befremdlicher Weise ähnlich. Mit jeder neuen Begegnung wirkte diese Gemeinsamkeit stärker, und schließlich wurde sie unheimlich.

Es waren durchweg alte Frauen, offenbar Arbeiterinnen des Gutshofs, die einen führten Vieh an der Leine, die andern trugen Säcke huckpack oder kamen mit Rechen und Heugabel vorbei. Sie hatten dunkelblaue Hosen an, wie es bei den arbeitenden Frauen hierzulande Sitte ist, jedoch waren, allem Gebrauch zuwider, ihre Oberkörper nackt, die Brüste hingen schamlos herab.

Die Matronen sprachen miteinander, und obwohl sie nicht schrien, klang ihre Stimme schrill...

Alle Arbeit leisteten die alten Frauen. Locker wackelte ihr Kinn im Kiefergelenk. Kahlgeschoren der Kopf, nur auf dem Scheitel ein "Dutt," ein so dünnes, so graues Büschel Haare, dass es das vorgeschrittene Alter der Trägerin verriet. Von Gebrechlichkeit war nichts zu bemerken, alle packten ihre Arbeit wacker an.

Plötzlich überraschte und verwirrte uns eine Kleinigkeit und brachte uns dennoch im gleichen Moment die Spur einer Aufklärung: eine der Frauen, uns abgekehrt, verrichtet stehend ihre Notdurft, stehend, wie es Männer tun.

"Wem gehört dieses Gut?" fragten wir eine andere Alte, die mit den jappenden Hunden bereits eine geraume Weile um uns herumschlich. Sie trat näher. "Wir sind kaiserliche Hofbeamte, und das ist unser Kloster."

Nun begriffen wir vollends. Ohne zu wissen oder zu wollen, waren wir in das Altersheim der Eunuchen geraten.

...Wir starrten die Leute an. Vor fünf Minuten hatten wir sie als Frauen angesehen, dann schienen sie uns Männer zu sein, jetzt wußten wir, was sie waren."

cuckoldry.[100] Kisch suggests that everybody hated them, but his own depiction of these somehow ridiculous old matrons is completely incongruous with this judgement. Thus, his portrayal of eunuchs – in spite of the fact that it quotes some of the eunuch-bashing discourse well-known from the dynastic histories – is an incredulous account of their misdeeds which all but ridicules both those who once created the discourse and those who featured in it.

In the same vein, Lao She's 1940s play *Chaguan* 茶馆 (Teahouse) contains a cynical description of a rich eunuch and his fate. In the first act, set shortly after the 1898 reforms, he appears as a pompous, lecherous sycophant, looking for a suitable wife. In the second act, on the other hand, he is already dead – obviously a poor fellow – starved by his own nephews, while his wife and adopted son are seen fleeing from this, their "family" which does not treat them any better than the dead eunuch had, beating and abusing them to no end. Here, the eunuch is reduced to a caricature invoking the infamous lore of eunuchdom before its abolition. Yet this caricature bears essential features of sympathetic truth. The eunuch is ridiculed and despised for his behaviour in the first act, but somehow rehabilitated after his brutal death at the hand of his own relatives in the second act. The exaggerated and playful depiction of this eunuch also shows (in a way similar to Kisch's description) how this transboundary being, not man, not woman – and, most importantly, now

---

[100] The original reads: (68)

"Diese und ihresgleiche hatten im kaiserlichen China von eh und je die tragende Rolle als Günstlinge und Begünstiger gespielt, waren Staatsmänner, Ratgeber, Drahtzieher, Intriganten gewesen, Kuppler für die Paläste und Henker für die Hütten.

Die Eunuchen schraubten das Maß der Tribute an ungemünztem Gold, gegossenen Taels, gestickten Drachengewändern und bemalter Tributseide so hoch hinauf, dass sich die Provinzen auflehnten. Die Eunuchen führten durch Staatsstreich oder Giftmord das Ende von Dynastien herbei, um besser zahlenden Herren auf den Thron zu helfen. Die Eunuchen verwendeten das für den Bau der Kriegflotte bestimmte Geld für den Bau des Pekinger Sommerpalastes, und der Krieg gegen Japan wurde 1895 verloren.

Fünf Jahre später bedrohten Reformbestrebungen die Stellung der kastrierten Schranzen. Rasch bemächtigten sie sich der Boxersekte und nährten planmäßig den Glauben des Kaiserhofs, dass die Boxer kugelfest und überhaupt unverwundbar seien. Unter diesem Einfluß unterstützte die Kaiserin den aussichtslosen Aufstand gegen die Fremden. Aber als die Bewegung zusammenbrach, war kein Eunuch auf der langen Liste derjenigen, deren öffentliche Hinrichtung die europäischen Großmächte rachschnaubend-blutrünstig forderten – die gelben Höflinge und die weißen Diplomaten hatten sich zu verständigen gewußt.

Einmütig war der Haß des Volkes gegen die Palast-Eunuchen, die einander innerlich und äußerlich glichen wie ein Ei dem andern, sofern dieser Vergleich hier am Platz ist. Man haßte sie mehr als Kaiser und Prinzen, als Konkubinen und Mandarine, und viele Denkschriften der "Zensoren", der im Land verteilten beamteten Horchposten, verlangten die Beseitigung der höfischen Eunuchen, wörtlich: "der verschnittenen Kerzen im Schatten des Thrones.

... An der Institution selbst konnte nichts geändert werden, man bedurfte erprobt fähiger, beweisbar unfähiger Hüter des Serails, sonst hätten sich angesichts des Erbfolgeprinzips Kaiserinnen und Konkubinen zwecks Kinderkriegens aller erreichbaren Mannspersonen bedient. Kastraten standen Wache vor dem Kaiserlichen Frauenzimmer und hüteten ihrer Herren eheliche Ehre. Wenn aber ein Haremswächter einem fremden Schlüssel zu öffnen erlaubte, dann war die daraufhin entstehende Kaiserinmutter mitsamt ihrem Sprößling in seiner gierigen Macht."

out of power and thus human again – could be laughed at and commiserated at the same time.

This is quite obviously no longer the discourse created by a rival group: after 1923, the eunuch's role still challenged but no longer threatened established notions of morality and gender. For this reason, eunuchs, who – under these changed circumstances – were considered completely powerless, were no longer maligned but instead became objects of compassion and derision. At the very moment, then, when eunuchs lose their potential to acquire power, the rhetoric on eunuchs changes in character, too, it becomes more humanitarian and more trivializing at the same time.

3. Imagining the Power: A Study in Empowering Impotence

Why is it that the eunuchs have been so maligned? It has been the purpose of this essay to show that in the case of the eunuchs, an entire group was made responsible for the faults of one or two of their kind and that this was done with spite and with method.[101] Indeed, many or most of the slanderous attributes for "the eunuchs" were perhaps more a sign of their rivals' fears than of their own tangible qualities. Their lack of a position within Confucian society – the eunuchs could not procreate and continue the line of their ancestors and thus became nonentities (their life generally considered inhumane or 非人的生活) – [102] made them into significant men, but perfect whipping boys and useful tools in the writing of cyclical history at the same time.

As this essay attempted to present a backward reading of eunuchs in Chinese history, it was my contention that the very representation of eunuchs as marginal characters engenders their strengths. The constant repetition of stories about vicious eunuchs does not actually record their powers, but it creates them. If it is said that time and again in China as elsewhere the "real power" often lay – or was at least thought to lie – "in the hands not of the emperor nor of his aristocrats, but of his

---

[101] Dale 2000: 3–4 and 7–8 illustrates the scholarly overemphasis on a small number of powerful eunuchs and stereotypical representation of all eunuchs as corrupt, political manipulators. Dale 2000: 264 "Eunuch society was highly stratified and multi-faceted. The upper echelons of the eunuch hierarchy consisted of the chief eunuch, supported by *zongguan taijian* (assistant chief eunuchs), *shouling taijian* (supervisory eunuchs) and *fushouling taijian* (assistant supervisory eunuchs)." These eunuch leaders bore the responsibility for the masses of unranked eunuchs (*taijian*) in their departments. For the eunuch masses, trained in palace etiquette and attendant duties, daily responsibilities revolved around keeping the palace grounds clean, security details such as sitting watch, and waiting upon their imperial masters (for the kinds of assignments allotted to eunuchs, in Ming times specifically, see Fryslie 2001: 184–186). Some eunuch assignments required specialized training in the Classics, medicine, and religion. For eunuch schooling and education, see Fryslie 2001: 186–189.

[102] Yuan & Wei 1984: 232.

chief eunuch,"[103] the most significant aspect of this power was the consistency with which it was being described. Eunuch power was brought into existence first and foremost by the belief in their power – as manifested in historiographical discourse.

There was, of course, some reason behind this discourse: through the act of castration, eunuchs also gained a potential for power which let the imaginations of their rivals run high. In any pyramidal social structure, power is defined in large part by access to the apex, and eunuchs served as the guardians of this access, not only permitted but required to remain in close proximity to the innermost sanctum sanctorum of dominance. Thus, although (or because) they might lack "the power to breed," eunuchs were not considered impotent in any other sense.[104] Indeed, only thus could they become "guardians of the (imperial) marriage bed:" the Greek term eunuchos (gr.) is a composite made up of eune (bed, marriage bed) and echo (hold, keep guard).[105] Eunuchs were qualified for that social function by being disqualified from a biological one. For certain specialized purposes, then, the eunuch was not a defective man but an effectively improved one. His very impotence was empowering.[106] His very being a border served a paradox: he thus embodied alternatives to contemporary hegemonic political orders.

Only he was able to be as close to the emperor as nobody else, not even the most favoured consort. The eunuchs' free access to the imperial seraglio made him conversant with all the gossip and intrigue that went on among the palace women. He was accurately informed about the emperor's moods, foibles and preferences. Thus, a eunuch could indeed be much closer to the emperor than the ministers of state and other high officials who as a rule saw the emperor only during audiences or important ceremonies. Hence, the emperor might even entrust a eunuch with a confidential mission, or show another important state papers. And surely, some eunuchs may have known very well how to utilize their privileged position for the furtherance of their private interests; if they could not influence the emperor directly, they could do so through the intermediary of the empress and other women of the seraglio. Thus, eunuchs did indeed have the potential to usurp the direction of affairs of state.[107]

---

[103] For a similar situation in ancient Rome cf. Hopkins 1978: 172, 181, from which the quote is taken.

[104] And this was not only so in China, cf. Taylor 2000: 36–37.

[105] Taylor 2000: 35–36 argues that the invention of the eunuch "allowed some human males to reintroduce the harem system in a new form." He continues: "Because he is physiologically incapable of inseminating a female, a eunuch can be employed by one man to prevent other men from impregnating 'his' women. By multiplying the number of eunuchs under his command, a dominant male can multiply the number of females he can effectively guard against impregnation by other males, and thus can increase the number of offspring that perpetuate his own genes. ... The eunuch was a prosthesis, a weapon used by one male in his sexual rivalry with other males: more eyes, more minds and hands, guarding all those precious uteruses. ... Castrated males regulated reproduction by policing female sexuality. That role could not be securely entrusted to uncastrated males (who might be tempted themselves) or to other women (who might be more loyal to a fellow female than to a male master). Only the eunuch makes the human harem biologically practicable. "

[106] Cf. Taylor 2000: 33, 38, 45.

[107] Cf. van Gulik 1974: 256.

On the other hand, most eunuchs had only undergone a rather rudimentary education, the greatest number of them were simple slaves of the imperial entourage who "did their jobs" – from cutting hair to preserving dried fruits; from tending the gardens to safekeeping the imperial seals; from presenting high officials for audiences[108] to fetching the imperial physicians.[109] Only a select few actually served the emperor personally.[110] All others probably did as best as could in loyally serving his entourage, leading all but exciting – and probably perfectly innocent – lives. Only a handful out of the thousands who had inhabited the imperial palaces for tens of centuries[111] – and who are aptly described by Melissa Dale (Dale 2000:17) who argues that "contrary to earlier representations, the majority of eunuchs were gender misfits and social outcasts who served the court as imperial slaves" – would eventually become names in the history books (but they would then serve to revile all others): the hidden, or imagined powers of the eunuchs were always greater than their real ones. Only thus could a large group of mean palace servants – which most eunuchs really were – become significant men involved in hot events, determining the making of Chinese history. It is in the minds of China's traditional historiogra-

---

[108] This duty may have been abused – and thus the historians would interpret it for sure: Pu Yi disagrees in his autobiography, however (Pu Yi 1967: 65): "There are descriptions in plays and novels of how even emperor Kuang Hsi (1871–1908) had to give money to the Chief Eunuch of the Empress Dowager Tzu Hsi, since he would otherwise delay reporting his presence to the Dowager. However, I do not really believe this happened."

[109] For a listing of eunuch occupations cf. *Qingshigao* 118 and Pu Yi 1967: 59: "The duties of the eunuchs were very broad. Besides taking care of my food and daily wants, handling the umbrellas, carrying heaters and other such tasks, their duties, according to the Palace Regulations, included: transmitting imperial edicts; presenting high officials for audiences; receiving memorials; handling the documents of the various government departments; receiving money sent from treasuries outside the palace; managing fire prevention; filing my documents; tending antiques, scrolls, robes, belts, guns, bows and arrows; taking care of the ancient bronzes; guarding the awards to be presented to high officials and the yellow belts to be bestowed on meritorious functionaries; preserving the dried fruits and sweetmeats; fetching the imperial physicians for treatment of persons in the various palaces; obtaining construction materials to be used in the palace by outside builders; safekeeping the edicts handed down by my imperial ancestors; burning incense and candles in front of my ancestral portraits; checking the comings and goings of persons entering and leaving the various departments within the Forbidden City; keeping the rosters of the Palace Guards and the registers of the Hanlin academicians; safekeeping the imperial seals; recording the actions of my daily life; flogging offending eunuchs and maidservants; feeding the various living animals in the palace; tending the gardens; checking the accuracy of the clocks; cutting my hair; preparing the herb medicines; performing in palace shows; acting as Taoist monks in the city temple; and substituting for the emperor as lamas in the Yung Ho Kung, the temple reserved for visiting dignitaries and lamas from Tibet."

[110] Cf. Johnston 1934: 174–175 who talks about the eunuchs in Pu Yi's palace: "Some were the personal attendants and chairbearers of the emperor and the four dowagers, others were in charge of the various palace-buildings and responsible for the safe-keeping of their contents, others performed more or less menial duties. Those of the highest grade were Yu-ch'ien T'ai-chien – Eunuchs of the Presence – who had the honour of serving the Son of Heaven himself. The different grades were kept strictly apart from one another."

[111] For a careful study of the "ordinary eunuch" see Dale 2000, a study which significantly "recasts the past of this previously silent and often miscast group so vital to the court." (Dale 2000: IV)

phers, alone, that eunuchs could actually function as borders and thus make and break event history in China.

In the end, then, eunuch-bashing must be read as fear of the unknown: As marginal figures, eunuchs made trouble because of their ambiguous relationship to dominant notions of community and individuality, of real and imagined boundaries. Because castrated males, or "false males" as they were called,[112] had certain powers that uncastrated males lacked and did not understand, these immediately became, in the writings of their rivals, the powers of perversion.[113] It took a foreigner to admit, as Pu Yi's tutor Johnston eventually did, that scapegoating "the eunuchs" had indeed been a mistake:

> The evils of the eunuch-system were, of course, notorious, and were often denounced by both foreigners and Chinese. It was inadequately realised, however, that the eunuch system was itself a part of the much greater system of the Neiwu Fu, and not the part that was the most powerful or the most dangerous. The eunuchs were, in practice, servants of the Neiwu Fu rather than servants of the emperor, and they have received far more blame for the corruptions of the court than they really deserved. The abolition of the eunuch-system was, indeed, a thing greatly to be desired. It was one of the objects which I tried from the beginning of my service in the court to achieve. What I did not understand at first, though I came to see it later, was that the dismissal of the eunuchs without the abolition or drastic reformation of the whole system of which they had formed a part, would not be sufficient to purge the court of the poisons that menaced its life and endangered the welfare of the emperor and his family.[114]

This awareness came, of course, much too late, for the many who had suffered from eunuch-bashing all throughout China's long history.

References

Balibar, Etienne, 2002. *Politics and the Other Scene*. London: Verso.

Bauer, Wolfgang, 1990. *Das Antlitz Chinas. Die Autobiographische Selbstdarstellung in der chinesischen Literatur von ihren Anfängen bis heute*. München: Carl Hanser Verlag, 84-89.

Bland, J. O. P. & Backhouse, Edmund, 1910. *China under the Empress Dowager, Being the History of the Life and Times of Tz'u Hsi*. London: William Heinemann.

Bo, Yang, 1988. *Choulou de Zhongguoren* [丑陋的中国人]. Hong Kong: Yiwen tushu gongsi, 118-119.

Bo, Yang, 1992. *The Ugly Chinaman and the Crisis of Chinese Culture*. Translated and edited by Cohn, Don J. & Jing, Qing. St. Leonards, New South Wales: Allen & Unwin, 63-64.

Dale, Melissa S., 2000. *With the Cut of a Knife: A social History of Eunuchs during the Qing Dynasty (1644-1911) and Republican Periods (1912-1949)*. Ph. D. Georgetown University.

Dan, Shi, 1995. *Mémoires d'un Eunuque dans la Cité Interdite*. Translated by Perront, Nadine. Paris: Editions Philippe Picquier.

Ding, Yanshi, 1948. *Wanqing gongting yishi* [晚清宫廷轶事]. Taibei: Shijie wenwu chubanshe.

Du, Wanyan, 1996. *Zhongguo huanguan shi* [中国宦官史]. Taibei: Wenjin chubanshe.

---

[112] See a discussion in Dale 2000: 105. Eunuchs clearly identified themselves as male, married, adopted children, ran the households as male heads of the family (see Jay 1993: 465)

[113] Cf. Taylor 2000: 45.

[114] Johnston 1934: 210.

Farinelli, 1994. Regisseur, Gérard Corbiau

Finlay, R., 1992. Portuguese and Chinese Maritime Imperialism: Camões's Lusiads and Luo Mao-deng's Voyage of the San Bao Eunuch. Comp Stud Soc Hist 34:225-241.

Fryslie, Matthew, 2001. *The Historian's Castrated Salve: The Textual Eunuch and the Creation of Historical identity in the Ming History*. Ph. D. University of Michigan.

Furth, Charlotte, 1988. "Androgynous Males and Deficient Females: Biology and Gender Bounda-ries in Sixteenth and Seventeenth-Century China." *Late Imperial China*, 9(2), 1-31.

Goldin, Paul Rakita, 2000. "The View of Women in Early Confucianism." In: Li, Chenyang, ed., 2000. *The Sage and the Second Sex*. Chicago: Open Court, 133-161.

Gulik, R. H. van, 1974. *Sexual Life in Ancient China. A preliminary survey of Chinese sex and society from ca. 1500 BC till 1644 AD*. Leiden: Brill.

Hopkins, Keith, 1978. *Conquerors and Slaves: Sociological Studies in Roman History*. Cambridge University Press.

Huang, Zongxi, 1995. *Mingyi daifang lu* [明夷待访录]. Taibei: Sanmin.

Jay, Jennifer, 1993. "Another Side of Chinese Eunuch History: Castration, Marriage, Adoption, and Burial." *Canadian Journal of History XXVIII* (December), 459-478.

Jiao, Xiongping 焦雄屏, 1991. "Fengjian zuzhang chuantong zaocheng de beiju." [封建族长传统造成的悲剧]. In: Jiao, Xiongping, ed., 1991. *Dataijian Li Lianying* [大太监李莲英]. Taibei: Wanxiang tushu, 3.

Johnston, Reginald F., 1934. *Twilight in the Forbidden City*. New York: Victor Gollancz.

Jugel, Ulrike, 1976. *Politische Funktion und soziale Stellung der Eunuchen zur späteren Hanzeit (25-220 n. Chr.)*. Wiesbaden: Steiner.

Kisch, Egon Erwin, 1986. "Zufälliger Besuch bei Eunuchen." In: Kisch, Egon Erwin, 1986. *China geheim. Eine illustrierte literarische Reportage*. Westberlin: Aufbau, 65-72.

Legge, James, 1991. *The Chinese Classics, Volume 4: The She King, or Book of Poetry*, Taibei: SMC Publishing Inc..

Liu, Ruoyu 刘若愚, 1976. *Zhuozhongzhi* [酌中志]. Taibei: Weiwen tushu chubanshe.

Lukian, 1981. *Werke in drei Bänden*. Edited by Werner, Jürgen & Greiner-Mai, Herbert eds., 1981. Berlin, Weimar: Aufbau.

Matignon, Jean-Jacques, 1936. *La Chine hermétique. Superstitions, Crime et Misère*. ParisParis: Librairie Orientaliste Paul Geuthner.

McAleavy, Henry, 1963. *A Dream of Tartary. The Origins and Misfortunes of Henry P'u Yi*. Lon-don: Allen & Unwin, 133-134

Mitamura, Taisuke 1970. *Chinese Eunuchs: The Structure of Intimate Politics*. Translated by Po-merey, Charles A.. Rutland: C.E. Tuttle, Co.

Mittler, Barbara, 2004. *A Newspaper for China? Power, Identity and Change in the Shanghai News-Media*. Cambridge: Harvard University Press Asia Center Series.

Pu Yi, Henry, 1967. *The Last Manchu. The autobiography of Henry Pu Yi, Last emperor of China*. Edited by Kramer, Paul. Translated by Kuo Ying, Paul Tsi. London: Pocket.

Raj, Kartik Varada, 2006. "Paradoxes on the Borders of Europe." *International Feminist Journal of Politics*, 8(4), 512 – 534.

Rawski, Evelyn S., 1998. *The Last Emperors: A Social History of Qing Imperial Institutions*. Ber-keley: University of California Press.

Ringrose, K. M., 1997. Eunuchs in historical perspective. Hist Compass (5/2):495-506.

Shi, Shuo & Duan, Yuming et al. eds, 1987. Huanguan daguan [宦官大观]. Xi'an: Sanqing chu-banshe.

Simpson, Evelyn M & Potter, George R. eds., 1953. *The Sermons of John Donne, Volume 10*. Berkeley: University of California Press.

Taylor, Gary, 2000. *Castration. An Abbreviated History of Western Manhood*, New York: Routledge.

Terenz, 1974. "Eunuchus (Der Eunuch)." In: Ludwig, Walther, ed., 1974. *Plautus/Terenz Antike Komödien in zwei Bänden, Volume 2*. Zurich, 1094-1143.

Tian Zhuangzhuang (Dir.) Guo Tianxiang (Script) *Da Taijian Li Lianying* (大太监李莲英), Bei-jing 1993

Watson, Burton, 1958. *Ssu-ma Ch'ien. Grand Historian of China*. New York: Columbia University Press.

Wee, C.J.W.-L., 2004. "Staging the Asian Modern: Cultural Fragments, the Singaporean Eunuch, and the Asian Lear." *Critical Inquiry*, 30(4), 771-799.

Weigelin-Schwiedrzik, Susanne, 1984. *Parteigeschichtsschreibung in der VR China: Typen, Methoden, Themen und Funktionen*. Wiesbaden: Harrassowitz.

Yang, Zhengguang, 1990. *Zhongguo zuihou yi ge taijian* [中国最后一个太监]. Beijing: Junzhong chubanshe.

Yuan Lükun & Wei Jianxun, 1984. *Taijian shihua* [太监史话]. Zhengzhou: Henan renmin chubanshe.

Yu, Huaqing, 1993. *Zhongguo huanguan zhidushi* [中国宦官制度史]. Shanghai: Renmin chubanshe.

Chinese – language primary sources:

Dagongbao [DGB大公报], 17 July 1923. "Qing Pu Yi fangzhu erqian taijian zhi chuangju." [Qing emperor Pu Yi initiates the dismissal of two thousand eunuchs 清溥仪放遂二千太监之创举].

Hong Zazhi [HZZ 红杂志] 1923.2(9), 3: "Beiqian taijian zhi anchafa." [Measures of relief for dismissed eunuchs 被遣太监之安插法] by Cheng, Zhanlu 程瞻庐.

Hou Hanshu [后汉书]. Fan, Ye, 1974. Beijing: Zhonghua shuju.

Minguo Ribao [MGRB 民国日报], 17 July 1923. "Pu Yi da zhuizhu yansi." [Pu Yi dismisses a great number of eunuchs 溥仪大追遂阉寺].

Mingshi [明史]. Zhang, Tingyu, 1974. Beijing: Zhonghua shuju.

Qingshigao [清史稿]. Zhao Erxun, 1976-77. Beijing: Zhonghua shuju.

Shaonian [SN 少年], 1923.13(8). "Qinggong quzhu taijian." [The Qing Court dismisses the eunuchs 清宫驱逐太监].

Shenbao [SB 申报], 17 July 1923. "Qinggong qiansan wubaiyu taijian jizi huiji." [The Qing Court dismisses about five hundred eunuchs and provides funds for their travels home 清宫遣散五百余太监给资回籍].

Shenbao [SB 申报], 20 July 1923. "Qinggong dajiefang jixiang." [Details of the eunuch dismissal by the Qing Court 清宫大解放纪详].

Shenbao [SB 申报], 21 July 1923. "Qinggong quzhu yanhuan xuzhi." [More information on the eunuch dismissal by the Qing imperial household 清室驱逐阉宦续志].

Shenbao [SB 申报], 23 July 1923. "Qinggong quzhu taijian zhi yuanyin." [Reasons for the eunuch dismissal by the Qing Court 清宫驱逐太监之原因].

Shidi xuebao [SDXB史地学报] 1923.2(2). "Beida shixuexi zhengli qinggong dang'an." [Beijing University History Department clears the Qing Archives 北大史学系整理清宫档案(摘北大日刊)].

Shidi xuebao [SDXB史地学报], 1923.2(7). "Qinggong zhi shihuo." [The Qing palace fire 清宫之失火].

Shiji [史记]. Sima, Qian, 1974. Beijing: Zhonghua shuju.

Songshi [宋史]. Tuotuo, et al., 1974. Beijing: Zhonghua shuju.

Taiwan Minbao [TWMB 台湾民报], 1923.1(5). "Neiwai shishi: Xuantong Di dajiefang huanguan." [The Xuantong Emperor liberates a large number of eunuchs 内外时事: 宣统帝大解放宦官]

Weishu [WS 魏书]. Wei, Shou, 1974. Beijing: Zhonghua shuju.

Xin Tangshu [XTS新唐书]. Ouyang, Xiu, 1974. Beijing: Zhonghua shuju.

Xinsheng: Funü wenyuan [XS 心声:妇女文苑], 1923.2(6), "Daichou qinggong feijian shengjifa." [Qing Court measures of relief for dismissed eunuchs 代筹清宫废监生计法] by Yingchuan qiushui 颍川秋水.

Xiwang [XW希望], 1931.1(3) "Taijian de chulu." [A way out for the eunuchs 太监的出路(附照片)] by Zhou, Xin, 1931.

Kapitel 11
Jonny spielt auf

Die trügerische Lebenslust in Opern der Weimarer Republik

Dorothea Redepenning

Am 10. Februar 1927 erlebte die Oper *Jonny spielt auf* am Leipziger Neuen Theater ihre Premiere. Mit 421 Aufführungen in der Spielzeit 1927/28, aufgeführt an 45 deutschsprachigen Bühnen,[1] und übersetzt in 14 Sprachen[2] ist dies vermutlich die mit Abstand erfolgreichste Oper der Weimarer Republik. Ihr Komponist Ernst Krenek,[3] der auch den Text verfasste, war damals 26 Jahre alt. Jonny ist ein schwarzer Jazz-Geiger, der mit seiner Band in einem mondänen Pariser Hotel auftritt, der mit dem Stubenmädchen Yvonne anbändelt und dem eitlen Violinvirtuosen Daniello seine Luxusgeige stielt, als der die Sängerin Anita, die Freundin des Komponisten Max, verführt. Nach verschiedenen Verwicklungen, darunter einer Verfolgungsjagd mit einem Automobil, zeigt das Schlussbild Jonny mit der Geige auf einem rotierenden leuchtenden Globus stehend. Dazu singt der Chor: „Die Stunde schlägt der alten Zeit, die neue Zeit bricht jetzt an. Versäumt den Anschluss nicht. Die Überfahrt beginnt ins unbekannte Land der Freiheit. Die Überfahrt beginnt, so spielt uns Jonny auf zum Tanz. Es kommt die neue Welt übers Meer gefahren mit Glanz und erbt das alte Europa durch den Tanz."[4]

Jonny ist eine von vielen Verkörperungen des Neuen Menschen, nach dem Künstler und politische Gruppierungen unterschiedlichster Ausrichtung damals

---

[1] Wilhelm Altmann, Opern-Statistik 1927/28, in: Musikblätter des Anbruch. Halbmonatsschrift für moderne Musik 10 (1928), S. 426; von der Uraufführung bis zum Ende der Spielzeit 1926/27 fanden 26 Aufführungen an drei verschiedenen Bühnen statt.

[2] http://de.wikipedia.org/wiki/Jonny_spielt_auf (17.4.2010).

[3] Geb. 1900 in Wien, gest. 1991 in Palm Springs, der Name schrieb sich ursprünglich Křenek; nach der Übersiedlung in die USA (1937) ließ er den Hatschek weg, ab 1945 amerikanischer Staatsbürger.

[4] Libretto, Klavierauszug, Universal Edition UE 8621, Wien 1926, 21954, S. 201–207.

D. Redepenning (✉)
Musikwissenschaftliches Seminar, Zentrum für Europäische Geschichts- und Kulturwissenschaften der Universität Heidelberg, Augustinergasse 7,
69117 Heidelberg, Deutschland
E-Mail: Dorothea.Redepenning@zegk.uni-heidelberg.de

M. Hilgert, M. Wink (Hrsg.), *Menschen-Bilder,*
DOI 10.1007/978-3-642-16361-6_11, © Springer-Verlag Berlin Heidelberg 2012

suchten.[5] Amerika, die Neue Welt,[6] wird gleich einem gelobten Land beschworen und dient hier als Projektionsfläche für diffuse Wunschträume von einem sorgenfreien Sein im Hier und Jetzt.

Diesem Menschenbild, dem zahlreiche Opern zur Zeit der Weimarer Republik huldigen, geht der folgende Beitrag aus musikwissenschaftlicher Perspektive nach. Ein erster Abschnitt steckt den operngeschichtlichen Rahmen ab. Sodann wird nach den konkreten kompositorischen Maßnahmen gefragt, mit denen Figuren wie Jonny inszeniert werden. Ein dritter Teil beleuchtet das kulturelle Umfeld, in dem dieser Operntyp gedeihen konnte. Am Schluss steht die Frage, warum dieser Operntyp scheitern musste.

I. Zeitopern

Zeitoper ist ein Terminus, den die Tagespresse in den 1920er Jahren prägte[7] und der unübersetzt in das Vokabular anderer Sprachen einging,[8] denn er kennzeichnet einen spezifischen, im damaligen Deutschland entstandenen Operntypus. Selbstverständlich kommen hier möglichst viele Attribute des modernen Lebens zum Einsatz. Kreneks *Sprung über den Schatten* (Text vom Komponisten, Frankfurt 1924) beginnt mit einem Telefonat, ebenso Kurt Weills Einakter *Der Zar lässt sich photographieren* (Text von Georg Kaiser, Leipzig 1928), in Paul Hindemiths „lustiger Oper" *Neues vom Tage* (Text von Marcellus Schiffer, Berlin 1929) besingt Laura, in einer Hotelbadewanne sitzend und den Tonfall von Reklamen aufgreifend, die Vorzüge der Warmwasserversorgung.[9] Schauplätze sind Hotels, Wolkenkratzer,

---

[5] Vgl. Nicola Lepp, Martin Roth, Klaus Vogel (Hrsg.): Der Neue Mensch. Obsessionen des 20. Jahrhunderts Katalog zur Ausstellung im Deutschen Hygiene-Museum Dresden, 22.4.–8.8.1999, Dresden 1999.

[6] Eine gute Zusammenfassung bietet Egbert Klautke: Unbegrenzte Möglichkeiten. „Amerikanisierung" in Deutschland und Frankreich (1900–1933), Wiesbaden 2003. Im musikwissenschaftlichen Rahmen vgl. dazu Alexander Schmidt-Gernig: „Amerikanismus" als Chiffre des modernen Kapitalismus. Zur vergleichenden Kulturkritik im Deutschland der Weimarer Republik, in: Amerikanismus – Americanism – Weill: Die Suche nach kultureller Identität in der Moderne, hrsg. v. Hermann Danuser u. a., Berlin 2003, S. 49–66 und Andreas *Eichhorn*: „Amerika als Wunschbild zukünftiger Gesellschaft"? Zur Rezeption von Ernst Kreneks Oper Jonny spielt auf, ebd. S. 171–183.

[7] In der Fachpresse sind Kurt Weill und der Regisseur Arthur Maria Rabenalt die ersten, die den Terminus diskutieren; vgl. Kurt Weill: Zeitoper, in: Melos 7 (1928), S. 106–108 und Arthur Maria Rabenalt: Zeitoper. Vortrag gehalten in der Gesellschaft für neue Musik in Mannheim am 22. Januar 1931, in: Schriften zum Musiktheater der 20er und 30er Jahre – Opernregie. I, Hildesheim 1999 – 2000, S. 65–68; vg. auch Wolfgang Rathert (Hrsg.): Musikkultur in der Weimarer Republik, Mainz 2001.

[8] Vgl. Susan C. Cook: Opera for a New Republic: the Zeitopern of Krenek, Weill, and Hindemith, Ann Arbor 1988; Wikipedia bietet unter „Zeitoper" nur einen englischsprachigen Eintrag.

[9] „Nicht genug zu loben sind die Vorzüge der Warmwasserversorgung. Heißes Wasser, tags, nachts, ein bad bereitet in drei Minuten. Kein Gasgeruch, keine Explosion, keine Lebensgefahr.

Bars; die szenischen Konstellationen sind bevorzugt so angelegt, dass Rundfunkgeräte, Fotoapparate, Filmprojektoren, Leuchtreklamen, Lifte, Automobile, Züge oder auch Flugzeuge auf die Bühne gebracht werden können. Man liebt das Tempo und die Mobilität. Man zelebriert die Neue Sachlichkeit, deren markanteste Kennzeichen der Verzicht auf als störend empfundene Emotionen, auf eine als überflüssig erachtete intellektuelle Aussage und die Freude am Tanz sind.[10] Das paradigmatische Werk ist Marcellus Schiffers Kabarett-Revue *Es liegt in der Luft* (Berlin 1928), deren Titelsong in der zweiten Strophe schwärmt:

> Durch die Lüfte sausen schon
> Bilder, Radio, Telephon.
> Durch die Luft geht alles drahtlos,
> Und die Luft wird schon ganz ratlos,
> Flugzeug, Luftschiff, alles schon!
> Hört, wie's in den Lüften schwillt!
> Ferngespräch und Wagnerton,
> Und dazwischen saust ein Bild.

Der Refrain ist ein Emblem des Zeitgeistes:

> Es liegt in der Luft eine Sachlichkeit,
> Es liegt in der Luft eine Stachlichkeit,
> Es liegt in der Luft und es liegt in der Luft, in der Luft!
> Es liegt in der Luft was Idiotisches,
> Es liegt in der Luft was Hypnotisches,
> Es liegt in der Luft, es liegt in der Luft
> Und es geht nicht mehr raus aus der Luft.[11]

Das dazu gehörende weibliche Menschenbild ist das der berufstätigen jungen Frau, die die Regisseure als Tippfräulein inszenieren. Erich Kästner dichtete, den Jungfernchor aus Carl Maria von Webers *Freischütz* aufgreifend, einen *Chor der Fräuleins*: „Wir winden keine Jungfernkränze mehr. Wir überwanden sie mit viel Vergnügen. Doch gibt es Herrn, die stört das sehr. Die müssen wir belügen."[12] Eine heroische Verkörperung dieses neuen Menschentyps ist Charles Lindbergh, dem Weill und Hindemith 1927 eine Rundfunk-Kantate auf der Basis von Bertholt Brechts „Lehrstück" *Der Lindberghflug*[13] widmeten.

Fort, fort mit den alten Gasbadeöfen"(5. Bild, Arioso).

[10] Populär wurde der Terminus durch eine Ausstellung mit zeitgenössischer Kunst, die die Mannheimer Kunsthalle 1923 unter dem Titel „Neue Sachlichkeit" präsentierte.

[11] Text von Marcellus Schiffer und Musik von Mitja Spoliansky. Vgl. Stephen Hinton: Neue Sachlichkeit, in: Terminologie der Musik im 20. Jahrhundert, hrsg. v. Hans Heinrich Eggebrecht, Stuttgart 1995, S. 312–323, Zitat S. 319.

[12] Zitiert nach Eckhard John: Musikbolschewismus: die Politisierung der Musik in Deutschland 1918–1938, Stuttgart 1994, S. 330. Wolfgang Fortner, damals für Ausbildung von Kirchenmusikern in Heidelberg zuständig, vertonte Kästners Text 1931 für seine Studentinnen. Die Tagespresse quittierte das mit einem Schmähartikel: *Kulturbolschewismus am kirchenmusikalischen Institut in Heidelberg?*; der Musikwissenschaftler Alfred Heuß sprach in der Zeitschrift für Musik (1931) angesichts dieses Chores von Prostitution (vgl. John, S. 327ff.).

[13] Brecht änderte den Titel 1950 in *Der Ozeanflug*, denn Lindbergh sympathisierte mit dem Nationalsozialismus.

Dies ist die Außenansicht einer Opernwelt, die zeigen will, wie umfassend sich das Leben modernisiert hat, wie bequem man lebt, von wie vielen Sorgen der technische Fortschritt den Menschen befreit hat. Die Außenansicht zeigt gleichfalls, nicht nur am Beispiel von Opern, dass bürgerliche Werte und Normen ihre Gültigkeit verloren haben. Nicht ausdrücklich betont wird, in welchem Maße sich das Leben normalisiert hat, wie fern die Erinnerungen an den Krieg auch an die Hyperinflation sind, wie fern auch die Weltwirtschaftskrise, die sich seit Mitte der 1920er Jahre anbahnte.

Die Innenansicht dieser Opernwelt, die den Neuen Menschen vom Typus Jonny auf die Bühne bringt, offenbart sich in den Sujets und ihrer Botschaft. Es geht um Alltägliches, Banales, um die Errungenschaften der Unterhaltungsindustrie, um schnell verdientes Geld, auch um Ehebruch, Scheidung und um die Stoffe, die der Film, das neueste Medium, bereitstellt, wie Verfolgungsjagden und Verbrecherwelt. *Neues vom Tage* beginnt mit einem Ehekrach; die Scheidung wird durch einen Scheidungsgrund ermöglicht, den man mieten kann. Der „schöne Herr Hermann" betreibt eine solche Agentur, natürlich mit Tippfräulein, deren Schreibmaschinen einen willkommenen Schlagzeugeffekt bieten. Diese Agentur macht vor allem deutlich, dass die Ehe als Grundlage der Familie und Basis staatlicher Ordnung ausgedient hat.[14] Auch Arnold Schönberg hat die Frage nach ehelicher Treue in dem Einakter *Von heute auf morgen*[15] (Frankfurt 1930) auf die Bühne gebracht. Hindemiths Scheidungspaar wird zur öffentlichen Sensation, ihre Geschichte wird vermarktet, indem sechs Manager Eduard vor Augen führen, wie viel Geld er aus Zeitungs-, Theater- und Filmrechten gewinnen kann („Siebenmänner-Finale" am Schluss des 7. Bildes). Am Schluss sind Laura und Eduard wieder verheiratet und spielen im Varieté „Alkazar" Abend für Abend ihre eigene Geschichte, deren Moral mit Refrain zum Mitsingen lautet:

Die Liebe hat leicht etwas Erotisches,
das kaum dazugehört,
das uns betört.

---

[14] Michael Humphrey: Die Weimarer Reformdiskussion über das Ehescheidungsrecht und das Zerrüttungsprinzip: eine Untersuchung über die Entwicklung des Ehescheidungsrechts in Deutschland von der Reformation bis zur Gegenwart unter Berücksichtigung rechtsvergleichender Aspekte, Göttingen 2006. Die Scheidungsstatistik im Anhang (S. 336 f.) nennt bei einer Quote von 10.000 Einwohnern für 1900: 1,4 – 1918: 2,1 – 1920: 5,9 – 1921: 6,3 – 1922: 6,0 – 1929:6,2 – 1933: 6,5. Hinter dem signifikanten Anstieg steht eine vehemente Debatte über das Verschuldungsprinzip und das Zerrüttungsprinzip, das als Neuerung und Erleichterung von Scheidungen von den sozialistischen und liberalen Parteien, ebenso von den Frauenvereinen vertreten wurde, während die Kirchen, die Zentrumspartei und die DNVP (Deutschnationale Volkspartei) sich dagegen stellten. „Die Intensität der Reformbemühungen" konnte „keinerlei gesetzlichen Niederschlag" finden; denn „nur in der ersten Wahlperiode 1920–24 hätten sie [die sozialistischen und liberalen Partien] im Reichstag die erforderliche Mehrheit gehabt, um eine Reform durchzusetzen. In der 3. und 4. Wahlperiode 1924–1930 wäre eine Ehescheidungsreform nur noch mit Zustimmung der DNVP möglich gewesen" (S. 178 f.).

[15] Das Textbuch schrieb Schönbergs Frau Gertrud unter dem Pseudonym Max Blonda. Die Oper ist nach der Zwölftontechnik komponiert und setzt eine bürgerliche Variante in Szene, insofern als die Frau vorführt, dass sie beide Rollen – die der Hausfrau und Mutter und die der verführerischen Geliebten – ausfüllen kann. So siegt am Ende die Kleinfamilie über das mondäne Leben.

Hätt' Liebe nichts Erotisches
wär' Liebe lieb und wert.
Aber nein! Sie hat etwas Erotisches,
das stört.[16]

Eugène d'Albert[17] trug zu dem neuen Operntyp mit *Der schwarzen Orchidee* (Leipzig 1928) bei, die in New York zur Zeit der Prohibition spielt und in der der Gangster und Orchideenzüchter Percy bei seinen Einbrüchen eine schwarze Orchidee als Visitenkarte liegen lässt, so dass er die exzentrische Lady Grace, die eben so eine Blume begehrt, für sich gewinnen kann. Der Amerikaner George Antheil schrieb für die deutsche Bühne *Transatlantic* (Frankfurt 1930, in englischer Sprache), in der ein amerikanischer, mit Bestechungsgeldern geführter Wahlkampf auf die Bühne gebracht und mit dem gesamten technischen Arsenal der Zeit (Telefon, Mikrofone, Leinwand, Film, Leuchtreklame) inszeniert wird. Ein Teil der Hauptfiguren trägt antike Namen – Hector, Ajax, Helena, Jason –, ohne dass ein Bezug zum Trojanischen Krieg oder zur Argonautensage erkennbar wäre; vielmehr legt die Handlungskonstellation die Vermutung nahe, dass die Figuren durch diese Namen nobilitiert und überhöht werden sollen.

Sujets und Personal dieser Zeitopern signalisieren einen Paradigmenwechsel insofern, als auf der Bühne kein Drama gezeigt wird, kein Konflikt und erst recht keine Belehrung – Friedrich Schillers Vorstellung von der *Schaubühne als moralischer Anstalt*[18] gehört längst der Vergangenheit an. In diesem Opernkonzept ist nicht vorgesehen, dass sich „die Bildung des Verstands und des Herzens mit der edelsten Unterhaltung vereinigt",[19] ein Ziel, das sich noch Komponisten wie Giuseppe Verdi und Richard Wagner ungeachtet aller ästhetischer Differenzen, zu eigen machten. Die Zeitopern wollen nur unterhalten, sie wollen nicht zum Nachdenken anregen, keine intellektuelle Perspektive anbieten – es sei denn, sie kleidet sich in Ironie und Spott. Damit geht eine Annäherung an die leichten Genres einher. Die Grenzen zwischen Oper, Operette und der damals modischen Revue verfließen.

Einige Charakteristika dieser für die Weimarer Republik typischen Opernkonzeption sind nicht gänzlich neu: Die Begeisterung für Maschinen und technischen Fortschritt hatte der Futurismus als einen regelrechten Kult gefeiert. Filippo Tommaso Marinettis futuristisches Manifest (1909) nennt als einen zentralen Punkt „die Schönheit der Geschwindigkeit. Ein Rennwagen, dessen Karosserie große Rohre schmücken, die Schlagen mit explosivem Atem gleichen … ein aufheulendes Auto, das auf Kartätschen zu laufen scheint, ist schöner als die *Nike von Samothrake*."[20]

---

[16] Paul Hindemith: Sämtliche Werke, Bd. I, 7 – 2, Mainz 2003.

[17] Eugène d'Albert (1864–1932), ein deutscher Komponist mit französischen Vorfahren, ist vor allem als Autor von *Tiefland*, einer deutschen Variante des italienischen Verismo, bekannt.

[18] Erstdruck 1785 unter dem Titel *Was kann eine gute stehende Schaubühne eigentlich wirken?*, die Umbenennung in *Die Schaubühne als eine moralische Anstalt betrachtet* erfolgte später.

[19] Schiller: *Was kann eine gute stehende Schaubühne eigentlich wirken?* Deutsche Literatur von Lessing bis Kafka, Digitale Bibliothek 1, S. 148638 (vgl. Schiller-SW Bd. 5, S. 821).

[20] Nach Hansgeorg Schmidt-Bergmann: Futurismus. Geschichte, Ästhetik, Dokumente, Reinbek 1993, S. 77, zuerst veröffentlicht in der Pariser Tageszeitung *Le Figaro*, französischer Text unter http://www.uni-due.de/lyriktheorie/texte/1909_marinetti.html (4.4.10), italienischer Text unter http://it.wikisource.org/wiki/Manifesto_del_futurismo (4.4.10).

Das dazu gehörende männliche Menschenbild gestaltete Francesco Balilla Pratella noch vor Ausbruch des Ersten Weltkriegs als *L'aviatore Dro*.[21] Im *Sieg über die Sonne* (Petersburg 1913),[22] einer Gemeinschaftsarbeit der russischen Futuristen, stehen die Gefangennahme der Sonne und ein Flugzeugabsturz im Mittelpunkt, den der Pilot lachend überlebt. Ohne das Selbstbild vom Mann, der sich unverletzlich glaubt und als Teil einer Maschine imaginiert, die er dank seiner Kraft vollkommen beherrscht, und ohne die Verherrlichung von Gewalt und Krieg, kehrt die Maschinenthematik in Ernst Tollers expressionistischen Dramen *Masse Mensch* (Nürnberg 1920) und *Die Maschinenstürmer* (Berlin 1922) wieder. Ähnlich den beseelten Naturgeistern der Romantik und zugleich bedrohlich agieren Maschinen in Max Brands Oper *Maschinist Hopkins* (Duisburg 1929), deren Titelheld sich für die Maschinen und gegen die Menschen entscheidet.[23]

Kreneks Jonny, Hindemiths Laura und Eduard, die ihre Scheidung vermarkten, Schönbergs namenlosen Ehepaar, d'Alberts Ganoven und Antheils *high society* – sie alle benutzen die Maschinen, damit ihr alltägliches Leben angenehmer verläuft, damit sie ihre Geschäfte optimieren können, und zu ihrer Unterhaltung bzw. Freizeitgestaltung.

Gleichgültigkeit gegenüber traditionellen Bildungswerten und bürgerlichen Verhaltensnormen ist ein weiteres Charakteristikum, das die Zeitoper mit Operette und Revue teilt, das allerdings weniger betont wird. In Kreneks *Sprung über den Schatten* – gemeint ist die Befangenheit in eben jenen alten moralischen und Wertvorstellungen – gibt es einen Poeten namens Laurenz Goldhaar, der als Parodie eines romantischen Dichters konzipiert ist. In Hindemiths *Neuem vom Tage* hat sich Laura mit ihrem Scheidungsgrund, dem „schönen Herrn Hermann" im Museum verabredet. Ein Führer präsentiert die Exponate, darunter eine wertvolle Venus-Statue, indem er im Litanei-Tonfall aus dem Baedeker zitiert. Weil der Ehebruch, den Laura und Herr Hermann spielen, schließlich ernste Züge annimmt,[24] wirft Eduard, nun doch von Eifersucht gepackt, eben diese Venus-Statue nach Herrn Hermann, so

---

[21] Entstanden 1911–1914 als Op. 33, Uraufführung Lugo 1920. Einbezogen sind die von Luigi Russolo entwickelten *intonarumori*, riesige, Lärm produzierende Apparaturen. Dass Pratella seine Flieger-Oper mit einer Opuszahl versah, mutet seltsam anachronistisch an.

[22] Das Interessanteste an der russischen Futuristenoper sind Kasimir Malewitschs Bühnenbilder. Ausführlich dazu *Sieg über die Sonne. Aspekte russischer Kunst zu Beginn des 20. Jahrhunderts*, Schriftenreihe der Akademie der Künste Berlin, Bd. 15, Berlin 1983; vgl. auch Dorothea Redepenning: Geschichte der russischen und der sowjetischen Musik, Bd. 2, Das 20. Jahrhundert, Laaber 2008, Teilband 1, S. 119–128.

[23] Abhandlungen über das Phänomen Zeitoper zählen Brands *Maschinist Hopkins* gelegentlich dazu (z. B. Susan Cook, S. 176 ff.); der Hang zu Phantastik und Surrealismus mit den singenden Maschinen, auch die Arbeiterthematik gehören nicht zum Themenbereich der Zeitopern. Die entfesselte Macht der Maschinen hat Fritz Lang in *Metropolis* inszeniert (1927, Drehbuch: Thea von Harbou); vor allem am rührseligen Schluss mit der Versöhnung von Fabrikant und Arbeiter ist der Film damals gescheitert. Mit *Modern Times* hat Charles Chaplin die Maschinenthematik 1936 noch einmal, nun in satirischer Perspektive, aufgegriffen.

[24] Die gespielte Liebesszene nimmt Hindemith zum Anlass für einen „Duett-Kitsch", der die Operntradition ähnlich genussvoll parodiert wie Lauras Arioso auf die Vorzüge der Warmwasserversorgung.

dass sie eindrucksvoll zu Bruch geht. Kreneks Komponist Max, der an Treue oder Verbindlichkeit glaubt, erweist sich in Jonnys Welt als ein ewig Gestriger.[25]

Das selbstbewusste, zugleich oberflächliche Bekenntnis zum Hier und Jetzt kann als bürgerliche Spielart futuristischer Zerstörungswut betrachtet werden. Marinetti wollte „die Museen, die Bibliotheken und die Akademien jeder Art zerstören";[26] die russischen Futuristen wollten Puschkin, Dostojewskij und Tolstoj „vom Dampfschiff der Gegenwart" werfen.[27] Der musikalische Neoklassizismus, den Igor Strawinsky mit dem Ballett *Pulcinella* (Paris 1920) einleitete, vollzog die Absage an den hohen Ton und an das Pathos, das die Musik von Beethoven bis Wagner und Verdi kennzeichnet, mit einer Neubewertung der Stilideale des 18. Jahrhunderts. Den Weg dazu hatte ihm Jean Cocteau mit *Le coq et l'arlequin* (1918) gewiesen, einem ästhetischen Manifest, das eine anti-romantische, anti-expressionistische und zugleich emphatisch französische Kunst fordert. In diesem Geist verfasste Darius Milhaud 1927 die Trilogie *L'enlèvement d'Europe, L'abandon d'Ariane und La délivrance de Thésée*, die die antiken Klassiker als *opéras-minutes* mit Spielzeiten von maximal zehn Minuten auf die Bühne bringt[28] und damit die Ikonen bürgerlicher Bildung ad absurdum führt bzw. ihre pathetische Verehrung als verlogen denunziert.

Die Zeitopern stellen einen wesentlichen Anteil an neuen Produktionen auf deutschsprachigen Bühnen während der Zeit der Weimarer Republik.[29] Nicht ihrem

---

[25] „Nicht was lebendig, kraftvoll sich verkündigt/Ist das gefährlich Furchtbare. Das ganz/Gemeine ists, das ewig Gestrige,/Was immer war und immer wiederkehrt,/Und morgen gilt, weils heute hat gegolten!" (Schiller: *Wallenstein*. Deutsche Literatur von Lessing bis Kafka, Digitale Bibliothek 1, S. 147310; Schiller-SW Bd. 2, S. 416).

[26] Schmidt-Bergmann, S. 78.

[27] 1912 Manifest – *Eine Ohrfeige dem öffentlichen Geschmack (Poščečina obščestvennomy vkusu)*, zit. nach Redepenning (2008), S. 113.

[28] Die Texte verfasste Henri Hoppenot. *L'enlèvement d'Europe – Die Entführung der Europa*, in acht Szenen, Dauer ca. 9 Minuten (Baden-Baden 1927), *L'abandon d'Ariane – Die verlassene Ariadne*, in fünf Szenen, Dauer ca. 10 Minuten (Wiesbaden 1928), *La délivrance de Thésée – Der befreite Theseus,* in sechs Szenen, Dauer ca. 6 Minuten (Wiesbaden 1928). *Die Entführung der Europa* hatte Hindemith mit das Baden-Badener Musikfest in Auftrag gegeben; die beiden anderen *opéras-minutes* entstanden auf Anregung von Emil Herztka, dem Direktor des Wiener Musikverlages Universal Edition. – Ausführlich dazu: Hilde Malcomess: Die opéras minutes von Darius Milhaud, Bonn 1993.

[29] Ein Streiflicht auf das Repertoire deutschsprachiger Bühnen bieten die Opernstatistiken, die Wilhelm Altman für die *Musikblätter des Anbruch* 10 (1928) zusammenstellte. Für die Spielzeit 1927/28 nennt er 93 Werke von 47 Komponisten. Mehr als 50-mal erklangen: d'Alberts *Tiefland* (296, Uraufführung 1903), Janáčeks *Jenůfa* (77, deutsche Erstaufführung 1918), Kreneks *Jonny spielt auf* (421, UA 1927), Pfitzners *Christelflein* (50, UA 1917), Puccinis *Madama Butterfly* (263, deutsche EA 1907), Puccinis *Tosca* (233, deutsche EA 1902), Puccinis *Turandot* (143, deutsche EA 1926), Richard Strauss' *Rosenkavalier* (240, UA 1911), Strauss' *Salome* (61, UA 1905). Noch im Repertoire vertreten waren verfolgreiche Werke der Vorkriegszeit wie Claude Debussys *Pelléas et Mélisande*, Hindemiths *Cadillac*, Max von Schillings *Mona Lisa* und Franz Schrekers *Die Gezeichneten*; auch Strawinskys *Geschichte vom Soldaten* und *Mavra* standen auf dem Programm. Gänzlich fehlen in dieser Spielzeit – und auch das mag symptomatisch sein – Werke von Mozart, von Verdi und von Wagner (wobei Bayreuth als Wagners Privatbühne in der Statistik nicht auftaucht). Einzige Zeitoper in dieser Saison ist Kreneks *Jonny sielt auf*; die meist gespielten Komponisten sind Puccini und Richard Strauss.

Trend folgt Alban Bergs *Wozzeck* (Berlin 1925), der Georg Büchners Drama als
Gegenwartsproblem auf die Bühne bringt. Noch ausdrücklicher auf ein humanisti-
sches Bekenntnis zielen Leoš Janáčeks große Opern der 1920er Jahre, darunter *Kat-
ja Kabanowa* (*Káťa Kabanová*, Brünn 1921) und *Aus einem Totenhaus* (*Z mrtvého
domu* nach Dostojewskij, Brünn 1930), die sich in ganz unterschiedlichen Sujets
für die Achtung der Menschenwürde einsetzen und die in Übersetzungen von Max
Brod auf deutschsprachigen Bühnen nachgespielt wurden. Wiederum in eine andere
Richtung zielen die politischen Gegenwartsopern, die Kurt Weill und Bertolt Brecht
verfassten. Gattungsbezeichnungen wie „Stück mit Musik" für die *Dreigroschen-
oper* (Berlin 1928) und das Schwanken zwischen „Songspiel" und „Oper" für *Aufstieg und Fall der Stadt Mahagonny* (Leipzig 1930) signalisieren den Abstand zum
bürgerlichen Opernbetrieb. Zu einer ins 19. Jahrhundert zurückschauenden Tendenz
entschloss sich Richard Strauss schon mit dem *Rosenkavalier* (Dresden 1911), dann
noch deutlicher mit *Intermezzo*, einer „bürgerlichen Komödie mit sinfonischen
Zwischenspielen" (Dresden 1924).

Der Bezug zur Gegenwart verbindet die Zeitopern mit Berg, Janáček und Brecht/
Weill; deren humanistische Botschaft und deren politischer Appell aber sind den Zeitopern fremd. Die Zeitopern bringen eine konkrete Gegenwart auf die Bühne, sie sind
nicht zeitlos aktuell. In wieweit sich hinter dem Desinteresse an Ethos in der Kunst
ein desillusioniertes oder gar zynisches Menschenbild auftut, bleibt Spekulation. Die
Leichtigkeit, die sich in ihren harmlosen Sujets und in der Freude an öffentlicher Ex-
position ausspricht, offenbart einen Bedarf an seichter Unterhaltung. Psychologisch
betrachtet, lässt das auf Verdrängung schließen; aus moralischer Perspektive schwingt
einen Beigeschmack von Unseriosität, Leichtfertigkeit, Unverantwortlichkeit mit.
Die gleichzeitigen Romane, die gern als Zeitromane bezeichnet werden und die wie
die Opern als künstlerischer Ausdruck der Neuen Sachlichkeit verstanden wurden,
kennzeichnet durchweg eine illusionslose und zugleich düstere Atmosphäre. Das gilt
für Erich Maria Remarques Antikriegsroman *Im Westen nichts Neues* (1929), für Alfred Döblins *Berlin Alexanderplatz* (1929), der das Scheitern des Franz Biberkopf
schildert, oder für Hans Falladas *Kleiner Mann, was nun?* (1932), der Arbeitslosigkeit
als Konsequenz aus der Weltwirtschaftskrise vor Augen führt. Das gilt auch für die
bildende Kunst der Zeit, soweit sie zwischen Expressionismus und Neuer Sachlichkeit angesiedelt wird, wie die Werke von Otto Dix und Georg Grosz.

II. Zwei konkurrierende Menschenbilder und ihre Musik

Jonny spielt auf gilt als Musterbeispiel einer Jazzoper.[30] Der Jazz war schon vor
dem Ersten Weltkrieg nach Europa gekommen; nach Kriegsende erfasste er nicht
nur die Clubs und Tanzlokale sondern faszinierte auch die junge Komponistenge-

---

[30] Der Terminus Jazzoper wurde in der Zeit geprägt; Theodor W. Adorno benutzt ihn selbstverständlich in einer 1935 verfassten Würdigung des Komponisten; vgl. Ernst Křenek, in: Adorno:
Gesammelte Schriften, hrsg. v. Rolf Tiedemann, Frankfurt 1986, Bd. 18: Musikalische Schriften
V, S. 531–534 (Digitale Bibliothek 97: Theodor W. Adorno: Gesammelte Schriften, S. 15175–
15180).

neration, die sich von Rhythmen, Skalen und Harmonien zu Innovationen anregen ließ, wie Werke von Maurice Ravel, Claude Debussy, Igor Strawinsky, Ernst Schulhoff, Paul Hindemith, Ernst Krenek, Kurt Weill, Hanns Eisler und vieler anderer anschaulich bestätigen können.[31]

Krenek arbeitet eine deutliche Polarität zwischen Jonny, seinem Titelhelden, und Max, seinem alter Ego,[32] heraus. Gleich im kurzen Vorspiel werden vier Tempi, zugleich vier Ausdruckscharaktere festgelegt: „lento assai" erklingen die dissonanten Akkorde, die später mit der Stimme des Gletschers gekoppelt werden (s. Beispiel 1), sodann „poco più mosso" die Musik, mit der Max seine Gletscherwelt anspricht, „ancora più mosso" und mit charakteristischen Synkopen wird allgemein in Jonnys Jazz-Sphäre eingeführt, und „Lento", „expressivo" und mit viel Agogik stellt sich die Salon-Musik des Geigers Daniello vor. Max, der „wahre" Künstler, lebt zurückgezogen in der Gletscherwelt; er empfindet für diese kalte, starre Natur geradezu pantheistische Verehrung. Quint-Oktav-Schritte, Zusammenklänge, die weder nach Moll noch nach Dur gehören, repräsentieren diese Welt, aus der Anita, die berühmte Sängerin und Interpretin von Max Werken ihn herausholt. Sie reist nach Paris, um die Hauptrolle in seiner Oper zu singen; er bleibt daheim. Seinem vergeblichen Warten – sie verspätet sich, weil sie die Nacht in Paris mit Daniello verbringt – ist die gesamte fünfte Szene gewidmet, so dass seine ganze Verträumtheit ausgeführt werden kann: „Als du damals am Rand des Gletschers zu mir tratest, schmolzest Du hin das Eis meiner Seele. Jetzt leb ich und leide. Mein Leben ist ganz in deiner Hand." Das Aufeinandertreffen beider Figuren am nächsten Morgen veranschaulicht die Differenz zwischen ihnen, was ein kurzer Libretto-Auszug veranschaulicht:

Anita: Nicht tragisch nehmen!

Max: Ich kann nicht anders! [...]
        Warum schlägt es mir immer fehl, wenn ich dir Freude bereiten will?

Anita: Weil du den Sinn deines Lebens außer dir suchst. Weil du das Glück deines
        Ichs von andern erwartest. Sei in dir selbst fest und dir wird alles sein, was
        ängstlich du jetzt ersehnst. [...]

Max: Dieses Getümmel eures Lebens ist mir fremd! Diese Unruhe, wie der Wellenschlag des Meeres, ewig aufgeregt, unklar und sinnlos, unstet und nicht
        zu fassen. [...]

Anita: Das Leben, das du nicht verstehst, ist Bewegung, und darin ist es Glück.
        Darin du selbst sein, das ist alles! (*Poco maestoso, sereno*) In jedem

---

[31] Vgl. z. B. Peter W. Schatt: „Jazz" in der Kunstmusik. Studien zur Funktion afro-amerikanischer Musik in Kompositionen des 20. Jahrhunderts, Kassel 1995; Cornelius Partsch: Schräge Töne: Jazz und Unterhaltungsmusik in der Kultur der Weimarer Republik, Weimar-Stuttgart 2000; Miriam Weiss: „To make a lady out of jazz". Die Jazz-Rezeption im Werk Erwin Schulhoffs, Diss. Heidelberg 2008, Neumünster 2011.

[32] In einem kurzen Text zu der Oper spricht Krenek von einer „stark autobiographischen Figur", vgl. Ernst Krenek: Selbstdarstellung, Zürich 1948, S. 21.

> Augenblick du selbst sein, in jedem Augenblick es ganz sein, und jeden
> Augenblick leben als ob kein anderer käme, weder vorher noch nachher,
> und sich doch nicht verlieren. […]

Max: „Sie hat die Blumen gar nicht bemerkt … Geträumt war es fast schöner
          …" (*versinkt wieder in dumpfe Melancholie*)

Was Anita ihrem Komponistenfreund hier bietet, ist eine vermutlich an populari-
sierter Freud-Exegese geschulte psychologische Beratung. Vorher wurde gesagt,
dass sie von der Parisreise ein Engagement nach Amerika mitgebracht hat; aus den
im Zitat ausgelassenen, weitläufigen Repliken wird deutlich, dass sie ihr Abenteuer
mit Daniello als ihr privates Vergnügen und als unverbindliche Sache sieht. Sie
ist eine moderne Frau, berufstätig, zielorientiert und glücklich. Krenek billigt ihr
das zu, indem er ihrem Bekenntnis zum Hier und Jetzt die gleiche charakteristische Bassführung zugrunde legt, die er der Ansprache des Gletschers an Max zu-
weist. Max versucht, nachdem ihm klar geworden ist, dass Anita ihn mit Daniello
betrogen hat, sich in den Gletscher zu stürzen. Der Gletscher aber lehnt ihn ab.
Der im dreistimmigen Chorsatz sprechende Gletscher (Beispiel 1) ist ein mächtiger romantischer Topos,[33] der in der Welt des Jazz und des Gesellschaftstanzes
als bewusst gesetzter Anachronismus zu verstehen ist. Max hat die Lektion, die
Anita ihm erteilt hat, nicht gelernt. Er eilt zum Bahnhof, um sie wiederzufinden,
notfalls auch mit nach Amerika zu reisen. Jonny, in die Enge getrieben, schiebt ihm
die gestohlene Geige unter, so dass Max verhaftet wird; Jonny bewerkstelligt es
aber auch, dass Max wieder freikommt und mitreisen darf. Max letzter Monolog
– „Jetzt ist alles aus, zu Ende ist nun das Spiel. Das Leben hat gesiegt über mich
[…] Nichts hab' ich getan. Ich wurde gelebt! […] Ich muss den Zug erreichen, der
ins Leben führt!" – offenbart, wie hilflos er der Welt gegenübersteht. Krenek lässt
seinen Komponisten als ewig Gestrigen aussehen; er unterstreicht das auch noch,
indem er Max zum Autor einer Arie macht, die er vor Anitas Abreise mit ihr probt
(2. Szene), die später aus dem Lautsprecher des Berghotels tönt und Max ins Leben
zurückruft (7. Szene). Diese Arie, in der sich Text und Musik an schwülstiger Sen-
timentalität überbieten („Als ich damals am Strand des Meeres stand, suchte das
Heimweh mich heim …"), zeugt von ausgeprägter Selbstironie des Komponisten
Krenek.[34] Dass dieser Aspekt gemeint ist, wird an vielen Passagen deutlich, die
als Selbstreferentialität aus der Handlung heraustreten: Als Daniello, bemerkend,
dass seine Geige gestohlen wurde, all seine hohlen Allüren ablegt, verspottet Anita
ihn mit der Faust-Paraphrase: „Die Erde hat ihn wieder." Die Anspielung auf den
Osterspaziergang wiederholt sich, wenn Anitas Stimme aus dem Lautsprecher Max

---

[33] Vgl. die singenden Wald-, Wasser- und Bergwesen in der romantischen Literatur und in den
dazugehörenden Opern wie Carl Maria von Webers *Freischütz*, Heinrich Marschners *Vampyr* und
Hans Heiling, auch noch Wagners *Fliegenden Holländer*.

[34] In der Schilderung der „autobiographischen Figur" fährt Krenek fort: „Er war der verlegene,
gehemmte, grübelnde Intellektuelle Mitteleuropas, als solcher entgegengesetzt den glücklicheren,
unmittelbaren Typen der westlichen Welt." (Selbstdarstellung, S. 21).

aus dem Gletscher ins Leben zurückruft. Die Szene auf der Terrasse des Berghotels kostet Krenek noch weiter aus, indem er die Gäste die Arie aus dem Lautsprecher kommentieren lässt: „Sie singt so göttlich schön! Schade, dass sie so gern moderne Musik singt!" Dann wechselt das Radioprogramm; Jonnys Jazz-Band ist zu hören. „Gott sei Dank!", lässt Krenek die Hotelgäste aufatmen. Die ausdrücklich nicht zur Handlung gehörenden Kommentare des Verfassers dienen der ironischen Brechung des Gezeigten; das intellektuelle Spiel trägt wesentlich zur ästhetischen die Qualität bei.

Max' Gegenpol ist Jonny. Er hat das Leben im Hier und Jetzt in einer Weise verwirklicht, die die bürgerlichen Figuren auf der Bühne und die Rezipienten der Oper zugleich faszinierten und abstießen. Eingeführt wird er doppelt, musikalisch durch die Jazz-Band, die in dem Pariser Hotel spielt, und gemeinsam mit Yvonne als quasi klassisches „niederes Paar" in Abgrenzung zum operntypischen Dreieck aus Sopran (Anita), Tenor (Max) und Bariton (Daniello). Jonny ist ein schwarzer Amerikaner,[35] Krenek legt im ein Gemisch aus falschem Deutsch und falschem Englisch in den Mund. Mit der Jonny-Figur sind verschiedene negative Eigenschaften gekoppelt, die die typischen Vorurteile gegenüber Schwarzen repräsentieren: Jonny ist flink, wendig, reaktionsschnell und vor allem von seinem erotischen Trieb beherrscht, er stiehlt, er kennt keinerlei Rücksicht; er ist sogar gewalttätig, wenn er am Schluss einen Polizisten niederschlägt, ihm die Mütze und das Auto wegnimmt und so Max zu Anita bringen kann. Als er Anita im Korridor erblickt, entspinnt sich folgender Dialog:

Jonny:	Oh, by Jove, die weiße Frau ist schön! Mir ist, als hätt' ich keine noch gesehen! […] (*vertritt ihr den Weg*): Madame!
Anita (*erschrocken*):	Was wünschen Sie von mir?
Jonny (*tierisch*):	Sie sind so schön! Ich liebe Sie!
Anita (*heftig*);	Lassen sie mich gehen!
Jonny:	Oh, ich bin stark, Sie ahnen es nicht. fragen Sie doch die Mädchen von Paris!
Anita:	Lassen Sie mich! Da ist es wieder, das Blut, gegen das ich nicht kann!
Jonny:	Warum wollen Sie nicht? Alle wollten bisher und haben es nicht bereut. […] Warum willst denn nicht du meine Kraft fühlen? Nur eine Nacht! Du sollst mich nicht wiedersehen!

---

[35] Im Personenverzeichnis als „der Neger Jonny, Jazzband-Geiger" angekündigt; die rassistische Bezeichnung „Neger", noch diffamierender als „Nigger", kommt in diesem Textbuch und anderen Libretti der Zeit selbstverständlich vor. Der schwarze Diener Jimmy in d'Aberts *Schwarzer Orchidee* ist noch deutlicher von dem ausgeschlossen, was der Weiße als Menschwürde für sich in Anspruch nimmt. Zum wertenden Umgang mit den Begriffen vgl. Susan Arndt (Hrsg.): Afrika und die deutsche Sprache, ein kritisches Nachschlagewerk, Münster 2004. Für einen breiteren Kontext vgl. Peter Martin: Schwarze Teufel, edle Mohren. Afrikaner in Geschichte und Bewusstsein der Deutschen, Hamburg 2001.

[…] Ich kenne ja euch Weißen: erst wehrt ihr euch, […]
Dann seid ihr beglückt …. […]

Daniello: Welch ein schönes Weib! In den Händen dieser Bestie! Wel-
                 che Sinnlichkeit in ihr! Die jag' ich ihm ab! (*packt Jonny
                 am Kragen*) Ote toi, (*verächtlich*) négrillon!

Jonny   (*fährt mit einer drohenden Bewegung auf*) Oh! (*Wie er
                 Daniello erkennt, duckt er sich scheu. Daniello reicht ihm
                 stumm einen 1000-Francs-Schein. Jonnys tierisch-sinnlich-
                 wütende Fratze verwandelt sich in ein breites Grinsen, er
                 nimmt das Geld und betrachtet es fasziniert.*)

Schon der kleine Textauszug zeigt: Jonny ist triebgeleitet – Anita und Daniello
sind es nicht minder; Daniello handelt sogar um die Frau. Jonny, den die Regieanweisungen aus der zivilisierten Sphäre ausschließen, wird so zum Spiegel der erotischen Gelüste, die sich hinter der bürgerlichen Fassade der weißen Protagonisten
auftun.

Den Diebstahl der edlen Geige inszeniert Krenek so, dass Daniello eigentlich
selbst Schuld hat, denn sein erotisches Abenteuer lenkt ihn davon ab, das Instrument
ordentlich wegzuschließen. Krenek lässt Jonny sodann ein Triumphlied singen, bei
dem sich nicht entscheiden lässt, ob der Diebstahl als strafbare Handlung oder als
rechtmäßige Inbesitznahme zu werten ist. Jonny ist schlau, er versteckt die Geige
in Anitas Banjokasten („Aha! Da drinnen sucht sie kein Mensch!"); die Wirren am
folgenden Morgen veranlassen ihn, Anita und dem Banjokasten nachzureisen. Dort
nimmt er die Geige an sich und intoniert, von Yvonne, die Anitas Zofe geworden ist,
bewundert, einen Choral *im Ton eines Neger-Spirituals*:

(*triumphierende Zirkusattitüde ad spectatores. Yvonne hat ihm sprachlos zuge-
sehen und setzt sich im gleichen Augenblick, wie er den Hut aufsetzt, vor Erstaunen
neben den Stuhl*).

Jonny (*sehr feierlich   Jetzt ist die Geige mein, und ich will darauf spie-
bewegt. Er erlebt den   len, wie old David einst die Harfe schlug, und prei-
großen Moment, die Vision   sen (*Hut ab*) Jehova, der die schwarzen Menschen
seiner Bestimmung*):   schuf.
Yvonne (*richtet sich in   Ja gehört sie denn dir?
knieende Stellung auf*):
Jonny: Mir gehört alles, was gut ist in der Welt. Die alte
                                      Welt hat es erzeugt, sie weiß damit nichts mehr zu
                                      tun. Da kommt die neue Welt übers Meer gefahren
                                      mit Glanz und erbt das alte Europa durch den Tanz.

Das ruhig schreitende Tempo („Maestoso ma non troppo lento"), die klare Dreiklangsharmonik, die festliche Instrumentation mit Trompeten und Posaunen, der
biblische Bezug und die Identifikation mit dem Psalmensänger David – das legt
die Vermutung nahe, dass dieser Hymnus doch ernst gemeint und die Zirkuspose

aufgehoben ist. Die Musik gibt Jonnys Handeln recht; und die Botschaft, dass Amerika die alte Welt beerbt, wird am Schluss vom ganzen Chor auf exakt die gleiche Melodie wiederholt und damit überhöht.

Noch ein weiterer musikalischer Sachverhalt spricht dafür, dass Jonny nicht als Verkörperung von Amoral betrachtet werden soll. Ihm ist ein Song zugeordnet, den er gemeinsam mit Yvonne anstimmt und den die Jazzband vorab als Blues intoniert, nachdem Daniello Anita von Jonny „gekauft" hat (s. Beispiel 2). Auch dieser Song wird, wie das Spiritual, am Schluss der Oper vom ganzen Chor auf den Text „die Stunde schlägt der alten Zeit" mit exakt der gleichen Melodie wiederholt (s. Beispiel 3). Das Charakteristische dieses Songs – die fallende Quarte ($a - e$) auf die Worte „leb wohl" und die dissonante Akkordstruktur, die typisch für Blues-Harmonik ist[36] – stimmt notengetreu mit den Gletscher-Akkorden überein (s. Beispiel 1), die auch die Oper eröffnen.

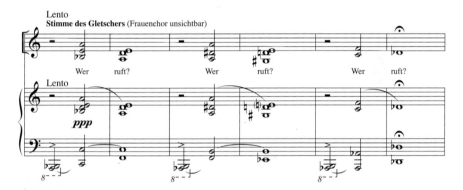

Beispiel 1

Beispiel 2

---

[36] Ein C-dur-Septakkord mit Sexte und None (c-e-a-b-d) und ein F-dur-Dreiklang mit Sexte und großer Septime (f-a-c-d-e).

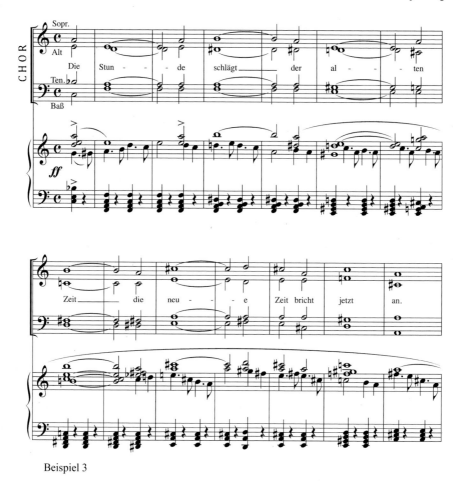

Beispiel 3

So eine Übereinstimmung ist kein Zufall. Dieses melodisches Intervall und diese harmonische Konstellation erweisen sich als Hauptthema und musikalisches Motto.[37] Damit eröffnet sich eine Interpretationsperspektive, die Krenek möglicherweise so nicht beabsichtigt hat: Der Gletscher, die kalte Natur, die der Mensch als gleichgültig empfindet, weil sie unabhängig von ihm existiert und stärker ist als er – diesen Gletscher sucht Max auf, um sich dem Freitod hinzugeben. Jonny und seine Botschaft verkörpern eben diese Kraft in der realen Welt. Psychologisierend gesprochen böte Jonnys Botschaft die Erlösung, die Max im Gletscher gesucht hat. Jonnys Botschaft steht aber auch (formal nicht anders als die des Gletschers) für das Recht des Stärkeren, das rücksichtslos durchgesetzt wird, für die Abwesenheit von Moral. Im Libretto ist das verknüpft mit der neuen Welt, mit Amerika, das in

---

[37] Der traditionelle Leitmotiv-Begriff passt insofern nicht, als dieses Motto punktuell an wenigen Stellen und nicht psychologisierend eingesetzt ist.

der Amerikanismus-Debatte der Zeit, jedenfalls soweit sie anti-amerikanisch ausgerichtet war, eben diesen Aspekt des ungezügelten Egoismus herausstellte.[38]

Die Doppelgesichtigkeit der Jonny-Figur – einerseits als eine Art neuer Messias, der die alte Welt durch den Tanz erlöst, andererseits als unzivilisiertes, halb tierisches Wesen[39] – setzt sich im Verständnis des Jazz fort: Jazz, die populäre Unterhaltungs- und Tanzmusik der 1920er Jahre, kam als Musik der Zügellosigkeit, der Wildheit nach Europa. Futuristen und vor allem Dadaisten hielten den Jazz für das musikalische Äquivalent zu ihrer antibürgerlichen Kunstauffassung. Dadaisten-Soirées mit ihrer lustvollen Absage an alle Tradition schmückten sich üblicherweise mit dieser Art von Jazz.[40] Die Vorstellung, Jazz bzw. die Musik aus Amerika, sei ein klingendes Synonym für Freiheit von gesellschaftlichen Normen, lebt in der Jonny-Figur, insgesamt in den Zeitopern fort. Die Zuspitzung des Jazz (in diesem metaphorischen Sinn) ist der Tango. Er verknüpft sich üblicherweise nicht mit einer Figur, sondern konkret mit dem Liebesakt. In dem Moment, in dem Anita sich Daniello hingibt (3. Szene), schreibt Krenek *Tempo di Tango, appassionato* (*molto largo*) vor. Dieser Tango wird von der Jazz-Band gespielt, mit Background-Chor („Ô rêverie, doucement infinie …"), was die Konnotation Jazz-Tango-Erotik festigt.[41]

III. Überlegungen zum kulturgeschichtlichen Rahmen

Jonny spielt auf enthält einen grundsätzlichen Widerspruch, der hier deutlicher greifbar ist als in den anderen Zeitopern:[42] Die positive Max-Figur, alter Ego des Komponisten Krenek und Vertreter traditioneller bürgerlicher Werte, ist negativ gezeichnet. Er bleibt auf sich selbst fixiert und steht der Welt, in der er lebt, hilf-

---

[38] Vgl. insbesondere Adolf Halfeld: Amerika und der Amerikanismus, Jena 1927, eine Hetzschrift, die der amerikanischen „Girl-Kultur" und dem „Kultur-Feminismus" die Disziplin „deutscher Männer" gegenüberstellt.

[39] Insofern kann man ihn als einen Ahn des „edlen Wilden" betrachten; vgl. Claudia Maurer Zenck, Einführungstext zur CD-Einspielung von Jonny spielt auf, Decca, „Entartete Musik", London 1993, S. 58.

[40] Vgl. das Dadaismus-Kapitel bei Miriam Weiss.

[41] In gleicher Weise erklingt in Weills Oper *Der Zar lässt sich photogrpahieren* der *Tango Angèle*, indem die Attentäterin, die die echte Photographin Angèle ersetzt hat, eine Schallplatte auflegt und beginnt, den Zaren zu verführen. – In der Bar, in der Nell, die Frauenfigur in Max Brands *Maschinist Hopkins* zur Prostituierten wird, erklingt ein Tango (Text und Musik von George Antheil). Der Tango als klingendes Symbol für Erotik ist ein Topos, vgl. die kulturhistorische Studie von Mark Knowles: The wicked waltz and other scandalous dances: Outrage at couple dancing in the 19th and early 20th centuries, Jefferson 2009.

[42] Claudia Maurer Zenck spricht ebenfalls von inneren Widerspruch, den sie aber im Irrtum Kreneks erblickt, der ein Künstlerdrama mit der Figur Max im Zentrum und mit romantischen Tonfällen schaffen wollte, aber eine Zeitoper mit Jonny im Zentrum und mit zeittypischer Tanzmusik vorlegte; vgl. Maurer Zenck, CD-Booklet S. 58 f. und Artikel *Jonny spielt auf*, in Pipers Enzyklopädie des Musiktheaters, hrsg. v. Carl Dahlhaus und Sieghart Döhring, Bd. 3, München – Zürich 1998, S. 330.

los gegenüber. Die negative Jonny-Figur, ohne Moral, konsequent auf den eigenen Vorteil fixiert und promiskuitiv, ist ungeachtet der abwertenden Regieanweisungen positiv gezeichnet. Er verkörpert die Welt, in der er lebt, perfekt, er beherrscht sie sogar virtuos, wie die Verfolgungsjagd am Schluss bestätigt. Das stärkste Argument für die positive Wertung des Jonny ist die motivische Übereinstimmung mit der Gletscher-Musik.

Dieser Widerspruch wird nicht thematisiert und nicht aufgelöst; Libretto und Musik sind ihm gegenüber gleichsam blind. Zur Erklärung bietet sich die tiefgreifende Unsicherheit an, die die Zeit der Weimarer Republik prägte. Was sich Literatur und bildende Kunst eingestanden, wie der sogenannte Zeitroman und die Malerei, die man unter Neuer Sachlichkeit zusammenfasste, wurde in der Musik, jedenfalls soweit sie mit der Unterhaltungsindustrie einherging, ausgeblendet. Je mehr sich Music Hall und Revue ausbreiteten, je mehr die sogenannte ernste Musik deren Ästhetik in sich aufnahm, umso widersprüchlicher sind die Werke. Einerseits steht dahinter die kunsttheoretische und ästhetische Frage nach Gattungen und Stilhöhen, die in zeitgenössischen Rezensionen immer wieder angesprochen wird;[43] andererseits mag man in der Zeitoper, deren Exponent *Jonny spielt auf* ist, den Spiegel einer Zeit erblicken, die sich selbst als nervös begreift, wie Joachim Radkau medizinhistorisch dargestellt hat,[44] oder die traumatisiert ist, ohne dafür einen Begriff zu haben, wie ein Sammelband zum Thema *Modernität und Trauma* herausgearbeitet hat.[45] Vor dem Hintergrund einer Gesellschaft, die von den Folgen des Ersten Weltkriegs gekennzeichnet ist, den die meisten ihrer Mitglieder einst als „Hygiene der Welt"[46] herbeigesehnt hatten und sich jetzt dafür schämten, die von der großen Inflation 1922/23 und der Weltwirtschaftskrise 1928/29 gebeutelt wurde, einer Gesellschaft auch, die sich mit der unbekannten, von vielen als bedrohlich wahrgenommenen Staatsform der Demokratie auseinandersetzen musste, einer Gesellschaft ferner, die in der Berufswelt einem zuvor unbekannten psychischen und Zeitdruck ausgesetzt war, auf die eine Fülle von irritierenden und faszinierenden neuen Reizen einströmte – vor dem Hintergrund

---

[43] Grundtenor der Musikkritik an Hindemiths *Neuem vom Tage* ist der Widerspruch zwischen dem seichten Libretto und der anspruchsvoll durchgearbeiteten Musik (zusammengestellt von Giselher Schubert im Vorwort der Hindemith-Gesamtausgabe, Bd. I, 7-1, S. IX-XXVII, besonders S. XVII-XXI). Kai Marcel Sicks vertritt die These, dass die Operette durch die Ausbreitung und Amerikanisierung der Unterhaltungsindustrie Ende der 1920er Jahre unterging. Charleston, Girls und Jazztanzbar. Amerikanismus und die Identitätskrise der Operette in den zwanziger Jahren, in: Einschnitte. Identität in der Moderne, hrsg. v. Oliver Kohns und Martin Roussel, Würzburg 2007, S. 153–168.

[44] Joachim Radkau: Das Zeitalter der Nervosität. Deutschland zwischen Bismarck und Hitler, München – Wien 1998.

[45] *Modernität und Trauma. Beiträge zum Zeitenbruch des Ersten Weltkrieges*, hrsg. v. Inka Mülder-Bach, Wien 2000.

[46] Marinettis Formulierung, Schmidt-Bergmann, S. 77 – vgl. auch Modris Eksteins: Tanz über Gräben. die Geburt der Moderne und der Erste Weltkrieg, Reinbek 1990; der englische Originaltitel *Rites of spring* spielt auf Igor Strawinskys gleichnamiges Ballett (1913) an, das auch als klingende Vorausnahme gehört wurde.

einer Gesellschaft, die spürte, dass ihr Wertesystem sich auflöst,[47] und die nicht wusste, was an seine Stelle treten würde, ist es nicht verwunderlich, dass ihre künstlerischen Äußerungen von Widersprüchen gezeichnet sind. Ihr markanteste Zeichen ist das Bedürfnis nach leichter Unterhaltung in künstlerisch vollendeter Darbietung, oder – mit Adolf Weissmann – die „Entlastung von allem Zerebralen", die „der Mann des Volkes [...] fordert und durchsetzt", gepaart mit „Gier nach Musik".[48] Der Gipfel der musikalischen Leichtigkeit und Lebenslust wird 1927 erreicht, im Jahr des Berliner Börsensturzes (13.5.1927), er verläuft gleichzeitig mit der Weltwirtschaftskrise und flaut Anfang der 1930er Jahre unter dem zunehmenden Druck der Nationalsozialisten ab. Gleichzeitig mit dem ungeheuren Bühnenerfolg, den *Jonny spielt auf* in der ersten Spielzeit 1927/28 verbuchen konnte, beginnt die Karriere der Comedian Harmonists, die leichteste Unterhaltung auf eleganteste Weise bieten. Das Duo aus Marcellus Schiffer, Texte, und Mischa Spoliansky, Musik, kreiert gemeinsame Revuen, die aus amüsanter Unterhaltung mit Kabarett-Einlagen bestehen. Ihr erstes gemeinsames Opus ist das eingangs zitierte *Es liegt in der Luft*, in dem die junge Marlene Dietrich auftrat. Schiffer hatte schon vorher Kabarett-Revuen herausgebracht, *Hetärengespräche* (Berlin 1926) und *Was Sie wollen* (Berlin 1927), beide mit Musik von Friedrich Hollaender; für Hindemith schrieb er den „Sketch", *Hin und zurück* (Baden-Baden 1927), dessen Handlung wie im Film zurückspult, und den Text für die „lustige Oper" *Neues vom Tage*; die Kabarett-Revuen *Der rote Faden* und *Quick* (beide Berlin 1930) sind Gemeinschaftsarbeiten von Schiffer und Hollaender, für die Rudolf Nelson die Musik verfasste; mit Spoliansky entstanden bis 1932 noch drei weitere Revuen.

Als wie tiefgreifend die Umbruchsphase während der Weimarer Republik zumal in den späten 1920er Jahren wahrgenommen wurde, veranschaulicht Jaspers 1931 erschienene Abhandlung über *Die geistige Situation der Zeit*. Darin konstatiert er, dass Wertsysteme und Gewissheiten jeder Art – im Bereich des Glaubens, der Bildung, des Zusammenlebens, der Erziehung, der Kultur, der Politik, des Selbstverständnisses im Leben – ihre Geltung verloren haben. Um das deutlich zu machen, entfaltet er einen breit angelegten kultur- und geistesgeschichtlichen Abriss, aus dem ein Elitebewusstsein deutlich hervortritt; humanistische Bildung und ihr Bildungskanon werden als Kern der menschlichen Selbstvergewisserung betrachtet, darin eingeschlossen ist die als selbstverständlich verstandene Überlegenheit der abendländischen Kultur. Zugleich kennzeichnet den Text eine tiefe Skepsis gegenüber Demokratie, verstanden als Herrschaft des Volks, der brei-

---

[47] Oswald Spenglers (1918/1922) großes Opus *Der Untergang des Abendlandes. Umrisse einer Morphologieder Weltgeschichte* erschien in zwei Bänden. 1. Teil, *Gestalt und Wirklichkeit*, Wien 1918, 2. Teil, *Welthistorische Perspektiven*, München 1922.

[48] Adolf Weissmann: *Die Entgötterung der Musik*, Berlin 1928, ²1930, S. 34 und S. 37. Weissmann (1873–1929), war ein Musikkritiker, der Richard Strauss, Puccini und Schönberg kritisch gegenüberstand, Komponisten wie Krenek und Hindemith dagegen positiv bewertete. Entgötterung meint die Technisierung von Musik, die ihm als „Maschinisierung" erscheint. Seine zeitkritischen Überlegungen nehmen manche Ideen aus Walter Benjamins epochalem Text *Das Kunstwerk im Zeitalter seiner technischen Reproduzierbarkeit* (1935/36) vorweg, allerdings ohne den zentralen Begriff der Aura.

ten Masse, und ein Misstrauen gegenüber Technik und Maschine. Immer wieder klingt eine Vorahnung des Nationalsozialismus an; das Umschlagen von geordneter aufgeklärter Welt in dumpfen Blut- und Boden-Atavismus, von historischem Bewusstsein in dumpfe Geschichtslosigkeit, das Horkheimer und Adorno später in ihrer *Dialektik der Aufklärung* herausgearbeitet haben, scheint über all durch.

Für die Kunst diagnostiziert er grundsätzlich:

> Was heute überall in die Augen springt, scheint meistens wie ein Verfall des Wesens der Kunst. *Soweit* in der technischen Massenordnung Kunst Funktion dieses Daseins wird, rückt sie als *Gegenstand des Vergnügens* sogar in die Nähe des Sports. Als Vergnügen hebt sie zwar heraus aus dem Zwang des Arbeiterdaseins, aber darf nicht das Selbstsein des Einzelnen fordern. Statt der Objektivität einer Chiffre des Übersinnlichen hat sie nur die Objektivität eines sachlichen Spiels; das Suchen nach neuer Formgebundenheit findet eine Disziplin der Form ohne den das Wesen des Menschen durchdringenden glaubwürdigen Gehalt. Statt der Befreiung des Bewusstseins im Blick auf das Sein der Transzendenz wird sie in ein Verzicht auf die Möglichkeit des Selbstseins, dem allein doch erst Transzendenz sich zeigt. In dieser Kunstübung ist wohl ein außerordentlicher Anspruch an Können, aber darin wesentlich das Anklingen der rohen Durchschnittstriebe. Der Massenmensch erkennt sich, Dasein fordernd und nicht in Frage gestellt, wieder. Aus dieser Kunst spricht die Opposition gegen den eigentlichen Menschen für eine Gegenwart als das nackte Jetzt. […] Soweit Kunst in diese Funktion hinabgeglitten ist, ist sie gesinnungslos. Sie kann heute dies, morgen jenes im Wechsel als wesentlich betonen; sie sucht von überall her ihre Sensationen. Ihr muss fehlen, was Zeiten einer fraglosen sittlichen Substanz eigen war, die Bindung des Gehalts. Ihr Wesensausdruck ist Chaos bei äußerem Können. Das Dasein schaut darin nur seine Vitalität an oder deren leere Negation; es verschafft sich die Illusionen eines anderen Daseins: einer Romantik der Technik, eine Imagination der Form, Reichtum im Überschwang genießenden Daseins, Abenteuer und Verbrechen, lustigen Unsinn und Leben, das im sinnlosen Wagen sich zu überwinden scheint.[49]

Der Kern von Jaspers Diagnose, das Verschwinden von Transzendenz in der Kunst, entspricht Weissmanns „Entgötterung", deren Ursachen er ausdrücklich in der Mechanisierung und Technisierung erblickt; Walter Benjamin spricht später vom Verlust der Aura. Jaspers düstere Diagnose zielt auf die Formulierung einer „Existenzphilosophie", die getragen ist von einem emphatischen Humanismus-Begriff, den Jaspers im letzten Kapitel entfaltet mit dem Ziel, „den Menschen an sich selbst zu erinnern."[50]

Jaspers, der analysierende Denker, erkennt ein Unbehagen an seiner Gegenwart, das die Künstlern unter seinen Zeitgenossen – auch sie Intellektuelle und Denker – mit anderen Medien zur Anschauung bringen. Es ist eine trügerische Schicht in ihren Werken, den Apologien auf das Hier und Jetzt. Die Leichtigkeit und Lustigkeit hat eine Trübung, die mit Jaspers aus dem Verschwinden der Transzendenz verstanden werden kann. Kreneks Kunstfigur, der Komponist Max, sucht eben nach dieser Schicht – im Blick zurück auf die „alte Welt" und vergebens.

---

[49] Jaspers, S. 121 f.
[50] Jaspers, S. 194.

IV. Woran ist Jonny gescheitert?

„Die sensationellste Eintagsfliege der Operngeschichte",[51] so betitelt Thomas Gay-
da seinen Einführungsessay zur CD-Einspielung und begründet das verschwinden
der Oper aus dem Repertoire mit den beispiellosen Hetzkampagnen, die die Nationalsozialisten gegen *Jonny spielt auf* starteten. Anlässlich der Wiener Premiere
1928 veranstalteten sie eine „Riesen-Protest-Kundgebung" mit dem Aufruf „Unsere
Staatsoper […] ist einer frechen jüdisch-negerischen Besudlung zum Opfer gefallen."[52] Mit der gleichen Häme fielen sie über Hindemiths *Neues vom Tage* und
über die vielen Werke her, die sie mit dem Schimpfwort „Kulturbolschewismus"
oder „Kunstbolschewismus" belegten.[53] Jonny war den Nationalsozialisten besonders verhasst: Das Deckblatt des Klavierauszugs, das einen schwarz geschminkten
Saxophonisten mit Blumenrüsche im Jackett zeigt, verwandelten sie 1938 in das
Plakat zur Ausstellung „Entartete Musik", indem sie aus dem Gesicht eine äffische
Fratze und aus der Blumenrüsche einen Judenstern machten (s. Abb. 1 und 2).

Abbildung 1

---

[51]   CD-Booklet der Decca-Einspielung, S. 50.

[52]   Plakat bei Eckhard John (1994), S. 300; er hat die Pamphlete gegen *Jonny spielt auf* zusammengestellt, S. 295–303.

[53]   Eckhard John, Musikbolschewismus (1994).

Abbildung 2

Bei Krenek repräsentiert Jonny das Faszinosum des Unzivilisierten, das gesell-schaftliche Spielregeln ignoriert und sich dazu berechtigt sieht, weil es stärker ist. Krenek vertieft diesen Aspekt, indem er Jonnys Song – melodischer Beginn und harmonische Struktur – mit der Musik des Gletschers gleichsetzt, der diese Eigenschaften als Natur ohne Moral verkörpert. Denkbar wäre, dass die National-sozialisten Jonny gerade deshalb mit besonderem Hass attackierten, weil er eben die Amoral vertritt, die sie sich zu eigen machten. Die musikalische Überhöhung der Jonny-Figur, die den inneren Widerspruch der Oper ausmacht, wäre genau das, was nationalsozialistische Amoral sich wünschen müsste. Die mächtig instrumentierte, an heroische Größe appellierende „Gletscher-Musik" wird, so müsste man aus Na-zi-Perspektive argumentieren, zur Jazz-Variante erniedrigt und an den nichtswürdi-gen Jonny verschwendet.

Den Künstlern, den Komponisten muss bald bewusst geworden sein, dass Leich-tigkeit und Lebenslust solchen von ihren Rezipienten mitgetragenen oder gedulde-ten Attacken nichts ästhetisch Tragfähiges entgegen setzen kann. Mit Kunstfiguren ohne Ziel und ohne Moral hatten sie Lebensbilder zur Anschauung gebracht, die unzeitgemäß wurden und, schlimmer noch, in nationalsozialistische Richtung formbar waren.

1934 nahm Krenek Anton Weberns 50. Geburtstag zum Anlass für einen kurzen Text, der unter dem Titel *Freiheit und Verantwortung* eine Positionskorrektur ankündigt. Es gelte „einzusehen, dass das reine, von den fragwürdigen Anforderungen einer ephemeren, zeitlichen, endlichen, niederen Ordnung unabhängige Schaffen eines Anton Webern die Moralität der Kunst in einem höheren Sinn, in einer oberen Ordnung rettet und sichert. […] Und eben die Erkenntnis, dass der wahre Wert des Kunstwerks in einer Region beheimatet ist, die von den im wesentlichen quantitativen Fragen der Verständlichkeit gar nicht berührt wird, garantiert die Würde der Kunst in der moralischen Sphäre.“[54]

Diese radikale Absage an die Ästhetik des Hier und Jetzt steht im Zusammenhang mit Kreneks Oper *Karl V.*, die er 1933 vollendet hatte. Der historische Kaiser, der sich in Kreneks Auslegung am Ende seines Lebens als Gescheiterter sieht, und die Entscheidung für die Zwölftontechnik, die Webern in reinster Form entwickelt hatte[55] und die als abstrakteste, unpopulärste aller kompositorischen Verfahren galt, sind Ausdruck dieses Positionswandels. Hindemith regagierte ähnlich, indem er sich mit *Matthis dem Maler* (1933–1935 entstanden) dem Problem künstlerischer Verantwortung in der Zeit der Bauernkriege widmete. Karl Amadeus Hartmann, der in den 1920er Jahren mit Jazz-Kompositionen hervorgetreten war, wandte sich nun Grimmelshausens *abenteuerlichem Simplicissimus* zu (1934/35 als *Simplicius Simplicissimus*). Die Abkehr von der trügerischen Lebenslust ist ein internationales Phänomen. Die Jeune France, deren prominentester Exponent der junge Oliver Messiaen war, distanzierte sich mit dem Bekenntnis zu Humanismus und Katholizismus von der neoklassizistischen Heiterkeit. Dmitrij Schostakowitsch, in den 1920er Jahren Autor auch von Unterhaltungsmusik aller Art, wandte sich unter dem Druck des frühen Stalinismus zur Symphonie als der Gattung, die Ethos ohne Sujet und ohne Worte verkünden kann.

Fast alle Künstler, die während der Weimarer Republik für leichte Kunst gesorgt hatten – die meisten von ihnen jüdischen Glaubens –, konnten ins Ausland fliehen. Krenek, Hindemith, Schönberg, Adorno, Eisler, Brecht, Weill, auch Mischa Spoliansky, Friedrich Hollaender und die vielen, die für Revuen und für den Film schrieben, fanden sich in Amerika wieder.[56] Sie lehrten an amerikanischen Konservatorien, Colleges und Universitäten; diejenigen unter ihnen, die sich ganz auf

---

[54] Ernst Krenek: *Freiheit und Verantwortung*, erstmals 1958 in dem Sammelband *Zur Sprache gebracht erschienen*, hier zitiert nach *Ordnung und Freiheit. Almanach zum Internationalen Beethovenfest*, Bonn 2000, hrsg. von Daniel Schlee, Laaber 2000, S. 155 f.

[55] Die nach dem zweiten Weltkrieg in Darmstadt eingerichteten Internationalen Ferienkurse für Neue Musik mit Pierre Boulez und Karlheinz Stockhausen als führenden Köpfen der ersten Generation erklärten Webern zu ihrem großen Vorbild und machten aus der zwölftönigen Werkorganisation eine neue Ideologie.

[56] Fast alle diese Künstler waren Juden; vielen von ihnen gelang die Flucht. Marcellus Schiffer schied 1932 freiwillig aus dem Leben. Zu Krenek vgl. Claudia Maurer Zenck: Ernst Krenek – ein Komponist im Exil, Wien 1980. Zum Verhältnis von Emigration und amerikanischer Kultur vgl. Neal Gabler: Ein eigenes Reich. Wie jüdische Emigranten Hollywood erfanden, Berlin 2004.

leichte Musik fixiert hatten, gingen nach Hollywood und wurden Filmkomponisten. Die Akademisierung der Musikausbildung und das Aufblühen der Filmmusik verdankt sich auch dem breiten Zustrom aus Europa. Insofern trifft Jonnys Botschaft zu: Für diese Künstler begann die Überfahrt ihm Ernst, dank ihnen konnte die „neue Welt" das „alte Europa" im Ernst beerben.

Literatur

Adorno TW, Ernst Křenek (1986) Gesammelte Schriften. In: Tiedemann v. R (Hrsg) Musikalische Schriften V, Bd 18. Frankfurt, S 531–534

Arndt S (Hrsg) (2004) Afrika und die deutsche Sprache. ein kritisches Nachschlagewerk, Münster

Cook SC (1988) Opera for a New Republic: the Zeitopern of Krenek. Weill, and Hindemith, Ann Arbor

Dahlhaus C, Döhring S (Hrsg) (1998) Pipers Enzyklopädie des Musiktheaters, Bd. 3, München – Zürich

Eichhorn A (2003) „Amerika als Wunschbild zukünftiger Gesellschaft"? Zur Rezeption von Ernst Kreneks Oper *Jonny spielt auf.* In: Danuser v. H (Hrsg) Amerikanismus – Americanism – Weill: Die Suche nach kultureller Identität in der Moderne, Berlin, S 171–183

Eksteins M (1990) Tanz über Gräben. die Geburt der Moderne und der Erste Weltkrieg, Reinbek

Gabler N (2004) Ein eigenes Reich. Wie jüdische Emigranten Hollywood erfanden, Berlin

Halfeld A (1927) Amerika und der Amerikanismus, Jena

Hinton S (1995) Neue Sachlichkeit. In: Eggebrecht v. HH (Hrsg) Terminologie der Musik im 20. Jahrhundert, Stuttgart, S 312–323

Humphrey M (2006) Die Weimarer Reformdiskussion über das Ehescheidungsrecht und das Zerrüttungsprinzip:eine Untersuchung über die Entwicklung des Ehescheidungsrechts in Deutschland von der Reformation bis zur Gegenwart unter Berücksichtigung rechtsvergleichender Aspekte, Göttingen

Jaspers K (1931) Die geistige Situation der Zeit, Berlin und Leipzig

John E (1994) Musikbolschewismus. die Politisierung die Politisierung der Musik in Deutschland 1918–1938, Stuttgart

Klautke E (2003) Unbegrenzte Möglichkeiten. „Amerikanisierung" in Deutschland und Frankreich (1900–1933), Wiesbaden

Knowles M (2009) The wicked waltz and other scandalous dances: Outrage at couple dancing in the 19th and early 20th centuries, Jefferson

Kohns O, Roussel M (Hrsg) (2007) Einschnitte. Identität in der Moderne, Würzburg

Krenek E (1948) Selbstdarstellung, Zürich

Krenek E (2000) Freiheit und Verantwortung. In: Schlee von D (Hrsg) Ordnung und Freiheit. Almanach zum Internationalen Beethovenfest, Bonn, S 155–157

Lepp N, Roth M, Vogel K (Hrsg) (1999) Der Neue Mensch. Obsessionen des 20. Jahrhunderts Katalog zur Ausstellung im Deutschen Hygiene-Museum Dresden 22.4.–8.8

Malcomess H (1993) Die opéras minutes von Darius Milhaud, Bonn

Martin P (2001) Schwarze Teufel, edle Mohren. Afrikaner in Geschichte und Bewusstsein der Deutschen, Hamburg

Maurer Z, Claudia (1980) Ernst Krenek – ein Komponist im Exil, Wien

Maurer Zenck C (1980) Ernst Krenek – ein Komponist im Exil, Wien

Maurer Zenck C (1993) Einführungstext zur CD-Einspielung von *Jonny spielt auf,* Decca, „Entartete Musik", London

Mülder-Bach, Inka (Hrsg) (2000) Modernität und Trauma. Beiträge zum Zeitenbruch des Ersten Weltkrieges, Wien

Partsch C (2000) Schräge Töne. Jazz und Unterhaltungsmusik in der Kultur der Weimarer Republik, Weimar, Stuttgart

Radkau J (1998) Das Zeitalter der Nervosität. Deutschland zwischen Bismarck und Hitler, München – Wien

Rathert W (Hrsg) (2001) Musikkultur in der Weimarer Republik, Mainz

Redepenning D (2008) Geschichte der russischen und der sowjetischen Musik, Bd. 2, Das 20. Jahrhundert, Laaber

Schatt PW (1995) „Jazz". In: der Kunstmusik. Studien zur Funktion afro-amerikanischer Musik in Kompositionen des 20. Jahrhunderts, Kassel

Schmidt-Bergmann H (1993) Futurismus. Geschichte, Ästhetik, Dokumente, Reinbek

Schmidt-Gernig, A (2003) „Amerikanismus" als Chiffre des modernen Kapitalismus. Zur vergleichenden Kulturkritik im Deutschland der Weimarer Republik. In: Danuser v. H (Hrsg) Amerikanismus – Americanism Weill. Die Suche nach kultureller Identität in der Moderne. Berlin, S 49–66

Spenglers O (1918/1922) Der Untergang des Abendlandes. Umrisse einer Morphologie der Weltgeschichte, Teil 1. Gestalt und Wirklichkeit, Wien, Teil 2. Welthistorische Perspektiven, München

Weiss M (2011) „To make al lady out of jazz". Die Jazz-Rezeption im Werk Erwin Schulhoffs, Diss. Heidelberg, 2008, Neumünster

Weissmann A (1928, [2]1930) Die Entgötterung der Musik, Berlin

Kapitel 12
„Was man in der Jugend wünscht, hat man im Alter die Fülle"

Das Alter als Erfüllung, Chance und Herausforderung

Dieter Borchmeyer

„Was man in der Jugend wünscht, hat man im Alter die Fülle." Ein merkwürdiges Zitat. Woher stammt es? Von wem sonst als vom späten Goethe (*Dichtung und Wahrheit* II,6). Jugend nur als Wunsch dessen, was man erst im Alter in vollem Maße innehat? Widerspricht das aber nicht aller Erfahrung? Denken wir doch nur an die Sexualität. Ist es hier nicht genau umgekehrt? Hat man da nicht in der Jugend in Fülle, was man im Alter oft vergeblich wünscht? Häufen sich nicht im Alter all die Gebrechen, die uns auf unseren Körper zurückwerfen und unseren Geist bei seinen Höhenflügen lähmen? Steht das Alter nicht unter dem melancholischen Vorzeichen eines ‚Nicht mehr' – eines Nicht-mehr-möglich-Seins dessen, was einem in der Jugend reichlich geschenkt war?

Freilich: die moderne Medizin hat unsere durchschnittliche Lebensdauer um eine vor hundert Jahren noch undenkbare Zeit verlängert, unseren Körper widerstandsfähiger gemacht und den Gegensatz zwischen Jugend und Alter erheblich verkleinert. Der Poet und Mediziner Gottfried Benn – einer der großen Dichterärzte unserer Literatur, der nicht nur neben seiner Schriftstellerei als Arzt praktiziert, sondern auch medizinische Schriften verfasst hat, die in seiner Gesamtausgabe enthalten sind – hat in seinem hinreißenden Vortrag *Altern als Problem für Künstler* (1954), den ich als Referenztext für diesen Vortrag gewählt habe, einigermaßen ironisch geschrieben: „Ein Römer der Kaiserzeit wurde 25 Jahre, aber ihn trug die römische Virtus, heute erweichen Sie vor Prophylaxe und kommen vor Reihenuntersuchungen kaum noch nach Hause." Und er fügt hinzu: „Die Körper sind morbider geworden, aber sie leben länger." Unleugbar: „Der Körper ist morbider geworden, die moderne Medizin weist ihn ja geradezu auf tausend Krankheiten hin, sie brechen mit wissenschaftlicher Gewalt aus ihm hervor – nichts gegen die Ärzte, großartige Ärzte, großartige Leute; früher bei einem Mückenstich kratzte man sich, heute können sie Ihnen zwölf Salben verschreiben und keine nützt, aber das ist doch Leben und Bewegung."

D. Borchmeyer (✉)
Osterwaldstraße 53, 80805 München, Deutschland
E-Mail: Dieter@borchmeyer.de

M. Hilgert, M. Wink (Hrsg.), *Menschen-Bilder,*
DOI 10.1007/978-3-642-16361-6_12, © Springer-Verlag Berlin Heidelberg 2012

Trotz Benns Sarkasmus: unsere morbid gewordenen Körper halten länger und halten unsere Gehirne länger bei Laune. Man sieht es an den Senioren, welche die Hörsäle der Universitäten zumal in den Geisteswissenschaften füllen. Als ich 1988 an die Universität Heidelberg berufen wurde, sagte ein Kollege in einer Geburtstagsrede, es sei ein merkwürdiges Gefühl, immer älter zu werden, aber als Universitätslehrer mit Menschen zu tun zu haben, die immer gleich jung blieben. Das hat sich sehr geändert, seit die Senioren die eigentlichen Studenten in den Lehrveranstaltungen nicht selten zu einer Minderheit werden lassen. Das gilt zumal für das Studium generale, die Veranstaltungen außerhalb des Pflichtprogramms, für welche die Studenten, vom Düsentrieb der verzweckten und verzwängten Studienmaschinerie à la Pasta Bolognese gehetzt, keine Zeit mehr haben. Jene werden nun weitgehend von Senioren besucht, die nach den Zwängen eines jahrzehntelangen Berufslebens die akademische Freiheit ersehnen, eine Bildung, welche ihnen vielfach verwehrt war, und die also nun endlich das tun und treiben können, was sie immer am liebsten getan hätten. Hier also gilt wirklich, dass man im Alter ‚die Fülle' hat, was in der Jugend nur Wunsch war.

Wie mancher teilte gern die Illusion des Songs von Udo Jürgens: „Mit 66 Jahren, da fängt das Leben an." Die Last des Berufs mit seinen Zwängen und Zwecken fällt ab, und das Leben fängt an, sich nach eigenen, selbstgesetzten Zielen gestalten zu lassen – wenn nur der Körper mithält und die Medizin sein Schutzengel auf allen Wegen und Stegen ist. In seinen *Aphorismen zur Lebensweisheit* bemerkt Schopenhauer über das Alter, diesem sei „eine gewisse Heiterkeit eigen […]: und der Grund hievon ist kein anderer, als dass die Jugend noch unter der Herrschaft, ja dem Frondienst jenes Dämons steht, der ihr nicht leicht eine freie Stunde gönnt und zugleich der unmittelbare oder mittelbare Urheber fast alles und jedes Unheils ist, das den Menschen trifft oder bedroht: das Alter aber hat die Heiterkeit dessen, der eine lange getragene Fessel los ist und sich nun frei bewegt".

In einem der wunderbarsten Romane der deutschen Literatur, dem *Nachsommer* von Adalbert Stifter, einem Ruhestandsroman im eigentlichen Sinne, hat sich der Staatsmann Freiherr von Risach nach seiner Pensionierung im Alpenvorland die utopische Idylle eines Rosenhauses errichtet, in dem er nun dem nachgeht, was ihm eine von Notdurft geprägte Jugend und eine seinem Wesen fremde Berufstätigkeit sein Leben lang verwehrt hat: ein Wissenschaft, Kunst und Kultur nach benediktinischem Muster gewidmetes, selbstgesetzliches Dasein. Die dominierende Handlungszeit des Romans ist der Nachsommer, der verlängerte Sommer, ohne dessen Hitze, noch vor der Kühle des Herbstes, in dem die Natur noch einmal auflebt, bevor sie sich ‚zum Ersterben rüstet' und die Zugvögel in südliche Länder ziehen. Da haben die Vögel, so heißt es an einer Stelle des Romans, befreit vom Zwang der Fortpflanzung, „eine freiere Zeit. Da haben sie gleichsam einen Nachsommer, und spielen eine Weile, ehe sie fort gehen." Eben das ist auch der wesentliche Lebensinhalt Risachs.

Einen solchen Nachsommer zweckfreier Bildung suchen die Hörerinnen und Hörer, die ihr Berufsleben hinter sich haben, vielfach an der Universität – in paradoxem Gegensatz zu deren heutigem Wesen, ist sie doch weitab von ihrer einstigen

Bestimmung durch den deutschen Idealismus inzwischen zur Ausbildungsanstalt degradiert, an der man die akademische Freiheit oft mit der Laterne suchen muss.

„Wenn man alt ist, muß man mehr tun, als da man jung war", lautet ein Aphorismus Goethes aus seinen *Maximen und Reflexionen*, den auch Gottfried Benn in seiner Rede über das Altern zitiert. Und ein anderer, ebenfalls von Benn angeführter Aphorismus lautet: „Altwerden heißt, selbst ein neues Geschäft antreten, alle Verhältnisse ändern sich, und man muß entweder zu handeln ganz aufhören oder mit Willen und Bewußtsein das neue Rollenfach übernehmen." Altern als Übernahme eines neuen Rollenfachs, als Aufforderung zu höherer Aktivität: das Alter ist für Goethe also mitnichten die Lizenz, sich auf seinen Lorbeeren auszuruhen und dem aktiven Leben der Jugend- und Reifejahre passiv hinterherzuleben. Nein, jede Lebensstufe hat für ihn ihr Eigenrecht und Eigengesetz.

Jugend und Alter lassen sich nicht gegeneinander ausspielen, ja es gibt nach Goethes Überzeugung eine zyklisch wiederkehrende Verjüngung im Leben des begabten Menschen. In seinem Gespräch mit Eckermann am 11. März 1828 hat er von der „wiederholten Pubertät" gesprochen, die „geniale Naturen" durchleben – „während andere Leute nur einmal jung sind.[…] Daher kommt es denn, daß wir bei vorzüglich begabten Menschen auch während ihres Alters immer noch frische Perioden besonderer Produktivität wahrnehmen; es scheint bei ihnen immer einmal wieder eine temporäre Verjüngung einzutreten, und das ist es, was ich eine wiederholte Pubertät nennen möchte."

Die Chance des Alters – heute, da unser Leben immer länger wird, dürfte niemand mehr bezweifeln, dass es notwendiger denn je ist, über sie nachzudenken, unsere festgefahrenen Denkgewohnheiten über das Alter in Frage zu stellen. Längst ist die Altersforschung etabliert. Zur Zeit, als Gottfried Benn seine Rede über das Altern verfasste – 1954 -, war sie noch Zukunftsmusik, und er konnte sich über ihre Ansätze in der Medizin noch lustig machen. „Was die Medizin zu diesem Thema zu sagen hat, ist recht dürftig. Ihre augenblickliche Formel lautet, Altern sei kein Abnutzungs-, sondern ein Anpassungsvorgang; ich muß sagen, daß ich mir dabei gar nichts denken kann."

Anpassungsvorgang – das kann Benn nicht passen, wenn er über das Altern als Problem für Künstler reflektiert. Er demonstriert, dass die Großen in der Welt des Geistes, ob Philosophen, Wissenschaftler oder Künstler oft „während ihrer letzten Schaffenszeit unsicher in ihrer Produktion" wurden, dass sie sich gar nicht anpassten, sondern das, was bisher die Signatur ihres Schaffens bildete, in Frage stellten. In Hugo von Hofmannsthals Dramolett *Der Tod des Tizian* lässt der 99jährige Tizian seine früheren Bilder herbeiholen:

> Er sagt, er muß sie sehen,
> die alten, die erbärmlichen, die bleichen,
> mit seinen neuen, die er malt, vergleichen,
> sehr schwere Dinge seien ihm jetzt klar,
> es komme ihm ein unerhört Verstehen,
> daß er bis jetzt ein matter Stümper war.

Von Hokusai ist die Äußerung überliefert: „alles, was ich vor dem 73. Jahre geschaffen hatte, ist nicht der Rede wert. Gegen das Alter von 73 Jahren ungefähr habe ich etwas von der wahren Natur der Tiere, der Kräuter, der Fische und Insekten begriffen. Folglich werde ich mit 80 Jahren nochmals Fortschritte gemacht haben, mit 90 Jahren werde ich das Geheimnis der Dinge durchschauen und wenn ich 110 Jahre zähle, wird alles von mir, sei es auch nur ein Strich oder ein Punkt, lebendig sein". Alter ist für Hokusai also nicht zunehmender Verfall, sondern ständiger Fortschritt in der Erfassung des wahren Wesens der Dinge.

Sei es auch nur ein Strich oder ein Punkt – totale Abstraktion, zu der man nur im höchsten Alter fähig sei, scheint für Hokusai die Signatur der wahren Kunst zu sein. Eine Parallele zu Balzacs Erzählung *Le chef d'oeuvre inconnu* drängt sich hier auf: der greise Maler Frenhofer malt seit zehn Jahren an einem Bild, das er niemandem zeigen will. Als er es schließlich enthüllt, sehen die Betrachter nichts als abstrakte Linien und Farbkleckse: quasi eine Vision der non-figurativen Malerei der Moderne inmitten realistischer Erzählkunst, die für Balzac freilich einen wahnhaften Charakter hat.

Von „Greisenavantgardismus" hat Thomas Mann in Bezug auf den späten Goethe gesprochen, ja man könnte von einem Altersfuturismus bei ihm sprechen. Den „Zug ins Weltweite" hat Thomas Mann in seiner Rede *Goethe als Repräsentant des bürgerlichen Zeitalters* (1932) als spezifischen Zug in der geistigen Physiognomie des alten Goethe bezeichnet. Er verweist zumal auf die „wachsende Anteilnahme des Alten an utopisch-welttechnischen Fragen". Ein Musterbeispiel dafür ist sein Gespräch mit Eckermann am 21. Februar 1827 über die drei großen Projekte des Panama-, Rhein-Donau- und Suezkanals, über deren mögliche Realisierung er sich detailliert Gedanken macht. „Diese drei großen Dinge möchte ich erleben, und es wäre wohl der Mühe wert, ihnen zu Liebe es noch einige funfzig Jahre auszuhalten."

Mit dem Bau des Suezkanals konnte freilich erst zwanzig Jahre nach Goethes Tod begonnen werden, der Panama-Kanal wurde 1914 und der Rhein-Main-Donau-Kanal gar erst 1992 fertiggestellt. Goethe hätte also bis in unsere Gegenwart >aushalten< müssen, um den Abschluss der „drei großen Dinge" zu erleben. Jener Zug ins Weltweite prägt auch die mythische Welt- und Altersdichtung des *Faust II*, die weit in das neue Säkulum ausgreift, dessen wirtschaftliche und technische Revolution die Schalen des alten Europa aufbrechen wird. Goethe hat im Alter auch die Klassizität seiner reifen Werke immer wieder aufgebrochen, in seinem Sinne wirklich neue Rollenfächer übernommen und mit zukunftsweisenden Möglichkeiten künstlerischer Gestaltung experimentiert. Das Alter als Anpassungsvorgang sucht man bei ihm vergebens.

Altersforschung gab es in den Kunst- und Literaturwissenschaften schon längst, bevor sie sich als neues Fach etablierte. Wegweisend ist etwa Theodor W. Adornos Essay über den *Spätstil Beethovens* (1937), der für Thomas Manns *Doktor Faustus* eine bedeutende Rolle spielte. Adorno stellt da die Hypothese auf, die „Reife der Spätwerke bedeutender Künstler" sei nicht die Reife von Früchten: „Sie sind gemeinhin nicht rund, sondern durchfurcht [...]; es fehlt ihnen all jene Harmonie, welche die klassizistische Ästhetik vom Kunstwerk zu fordern gewohnt ist". Es sei nicht „rücksichtslos sich bekundende Subjektivität [...], die da um des Ausdrucks ihrer selbst willen das Rund der Form durchbreche", sondern ganz im Gegenteil trete in den Spätwerken – etwa Goethes und Stifters – die Konvention merkwürdig kahl, vom Subjekt nicht anverwandelt hervor. Das sei ein Formgesetz, das vom „Gedanken an den Tod" bestimmt werde. Vor ihm versinke das um sich selbst bekümmerte Ich ins Wesenlose und lasse die Konvention frei. Die „stehen gelassenen", also „von Subjektivität nicht mehr durchdrungenen" Konventionen – oder „Konventionstrümmer" – schlagen, so Adorno, zum „Ausdruck jetzt nicht mehr des vereinzelten Ichs, sondern der mythischen Artung der Kreatur" um.

In Beethovens Spätwerk, konstatiert der Komponist und Pianist Wendell Kretschmar in seinem Vortrag über die Klaviersonate op. 111 im Kap. VIII des *Doktor Faustus* „gingen das Subjektive und die Konvention ein neues Verhältnis ein, ein Verhältnis, bestimmt vom Tode. [...]Wo Größe und Tod zusammenträten, erklärte er, da entstehe eine der Konvention geneigte Sachlichkeit, die an Souveränität den herrischsten Subjektivismus hinter sich lasse, weil darin das Nur-Persönliche, das doch schon die Überhöhung einer zum Gipfel geführten Tradition gewesen sei, sich noch einmal selbst überwachse, indem es ins Mythische, Kollektive groß und geisterhaft eintrete".

Thomas Mann selbst hat mythische Tendenz und Altersstil auf einen Nenner gebracht. „Tatsächlich ist in meinem Fall das allmählich zunehmende Interesse fürs Mythisch-Religionshistorische eine >Alterserscheinung<, es entspricht einem mit den Jahren vom Bürgerlich-Individuellen weg, zum Typischen, Generellen und Menschheitlichen sich hinwendenden Geschmack", schreibt er am 20. Februar 1934 an Karl Kerényi. Vielleicht spielt Thomas Mann hier auf das Gespräch Goethes mit Riemer am 4. April 1814 an, in dem es heißt, „daß nur die Jugend die Varietät und Spezifikationen, das Alter aber die Genera, ja die Familias habe". Goethe vergleicht sich in dieser Hinsicht mit dem alten Tizian, „der zuletzt den Samt nur symbolisch malte". Und deshalb seine frühere Konkretheit Hofmannsthals *Tod des Tizian* zufolge als Stümperei verachtete! Hier haben wir sie wieder: die Alterstendenz zur Abstraktion – Strich und Punkt bei Hokusai, Linien und Farbkleckse statt figurativer Gestaltung bei Balzacs altem Maler Frenhofer.

In seinem Brief an Zelter vom 11. Mai 1820 hat Goethe die Faszination der östlichen (altpersischen) Dichtung auf ihn, gerade in der Lebensphase des Alters, folgendermaßen begründet: hier begegne ihm „heiterer Überblick des beweglichen, immer kreis- und spiralartig wiederkehrenden Erdetreibens", und es erscheine „alles Reale geläutert, sich symbolisch auflösend. Was will der Großpapa weiter?". Der Großpapa will nicht mehr das Reale, sondern das Symbolisch-Abstrakte!

„Die Lebensalter haben verschiedene Neigungen, Ansprüche, Geschmacksrichtungen – oder auch Fähigkeiten und Vorzüge", bemerkt Thomas Mann in einem Vortrag über seine Romantetralogie *Joseph und seine Brüder* (1942). „Es ist wohl eine Regel, daß in gewissen Jahren der Geschmack an allem bloß Individuellen und Besonderen, dem Einzelfall, dem >Bürgerlichen< im weitesten Sinne abhanden kommt. In den Vordergrund tritt dafür das Typische, Immer-Menschliche, Immer-Wiederkehrende, Zeitlose, kurz: das Mythische."

Man darf sich freilich mit Gottfried Benn fragen, „wann, in welchen Jahren eigentlich das Altern beginnt". Beethoven, dessen „Spätstil" Adornos berühmter Essay gewidmet ist, wurde nur gut 56 Jahre alt. Kann man da schon von ‚Spät' und

‚Alter' reden? Sogar vom Spätstil Mozarts, der nur 35 Jahre alt wurde, oder gar Schuberts, der bei seinem Tod 31 Jahre zählte, reden die Musikologen heute. „Aber mit Arithmetik allein kommt man unserer Frage natürlich nicht näher", betont Benn. „Es ist wohl nicht zu bezweifeln, daß das Wissen um ein baldiges Ende Jahrzehnte des Alterns innerlich kompensiert". Das ist das Geheimnis des Spätstils bei Mozart oder Schubert. Dieser ist immer, so Adorno und Thomas Mann, vom Bewusstsein der Todesnähe bestimmt. „Der Grundunterschied zwischen Jugend und Alter bleibt immer, daß jene das Leben im Prospekt hat, dieses den Tod", so Schopenhauer. Der Tod im Prospekt verwandelt Jugend in Alter – auch da, wo man ihn in der Jugend ahnt; dann entsteht ‚Spätstil'.

Gerade der Gedanke an den Tod kann freilich etwas Befreiendes, ja zu extremen Denk- und Ausdrucksmöglichkeiten Animierendes haben. Angesichts der Nähe des Todes wird vieles eitel und wesenlos, was einem bis dahin wichtig und unumgänglich erschien. Plötzlich werden Rücksichten hinfällig, die man bisher, im Blick auf die eigene, möglichst ungestörte Lebensbahn zu nehmen hatte. „Wenn der Stil des Todes sie anrührt", bemerkt André Malraux in seiner *Psychologie der Kunst* über die alten Meister, „erinnern sie sich, wie sie in ihrer Jugend mit ihren Lehrern gebrochen, um dann mit ihrem eigenen Werk zu brechen."

Das ist auch die Weisheit des sterbenden Tizian in Hofmannsthals Dramolett. Übrigens – ein Beitrag zur Arithmetik des Alterns – als Hofmannsthal seinen *Tod des Tizian* schrieb, war er 18 Jahre alt, ein Jüngling fast noch in der Phase des Stimmbruchs, der seinerzeit bekanntlich später eintrat als heute. Und er schrieb in diesem Jünglingsalter eine altersmüde, todesüberschattete Poesie, die man, wüsste man es nicht besser, für das Werk eines Greises halten würde. In seinen reifen Mannesjahren dagegen schrieb er den *Rosenkavalier*, den man allenfalls für das Werk eines Jünglings halten könnte. Hofmannsthal musste älter werden, um jünger zu sein. Physiologisches und geistiges Alter scheinen sich oft zu widersprechen. Es gibt den Puer senex, den Puer aeternus, den Senex puerilis. Den einen „altert das Herz zuerst und andern der Geist", heißt es in Nietzsches *Zarathustra*. „Und einige sind greis in der Jugend: aber spät jung". Man könnte eine Relativitätstheorie des Alters schreiben ….

Dazu gehört, dass Altern sowohl Nachlassen als auch Wachsen der wie immer gearteten Kräfte bedeuten kann. Bei Naturwissenschaftlern scheinen vielfach die kreativen und innovativen Potenzen in einem Alter abzunehmen, in dem sie bei Geisteswissenschaftlern oft gerade wachsen. Einer der größten Gelehrten der Heidelberger Universität im vergangenen Jahrhundert – der Philosoph Hans Georg Gadamer – war bis zu seiner Emeritierung fast nur engeren Fachkollegen bekannt. Sein eigentliches Lebenswerk begann erst, als er in den Ruhestand trat. Der Unfug der heutigen Berufungspolitik lässt es freilich nicht zu, dass Gelehrte in einem Alter, da ihre Kreativität oft erst auf ihren Gipfel gelangt, noch an eine (andere) Universität berufen werden können.

Gottfried Benn hat eine Art Statistik aufgestellt, derzufolge gerade die großen Künstler oft ein ungewöhnlich hohes Lebensalter erreichen, und das in Zeitaltern, in denen die Lebenserwartung weit geringer war als heute. Wie erklärt sich das? Dazu Benn: „Die Kunst ist ja nach der einen Seite ihrer Phänomenologie hin ein

Befreiungs- und Entspannungsphänomen, ein kathartisches Phänomen, und diese haben die engsten Beziehungen zu den Organen. Diese Annahme ließe sich in Einklang bringen mit der Speranskischen Theorie, die jetzt [wohlgemerkt: Benn schreibt das 1954] in die Pathologie eindringt, daß nämlich Krankheitszustände und Krankheitsdrohungen weit mehr von zentralen Impulsen reguliert und abgewehrt werden, als man bisher annahm – und daß die Kunst ein zentraler und primärer Impuls ist, daran ist wohl kein Zweifel."

Das hohe Alter der alten Meister widerlegt auch die Ansicht, dass künstlerische Produktivität sich proportional zur Sexualität verhält. Einen Casanova stellt man sich jung, einen Schriftsteller aber eher im fortgeschrittenen Mannesalter vor, einen Naturwissenschaftler ebenfalls eher jung, einen Geisteswissenschaftler hingegen wohl leicht angegraut. Daraus könnte man natürlich unziemliche Schlüsse bezüglich der ‚Potenz' der verschiedenen Wissenschaftskulturen ziehen. Wir ersparen uns solche Unziemlichkeit, denn allzu offenkundig sind Sexualität, Wissenschaft und Kunst nicht auf einen Nenner zu bringen. Wie wäre sonst zu erklären, dass, wie Schopenhauer in seinen *Aphorismen zur Lebensweisheit* bezüglich des Unterschieds der Lebensalter hervorhebt –, „die großen Schriftsteller ihre Meisterwerke [frühestens] um das fünfzigste Jahr herum geliefert haben". Das lehrt schon der reife Hans Sachs den Stürmer und Dränger Walther von Stolzing in Richard Wagners *Meistersingern*: wahre Kunst entsteht für ihn erst aus der späten Distanz zur jugendlichen erotischen Energie.

> Mein Freund, in holder Jugendzeit,
> wenn uns von mächt'gen Trieben
> zum sel'gen ersten Lieben
> die Brust sich schwellet
> hoch und weit,
> ein schönes Lied zu singen
> mocht vielen da gelingen:
> der Lenz, der sang für sie.
> Kam Sommer,
> Herbst und Winterszeit,
> viel Not und Sorg im Leben,
> manch ehlich Glück daneben:
> Kindtauf, Geschäfte, Zwist und Streit: –
> wem's dann noch will gelingen
> ein schönes Lied zu singen,
> seht: Meister nennt man die!

Und deshalb rät Sachs dem jungen Ritter:

> Die Meisterregeln lernt beizeiten,
> daß sie getreulich Euch geleiten
> und helfen wohl bewahren
> was in der Jugend Jahren
> mit holdem Triebe
> Lenz und Liebe
> Euch unbewußt ins Herz gelegt,
> daß Ihr das unverloren hegt!

Wahre Kunst entsteht also erst in der sublimierenden Übertragung der erotischen Energie ins ästhetische Medium, und es ist für Sachs wie für seinen Dichter Richard Wagner evident, dass die Kunst ihre Vollendung nicht in der Jugend, sondern im fortgeschrittenen Alter erreicht.

Doch kann es mit der Liebe nicht auch so sein? Stifters *Nachsommer* ist das schönste poetische Dokument einer Liebe, die sich erst im Alter vollendet: eine Liebe, die nach den Irrungen und Wirrungen jugendlicher Leidenschaft den Worten des Romans zufolge „vielleicht das Spiegelklarste ist, was menschliche Verhältnisse aufzuweisen haben. [...] Sie ist innig, ohne Selbstsucht, [...] ist zart und hat gleichsam keinen irdischen Ursprung an sich".

Eine Münchner Literaturkritikerin erzählte mir, der große, 98 Jahre alt gewordene amerikanisch-französische Schriftsteller Julien Green habe ihr in einem Gespräch nicht lange vor seinem Tod, als sie melancholisch seufzte, dass mit dem Alter doch auch die Liebesfähigkeit abnehme, eindringlich entgegengehalten: „Le coeur ne vieillit pas." Das Herz altert nicht!

Lassen Sie mich meine Betrachtungen mit einem Zitat von Rainer Maria Rilke aus einem Brief an Arthur Holitscher vom 13. Dezember 1905 schließen, der das, was ich Ihnen über das Alter als Erfüllung, Chance und Herausforderung mitzuteilen versucht habe, wie in einer musikalischen Engführung verdichtet: „Ich glaube an das Alter, lieber Freund, Arbeiten und Altwerden, das ist es, was das Leben von uns erwartet. Und dann eines Tages alt sein und noch lange nicht alles verstehen, nein, aber anfangen, aber lieben, aber ahnen, aber zusammenhängen mit Fernem und Unsagbarem, bis in die Sterne hinein".[1]

---

[1] Festvortrag zur Eröffnung der Gemeinsamen Jahrestagung der Deutschen, Österreichischen und Schweizer Gesellschaften für Hämatologie und Onkologie im Rosengarten Mannheim, am 2. Oktober 2009.

Teil III
Menschen-Bilder und Wissenschaft: Lebenswissenschaften

Kapitel 13
Menschenbilder und Altersbilder – differenzierte Repräsentationen des Alters in ihrer Bedeutung für personale Entwicklungsprozesse

Andreas Kruse

1. Notwendigkeit eines neuen gesellschaftlichen Entwurfs des Alters – Differenzierung des Menschenbildes

Und dieses Einst, wovon wir träumen,
es ist noch nirgends, als in unserm Geist –
wir sind dies Einst, uns selbst vorausgereist
im Geist, und winken uns von seinen Säumen,
wie wer sich selber winkt
[Christian Morgenstern, Stufen]

In diesem von Morgenstern (1986, S. 252) verfassten Epigramm spiegelt sich eine Haltung wider, die für den gesellschaftlichen Umgang mit Fragen des Alterns grundlegend sein sollte: Wir stehen vor der Herausforderung, eine *veränderte Sicht des Alters zu entwickeln*, die auch auf die seelisch-geistigen Kräfte in dieser Lebensphase Bezug nimmt und darstellt, in welcher Weise unsere Gesellschaft von der Nutzung dieser Kräfte profitieren könnte. Bislang stehen eher die negativen Bilder des Alters im Vordergrund des öffentlichen Diskurses: Altern wird vorwiegend mit dem Verlust an Kreativität, Neugierde, Offenheit und Produktivität gleichgesetzt. Dieses einseitige Bild des Alters engt – indem es offene oder verborgene Altersgrenzen fördert – nicht nur die Zukunftsperspektiven älterer Menschen ein, es trägt auch dazu bei, dass die potenziellen Kräfte des Alters gesellschaftlich nicht wirklich genutzt werden: Und gerade dies kann sich eine alternde Gesellschaft nicht leisten.

Zu dieser veränderten Sicht des Alters gehört auch ein *differenziertes Menschenbild*, ein umfassendes Verständnis der Person. Damit ist zunächst gemeint, dass der Alternsprozess nicht auf das körperliche Altern reduziert werden darf, sondern dass auch dessen seelisch-geistige Dimension wahrgenommen und geachtet wird, wobei sich – wie gerade die psychologische Forschung zeigt – in dieser Dimension Entwicklungsmöglichkeiten bis in das hohe Alter ergeben. Zu nennen sind hier

A. Kruse (✉)
Institut für Gerontologie, Universität Heidelberg, Bergheimer Straße 20,
Heidelberg, Deutschland
E-Mail: andreas.kruse@gero.uni-heidelberg.de

M. Hilgert, M. Wink (Hrsg.), *Menschen-Bilder,*
DOI 10.1007/978-3-642-16361-6_13, © Springer-Verlag Berlin Heidelberg 2012

Erweiterungen der Wissenssysteme (vor allem in Bezug auf fundamentale Fragen des Lebens), die Neubewertung der eigenen Biografie im Lebensrückblick, neue Formen mitverantwortlichen Lebens gegenüber nachfolgenden Generationen, die Weiterentwicklung der Fähigkeit zum Schließen von Kompromissen zwischen Erreichtem und Nicht-Erreichtem, die Kompensation körperlicher Verluste sowie das zunehmende Vermögen, in den Grenzsituationen des Lebens eine tragfähige Lebens- und Zukunftsperspektive auszubilden. Es handelt sich dabei um Entwicklungsmöglichkeiten, das heißt, um Potenziale, deren Verwirklichung als individuelle Entwicklungsaufgabe verstanden werden kann – wobei die Verwirklichung dieser Potenziale durch eine Haltung in unserer Gesellschaft und Kultur gefördert wird, die von einem grundlegenden Interesse an Fragen des Alters bestimmt und offen für mögliche Gewinne ist, die das Alter des Menschen für unser Gemeinwohl bedeutet. Ein Menschenbild hingegen, dass sich primär oder sogar ausschließlich auf die körperliche Dimension der Person und damit auf das körperliche Altern konzentriert, geht an diesen potenziellen seelisch-geistigen Kräften vorbei – und erschwert damit zum einen individuelle Entwicklungsprozesse (kollektive Altersbilder haben Einfluss auf das individuelle Selbst), zum anderen aber den differenzierten gesellschaftlichen Diskurs zum Thema Alter (ausführlich dazu die Beiträge in Kruse 2010a).

Mit dem differenzierten Menschenbild ist weiterhin gemeint, dass die Verletzlichkeit und Endlichkeit des Lebens größere Akzeptanz in unserer Gesellschaft finden und überzeugende Formen des kulturellen Umgangs mit den Grenzen des Lebens entwickelt werden. Diese Aufgabe gewinnt angesichts der Tatsache, dass aufgrund der deutlich wachsenden Anzahl hoch betagter (80-jähriger und älterer Menschen) auch die Zahl pflegebedürftiger und demenzkranker Menschen erkennbar steigen wird, zunehmend an Bedeutung. Für die Diskussion zu Fragen des Menschenbildes ist wichtig, dass wir in unserer Forschung selbst bei demenzkranken Menschen in späten Stadien der Erkrankung Prozesse der *Selbstaktualisierung* erkennen konnten (Kruse 2010b, S. 17 ff.): Dies heißt, dass noch in diesen späten Phasen die grundlegende Tendenz des Psychischen erkennbar ist, sich auszudrücken, sich mitzuteilen, sich zu differenzieren. Diese Tendenz spiegelt sich in – vielfach sehr diskreten – mimischen Zeichen wider, die auf sensible Ansprache, vertraute Stimmen, Bilder, Klänge, Düfte und Speisen gegeben werden. Ähnliche Beobachtungen haben wir bei der Begleitung sterbender Menschen gewinnen können. Die Hervorhebung dieser Tendenz zur Selbstaktualisierung selbst im Falle der schweren (oder zum Tode führenden) Erkrankung erscheint uns als besonders bedeutsam, wenn es um Fragen des Menschenbildes geht (ausführlich dazu die Beiträge in Fuchs, Kruse und Schwarzkopf 2010): Damit wird nämlich ausgedrückt, dass der grundlegende Lebensimpuls – der élan vitale (Henri Bergson) – solange erkennbar ist, solange Psychisches existiert. Daraus folgt, dass dem Menschen das Leben nicht abgesprochen wird, solange er lebt. Vor allem aber bedeutet dies, dass wir dem schwer kranken oder sterbenden Menschen das Potenzial, eine Situation als stimmig zu erleben, auch dann nicht absprechen, wenn er „auf den ersten Blick" abgewandt, zurückgezogen und gedrückt erscheint. Aus diesem Grunde befassen wir uns derzeit intensiv mit der Frage, inwieweit die *Rehabilitation* – dies heißt, die systematische sensorische, motorische, kognitive und emotionale Stimulierung – deutlich stärker in die *Palliation* – dies heißt in die Versorgung schwer kranker und sterbender Menschen – integriert werden soll, um die Selbstaktualisierungstendenz des Menschen auch in dieser Phase des Lebens zu stützen. Dies erfordert eine grundlegende individuelle und kollektive Reflexion unseres Menschenbildes, in diesem Falle unseres Bildes vom Menschen in den Grenzsituationen seines Lebens.

Kommen wir zu einer ersten Bewertung: Wenn einerseits die seelisch-geistigen Kräfte des Alters vernachlässigt, andererseits die Grenzen im Alter ausgeblendet werden, dann erscheint diese Lebensphase in den kollektiven Deutungen als undifferenziert, als ein Abschnitt der Biografie, in dem die Psyche keinen nennenswerten Aufgaben und Anforderungen ausgesetzt ist, in dem aber auch keine Entwicklungsmöglichkeiten bestehen, deren Verwirklichung seelisch-geistiges Wachstum bedeuten würde, in dem Menschen nicht mehr schöpferisch sein und sich als mitverantwortlich für andere Menschen erleben können. Und gerade diese Sicht ist falsch: Die Alternsforschung belegt, in welchem Maße das Leben im Alter älteren Menschen als eine seelisch-geistige Aufgabe und Anforderung erscheint, in welchem Maße auch im Alter das Potenzial zu weiterer seelisch-geistiger Entwicklung gegeben ist, wie viel Mitverantwortung ältere Menschen übernehmen – vor allem innerhalb der Familie, aber auch außerhalb dieser (zivilgesellschaftliches Engagement).

Dabei finden sich gleichzeitig Hinweise auf den Einfluss, den die kollektiven Deutungen des Alters auf den individuellen Umgang mit Aufgaben und Anforderungen wie auch mit den Entwicklungspotenzialen im Alter ausüben (zum Beispiel Levy 2003, S. 206 f.). In einer Gesellschaft, in der mit Alter *unspezifisch und verallgemeinernd* Verluste (an Kreativität, Interesse, Offenheit, Zielen) assoziiert werden, sehen sich ältere Menschen nicht dazu motiviert, Initiative zu ergreifen und etwas Neues zu beginnen.

Aus diesem Grunde ergibt sich die Forderung nach veränderten kulturellen Entwürfen des Alters, die sich nicht allein auf körperliche Prozesse konzentrieren, sondern die in gleicher Weise seelisch-geistige Prozesse berücksichtigen, die die Verschiedenartigkeit der individuellen Lebens- und Kompetenzformen im Alter anerkennen und diese als Grundlage für vielfältige Formen des schöpferischen und produktiven Lebens verstehen (Kommission 2010, S. 8 ff.). Das Alter in seiner *Differenziertheit* zu erkennen und anzusprechen, Möglichkeiten gezielter *Beeinflussung* von Alternsprozessen zu erkennen und umzusetzen (zu nennen sind hier das Erschließen von Bereichen zivilgesellschaftlichen Handelns, die Schaffung altersfreundlicher Umwelten, Initiativen in den Bereichen Bildung, Prävention und Rehabilitation), ist eine gesellschaftliche Aufgabe, deren Lösung empirisch fundierte Visionen eines gesellschaftlich wie individuell „guten Lebens" im Alter erfordert (Ehmer und Höffe 2009, S. 201). Doch sind wir in unserer Gesellschaft mit der Entwicklung solcher Visionen noch viel zu zaghaft, zeigen wir uns gegenüber dem Alter in viel zu starkem Maße *reserviert*.

2. Notwendigkeit eines potenzialorientierten Diskurses über Alter

Die Frage nach den Chancen und Voraussetzungen der Entwicklung und Nutzung von Stärken und Potenzialen des Alters hat vor dem Hintergrund des demografischen Wandels weltweit an Bedeutung gewonnen (ausführlich dazu: United Nations 2002). In Nordamerika und Westeuropa werden in den nächsten Jahren zunehmend die im Kontext des Baby-Booms nach dem Zweiten Weltkrieg geborenen Personen aus dem Erwerbsleben ausscheiden. Aber auch in anderen Ländern, die gegenwärtig noch eine vergleichsweise jüngere Altersstruktur aufweisen, wird es angesichts steigender Lebenserwartung und sinkender Geburtenraten in absehbarer Zukunft nicht mehr möglich sein, Innovationsfähigkeit, Wirtschaftswachstum und Wohlstand, nicht zuletzt auch leistungsfähige soziale Sicherungs- und Rentensysteme, allein auf die Produktivität jüngerer Generationen zu gründen. Gerade in alternden Gesellschaften wird sich der Beitrag älterer Menschen in Wirtschaft und Gesellschaft zu einem zentralen Gegenstand des öffentlichen Diskurses entwickeln (Kommission 2010, S. 94 ff.).

Bei einer theoretisch-konzeptionellen Analyse von Potenzialen des Alters bietet sich der Blick auf ein zentrales Werk von Sören Kierkegaard an. Es mag überraschen, dass wir uns hier auf dessen Existenzphilosophie beziehen, doch gibt es keine aktuelle Definition des Potenzial-Begriffs in seiner Beziehung zum Alter, die so originell ist wie jene, die Sören Kierkegaard in seinem Essay „Die Krise und eine Krise im Leben einer Schauspielerin" (Kierkegaard 1984) entwickelt. Darin wird zwischen zwei Metamorphoseformen – jener der Kontinuierlichkeit und jener der Potenzierung – unterschieden und folgende Definition gegeben:

> Die Metamorphose der *Kontinuierlichkeit* wird sich im Lauf der Jahre gleichmäßig ausbreiten über den wesentlichen Umfang der Aufgaben innerhalb der Idee der Weiblichkeit; die der *Potenzierung* wird sich im Lauf der Jahre immer intensiver zu derselben Idee verhalten, die, wohlgemerkt ästhetisch verstanden, im höchste Sinne die Idee der Weiblichkeit ist. (Kierkegaard 1984, S. 105)

Dabei geht er von folgender Beziehung zwischen Metamorphose und Alter aus:

> Jedes Jahr wird den Versuch darauf machen, seinen Satz von der Macht der Jahre zu beweisen, aber die Perfektibilität und die Potenzialität werden siegreich den Satz der Jahre widerlegen. (Kierkegaard 1984, S. 106)

Es ist für die potenzialorientierte Sicht des Alters von großem Wert, zwischen diesen beiden Metamorphosen zu differenzieren: Die erste (Kontinuierlichkeit, Perfektibilität) bezieht sich auf seelisch-geistige Kräfte, die wir heute als Wissenssysteme und Überblick über bestimmte Arbeits- und Lebensgebiete umschreiben. Wie bereits dargelegt, zeigen sich hier selbst im hohen Alter bemerkenswerte Entwicklungspotenziale. Die zweite (Potenzialität) hingegen legt besonderes Gewicht auf die schöpferischen Kräfte im Prozess der Vervollkommnung einer Idee, eines Werkes oder persönlich bedeutsamer Daseinsthemen – und auch hier sind im Alter Entwicklungsprozesse erkennbar. Diese wurden von Erikson (1966, S. 38 ff.) mit dem Begriff der *Integrität* umschrieben. Darunter versteht er die Fähigkeit des Menschen, im Rückblick auf sein Leben Themen zu erkennen, die für sein Selbst konstitutiv gewesen sind, diese Themen auch im Bewusstsein um die begrenzte Lebenszeit zu reflektieren und gegebenenfalls weiterzuführen (hier können sich noch einmal neue Verantwortungsperspektiven ergeben) und die eigene Biografie trotz aller Rückschläge und Unvollkommenheiten annehmen zu können. Wem dies nicht gelingt, so formuliert Erikson weiter, wird die Herausforderungen des Alters nicht bewältigen, wird vor allem seine Endlichkeit nicht akzeptieren können (in diesem Falle spricht Erikson von „Verzweiflung").

3. Notwendigkeit einer neuen Verantwortungsethik – die *coram*-Struktur des Lebens im Alter

> Dies die Athener zu lehren, befiehlt mir mein Herz,
> dass Dysnomie der Stadt sehr viel Unglück bereitet,
> Eunomie aber alles wohlgeordnet und, wie es sein soll,
> hervorbringt und beständig den Ungerechten Fesseln umlegt.
> Raues glättet sie, beendet Übermut, erniedrigt die Hybris
> und lässt vertrocknen der Verblendung wachsende Blüte,
> richtet gerade die krummen Rechtssprüche und mildert hochmütiges Tun,
> beendet die Taten der Zwietracht, beendet den Zorn schlimmen Streites;
> und es ist unter ihr alles im menschlichen Bereich,
> wie es sein soll, und vernünftig.
> [Solon (640 – 560 v. Chr.): Staats- oder Eunomnia-Elegie]

Die Staats- oder Eunomnia-Elegie gilt als „Geburtsurkunde" des Bürgerstaates (grundlegend: Stahl 1992, S. 401 ff.). Solon appelliert an die Gesellschaft („Polisgemeinschaft"), die individuellen, partikularen Interessen dem Gemeinwohl unterzuordnen. In dem Maße, in dem die Mitglieder der Polis Verantwortung für die Gemeinschaft übernehmen, tragen sie zur Verwirklichung des Eunomie bei, die alles „wohlgeordnet und, wie es sein soll, hervorbringt".

Wenn von Verantwortung gesprochen wird, so ist – dieser Idee der Polis und des Gemeinwohls zufolge – die Mitverantwortung des Individuums für die Polisgemeinschaft gemeint, von der im Grunde niemand ausgenommen ist, von der aber im Grunde auch niemand ausgeschlossen werden darf.

Die Idee der Polis und des Gemeinwohls lässt sich mit dem Begriff des „öffentlichen Raumes" in die Gegenwart übertragen, der für das politikwissenschaftliche Werk von Hannah Arendt zentral ist. Dabei liegt die Verbindung zum Werk von Hannah Arendt nahe, da sich diese Autorin – so zum Beispiel in ihrer Schrift *Vita activa oder vom tätigen Leben* (Arendt 1960, vor allem S. 62 ff.) – ausdrücklich auf Ideen aus der altgriechischen Philosophie bezieht, in besonderer Weise auf die Idee der Polis und des Gemeinwohls. Freiheit interpretiert Arendt im Sinne des Zugangs jedes Individuums zum öffentlichen Raum und des Mitgestaltens des öffentlichen Raums. Arendt spricht von *den* Menschen und nicht von *dem* Menschen, um hervorzuheben, dass die Vielfalt der Menschen Grundlage für das schöpferische Leben im öffentlichen Raum darstelle. Der Ausschluss eines Menschen aus dem öffentlichen Raum – sei es aufgrund seines Geschlechts, seines Alters, seiner Hautfarbe oder eines Handicaps – würde nicht nur die Idee des öffentlichen Raumes (und damit der Demokratie) kompromittieren, sondern auch diesen Menschen selbst schwächen, denn: Der Mensch ist ein *zoon politikon*, Menschen sind *zoa politika*, das heißt, sie streben in den öffentlichen Raum, sie haben das Bedürfnis, diesen aktiv mitzugestalten. Dabei ist die Mitgestaltung des öffentlichen Raums – in unserer Terminologie: die Übernahme von Mitverantwortung für andere Menschen (Kruse 2005, S. 281 ff.) – nicht als ein beiläufiges, sondern als ein zentrales Merkmal der Person zu werten.

Eine Verantwortungsethik gibt Hinweise auf ein *verändertes Verständnis von Alter*. In welchen Verantwortungsbezügen steht der Mensch? Drei Verantwortungsbezüge sind hier zu nennen, die in ihrer Gesamtheit jene *coram*-Struktur bilden, die die Bedeutung des Alters für das Individuum wie auch für die Gesellschaft erhellt. Den ersten Verantwortungsbezug bildet die Selbstsorge des Individuums, das heißt, dessen Verantwortung für sich selbst, den zweiten die Mitverantwortung des Individuums, das heißt dessen Bereitschaft, sich für Menschen, für die Gesellschaft zu engagieren, den dritten die Verantwortung des Individuums vor der Schöpfung.

Überlegungen zum Alter in den Kontext dieser Verantwortungsbezüge zu stellen, bedeutet, zu fragen, was der Mensch selbst in früheren und späteren Lebensjahren dafür tun kann, um Kompetenz, Selbstständigkeit und Lebensqualität zu bewahren. Es sind selbstverständlich gesellschaftliche Vorleistungen (und zwar im Sinne der Daseinsvorsorge) notwendig, um den Menschen zur Selbstsorge zu befähigen, es ist jedoch genauso wichtig, dessen Verantwortung für das eigene Leben in allen Phasen des Lebens zu betonen und an diese zu appellieren. In diesem Kontext sind die Lern- und positiven Veränderungspotenziale des Menschen bis ins hohe Alter hervorzuheben, die für Bildungsprozesse auch nach Ausscheiden aus dem Beruf sprechen. Individuelle Bildungsaktivitäten können für die Erhaltung von Kompetenz, Selbstständigkeit, Gesundheit und Lebensqualität nicht hoch genug bewertet werden (grundlegend: Beiträge in Kruse 2008; Müller 2010).

Ein aus gesellschaftlicher wie auch aus individueller Sicht gelingendes Altern ist zudem an die Mitverantwortung des Menschen gebunden, die verstanden werden soll als gesellschaftliche Teilhabe oder – in den Worten von Arendt (1960, S. 65) – als Zugang zum öffentlichen Raum sowie als dessen aktive Mitgestaltung. Der öffentliche Raum beschreibt dabei jenen Raum, in dem sich Menschen (in ihrer Vielfalt) begegnen, sich in Worten und Handlungen austauschen, etwas gemeinsam beginnen – und dies im Vertrauen darauf, von den anderen Menschen in der eigenen Besonderheit erkannt und angenommen zu werden, sich aus der Hand geben, sich für einen Menschen oder eine Sache engagieren zu können. Dabei ist bei alten Menschen nicht selten die Sorge erkennbar, im Falle körperlicher Einschränkungen von anderen Menschen abgelehnt, in seiner Einzigartigkeit nicht mehr erkannt, aufgrund seines Alters nicht mehr als ebenbürtig akzeptiert zu werden – was bedeutet, dass man sich mehr und mehr aus dem öffentlichen Raum ausgeschlossen fühlt und sich die Verwirklichung von Mitverantwortung nicht länger zutraut. In diesem Falle, so sei hier unterstrichen, nimmt man dem Menschen auch das *Politische* – dieser fühlt sich nämlich nicht mehr länger als Teil von Gemeinschaft, von Gesellschaft, die er durch eigenes Handeln mit gestalten, für die er Mitverantwortung empfinden kann. In jenen Fällen, in denen ältere Menschen aus dem öffentlichen Raum ausgeschlossen werden (sei es, dass sie abgelehnt werden, sei es, dass sie auf verborgene Grenzen und Diskriminierungen stoßen), beraubt sich unsere Gesellschaft eines Teils ihrer Vielfalt. Zudem schadet sie im Kern dem Gedanken der Demokratie. Mitverantwortliches Leben wird von den meisten älteren Menschen als eine Quelle subjektiv erlebter Zugehörigkeit wie auch von Sinnerleben, von positiven Gefühlen, von Lebensqualität verstanden. Nicht allein die soziale Integration ist für ältere Menschen bedeutsam, sondern das aktive Engagement für andere Menschen – und gerade in diesem liegt die Grundlage für Mitverantwortung oder soziale Teilhabe.

Neben diesen beiden Verantwortungsbezügen wurde schließlich ein dritter genannt: Nämlich die Verantwortung des Menschen vor der Schöpfung, vor Gott. Damit ist die Bereitschaft des Menschen angesprochen, sich für nachfolgende Generationen einzusetzen und diese durch Bereitstellung eigener Ressourcen – materielle, kognitive, instrumentelle, emotionale oder zeitliche – in ihrer Entscheidung für die Zeugung neuen Lebens zu stärken und sie bei der Verbindung von familiären und beruflichen Aufgaben zu unterstützen. Initiativen des Gesetzgebers zur Förderung des Engagements älterer Generationen für die nachfolgenden Generationen sind an dieser Stelle ausdrücklich zu würdigen und zu unterstützen, denn ein derartiges Engagement ist zum einen für die nachfolgenden Generationen von hohem Wert, zum anderen stärkt es die Überzeugung älterer Menschen, ihren Beitrag zur Gerechtigkeit zwischen den Generationen zu leisten. An dieser Stelle ist das hohe Engagement der älteren Generation in Familie und Zivilgesellschaft hervorzuheben, zugleich aber der Wunsch vieler älterer Menschen, neue – und gesellschaftlich ausreichend anerkannte und geförderte – Tätigkeitsfelder für zivilgesellschaftliches Engagement zu finden (Klie 2010, S. 167 ff.).

4. Notwendigkeit einer veränderten Sicht von Abhängigkeit – Integration der Vorder- und Rückseite unseres Lebens

Media in vita in morte sumus
[Notker der Stammler (um 900 n. Chr.)]

Media in vita in morte sumus – kehrs umb! – media in morte in vita sumus
[Martin Luther (1483–1546)]

Die veränderte Sicht von Abhängigkeit soll zunächst mit dem von uns gewählten Begriff der *bewusst angenommenen Abhängigkeit* zum Ausdruck gebracht werden, die wir – neben Selbstständigkeit, Selbstverantwortung und Mitverantwortung – als zentrale Kategorie des „guten Lebens" (eudaimonia) im Alter verstehen (Kruse 2005, S. 275 ff.). Die bewusst angenommene Abhängigkeit beschreibt die Bereitschaft des Individuums, die grundlegende Angewiesenheit auf die Hilfe anderer Menschen anzunehmen. Dabei stellt sich, wie Martin Buber in der Charakterisierung des dialogischen Prinzips hervorhebt, die Erfahrung der Angewiesenheit auf den anderen Menschen in jeder wahrhaftig geführten Kommunikation ein (grundlegend: Buber 1971). Die Abhängigkeit von der Hilfe anderer Menschen gewinnt besonderes Gewicht, wenn die Lebenssituation von Einschränkungen bestimmt ist, die ein selbstständiges und selbstverantwortliches Leben erkennbar erschweren, wie dies im Falle gesundheitlicher und sozialer Verluste oder im Falle materieller Einschränkungen der Fall ist. In diesem Falle stellt sich vermehrt die Aufgabe einer bewussten Annahme der gegebenen Abhängigkeit. Damit ist gemeint, dass das Individuum die Angewiesenheit auf diese Hilfen ausdrückt, auf seine Bedürftigkeit hinweist, Ansprüche auf Solidarität – jene anderer Menschen, aber auch jene der Gesellschaft – artikuliert und diese Solidarität einfordert. Diese Artikulation, diese Einforderung gelingt aber nur in dem Maße, in dem eine Gesellschaft Einschränkungen nicht als „Makel" deutet, sondern als Aspekte einer Lebenssituation, mit der jeder Mensch (zum Teil auch ganz plötzlich) konfrontiert sein kann. In dieser Weise lässt sich auch eine Aussage aus der 17. Meditation des Schriftstellers und Priesters John Donne (1572–1631) deuten:

> No man is an island, entire of itself; every man is a piece of the continent, a part of the main. … Any man's death diminishes me, because I am involved in mankind. Therefore, do not send to know for whom the bell tolls, it tolls for thee.(Donne 1624/2008, S. 124).

Auf unser Überlegungen übertragen, heißt dies: Wir sollten uns der Tatsache bewusst sein, dass sich im Schicksal eines von Einschränkungen bestimmten Menschen immer auch *mein mögliches Schicksal* widerspiegelt. Eine solche Haltung dem anderen Menschen und der eigenen Person gegenüber bildet eine Grundlage für praktizierte Solidarität, die Menschen motiviert, ihre Ansprüche auf Hilfeleistungen (anderer Menschen wie auch der Gesellschaft) zu artikulieren.

Bewusst angenommene Abhängigkeit beschreibt mit Blick auf das hohe Alter die Fähigkeit, irreversible Einschränkungen und Verluste anzunehmen, wobei diese Fähigkeit durch ein individuell angepasstes und gestaltbares, kontrollierbares System an Hilfen gefördert wird. Mit dem Hinweis auf das *individuell angepasste* und *gestaltbare, kontrollierbare System* an Hilfen soll deutlich gemacht werden, dass mit bewusst angenommener Abhängigkeit nicht die Abhängigkeit von institutionellen Praktiken gemeint ist. Vielmehr ist hier ein Hilfesystem angesprochen, das von einer Ressourcen-, Kompetenz- und Teilhabeorientierung bestimmt ist, somit die Förderung von Selbstständigkeit und Selbstverantwortung in das Zentrum der Hilfen stellt.

Vor diesem Hintergrund erscheint eine deutliche Stärkung der Rehabilitationsorientierung in allen Phasen der Pflege, Versorgung und Begleitung als zielführend. Mit dem Konzept der „Rehabilitativen Pflege, Versorgung und Betreuung" wird auch auf die *ICF – Internationale Klassifikation der Funktionsfähigkeit, Behinderung und Gesundheit* Bezug genommen, in der neben dem biologisch-medizinischen Verständnis das subjekt- und teilhabeorientierte Verständnis von Gesundheit und gesundheitlichen Einbußen im Vordergrund steht. Somit ist in jedem einzelnen Falle zu bestimmen, wie bei eingetretenen gesundheitlichen Einbußen durch gezielte Förderung personaler Ressourcen und Kompetenzen sowie durch gezielte Adaptation der Umwelt an Ressourcen, Kompetenzen und bleibende Einschränkungen das selbstständige, selbstverantwortliche und mitverantwortliche Leben der Person möglichst weit erhalten oder wiederhergestellt werden kann. *Rehabilitativ* ist ein solcher Ansatz in der Hinsicht, als er die gezielte Förderung der körperlichen, kognitiven, alltagspraktischen und sozialkommunikativen Funktionen und Fertigkeiten wie auch emotionaler Prozesse in das Zentrum stellt und sich dabei ganz auf wissenschaftlich fundierte und praktisch erprobte Interventionsverfahren stützt. Die Integration des Rehabilitativen in die Pflege bedeutet, dass vermehrt Schnittmengen zwischen Rehabilitation und Pflege geschaffen werden, die letztlich auch leistungsrechtlich fundiert werden müssen.

Die bewusst angenommene Abhängigkeit soll aber noch in einen weiteren Bezugsrahmen gestellt werden, der auch im Titel dieses Abschnittes – wenn nämlich von der Integration der Vorder- und der Rückseite des Lebens die Rede ist – angesprochen wird. Gemeint ist hier die *Integration zweier grundlegender Ordnungen:* Der Ordnung des Lebens und der Ordnung des Todes (grundlegend Kruse 2007). Mit dem Begriff „Ordnung des Todes" soll zum Ausdruck gebracht werden, dass der Tod nicht ein einzelnes Ereignis darstellt, sondern vielmehr ein unser Leben strukturierendes Prinzip (grundlegend v. Weizsäcker 2005), das in den verschiedensten Situationen des Lebens sichtbar wird, zum Beispiel dann, wenn wir an einer schweren, lang andauernden Erkrankung leiden, die uns unsere Verletzlichkeit und Begrenztheit sehr deutlich vor Augen führt, oder dann, wenn wir eine nahe stehende Person verlieren. In den einzelnen Lebensaltern besitzen die beiden Ordnungen unterschiedliches Gewicht: In den frühen Lebensaltern steht eher die Ordnung des Lebens im Zentrum – ohne dass die Ordnung des Todes damit ganz „abgeschattet" werden könnte –, in den späten Lebensaltern tritt hingegen die Ordnung des Todes immer mehr in den Vordergrund, ohne dass dies bedeuten würde, dass die Ordnung des Lebens damit aufgehoben wäre. Wenn Menschen pflegebedürftig sind oder an einer fortgeschrittenen Demenz leiden, dann werden sie, dann werden auch ihre engsten Bezugspersonen immer stärker mit der Ordnung des Todes konfrontiert: Die hohe Verletzlichkeit und die Vergänglichkeit dieser Existenz sind zentrale Merkmale der Ordnung des Todes. Doch dürfen auch bei der Konfrontation mit der Ordnung des Todes nicht die Ausdrucksformen der Ordnung des Lebens übersehen werden. Denn dies zeigen empirische Befunde: Auch bei hoher Verletzlichkeit können Menschen bemerkenswerte seelisch-geistige Kräfte zeigen, die sie in die Lage versetzen, **bestehende** körperliche Einschränkungen zu verarbeiten.

Die Notwendigkeit, im Lebenslauf zu einer Verbindung der Ordnung des Lebens und der Ordnung des Todes zu gelangen, findet sich eindrucksvoll ausgedrückt in einer Aussagen der Schriftstellerin Marie Luise Kaschnitz (1901–1974):

> Wenn einer sich vornähme, das Wort Tod nicht mehr zu benützen, auch kein anderes, das mit dem Tod zusammenhängt, mit dem Menschentod oder dem Sterben der Natur. Ein ganzes Buch würde er schreiben, ein Buch ohne Tode, ohne Angst vor dem Sterben, ohne Vermissen der Toten, die natürlich auch nicht vorkommen dürfen ebenso wenig wie Friedhöfe, sterbende Häuser, tödliche Waffen, Autounfälle, Mord. Er hätte es nicht leicht, dieser Schreibende, jeden Augenblick müsste er sich zur Ordnung rufen, etwas, das sich eingeschlichen hat, wieder austilgen, schon der Sonnenuntergang wäre gefährlich, schon ein Abschied, und das braune Blatt, das herabweht, erschrocken streicht er das braune Blatt. Nur wachsende Tage, nur Kinder und junge Leute, nur rasche Schritte, Hoffnung und Zukunft, ein schönes Buch, ein paradiesisches Buch (Kaschnitz 1981, S. 21).

5. Offenheit des Menschen für neue Entwicklungsmöglichkeiten

Der wissenschaftliche Diskurs über Potenziale – also Entwicklungsmöglichkeiten – im Alter kann nicht losgelöst von der Offenheit des Menschen für neue Herausforderungen und Anforderungen – seiner Person wie auch der Gesellschaft und Kultur – geführt werden. Denn erst die Offenheit lässt den Menschen jene Entwicklungsmöglichkeiten, die in einer Situation gegeben sind, differenziert wahrnehmen und erkennen.

Die prinzipielle Veränderungs- und Wandlungsfähigkeit des Menschen über die gesamte Lebensspanne bildet eine der grundlegenden Aussagen der empirisch fundierten Psychologie der Lebensspanne. Dabei betrifft diese Veränderungs- und Wandlungsfähigkeit nicht allein die kognitiven Leistungen eines Menschen, sondern auch dessen Erleben, Verhalten und Handeln – mithin bedeutsame Seiten seiner Persönlichkeit. Klassische Entwicklungstheorien – zu nennen sind hier zum Beispiel jene der Individuation von Carl Gustav Jung (zum Beispiel: 1976) oder des epigenetischen Diagramms von Erikson (zum Beispiel: 1966) – postulieren die in der späteren, empirisch ausgerichteten Lebenslaufforschung bestätigte Veränderbarkeit und Formbarkeit (Plastizität) der Persönlichkeit, wobei in neueren theoretischen Arbeiten der Aspekt der Entwicklungsfähigkeit im Alter um jenen der Entwicklungsnotwendigkeit im Alter ergänzt wurde (ausführlich in: Heuft et al. 2006, S. 64 ff.). Diese Ergänzung erscheint dabei vor allem im Kontext der zum Teil hohen Anforderungen, die dem Menschen speziell im hohen Alter gestellt sind (erhöhte körperliche Vulnerabilität, Verluste im sozialen Bereich, vermehrte Konfrontation mit der Endlichkeit und mit dem Leben als Fragment), sinnvoll. Doch gilt dies nicht nur im Hinblick auf diese Anforderungen. Genauso bedeutsam sind mögliche Formen der Kreativität im hohen Alter, deren Verwirklichung auch Entwicklung notwendig machen: Zu nennen sind hier zum Beispiel der originelle Gebrauch von Wissen und Strategien mit dem Ziel, zu einer neuartigen Lösung eines Problems zu gelangen.

Die Veränderungs- und Wandlungsfähigkeit ist an die grundlegende Offenheit des Menschen für neue Entwicklungsanforderungen und Entwicklungsaufgaben gebunden – eine Aussage, die durch Robert Peck (1977, S. 537 ff.) eine besondere Akzentuierung erfahren hat; Peck wählt hier den Begriff der *kathektischen Flexibilität*, den er im Sinne der Fähigkeit deutet, „emotionelle Bindungen von einer Person auf die andere und von einer Tätigkeit auf die andere zu übertragen. In gewisser Weise sind alle Umstellungen in der Anpassung, die während des ganzen Lebens vollzogen werden, eine solche Verschiebung emotionaler Bindungen" (Peck 1977, S. 537). Diese Aussage lässt sich durch ein Epigramm von Morgenstern (1986) veranschaulichen:

> Das ist das Ärgste, was einem Menschen geschehen kann, aus einem Fließenden ein Starrer (ja auch nur ein Stockender) zu werden. Das erkennt mancher und nährt Friedlosigkeit in sich oder unaufhörlichen Zweifel (so tat ich es), oder er ergibt sich einem Streben nach fast Unmöglichem, Ungeheurem. Manche aber überlassen sich ihrer natürlichen Liebe zu Welt und Mensch und damit geraten sie denn bald in die Strömung des unendlichen Lebens, wer-

den hineingerissen in den ewigen Zusammenhang aller Dinge, in dem es keinen Stillstand gibt. (Morgenstern 1986, S. 186)

Die Offenheit als psychologisches Konstrukt geht vor allem auf den von William Stern (1923) eingeführten Plastizitäts-Begriff zurück. In seiner Schrift *Die menschliche Persönlichkeit* ist zum Thema „Bildsamkeit oder Plastik der Person" zu lesen:

> Das, was wir ihre Bildsamkeit nennen, ist nicht ein beliebiges Sich-kneten-Lassen und Umformen-Lassen, sondern ist wirkliche Eigendisposition mit aller inneren Aktivität, ist ein Gerichtet- und Gerüstetsein, welches die Nachwirkungen aller empfangenen Eindrücke selbst zielmäßig auswählt, lenkt und gestaltet (Stern 1923, S. 156).

Thomae hebt in seiner Schrift *Persönlichkeit – eine dynamische Interpretation* (1966) hervor, dass die im Lebenslauf entwickelte und erhaltene Offenheit für neue Möglichkeiten und Anforderungen einer Situation grundlegend für die Entwicklungsfähigkeit im Alter und dabei auch für die gelingende Auseinandersetzung mit den Grenzsituationen des Lebens sei. Thomae charakterisiert diesen Zusammenhang wie folgt:

> So könnte man etwa als Maßstab der Reife die Art nehmen, wie der Tod integriert oder desintegriert wird, wie das Dasein im ganzen eingeschätzt und empfunden wird, als gerundetes oder unerfülltes und Fragment gebliebenes, wie Versagungen, Fehlschläge und Enttäuschungen, die sich auf einmal als endgültige abzeichnen, abgefangen oder ertragen werden. (…) Güte, Abgeklärtheit und Gefasstheit sind nämlich nicht einfach Gesinnungen oder Haltungen, die man diesen oder jenen Anlagen oder Umweltbedingungen zufolge erhält. Sie sind auch Anzeichen für das Maß, in dem eine Existenz geöffnet blieb, für das Maß also, in dem sie nicht zu Zielen, Absichten, Spuren von Erfolgen oder Misserfolgen gerann, sondern so plastisch und beeindruckbar blieb, dass sie selbst in der Bedrängnis und noch in der äußersten Düsternis des Daseins den Anreiz zu neuer Entwicklung empfindet. (Thomae 1966, S. 145)

In einem Beitrag von Rosenmayr (2004) zur Philosophie des Alters wird Offenheit im Sinne von Sich-ergreifen-Lassen gedeutet und in einen Zusammenhang mit der eigenen Handlungstätigkeit des Individuums gestellt:

> Das Alter könnte ein Weg sein zum Einklang. Das bedeutet mehr als Selbstfindung oder Selbstübereinstimmung. Findungsprozesse oder gefundene Übereinstimmungen sind Voraussetzungen für den Einklang. Einklang ist kein Wissen. Weisheit, wenn es sie gäbe, schafft den Einklang nicht. Einklang vermag sich einzustellen durch das Sich-ergreifen-Lassen. Und aus solchem Ergriffen-Sein kann auch eigenes Ergreifen hervorgehen. Für das Paradigma des ergriffenen Ergreifens als einer grundlegenden Altershaltung lässt sich vorbringen, dass es das Sich-Hingeben und Gewähren (als Sich-ergreifen-Lassen) in einen inneren Zusammenhang mit eigener Handlungstätigkeit zu setzen vermag. (Rosenmayr 2004, S. 23 f.)

6. Abschluss – An sich

Bei der Reflexion über Potenziale des Alters und über Offenheit in ihrer Bedeutung für deren Verwirklichung ist die Besinnung auf die Frage hilfreich, worin eigentlich das Wesen von seelisch-geistiger Entwicklung liegt. Diese Frage lässt sich mit Hinweis auf das lateinische Wort *formatio* beantworten, das übersetzt werden kann mit Handlungen, durch die das Individuum die ihm eigene Gestalt *(forma)* annimmt. Das Wort *forma* stellt dabei die Übersetzung des griechischen *eidos* dar, das im Sinne von *Wesen* oder *eigentlicher Gestalt* eines Menschen verstanden werden muss. Hier nun gelangen wir zu einem interessanten Verständnis des Zusammenhangs zwischen Entwicklungspotenzialen einerseits und *lebenslanger Bildung* andererseits: Letzte trägt dazu bei, dass wir vermehrt in die Lage versetzt werden, uns im Laufe unseres Lebens immer mehr unserem Wesen, unserer eigentlichen Gestalt anzunähern. In dieser Weise hat ja Sören Kierkegaard Potenzialität verstanden, wie bereits dargelegt wurde. Entscheidend ist, dass sich nun im gesellschaftlichen und kulturellen ein Menschenbild durchsetzt, das von der lebenslang gegebenen *Entwicklungsmöglichkeit* des Menschen ausgeht, wie auch von dem lebenslang bestehenden Recht und der lebenslang bestehenden Verpflichtung des Individuums, sich zu *bilden*.

Die hier angesprochene Verantwortung des Menschen für sich selbst (die immer wieder zu fundieren ist durch die Mitverantwortung der Gesellschaft für die Schaffung von Lebensbedingungen, unter denen sich Selbstverantwortung verwirklichen kann) wird in einer berührenden Weise in dem Gedicht *An sich* des Barockdichters Paul Fleming (1609–1640) ausgedrückt. In diesem ist das innere Gerichtetsein angesprochen, dessen Verwirklichung als schöpferisches Moment erscheint. Dabei endet die Möglichkeit zum schöpferischen Leben nicht mit einem bestimmten Alter, sondern besteht über den gesamten Lebenslauf – sogar in den Grenzsituationen des Lebens.

> Sei dennoch unverzagt, gib dennoch unverloren
> Weich keinem Glücke nicht, steh höher als der Neid
> Erfreue dich an dir und acht es für kein Leid
> Hat sich gleich wider dich Glück, Ort und Zeit verschworen.
> Was dich betrübt und labt, halt alles für erkoren
> Nimm dein Verhängnis an, lass alles unbereut
> Tut was getan muss sein und eh man dir's gebeut
> Was du noch hoffen kannst, das wird noch stets geboren.
> Was lobt, was klagt man doch? Sein Unglück und sein Glücke
> Ist ihm ein jeder selbst. Schau alle Sachen an
> Dies alles ist in dir. Lass deinen eitlen Wahn.
> Und eh du fürder gehst, so geh in dich zurücke.
> Wer sein selbst Meister ist und sich beherrschen kann
> Dem ist die weite Welt und alles untertan.

Literatur

Arendt H (1960) Vita activa oder vom tätigen Leben.Kohlhammer, Stuttgart
Buber M (1971) Ich und Du. Lambert Schneider, Heidelberg
Donne J (1624/2008) Devotions upon emergent occasions. BiblioBazaar, Charleston
Ehmer J, Höffe O (2009). Bilder des Alters im Wandel. Historische, interkulturelle, theoretische und aktuelle Perspektiven, Altern in Deutschland, Bd 1, Nova Acta Leopoldina, Bd 99. Wissenschaftliche Verlagsgesellschaft, Stuttgart, S 197–205

Erikson EH (1966) Identität und Lebenszyklus. Suhrkamp, Frankfurt

Fuchs, T, Kruse A, Schwarzkopf G (Hrsg.) (2010). Menschenwürde am Lebensende. Universitätsverlag Winter, Heidelberg

Heuft G, Kruse A, Radebold H (2006). Gerontopsychosomatik und Alterspsychotherapie. Reinhardt, München

Jung CG (1976) Die Lebenswende. In: Niehus-Jung M, Hurwitz-Eisner L, Riklin F, Jung-Merker L, Rüf E, Jung CG (Hrsg.) Gesammelte Werke, Bd. 8: Die Dynamik des Unbewussten. Olten, Walter, S 425–442

Kaschnitz ML (1981) Steht noch dahin, 6. Aufl. Suhrkamp, Frankfurt

Kierkegaard S (1984) Die Krise und die Krise im Leben einer Schauspielerin. Werke, Bd. 2. Syndikat, Frankfurt, S 85–106,

Klie T (2010). Potenziale des Alters und Rollenangebote der Zivilgesellschaft. In: Kruse A (Hrsg.) Potenziale im Altern. Akademische Verlagsgesellschaft, Heidelberg, S 146–173

Kommission (2010) Altersbilder in unserer Gesellschaft. Sechster Altenbericht der Bundesregierung. Bundesministerium für Familie, Senioren. Frauen und Jugend, Berlin

Kruse A (2005) Selbstständigkeit, Selbstverantwortung, bewusst angenommene Abhängigkeit und Mitverantwortung als Kategorien einer Ethik des Alters. Zeitschrift für Gerontologie & Geriatrie 38:273–286

Kruse A (2007) Das letzte Lebensjahr. Die körperliche, seelische und soziale Situation des alten Menschen am Ende seines Lebens. Kohlhammer, Stuttgart

Kruse A (Hrsg.) (2008) Weiterbildung in der zweiten Lebenshälfte. Multidisziplinäre Antworten auf Herausforderungen des demografischen Wandels. Schriftenreihe des Deutschen Instituts für Erwachsenenbildung. Bertelsmann Verlag, Bielefeld

Kruse A (Hrsg.) (2010a) Potenziale im Alter. Akademische Verlagsgesellschaft, Heidelberg

Kruse A (2010b) Menschenbild und Menschenwürde als grundlegende Kategorien der Lebensqualität demenzkranker Menschen. In: Kruse A (Hrsg.) Lebensqualität bei Demenz? Zur Bewältigung einer Grenzsituation menschlichen Lebens. Akademische Verlagsgesellschaft, Heidelberg, S 2–24

Levy BR (2003) Mind matters: Cognitive and physical effects of aging stereotypes. Journal of Gerontology 58:203–211

Morgenstern C (1986) Stufen, 4. Aufl. Piper, München

Müller W (Hrsg.) (2010) Bildung im Alter. Academic Press, Fribourg

Peck R (1977) Psychologische Entwicklung in der zweiten Lebenshälfte. In: Thomae H, Lehr U (Hrsg.) Altern – Probleme und Tatsachen. Akademische Verlagsgesellschaft, Wiesbaden, S 530–544

Rosenmayr L (2004) Zur Philosophie des Alterns. In: Kruse A, Martin M (Hrsg.) Enzyklopädie der Gerontologie. Huber, Bern S 13–28

Stahl M (1992) Solon. Die Geburtsstunde des demokratischen Gedankens. Gymnasium 99:385–408

Stern W (1923) Die menschliche Persönlichkeit. Bd. 2. Barth, Leipzig

Thomae H (1966) Persönlichkeit – eine dynamische Interpretation. Bouvier, Bonn

United Nations (2002) Second International Plan of Action. (Zweiter Weltaltenplan). New York: United Nations; Berlin: Bundesministerium für Familie, Senioren, Frauen und Jugend

Weizsäcker V (2005) Pathosophie. Suhrkamp, Frankfurt

Kapitel 14
Die Bedeutung von Kunst und Musik für das Menschen-Bild der Heilkunde

Rolf Verres

Die ärztliche Heilkunde befasst sich mit existenziellen Themen vom Zeugungs-wunsch bis zum Tod und zum Umgang mit der Endlichkeit. Innerhalb der Medizin sind die verschiedenen Arbeitsfelder derart heterogen, dass von einem konsensfähi-gen Menschenbild keine Rede sein kann. Ein Orthopäde hat mit hoher Wahrschein-lichkeit völlig andere Philosophien im Kopf als ein Suchttherapeut. In ihrem Buch „Theorie der Humanmedizin – Grundlagen ärztlichen Denkens und Handelns" ver-traten Thure von Uexküll und Wolfgang Wesiack (München 1988) die These, man könne zwischen einer Ingenieurmedizin für Körper ohne Seelen und einer Psycho-therapie für Seelen ohne Körper unterscheiden. Die traditionelle somatische Medi-zin verstehe den Menschen als einen nur von seiner Haut begrenzten Organismus. Demgegenüber lasse sich psychosomatische Medizin „als eine Form der Heilkunde beschreiben, die den Patienten in der Hülle seiner individuellen Wirklichkeit mit ihren Kontakten zur Umgebung und den dort vorgefundenen Mitmenschen zu sehen versucht" (a. a. O. S. 324). Die Medizin habe es versäumt, ein integriertes Modell für Heilen zu entwickeln und daher scheine die Theorie der Medizin selbst hei-lungsbedürftig zu sein.

Zur Frage, was Heilung sei, gibt es verschiedenste Vorstellungen. Ich halte es für sinnvoll, Begriffe wie *Gesundheit* oder *Heilung* unter prozessualen Aspekten zu reflektieren. Es ergibt sich dann nämlich die interessante Frage, ob diejenigen Prozesse, die der Gesundheit bzw. der Heilung dienen sollen, wohl eine allgemein-gültig beschreibbare Richtung haben können.

In der eher körperorientierten Medizin wird das Älterwerden als lebenslanger Prozess häufig in erster Linie mit einer Zunahme von Beeinträchtigungen der Ge-sundheit gleichgesetzt. Die Entwicklungspsychologie geht demgegenüber von der Annahme aus, dass die seelische Entfaltung der Persönlichkeit als ein lebenslanges dialektisches Geschehen begriffen werden kann, welches häufig gerade durch Kri-sen und Leiden vertieft und intensiviert wird, sofern der betreffende Mensch nicht an den Krisen und am Leiden scheitert.

R. Verres (✉)
Institut für Medizinische Psychologie der Universität Heidelberg, Bergheimer Str. 20,
69115 Heidelberg, Deutschland
E-Mail: rolf.verres@med.uni-heidelberg.de

M. Hilgert, M. Wink (Hrsg.), *Menschen-Bilder,*
DOI 10.1007/978-3-642-16361-6_14, © Springer-Verlag Berlin Heidelberg 2012

Da nun jeder Mensch seine eigene Biographie hat, zu der auch Hoffnungen, Sehnsüchte und Ziele gehören, lässt sich eine allgemeingültige Theorie gelungener Lebenskunst kaum formulieren – es gibt hierzu allerdings viel versprechende Ansätze[1,2]. Am Beispiel der Auseinandersetzung von Menschen mit lebensgefährlichen Erkrankungen (z. B. Krebs), die als eine Antithese der Lebenskräfte aufgefasst werden können, habe ich in meinem Buch *Die Kunst zu leben – Krebs und Psyche*[3] versucht, einige Grundlinien für ein Menschenbild zu entwerfen, welches die subjektiven Theorien von Menschen über Vorsorge, Früherkennung, Behandlung und die psychosozialen Folgen lebensgefährlicher Erkrankungen unter dem Aspekt der Lebenskunst würdigt. Im vorliegenden Beitrag möchte ich diskutieren, welche Bedeutungen Kunst und Musik für ein Menschenbild haben können, welches am Gedanken der Gesundheit als lebenslangem Prozess, als Möglichkeit einer ständigen Weiterentwicklung der Lebenskunst orientiert ist.

In seiner wegweisenden Arbeit über Salutogenese hat Aaron Antonovsky[4] folgende wichtige Aspekte der Lebenskunst bei der Auseinandersetzung mit Bedrohungen benannt: das Kohärenzgefühl, die Verstehbarkeit, die Handhabbarkeit und das Finden von Sinnzusammenhängen (Bedeutsamkeit). Die Theorie von Antonovsky hat einen enormen Widerhall vor allem in der psychosomatischen Medizin gefunden, da sie deutlich macht, dass für ein Verständnis von Gesundheit die Potenziale der Menschen genauso wichtig sind wie pathogenetische Einflüsse. Der Begriff der Lebenskunst verweist auf weitere Potenziale, die von Antonovsky noch nicht benannt wurden, aber in der psychosomatischen Medizin und auch in vielen Bereichen der Rehabilitationsmedizin immer häufiger berücksichtigt werden: beispielsweise in Form von Musik- und Kunsttherapie oder in Form von Gesprächen über die subjektive Lebensphilosophie.

Seit einigen Jahrzehnten setzen sich in der westlichen wissenschaftlichen Medizin solche Ansätze durch, die aufgrund von Prozessen des Zählens und Messens als empirisch nachweisbare Behauptungen gelten können. Es gilt dann beispielsweise als „gesichert", dass eine Behandlungsmethode X der Behandlungsmethode Y überlegen ist, weil die Überlebenszeiten bei Anwendung der Methode X statistisch signifikant höher sind als bei Anwendung der Methode Y. Solchen *nomothetischen* Modellen steht das *idiographische* Denken nahezu diametral gegenüber: Betrachtet man jeden Menschen als einen Einzelfall, kommt man schnell zur subjektiven Sinnfrage. Beispielsweise kann ein Krebspatient im Terminalstadium möglicherweise mehr Sinn darin sehen, die letzten Lebensmonate zu Hause mit seinen Angehörigen

---

[1] Michel de Montaigne: Essais. Erste moderne Gesamtübersetzung von Hans Stilett, Frankfurt, 1998.

[2] Wilhelm Schmid: Philosophie der Lebenskunst, Frankfurt 2000; Wilhelm Schmid: Mit sich selbst befreundet sein, Frankfurt 2004.

[3] Rolf Verres: Die Kunst zu leben – Krebs und Psyche, Freiburg 2003; vgl. auch Rolf Verres: Krebs und Angst. Subjektive Theorien von Laien über Entstehung, Vorsorge, Früherkennung, Behandlung und die psychosozialen Folgen von Krebserkrankungen, Berlin 1986.

[4] Aaron Antonovsky: Health, Stress and Coping, San Francisco 1979, deutsche Übersetzung von Alexa Franke, Tübingen 1997.

zu verbringen und sich bewusst von dieser Welt zu verabschieden, statt die starken Nebenwirkungen einer angebotenen Chemotherapie in Kauf zu nehmen, die seine Lebenszeit möglicherweise noch etwas verlängern könnten. Kunst- und Musiktherapeuten sind fast immer eher am idiographischen statt am nomothetischen Denken orientiert. In ihrer Ausbildung spielt die empirische Forschungsmethodik eine eher geringe Rolle. Künstler interessieren sich im Allgemeinen eher selten für Wirkungsnachweise ihres Tuns. Solche Nachweise werden aber in der heutigen Medizin immer unerbittlicher gefordert. Auf diesem Hintergrund ist die Feststellung interessant, dass Kunst- und Musiktherapie dennoch eine zunehmende Bedeutung erlangen. Sie repräsentieren Kultur!

Die künstlerische Dimension des Menschenbildes hat zumindest teilweise mit Spiritualität zu tun, sie ist sinnlicher als das primär an der Ratio orientierte medizinische Handeln, und sie hat etwas mit dem Bedürfnis nach Aufgehobensein zu tun. Die Aufsplitterung medizinischer Professionen in Form von Fachgebieten hat zwar Vorteile, die allgemein bekannt sind und hier nicht weiter diskutiert werden sollen, doch es stellt sich die Frage, wovon es abhängt, dass sich Menschen in den Einrichtungen des Gesundheitssystems *aufgehoben* fühlen können.

In denjenigen Einrichtungen des Gesundheitswesens, in denen Kunst- und Musiktherapeuten mitwirken, lässt sich nicht selten eine subtile systemische Wirkung von Kunst und Musik auf die betreffende Einrichtung beobachten[5]. Sitzt eine Musiktherapeutin am Krankenbett und singt für einen schwer kranken Patienten ein Schlaflied, so geht allein von dieser Szene eine Wirkung aus, die auch das Verhalten der hinzukommenden Ärzte und Pflegenden verändert. Es besteht die Chance zu mehr Behutsamkeit im Umgang miteinander. Manche Musiktherapeuten treten in der Klinik auch als *Musikanten* auf, und aufgrund ihrer Ausbildung verfügen sie über ein fundiertes Wissen darüber, welche Art von Musik im gegebenen Augenblick angemessen sein könnte.

In hochkomplexen Kliniken der High-Tech-Medizin wie z. B. der Strahlenheilkunde wird von den Ärzten ein derart differenziertes Wissen über internistische, chirurgische und physikalische Grundlagen der Medizin verlangt, dass manche Ärzte es geradezu als Zumutung empfinden, auch noch Kunst oder Musik ernst nehmen zu sollen oder sich mit Lebenskunst zu befassen.

Am Beispiel der Kinderheilkunde lässt sich allerdings besonders gut zeigen, wie die Kunst ganze Kliniken verändern kann. Kaum eine Kinderklinik wirkt seelenlos. Vielmehr ist es für alle Beteiligten einleuchtend, dass kindgerechte Gestaltungen notwendig sind. Dabei werden meist solche Verschönerungen der Klinik bevorzugt, die von den kleinen Patienten selbst (z. B. unter Anleitung von Kunsttherapeuten) gestaltet wurden. Hierbei handelt es sich im gelungenen Fall keineswegs um reine

---

[5] Rolf Verres, Dietrich Klusmann: Strahlentherapie im Erleben des Patienten, Heidelberg, Leipzig 1998; Monika Renz: Zeugnisse Sterbender – Todesnähe als Wandlung und letzte Reifung, Paderborn 2001, Barbara Gindl: Anklang – die Resonanz der Seele – über ein Grundprinzip therapeutischer Beziehung, Paderborn 2002; Andreas Zeuch, Markus Hänsel, Henrik Jungaberle (Hrsg.): Systemische Konzepte für die Musiktherapie; Heidelberg 2004; Rolf Verres: Was uns gesund macht. Ganzheitliche Heilkunde statt seelenloser Medizin, Freiburg 2005; M. Baumann, D. Bünemann: Musiktherapie in Hospiz und Palliative Care, München 2009.

Dekoration. Vielmehr sind die Bilder von Kindern, die während einer Krankheit entstehen, Zeugnisse der Auseinandersetzung dieser Kinder mit den sie beschäftigenden Lebensthemen, die bei Verunsicherung durch eine Krankheit häufig eine existenzielle Dimension haben.

Auch in Krankenhäusern für Erwachsene finden wir vielerorts neue Entwicklungen. Bevor ich hierauf näher eingehe, möchte ich einige grundsätzliche Gedanken zur Bedeutung der Lebenskunst für einen umfassenden Gesundheitsbegriff voranstellen[6].

Das Menschenbild in der modernen Medizin ist wesentlich geprägt durch Kriterien, anhand derer Forschung definiert wird. Dass nicht nur professionelle Forscher, sondern auch die Menschen ganz allgemein in ihrem Alltag Forschung betreiben, sollte mehr gewürdigt werden. Jeder Mensch, der nach neuen Erkenntnissen sucht und dabei für sich Erfahrungen auswertet, ist ein Forscher. In der Brockhaus-Enzyklopädie[7] wird Forschung definiert als „die von einzelnen oder mehreren Personen betriebene planmäßige und zielgerichtete Suche nach neuen Erkenntnissen in einem Wissensgebiet, einschließlich der Suche nach Möglichkeiten zu deren Prüfung".

Unterschiede zwischen professionellen Forschern, Laien, Erkrankten und ihren Helfern können zum einen in der Planmäßigkeit und der Zielgerichtetheit des Suchens nach neuen Erkenntnissen liegen, zum zweiten in der Art der Prüfung dieser Erkenntnisse, zum dritten in der Motivation, überhaupt planmäßig nach neuen Erkenntnissen suchen zu wollen. Auch professionelle Forscher durchlaufen in ihrer eigenen Persönlichkeitsentwicklung häufig verschiedene Stadien.

Stufe eins der Forscherentwicklung nenne ich die *Stufe des naiven Dilettantismus* oder – weniger wertend – *der ersten Gehversuche.* Sie ist in vielen Kliniken gekennzeichnet durch die Haltung „Man könnte mal erforschen…", wobei die eigentliche wissenschaftliche Wissbegierde nur als Ahnung spürbar ist. Inhaltliche Themen der wissenschaftlichen Forschung werden oft dadurch nahe gelegt, dass es für bestimmte Themen leichter ist, Drittmittel einzuwerben.

Stufe zwei nenne ich die *Stufe der wissenschaftlichen Exaktheit und Perfektion.* Diese wird übrigens auch von vielen medizinischen Laien zunehmend betreten, indem sie sich immer differenzierter mit neuesten wissenschaftlichen Erkenntnissen beschäftigen – z. B. über das Internet oder bei Patiententagen von Kliniken.

Stufe drei nenne ich die *Stufe des missionarischen Weltverbesserertums.* Auf dieser Stufe bewegen sich diejenigen, die glauben, man könne aus Forschungsergebnissen grundsätzlich Handlungsanweisungen ableiten, und man müsse auch die anderen Menschen von seinen eigenen Erkenntnissen überzeugen. So wird beispielsweise die Erkenntnis, dass Früherkennung bei bestimmten Krebserkrankungen, statistisch gesehen, Verbesserungen bei den Überlebensraten bringen kann, häufig dazu benutzt, alle Menschen dazu überreden zu wollen, die Segnungen der Krebsfrüherkennung auch im eigenen Leben anzunehmen: nach dem Motto „Je früher der Krebs erkannt wird, um so besser ist es für den Patienten". Hier bleibt außer Acht, dass bei manchen Laien eine ganz andere Regel gelten kann wie z. B. die subjek-

---

[6] *Ausführlich:* Rolf Verres: Die Kunst zu leben – Krebs und Psyche, Freiburg 2003.
[7] Brockhaus Enzyklopädie: Forschung, Mannheim 1988, Bd. 7, S. 468.

tive Regel: „Je später eine Erkrankung erkannt wird, umso besser ist es für mich. Was ich nicht weiß, macht mich nicht heiß". Den persönlichen Stellungnahmen von Menschen zu solch wichtigen Entscheidungsproblemen liegen nicht in erster Linie die in der *professionellen* Forschung entstandenen Denkkategorien zugrunde, sondern es geht um die persönliche Lebensphilosophie jedes Einzelnen und um sein Selbstbestimmungsrecht. In dieser Sicht sind Bonus- und Malussysteme von Kostenträgern, die das Gesundheitsverhalten beeinflussen sollen, prinzipiell ethisch hinterfragbar, allerdings auch nicht unsinnig.

Die *Stufe vier* in der Forscherentwicklung möchte ich die *Stufe der Lebenskünstler* nennen. Jeder hat die Chance, in der Auseinandersetzung mit der Antithese des Lebens zu einer Lebenskunst vorzustoßen, deren Intensität und Vielfalt man eher in Romanen als in Lehrbüchern der Medizin oder Psychologie beschrieben findet. Zur Intensität kann die Bereitschaft gehören, sich Erlebnisbereichen wie Angst, Schmerz, Wut, dem Nichts, der Einsamkeit zu stellen und diese mit dem Lebenswillen zusammenprallen zu lassen. Viele lebensgefährlich erkrankte Menschen berichten, ihr Leben sei seit der Erkrankung intensiver geworden. Dies sollte man allerdings nicht verklären; denn ein intensives Leben kann auch intensives Leiden beinhalten[8].

Die Tatsache, dass zwischen professionellen und subjektiven Theorien zu Gesundheit und Krankheit fundamentale Unterschiede bestehen können, führt häufig zu Kommunikationsproblemen zwischen Patienten und ihren Ärzten. Aktuelle Ansätze zur „partizipativen Entscheidungsfindung" haben das Ziel, solche Diskrepanzen zu überwinden. Dabei geht es nicht nur um die Frage, welche Ethik sich durchsetzt. Im Prozess der partizipativen Entscheidungsfindung wird sowohl dem Arzt als auch dem Patienten eine gewisse Anstrengung abverlangt. Das Zuhören wird dann gleichermaßen eine Aufgabe für den Arzt wie auch für den Patienten.

In der Kunst setzen sich nur selten diejenigen durch, die hauptsächlich etwas Schönes und Harmonisches zeigen – hier kommt man im Gegenteil manchmal an die Grenze zum Kitsch. Diejenigen Menschen, die als bildende Künstler, als Musiker oder als Schriftsteller eine überdauernde Resonanz finden, haben das Leben nicht nur genossen, sondern auch durchlitten. Sie bringen oft das Schöne mit dem Hässlichen, das Gute mit dem Bösen, das Licht mit dem Schatten, das Banale mit dem Bedeutsamen in eine spannungsreiche Verbindung, oder sie lassen diese Gegensätze sogar unverbunden nebeneinander bestehen. Dieser Gedanke ist wichtig für ein realistisches Verständnis der Möglichkeiten und Grenzen von Lebenskunst.

In der Kunst- und Musikerfahrung, auch in der Meditation, spüren Menschen oft eine Offenheit mit ungewissem Ausgang[9]. Lebenskunst kann bedeuten, dem eigenen Leben gegenüber eine forschend-künstlerische Haltung einzunehmen, den Tod ebenso wie das Leben als bejahenswert zu empfinden, offen zu werden für die Kultur als inspirierendes Resonanzfeld der menschlichen Gestaltungsfähigkeit. Das

---

[8] Dalai Lama: Das Buch der Menschlichkeit – Eine neue Ethik für unsere Zeit, Bergisch Gladbach 2000.

[9] Jon Kabat-Zinn: Zur Besinnung kommen, Freiburg 2006.

Erleben und Genießen von Kunst kann dazu beflügeln, die eigene Kreativität zu entdecken, statt im Leben die Rolle eines passiven Mitläufers einzunehmen. Kunst ist eine Kraft, das Leben zu vertiefen[10].

Eine künstlerische Haltung einzunehmen kann auch bedeuten, die eigene Lebensgestaltung und die der anderen als *Inszenierung* aufzufassen. Den Lebenskräften werden neue Spielräume eröffnet. Krankenhäuser sollten als kulturelle Orte erkennbar sein. Niemand sollte mehr behaupten dürfen, Krankenhäuser seien „kranke Häuser" oder „seelenlos".

Aus diesen Überlegungen ergibt sich die Schlussfolgerung, dass Krankenhäuser und Arztpraxen allein schon in atmosphärischer Hinsicht als „heilsame Räume" spürbar werden könnten. Was dies für die Architektur und Innenarchitektur bedeuten kann, habe ich an anderer Stelle dargestellt[11].

Es soll nun auf zwei existenzielle Aspekte des menschlichen Lebens eingegangen werden, die in den Diskussionen zum Menschenbild, zum Gesundheitsbegriff und zur Lebenskunst sehr unterschiedlich beachtet werden: Das Geboren-Werden und das Sterben. Dass eine angemessene Vorbereitung und Gestaltung des Geburtsvorganges eine wesentliche Bedeutung für die Gesundheit des werdenden Kindes wie auch der Mutter (und des Vaters) hat, wurde in allen Kulturen der Welt erkannt, und in unserem modernen Gesundheitssystem darf die Entwicklung der letzten Jahrzehnte wohl als erfreulich bezeichnet werden. Dass aber auch die Kunst des Sterbens etwas mit Gesundheit zu tun haben könnte, wird bedauerlicherweise bisher noch zu wenig thematisiert. Es gibt zwar eine umfassende Weltliteratur zur „*Ars moriendi*"; in den Hörsälen der medizinischen Fakultäten und in den Lehrbüchern wird dieser gesellschaftliche Wissensvorrat aber wenig aufgegriffen.

Zur Bedeutung der Geburt für die körperliche und seelische Gesundheit haben sowohl Frauenärzte als auch Psychosomatiker wesentliche Gedanken beigesteuert. Die Idee der „sanften Geburt" hat weltweit Anhängerinnen und Anhänger gefunden. Die Anwesenheit von Vätern bei der Geburt ist vielerorts eher die Regel geworden als die Ausnahme. Schon vor Jahrhunderten und Jahrtausenden wurde in vielen Kulturen die Geburt eines Menschen als eine Angelegenheit der Gemeinschaft angesehen. Besonders in Europa und Nordamerika ist in den vergangenen Jahrzehnten ein neues „Resonanzfeld" entstanden, das man sich so vorstellen kann: Das Bedürfnis schwangerer Frauen nach einer „sanften Geburt" ihres Kindes dürfte etwas mit aufkeimender mütterlicher Liebe zu tun haben; zugleich weiß man heute mehr als früher über die Entwicklung, die Bewegungen und das beginnende Seelenleben des Kindes im Mutterleib. Durch dieses Wissen wird schon während der Schwangerschaft eine aufmerksame Beziehung der werdenden Mutter zum Kind gefördert. Bei den Vorsorgeuntersuchungen im Verlauf der Schwangerschaft können die zukünftigen Eltern Ultraschallbilder des werdenden und sich bewegenden Kindes be-

---

[10] Rainer Holm-Hadulla: Kreativität – Konzept und Lebensstil, Göttingen 2005.
[11] Rolf Verres: Heilsame Wirkfaktoren von Räumen, in: Der Architekt 7–8 (2003) 74–76; Rolf Verres: Was uns gesund macht. Ganzheitliche Heilkunde statt seelenloser Medizin, Freiburg 2005, 177–183.

trachten, wobei sie ihnen erklärt werden; mancherorts können sie diese Bilder sogar mitnehmen, und damit haben sie schon das erste Kapitel für das neue Fotoalbum.

Als Folge solcher Kommunikationen wird die Bewusstheit für gute Rahmenbedingungen und für eine gute Atmosphäre bei allen Beteiligten verfeinert. Schwangere Frauen lernen, Lebenszeichen des in ihrem Bauch heranwachsenden Kindes immer subtiler wahrzunehmen und eine Beziehung mit dem Kind einzugehen, schon bevor es geboren wird. Auch für die Ärzte ist es befriedigender, fürsorglich zu sein, statt Routine zu betreiben. So ist eine neue Kultur um das „Fest der Geburt" herum entstanden. Kliniken, die dies noch nicht erkannt haben, werden von werdenden Eltern möglichst gemieden, bis auch sie sich eines Tages dem Trend anschließen.

Wesentlich gefördert wurde dieser Trend durch kunst- und musiktherapeutische Konzepte. Frederic Leboyer hat in seinen Büchern[12] auch künstlerische Darstellungen zur Mythologie und Kultur des Gebärvorganges in Erinnerung gerufen. In manchen Kliniken werden schwangere Frauen durch Musiktherapeutinnen zur Achtsamkeit für die Vorgänge im eigenen Körper und im werdenden Kind sensibilisiert. Findige Instrumentenbauer haben konkave Monochorde entwickelt, auf denen die werdende Mutter direkt auf dem Bauch zarte Musik für das Kind und für sich selbst spielen kann.

Im Unterschied zu diesen erfreulichen Entwicklungen sind wir von einer Vertrauen spendenden Kultur des Sterbens noch weit entfernt. Übergangsriten bedeuten Trennung und Transformation. Diese Themen spielen in allen Kulturen der Menschheit eine wesentliche Rolle und werden eher von Künstlern und Musikern sinnlich erfahrbar gestaltet als von Medizinern. Carl Gustav Jung hat gezeigt, dass Archetypen, Phantasien und Imaginationen gerade in existenziellen Situationen meist wichtiger sind als das rationale Denken. In neueren Theorien zur Evolution des menschlichen Bewusstseins werden das an Mythen orientierte Denken und das rationale Denken nicht mehr prinzipiell als Gegensätze aufgefasst[13].

Im antiken Griechenland fanden sich bei den Eleusynischen Mysterien Tausende von Menschen ein, um existenzielle Lebensthemen in Liturgien, bei denen auch psychoaktive Substanzen verabreicht wurden, mit Bezug auf Mythen (hier: die Demeter-Kulte) vertieft an sich heranzulassen. Diese Liturgien hatten – wie auch die heutigen Liturgien bzw. Inszenierungen der Weltreligionen – einen künstlerischen Charakter[14]

Auch Menschen, die sich nicht als religiös bezeichnen, nehmen in existentiell wichtigen Lebenssituationen an Zeremonien teil, die auf andere Wirklichkeiten verweisen. Beispiele sind die Taufe, die Hochzeit oder die Begräbnisrituale. Erfahrungen, bei denen der Glaube eine zentrale Rolle spielt, werden von der wissenschaftlichen Medizin häufig in den Bereich des Irrationalen verwiesen und möglichst nicht beachtet. Mögliche Bedeutungen des Glaubens für die Bewältigung existentieller Lebenskrisen bis in das Sterben hinein kann man auf einer Inhaltsebene und auf

---

[12] Z. B. Frederic Leboyer: Das Fest der Geburt, München 1991.

[13] Ken Wilber: Integral Psychology: Consciousness, Spirit, Psychology, Therapy, Boston 2000; Christian Scharfetter: Das Ich auf dem spirituellen Weg, Sternenfels 2004.

[14] Gordon Wasson, Albert Hofmann, Carl Ruck: The Road to Eleusis, New York 1978.

einer Beziehungsebene betrachten. Auf der Inhaltsebene ist es beispielsweise für viele Menschen tröstlich, Vorstellungen über das zu entwickeln, was nach dem Sterben kommt. Auf der Beziehungsebene ist es tröstlicher, an eine tragfähige Begleitung beim Sterbeprozess glauben zu können.

In seinem Buch „Du musst dein Leben ändern" entfaltet der Philosoph Peter Sloterdijk[15] (Suhrkamp, Frankfurt 2009) Überlegungen zur Einführung einer rational orientierten Sprache für eine Gruppe von Phänomenen, die traditionell mit Ausdrücken wie Spiritualität, Frömmigkeit, Moral, Ethik oder Askese bezeichnet wurden. Sloterdijk postuliert „Vertikalspannungen" in der menschlichen Lebensführung, die als entscheidende Vektoren der *conditio humana* wirken, schon immer für die Evolution wichtig waren und zu einer Reorientierung der konfusen Existenz moderner Menschen beitragen können.

Sterbende Menschen brauchen ein Gegenüber, das die Fähigkeit besitzt, zu schauen und Blicke zu erwidern. Konzepte wie „aktives Zuhören", wie „Handhalten" oder „Ruhe ausstrahlen" mögen hilfreich sein, eine tragfähige Sterbebegleitung erfordert es aber auch, im Kontakt mit Ordnungsmächten des In-der-Welt-Seins zu sein in einer Weise, in der keine Einwände mehr erhoben werden können. Es scheint eine Autorität eines anderen Lebens in diesem Leben zu geben, die, wie Sloterdijk es ausdrückt, „mein innerstes Noch–Nicht" andeutet. Er sagt: „Eine für dich gültige Vertikalspannung kann dein Leben aus den Angeln heben". In einer solchen Sicht kann man also vielleicht eine gemeinsame Schnittmenge der verschiedenen Weltreligionen darin sehen, dass sie den Menschen helfen wollen, die Angst vor dem Sterben zu verringern, indem sie Angebote machen, mit höheren Mächten in Kontakt zu kommen. Dies kann nur gelingen, wenn man es rechtzeitig übt.

Die Auseinandersetzung mit dem Sterben kann als Resignation, als ein Sich-Abfinden mit der Endlichkeit betrachtet werden. Sloterdijk schlägt dem gegenüber vor, sich an einem Idealfall menschlicher Weiterentwicklung zu orientieren, nämlich eine „Kategorie der sehenswürdigen Menschen" einzuführen, zu denen hinauf zu schauen sich lohnt. Ist es nicht eine faszinierende Idee, zu einem Sterbenden hinauf zu schauen statt auf ihn herab zu blicken?

Der tschechisch-amerikanische Psychiater Stanislav Grof hat in verschiedenen Publikationen[16] gezeigt, wie eine interkulturelle Perspektive genutzt werden kann, wenn es darum geht, den Tod nicht als Betriebsunfall der Medizin anzusehen, sondern als ein Mysterium, welches eine besondere Bewusstheit aller Beteiligten erfordert. Er plädiert dafür, das interkulturelle Wissen zu Übergangsriten und althergebrachten Mysterien mit der modernen Bewusstseinspsychologie in Verbindung zu bringen.

Das Streben nach Glück im Sinne außengeleiteter Ziele wie Besitz, Macht oder sozialem Ruf kann völlig bedeutungslos werden, wenn der alles Profane relativierende Triumph des Todes allmählich im Horizont erscheint. Es kann kaum einen

---

[15] Peter Sloterdijk: Du musst dein Leben ändern, Frankfurt 2009.
[16] Stanislav Grof, Joan Halifax: The Human Encounter with Death, New York 1977; Stanislav Grof: LSD-Psychotherapie, Stuttgart 2000; Stanislav Grof: The Ultimate Journey: Consciousness and the Mystery of Death, Sarasota / Fl 2006.

Zweifel daran geben, dass Künstler, Philosophen und Schriftsteller hierzu ebenso Wichtiges zu sagen haben wie die meisten wissenschaftlich orientierten Mediziner. Die Möglichkeit, beim Sterben die Erfahrung des Eingehens in ein größeres Ganzes machen zu können, wird in der wissenschaftlich orientierten Medizin unserer Zeit weitgehend ausgeblendet, da der Tod als Feind gilt, der mit allen Mitteln zu bekämpfen sei. Und doch wird man wohl sagen dürfen, dass es zu den vornehmsten und anspruchsvollsten Aufgaben des Arztes gehört, zu einer Kultur des Sterbens beizutragen, in der sich Menschen mit ihren Ängsten und Hoffnungen aufgehoben fühlen können. Das *Begleiten* eines Menschen beim Erlöschen seines Lebens wird dann als eine positive professionelle Aufgabe angesehen, die – auch wenn es vordergründigen Denkschablonen zu widersprechen scheint – vielfältige Möglichkeiten einer tragfähigen beruflichen Zufriedenheit des Arztes eröffnet, insbesondere dann, wenn der Arzt sich seinerseits auf eine *Beziehungskultur* im Krankenhaus verlassen kann.

Zu einem würdigen Umgang mit Sterben, Tod und Trauer gehört es dann zunächst, Alltagsroutinen und „Sachzwänge" zu unterbrechen. Das gemeinsame Innehalten kann wichtiger werden als der übliche Aktionismus, der als „Handlungsdruck" erlebt wird und persönliche Freiheitsgrade unnötig einschränkt, da ein verkürztes Modell von Gesundheit zugrunde liegt[17]. Dieses kann leicht überwunden werden, wenn sich der Arzt darauf besinnt, dass die existenziellen Themen von Geburt und Tod zur Lebenskunst gehören und dass auch der Arzt davon profitieren kann, subjektive Theorien seiner Patienten ebenso wie künstlerische Ausdrucksmöglichkeiten im Blick zu haben.

Die massive Verleugnung des Todes führt zu sozialen Pathologien mit gefährlichen Konsequenzen für die Menschheit. Habgier, Gewalt und Kriege könnten vermindert werden, wenn mehr Menschen, gerade auch im Kontext der Heilkunde, eine philosophische Einstellung zur spirituellen Dimension von Geburt und Tod entwickeln würden. Diese These ist nicht empirisch beweisbar (auch terroristische Akte werden häufig religiös begründet), aber sie ist des Nachdenkens wert. Im Idealfall könnte die Heilkunde Vordenker hervor bringen, die auch in weitere gesellschaftliche Bereiche hinein wirken[18].

Ein umfassender Gesundheitsbegriff muss auch den Sterbevorgang einbeziehen. Zu den Formen eines würdigen Umgangs mit Sterben, Tod und Trauer gehört zweifellos die Gestaltung angemessener Rituale[19]. Musiktherapie kann in Einrichtungen gedeihen, in denen nicht hauptsächlich ein „Kampfgeist" vorherrscht, der den Tod zum Hauptfeind erklärt und mit allen Mitteln bekämpft. Es ist eine Grundein-

---

[17] Rolf Verres: Vom Handlungsdruck zur Begleitung in die innere Ruhe. Deutsches Ärzteblatt, 1995, 92: A-3615–3618 (Heft 51–52); Rolf Verres: Tod und Sterben, Trauer, In: Hermann Faller und Hermann Lang (Hrsg.): Medizinische Psychologie und Medizinische Soziologie, Heidelberg, 2. Auflage 2006, S. 239–246.

[18] Horst-Eberhard Richter (Hrsg.): Kultur des Friedens, Gießen 2001.

[19] Eva Saalfrank: Innehalten ist Zeitgewinn. Praxishilfe zu einer lebendigen Sterbekultur, Freiburg 2009; Eva Saalfrank, Rolf Verres: Stärkung der eigenen Spiritualität und Offenheit in der Sterbebegleitung. Z Palliativmedizin 2004; 5:47–54.

stellung notwendig, die den Tod akzeptiert und der Sterbebegleitung in die innere Ruhe mindestens den gleichen Wert beimisst wie dem Kampfgeist.

Nicht nur für einen sterbenden Menschen, sondern auch für die Hinterbliebenen ist es wichtig, sich in einem größeren Ganzen aufgehoben zu fühlen. Durch heilsame Rituale im Krankenzimmer kann eine starke Energie mobilisiert werden, die den gesellschaftlichen Wissensvorrat und die kulturellen Möglichkeiten nutzt, die über viele Jahrhunderte entstanden sind.

Eine schwer kranke Krebspatientin hörte während der Chemotherapie auf meine Empfehlung die CD „Officium" von Jan Garbarek und dem Hilliard Ensemble. Hier werden Psalmen gesungen, und diese Musik hat auch den Charakter des Betens. Während der Chemotherapie erlebte die Patientin diese Musik mit Kopfhörern. Dadurch wurde die medizinische Behandlung in einen rituellen Kontext spiritueller Welten eingebettet. Etwas später besuchte die selbe Frau noch eine Live-Aufführung mit Jan Garbarek und dem Hilliard Ensemble in einer Kirche. Die Klinikerfahrungen und die sakralen Welten wurden so miteinander verbunden. Derartige Erfahrungen haben auch mich selbst ermutigt, meine ganz persönlichen Möglichkeiten der Lebenskunst, speziell auch meine eigene Begabung als Musiker, so direkt wie möglich in den ärztlichen Beruf einzubringen. So steht in meinem Sprechzimmer ein Steinway-Klavier, das schon durch seine pure Existenz Andeutungen des Musischen in den Horizont bringt. Manchmal spiele ich für meine Patienten ein improvisiertes Musikstück. Ich habe eine Musik-CD mit leisen, zarten Klavierimprovisationen veröffentlicht[20], die viele „luftige" Passagen enthalten und zum Innehalten einladen. In Forschungsprojekten werden die Verwendungsmöglichkeiten dieser Art von Musik derzeit von meiner Arbeitsgruppe evaluiert.

Das Lied „Weißt du, wie viel Sternlein stehen" kann für einen schwer kranken Menschen ganz einfach zum Einschlafen gesungen werden. Zugleich verweist es auf Transzendenz, indem es Metaphern enthält, die die Beziehung des Einzelnen zum großen Universum, in das man im Sterben eingeht, indirekt anklingen lässt, ohne dass das als eine direkte Konfrontation mit dem Tod zugemutet werden muss.

Musik hat etwas mit dem Unfassbaren zu tun. Musik kann körperliche Vorgänge beeinflussen, wie z. B. bei der Schmerzlinderung, doch darüber hinaus liegt eine besondere Kraft in der Musik, wenn es darum geht, die Suche nach Sinn zu fördern und zu begleiten. Das Musikerleben bietet Möglichkeiten, bewusster auf „Zwischentöne" zu achten, und dies kann die Sensibilität für die oft wichtigen feinen Nuancen im mitmenschlichen Umgang fördern.

Einfache Musikinstrumente wie z. B. eine Leier oder eine Klangschale können ohne jegliche Vorkenntnisse der Patienten in fast jeder Position gespielt werden. Schon eine überschaubare Tonfolge von zwei bis drei Tönen kann ein kleines musikalisches Werk ergeben, so dass der Patient erlebt, dass er durch Musik die eigene Entspannung fördern kann.

Das sensibelste Musikinstrument dürfte wohl die menschliche Stimme sein, die gerade für empfindliche Menschen eine besondere Bedeutung hat. Klang, Farbe

---

[20] Rolf Verres: Lichtungen – Eine Einladung zur Stille (CD). Nur erhältlich bei SoundLife Köln, Tel. 0221–529561, vgl. auch www.rolf-verres.de.

und Höhe der Stimme können Hinweise darauf geben, auf welcher Ebene die Menschen miteinander im Dialog sind. Schon ein leises Summen kann Präsenz spürbar machen und manchmal wichtiger sein als Reden. Lieder können vertraute Gemütszustände reaktivieren und sowohl belebend als auch beruhigend wirken, wenn sie an die Situation des Kranken angepasst sind.

Auch für traurige Menschen kann es hilfreich sein, behutsam durch Summen oder das Auswählen von Musik Verbindungen zwischen der Traurigkeit und den Lebenskräften einschließlich deren spiritueller Dimension anzudeuten. Bei der stimmlichen oder musikalischen Begleitung schwer kranker Menschen muss man keineswegs ausschließlich auf deren emotionale Situation eingehen. Eine echte zwischenmenschliche Beziehung bedeutet ja auch, dass der Begleiter bzw. die Begleiterin auch die eigene Gestimmtheit in die Situation mit einbringen kann. Denn auch der Begleiter sollte sich mit sich selbst im Einklang fühlen können und zumindest selektiv authentisch sein dürfen. Das Erleben von Klängen kann eine Möglichkeit bieten, zu erfahren, was Loslassen bedeutet. Jeder einzelne verklingende Ton in den Pausen einer Melodie kann die Sensibilität für die Bedeutung des Loslassens fördern.

Gerade im Verklingen kann Musik zu einer tragenden Kraft werden, selbst wenn sie in die Stille hineinführt. Der Patient muss nichts „tun", nicht einmal hören. Musik kann zu einem Übergangsobjekt im Trennungsprozess werden und auch im Krankenhaus als eine heilsame Kraft wirken, indem sie in Grenzsituationen auf Grundgefühle der menschlichen Existenz verweist. Sie löst nicht nur bei den Patienten, sondern auch bei den Pflegenden und Ärzten etwas aus: Sie erinnert an das „Draußen", an die Kultur, an die Lebendigkeit. Die sakrale Dimension der Musik, z. B. bei gesungenen Gebeten, Mantren oder Liedern, kann Verbindungen zwischen der Heilkunst und dem, was nach dem Leben sein wird, fördern.

Für manche Menschen, einschließlich der Professionellen im wissenschaftlich orientierten Gesundheitswesen, ist es noch etwas gewöhnungsbedürftig, den Gesundheitsbegriff so weit zu fassen, dass er auch die Vorgänge um das Erlöschen des Lebens herum einbezieht. Einigt man sich aber darauf, dass Gesundheit als ein *lebenslanger Prozess* verstanden werden sollte, so bleibt keine andere Wahl mehr als die, auch das Sterben einzubeziehen, nämlich gemeinsam eine Kultur des Sterbens zu gestalten. Ich hoffe, gezeigt zu haben, dass angesichts der spirituellen Dimension der Heilkunde die Beachtung der musischen Potenziale der Menschen nicht nur nahe liegt, sondern Möglichkeiten eines umfassenderen Menschenbildes eröffnet, als es bisher in den meisten Lehrbüchern der Medizin zu finden ist.[21]

---

[21] Überarbeitete Fassung des Beitrags von Rolf Verres „Zur Bedeutung der Lebenskunst und der ars morendi für die Heilkunde." In: Dietrich Grönemeyer, Theo Kobusch und Heinz Schott (Hrsg.): Gesundheit im Spiegel der Disziplinen, Epochen, Kulturen. Max Niemeyer Verlag, Tübingen 2008, S. 77–88.

Kapitel 15
Homo sapiens – vom Tier zum Halbgott

Volker Storch

Einleitung

Die bis heute nicht erschöpfend zu beantwortenden Fragen nach unserer Herkunft, dem menschlichen Wesen und der Zukunft von Individuen, Gesellschaften und der gesamten Menschheit berühren uns alle. Was bis ins 19. Jahrhundert weitgehend als Domäne von Philosophen und Theologen angesehen wurde, ist nach Begründung der Evolutionstheorie durch Charles Darwin (Darwin 1859) zunehmend auch von naturwissenschaftlicher Seite beleuchtet worden.

Darwin erkannte die Entfaltung der Organismen und damit auch die Entstehung der Menschen als realhistorisch-genetischen Prozess, was von vielen zunächst als Degradierung der „Krone der Schöpfung" angesehen wurde. Noch ein Jahr vor dem Erscheinen von Darwins Werk „Über den Ursprung der Arten ..." hatte Heinrich Georg Bronn (Bronn 1858), ein führender Paläontologe und Zoologe seiner Zeit, der die erste Übersetzung „des Darwin" vorlegte, die Frage gestellt: „Was gibt es schöneres und höheres für den menschlichen Geist, als den großen Plan der Schöpfung zu denken?"

Mittlerweile sind eineinhalb Jahrhunderte vergangen. Auf Darwins Theoriengebäude folgten die Wegener'sche Kontinentalverschiebungstheorie und die molekularbiologische Revolution. Die Entdeckung der Radioaktivität führte zudem zur Etablierung einer präzisen Zeitskala; die vergleichende Analyse der DNA ermöglichte bisher ungeahnte Einblicke in unsere Herkunft. Der moderne Mensch ist – zoologisch betrachtet – eine von über 1,5 Millionen beschriebenen Tierarten. Im Zusammenhang mit seiner einzigartigen Intelligenz ist er jedoch weit aus dem Tierreich herausgetreten. Kultur gehört zur Natur des Menschen wie der Termitenbau zur Natur der Termite. Sie wird jedoch im Folgenden weitgehend ausgeklammert. Neueste Buchveröffentlichungen haben dazu viel Erhellendes gebracht (Archäologisches Landesmuseum Baden Württemberg u. a. 2010; Fischer und Wiegandt 2010).

V. Storch (✉)
Centre for Organismal Studies, Im Neuenheimer Feld 230, 69120 Heidelberg, Deutschland
E-Mail: volker.storch@zoo.uni-heidelberg.de

M. Hilgert, M. Wink (Hrsg.), *Menschen-Bilder,*
DOI 10.1007/978-3-642-16361-6_15, © Springer-Verlag Berlin Heidelberg 2012

Zwar kann die (Evolutions-) Biologie nicht den ganzen Menschen erklären, sie liefert jedoch wichtige Einsichten, die unser Menschenbild ganz wesentlich präzisieren und die im Folgenden skizziert werden sollen.

Die Erde ist etwa 4,6 Mrd. Jahre alt, hat seitdem dauernd Veränderungen durchgemacht und wird sich weiterhin verändern. Schon in den ersten 500 Millionen Jahren entstanden eine feste äußere Schale, die Lithosphäre, und eine Gashülle, die Atmosphäre. Mit der Abkühlung der zunächst heißen Erde wurden bei magmatischen Prozessen große Mengen von Wasser frei, und es bildeten sich die ersten Meere. In ihnen entstand vor knapp 4 Mrd. Jahren das Leben. Seit mehr als dreieinhalb Milliarden Jahren gibt es Fossilbelege für Organismen auf der Erde. Diese haben sich zu einem immer umfangreicheren Lebensstrom entwickelt, der nicht nur sich selbst stetig verändert hat, sondern auch seine unbelebte Umwelt. Der Sauerstoff der heutigen Atmosphäre, von dem das Leben der meisten Organismen abhängig ist, wurde und wird durch Photosynthese produziert. Ganze Landschaften verdanken ihre Existenz kalkproduzierenden Lebewesen. Das gilt für riesige Areale heutiger Ozeanböden wie auch aus ehemaligen Ozeanböden hervorgegangene kontinentale Landschaften, z. B. das Rheinische Schiefergebirge, die Kalkalpen und die Schwäbische Alb, um nur einige mitteleuropäische Gebiete zu nennen.

Vielzellige Tiere (Metazoa) gibt es seit über 600 Millionen Jahren, Angaben zum Entstehen einzelliger Tiere (Protozoa) sind etwas problematischer (s. u.). Metazoa sind nach heutiger Kenntnis nur einmal entstanden, und damit müssen auch die Wurzeln des Menschen im Tierreich wenigstens bis in eine Zeit vor 600 Millionen Jahren zurückzuverfolgen sein. Desweiteren müssen auch unsere Ahnen durch das gesamte Phanerozoikum, das laut stratigraphischer Kommission von 2004 vor 542 Millionen Jahren begann, nachweisbar sein.

Die Paläontologie kann hierbei nicht unmittelbar weiterhelfen, da schon im Kambrium, 542–488 Millionen Jahren vor heute, alle wesentlichen Baupläne der Tiere existierten. Damit waren auch die Wirbeltiere schon „im Prinzip" vorhanden. Ihre Vorläufer, unsere nächsten Verwandten innerhalb der Wirbellosen, haben sich seit dieser Zeit natürlich auch weiterentwickelt, aber sie existieren noch heute. Plakativ kann man sagen: Die entferntesten Verwandten der Wirbeltiere unter den vielzelligen Tieren sind die Cnidaria oder Nesseltiere, zu denen beispielsweise der bekannte Süßwasserpolyp *Hydra* und die Korallen gehören. Sie existierten in ähnlicher Ausgestaltung wie heute schon vor etwa 600 Millionen Jahren.

Besonders nahe Verwandte der Wirbeltiere bzw. Chordaten (wozu wir gehören) sind die Echinodermata, zu denen beispielsweise Seesterne zählen, wenn die Trennung dieser Gruppen auch vor über 500 Millionen Jahren erfolgt sein muss. Innerhalb der Primaten sind unter den rezenten Formen zweifellos Schimpansen unsere nächsten Verwandten. Der letzte gemeinsame Vorfahre von Schimpansen und Menschen hat vor 5–6 Millionen Jahren gelebt.

In diesem Beitrag soll die Spur des heutigen *Homo sapiens* bis in kambrische/ präkambrische Zeiten zurückverfolgt werden. Vieles wurde in dieser langen Zeit beibehalten, da lebenserhaltend und schon im Paläozoikum optimiert, anderes wurde verändert, manches dagegen wurde wahrlich nicht optimiert und lastet bis heute als „Schatten" auf unserer Existenz. Diesem Aspekt wird besondere Bedeutung zu-

gemessen. Wenn wir unsere Herkunft aus dem Tierreich, „unsere Biologie", ver-
leugnen, wird sie unser Schicksal bleiben. Erst durch ihre Erforschung können wir
uns von ihr emanzipieren.

Im Zusammenhang mit seiner raschen Ausbreitung und hohen Intelligenz wurde
der moderne Mensch zudem zu einem „geologischen Faktor" (Negendank 1981),
der entscheidenden Einfluss auf die Veränderung der Biosphäre und deren Zerstörung gewonnen hat. Sowohl mit seiner zerstörerischen Kraft als auch mit seinem
positiven Potential der Gestaltung hat der moderne Mensch erreicht, was unsere
Vorfahren nur Göttern oder Halbgöttern zugetraut hätten. Auch diese Facette unserer Existenz soll im Folgenden skizziert werden.

Einzeller – Vielzeller – Baupläne

Die Zellen (Eucyten), die alle Metazoen und damit auch den Menschen aufbauen,
gehen genealogisch auf mehrere einfachere Zellen (Protocyten) zurück (Endosymbionten-Theorie) und sind vor etwa eineinhalb Milliarden Jahren entstanden. Auf
dem Wege zur Eucyte ist der sogenannte Stammbaum des Lebens ein Netzwerk, in
dem horizontaler Gen-Transfer eine bedeutende Rolle spielte: Auf diesem frühen
Niveau der Evolution ist es offensichtlich zu einem Einbau artfremder Zellen in
größere Wirtszellen gekommen. Beide Partner haben dann eine enge Coevolution
durchgemacht, sodass eine stabile Vereinigung erfolgen konnte. Die aufgenomme-
nen Symbionten (Alpha-Protobakterien) – die Mitochondrien, Atmungsorganellen
der Eucyten – haben im Laufe der Zeit genetische Information an den Kern der
größeren Zelle abgegeben und verfügen nicht mehr über genügende genetische Information, um all ihre Proteine selbst synthetisieren zu können (intrazellulärer Gen-
transfer). Außerhalb der Wirtszellen können Mitochondrien ebenfalls nicht mehr
auf Dauer leben. Das Resultat sind neue Einheiten, die ihre Vorläufer an Komplexität weit übertreffen (Sitte in Gebhardt und Kiesel 2003).

In der Entwicklung der Organismen kommt es also nicht nur zu ständigen Verzweigungen von Stammbäumen (Cladogenese), sondern auch zu Verbindungen
weit getrennter Zweige des Stammbaumes. Diese intertaxonischen Kombinationen
bewirken Großübergänge in der Evolution (Makroevolution) und sind neben den
vielen kleinen Veränderungen (Mikroevolution) ein wesentlicher Motor in der Geschichte der Organismen.

Der Zusammenschluss von Eucyten zu einem vielzelligen Verband stellt im Tierreich dagegen einen wohl einzigartigen Vorgang dar. Zellen verbanden sich über
Zelljunktionen, produzierten eine extrazelluläre Matrix, und die Organismen waren
zunächst diploblastisch, d. h. sie bestanden im Wesentlichen aus zwei Epithellagen
(Keimblättern, Ecto- und Entoderm). Dieses Organisationsniveau repräsentieren
heute noch Placozoa, Porifera und Cnidaria.

Letztere werden besonders intensiv untersucht und auch als „Sprungbrett der
Evolution" für komplexere Organismen, die Bilateria, die aus drei Keimblättern bestehen, bezeichnet (Holstein 2007). Sie gehören seit den ersten Tagen der Evolution

der Metazoa zu den erfolgreichsten Tierstämmen. Allein die zu ihnen zählenden Steinkorallen säumen mit ihren riffbildenden Formen über 100,000 km Küstenlinie und nehmen etwa 600,000 km² der Flachmeerböden ein. Korallenriffe stellen die größten Bauwerke dar, die je von Organismen geschaffen wurden.

Das nächsthöhere Niveau, das der Bilateria, ist das komplexeste innerhalb des Tierreichs. Neuerwerbungen sind das dritte Keimblatt (Mesoderm), Bilateralsymmetrie und damit verbunden das Gehirn als Steuerungs- und Integrationsorgan, durchgehender Darmkanal mit Mund und After, Exkretionsorgane, Coelom, Blutgefäßsystem und – wahrscheinlich – auch der programmierte Tod. Entwicklungsgene, die den jeweiligen Bauplan festlegen, stimmen bei ihnen weitgehend überein. Es gibt jetzt eine Kopf-Schwanz- sowie eine Dorsoventralachse. Die Verdauung erfolgt vermutlich immer mit Hilfe von Prokaryoten; der durchgehende Darmkanal ist ein eigenes Ökosystem, in dem – z. B. beim Menschen – mehr Zellen („Fremdzellen") leben als unseren Körper aufbauen („Eigenzellen").

Die Evolution war keine stetige Zunahme von Komplexität und Diversität. In fünf Massenaussterbe-Ereignissen hat es im Laufe des Phanerozoikums dramatische Einbrüche gegeben. Große Tiergruppen sind ausgestorben. Das verheerendste Ereignis fand Ende des Paläozoikums statt: Bis zu 90 % aller Meerestierarten starben aus. Massenaussterben bedeuten – positiv ausgedrückt – verbesserte Chancen für viele Überlebende, ein Experimentierfeld für Neues und die Chance, freigewordene ökologische Nischen einzunehmen. Nach dem großen Massenaussterben Ende des Mesozoikums, dem fünften seit Entstehen der Bilateria, dem viele der großen Reptilien, zum Beispiel die landlebenden Dinosaurier, die marinen Plesiosaurier sowie die den Luftraum beherrschenden Pterosaurier zum Opfer fielen, die über lange Zeit die Erde dominiert hatten, machten die Säugetiere eine Entwicklung durch, die das Antlitz der heutigen Erde wesentlich prägte. Sie nahmen in einer raschen Evolution jene ökologischen Nischen ein, die durch das Aussterben der Reptilien freigeworden waren. Bücher zur Evolutionsbiologie geben darüber genauere Auskunft (z. B. Storch et al. 2007).

Fossilgeschichte des Menschen

Die Literatur über die Fossilgeschichte des Menschen füllt Bibliothekssäle. Im Rahmen dieser Darstellung sei lediglich auf knappe Darstellungen aus jüngerer Zeit hingewiesen: Hardt et al. (2010); Henke und Rothe (1999a); Junker (2006); Sawyer und Deak (2008); Schneider (2008); Schrenk (1997). Alle Autoren vertreten im Prinzip das „Out-of-Africa-Modell", wonach die Wurzeln des modernen Menschen in Afrika zu finden sind. Im Unterschied dazu geht das „Multiregionale Modell" davon aus, dass eine frühe Menschenform (*H. ergaster* bzw. *Homo erectus*) aus Afrika auswanderte und sich in verschiedenen Regionen zu *H. sapiens* weiterentwickelte.

Die Paläoanthropologie empfinden wir heute als eine faszinierende Forschungsdisziplin, und dementsprechend werden neue Funde oft sogleich über die Tagespresse bekannt gemacht, nicht selten mit dem Hinweis, dass „die Evolution des

Menschen" nun umgeschrieben werden müsse. In diesem Zusammenhang muss man sich jedoch vor Augen halten, dass aus Afrika, „der Wiege der Menschheit", nur etwa 200 fossile Fragmente von etwa 40 Individuen der Gattung *Homo* bekannt sind, dass aber bisher schätzungsweise 80 Mrd. Individuen von *Homo sapiens* auf der Erde gelebt haben. Interpretationen sind also schwierig und lassen Spielraum.

Primaten, zu denen wir gehören und in die uns schon Linné einordnete, erscheinen als Fossilien in der Erdgeschichte relativ spät: im Känozoikum. Der Beginn ihrer Entwicklung ist bis heute umstritten. Unbestritten ist die Fossildokumentation der Primaten ab dem Eozän, der Zeit der Morgenröte für die Säugetiere. Wesentliche Merkmale waren jetzt herausgebildet: die Augen waren nach vorn gerichtet, die Schnauze verkürzt.

Einen besonders guten Einblick in die europäische terrestrische (und limnische) Fauna und Flora des Eozäns vor knapp 50 Millionen Jahren ermöglicht uns das Weltnaturerbe Messel. Primaten haben in dieser Zeit das Niveau der „Halbaffen" erreicht und führen uns modellhaft unsere Vorfahren zu dieser Zeit vor Augen. Der „Sensationsfund Ida" (*Darwinius masillae)*, heutigen Lemuren ähnlich, hat es kürzlich bis in die Tagespresse geschafft (Hardt u. a. 2010).

Aus Miozän und Pliozän sind Fossilien bekannt, die zum engeren Verwandtschaftskreis des Menschen zählen. Im Jahre 2002 wurde im Tschad ein sechs bis sieben Millionen Jahre alter, recht gut erhaltener Schädel geborgen, für den eine neue Gattung errichtet wurde. Die Einordnung dieser als *Sahelanthropus tchadensis* bezeichneten Form ist noch offen. Hervorzuheben ist, dass das Gesicht flach war und dass kräftige Überaugenwülste ausgebildet waren. Das Schädelvolumen betrug etwa 360–370 ccm und erreicht damit nicht den Durchschnitt der drei rezenten Menschenaffen-Gattungen.

Im Jahre 2000 wurden aus den Tugen-Bergen Kenias Skelettreste eines wahrscheinlich sehr nahen Verwandten des Menschen beschrieben: *Orrorin tugenensis.* Das Alter dieses Fundes wird auf etwa sechs Millionen Jahre geschätzt. Manche anatomischen Merkmale sprechen dafür, dass es sich bei *Orrorin* um Vorläufer von *Australopithecus/Homo* handelt. Die Anatomie des Oberschenkelknochens legt nahe, dass *Orrorin* sich aufrecht fortbewegen konnte. *Orrorin* bedeutet in der Tugen-Sprache „ursprünglicher Mensch".

Etwas jünger sind die Funde von *Ardipithecus.* Diese Form lebte im Pliozän. Man kennt sie seit 1994 und durch spätere Funde in Nordäthiopien. *Ardipithecus* ist zwischen vier und fünf Millionen Jahre alt und wird als naher Verwandter von *Australopithecus* angesehen. Einige Paläontologen betonen die Ähnlichkeiten mit rezenten Schimpansen. Da sich *Pan* und *Homo* nach molekularbiologischen Befunden vor etwa fünf bis sechs Millionen Jahren getrennt haben, passt auch diese Interpretation in das generelle Bild. Es werden bisweilen zwei Arten unterschieden: *A. ramidus* und *A. kadabba.*

Heute herrscht allgemeine Übereinstimmung, dass Australopithecinen die unmittelbaren Vorläufer des Menschen sind. Australopithecinen sind seit gut vier Millionen Jahren durch Fossilfunde in Afrika belegt, vor etwa 1,5–1,4 Millionen Jahren starben sie aus. Paläoanthropologen unterscheiden zwei Gattungen: *Australopithecus* und *Kenyanthropus.* Jüngere Formen mit besonders robusten Schädeln und Zähnen („Nussknackermensch") werden auch in der Gattung *Paranthropus* zusammengefasst. *Australopithecus anamensis* wurde in Kenia gefunden, ist etwa 4,2–3,9 Millionen Jahre alt und bewegte sich biped fort. *Australopithecus afarensis* ist aus einer Zeit zwischen 3,9 und etwa 3 Millionen Jahren bekannt. Berühmtheit erlangte ein Individuum, von dem ein fast vollständiges Skelett geborgen wurde, das man „Lucy" nannte. Die Fundstätten liegen vor allem in Ostafrika. Den aufrechten Gang belegen fossil erhaltene Fußspuren. Lucys Schädelkapazität lag zwischen 400 und 550 ccm. Seit 1995 kennt man aus dem Tschad eine Form, die mit dem Namen *A. bahrelghazali* belegt wurde. Ob es sich möglicherweise um eine regionale Variante von *A. afarensis* handelt, ist umstritten. Bemerkenswert ist jedoch die große Entfernung (2,500 km) vom ostafrikanischen Graben, in dessen Bereich die Mehrzahl der Australopithecinen gefunden wurde. Ebenfalls umstritten ist *Kenyanthropus platyops,* seit 2001 vom Turkana-See bekannt und etwa 3,5 Millionen Jahre alt. Einige Forscher ordnen diese Form, die gleichzeitig mit „Lucy" lebte, in die Gattung *Australopithecus* ein. Etwas jünger als die bisher genannten Formen ist der 1999 beschriebene *Australopithecus garhi*. Er wurde auf 2,5 Millionen Jahre vor heute datiert und ist aus Äthiopien bekannt. *Australopithecus africanus*, eine durch viele Fundstücke gut belegte Art, lebte zwischen 3,2 und 2,5 Millionen Jahren vor heute. Der 1921 beschriebene Schädel eines kindlichen *A. africanus* ist der erste beschriebene Fund eines Australopithecinen überhaupt. Bis heute werden vor allem in den Höhlen von Sterkfontein nahe Johannesburg (Südafrika) neue Funde gemacht. *A. africanus* hatte eine Schädelkapazität zwischen 425 und 560 ccm, lag also im Durchschnitt etwas über dem Wert von *A. afarensis.*

Seit etwa 2,5 Millionen Jahren vor heute ist die Gattung *Homo* fossil belegt: mit größerem Hirn als ihre Vorläufer (580 ccm und mehr), mit flachem Gesichtsschädel, ausgeprägter Stirn, verkleinertem Kieferapparat, verlängerten Beinen und verbesserter Opponierbarkeit des Daumens. Bezüglich der Gliederung dieser Gattung in einzelne Arten und Unterarten konnte bis heute keine Einigkeit erzielt werden. Angesichts der morphologischen Vielfalt der heute etwa 7 Mrd. lebenden Menschen, die alle als *Homo sapiens* bezeichnet werden, ist diese Unsicherheit verständlich. Knußmann (1996) unterscheidet in seinem Lehrbuch „Vergleichenden Biologie des Menschen" lediglich drei *Homo*-Species: *Homo habilis* (mit den Subspecies *Homo habilis habilis* und *Homo habilis rudolfensis*), *Homo erectus* mit sieben „Varietäten", u. a. der Varietät *heidelbergensis* sowie *Homo sapiens* (wozu auch der Neandertaler gezählt wird). Sawyer und Deak (2008) unterschieden dagegen 11 ausgestorbene *Homo*-Arten.

Homo habilis wurde in einem Zeitraum von fast 800,000 Jahren in weit auseinanderliegenden Regionen von Äthiopien bis Südafrika nachgewiesen. Die ältesten Funde stammen aus einer Zeit, als auch Steinwerkzeuge in Ostafrika nachgewiesen wurden. *Homo habilis* war etwa 140 cm groß, seine Schädelkapazität betrug im Regelfall 580 bis 680 ccm.

Kontrovers wird *Homo rudolfensis* eingeschätzt (Henke in Borrmann und Rager 2009; Schrenk in Conard 2004). Manche Autoren sehen ihn als eine etwas robustere

Variante von *Homo habilis* an. Die Fundorte liegen am Malawisee, in Südäthiopien und am Turkanasee (ehemals Rudolfsee). Die Schädelkapazität liegt bei 750 und 820 ccm.

Homo ergaster wird von vielen Paläanthropologen als eine Menschenart angesehen, von der möglicherweise alle weiteren *Homo*-Arten abstammen. Er lebte in einem Zeitraum von 1,9–1 Millionen Jahren in Afrika, verließ als erster uns bekannter Mensch den Kontinent seiner Herkunft und wurde zum „Eroberer der Welt". Seine Schädelkapazität liegt zwischen 750 und 995 ccm.

Homo erectus wurde schon 1891 auf Java entdeckt, ab dem frühen 20. Jahrhundert kamen dann weitere Funde aus China hinzu. Aktuelle Altersbestimmungen sprechen dafür, dass die ältesten Funde von Java 1,8 Millionen Jahre alte Menschen repräsentieren. Ihre Schädelkapazität betrug etwa 800 ccm, etwas jüngere (1,5–1 Millionen Jahre alte) Funde hatten eine Schädelkapazität von 900 ccm. Die jüngsten Funde von *Homo erectus* auf Java wurden auf 56,000 bis 27,000 Jahre vor heute datiert. Ihre Schädelkapazität lag bei etwa 1,200 ccm. Wahrscheinlich lebte *Homo erectus* eine gewisse Zeit gemeinsam mit *Homo sapiens* auf Java.

Im Jahre 2003 gab es eine besondere Überraschung: Auf der indonesischen Insel Flores wurden Skelettreste von ungewöhnlich kleinen Menschen gefunden. Die ältesten Fundstücke wurden auf 95,000 Jahre vor heute, die jüngsten auf 12,000 Jahre vor heute datiert. Man errichtete eine neue Art: *Homo floresiensis*. Diese Menschen waren etwa einen Meter groß und hatten eine Schädelkapazität von etwa 380 bis 410 ccm. Die Diskussion über diese Funde hält an. Möglicherweise handelt es sich um eine isolierte Inselpopulation von *Home erectus*.

Wenn im Vorhergehenden immer wieder auf die Vergrößerung des Gehirns hingewiesen wurde, so hat das einen Grund: Kein System der belebten Welt ist so kompliziert wie unser Gehirn. Es ist in der Evolution des Menschen mit einer bis dato nicht bekannten Geschwindigkeit gewachsen und wächst gegen Ende der Schwangerschaft beim Ungeborenen, indem es pro Minute Hunderttausende neuer Neurone bildet.

Mit der raschen Entfaltung des Gehirns kommt eine zweite Form der Evolution in Gang: nach der Evolution der Gene die der Meme (Roth 2009; Wieser 2007).

Die Entwicklung der Gattung Homo in Europa

Seit dem Jahre 1992 kennt man aus Nordspanien Skelettteile, die etwa 790,000 bis 780,000 Jahre alt sind und für die die Species *Homo antecessor* errichtet wurde. Die Schädelkapazität dieser Form lag über 1,000 ccm, die Körpergröße betrug etwa 175 cm. Mit den Skelettresten fand man einfache Werkzeuge. Die Entdecker dieser Funde entwarfen ein Szenario, wonach *Homo antecessor* von *Homo ergaster* abgeleitet wird und vor etwa 1 Mio. Jahren aus Nordafrika nach Spanien eingewandert ist. Daraus könnte *Homo heidelbergensis* entstanden sein, der sich später zu *Homo neanderthalensis* weiterentwickelt hat. Möglicherweise gehören zahlreiche weitere Funde einzelner, nicht sicher einzuordnender Skelett-Teile aus Südeuropa und Nordafrika in den Umkreis von *Homo antecessor.*

Allgemein anerkannt wird der enge morphologische Zusammenhang zwischen *Homo ergaster, Homo erectus, Homo antecessor* und auch *Homo heidelbergensis* sowie *Homo neanderthalensis* und *Homo sapiens.* Umstritten ist jedoch der Artstatus der genannten Formen und damit die Frage, in welchem Maße ein Genaustausch erfolgt sein könnte.

Bei *Homo heidelbergensis* handelt es sich um pleistozäne Menschen, die generell ein höheres Entwicklungsniveau hatten als *H. erectus* und *H. antecessor.* Die Bezeichnung geht auf Otto Schoetensack (1908) zurück. Der Beschreibung lag ein bei Mauer (nahe Heidelberg) gefundener Unterkiefer zugrunde. Mittlerweile gibt es von *H. heidelbergensis* zahlreiche Funde aus Europa, die aus einer Zeit zwischen etwa 600,000 und 200,000 Jahren vor heute liegen. Seit einiger Zeit wird auch das Vorkommen dieser Art in Afrika und Asien diskutiert. Anlässlich des 100-jährigen Fundjubiläums nahmen die Diskussionen einen besonders breiten Raum ein. (Wagner et al. 2007). Die Schädelkapazität von *H. heidelbergensis* ist etwa 10 % größer als bei älteren Funden von *Homo* und liegt zwischen 1,100 und 1,300 ccm.

Vieles spricht dafür, dass sich aus *Homo heidelbergensis* der Neandertaler entwickelt hat. Das Interesse an dieser Form, heute allgemein als Art (*H. neanderthalensis*) angesehen, hat in den letzten Jahren stark zugenommen. Seit der Sicherung der Fossilien aus der kleinen Feldhofer Grotte im Neandertal bei Düsseldorf durch Johann Carl Fuhlrott im Jahre 1856 ist die Diskussion um die phylogenetische Stellung dieser Menschenform nicht abgerissen. Der Ausgangspunkt der Auseinandersetzungen wirkt aus heutiger Sicht kurios und für viele auch amüsant.

Der Fund war drei Jahre vor dem Erscheinen von Charles Darwins epochalem Werk „Über den Ursprung der Arten" getätigt worden. Die Existenz von fossilen Menschen hat man zu dieser Zeit weitgehend abgelehnt. „L'homme fossile n'existe pas", dieser Ausspruch wird Cuvier zugesprochen, einem ausgezeichneten Paläontologen und vehementen Vertreter der Katastrophentheorie, die besagt, dass es nach diversen Sint-(Sünd-)Fluten immer wieder zu Neu-Schöpfungen gekommen sein muss. Dass der Fund im Neandertal erfolgte, entbehrt zudem nicht einer gewissen Ironie des Schicksals: Joachim Neander aus Bremen, nach dem das romantische Tal benannt ist, war Prediger und Kirchenliederdichter. Des öfteren zog er sich im Tal der Düssel zurück und dichtete. Sein bekanntestes Opus: „Lobe den Herrn".

Der politisch einflussreiche Pathologe Rudolph Virchow war der Ansicht, dass es sich bei diesem Fund um Reste eines krankhaft veränderten modernen Menschen handelte. Der Bonner Anatom August Friedrich Mayer glaubte an ein Überbleibsel eines in den Befreiungskriegen umgekommenen mongolischen Kosaken. Recht behielt jedoch der Gymniallehrer Johann-Carl Fuhlrott, der das hohe Alter der Skelett-Teile erkannte.

Ebenfalls skurril, jedoch nicht zum Schmunzeln anregend, ist die Tatsache, dass der Fundort des berühmten „Neanderthalers" nicht weiter wissenschaftlich erschlossen wurde. Erst eineinhalb Jahrhunderte später gingen Wissenschaftler akribisch vor und entdeckten sogar einzelne Knochen des Skeletts von 1856 wieder (Schmitz und Thissen 2002).

Das Individuum aus der kleinen Feldhofer Grotte wurde „im entfleischten Zustand abgelegt" (Henke und Rothe 1999b), was auf rituelle Anthropophagie bzw. Endokannibalismus (Kronismus: Kannibalismus unter Verwandten) interpretiert werden könnte. Die genannten Autoren halten sogar „liebevolle Gefühle als Motiv für denkbar". Schließlich ist das Umgehen mit Verstorbenen auch heute in verschiedenen Regionen der Erde sehr unterschiedlich.

Eine Besonderheit des Neandertalers sind im Kopfbereich das vorspringende Mittelgesicht, die große Nase und die große Schädelhöhle. Das Gehirn war größer als das modernen Menschen, das postkraniale Skelett robuster als bei uns. Im Einklang mit der Allenschen Regel von 1877, für Säugetiere aufgestellt, sind die Extremitäten des in kaltem Klima lebenden *H. neanderthalensis* kurz und stämmig. Der Körper war massiv und muskulös; hervorzuheben ist auch die eindrucksvolle Knochendicke. Diese Merkmale wurden während des Übergangs vom Mittel- zum Jungpaläolithikum rasch wieder rückgebildet. Körperliche Stärke – so Henke und Rothe (1999a, b)- war wohl nicht mehr ausschlaggebend für Überleben und erfolgreiche Reproduktion.

Der Neandertaler koexistierte über mehr als 60,000 Jahre mit Populationen des fast modernen *Homo sapiens* im Nahen Osten. Hierher war *H. sapiens* vor ca. 100,000 Jahren aus Afrika vorgedrungen. Vor etwa 40,000 Jahren wanderte *H. sapiens* nach Europa ein, bereits etwa 10,000 Jahre später starb der Neanderthaler aus. Spuren dieser erfolgreichen Ausbreitung von *H. sapiens* in Mitteleuropa wurden in Höhlen der Schwäbischen Alb gefunden. Ob und gegebenenfalls wie *H. sapiens* und *H. neanderthalensis* in Kontakt traten, ob *H. sapiens* aktiv zum Aussterben von *H. neanderthalensis* beigetragen hat, all das wirft noch viele Fragen auf.

Einem aktuellen Szenario zufolge ist vor etwa 100,000 Jahren *H. sapiens* aus Afrika bis in den Nahen Osten vorgedrungen. Vor 40,000 Jahren erreichte diese jüngste *Homo*-Art Europa, seit etwa 27,000 Jahren gibt es keine Neanderthaler mehr. *Homo sapiens* verblieb als einzige Menschenart. Am Ende der letzten Eiszeit, vor etwa 10,000 Jahren, hatte er ein Drittel der Kontinente besiedelt (50 von 150 Millionen km²), die Population umfasste schätzungsweise 5 Millionen Individuen.

Domestikation

Eine der wesentlichen Neuerungen in der Geschichte von *Homo sapiens* erfolgte vor etwa 10,000 Jahren, als der Mensch in manchen Regionen sein Nomadendasein aufgab, sesshaft wurde und mit Ackerbau und Viehzucht begann. Die aneignende Wirtschaftsform des Jägers und Sammlers wurde zunehmend durch eine Produktionswirtschaft ersetzt. Der Mensch machte einen weiteren, großen Schritt aus dem Tierreich heraus und schuf Kulturpflanzen sowie Haustiere, die großenteils in ihrer heutigen Form nur unter seiner Obhut überlebensfähig sind.

Dieser Übergang erfolgte in verschiedenen Regionen der Erde unabhängig voneinander, zuerst wahrscheinlich in großen Flussebenen, z. B. an Euphrat und Tigris, am Nil, am Indus sowie an Hoangho und Yangtsekiang.

Die Überführung von Wildtieren in den Hausstand (Domestikation) wird auch als neolithische Revolution bezeichnet. Der Mensch schuf sich ab jetzt die Grundlagen seiner Ernährung selbst und wurde vom Angebot der ihn umgebenden Natur weitgehend unabhängig. Die Domestikation war zunächst auf wenige Säugetier-Arten konzentriert, z. B. Hund, Schaf, Ziege, Rind, Schwein und Pferd.

Die meisten Haustiere stammen aus gemäßigten Zonen der Alten Welt, z. B. dem Vorderen Orient (dem „Fruchtbaren Halbmond"), Süd- sowie Südost- und Ostasien. In vielen Fällen kam es bei Haustieren zu einem Rückgang des Gehirngewichts (beim Schwein bis 30 %), was mit geringerer Aggressivität und geringerer motorischer Aktivität in Verbindung gebracht wird.

Schwerpunkte der Domestikation waren das östliche Mittelmeergebiet, Mesopotamien, Südrussland, Pakistan, Indien, Ost- und Südostasien, Mittel- und Südamerika.

Außer Säugetieren wurden auch Vögel domestiziert, z. B. in der Neuen Welt das Truthuhn und in der Alten Welt Bankivahuhn, Felsentaube, Stockente und Graugans. Auch Fische wurden domestiziert, insbesondere der Karpfen. Dazu kommen verschiedene wirbellose Tiere, z. B. Honigbiene und Seidenspinner.

Der genaue Zeitpunkt der Domestikation ist oft nicht genau festzulegen. Haustiere sind ja im archäologischen Fundgut erst dann mit Sicherheit identifizierbar, wenn neue (durch Zucht bewirkte) Merkmale entstanden sind. In diesem Kontext reichen ungefähre Werte: Schaf, Ziege, Rind und Schwein als besonders wichtige Fleischproduzenten für den Menschen sind sehr früh in den Haustierstand überführt worden – vor etwa 10,000 Jahren – und wurden bis heute ganz auf die Bedürfnisse der modernen Menschheit eingestellt: Während ein Wildrind ca 600 l Milch pro Saugzeit bildet, produzieren heute leistungsstarke Kühe ca. 8,000 l pro Jahr, im Extrem sogar mehr als die doppelte Menge. Ein Bankivahuhn legt pro Jahr etwa 10 Eier, moderne Legehennen bringen es auf 300.

Bei der Domestikation sind keine neuen Tierarten entstanden. Die modernen Rassen zeigen jedoch, welche Leistungssteigerungen durch Veränderung von Genotyp und Umwelt (Haltung, Futter) möglich sind. Seit dem Neolithikum tritt der Mensch somit als Schöpfer biologischer Vielfalt auf, wenn diese ihm nutzt, gleichzeitig jedoch auch als Zerstörer, insbesondere, wenn er ihre Bedeutung nicht kennt. Durch die Ausweitung der Agrarlandschaft ist es zu erheblichem Artenschwund gekommen, der mittlerweile alle bewohnten Regionen der Erde erfasst hat. Die Zerstörung ist besonders umfangreich, wenn Naturräume in Weideflächen umgewandelt werden, aber auch die Vielfalt früherer Haustierrassen wird reduziert, weil Profitmaximierung in der Regel im Vordergrund steht.

Derzeit kommen auf einen menschlichen Erdenbürger etwa drei Nutzhaustiere, d. h. Haustiere, die zum Verzehr verwendet werden. Dabei gibt es bezüglich der Zahlenverhältnisse große Unterschiede: Auf einen Australier kommen beispielsweise etwa 10 Schafe, auf einen Neuseeländer etwa 20. Auch kulturelle Unterschiede schlagen sich sehr deutlich nieder. In China werden etwa 20 % aller Schweine produziert, Islam und Judentum verbieten den Verzehr von Schweinefleisch. Muslimische Staaten erhalten wiederum lebende Schafe (Schächtungsgebot) in großen Frachtschiffen aus Australien.

Die Produktionssteigerung in der Nutztierzucht hat verschiedene Gründe. Die stetige und langsame genetische Veränderung hat, wie gesagt, nunmehr über 10,000 Jahre Geschichte (künstliche Zuchtwahl). Im 20. Jahrhundert kam die künstliche Besamung hinzu; es konnten so z. B. Ejakulate von Hochleistungsbullen portioniert, eingefroren und bei Bedarf eingesetzt werden. Gebrauchszucht, d. h. das Herstellen von besonders leistungsfähigen Hybriden, spielt beispielsweise bei der Eierproduktion eine wichtige Rolle. Derzeit kommt zum Beispiel auf einen Bundesbürger eine Legehenne (jährlicher Pro-Kopf-Verbrauch über 210 Eier). Die Zukunft hat schon begonnen: sie liegt in der Herstellung erbgleicher Tiere (Klonierung), einer Technik, die bei manchen Nutzpflanzen schon lange in Gebrauch ist. Schließlich ist die Optimierung der Nahrung zu erwähnen. Derzeit gehen 40 % der weltweiten Getreideproduktion ins Tierfutter. Das Resultat ist wiederum „Zeitgewinn": Derzeit dauert eine Hähnchenmast einen Monat. Die Produktion findet im Fabrikmaßstab statt, verschiedene Teile eines Hähnchens werden in verschiedenen Regionen der Erde auf den Markt gebracht („Das Globale Huhn").

Derzeit wird global doppelt so viel Fläche für die Haltung von Nutztieren gebraucht wie für den Anbau von Kulturpflanzen. Die Ausrottung von Tierarten hat auch vor den Ahnen der Haustiere nicht Halt gemacht: Der Auerochse oder Ur (*Bos primigenius*), Stammart „unserer" Rinder, verschwand im 17. Jahrhundert von der Bildfläche. Vorher hatte er Wälder Eurasiens besiedelt. Von seinen Nachfahren hält man heute etwa 1,5 Mrd. Exemplare; meist handelt es sich um weibliche Tiere, also Kühe. In welchem Maße diese unsere Kultur beeinflusst haben, wurde kürzlich zusammenfassend dargestellt (Werner 2009). Begriffe wie Kapitalismus, pekuniär, Bosporus und viele weitere hängen mit dem domestizierten Rind zusammen. Im Hinduismus ist es heilig; auch in Europa wurde es verehrt, im Zuge der Etablierung des Christentums in Rom jedoch zum Vorbild für den Teufel: Im fünften Jahrhundert hat man den Teufel offiziell mit den Attributen des im Mithraismus verehrten Rindes versehen: mit Hörnern, Fell, Hufen und Schwanz.

Eine besondere Beziehung ist zwischen Menschen und Pferden entstanden. In der Alten Welt wurden schon früh Kriege von Reitern entschieden und Streitwagen von Pferden gezogen. Damit war eine Sonderstellung der Pferde unter den Haustieren verbunden. Im Krieg wie im Frieden blieben sie das Tier des Militärs und der Regierenden. Auch in der Landwirtschaft setzte man Pferde ein, und sie waren wesentlich an deren Fortentwicklung beteiligt, bis man sie durch Traktoren ersetzte. Eine wichtige Rolle spielten Pferde zudem als Transportmittel. Sie zogen Postkutschen und ermöglichten einen ausgedehnten Reiseverkehr. Heute ist das Pferd das einzige Tier, welches an Olympischen Wettkämpfen teilnimmt. Man stelle sich die lange Geschichte des Menschen und seiner Kriegszüge ohne Pferde vor! Sie wäre in Teilbereichen völlig anders verlaufen. Franzen (2007) und Schneider (2008) schildern das eindrücklich und ausführlich.

Die Domestikation blieb nicht ohne Folgen für den Genotyp der beteiligten Menschen. Der Verzehr von Milch hatte in nur wenigen Jahrtausenden zur Folge, dass in den Gebieten, in denen Kuhmilch getrunken wurde, auch Erwachsene Milchzucker (Lactose) verdauen können.

Von der Plünderung der Meere zur Aquakultur

Domestikation von Tieren und Kultivierung von Pflanzen sind bis in die jüngste Vergangenheit auf das Festland beschränkt geblieben. Die Meere dagegen wurden lediglich ausgebeutet. Sie nehmen 70 % der Erdoberfläche ein und umfassen 90 % der Biosphäre. Dennoch stoßen wir bei seiner Nutzung heute an Grenzen (Hempel 2005).

Die umfangreichste Ausrottungskampagne galt den großen Walen (Kock 1995). Vom Blauwal, der größten Tierart auf der Erde, erlegte man 1930/31 etwa 30,000 Individuen; heute wird der Weltbestand auf nur noch wenige tausend Tiere geschätzt. Ein ähnliches Schicksal droht den Haien; gegenwärtig tötet man etwa 200 Mio. pro Jahr, d. h. etwa 500,000 pro Tag.

Internationale Auseinandersetzungen über den Walfang und über Quoten im Fischfang sowie über die Erweiterung der Hoheitszonen der Meeresanrainer führten schließlich zur Seerechtskonvention, die unter anderem die größte Nutzungsnationalisierung in der Geschichte der Menschheit festgeschrieben hat (Vitzthum 1981). Der Lebensraum Meer wird bis heute vielfach falsch bewertet und in seiner Produktionskraft weit überschätzt. Demgemäß kam es an verschiedenen Orten zu erheblicher Übernutzung bzw. zum Zusammenbruch von Fischereien.

Besonders bedroht sind tropische Korallenriffe, Mangrovewälder sowie Seegraswiesen (Lit.: Storch und Wehe 2007). Generell kann man sagen, dass die Meere in verschiedenen Regionen – trotz des Einsatzes modernster Technik – so ausgebeutet werden wie mache Landstriche vor Jahrhunderten. In dieser Situation erscheint die Aquakultur als ein gangbarer Ausweg. Aquakultur ist die Parallele zur Landwirtschaft, allerdings mit aquatischen Organismen.

Heute wird die Aquakultur als der am schnellsten wachsende Nahrungsmittel produzierende Sektor im globalen Maßstab angesehen (Hilge und Hanel 2008). Die Gesamtproduktion liegt derzeit bei 70 Millionen Tonnen pro Jahr, davon entfällt fast die Hälfte auf Fische. Diese stammen vorwiegend aus dem Süßwasser, was die Entstehungsgeschichte der Aquakultur widerspiegelt, die ihre Ursprünge in der Aufzucht des Karpfens und seiner Verwandten in Süßwasserteichen Asiens hat. Nicht unerwähnt bleiben sollen mit der Aquakultur verbundene Umweltbelastungen, z. B. Zerstörung von Mangrovewäldern und Riffen sowie Eutrophierung. Auch sie hängen mit der schon erwähnten verbreiteten falschen Bewertung von aquatischen Systemen zusammen.

Interessanterweise werden immer mehr Organismen-Arten in Kultur genommen; laut FAO nähert man sich 400 (Hilge und Hanel 2008). Eine Fokussierung auf wenige, Erfolg versprechende Arten ist nur teilweise erfolgt. Historisch betrachtet, befindet sich die Aquakultur im Vergleich zur Landwirtschaft noch in einer Frühphase der Entfaltung (Bilio 2010).

Der moderne Mensch: Versuch einer Bewertung

Als im Jahre 1871 Charles Darwins (Darwin 1871) Werk „Die Abstammung des Menschen …" erschien, war in unserem Sprachraum schon eine Diskussion über das Pro und Contra einer Herkunft des Menschen aus dem Tierreich im Gange. Der Kampf des Jenaer Zoologen Ernst Haeckel in dieser Angelegenheit ist besonders bekannt geworden, weniger dagegen die Probleme, mit denen Matthias Jacob Schleiden, Begründer der Zelltheorie, zu kämpfen hatte. Wie so viele Befürworter von Darwins Theorien kam auch er mit der Kirche in Konflikt: Als er mit seinen Vorlesungen zur Abstammung des Menschen die Mehrzahl der – damals Hörergeld zahlenden – Studenten der Universität Dorpat (heute Tartu / Estland) anzog, musste er seinen Wirkungsort aufgrund des Druckes aus dem Klerus verlassen.

In der modernen Biologie wird der heutige Mensch ganz unterschiedlich bewertet. Im Anschluss an Autoren des späten 19. Jahrhunderts plädiert mancher für die Einrichtung eines eigenen Stammes für *Homo sapiens*, die Psychozoa. Diamond (1994) sieht uns als dritte Schimpansenart, Sommer (2009) titelt im Darwin-Jahr „Menschenaffen wie wir". Der Mensch erscheint also als ein Wesen, welches dem Tierreich gegenübersteht oder als „nackter" Affe (Morris 1968) interpretiert wird. In der Tat lassen sich für beide Extrema gute Gründe anführen. Der intellektuelle Abstand des Menschen zu Tieren sowie die intellektuellen Leistungen von *Homo sapiens* sind unbestritten, wenngleich einschränkend zu sagen ist, dass letztere nicht von allen Individuen in gleichem Maße erbracht werden. Die Schrift dürfte nur von einigen Avantgardisten geschaffen worden sein, und bis heute kann ein Großteil der Menschheit weder schreiben noch lesen. Bleibende bildende Kunst wurde ebenfalls nur von einer kleinen Gruppe geschaffen, und in der Musik unseres Sprachraumes beglücken wenige Genies (z. B. Bach, Händel, Haydn, Mozart, van Beethoven) Musikinteressierte auf der ganzen Erde seit Jahrhunderten. Gleiches gilt für große wissenschaftliche Leistungen. In der Biologie wirkte sich das Lebenswerk von Aristoteles, entstanden im vierten vorchristlichen Jahrhundert, sektoral bis ins 19. Jahrhundert aus. Gregor Mendels Gedankengänge wurden von seinen Zeitgenossen über Jahrzehnte gar nicht zur Kenntnis genommen bzw. nicht verstanden, erst 1900 wurden seine Gesetze „wiederentdeckt". Die Sprache schließlich, ein Sondermerkmal des modernen *Homo sapiens*, wird von einzelnen Zeitgenossen in sehr unterschiedlichem Maßstab beherrscht. Ein Zoologie-Lehrbuch für Anfänger umfasst beispielsweise ca. 5,000 Fachausdrücke, die gelernt werden müssen, große Teile der Bevölkerung kommen in der alltäglichen Kommunikation mit wenigen hundert Wörtern aus. Wenn man bedenkt, dass es ja beileibe nicht nur um die bloße Zahl der bekannten Wörter, sondern um deren Inhalte und letztlich intellektuelle Verknüpfung geht, dann kann man davon ausgehen, dass die Vielfalt dessen, was an Gedanken produziert wird, praktisch unerschöpflich ist.

Unbestritten sind intellektuelle Leistungen in jenen Bereichen von Technik und Wissenschaft, die verlässliches Wissen schaffen. Täglich werden Milliarden von Menschen mit sicherer Nahrung hoher Qualität versorgt, täglich werden Millionen mit vergleichsweise sicheren Verkehrsmitteln wie Flugzeugen und Zügen transportiert, täglich produzieren Kraftwerke Strom und täglich werden Informationen über Radio, Fernsehen und Zeitung ins Haus geliefert. Auch das gilt freilich nicht für die gesamte Menschheit, aber doch für eine Milliarden-Population, und die Leistung bleibt bewundernswert, so dass die Einrichtung eines Stammes „Psychozoa" gerechtfertigt erscheint, wenn auch eine Namensgebung günstiger wäre, in der nicht die Psyche, sondern der Intellekt zum Ausdruck gebracht wird.

Vor einigen Jahren wurde die Einrichtung des „Anthropozän" als Zeitabschnitt der Erdgeschichte nach dem Beginn der Industriellen Revolution vorgeschlagen. Anthropozän bedeutet nicht nur Positives, sondern steht im Wesentlichen für die erste globale Beeinflussung der Atmosphäre, der Biosphäre, der Lithosphäre und der Hydrosphäre durch eine einzelne Organismenart, nämlich *Homo sapiens*: Anstieg der CO_2- Konzentration der Atmosphäre von 270 ppm auf über 370 ppm, Synthese und Emission von Fluorkohlenwasserstoffen und damit letztlich eine anthropogen bedingte Klimaveränderung sind ebenso zu nennen wie Artentod („Die sechste Auslöschung", Leakey und Lewin 1996) und Überfischung sowie Verschmutzung der Meere (Hempel und Schulz-Baldes 2003).

Den hohen intellektuellen Leistungen, die sich zum Beispiel in Naturwissenschaften und Technik manifestieren, steht eine mangelnde Weitsicht gegenüber. *Homo sapiens* ist die erste Art in der langen Evolution, die ihren globalen Lebensraum nicht nur beeinflusst, sondern über große Strecken auch zerstört und damit sich selbst schadet. Eine Parallele im Tierreich gibt es offensichtlich nicht. Die Vermehrung erfolgt nach wie vor mit einem nie dagewesenen Tempo. Um 1830 gab es das erste Mal zeitgleich 1 Mrd. Menschen auf dem Globus, 1930 waren es 2 Mrd., 1960 3 Mrd., 1974 4 Mrd., 1987 5 Mrd., 1999 6 Mrd., derzeit sind es 7 Mrd., und jährlich gibt es einen Nettozuwachs von 70 Millionen, der sehr ungleich verteilt ist. In manchen Regionen verdoppelt sich die Bevölkerung in weniger als zwei Jahrzehnten. In Ballungsgebieten gibt es mittlerweile eine maximale Populationsdichte von weit über 100,000 Menschen pro Quadratkilometer.

In der Tat nimmt der moderne Mensch auch bezüglich der Sexualität und der Fortpflanzung eine Sonderstellung ein: Dauerrezeptivität der Frau und verdeckte (=für den Partner nicht erkennbare) Ovulation werden als evolutive List interpretiert, um den Mann an die Frau zu binden. Die moderne Soziobiologie hat zu diesem Problemkreis tiefere Einblicke ermöglicht (Voland 2007).

Wenn man die Erdgeschichte mit einem Kalenderjahr gleichsetzt, ist der Mensch am 31. Dezember aufgetreten, also sehr, sehr spät, aber dieser eine Tag hat die Biosphäre besonders starken Veränderungen ausgesetzt – insofern nimmt der moderne Mensch auch in dieser Hinsicht eine Sonderstellung ein.

Bis heute wird Wachstum als Garant für eine weitere positive Entwicklung angesehen. Unbegrenztes Wachstum hat es jedoch in der Evolution der Organismen nie gegeben.

Die Schatten der Vergangenheit

Die Sonderstellung des modernen Menschen in allen Ehren, aber in bestimmten Verhaltensäußerungen – leider auch recht negativen – heben wir uns kaum von der langen Kette unserer Ahnen ab, und dieses Erbe birgt eine enorme Sprengkraft. Das soll an einigen Beispielen erläutert werden.

a) Auslöser

Tiere und Menschen nehmen mit ihren Sinnesorganen und einzelnen Rezeptorzellen nur die Ausschnitte ihrer Umwelt wahr, die für ihr Leben von Bedeutung sind. Auf solche „Bedeutungsträger" reagieren sie mit Handlungen, die im Allgemeinen einem vorhersagbaren und vergleichsweise starren Muster unterliegen. Sie sind im Laufe einer langen Evolution „programmiert", und dieses Programm ist im Prinzip angeboren, muss also nicht erlernt werden.

Die Nobelpreisträger Konrad Lorenz und Niko Tinbergen zeigten an zahlreichen Beispielen, dass bestimmte Auslöser, Schlüsselreize genannt, bei vielen Tieren bestimmte Handlungen auslösen und nacheinander angebotene Auslöser Handlungsketten induzieren (Lorenz 1978). Die Versuche mit Graugänsen und Stichlingen wurden berühmt.

Eine Verhaltensweise ist außer von der Form des Schlüsselreizes von der Handlungsbereitschaft (Motivation) abhängig: Bei hoher Handlungsbereitschaft kann schon ein schwacher Reiz das komplette Verhalten auslösen, bei geringer Handlungsbereitschaft ist dagegen ein starker Reiz nötig (Gesetz der doppelten Quantifizierung). Besonders ausgeprägt sind Schlüsselreize zwischen Artgenossen, sei es zwischen Sozial- oder Geschlechtspartnern oder Eltern und Kindern. Schlüsselreize spielen eine wichtige Rolle beim Auslösen von Triebverhalten, sei es beim Nahrungs- oder Sexualtrieb oder auch bei der Aggression (s. u.: Prägung).

Man möchte annehmen, dass dieses bei Tieren verbreitete Prinzip beim modernen Menschen angesichts der hohen Entwicklung des Neocortex und damit des Assoziationsvermögens nicht derartig stark ausgeprägt ist. Das ist aber offenbar nicht so: Im Miteinander spielen Schlüsselreize offensichtlich eine wichtige Rolle. Sie werden dementsprechend in der Werbung massiv eingesetzt und führen zu Handlungsketten, die letztlich zum Kauf verleiten. Autos werden mit jungen Frauen beworben, Zigaretten mit Segelbooten, Naturlandschaften und jugendlichem Elan, Alkohol mit Ferienparadiesen.

Jeder Blick in Illustrierten, Tageszeitungen und Fernsehreklamen zeigt, dass Schlüsselreize förderlich für den Verkauf von Waren sind, darüber hinaus aber auch bei der Beurteilung und Bewertung von komplexen Ereignissen eine Rolle spielen. Finden irgendwo Naturkatastrophen oder kriegerische Auseinandersetzungen statt, arbeitet man mit eindrücklichem Bildmaterial, das nicht selten einer detaillierten Analyse im Wege steht. Das Bild eines hungernden Kindes und eines Gefolterten kann mehr bewirken als ein differenzierter Text mit Hintergrundinformationen.

Biologisch gesehen ist die rasche, unmittelbare Reaktion auf Schlüsselreize sinnvoll. Dem reagierenden Organismus wird eine zeitraubende Analyse „erspart", eine schnelle Reaktion (auf einen vielleicht gefährlichen Feind oder eine gefährliche Situation) kann lebensrettend sein und ist damit in der Evolution von Vorteil.

In unserer modernen Welt – mit Produktwerbung und umgehender globaler Information (oder Desinformation) – wäre es wünschenswert, wenn das Wissen über Schlüsselreize und deren Missbrauch weiter verbreitet wäre als es jetzt der Fall ist. Eine sorgfältige Analyse der Situation könnte Fehlhandlungen reduzieren.

Hier sind Wissen und Bildung vonnöten, und die Erziehung ist gefordert. Differenziertes Wissen dürfte ein wichtiges Bollwerk gegen zu rasches, insbesondere gewalttätiges Handeln aufgrund von Schlüsselreizen darstellen. Im Vorfeld kriegerischer Auseinandersetzungen lässt sich immer wieder Ähnliches beobachten: Herabwürdigung der Gegenseite, Missbrauch simpler Schlüsselreize, Einsetzen von grausamen Bildern und damit Herabsetzen der Reizschwelle.

b) Prägung

Bei der Prägung handelt es sich um Lernprozesse, die während einer sensiblen Phase in der Entwicklung eines Individuums stattfinden und häufig irreversibel sind.

Welchen Schaden wir über Fehlprägung an Kindern ausrichten, ist bisher noch gar nicht absehbar. Offenkundig ist eine Fehlprägung bei der Ernährung, insbesondere in den reichen Industriestaaten. Immer mehr Menschen sind fehlernährt, insbesondere überernährt, obwohl ein Nahrungsangebot verfügbar ist, um eine optimale Ernährung zu gewährleisten. Schon im frühen Kindesalter werden Weichen für spätere, oft gravierende Probleme gestellt. Eine weitere Fehlprägung dürfte über die Zigaretten-Reklame laufen: Zu Rauchern werden bevorzugt Menschen, die früh zur ersten Zigarette gegriffen haben, Personen, die über 20 Jahre alt sind, lassen sich kaum noch als (Erst)-Raucher aktivieren. Entsprechendes gilt für Alkohol und andere Drogen. In welchem Maße Fernsehen – speziell Gewaltsendungen – fehlprägt, hat Spitzer (2002) an vielen Beispielen gezeigt. Sexuelle Fehlprägungen sind experimentell, insbesondere an Vögeln untersucht worden. Welche Ausmaße sie bei Missbrauch von Kindern und Jugendlichen annehmen können, vermögen wir noch nicht in vollem Umfang zu beurteilen. Möglicherweise werden auch beim Menschen spätere Partnerpräferenzen im frühen Alter festgelegt.

c) Territorialverhalten

Die meisten Primaten und auch der Mensch leben in Verbänden, in denen man einander kennt. Sowohl die Individuen als auch die Sozialverbände leben territorial. Es gibt um jedes Individuum einen Kreis, eine Individualdistanz. Wird diese unterschritten, beispielsweise in einem Gespräch, in einer Straßenbahn oder in einem

Bus, kommt es zu einer Gegenreaktion, einem Ausweichen oder einer Antwort, die mit (erheblichen) Aggressionen verbunden sein kann. Gleiches gilt für die Territorialabgrenzung zwischen Anwesen, Häusern, Gärten. Vielleicht wird um nichts so viel prozessiert und verbal gestritten, wie über Grenzbepflanzung, Höhe von Gewächsen im Grenzbereich usw. In noch größeren Sozietäten werden Territorialgrenzen mit aller zur Verfügung stehenden Technik bekämpft. Das gilt auch für nichthumane Primaten. Von Schimpansen ist bekannt, dass diese regelrechte „Kriege" führen können. Das verteidigte Gemeinschafts-Territorium der Primaten wird zum Vaterland der Menschen (Remane 1976). Kriegerische Auseinandersetzungen um Grenzkonflikte und „der Tod für das Vaterland" sind bis heute an der Tagesordnung.

d) Rangordnung

Die Idee von Gleichheit und Brüderlichkeit der Menschen klingt vielversprechend, ruft Illusionen hervor und macht vieles im Leben einfacher als die Betonung von Ungleichheit und Aversion, aber der Realität der genetischen Vielfalt des Menschen entspricht sie nicht. Wie bei vielen anderen Primaten sind beim Menschen Rangordnungen gang und gäbe. Sie können gemischtgeschlechtig oder nach Geschlechtern getrennt sein. Die Stellung in der Rangordnung kann das Leben nachhaltig beeinflussen. Allgemein beansprucht der Ranghohe einen größeren Individualraum um sich, die Individualräume Rangniederer respektiert er wenig oder gar nicht. Trotzdem erfolgt keine Isolation des Ranghohen von der Gruppe, da er auf diese eine hohe soziale Attraktion ausübt. Bei Gefahr laufen Mantelpaviane zum Alpha-Männchen, ähnliches erfolgt in Menschen-Sozietäten. Kinder drohen in Bedrängnis im Sandkasten mit ihrem großen Bruder, Untergebene beschweren sich im Konflikt bei Vorgesetzten.

Besonders offensichtlich ist die Rangordnung am Futterplatz bzw. an der Speisetafel. Rangniedere können in der Anwesenheit von Ranghohen bis zur Nahrungsverweigerung gehemmt sein. Auch auf die Paarung hat die Rangordnung eine nachhaltige Wirkung. In manchen Kulturen suchen Eltern (die Erfahrenen!) Heiratspartner für ihre oft erwachsenen Kinder aus, die dann ihrem eigenen Rang „angemessen" sind. Bei uns wird „standesgemäß" geheiratet; im Regelfall folgt die Ehefrau dem Ehemann auf dessen Rang.

Im Falle von Konflikten werden Auseinandersetzungen oft gemildert, indem sich ein Partner unterwirft. Bei Säugetieren kommt es zur Beißhemmung des Ranghöheren; der Verlierer verfällt oft in kindliches Verhalten. Entsprechendes gilt für Menschen; ein Element kindlichen Verhaltens ist die Umstellung der Stimmlage auf eine höhere, d. h. präpubertäre Frequenz. Ein anderer Weg zur Minderung der negativen Komponenten der Rangordnung ist der Kommentkampf, der weitgehend ritualisiert sein kann. Vom Menschen ist er bestens bekannt, nicht selten ist er auf Imponiergehabe reduziert. Rangordnung hat jedoch nicht nur negative Konsequenzen. Den Ranghohen kommen diverse Pflichten zu. Es existiert also eine Form der Schutzherrschaft. Wiederum gibt es zahlreiche Übereinstimmungen zwischen nichthumanen Primaten und Menschen.

Rangordnungen sind dynamisch, d. h. jedes Individuum kann in ihr auf-, aber auch absteigen (Dominanzwechsel). Der Aufstieg findet nach erfolgreichen Auseinandersetzungen mit dem Rangnachbarn statt; er mag ohne Kampf durch einen reinen Imponiereffekt oder durch körperliche Überwindung des nächsthöheren Rangnachbarn vor sich gehen. Aus der hierarchischen Struktur der Rangordnung ergibt sich, dass Rangkämpfe besonders zwischen Ranggleichen mit Aufstiegstendenz bzw. Rangnachbarn stattfinden (Kollegen-Effekt).

Ausblick

Der moderne Mensch hat bis heute den Verdrängungskampf fortgesetzt, der in der belebten Natur seit Jahrmilliarden ein Motor für Veränderungen ist. Ob *Homo sapiens* andere *Homo*-Arten ausgerottet hat, insbesondere *H. neanderthalensis*, ist nicht geklärt. Dass aber Populationen moderner Menschen von modernen Menschen ausgerottet wurden, wissen wir. Schon Charles Darwin befürchtete bei seinem Besuch in Feuerland, dass die dortigen Eingeborenen von Europäern ausgerottet werden würden. Seine Befürchtungen sind eingetreten, und ein ähnliches Schicksal hat mittlerweile mehrere Menschengruppen ereilt. Auf Rassismus, der verbal allenthalben verurteilt wird, folgt jetzt der Speziesmus, das Herabwürdigen und Eliminieren anderer Organismenarten. Gerade hier könnte der Mensch seine unübertroffene Intelligenz einsetzen, um „niederen Organismen" etwas abzuschauen, was er bisher nicht beherrscht: Einklang mit sich selbst und der belebten und unbelebten Welt herzustellen. Ein wesentliches Merkmal der Biosphäre ist das in der Evolution entstandene Aufeinanderabgestimmtsein, die Kooperation zwischen diversen Organismen: Algen und Pilze formen Flechten, Algen und heterotrophe Ein- und Vielzeller leben symbiotisch (und produzieren letztlich Karbonatsedimente), Bestäuber und Blütenpflanzen kooperieren seit Jahrmillionen und haben die „Pracht" heutiger Blumen entstehen lassen. *Homo sapiens* muss die Kooperation mit der Biosphäre noch lernen.

Der Intellekt des Menschen hat ein eigenes und phantasievolles Weltbild, welches in großen Teilen nicht überprüfbar ist, aufgebaut, das durch die Erkenntnis „der biologischen Grundlagen unseres Handelns" (Remane 1951) um wesentliche Facetten erweitert werden kann. Das Wesen des Menschen lässt sich nur aus der tiefen biologischen Verwurzelung verstehen (Conard 2004; Eibl-Eibesfeldt 1984; Grupe et al. 2005; Knußmann 1996; Remane 1976; Rensch 1959; Vollmer 1998).

Die biologische Natur unserer eigenen Spezies sollte ein bevorzugter Gegenstand des Interesses eines jeden Menschen sein. Vielleicht gelänge es uns dann eines Tages, aufgrund unserer Einsicht, intellektuellen Neugier und unseres Lernvermögens, die negativen Seiten unseres Verhaltens abzumildern. Im Körperlichen tun wir das seit Jahrtausenden mit Hilfe der Medizin. Im Kulturellen, dem alle Lebensbereiche durchdringenden Phänomen, tun wir das bisher nicht ausreichend.

Die Hoffnung jedoch bleibt: So wie wir Artefakte (materielle Ergebnisse erlernter Verhaltensweisen) verändern und optimieren, könnten wir vielleicht auch Mentifakte (Ideen, Theorien) verändern und optimieren, zumal in einer Zeit, in der das Kulturschaffen verschiedener Völker zu einer globalen Kultur zusammenwächst. Ein Problem allerdings bleibt: Wir entwickeln Technik und auch deren destruktive Komponenten rascher, als wir unser Verhalten ändern. Der Mensch ist eben kein reines Geist- und Vernunftwesen, sondern ein in der Evolution tief verwurzeltes Geschöpf, das zwar weiß, was es tun sollte – und in vielen entscheidenden Handlungen jedoch das tut, was es über viele Generationen getan hat (von Cube und Storch 1988; Ganten et al. 2009). Ethik, einschließlich Umweltethik, ist auch Kampf gegen die eigene Natur, die man genau kennen sollte. Vielleicht ist der moderne Mensch, schon auf Zellniveau ein Kooperationsprodukt und in seiner Individualität abhängig vom Riesen-Metagenom seiner symbiotischen Bakterien, schließlich doch so einsichtig, dass die Schattenseiten ausgeleuchtet werden und letztlich doch eine Lichtgestalt entsteht. Die Intelligenz dazu ist vorhanden.

Halten wir uns abschließend vor Augen, dass wir noch sehr viel erforschen müssen, um uns selbst zu verstehen: Derzeit geht man davon aus, dass *Homo sapiens* ca. 25,000 Gene besitzt, das sind rund 2 % der DNA. Es wird zunehmend deutlicher, dass im Laufe einer langen Evolution viel in unser Erbmaterial durch Retroviren „hineingeschmuggelt" wurde (Zur Hausen 2002). Wir sind nicht nur das Produkt einer sehr frühen Kooperation und einer langen Evolution, sondern bezeugen in unserer DNA auch eine lange Krankengeschichte. Relikte von Retroviren (humane endogene Retroviren) machen einen erheblichen Teil unserer Gesamt – DNA aus, oft noch „verborgen" in repetitiven Sequenzen.

Während an der Aufklärung unserer eigenen Geschichte gearbeitet wird („Paläo-Retrovirologie"), ist eine „Synthetische Biologie" im Kommen, die Organismen im Labor herstellen wird. Ein weiterer, großer Schritt heraus aus dem Tierreich ….

Literatur

Archäologisches Landesmuseum Baden-Württemberg u. a. (2010) Eiszeit – Kunst und Kultur, Thorbecke, Ostfildern

Bilio M (2010) Rettung der Wildfischbestände durch Aquakultur und Domestikation. Naturwiss. Rundschau 63:66–75

Borrmann S, Rager G (2009) Kosmologie, Evolution und Evolutionäre Anthropologie. Verlag Karl Alber, Freiburg

Bronn HG (1858) Morphologische Studien über die Gestaltungs-Gesetze der Naturkörper überhaupt und der organischen insbesondere. Winter'sche Verlagsbuchhandlung, Leipzig

Conard NJ (Hrsg.) (2004) Woher kommt der Mensch? Attempto Verlag, Tübingen

Cube F, von Storch V (Hrsg.) (1988) Umweltpädagogik. Aufl. Schindele, Heidelberg

Darwin C (1859) On the Origin of Species by Means of Natural Selection or the Preservation of Favoured Races in the Struggle for Life. Murray, London

Darwin C (1871) The Descent of Man and Selection in Relation to Sex. Murray, London

Diamond J (1994) Der dritte Schimpanse. Fischer, Frankfurt/Main

Eibl-Eibesfeldt I (1984) Die Biologie menschlichen Verhaltens. Grundriss der Humanethologie. Piper, München

Fischer EP, Wiegandt K (2010) Evolution und Kultur des Menschen. Fischer, Frankfurt

Franzen JL (2007) Die Urpferde der Morgenröte. Spektrum, Heidelberg

Ganten D, Spahl T, Deichmann T (2009) Die Steinzeit steckt uns in den Knochen. Gesundheit als Erbe der Evolution. Piper, München

Gebhardt H, Kiesel H (Hrsg.) (2003) Weltbilder. Heidelberger Jahrbücher 47

Grupe G, Christiansen K, Schröder I, Wittwer-Backofen U (2005) Anthropologie. Springer,Heidelberg

Hardt T, Herkner B, Menz U (2010) Safari zum Urmenschen. Schweizerbarth, Stuttgart

Hempel G (2005) Meer nutzen, Meer schützen, mehr forschen. Greifswalder Universitätsreden NF 116:19–38

Hempel G, Schulz-Baldes M (Hrsg.) (2003) Nachhaltigkeit und globaler Wandel. Peter Land, Frankfurt/Main

Henke W, Rothe H (1999a) Stammesgeschichte des Menschen. Eine Einführung. Springer, Heidelberg

Henke W, Rothe H (1999b) Die phylogenetische Stellung des Neandertalers. Biologie in unserer Zeit 29:320–329

Hilge V, Hanel R (2008) Aquakultur: bedeutend für die Welternährung. Forschungs Report 2:11–13

Holstein T (2007) Sprungbrett der Evolution. Was Hohltiere vom Werden des Menschen verraten. Ruperto Carola 1(07):19–24

Junker T (2006) Die Evolution des Menschen. C. H. Beck, München

Knußmann R (1996)Vergleichende Biologie des Menschen. Lehrbuch der Anthropologie und Humangenetik. Gustav Fischer, Stuttgart

Kock KH (1995) Walfang und Walmanagement in den Polarmeeren. Histor. Meereskunde Jb. 3:7–34

Leakey R, Lewin R (1996) Die sechste Auslöschung. S. Fischer, Frankfurt

Lorenz K (1978) Vergleichende Verhaltensforschung. Springer, Heidelberg

Morris D (1968) Der nackte Affe. Droemer, Knaur, Müchen

Negendank J (1981) Geologie. Mosaik Verlag, München

Remane A (1951) Die biologischen Grundlagen des Handelns. Abh. Akad. Wiss. Lit. Mainz 18

Remane A (1976) Das Sozialleben der Tiere. G. Fischer, Stuttgart

Rensch B (1959) *Homo sapiens* – vom Tier zum Halbgott. Vandenhoeck und Ruprecht, Göttingen

Roth G (2009) Das Gehirn und seine Wirklichkeit. Suhrkamp, Frankfurt

Sawyer GJ, Deak V (2008) Der lange Weg zum Menschen. Spektrum, Heidelberg

Schmitz RW, Thissen J (2002) Neandertal. Die Geschichte geht weiter. Spektrum Akademischer Verlag, Heidelberg

Schneider W (2008) Der Mensch. Eine Karriere. Rowohlt, Reinbek

Schoetensack O (1908) Der Unterkiefer des *Homo heidelbergensis*. W. Engelmann, Leipzig

Schrenk F (1997) Die Frühzeit des Menschen. C. H. Beck, München

Sommer V (2009) Menschenaffen wie wir. Biologie in unserer Zeit 39:196–204

Spitzer M (2002) Lernen – Gehirnforschung und die Schule des Lebens. Spektrum, Heidelberg

Storch V, Wehe T (2007) Biodiversität mariner Organismen: Entstehung – Umfang – Gefährdung. Umweltwissenschaften und Schadstoff-Forschung 19:211–218

Storch V, Welsch U, Wink M (2007) Evolutionsbiologie, 2. Aufl. Springer Verlag, Heidelberg

Vitzthum W G (1981) Die Plünderung der Meere. Fischer, Frankfurt/Main

Voland E (2007) Die Natur des Menschen. C. H. Beck, München

Vollmer G (1998) Evolutionäre Erkennntnistheorie. Hirzel, Stuttgart

Wagner GA, Rieder H, Zöller L, Mick E (Hrsg.) (2007): Homo heidelbergensis. Schlüsselfund der Menschheitsgeschichte. Konrad Theiss Verlag, Stuttgart

Werner F (2009) Die Kuh – Leben, Werk und Wirkung. Nagel und Kimche Verlag, München

Wieser W (2007) Gehirn und Genom. C. H. Beck, München

Zur Hausen H (2002) Genom und Glaube. Springer, Heidelberg

Kapitel 16
Angriff auf das Menschenbild? Erklärungsansprüche und Wirklichkeit der Hirnforschung

Andreas Draguhn

Die Hirnforschung hat in den letzten Jahren immenses öffentliches Interesse erregt. Dies zeigt sich an der hohen Anzahl publizierter Fachartikel, der Präsenz in populären Medien, der Verteilung staatlicher Forschungsmittel, der Gründung wissenschaftlicher Institutionen und der Attraktivität für junge Wissenschaftler – „Neurowissenschaften" bilden einen wesentlichen Fokus der modernen Naturwissenschaften. Die Dynamik wissenschaftlicher Fachrichtungen ist komplex und keineswegs nur von einer inner-wissenschaftlichen Logik bestimmt. Dennoch lassen sich mindestens zwei inhaltliche Argumente anführen, die ganz rational für die intensive Beschäftigung mit dem Gehirn sprechen:

Erstens: alle modernen Industriegesellschaften sind aufgrund der veränderten Altersstruktur mit einer massiven Zunahme neurodegenerativer und neuropsychiatrischer Erkrankungen konfrontiert (siehe z. B. World Health Organization (WHO) 2006). Bisher haben wir auf diese Herausforderung keine überzeugende biomedizinische Antwort. Die notwendige Forschung zu Prophylaxe und Therapie von Hirnerkrankungen ist aber ohne das „Hinterland" der allgemeinen Neurobiologie nicht zu bewerkstelligen. Zweitens: Gegenstand der Hirnforschung sind unter Anderem biologische Korrelate seelischer und geistiger Funktionen, einschließlich der menschlichen Erkenntnisinstrumente selbst. Sie nimmt durch diesen selbstreflexiven Charakter unter den Naturwissenschaften eine Sonderrolle ein und gilt als grundlegend für unser Menschenbild. Es ist kein Zufall, dass Studenten und junge Wissenschaftler bei der Wahl ihrer Fachrichtung oft zwischen Physik und Hirnforschung schwanken, zwei Feldern also, die ganz besonders zur Standortbestimmung des Menschen beitragen.

Es ist offensichtlich, dass die zunehmende Naturalisierung des Menschenbildes durch den Fortschritt der modernen Biologie auch Widerstände hervorruft. Vielfach werden fachübergreifende Aussagen der Biologie als naturwissenschaftlicher Imperialismus empfunden, der unser tradiertes Selbstverständnis bedrohe. Dies

A. Draguhn (✉)
Institut für Physiologie und Pathophysiologie, Medizinische Fakultät der Universität Heidelberg,
Im Neuenheimer Feld 326, 69120 Heidelberg, Deutschland
E-Mail: andreas.draguhn@physiologie.uni-heidelberg.de

M. Hilgert, M. Wink (Hrsg.), *Menschen-Bilder,*
DOI 10.1007/978-3-642-16361-6_16, © Springer-Verlag Berlin Heidelberg 2012

gilt auch für die Hirnforschung, besonders dort, wo Hirnforscher öffentlich eine Neubewertung unseres Menschenbildes im Lichte der neuesten naturwissenschaftlichen Erkenntnisse einfordern (z. B. Singer und Metzinger 2002). Im Kern reibt sich die Debatte an der Aussage, unser Selbstverständnis als fühlende, denkende und handelnde Subjekte sei ein reines Epiphänomen von Hirnfunktionen, während die „eigentliche" kausale Erklärung des Geistigen aus der Neurobiologie komme. Nach dieser Argumentation sind wir lediglich besonders komplexe biologische Maschinen. Unsere Würde als Menschen beziehen wir also nicht mehr aus der Autonomie des Handelns (Pico della Mirandola, 1496), unser Rechtsverständnis kann sich nicht mehr auf den Kantischen Begriff der Freiheit beziehen, nach dem wir uns als Vernunftwesen ungeachtet der Naturkausalität zum Guten entscheiden können (Pauen und Roth 2008). Gerade die Diskussion um die Willensfreiheit hat deutlich gemacht, dass die Geltungsansprüche der Hirnforschung vielfach als Usurpierung des Menschlichen durch die Naturwissenschaften erlebt und abgelehnt werden. Im deutschsprachigen Raum wird dieser Konflikt noch durch die traditionelle Trennung von Geistes- und Naturwissenschaften verstärkt. Hinzu kommt die Sorge um neu entstehende manipulative Anwendungen der Hirnforschung, die sich in der öffentlichen Debatte um *neuroenhancement* spiegelt. Parallel zur rasant wachsenden Neurotechnik entsteht daher jetzt die akademische und außeruniversitäre Disziplin der Neurotechnikfolgen-Abschätzung.

Im Folgenden soll der Geltungsanspruch der kognitiven Neurobiologie etwas genauer beleuchtet werden: Was können wir eigentlich wirklich leisten? Um der Klarheit willen werden wir von besonders prägnant formulierten, weitreichenden Ansprüchen ausgehen. Diese Zuspitzung soll der Kritik im Wortsinne dienen: der Unterscheidung von einlösbaren und nicht einlösbaren Versprechen. Keinesfalls soll der Eindruck erweckt werden, die plakativ vorgetragenen Ansprüche seien repräsentativ für die Mehrheit der Hirnforscher, die tatsächlich oft sehr vorsichtig und differenziert argumentieren! Es wird auch nicht versucht, im technischen Detail die Lösbarkeit oder Unlösbarkeit inner-wissenschaftlicher Fragestellungen vorherzusagen. Es kann in einer Metadiskussion nur um die Definition des Geltungsbereiches von Neurobiologie gehen, wogegen die Entscheidung einzelner Fragestellungen dieser Disziplin Gegenstand der Forschung bleiben muss. Hätten die fachfernen Skeptiker recht behalten, wäre unsere Erde immer noch eine Scheibe, unser Stoffwechsel würde von einer geheimnisvollen Lebenskraft befeuert und die Schizophrenie würde von liebesunfähigen Müttern verursacht. Rückzugsgefechte, die dem jeweils noch nicht ganz vollständig Erklärten einen metaphysischen Status verleihen, haben also wenig Sinn. Auf diese Weise münden dringend notwendige Diskussionen in Scheingefechten mit absehbaren Niederlagen der Geisteswissenschaften, zum Schaden Letzterer und besonders zum Schaden des Dialogs.

Umgekehrt ist naturwissenschaftliche Forschung natürlich nicht sakrosankt. Sie stellt einen besonderen, nicht automatisch prioritären methodischen Zugang zu ausgewählten Phänomenen dar. Sie ist nicht der einzig mögliche und legitime Zugang zur Welt. Sie findet keine ewigen Wahrheiten, sondern das, was innerhalb einer ganz bestimmten gesellschaftlichen Praxis zu finden ist (in unserem Fall eben innerhalb der neurobiologischen Forschung). Um mit Vertretern anderer Traditionen

(„Sprachspiele") auf einer metasprachlichen Ebene kommunizieren zu können, muss sie Übersetzungsarbeit leisten und sich den konkurrierenden oder komplementären Zugängen dann auf Augenhöhe aussetzen (Janich 2009). Diese Übersetzung kann nur dann gelingen, wenn die Naturwissenschaftler selbst sich über die impliziten Voraussetzungen ihres Handelns klar werden und diese offen legen. Der Dialog mit anderen Traditionen setzt also voraus, die eigenen Argumentationsmuster zu kennen und daher relativieren zu können. Dies soll im Folgenden anhand der kognitiven Neurowissenschaften angedeutet werden.

Die starke These der kognitiven Neurowissenschaften

Wir gehen von einem starken Geltungsanspruch der Hirnforschung aus, der sich in unterschiedlicher Ausprägung – oft nur implizit- in wissenschaftlichen und populären Texten über das Gehirn findet. Wir beschränken uns dabei auf „kognitive" Neurowissenschaften, die sich mit Themen wie Denken, Wahrnehmen, Fühlen und Handeln befassen, kurz: mit der Analyse „höherer" Funktionen. Natürlich gibt es zahlreiche andere Themen der Hirnforschung, die anthropologisch und wissenschaftstheoretisch keineswegs unergiebig sind: die begrenzte Regenerationsfähigkeit des menschlichen Gehirns; die Ontogenese (Reifung) des Gehirns; unsere evolutive Stellung im Vergleich zu anderen Lebewesen; homöostatische Funktionen des Nervensystems für den Gesamt-Organismus und viele mehr. Das provokante Spezifikum der Hirnforschung wird aber dort am deutlichsten, wo die Frage nach der neuronalen Basis „höherer" Funktionen gestellt wird. Wir gehen daher hier von einer starken These eben dieser kognitiven Hirnforschung aus:

> „Höhere Funktionen" wie Denken, Wahrnehmen, Handeln und Fühlen sind eigentlich Funktionen des Gehirns. Sie lassen sich auf elementare molekulare und zelluläre Prozesse zurückführen und gehören damit letztendlich zum Geltungsbereich der Physik.

Als Folge dieser These – und der zu beobachtenden Entwicklung akademischer Forschung- werden immer mehr Gegenstände von der Neurobiologie vereinnahmt, die traditionell zu anderen Disziplinen wie der Psychologie gehörten. Während dieser Prozess eher begrenzte Konflikte und Verteilungskämpfe innerhalb akademischer Kreise hervorruft, wird es bei einer radikalen Erweiterung der These wirklich kontrovers: Wenn mentale Funktionen „eigentlich" physische Funktionen des Gehirns sind, fallen letztlich alle Wissenschaften vom Menschen in den Geltungsbereich der Neurobiologie, also auch solche, die sich traditionell aus nicht-naturwissenschaftlichen Kategorien begründen. Wir können somit die starke These der kognitiven Neurowissenschaften wie folgt erweitern:

> Die Resultate der Hirnforschung liefern kausale Erklärungen menschlichen Verhaltens und haben daher Autorität für normative (also kategorial verschiedene) Wissenschaften und gesellschaftlicher Praktiken. Wir erstrecken also den Geltungsanspruch auf Bereiche von Ethik und Recht, aber auch Pädagogik, Ästhetik, Theologie und vieles Andere.

Der fachwissenschaftliche Optimismus hinter diesen Thesen ist durch große methodische und konzeptuelle Fortschritte der letzten Jahrzehnte motiviert. Zum ersten Mal, so scheint es, können wir innerhalb der Neurobiologie tragfähige Brücken zwischen ganz verschiedenen Ebenen der Betrachtung bilden: Der lebende, sich verhaltende und denkende Organismus lässt sich scheinbar aus einem aufsteigenden Kontinuum von Molekülen, Nervenzellen, neuronalen Netzwerken und Hirngebieten rekonstruieren. Erstmals erscheint die kausale Herleitung komplexer geistiger Phänomene aus *„first principles"*, also basalen physikalischen Elementen als realistisches Szenario. Aus diesem erstarkenden Selbstverständnis der Neurowissenschaften speisen sich vermutlich auch die weitergehenden Ansprüche, die über den Bereich der Naturwissenschaft hinausweisen.

Im Folgenden wollen wir die starken Thesen der kognitiven Neurowissenschaften genauer aufschlüsseln und kritisieren. Wir werden dazu fünf spezifische Behauptungen aufstellen, die immer wieder explizit oder implizit in Fachpublikationen, Forschungsanträgen und populären Darstellungen von Hirnforschung auftauchen. Der genaue Blick auf einige Grundannahmen der Neurobiologie soll dem konstruktiven Dialog mit Nachbarfächern und mit der kritischen Öffentlichkeit dienen. In dem kurzen Text werden wir uns weitgehend auf die inner-wissenschaftliche Ebene beschränken, während die erweiterten These hier ebenso wenig explizit behandelt werden kann wie der zunehmend interventionalistische, technische Charakter der Hirnforschung. Dennoch sind auch diese Entwicklungen nicht zu verstehen, ohne zunächst den innerwissenschaftlichen Theoriehintergrund zu belichten.

Impliziter Theorie-Hintergrund biologisch-mechanistischer Forschung in den kognitiven Neurowissenschaften

Die oben genannte starke These der kognitiven Neurowissenschaften basiert auf inner-wissenschaftlichen Trends, die in den letzten Jahren zu einer gewissen Aufbruchsstimmung geführt haben. Sie wurzelt, kurz gesagt, in der wachsenden Potenz dieser Wissenschaft. Der unaufhaltsame Fortschritt dieser Wissenschaft, die enorme wissenschaftliche Betriebsamkeit und der tägliche Konkurrenzdruck lassen uns aber nur selten Zeit, grundlegende Fragen zu dieser Entwicklung zu stellen. Worin besteht eigentlich der „Fortschritt" der Hirnforschung? Welche globalen Zielrichtungen lassen sich identifizieren und wie stehen wir zu diesen? Gibt es eine einheitliche Hirnforschung oder ist sie konzeptuell divers? Wie ist sie in andere grundlegende biologische Konzepte eingebettet? Was ist in den Neurowissenschaften eigentlich unter der kausalen Erklärung eines Verhaltens oder einer höheren Funktion zu verstehen? Was genau ist mit „höher" gemeint? Wie hängen die biologischen Prozesse im Gehirn mit den klassischen Gegenständen der Psychologie zusammen? Wie lassen sich Aussagen der Neurobiologie adäquat in unsere Alltagssprache oder gar in die Sprache normativer Wissenschaften übersetzen?

Solche Fragen werden innerhalb der Neurowissenschaften nach meiner Wahrnehmung wenig diskutiert. In der Folge entstehen Leerformeln und unreflektierte Begründungs-Gewohnheiten, die durchaus Einfluss auf die wissenschaftliche Praxis haben, ohne sich je klar ausweisen und rechtfertigen zu müssen. Beispiele sind: „Lernen und Gedächtnisbildung beruhen auf synaptischer Plastizität"; „Das Gehirn wurde in der Evolution auf Energie-Effizienz optimiert"; „Kortikale Schaltkreise dienen der Verarbeitung von Information", „Unsere Forschung soll die molekulare Basis der Krankheit X bzw. der kognitiven Leistung Y aufdecken". Hinter solchen typischen Formulierungen verbergen sich implizite Konzepte aus so verschiedenen Bereichen wie der Molekularbiologie, Evolutionsbiologie, Informationstheorie und der Theorie der Kausalität. Eine begriffliche Klärung dieser Grundannahmen ist notwendig, um den Dialog zwischen Neurowissenschaftlern und Vertretern anderer Disziplinen überhaupt sinnvoll führen zu können. Er mag auch bei der Bearbeitung der ungelösten Konflikte helfen, die sich im praktischen Umgang mit neurobiologischen Erkenntnissen ergeben, z. B. im Strafrecht. Wir wollen daher fünf implizite (etwas zugespitzt vorgetragene) Ansprüche der Neurowissenschaft kritisch betrachten.

(1) Es gibt ein Kontinuum der Ebenen vom Molekül bis zum Verhalten, das die Rekonstruktion geschlossener Kausalketten erlaubt

Diese Grundthese des Reduktionismus wird in Bezug auf das Nervensystem von prominenten Fachvertretern wie dem Nobelpreisträger Eric Kandel vertreten (Kandel 2000). Das Denkmuster leitet sich wahrscheinlich aus einem atomistischen Verständnis der Physik ab, nach dem letztlich alle makroskopischen Zustände eines Systems mit absoluter Genauigkeit aus der Kenntnis der einzelnen Komponenten (Atome, Elementarteilchen) folgen. Selbst in der Physik gibt es aber wohl kein Beispiel eines komplexen Systems, das faktisch komplett aus solchen *first principles* (Elementarkomponenten und physikalischen Gesetzen) rekonstruiert werden könnte. Kein makroskopischer Festkörper kann zum Beispiel komplett aus atomaren Eigenschaften auf quantentheoretischer Ebene beschrieben werden. In der Regel müssen beim Übergang von Elementen zu höheren Aggregaten Vereinfachungen eingeführt werden, so dass die „höheren" Systemeigenschaften in komplexer Weise der darunter liegenden Ebene verbunden sind. Dabei kommen nur ausgewählte, für das Explanandum je relevante Eigenschaften der unteren Ebenen zum Tragen. Die Übergänge zwischen Betrachtungsebenen erfolgen eher iterativ, und die Modelle sind stets „diskontinuierlich", enthalten also keine kompletten Beschreibungen auf allen Ebenen. Die Analyse komplexer Systeme ist inzwischen zu einem eigenen Gebiet der Physik geworden, dessen Methoden eben nicht reduktionistisch im oben skizzierten Sinne sind. Solche systemtheoretischen Ansätze finden auch zunehmend Anwendung in den Neurowissenschaften (Bullimore und Sporns 2009). Auch wissenschaftstheoretisch wird bezweifelt, dass alles naturwissenschaftlich

Erforschbare auf universelle letzte Prinzipien zurückzuführen sei und somit die Einheit der Naturwissenschaften ermögliche. Vielmehr bestehen parallele Ansätze auf vielen Ebenen, innerhalb derer durchaus kausale Erklärungen ohne Rückführung auf universelle Gesetze und atomare Bausteine möglich sind (Mitchell 2009).

In der hochkomplexen Materie der Biologie ist die Diskontinuität zwischen verschiedenen Systemebenen noch deutlich ausgeprägter als in den klassischen Gegenständen der Physik. Wie weit die einzelnen Ebenen in der Neurowissenschaft auseinander klaffen lässt sich am Beispiel der funktionell-bildgebenden Verfahren zeigen. Wir alle kennen die Fehlfarbenbilder der Hirnaktivität, die vielfach popularisiert werden und uns zeigen, wie bei bestimmten geistigen Funktionen bestimmte Hirnareale „aufleuchten". Tatsächlich handelt es sich um indirekte Messungen der lokalen Hirndurchblutung, die wiederum mit der neuronalen Aktivität korreliert. Sie sind jedoch weit von einer mechanistischen Erklärung aus elementaren molekularen oder zellulären Prozessen entfernt! Wenn beim Betrachten eines emotional aufwühlenden Bildes meine Mandelkerne und Teile meines Stirnhirns besonders stark aktiviert werden, so erklärt dieser Befund natürlich noch lange nicht, wie die Emotion auf der Ebene von Neurotransmittern und elektrischen Aktivitätsmustern zustande kommt, von den wiederum darunter liegenden molekularen Vorgängen ganz zu schweigen. Für eine geschlossene und vollständige Kausalkette Gen – Protein – Zellfunktion – neuronales Netzwerk – Gehirn – Kognition existiert kein reales Beispiel, auch wenn die methodischen Fortschritte an ausgewählten Modellen immer wieder Überschreitungen zwischen je zwei dieser Ebenen erlauben. Man muss sogar zugeben, dass wir meist innerhalb jeder Betrachtungsebene wesentliche Eigenschaften nicht kennen. Die komplexen erfahrungsabhängigen Regulationsmechanismen des genetischen Apparates, die lokale Konzentration von Transmittern in der mikroskopischen Umgebung von Synapsen, die Wirkung von Hormonen oder Umwelteinflüssen auf die dynamischen Aktivitätsmuster in neuronalen Netzwerken – all dies ist nur ansatzweise und an ausgewählten Modellsystemen erforscht. Von einem flächendeckenden Verständnis in erforderlicher Detailtiefe und für alle Hirngebiete und kognitiven Leistungen sind wir aber Äonen entfernt!

(2) Komplexe Phänomene sind mittels Aufwärtskausalität erklärbar

Bei der Bewertung wissenschaftlicher Leistungen oder beantragter Forschungsvorhaben wird häufig gefragt, ob hier eine kausale Analyse vorliege bzw. geplant sei. Dies wird, besonders im Falle von negativen Gutachten, mit der scheinbar geringerwertigen „rein deskriptiven" Forschung kontrastiert. Das Motiv einer „aufwärts" gerichteten Kausalität ist wohl ebenfalls der Physik entnommen. Es erscheint in mindestens drei Varianten, die oft nicht sauber benannt und getrennt werden. Besonders verbreitet ist die Argumentation, dass Organismen „Phänotypen" seien, die letztlich durch genetische Mechanismen hervorgebracht würden und daher in aufsteigender Kausalität von Genen bis zum komplexen System erklärt werden könnten. Diese Variante entstammt dem Francis Crick zugeschriebenen Dogma der Molekularbiologie, nach dem Gene ihre Information gerichtet über Proteine zur Expression bringen, was wiederum Zelldifferenzierung und Zellfunktion bestimmt (Crick 1958). Aus den (Nerven)-Zellen entstehen neuronale Netzwerke, die dann letztlich das systemische Verhalten steuern. Diese lineare Wirkungskette wird im Zeitalter von *proteomics*, Epigenetik und moderner Systembiologie fast nirgends mehr explizit behauptet, ist aber implizit immer noch wirksam. Ihre Hochzeit in der Neurobiologie fällt mit der Herstellung transgener Mäuse zusammen – diese Technologie ermöglicht es, einzelne Gene gezielt auszuschalten. Transgene Techniken prägen die moderne Biologie vielleicht mehr als jede andere Methodik und sind folgerichtig 2007 durch den Nobelpreis für Physiologie oder Medizin an Mario Capecchi, Martin Evans und Oliver Smithies hervorgehoben worden. Zu Beginn der Untersuchung transgener Tiere in der Hirnforschung wurden solche „knock-out"-Mäuse zur Bestimmung der Wirkung eines Gens verwendet: fehlt einer Maus das Gen X und mithin das darin kodierte Protein PX, so müssen die entstehenden Defizite genau die normale Funktion von PX (und damit X) widerspiegeln.

Inzwischen haben wir gelernt, dass diese vereinfachte Logik nur sehr begrenzt für kausale Analysen taugt. Ein Gen mag in der Embryonalentwicklung eine ganz spezielle Rolle spielen, so dass Defizite im Adulten eher eine Entwicklungsstörung als die rezente Funktion des zugehörigen Proteins spiegeln. Eine Funktionsstörung kann auf das Fehlen des Proteins in einer ganz bestimmten Zellpopulation zurückgehen, so dass das beobachtete Defizit keineswegs „die", sondern nur „eine" besondere Funktion des Proteins anzeigt. Schließlich entstehen Aktivitätsmuster im Nervensystem durch das Zusammenspiel unvorstellbar vieler Gene und Proteine – die Herausnahme eines einzelnen Gens mag hier eine Störung verursachen, trägt aber nur einen kleinen Baustein zum Verständnis des Mechanismus bei. Aus einem Auto kann man wahrscheinlich sehr viele Teile herausnehmen und in der Folge eine eingeschränkte Fahrtauglichkeit feststellen. Dennoch würden wir kaum hoffen, auf diesem Weg die Gesamtfunktion des Autos zu verstehen. In Bezug auf die molekularen Konstituenten synaptischer Plastizität wurde dieses Argument von Sanes und Lichtman (1999) sehr unterhaltsam und informativ ausgeführt.

Die moderne molekulare Neurowissenschaft hat auf diese Probleme experimentelle Antworten gefunden, zum Beispiel durch die Entwicklung hochdifferenzierter Systeme zur gezielten Störung einzelner Gene in definierten Zellen und zu definierten Zeiten der Entwicklung. Wir wissen längst, dass die verschiedenen Zellen unseres Gehirns ganz unterschiedliche Gene exprimieren und dass diese Muster sich ständig in der Interaktion mit unserer Umwelt ändern. Wir sind eben nicht mechanische Produkte einer vorgegebenen Konstellation von Genen, also reine „Phänotypen". Dennoch finden sich in der Literatur zahllose Konzepte, die genau diese Ideologie nahelegen. Der Satz „*We want to elucidate the molecular basis of....*" findet sich in zahlreichen Forschungsanträgen und Fachaufsätzen. Er impliziert, dass ein komplexes Phänomen (eine Geisteskrankheit, eine mentale Fähigkeit) eben auf eine solche molekulare Ursache zurückgeführt werden könnte. Eine Metaanalyse der Literatur zu „*behavior-related genes*", also Genen mit Einfluss auf das Verhalten, in Mäusen erbrachte die Zahl von 4000 publizierten Gen-Verhaltens-Beziehungen

(Roubertoux und Carlier 2007). Diese Forschungen stützten sich aber auf weniger als 4.000 verschiedene genetisch veränderte Mauslinien (ein Gen kann ja mehrere Phänotypen verursachen). In der Extrapolation müssten wir also eines Tages damit rechnen, mehr Gen-zu-Verhalten-Kausalitäten zu kennen als die Maus überhaupt an Genen besitzt – dies zeigt die Absurdität monokausal aufsteigender Kausalerklärungen vom Gen zum Verhalten.

Eine zweite Variante der „Aufwärtskausalität" mutet auf den ersten Blick fast trivial an: wir erklären die Funktion von Organismen durch Reduktion des Großen auf das Kleine. Diese „Zergliederung" (Anatomie) führt uns bei der Analyse einer kognitiven Funktion zunächst zu den beteiligten großen Hirnregionen, dann zu kleinen neuronalen Netzwerken, Nervenzellen, Synapsen und schließlich zu Molekülen und deren Interaktionen. Nicht umsonst ist das Mikroskop geradezu zum Sinnbild der modernen Biologie geworden, uns sein Siegeszug hält bis heute in der Entwicklung immer hochauflösenderer Varianten der Mikroskopie an. Auch diese Denkweise hat ihren Ursprung wohl im Atomismus und unterliegt somit den oben schon geschilderten Einschränkungen. Zur Beschreibung und begrenzten Vorhersage des Verhaltens komplexer Systeme braucht man eben eine eigene Physik und Mathematik, die keine Rekonstruktion des Ganzen aus einer linearen Summe von Teilchen versucht. Dem trägt die moderne Neurobiologie durchaus Rechnung, etwa in Computermodellen von neuronalen Netzwerken. Die Reduktion komplexer Systeme auf zelluläre und subzelluläre Details wird also komplementiert durch die Betrachtung der vielteiligen Systeme des Gehirns als komplexe Systeme. Dadurch entsteht ein interessantes Spannungsfeld, da in den systemischen Analysen von Netzwerken die spezifischen Eigenschaften der einzelnen Neurone eine ganz wesentliche Rolle spielen und nicht beliebig reduziert werden können. Das menschliche Gehirn hat sicher weit über hundert Typen von Nervenzellen, die sich in ihrem Aufbau, ihren synaptischen Verbindungen, biochemischen Parametern und ihrem elektrischen Verhalten dramatisch unterscheiden. Wir sehen also die Notwendigkeit, neuronale Netzwerke als komplexe Systeme mit übergeordneten Algorithmen zu erfassen, kommen aber um das systematische Erfassen tausender von Details doch nicht herum. Daher sind zahlreiche Neurowissenschaftler zur Zeit damit befasst, diese Eigenschaften in vielen einzelnen Modellsystemen sorgsam zu erfassen und dann wieder in den Kontext größerer Netzwerke zu stellen. Die Zusammenführung der systemischen Ansätze mit der traditionellen biologischen Methode der Beschreibung einzelner Phänomene ist eine spannende Zukunftsaufgabe der Neurobiologie. Klar ist jedoch, dass die vollständige Rekonstruktion größerer Netzwerke aus der einfachen Addition von Neuronen oder gar Molekülen eine wenig reflektierte, unrealistische und unfruchtbare Utopie darstellt.

Schließlich wird für die komplexe Logik der Aufwärtskausalität oft der Begriff „Emergenz" verwendet, d. h. die Entstehung komplexer, ganz neuartiger Eigenschaften aus der Interaktion einfacherer Elemente. Soweit dieses Wort das oben Gesagte zusammenfasst, handelt es sich sicher um einen sinnvollen Sammelbegriff (Mitchell 2009). Seine Anwendung ersetzt aber keinesfalls das mechanistische Verstehen im Einzelfall! Nach Peter Lerche wird „Emergenz" oft als Ausrede angeführt, wenn Eigenschaften komplexer Systeme eben nicht erfolgreich auf zugrundeliegende Mechanismen zurückgeführt werden konnten. Er sieht den Begriff eher dort am Platz, wo aus dem geplanten Zusammenbau von Einzelteilen die komplexe Funktionalität einer Maschine entsteht. Die Emergenz liegt dann in der beabsichtigten Funktion des Ganzen und beinhaltet einen Wechsel der Kategorie, in diesem Fall von der Physik zur Intentionalität. Vielleicht wird eine solche aktive Konstruktion aus Bauelementen in bestimmten Modellrechnungen von neuronalen Netzwerken realisiert. Unklar bleibt, inwieweit der Begriff der Emergenz uns wirklich hilft, konkrete biologische Phänomene des Gehirns zu verstehen.

Allgemein sei noch angemerkt, dass die genaue Bedeutung von „Kausalität" nicht allgemeingültig definiert ist. Passend zum konstruktivistischen Charakter neuerer Wissenschaftstheorien geht die Diskussion nicht mehr von der menschenunabhängigen Existenz kausaler Beziehungen in der Natur aus, sondern kommt zunehmend zu operationalen Definitionen von Ursachen (Woodward 2003). Man orientiert sich also an der Frage, was man eigentlich genau behauptet wenn man sagt, B sei die Ursache für A. In einer neueren Deutung ist damit letztlich eine Behauptung über den vorhersagbaren Ausgang einer Intervention gemacht, d. h. aus der Veränderung von B folge eine definierte Änderung von A. Zu dieser Interpretation passt der zunehmend interventionalistische Charakter der kognitiven Neurowissenschaften, die tatsächlich verstärkt auf die gezielte Modifikation kognitiver Funktionen zielen und dies auch als Beweisführung in grundlagenwissenschaftlichen Arbeiten akzeptieren. Auf jeden Fall liegt der oft sehr saloppen Unterscheidung zwischen „kausal" und „rein deskriptiv", die häufig in Gutachten vorkommt, ein wissenschaftstheoretisch äußerst komplexes und nicht vollständig geklärtes Problem zugrunde!

(3) Die Hirnforschung kann eine vollständige Rekonstruktion des Gehirns leisten

Dieser Anspruch wird besonders deutlich von dem prominenten Neurowissenschaftler Henry Markram (Lausanne) vorgetragen, der eine solche vollständige Modellierung des Neokortex in Angriff genommen hat (Markram 2006). Konkret geht es bei seinem „blue brain project" um den somatosensorischen Kortex einer jungen Ratte, d. h. um dasjenige Areal der Hirnrinde, welches bei der Berührung eines Schnurhaares zuerst erregt wird. Für Ratten ist der Tastsinn wesentlich wichtiger als der Sehsinn, es handelt sich also um das neuronale Korrelat einer elementaren Wahrnehmungsfunktion. Verschiedene praktisch-experimentelle Vorteile haben zur Auswahl dieses speziellen Modells beigetragen: Jedes einzelne Schnurhaar erregt ein recht klar abgegrenztes Areal mit einer begrenzten Anzahl von 10.000 bis 20.000 Nervenzellen; es gibt über diese säulenartigen Areale („kortikale Kolumnen") ein umfassendes anatomisches und physiologisches Vorwissen; die direkte Korrespondenz zwischen Hirnareal und peripherem Sinnesorgan erleichtert Verhaltensexperimente; schließlich ist die junge Ratte für hochauflösende Ableitungen kleinster synaptischer Potentiale mit Mikroelektroden leichter zugänglich als erwachsene Tiere.

Eine solche kortikale Kolumne soll nun mit Hilfe modernster Rechner und Programmiertechnik vollständig rekonstruiert werden, indem jedes Neuron, später auch jede weitere Zelle (Glia, Blutgefäße usw.) detailliert als mathematisches Modell erfasst und realitätsgetreu mit anderen Zellen vernetzt wird. So soll das Verhalten des Netzwerkes durch „Emergenz" entstehen und für uns verständlich werden. Die kühnsten Phantasien versprechen, eines nicht zu fernen Tages das gesamte menschliche Gehirn in ähnlicher Weise als Rechnermodell zu erstellen. So könnten schließlich die Entstehung psychischer Krankheiten und die Wirkung neuer Psychopharmaka *in silico* untersucht werden, also unter weitgehendem Verzicht auf Tier- oder Humanexperimente.

Das *blue brain project* wird hier paradigmatisch für alle Ansätze angesprochen, welche auf Vollständigkeit zielen. Hierzu vollziehen wir ein Gedankenexperiment: Nehmen wir einmal an, das vorgesehene Programm wäre erfolgreich. Was wäre dann gewonnen? Selbst bei Computermodellen kleinerer Netzwerke ist die Emergenz von komplexem Systemverhalten keineswegs gleichbedeutend mit der Offenlegung der zugrundeliegenden Mechanismen. Es wäre naiv anzunehmen, man habe die komplette Geschichte sozusagen in der Hand, weil sie ja in einem menschengemachten Programm quasi offen vor einem liege. Tatsächlich muss der „*computational neuroscientist*" fast wie ein Experimentator vorgehen, um das Verhalten seines Modells zu verstehen: er entwickelt Hypothesen über die wesentlichen Mechanismen, liest gezielt bestimmte Parameter aus, untersucht das Verhalten des Netzwerkes nach „experimenteller" Änderung einzelner Variablen und interagiert meist eng mit Laborforschern, die eine begrenzte Zahl seiner Arbeitshypothesen in ihren Experimenten direkt überprüfen. Die Arbeit fängt also mit der Erstellung eines Modells eigentlich erst an. Ein „vollständiges" Modell einer neokortikalen Kolumne würde diesen Aufwand dramatisch potenzieren – hier müsste man die funktionell wichtigen Parameter in der Sekundärwelt des Computers fast mit der gleichen Anstrengung suchen wie ein Experimentator, der dies in der Primärwelt seines Präparates tut. Modellbildung am Computer ist eine wichtige Spielart der Neurobiologie, aber eben ein Zugang von vielen und ihr endgültiger Abschluss.

Die Kritik des Anspruchs auf Vollständigkeit geht weit über das oben analysierte Beispiel hinaus. Alle Wissenschaft ist von Hypothesen geleitet. Sie bedient sich selektiver Zugänge mittels streng bestimmter, jeweils im Kontext einer speziellen Subdisziplin anerkannter Methoden. In der Biologie sind wir oft auf wenige Modellsysteme beschränkt, deren repräsentativer Charakter für andere Netzwerke oder Organismen nicht a priori klar ist. Als „*readout*" oder Messgrößen definieren wir wiederum selektiv Parameter, die im jeweiligen Erklärungskontext jeweils interessieren, von denen aber nicht gesagt werden kann, dass sie in einem übergeordneten Sinn die einzig relevanten Eigenschaften des Systems seien. Wissenschaftstheoretisch formuliert liegt dieser Selektivität die Tatsache zugrunde, dass es keine theorie- und kontextfreie Forschung gibt, d. h. unser Handeln als Wissenschaftler ist immer in vorbestehende Konzepte eingebunden. Ein wissenschaftliches Experiment ist keine „Kausalkamera", die alles Geschehen und die zugrundeliegenden Ursachen quasi neutral und vollständig als objektiven Befund aufzeichnet. In der Biologie, deren wesentliches Merkmal ja Diversität ist, beginnt die Unvollständigkeit bereits mit der Auswahl von Modellsystemen – diese ist meines Erachtens ein besonders wichtiges, oft aber nicht theoriegeleitetes Element der Forschungssteuerung. Wir haben oben gesehen, wie pragmatisch die Argumente für ein bestimmtes Modell sein können. Modelle können aber eine Eigendynamik entwickeln, etwa wenn schon viel über ein Modellsystem publiziert wurde, so dass es für den Wissenschaftler sinnvoll ist, mit seiner Arbeit an diese Tradition anzuknüpfen.

Niemand will ernsthaft wissen, wie ein marines Weichtier namens Seehase seinen Kiemenschutzreflex bei wiederholter Auslösung verändert. Die kluge Auswahl dieses Modells und die Etablierung der entsprechenden Labormethoden waren aber der Schlüssel zum Erfolg für Eric Kandel und der Seehase hat unser Verständnis neuronaler Plastizität wesentlich geprägt (Kandel 2000). Dies ist typisch für das Vorgehen in der Biologie und vollkommen legitim, solange man die erfolgreichen Analyse solcher Modelle nicht leichtfertig generalisiert (die Anpassung des Kiemenschutzreflexes erklärt nicht alle Formen neuronaler Plastizität, schon gar nicht das „Lernen" in allen seinen verschiedenen Kontexten). In der biomedizinischen Forschung droht der vergleichende, beschreibende Aspekt unter dem zunehmenden Publikations- und Zeitdruck zurückzutreten. Eine konkrete Gefahr ist die Fokussierung kognitiver Untersuchungen auf Zuchtstämme von Labormäusen, die transgenen Methoden besonders gut zugänglich sind, leicht zu halten und schnell zu vermehren sind, nicht viel kosten und wenig Aufmerksamkeit bei Tierschützern erregen. Die einseitige Untersuchung dieser Spezies könnte aber zu wesentlichen Neglecten führen! Es ist zu hoffen, dass die wichtige vergleichende Tradition der biologischen Forschung nicht ausstirbt und zu gegebener Zeit wieder erstarkt, denn die Natur macht uns in der Vielfalt der Organismen ja zugleich die Vielfalt möglicher „Lösungen" biologischer Funktionen vor, aus denen man sicher mehr lernen könnte als zur Zeit realisiert wird.

Alle oben angeführten Gründe für die Selektivität von wissenschaftlichen Analysen stellen keine Argumente gegen die naturwissenschaftliche Untersuchung von Modellsystemen dar, sondern lediglich Beschreibungen des „Wie" von Forschung. Sie sollten uns aber vorsichtig werden lassen, wenn Ansprüche auf Vollständigkeit erhoben werden.

(4) Hirnforschung ist ein industrielles Unternehmen mit planbarem Fortschritt

Die Entstehung großer, auf Vollständigkeit zielender Forschungsunternehmen ist eng mit einem allgemeinen Trend zur Industrialisierung von Forschung verbunden. Paradigmatisch für diese Entwicklung steht das „human genome project", das die vollständige Sequenzierung des Genoms eines Menschen beinhaltete und im Wettlauf zweier konkurrierender Ansätze die Automatisierung humangenetischer Labormethoden enorm vorangetrieben hat. An dem öffentlichen Projekt waren zahlreiche Institute in der ganzen Welt beteiligt, so dass ein wesentlicher Teil der

Forschungsleistung eher logistischer als inhaltlicher Natur war. Die fast schon religiöse Hypostase des menschlichen Genoms in den Medien (z. B. Spiegel 26, 2000) war unter Anderem auch Ausdruck einer professionellen Marketingstrategie, die zur Mobilisierung enorm (man ist versucht zu sagen: absurd) hoher Geldsummen geführt hat. Ähnliches gilt übrigens für bestimmte Projekte der Hochenergiephysik, bei denen ebenfalls der einzelne Wissenschaftler hinter einer gigantischen Logistik verschwindet, die mit der Bereitstellung von Milliardensummen einhergeht. Interessanterweise richtet sich dieses Großunternehmen auf eine eher naturphilosophisch als praktisch-technische Fragestellung, nämlich dem Wunsch, dem Universum die letzten Geheimnisse der Zusammensetzung der Materie zu entlocken.

In der Hirnforschung arbeiten heute tausende von Laboratorien und zehntausende von Wissenschaftlern weltweit an der Aufklärung von Details, die im Einzelnen selten Durchbrüche zu ganz neuen Konzepten darstellen. Manche Abläufe sind fast komplett automatisiert (z. B. das „screening" von chemischen Substanzen auf mögliche Wirkungen an Nervenzellen), an anderer Stelle findet sich mehr Raum für die Entfaltung individueller Kreativität (z. B. bei der Entwicklung oder Verbesserung experimenteller Labormethoden). Die resultierenden Publikationen sind fast immer das Werk mehrerer Autoren. Wissenschaftliche Karrieren werden nach verschiedenen, oft skandalös schlecht validierten Messgrößen entschieden, wobei die subjektive Einschätzung von Kenntnisstand, Originalität und Entwicklungspotential eines Kollegen zunehmend gegenüber quantifizierbaren Maßen wie Zitationshäufigkeit oder der Summe eingeworbener Forschungsgelder zurücktritt. Beispiele herausragender Forscherpersönlichkeiten können nicht darüber hinwegtäuschen, dass die moderne Hirnforschung nicht mehr das Werk einzelner Genies nach dem Verständnis des 19. Jahrhunderts ist. Viele Frustrationen und Konflikte junger Wissenschaftler entstehen übrigens aus dem Widerspruch zwischen der immer noch personenzentrierten Bewertung von Forschungsleistungen auf der einen Seite und den kooperativen Arbeitsprozessen auf der anderen, die der Etablierung eines eigenen identifizierbaren Profils scheinbar entgegenstehen.

Der Prozess der Etablierung einer regelrechten Forschungsindustrie wird zur Zeit durch die leichtfertig vorauseilende und zerstörerische Wandlung unserer Universitäten in angeblich professionell geführte Unternehmen nach dem Vorbild der Industrie noch beschleunigt. Der Typus des eigenwilligen, oft unbequemen Wissenschaftlers wird mehr und mehr durch den alerten Manager ersetzt, der das „Unternehmen" Universität oder Institut finanziell erfolgreich führt, schlanke Entscheidungsstrukturen durchsetzt, und durch gezielte Gremien- und Öffentlichkeitsarbeit als regelrechte Marke etabliert. Der Gerechtigkeit halber sei angemerkt, dass es an den Universitäten immer noch Raum für übergeordnete Diskussionen und nicht-anwendungsbezogene Aktivitäten gibt, denen der Autor zum Beispiel die Möglichkeit zum Verfassen des vorliegenden Artikels verdankt (speziell dem Interdisziplinären Arbeitskreis für Bio- und Kulturwissenschaften IFBK und dem Marsilius-Kolleg).

Im Bereich der Hirnforschung etablieren sich ebenfalls zunehmend Strukturen zur automatisierten und genormten Erfassung des Nervensystems. Das oben beschriebene *blue brain project* zielt auf die weltweite Vernetzung von Neurobiologen, die Daten von jeder vermessenen Nervenzelle nach einem vorgegebenen

Eingabeschema erfassen und über das Internet verfügbar machen. So würde eine überaus mächtige Maschinerie der Datenerfassung anlaufen, die in Lausanne zusammengeführt wird und eine Potenzierung des Fortschrittes in der Erstellung von Computermodellen des Gehirns mit sich brächte. Ein anderes Beispiel ist der Allen Brain Atlas, der eine vollständige molekulare Kartierung des Nervensystems des Menschen und verschiedener Modellorganismen vorsieht (Allen Institute for Brain Science 2010).

Macht die Tendenz zur Industrialisierung von Wissenschaft hypothesengeleitete Forschung obsolet? Dies gilt sicher nicht. Im Vorfeld jeder Datensammlung steht immer noch die Frage nach Ziel und angemessener Methodik. Diese Frage stellt die eigene Arbeit zwangsläufig in den Kontext einer übergeordneten Theorie. Nur innerhalb dieses Rahmens sind die spezifischen Hypothesen überhaupt zu entwickeln. Wenn es keine Vollständigkeit und Neutralität der Beschreibung gibt, so gibt es auch keine Automatisierung des Fortschritts. Ja, es gibt nicht einmal eine klare Richtung, in die dieser Fortschritt gehen sollte – Wissenschaft ist immer noch ein offener, in seinen heterogenen Ansätzen irrationaler und nicht vollständig steuerbarer Prozess. Hoffen wir, dass dies den Politikern auffällt, bevor der öffentliche Raum steuerfinanzierter Forschung für diesen einfachen Gedanken nicht mehr zu zugänglich ist, weil sich Wissenschaftler bei der Erfüllung ihrer Zielvorgaben die notwendigen Fragen nicht mehr erlauben können ....

(5) Das Gehirn ist das Zentralorgan für „höhere Funktionen" und dient der Informationsverarbeitung

In vielen Modellen kognitiver Leistungen wird das Gehirn als informationsverarbeitendes Zentralorgan verstanden. Es wird damit zu einer Art Regierungszentrale des Organismus, die oft durch Computer-Metaphern beschrieben wird. In der Theorie des Gehirn-Geist-Problems wird diese Position als „Funktionalismus" beschrieben, nach dem jedes System, das die gleichen logischen und quantitativen Operationen durchführt wie unser Gehirn auch die gleiche kognitive Qualität hat. Könnte man die für das Sehen, Fühlen und Bewerten zuständigen neuronalen Verschaltungen aus alten Konservendosen nachkonstruieren, so wäre diese Maschine im Sinne des Funktionalismus zu demselben mit denselben Wahrnehmungen, Emotionen und Handlungsmaximen fähig wie wir (Searle 1992). Angewandt auf das *blue brain project*: wenn die „Verschaltungen" und „Signalwege" im Computer perfekt simuliert werden, kommt es schließlich zu einem Wahrnehmungsvorgang *in silico*.

Die Sichtweise des Funktionalismus kann nützlich sein, um bestimmte Aspekte der Hirnfunktion selektiv herauszuarbeiten. Beispielsweise lässt sich aufgrund der „Verschaltung" hemmender und erregender Nervenzellen in der Netzhaut verstehen, warum wir Kontraste zwischen hellen und dunklen Flächen besonders stark wahrnehmen. Diese Kontrastverstärkung kann im Computer simuliert und quantifiziert werden, und weiterführende Arbeiten an anderen Modellen haben gezeigt, dass ähnliche Mechanismen auch in vielen anderen neuronalen Netzwerken realisiert sind.

Dennoch greift das Verständnis des Gehirns als Materialisierung von Algorithmen wesentlich zu kurz. Computer-Metaphern des Gehirns unterschätzen den Aspekt des Organischen: das Gehirn ist „nass", es wird durch weiche Verteilungen von Hormonen und Neuromodulatoren beeinflusst, es steht in direkter Wechselwirkung mit nicht-neuronalen Strukturen des Körpers und der Umwelt, es ist ein Organ mit Stoffwechsel, Durchblutung, Zelltod und Zellaufbau, und es unterliegt in der Interaktion mit seiner Umgebung permanenten plastischen Umbau- und Anpassungsvorgängen. Dieser Aspekt des Organischen wird in „trockenen" Netzwerkmodellen unterschätzt. Zur ausführlichen Diskussion sei auf die Schriften des Heidelberger Philosophen und Psychiaters Thomas Fuchs hingewiesen, der sich intensiv mit der Begrifflichkeit und Phänomenologie des „verkörpertern Geistes" (*embodied mind*) befasst (z. B. Fuchs 2008). Die Verkürzung des Gehirns auf einen biologischen Computer ist letztlich Ausdruck des mereologischen Fehlers, d. h. der Verwechslung eines Teils mit dem Ganzen. Wir denken, fühlen und handeln zwar nicht unabhängig von unserem Hirn – aber unser Denken, Fühlen und Handeln sind Vollzüge der ganzen Person, nicht des Gehirns.

Abschließend sei noch auf einen Einwand des Philosophen Peter Janich (2009) hingewiesen: im Zusammenhang funktionalistischer Betrachtungen wird gerne darauf verwiesen, das Gehirn sei (eigentlich) ein informationsverarbeitendes Organ. Die mathematische Theorie der „Information" (Shannon und Weaver 1949) erfasst aber ebenfalls nur einen eher künstlich herausgegriffenen Aspekt dessen, was Kognition, Wahrnehmung und Handeln eines Organismus ausmacht. Er wurde für die Quantifizierung der Übertragungsleistung in Telefonsystemen entwickelt und hat keinen Bezug zu Inhalt und Bedeutung einer Nachricht für einen Organismus. Er ist also mehr semiotisch als semantisch orientiert. Für ein Lebewesen ist der Funktionszustand des Gehirns nicht nur durch eine Summe einzelner Informationen gekennzeichnet, sondern durch eine Vielzahl biochemischer, elektrischer und morphologischer Prozesse, die parallel ablaufen und eine lebensfördernde Interaktion zwischen Gehirn, Körper und Umwelt erlauben. Die Reduktion auf Informationsverarbeitung ist lediglich eine – gelegentlich sehr nützliche- Verkürzung, um bestimmte Aspekte der Signalverarbeitung zu beschreiben. „Signalverarbeitung" ist übrigens als Begriff ebenfalls nur in dem oben genannten, sehr eingeschränkten Sinnzusammenhang zu verstehen. Ein Neurotransmitter wird dadurch zum Signal zwischen zwei Neuronen, dass wir ihn in dieser Perspektive verstehen und deuten! Darüber hinaus ist er eben – ein Neurotransmitter!

Diese begriffliche Diskussion ist vielleicht auch nützlich für die immer noch offene Frage nach dem neuronalen „Code". Das Gehirn ist eben keine semiotische Maschine, die eingehende Informationen kodiert, um sie dann nach einer weiteren Umwandlung wieder in biologische Aktivitätsmuster zu übersetzen. Es ist ein Organ, das in ständiger Wechselwirkung mit seiner Umgebung steht. Auch der inzwischen geläufige vorsichtigere Begriff „Repräsentation" kommt nicht an der Forderung nach einer auffindbaren kodierenden Struktur vorbei. Sicherlich hat auch diese Betrachtung ihren Sinn: um mich an Gelerntes erinnern zu können, muss ein

Engramm in meinem Gehirn existieren, d. h. eine Spur des Vergangenen, die eine Wiederaktivierung ermöglicht. Dennoch wäre es eine ideologische Verzerrung, für jede sinnvolle Interaktionen mit der Umwelt eine Kodierung oder Repräsentation der jeweiligen Umweltsituation zu fordern. Tatsächlich genügt es, wenn die Aktivität des Gehirns und der damit verbundenen Organe solcherart mit der Umwelt interagieren, dass sie adäquates Verhalten in der jeweiligen Situation ermöglichen. Mein Auto kann sich z. B. fast beliebig vielen Kurvenneigungen anpassen. Um die zugrunde liegenden Mechanismen zu verstehen, muss ich aber keine Repräsentation oder gar Kodierung der Kurven in den Radlagern oder im Steuermechanismus des Autos fordern.

Was kann die Hirnforschung leisten – auf dem Weg zu einer realistischen Selbsteinschätzung

In diesem Aufsatz haben wir mehrere Argumentationsmuster der modernen Hirnforschung aufgegriffen und kritisiert. Dabei ist deutlich geworden, dass die gewohnten (oft unreflektiert vorausgesetzten) Argumente durchaus wissenschaftlich fruchtbar sein können, jedoch als Gesamtkonzept für die Hirnforschung zu kurz greifen. Keinesfalls soll der Eindruck einer pauschalen Kritik oder insgesamt skeptischen Einschätzung der Hirnforschung entstehen – tatsächlich erleben wir eine rasante Entwicklung dieser Disziplin und können uns der Faszination der vielen aufregenden Erkenntnisse nicht verschließen. Dennoch scheint es notwendig, nach Voraussetzungen und Geltungsrahmen der fachwissenschaftlichen Einzelbefunde zu fragen. Ausgehend von Thomas Kuhns bahnbrechendem Buch (Kuhn 1962) hat die Wissenschaftstheorie in den letzten Jahrzehnten die Bedingtheit von Wissenschaft durch zahlreiche Faktoren herausgearbeitet, die nicht dem jeweiligen Untersuchungsgegenstand angehören: vorherrschende Theorien, subjektive Einschätzungen von Wissenschaftlern, methodische Besonderheiten von Forschungsrichtungen, politische, finanzielle und andere soziale Steuerungsmechanismen. Wissenschaftsrationale Theorien wie der logische Positivismus werden von einem Verständnis der Wissenschaft abgelöst, die nicht eine absolute Wahrheit aufdeckt, sondern ein von Menschen gemachter und von vielen Voraussetzungen geprägter Prozess ist. Dadurch kommt letztlich ein konstruktivistisches Element in das „Sprachspiel" der naturwissenschaftlichen Hirnforschung. Diese Relativierung des Wahrheitsanspruches von Wissenschaft ist aber nicht mit Beliebigkeit zu verwechseln! Es ist keineswegs egal, auf welcher Basis wir einen neurologisch erkrankten Patienten behandeln.

Aus dem oben Gesagten sollte deutlich geworden sein, dass die moderne Hirnforschung sehr wohl in der Lage ist, einzelne Gegenstände (Modellsysteme) in einer je gezielt eingeschränkten und hypothesengeleiteten Perspektive zu verstehen. Was „Verstehen" genau heißt, ließe sich nur ein einem weiteren, längeren Text klären und wird im Übrigen von Wissenschaftstheoretikern sehr unterschiedlich beantwortet.

In jedem Fall bezieht die „methodische Rekonstruktion" (Janich 2009) eines Sachverhaltes immer eine ganze Tradition von expliziten und impliziten Regeln ein, die für den speziellen Gegenstand von der Gemeinschaft der Experten geteilt werden. Sie ist damit selektiv, perspektivisch und nicht allgemeingültig. Ein zweiter wichtiger Gedanke scheint, Wissenschaft als Praxis zu verstehen. Die Hirnforschung arbeitet nicht vorgegebene ewige Wahrheiten heraus, sondern gleicht mehr einem interaktiven Spiel mit der Natur. Ein Experiment gelingt nicht, wenn die Zellen „schlecht" sind, das Messsignal „zu schwach" ist oder der Trend in den Messungen „nicht statistisch signifikant" wird. Diese Kategorie von Gelingen und Misslingen hat mit dem aktiven Handeln des Forschers zu tun, das natürlich in einem Kontext von Regeln stattfindet, die ihrerseits nicht beliebig sind. Dieses interaktive Element von Experimenten weist, zusammen mit den manipulativen Theorien von Kausalität, auf den engen Zusammenhang von Forschung und Technik hin.

Der vorliegende Aufsatz dient hauptsächlich der Kritik im Wortsinn – der Unterscheidung tatsächlicher und vermeintlicher Geltungsansprüche von Hirnforschung. Dabei mögen Verdienste und Potentiale der aktuellen Neurowissenschaften etwas zu kurz gekommen sein. Es steht außer Frage, dass die Untersuchung der Voraussetzungen tierischen und menschlichen Verhaltens, Fühlens, Wahrnehmens und Denkens lohnt und dass sie zu grundlegenden Erkenntnissen über uns selbst beiträgt. Wir sind nicht nur, aber auch, Teil der Natur, deren Erforschung also unmittelbare Relevanz für uns hat. Hirnforschung weist Bedingungen unseres Handelns, Erlebens und Denkens auf und klärt somit Grenzen und Möglichkeiten des Menschen. Nicht zuletzt ist sie unverzichtbar, um den Herausforderungen durch neurodegenerative Erkrankungen gerecht zu werden. Schließlich können auch ganz andere Traditionen der Forschung und gesellschaftlichen Praxis, insbesondere Pädagogik und Rechtsprechung, von den Erkenntnissen der modernen Hirnforschung profitieren. Dies ist sogar dringen geboten – die weitgehende Ausblendung des Gehirns in den lebensentscheidenden Praktiken der Pädagogik und den oft rein ideologisch motivierten Humanexperimenten der Schulpolitik ist ein Skandal! Wenn der Dialog mit anderen Bereichen gelingen soll, muss sich die Hirnforschung aber zunächst selbst über ihre Voraussetzungen und Möglichkeiten klar werden. Dieser mühsame Prozess wird durch Allmachtsphantasien ebenso wenig gefördert wie durch Ignoranz gegenüber den großartigen und hoch relevanten Erkenntnissen der modernen Neurobiologie!

Literatur

Allen Institute for Brain Research (2009) Allen Brain atlas resources. http://www.brain-map.org

Bullmore E, Sporns O (2009) Complex brain networks: graph theoretical analysis of structural and functional systems. Nat Rev Neurosci 10(3):186–198

Crick FH (1958) On protein synthesis. Symp Soc Exp Biol 12;138–163

Der Spiegel (2000) Entschlüsselt: Der Bauplan des Menschen. Die zweite Schöpfung. Aufbruch ins Biotech-Zeitalter, 26, SPIEGEL-Verlag Rudolf Augstein GmbH & Co. KG, Hamburg

Fuchs T (2008) Das Gehirn – ein Beziehungsorgan. Kohlhammer, Stuttgart

Janich P (2009) Kein neues Menschenbild. Zur Sprache der Hirnforschung. Suhrkamp, Frankfurt am Main

Kandel ER (2000) In: Jörnvall, H. and Nobelstiftelsen. (Hrgs.) (2003) Physiology or medicine, 1996–2000. World Scientific, River Edge, NJ

Kuhn TS (1962) The structure of scientific revolutions. University of Chicago Press, Chicago

Markram H (2006) The blue brain project. Nat Rev Neurosci 7(2):153–160

Pico della Mirandola G (1496) De hominis dignitate. Giovanni Pico della Mirandola: De hominis dignitate. Über die Würde des Menschen. G. v. d. Gönna. Reclam, Stuttgart

Mitchell SD (2009) Unsimple truths: science, complexity, and policy. University of Chicago Press, Chicago

Pauen M, Roth G (2008) Freiheit, Schuld und Verantwortung. Grundzüge einer naturalistischen Theorie der Willensfreiheit. Suhrkamp, Frankfurt am Main

Roubertoux PL, Carlier M (2007) From DNA to mind. The decline of causality as a general rule for living matter. EMBO Rep 8:S7–S11

Sanes JR, Lichtman JW (1999) Can molecules explain long-term potentiation? Nat Neurosci 2(7):597–604

Searle JR (1992) The rediscovery of the mind. MIT Press, Cambridge

Shannon CE, Weaver W (1949) The mathematical theory of communication. University of Illinois Press, Urbana

Singer W, Metzinger T (2002) Ein Frontalangriff auf unser Selbstverständnis und unsere Menschenwürde. Gehirn Geist 4:32–34

Woodward J (2003) Making things happen: a theory of causal explanation. Oxford University Press, New York

World Health Organization (2006) Neurological disorders. Public health challenges. WHO Press, Geneva

Teil IV
Menschen-Bilder und Wissenschaft: Sozialwissenschaften

Kapitel 17
Menschenbilder in der Kriminologie

Dieter Dölling

Menschenbilder haben in der Kriminologie – der empirischen Wissenschaft von der Kriminalität und ihrer Kontrolle[1] – erhebliche Bedeutung. Die Vorstellungen von Kriminologen über straffällig gewordene Menschen bestimmen die Erklärung von kriminellem Verhalten mit und sind dafür relevant, welchen Umgang mit delinquenten Menschen Kriminologen befürworten.[2] Die Frage nach den Menschenbildern der Kriminologie wird in der Regel auf die Täter bezogen. Demgegenüber stand die Frage, welche Vorstellungen Kriminologen von den Menschen haben, die die Kriminalitätskontrolle ausüben, bisher eher im Hintergrund. Auch im Folgenden soll schwerpunktmäßig auf Menschenbilder bezüglich der Täter eingegangen werden.[3]

Ein einheitliches Bild der Kriminologie von der Person des Täters gibt es nicht. Vielmehr haben sich die Vorstellungen vom Täter im Verlauf der Geschichte der Kriminologie gewandelt, wobei diese Veränderungen im Zusammenhang mit allgemeinen gesellschaftlichen, kulturellen und wissenschaftstheoretischen Strömungen stehen, und sind auch heute in der Kriminologie unterschiedliche Vorstellungen vom Täter zu verzeichnen. Hierbei wird das kriminologischen Arbeiten zugrunde liegende Menschenbild häufig nicht ausdrücklich formuliert. Vorstellungen vom straffällig gewordenen Menschen liegen kriminologischen Forschungen mehr oder weniger reflektiert zugrunde und müssen – soweit dies möglich ist – aus den Texten erschlossen werden. Im Folgenden soll ein kurzer Überblick über die Entwicklung des Täterbildes in der Kriminologie gegeben werden und soll anschließend die eigene Position skizziert werden.

---

[1] Zur Definition der Kriminologie siehe Kaiser 1996, 1.

[2] Zum Einfluss des Menschenbildes auf die empirische Untersuchung der Abschreckungswirkung der Todesstrafe vgl. den Beitrag von Hermann in diesem Band.

[3] Es wird von „Tätern" gesprochen, da unter den straffälligen Menschen Männer eindeutig überwiegen; zum Verhältnis von Geschlecht und Kriminalität siehe Kaiser 1996, 495–511.

D. Dölling (✉)
Institut für Kriminologie, Friedrich-Ebert-Anlage 6-10, 69117 Heidelberg, Deutschland
E-Mail: doelling@krimi.uni-heidelberg.de

M. Hilgert, M. Wink (Hrsg.), *Menschen-Bilder,*
DOI 10.1007/978-3-642-16361-6_17, © Springer-Verlag Berlin Heidelberg 2012

Am Beginn der Kriminologie steht nach herrschender Ansicht die so genannte klassische Schule.[4] Nach ihrer im 18. Jahrhundert entwickelten Konzeption handelt es sich bei dem Straftäter um einen rational handelnden Menschen. Potentielle Täter wägen die Vor- und Nachteile einer Tat gegeneinander ab und entscheiden sich für die Tatbegehung, wenn die Vorteile nach ihrer Ansicht überwiegen.[5] Diese am Beginn der Kriminologie stehende Vorstellung wird heute von der ökonomischen Kriminalitätstheorie vertreten, nach der delinquentes Handeln das Ergebnis einer Kosten-Nutzen-Analyse des Akteurs ist.[6] Die ökonomische Kriminalitätstheorie wird deshalb auch als neoklassische Kriminalitätstheorie bezeichnet.[7] Es handelt sich dabei um eine Übertragung des allgemeinen Rational-Choice-Ansatzes auf kriminelles Verhalten.[8] Nach dieser Vorstellung ist das Handeln von Tätern wie von Nichttätern durch die Orientierung an Kosten-Nutzen-Kalkülen gekennzeichnet. Täter unterscheiden sich von Nichttätern dadurch, dass ihre Abwägung zugunsten der Tat ausfällt.

In der ersten Hälfte des 19. Jahrhunderts ist vielfach ein stärker moralisch geprägtes Bild des Straftäters festzustellen. Er wird als ein Mensch gesehen, der sich durch fehlerhafte Entscheidung von der richtigen Gesinnung abgewendet und eine falsche, von Egoismus und Hedonismus geprägte Gesinnung angenommen hat, die dann seine weitere Lebensführung prägt und ihn für die bürgerliche Gesellschaft gefährlich macht.[9] Diese Sichtweise wird in der zweiten Hälfte des 19. Jahrhunderts durch den Positivismus abgelöst. Er betrachtet menschliches Verhalten und damit auch Delinquenz als Anwendungsfall allgemeiner empirischer Gesetzmäßigkeiten.[10] Nach der kriminalbiologischen Richtung des Positivismus liegen die Ursachen kriminellen Verhaltens in körperlichen Eigenschaften des Täters. So hat Cesare Lombroso die Lehre vom „geborenen Verbrecher" entwickelt, der einen an körperlichen Merkmalen erkennbaren Rückfall in ein frühes Entwicklungsstadium der Menschheit vor Entstehung des Rechts darstellt und notwendigerweise kriminell werden muss.[11] Vielfach wurden die biologischen Kriminalitätsursachen als ererbt angesehen.[12] Neben biologischen Faktoren wurden auch psychische Defizite wie zum Beispiel ein angeborener Mangel an „moralischem Gefühl" als Determinanten kriminellen Verhaltens betrachtet. So ist es nach Henry Maudsley „eine Tatsache der Erfahrung, dass die Verbrecherklassen eine degenerierte oder krankhafte Varietät der menschlichen Gattung darstellen, welche sich durch eigene Charaktere körperlicher oder geistiger Inferiorität auszeichnen".[13] Diese Betrachtungswei-

---

[4] Siehe Meier 2010, 13–14.

[5] Vgl. Beccaria 1988; Bentham 1996.

[6] Siehe Becker G. S. 1968; Ehrlich 1973.

[7] Kunz 2011, 139.

[8] Meier 2010, 36.

[9] Becker P. 2002, 35–74.

[10] Meier 2010, 15.

[11] Lombroso 1894.

[12] Siehe etwa Lange J. 1929.

[13] Zitiert nach Hering 1966, 42.

se nimmt eine strikte Trennung zwischen dem Verbrecher und dem rechtstreuen Bürger vor. Der Verbrecher unterscheidet sich danach qualitativ vom rechtstreuen Bürger, er wird pathologisiert und als „minderwertig" angesehen. Gegenwärtig nehmen einige Hirnforscher an, dass kriminelles Verhalten durch neuronale Prozesse im Gehirn determiniert sei.[14]

Nach der kriminalsoziologischen Richtung des Positivismus liegen die Ursachen der Kriminalität nicht in der Person des Täters, sondern in den gesellschaftlichen Verhältnissen. Die kriminogenen gesellschaftlichen Verhältnisse werden im Umfeld des Täters oder in gesamtgesellschaftlichen Strukturen verortet. So wird angenommen, dass Defizite in der Sozialisation junger Menschen zu Kriminalität führen.[15] Sozialisation ist der Prozess, in dem die in einer Gesellschaft geltenden Verhaltensmuster, Normen und Werte den in die Gesellschaft hineinwachsenden jungen Menschen vermittelt werden. Treten in diesem Prozess Defizite auf, wie zum Beispiel mangelnde Zuwendung und Aufsicht durch die Eltern, richtungslose und widersprüchliche Erziehung, Gewaltanwendung in der Erziehung, fehlende Grenzsetzungen, delinquentes und sozial abweichendes Verhalten der Erziehungspersonen und häufiger Wechsel der Erziehungspersonen, gelingt nach dieser Ansicht die Integration der jungen Menschen in die Gesellschaft nicht und werden die jungen Menschen delinquent.[16] Untermauert werden kann dies mit der Lerntheorie, nach der kriminelles Verhalten nach den Mechanismen des klassischen Konditionierens[17], des operanten Konditionierens[18] und des Lernens am Modell[19] gelernt wird.

Gesamtgesellschaftliche Strukturen sind nach der marxistischen Kriminalitätstheorie die Kriminalitätsursachen. Wirtschaftliche Not und die ungerechte Behandlung durch die Bourgeoisie führen zur Kriminalität der Arbeiterschaft, und aufgrund des Konkurrenzprinzips kommt es zu kriminellen Handlungen unter den Kapitalisten.[20] Auf gesamtgesellschaftliche Strukturen als Kriminalitätsursachen stellt auch die Anomietheorie ab. Nach ihr entsteht Kriminalität aus einer Diskrepanz zwischen kultureller und sozialer Struktur. Während die kulturelle Struktur vorschreibt, welche Ziele in einer Gesellschaft anzustreben sind und auf welchen Wegen diese Ziele verfolgt werden dürfen, ergeben sich aus der sozialen Struktur die tatsächlichen Möglichkeiten von Personen, die anzustrebenden Ziele mit den kulturell vorgegebenen Mitteln zu erreichen. Ist nach der sozialen Struktur eine Zielerreichung auf legalem Weg nicht möglich, entsteht ein Druck auf das Individuum, auf den es mit kriminellem Verhalten reagieren kann, zum Beispiel mit dem Reaktionstyp der „Innovation", bei dem der Einzelne kulturell vorgegebene Ziele mit illegalen Mitteln

---

[14] Siehe Singer 2005, 530–531, 535.

[15] Vgl. zu dieser Theorie der differentiellen Sozialisation Kaiser 1996, 198–201.

[16] Zum Zusammenhang zwischen Sozialisationsdefiziten und kriminellem Verhalten siehe Schwind 2011, 189–231.

[17] Eysenck 1977.

[18] Burgess/Akers 1966.

[19] Bandura 1979.

[20] Engels 1892.

verfolgt.[21] Nach den Kulturkonflikts- und Subkulturtheorien entsteht Kriminalität, wenn der Einzelne Kulturen angehört, die von der herrschenden, dem Strafrecht zugrunde liegenden Kultur abweichen und Verhaltensweisen erlauben oder gebieten, die mit Strafe bedroht sind.[22] Nach diesen Sichtweisen unterscheiden sich Täter nicht grundlegend von Nichttätern. Sie werden vielmehr durch die gesellschaftlichen Verhältnisse, in denen sie leben, zu Tätern gemacht. Jede Gesellschaft hat „die Verbrecher, die sie verdient".[23]

Die kriminalbiologische bzw. -psychologische und die kriminalsoziologische Betrachtungsweise können zu einem Mehrfaktorenansatz verbunden werden, nach dem persönliche und gesellschaftliche Faktoren im Zusammenwirken kriminelles Verhalten verursachen.[24] Nach diesem Ansatz sind unterschiedliche Beurteilungen des Täters möglich. Werden die in der Person liegenden Kriminalitätsursachen stärker gewichtet, wird das eher zu einer Distanzierung vom Täter als einem „ganz Anderen" führen, wird das Schwergewicht stärker auf die gesellschaftlichen Kriminalitätsursachen gelegt, wird man den Täter eher als ein Opfer der Verhältnisse ansehen, das durch Veränderung der Verhältnisse in die Gesellschaft integriert werden kann.

Während nach den „klassischen" kriminalsoziologischen Theorien der Mensch grundsätzlich auf konformes Verhalten angelegt ist und deshalb Delinquenz erklärungsbedürftig ist, gehen die Kontrolltheorien von einem anderen Ausgangspunkt aus. Nach ihnen tut der Mensch grundsätzlich das, was in seinem Interesse liegt. Dies können auch Handlungen sein, die andere Menschen schädigen. Erklärungsbedürftig ist danach nicht abweichendes, sondern konformes Verhalten.[25] Dieses wird durch Kontrollmechanismen, wie zum Beispiel soziale Bindungen, herbeigeführt.[26] Funktionieren die Kontrollen nicht, kommt es zu abweichendem Verhalten. Nach diesem Ansatz sind also weniger persönliche Eigenschaften als die Existenz und Wirksamkeit von Kontrollen für das Auftreten von konformem oder abweichendem Verhalten maßgeblich. Die Eigenschaften des Täters treten auch bei der situativen Kriminalitätstheorie in den Hintergrund, die annimmt, dass für die Tatbegehung günstige Situationen zu kriminellem Verhalten führen. Solche Situationen werden insbesondere im Vorhandensein leicht greifbarer, nicht geschützter Objekte gesehen.[27] In diesem Zusammenhang ist von einer „Kriminologie ohne Täter" gesprochen worden.[28]

---

[21] Merton 1968.

[22] Sellin 1938; Cohen 1955; Miller 1968.

[23] Lacassagne, zitiert nach Hering 1966, 99.

[24] Ferri 1896; von Liszt 1919, 10–11.

[25] Meier 2010, 62f.

[26] Hirschi 1969. Hirschi hat später die Bindungstheorie durch die Auffassung ersetzt, dass kriminelles Verhalten die Folge von niedriger Selbstkontrolle der handelnden Person ist, vgl. Gottfredson / Hirschi 1990.

[27] Vgl. Killias 2002, 303–354.

[28] Sessar 1997, 1.

Nach anderen Kriminologen hängt die Frage, ob sich eine Person konform oder kriminell verhält, maßgeblich von ihren Wertorientierungen ab. Auf der Grundlage von Wertorientierungen legen Menschen ihre Handlungsziele fest und wählen sie die Mittel zur Erreichung der Ziele aus.[29] Eine geisteswissenschaftliche Richtung der Kriminologie begreift den Täter als verantwortliche Person, die sich frei für die kriminelle Tat entscheidet.[30]

Eine Verbindung zwischen dem Bild vom Täter und dem Bild vom Strafverfolger kann mit Hilfe der tiefenpsychologischen Kriminalitätstheorien hergestellt werden. Nach diesen Theorien wurzelt kriminelles Verhalten in weitgehend unbewussten Triebregungen und innerpsychischen Konflikten.[31] Die Triebe, die zu kriminellem Verhalten führen können, sind aber nicht nur bei den Tätern, sondern auch bei den anderen Mitgliedern der Gesellschaft vorhanden. Diese brauchen die Täter geradezu als Sündenböcke, die stellvertretend für sie verbotene Triebabfuhr vornehmen und dann im Interesse der Aufrechterhaltung der Tabus bestraft werden müssen, was zugleich eine legitime kollektive Aggressionsabfuhr ermöglicht.[32]

Geht man mit dem Labeling-Approach davon aus, dass Kriminalität keine Eigenschaft ist, die einem Verhalten von vornherein anhaftet, sondern ein Etikett, das durch Definitionsprozesse zugeschrieben wird,[33] liegt es nahe, den Täter als eine Person anzusehen, die sich in der gesellschaftlichen Auseinandersetzung über die Deutungshoheit über den Begriff der Kriminalität nicht durchsetzen kann und die deshalb als „Krimineller" abgestempelt wird.

Die vorstehende Übersicht zeigt, dass in der Kriminologie sehr unterschiedliche Vorstellungen vom Täter bestanden und bestehen. Die Vorstellungen unterscheiden sich u. a. im Hinblick auf die Ähnlichkeit zwischen Täter und Nichttäter, die Einschätzung des Täters als „böse" oder gefährlich, als rational oder irrational agierende und als frei oder unfrei handelnde Person.[34] In den Vorstellungen vom Täter schlagen sich allgemeine Menschenbilder nieder. Welche Vorstellung vom Täter besteht, hat erhebliche Konsequenzen für den Umgang mit ihm. Je größer die Distanz ist, die zwischen Täter und Nichttäter gesehen wird, umso wahrscheinlicher sind soziale Ausschlussprozesse hinsichtlich des Täters und umso eher erscheint nahezu jedes Mittel als erlaubt, um sich vor dem Täter zu schützen. Es stellt sich daher die Frage, inwieweit die skizzierten Täterbilder empirisch begründet sind.

Insoweit kann festgestellt werden, dass bei einem verhältnismäßig kleinen Teil der Täter die Delinquenz auf eine psychische Krankheit zurückzuführen ist.[35] Bei weiteren Tätern liegen verhältnismäßig stabile kriminogene Einstellungs- und Verhaltensmuster vor. Dies trifft insbesondere für Täter zu, bei denen eine Psychopathy

---

[29] Hermann 2003.

[30] Lange R. 1970, 325–339.

[31] Vgl. Kaiser 1996, 122–124.

[32] Kaiser 1996, 272–274.

[33] Siehe Sack 1968.

[34] Zur Willensfreiheit aus kriminalitätstheoretischer Sicht vgl. Dölling 2008.

[35] Zu Zusammenhängen zwischen psychischen Störungen und Delinquenz siehe Kröber 2009.

im Sinne von Hare oder eine dissoziale Persönlichkeitsstörung diagnostiziert wird.[36] Außerdem können sich bestimmte Persönlichkeitseigenschaften wie Impulsivität, emotionale Labilität, Handeln in kurzer Zeitperspektive, Risikobereitschaft, Aggressivität und geringe Empathiefähigkeit kriminalitätsfördernd auswirken.[37] Es ist jedoch keine strikte Trennung zwischen delinquenten und nichtdelinquenten Menschen möglich. Vielmehr sind die Grenzen fließend. Ein großer Teil der Straftaten wird von Menschen begangen, die normal sozialisiert sind und nicht durch hervorstechende Persönlichkeitszüge auffallen. Dies wird zunächst daran deutlich, dass die meisten Jugendlichen im Laufe des Erwachsenwerdens gelegentlich leichtere Delikte begehen, wobei sich die Delinquenz mit zunehmendem Alter „auswächst". Diese episodenhafte Jugenddelinquenz beruht nicht auf Erziehungsdefiziten oder Persönlichkeitsmängeln, sondern ist eine normale Begleiterscheinung des Erwachsenwerdens.[38] Außerdem kann es auch bei gesellschaftlich gut eingegliederten Erwachsenen in bestimmten Situationen zu kriminellem Verhalten kommen. Das kann zum Beispiel der Fall sein, wenn sich eine besonders günstige Gelegenheit zu einem Delikt ergibt oder wenn im Leben eines Menschen schwere Konflikte auftreten (z. B. Partnerschaftskonflikte oder gravierende wirtschaftliche Schwierigkeiten). Auch in gesellschaftlichen Ausnahmesituationen kann es zu Straftaten an sich sozial eingegliederter Menschen kommen. Menschen, die bisher ein angepasstes Leben geführt haben, begehen in bestimmten historischen Konstellationen schwerste Verbrechen und nehmen nach Beendigung der historischen Ausnahmesituation ihr unauffälliges Leben wieder auf.[39] Nicht nur „Durchschnittsbürger", sondern auch Menschen mit hohem sozialen Status können zu Straftätern werden. So werden Vorzeigeunternehmer als Steuerhinterzieher entlarvt und verschaffen erfolgreiche Manager Unternehmen Aufträge durch Korruption. Wie diese „Weiße-Kragen-Kriminalität"[40] zeigt, gibt es keine kriminalitätsfreien sozialen Schichten. Ist somit einerseits Kriminalität auch bei „normalen" Menschen zu verzeichnen, so gelingt andererseits Tätern, die eine Vielzahl von Straftaten begangen haben, häufig im Zuge des Älterwerdens der Ausstieg aus der kriminellen Karriere und die Führung eines sozial angepassten Lebens. Einmal Verbrecher heißt also nicht immer Verbrecher.[41]

Nach den empirischen Befunden gibt es somit nicht „den Täter", sondern besteht unter den Tätern eine erhebliche Varianz. Auffassungen, die alle Täter als rational abwägende Akteure oder als biologisch oder gesellschaftlich determinierte Menschen ansehen, greifen zu kurz. Es ist möglich, Gruppen von Tätern zu bilden, die erhebliche Ähnlichkeiten aufweisen. Dies darf freilich nicht den Blick für die Besonderheiten der einzelnen Täterpersönlichkeit verstellen. Als Beispiel für eine solche Gruppierung sei die von Göppinger entwickelte Konzeption des „Täters in

---

[36] Vgl. zu diesen Störungen Nedopil 2007, 180, 182–185.

[37] Kaiser 1996, 476–478.

[38] Dölling 2007, 472–473.

[39] Zu den Entstehungsbedingungen von Massenmorden siehe Sémelin 2007.

[40] Vgl. dazu Sutherland 1968.

[41] Siehe dazu Stelly / Thomas 2001.

seinen sozialen Bezügen" angeführt.[42] Im Rahmen dieser Konzeption unterscheidet Göppinger idealtypisch im Hinblick auf die Bedeutung der Straftat im Leben des Täters folgende Gruppen: Bei den ersten beiden Gruppen – der (kontinuierlichen) Hinentwicklung zur Kriminalität mit Beginn in der frühen Jugend und der (kontinuierlichen) Hinentwicklung zur Kriminalität mit Beginn im Heranwachsenden- bzw. Erwachsenenalter – ist das jeweilige Delikt ein Glied in einer Kette zahlreicher Straftaten. Die Delinquenz steht im Zusammenhang mit erheblichen Defiziten im Umfeld und in der Person des Täters.[43] Bei der dritten Gruppe – der „Kriminalität im Rahmen der Persönlichkeitsreifung"[44] – handelt es sich um die passagere Jugenddelinquenz. Bei der vierten Gruppe spricht Göppinger von „Kriminalität bei sonstiger sozialer Unauffälligkeit". Hiermit sind Täter gemeint, die ein äußerlich angepasstes Leben führen, bei denen aber ein Sich-Bewegen im Grenzbereich zur Straffälligkeit zur Lebensführung gehört und die z. B. Wirtschaftsdelikte begehen.[45] Bei der fünften Gruppe – dem „kriminellen Übersprung" – handelt es sich um sozial eingeordnete und grundsätzlich rechtstreue Menschen, die in einer außergewöhnlichen Situation – etwa einem ethischen Konflikt – eine Straftat begehen. Die Straftat fällt hierbei völlig aus der sonstigen Lebensführung der Täter heraus.[46] Schließlich gibt es Taten, die von seelisch abnormen Tätern begangen werden.[47] In dieser Einteilung wird deutlich, wie unterschiedlich die Zusammenhänge zwischen Täterpersönlichkeit und Straftat sein können. Die Täterpersönlichkeit ist geprägt durch Dispositionen, Einflüsse des näheren und weiteren Umfeldes und die Art und Weise, wie die Person die Einflüsse verarbeitet. Wie die Person handelt, hängt auch von den Situationen ab, in die sie gestellt ist. Mit dem Handeln in bestimmten Situationen gesammelte Erfahrungen können wiederum zu Veränderungen der Person führen.

Die vorstehenden Ausführungen zeigen, dass über Menschen, die Straftaten begangen haben, nicht vorschnell geurteilt werden darf. Es ist vielmehr eine sorgfältige Analyse des jeweiligen Einzelfalls erforderlich. Aus den Befunden der Kriminologie geht hervor, dass die Übergänge zwischen Tätern und Nichttätern vielfach fließend sind. Für den Umgang mit dem Täter kommt es darauf an, die Tat klar zurückzuweisen, sich aber um die Reintegration des Täters zu bemühen. Positive Veränderungen von Tätern sind möglich und diese Veränderungen sind zu fördern. Weiterhin ist zu berücksichtigen, dass kriminelles Verhalten zum „Handlungsrepertoire" des Menschen gehört. Um Kriminalität auf ein erträgliches Maß zu reduzieren, bedarf es daher angemessener Bemühungen um die Sozialisation junger Menschen, kriminalpräventiver Maßnahmen und Kontrollen.[48] Diese Vorkehrungen gegen Delinquenz dürfen freilich nicht zu einer unangemessenen Einschränkung menschlicher Freiheit

---

[42] Göppinger 1983, 177–247.
[43] A.a.O., 225–234.
[44] A.a.O., 236–237.
[45] A.a.O., 238–240.
[46] A.a.O., 234–235.
[47] Bock 2008, 306.
[48] Vgl. Kerner 2007, 20–21.

führen. Mit einem gewissen Maß an Kriminalität muss die freiheitliche Gesellschaft leben.

Literatur

Bandura A (1979) Sozial-kognitive Lerntheorie

Beccaria C (1988) Über Verbrechen und Strafe. Nach der Ausgabe von 1766 übersetzt und herausgegeben von W. Alff

Becker GS (1968) Crime and Punishment: an Economic Approach. Journal of Political Economy 76:169–217

Becker P (2002) Verderbnis und Entartung: Eine Geschichte der Kriminologie des 19. Jahrhunderts als Diskurs und Praxis

Bentham J (1996) An introduction to the principles of morals and legislation, Reprint

Bock M (2008) Angewandte Kriminologie. In: Göppinger H (Begründer) Bock M (Hrsg) Kriminologie, 6. Aufl. S 247–323

Burgess RL, Akers RL (1966) A differential association-reinforcement theory of criminal behaviour. Social Problems 14: 128–147

Cohen AK (1955) Delinquent boys

Dölling D (2007) Kinder- und Jugenddelinquenz. In: Schneider HJ (Hrsg) Internationales Handbuch der Kriminologie, Bd 1, Grundlagen der Kriminologie, S 469–507

Dölling D (2008) Willensfreiheit und Verantwortungszuschreibung unter kriminalitätstheoretischen Aspekten. In: Lampe EJ ,Pauen M ,Roth G (Hrsg) Willensfreiheit und rechtliche Ordnung, S 371–395

Ehrlich I (1973) Participation in illegitimate activities: a theoretical and empirical investigation. Journal of Political Economy 81: 521–565

Engels F (1892) Die Lage der Arbeitenden Klasse in England, 2. Aufl.

Eysenck HJ (1977) Kriminalität und Persönlichkeit, 3. Aufl.

Ferri E (1896) Das Verbrechen als soziale Erscheinung

Göppinger H (1983) Der Täter in seinen sozialen Bezügen: Ergebnisse aus der Tübinger Jungtäter – Vergleichsuntersuchung

Gottfredson MR, Hirschi T (1990) A general theory of crime

Hering KH (1966) Der Weg der Kriminologie zur selbständigen Wissenschaft: Ein Materialbeitrag zur Geschichte der Kriminologie

Hermann D (2003) Werte und Kriminalität: Konzeption einer allgemeinen Kriminalitätstheorie

Hirschi T (1969) Causes of delinquency

Kaiser G (1996) Kriminologie: Ein Lehrbuch, 3. Aufl.

Kerner HJ (2007) Das Böse im Verbrechen: Kriminologische Betrachtungen zu einem schwierigen Thema. In: Klosinski G (Hrsg) Über Gut und Böse. Wissenschaftliche Blicke auf die gesellschaftliche Moral, S 13–37

Killias M (2002) Grundriss der Kriminologie. Eine europäische Perspektive

Kröber HL (2009) Zusammenhänge zwischen psychischer Störung und Delinquenz. In: Kröber HL, Dölling D, Leygraf N, Saß H (Hrsg) Handbuch der Forensischen Psychiatrie, Bd. 4, Kriminologie und Forensische Psychiatrie, S 321–337

Kunz KL (2011) Kriminologie, 6. Aufl.

Lange J (1929) Verbrechen als Schicksal: Studien an kriminellen Zwillingen

Lange R (1970) Das Rätsel Kriminalität: Was wissen wir vom Verbrechen?

Lombroso C (1894) Der Verbrecher in anthropologischer, ärztlicher und juristischer Beziehung, Erster Bd, 2. Abdr

Meier BD (2010) Kriminologie, 4. Aufl.

Merton RK (1968) Sozialstruktur und Anomie. In: Sack F, König R (Hrsg) Kriminalsoziologie, S 283–313

Miller WB (1968) Die Kultur der Unterschicht als ein Erziehungsmilieu für Bandendelinquenz. In: Sack F, König R (Hrsg) Krimnalsoziologie, S 339–359

Nedopil N (2007) Forensische Psychiatrie: Klinik, Begutachtung und Behandlung zwischen Psychiatrie und Recht, 3. Aufl.

Sack F (1968) Neue Perspektiven in der Kriminologie. In: Sack F, König R (Hrsg) Kriminalsoziologie, S 431–475

Schwind HD (2011) Kriminologie: Eine praxisorientierte Einführung mit Beispielen, 21. Aufl.

Sellin T (1938) Culture conflict and crime

Sémelin J (2007) Säubern und Vernichten. Die Politik der Massaker und Völkermorde

Sessar K (1997) Zu einer Kriminologie ohne Täter. Oder auch: Die kriminogene Tat. Monatsschrift für Kriminologie und Strafrechtsreform 80:1–24

Singer W (2005) Grenzen der Intuition: Determinismus oder Freiheit? In: Kiesow RM, Ogorek R (Hrsg) Summa: Dieter Simon zum 70. Geburtstag, S 529–538

Stelly W, Thomas J (2001) Einmal Verbrecher – immer Verbrecher?

Sutherland EH (1968) White-collar Kriminalität. In: Sack F, König R (Hrsg) Kriminalsoziologie, 187–200

Von Listz F (1919) Lehrbuch des deutschen Strafrechts, 21. und 22. Aufl.

Kapitel 18
Zum Einfluss des Menschenbilds auf die Ergebnisse generalpräventiver Untersuchungen zur Todesstrafe

Dieter Hermann

1. Einleitung

Die Todesstrafe wird praktiziert: Im Jahr 2008 wurde sie in 59 Staaten angewandt, darunter auch in westlich orientierten Ländern wie Japan, den USA und Weißrussland (Amnesty International 2008). Wie keine andere staatliche Sanktionsform verändert sie das Leben der Betroffenen – mit irreversiblen Folgen. Die Legitimation dieser Sanktionsform wird in erster Linie in der vermeintlichen Abschreckungswirkung gesehen. Die theoretische Grundlage dazu lieferten die Arbeiten von Beccaria (1766), Bentham (1823) und Feuerbach (1799). In neuerer Zeit haben Becker (1968) und Ehrlich (1973) die generalpräventiven Abschreckungstheorien auf die Ebene ökonomischer und ökonometrischer Modelle übertragen. Es wird postuliert, dass es das Ziel der Gesellschaft sei, das Glück der Gesellschaftsmitglieder zu optimieren. Deshalb müsse Kriminalität möglichst verhindert werden, denn dies beeinträchtige die gesellschaftliche Nutzenbilanz in negativer Weise. Eine Verhinderung von Kriminalität sei möglich, wenn die Sanktionen krimineller Handlungen den möglichen Nutzen übersteigen würden, denn der Mensch würde bei seinen Handlungsentscheidungen Kosten und Nutzen der möglichen Alternativen abwägen, selbst wenn das Sanktionsrisiko niedrig ist.

Nach dieser Logik müsste die Todesstrafe eine abschreckende Wirkung haben, denn die Kosten sind bei dieser Sanktion für den Täter oder die Täterin so groß, dass die Kosten-Nutzen-Bilanz in jedem Fall negativ ausfallen muss. Folglich müssten utilitaristisch-rational handelnde Personen alle Handlungen unterlassen, die mit der Todesstrafe bewehrt sind.

Die Legitimation der Todesstrafe basiert somit auf drei Grundlagen: der utilitaristischen Philosophie, der Rational-Choice-Handlungstheorie und dem empirischen Nachweis der Abschreckungswirkung der Todesstrafe. Die Richtigkeit der empirischen Untersuchungen kann jedoch angezweifelt werden, denn es liegen

D. Hermann (✉)
Institut für Kriminologie, Universität Heidelberg, Friedrich-Ebert-Anlage 6-10,
69117 Heidelberg, Deutschland
E-Mail: hermann@krimi.uni-heidelberg.de

M. Hilgert, M. Wink (Hrsg.), *Menschen-Bilder,*
DOI 10.1007/978-3-642-16361-6_18, © Springer-Verlag Berlin Heidelberg 2012

zahlreiche empirische Untersuchungen vor, die unterschiedliche Ergebnisse er-
zielen. Diese Variation wäre erklärbar, wenn das einer Studie zugrunde liegende
Menschenbild das Untersuchungsergebnis beeinflussen würde. Falls Forscher, die
sich als Anhänger des Utilitarismus und Vertreter rational-utilitaristischer Handlungstheorien sehen, in empirischen Untersuchungen zu einem größeren Anteil die
generalpräventive Wirkung der Todesstrafe bestätigen als Kritiker dieser Positionen, wäre die empirische Forschung zu der Thematik nicht eine objektive Überprüfung von Hypothesen, sondern ein Prozess der self-fulfilling prophecy. Bereits *Max
Scheler* und *Karl Mannheim* haben zu Beginn des 20. Jahrhunderts auf die sozialen
Prozesse bei der Generierung von Wissen hingewiesen. *Scheler* redete in diesem
Zusammenhang von der sozialen Natur des Wissens und *Mannheim* von Seinsver-
bundenheit des Wissens (Scheler 1926; Mannheim 1970).

In dem vorliegenden Beitrag wird eine Metaanalyse über empirische Studien
zur Todesstrafe vorgestellt, wobei die Frage nach dem Einfluss des Menschenbilds,
das einer Untersuchung zugrunde liegt, auf das Untersuchungsergebnis im Mittelpunkt steht.[1] Es wird insbesondere postuliert, dass neben methodenspezifischen
Besonderheiten der Forschungs- und Publikationskontext einen Einfluss auf das
Untersuchungsergebnis hat. Abschreckungsstudien werden in unterschiedlichen
Fachrichtungen durchgeführt, die sich in präferierten Handlungstheorien und Menschenbildern unterscheiden. Solche Vorstellungen könnten die Ergebnisse publizierter Forschungsergebnisse beeinflussen, sei es durch Versuchsleitereffekte bei
Experimenten, durch selektive Wahrnehmung und Interpretation von Ergebnissen,
durch die Wahl von Methoden und Daten und durch die Präferenz theoriekonsistenter Ergebnisse in Veröffentlichungen (Kriz 1981). Somit könnte vermutet werden, dass die fachspezifisch dominierende Theorie über Abschreckung zu unterschiedlichen Ergebnissen führt. Dabei kann grob zwischen kriminologisch-sozio-
logisch-juristisch und ökonomisch ausgerichteten Studien unterschieden werden.
Untersuchungen psychologischer Institute wurden auf Grund der geringen Fallzahl
ausgeschlossen.

Der Grund für die Differenzierung in diese beiden Gruppen liegt in den Diskrepanzen der jeweils präferierten Handlungstheorien und Menschenbilder. Während insbesondere in älteren ökonomischen Texten das Bild des homo oeconomicus
dominiert, wird in der Kriminologie, Soziologie und Rechtswissenschaft die Vorstellung vom rein zweckrational handelnden Menschen mit skeptischer Zurückhal-
tung gesehen (Manstetten 2002; Dietz 2005; Dahrendorf 2006; Weber 1980; Auer
2005; Böckenförde 2001 und Dölling 2007). Demnach müssten empirische Falsi-
fikationen der Abschreckungsstudien zur Todesstrafe in der Ökonomie dem wissenschaftlichen Mainstream stärker widersprechen als in Kriminologie, Soziologie und
Rechtswissenschaft. Somit können folgende Hypothesen abgeleitet werden:

- Kriminologen, Soziologen und Juristen falsifizieren die Hypothese von der abschreckenden Wirkung der Todesstrafe häufiger als Ökonomen

---

[1] Das Projekt wurde von der DFG gefördert. Über das Forschungsprojekt sind bisher folgende
Publikationen erschienen: Dölling et al. 2006, 2007, 2009; Rupp 2008.

- Empirische Untersuchungen zur Wirkung der Todesstrafe auf der Basis des Rational-Choice-Ansatzes bestätigen die Abschreckungshypothese häufiger als andere Untersuchungen.

Es könnte sein, dass die Abschreckungsstudien von Kriminologen, Soziologen und Juristen auf anderen Methoden, Daten und Analyseverfahren basieren als die entsprechenden Untersuchungen von Wirtschaftswissenschaftlern. Deshalb müssen zur Überprüfung der Hypothesen in einem ersten Schritt die methodisch-statistischen Einflussfaktoren auf Untersuchungsergebnisse bestimmt werden. Zuvor soll der Forschungsstand dargestellt werden.

2. Forschungsstand zur Abschreckungswirkung der Todesstrafe

Mit der Publikation „The Deterrent Effect of Capital Punishment: A Question of Life and Death" im American Economic Review im Jahr 1975 hat *Isaac Ehrlich* eine Diskussion zur Wirkung der Todesstrafe ausgelöst (Ehrlich 1975). Die Daten zu der Studie stammten aus den Uniform Crime Reports (UCR), der Kriminalstatistik des FBI. Für den Zeitraum 1933 bis 1969 konnte Ehrlich durch multiple Regressionsanalysen zeigen, dass die Mord- und Totschlagrate pro Einwohner von verschiedenen Indikatoren der Exekutionswahrscheinlichkeit abhängig ist, wobei soziodemografische Variablen wie beispielsweise die Arbeitslosenquote und der nicht-weiße Bevölkerungsanteil kontrolliert wurden. Die Effektschätzungen waren signifikant und bestätigten die Abschreckungshypothese. Zur Kontrolle variierte *Ehrlich* den Untersuchungszeitraum und belegt damit die Stabilität des Ergebnisses. Sein Fazit: „In light of these observations one cannot reject the hypothesis that punishment in general, and execution in particular, exert a unique deterrent effect on potential murderers" (Ehrlich 1975, 413 f.). Letztlich verhindere jede Exekution acht Morde, so *Ehrlich*.

Bowers und Pierce (1975), zwei Sozialwissenschaftler, kritisierten im selben Jahr die Studie von Ehrlich. Sie bemängelten die Validität der von Ehrlich verwendeten Daten und konnten zeigen, dass sich die Ergebnisse ändern, wenn lediglich die Zeiträume der UCR-Daten variiert werden und die gleichen statistischen Verfahren zur Anwendung kamen, die *Ehrlich* verwendet hatte. Die Autoren fanden keine eindeutigen Ergebnisse mehr, wenn als Endpunkte die Jahre 1960 bis 1964 und nicht 1969 wie in der Ehrlich-Studie betrachtet wurden. Die Regressionskoeffizienten für die Messung des Effekts der sechs Exekutionsvariablen auf die Mord- und Totschlagsrate waren nur noch zum Teil theoriekonsistent, und für den Zeitraum von 1960 bis 1963 widersprachen alle Effektschätzung der Abschreckungstheorie.

Ehrlich (1977) hat in einer weiteren Publikation die Datenbasis erweitert und UCR-Daten mit Daten der Sterbestatistik verknüpft. Dabei wurden Staaten der USA verglichen, die sich in der Gesetzgebung zur Todesstrafe unterschieden. Als Messzeitpunkte wählte Ehrlich hier die Jahre 1940 und 1950, da zu diesem Zeitraum die

Exekutionsraten einzelner Staaten besonders hoch waren. Die Analysen zum Einfluss der Exekutionsrate auf die Tötungsrate bestätigten die Ergebnisse seiner oben beschriebenen Studie.

Forst (1983) hat versucht, die Ergebnisse der *Ehrlich*-Studie zu replizieren und wiederholte die Analyse mit Daten der Jahre 1960 und 1970. Allerdings konnten auf Grund fehlender Werte lediglich 33 Staaten der USA berücksichtigt werden. Der Autor führte wie *Ehrlich* multiple Regressionen unter Kontrolle von soziodemographischen Variablen durch. Das Ergebnis der Analysen ist, dass es keine Anhaltspunkte für die Abschreckungswirkung der Todesstrafe gibt: Die Regressionskoeffizienten sind unter Einbezug aller vier Exekutionsindikatoren positiv und somit theorieinkonsistent.

Die beschriebenen Studien sind zwar nur eine Auswahl, aber es wird deutlich, dass die Ergebnisse der Untersuchungen erheblich variieren. Selbst Metaanalysen zu empirischen Untersuchungen über die präventive Wirkung der Todesstrafe führen zu unterschiedlichen Resultaten.

Eine Forschungsübersicht zu 74 empirischen Studien stammt von Chan und Oxley (2004). Sie kamen zu dem Ergebnis, dass die Todesstrafe keine abschreckende Wirkung habe, denn dies sei das Ergebnis der meisten Studien. Eine Beschränkung auf 61 Untersuchungen, die elaborierte statistische Analyseverfahren wie multivariate Techniken und ARIMA-Methoden bei Zeitreihenanalysen verwendeten, bestätigte dieses Fazit. Von diesen Studien kamen 66 % zu dem Ergebnis, dass die Abschreckungshypothese falsch sei und lediglich 23 % bestätigten sie. In 11 % der Studien wurden widersprüchliche Ergebnisse berichtet.

Die Metaanalyse von Yang und Lester (2008) hingegen führte zu einem anderen Ergebnis: Sie fassten ihre Studie mit den Worten zusammen, dass Exekutionen einen abschreckenden Effekt haben würden. Die Untersuchung basierte auf 104 Publikationen; allerdings wurde die konkrete Analyse auf 95 Veröffentlichungen beschränkt, denn zum Teil waren die Untersuchungsergebnisse für eine Metaanalyse unbrauchbar, so die Autoren. Dazu zählten die Untersuchungen, in denen die Entwicklung der Mordrate in Staaten mit und ohne Todesstrafe verglichen wurde, denn in diesen Arbeiten wurde keine Zusammenhangsmaße angegeben. Zudem berücksichtigte die Metaanalyse nur Aufsätze in Zeitschriften, die ihre Beiträge begutachten ließen. Die Autoren haben zur Durchführung der Metaanalyse alle Effektschätzungen zum Einfluss der Todesstrafe auf Delinquenz aus einer Studie in Pearsonsche Korrelationskoeffizienten umgerechnet und jeweils den Durchschnittswert gebildet. Somit wurden alle Einzelergebnisse einer Studie in einem einzigen Wert zusammengefasst. Der Durchschnittswert für alle Studien liegt bei $r=-0,12$ und ist theoriekonsistent und signifikant. Besonders niedrig ist die Durchschnittskorrelation für Studien, die zeitliche Aspekte berücksichtigen: Für Untersuchungen mit Zeitreihendaten ist $r=-0,16$ und für Paneldaten $r=-0,13$. Beide Werte sind signifikant, während die Durchschnittskorrelation für Studien mit Querschnittdaten nicht signifikant ist.

Bei der Interpretation der Ergebnisse der Metaanalyse von *Yang* und *Lester* ist es hilfreich, die Argumentationslogik zu verdeutlichen. Die Forscher kommen zu dem Ergebnis, dass ein Teil der Studien die Abschreckungshypothese widerlegt, andere nicht, weil in Längsschnittstudien die Abschreckungshypothese seltener falsifiziert wurde als in Querschnittstudien. Daraus kann aber nicht abgeleitet werden, welche der Studien fehlerhaft sind. Zudem sind die Unterschiede zwischen falsifizierenden und bestätigenden Studien minimal und vermutlich nicht signifikant. Letztlich wurde in der Metaanalyse lediglich geprüft, ob Effektschätzungen aus Querschnitt- bzw. Längsschnittuntersuchungen signifikant von null verschieden sind. Die eigentlich relevante Frage, ob sich Effektschätzungen aus Querschnitt- und Längsschnittuntersuchungen signifikant unterscheiden, wurde nicht behandelt.

In der oben erwähnten Literaturübersicht von *Chan* und *Oxley* wurde für jede der berücksichtigten Studien angegeben, ob es sich um ein Längsschnitt- oder Querschnittuntersuchung handelt. Von den dort berücksichtigten Längsschnittstudien bestätigen 27 % und von den Querschnittstudien 25 % die Abschreckungshypothese – die Unterschiede sind vernachlässigbar.

Ein weiteres Problem der Arbeit von *Yang* und *Lester* ist die Art der Anwendung der Metaanalyse. Metaanalysen werden sowohl eingesetzt, um die Ergebnisse einzelner Studien zusammenzufassen als auch, um Unterschiede in Untersuchungsergebnissen zu erklären. Yang und Lester verwenden die Metaanalyse in erster Linie, um Ergebnisse von Studien zusammenzufassen. Dadurch wird die Genauigkeit und Zuverlässigkeit von Schätzwerten erhöht, denn die zu Grunde liegende Fallzahl ist größer als in jeder Einzelstudie (Glass 1976). Eine Voraussetzung der Zusammenfassung von Untersuchungsergebnissen ist, dass alle einbezogenen Untersuchungen auf unabhängigen Zufallsstichproben aus einer einzigen Grundgesamtheit basieren. Dies ist bei Studien zur Abschreckungswirkung nicht der Fall. Hier werden in der Regel kriminalstatistische Daten verwendet, die auf ein Zeitintervall begrenzt sind. Ehrlich (1975) sowie Bowers und Pierce (1975) beispielsweise haben in ihren Studien Daten der US-amerikanischen Kriminalstatistik für den Zeitraum von 1935 bis 1969 verwendet, also identische Stichproben. Viele Studien überschneiden sich erheblich in der berücksichtigten Datenmenge. Dies bedeutet, dass in der Metaanalyse von Studien zur Todesstrafe häufig die Fallzahl für die zusammengefasste Statistik deutlich kleiner ist als die Summe der Fallzahlen der einzelnen Studien, und dies führt zu fehlerhaften Schätzungen von Signifikanzniveaus für zusammengefasste Statistiken. Bei Studien zur Todesstrafe sind zusammenfassende Metaanalysen unter Vorbehalt zu interpretieren.

3. Untersuchungsdesign der Metaanalyse

Bei der vorliegenden Metaanalyse handelt es sich dabei um eine quantitative systematische Untersuchung von Einzelstudien mit dem Ziel, die Gründe für abweichende Ergebnisse der Einzelstudien zu ermitteln. Dabei wird im ersten Schritt der Einfluss methodischer Rahmenbedingungen der Untersuchung auf das Ergebnis überprüft und im zweiten Schritt der zusätzliche Einfluss des Forschungskontexts. Metaanalysen haben in der Regel keinen Zugriff auf die Rohdaten. Die Analyseeinheiten sind Studien oder Effektschätzungen.[2] Hier wird die Metaanalyse in erster Linie mit Effektschätzungen durchgeführt, denn einige Studien behandeln nicht nur die Frage nach der Wirkung der Todesstrafe, sondern berücksichtigen auch andere Sanktionen. Aus dem Ergebnis einer solchen Studie kann nicht auf die Abschreckungswirkung der Todesstrafe geschlossen werden. Deshalb wurden statistische Schätzungen wie Korrelationen oder Signifikanzen aus den Einzelstudien erfasst und systematisch ausgewertet.

Für die Durchführung der Metaanalyse wurden die einschlägigen empirischen Untersuchungen zur Abschreckung der Todesstrafe in Literaturdatenbanken und Literaturlisten von Publikationen gesucht. Die Studien wurden anhand von zwei Erhebungsbögen ausgewertet; der erste bezieht sich auf das Untersuchungsdesign der Studie und der zweite Erhebungsbogen auf die Effektschätzungen. In der Metaanalyse wurden 82 Studien berücksichtigt, wobei sich nur 52 schwerpunktmäßig mit dem Thema Todesstrafe befassten. Zu den 82 Studien wurden 842 Effektschätzungen erfasst.

In ökonomischen Studien ist die Anzahl der Effektschätzungen in der Regel größer als in kriminologischen oder soziologischen Untersuchungen, weil häufig systematische Variationen der Modelle überprüft werden. Um die Ungleichheit in der Anzahl der Effektschätzungen zu berücksichtigen, wurde für ökonomische Studien nach dem Zufallsprinzip jeweils nur eine Effektschätzung pro Delikt ausgewählt. Bei den kriminologischen und sozialwissenschaftlichen Studien hingegen wurden alle einschlägigen Schätzungen erfasst. Um eventuelle Verzerrungen durch die unterschiedliche Anzahl von Effektschätzungen pro Studie zu vermeiden, wird in den empirischen Analysen so gewichtet, dass ökonomische, kriminologische und soziologische Studien mit gleichem Gewicht in die Analyse eingehen. Durch die Gewichtung wird die rechnerische Anzahl von Effektschätzungen auf 585 reduziert.

94 % der Effektschätzungen in Studien zur Todesstrafe beziehen sich auf Tötungsdelikte. Damit die Vergleichbarkeit der Ergebnisse gewahrt bleibt, beziehen sich alle Analysen lediglich auf diese Fälle – bei Ausnahmen wird dies ausdrücklich erwähnt.

In den Untersuchungen werden unterschiedliche Statistiken für die Effektschätzungen angegeben, beispielsweise Korrelationskoeffizienten, Signifikanzniveaus und t-Werte. Diese statistischen Größen sind unterschiedlich skaliert und damit nur bedingt vergleichbar. Zur Herstellung vergleichbarer Größen wurden deshalb alle Effektschätzungen in t-Werte umgerechnet (Stanley 2001; Antony und Entorf 2003). Der t-Wert ist eine Statistik, die meist in inferenzstatistischen Analysen zur Berechnung der Irrtumswahrscheinlichkeit eingesetzt wird. Der t-Wert ist von der zu Grunde liegenden Fallzahl abhängig. Deshalb wurden alle t-Werte normalisiert (Rupp 2008, 78–80). Dadurch ist eine direkte Vergleichbarkeit der t-Werte gewährleistet.[3] Die im Folgenden dargestellten Ergebnisse basieren alle auf ge-

---

[2] Zur Metaanalyse siehe: Fricke & Treinis 1985 und Rosenthal, 1991.

[3] Bei einer hohen Fallzahl sind t-Werte unter $-1,96$ auf dem 5 %-Niveau signifikant. Bei kleinen Fallzahlen liegt dieser Grenzwert niedriger. Die „Normalisierung" besteht in einer Anpassung der t-Werte mit kleiner Fallzahl; für diese Fälle wurden die t-Werte berechnet, die man erhalten würde,

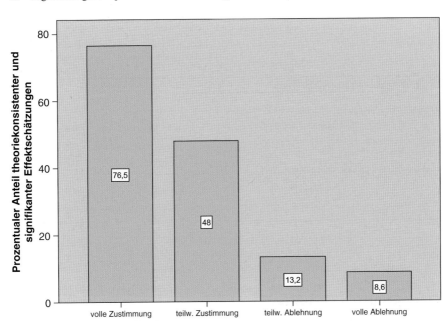

Abb. 1 Beziehung zwischen dem Gesamtergebnis der Studie und dem Anteil theoriekonsistenter und signifikanter Effektschätzungen

wichteten Analysen und normalisierten t-Werten. Zur Interpretation der t-Werte ist anzumerken, dass negative Werte theoriekonsistent und Werte unter $-1{,}96$ auf dem 5 %-Niveau signifikant sind.

Einen Hinweis auf die Validität der Erfassung der Effektstärken durch t-Werte erhält man durch eine Verknüpfung mit dem Gesamtergebnis der Studie. In Abb. 1 ist diese Beziehung dargestellt. Dabei sind lediglich Studien berücksichtigt, die als Abschreckungsindikatoren die Strafhöhe verwenden; die Studien zur Strafwahrscheinlichkeit erzeugen bei der analogen Analyse ein nahezu identisches Ergebnis.

In den Studien, in denen die Autoren als Fazit ihrer Analysen zu dem Ergebnis gelangten, dass der Abschreckungshypothese voll zuzustimmen sei, sind 76,5 % der Effektschätzungen theoriekonsistent und signifikant. Mit zunehmender Ablehnung der Abschreckungshypothese reduziert sich auch der Anteil der theoriekonsistenten und signifikanten Effektschätzungen, und bei einer vollen Ablehnung der Hypothese erfüllen lediglich 8,6 % der Effektschätzungen dieses Kriterium. Dies spricht für eine valide Erfassung der Effektschätzungen und der t-Werte in der Metaanalyse.

---

wenn die Fallzahl hoch wäre, aber die Irrtumswahrscheinlichkeit für die Schätzung unverändert bliebe. Durch diese Normalisierung ist der Wert $t=-1{,}96$ immer die Grenze zwischen signifikanten und nichtsignifikanten Schätzungen, unabhängig von der Fallzahl.

Tab. 1 Verteilung der Effektschätzungen von empirischen Studien zur Todesstrafe

Signifikanzniveau der Effektschätzungen	Prozentualer Anteil Alle Effektschätzungen	Prozentualer Anteil Effektschätzungen zu Tötungsdelikten
Hoch signifikant und theoriekonsistent: $t \leq -2,58$ ($\alpha \leq 0,01$)	17,5	17,3
Signifikant und theoriekonsistent: $-2,58 < t \leq -1,96$ ($0,01 \leq \alpha \leq 0,05$)	9,1	9,7
Nicht signifikant: $-1,96 < t < +1,96$ ($\alpha > 0,05$)	65,6	66,7
Signifikant und theorieinkonsistent: $1,96 \leq t < 2,58$ ($0,01 \leq \alpha \leq 0,05$)	1,1	0,6
Hoch signifikant und theorieinkonsistent: $t \geq 2,58$ ($\alpha \leq 0,05$)	6,7	6,0

N = 534, gewichtet

4. Deskriptive Ergebnisse

Von den 52 Studien, die sich schwerpunktmäßig mit der Todesstrafe befassten, wurden nahezu alle, nämlich 90 %, in den USA veröffentlicht, und 92 % der Untersuchungen beziehen sich auf dieses Land. 44 % der Studien stammen aus der Zeit bis 1984, zwischen 1984 und 1995 wurden 21 % veröffentlicht und danach 34 %. Fast alle Publikationen sind Zeitschriftenaufsätze, Monografien liegen keine vor. Nur ein kleiner Teil der Untersuchungen basiert auf Querschnittdaten, alle anderen verwenden Längsschnittdaten. Die Untersuchungsobjekte, also die Fälle in der Datenmatrix, sind immer aggregierte Daten, entweder Informationen über Nationen oder Angaben über Bundesländer. In nahezu allen Fällen wurden öffentlich zugängliche Daten analysiert, wobei der Uniform Crime Report eine zentrale Rolle spielt. Die klassische Studie zur Todesstrafe verwendet Hellfelddaten aus den USA über Tatverdächtigenbelastungszahlen oder Häufigkeitszahlen, wobei Regionen und/oder Zeiträume verglichen werden, in denen die Androhung oder Verhängung der Todesstrafe variiert.

Fasst man alle relevanten Effektschätzungen aus Studien zur Todesstrafe zusammen, liegt der durchschnittliche t-Wert bei $-0,59$. Beschränkt man die Berechnungen auf Effektschätzungen, die sich auf Tötungsdelikte beziehen, beträgt der t-Wert $-0,69$. Beide Werte liegen somit deutlich über dem Wert von $-1,96$, der die Grenze zu signifikanten Effektschätzungen markiert.

In Tab. 1 ist die Verteilung der t-Werte dargestellt. Demnach sind nahezu zwei Drittel der Effektschätzungen nicht signifikant; allerdings ist der Anteil der signifikanten theoriekonsistenten Schätzungen größer als der Anteil der signifikanten theorieinkonsistenten Schätzungen. Im Vergleich zu Abschreckungsstudien zu anderen Sanktionen ist der durchschnittliche t-Wert relativ groß – dies spricht gegen die Abschreckungswirkung der Todesstrafe. Besonders kleine t-Werte und damit eine Bestätigung der Abschreckungstheorie sind in Experimenten zu finden, in denen die Sanktionen oft nur symbolischer Art sind (Dölling et al. 2006, 2007, 2009). Demnach scheinen symbolische Sanktionen eine größere Abschreckungswirkung zu haben als die Todesstrafe.

5. Der Einfluss methodisch-statistischer Kriterien der Untersuchungen auf das Untersuchungsergebnis

Für die Analyse wurden die Ergebnisse der Effektschätzungen als t-Werte mit den in Tab. 1 beschriebenen Kategorien operationalisiert. Dieses Merkmal ist die abhängige Variable, die mit Hilfe multipler Regressionen erklärt werden soll.

Es ist anzunehmen, dass sich die Art und Weise der Variablenoperationalisierung auf das Ergebnis auswirkt. Diese kann sich sowohl auf die unabhängige Variable beziehen, mit der der Grad der Abschreckung gemessen wurde, als auch auf die abhängige Variable, die delinquentes Handeln erfasst. Hier wurden folgende Variablen in die Analyse einbezogen:

- Gesetzliche Androhung der Todesstrafe (nein/ja)
- Anzahl der Verurteilungen zur Todesstrafe (nein/ja)
- Anteil der Verurteilungen zu Todesstrafen an allen Verurteilungen (nein/ja)
- Anzahl der Vollstreckungen von Todesstrafen oder Exekutionsrate (nein/ja)
- Anzahl polizeilich registrierter Taten
- Anzahl polizeilich registrierter Tatverdächtiger
- Anzahl Verurteilter
- Anzahl Inhaftierter
- Kriminalitätsbelastungsziffer

Eine weitere Größe, die das Ergebnis einer Untersuchung beeinflussen könnte, ist die Spezifikation des statistischen Modells, das den Effektschätzungen zu Grunde liegt. Nahezu alle statistischen Analysen wurden multivariat durchgeführt, so dass die Auswahl der berücksichtigten Drittvariablen ein wichtiger Aspekt der Modellspezifikation ist. Für die Erklärung der Höhe der Effektschätzung wurde bedacht, welche Drittvariablen bei einer Effektschätzung berücksichtigt wurden:

- Alter (nicht berücksichtigt/berücksichtigt)
- Geschlecht (s.o.)
- Familienstand (s.o.)
- Nationalität (s.o.)
- Schulbildung (s.o.)
- Einkommen (s.o.)
- Arbeitslosigkeit (s.o.)
- Religion (s.o.)
- Jugendliche (s.o.)
- Hautfarbe (s.o.)

Tab. 2 Erklärung des Untersuchungsergebnisses (Effektschätzungen) durch methodenspezifische Merkmale

	Unabhängige Variablen	(1)	(2)	(3)
Operationalisierungen	Gesetzliche Androhung der Todesstrafe	0,17	–	–
	Anteil der Verurteilungen zu Todesstrafen an allen Verurteilungen	0,09	0,11	0,10
	Kriminalitätsbelastungsziffer	−0,15	−0,11	−0,08
Berücksichtigte Kontrollvariablen	Arbeitslosigkeit		−0,19	−0,17
	Einkommensdivergenz		0,11	0,09
	Armut, Wohlfahrt		−0,19	−0,21
	Urbanität		0,19	0,14
	BIP, GDP		0,14	0,12
	Anteil der Erwerbsbevölkerung		−0,16	−0,17
Modellcharakterisierung	Anzahl Kontrollvariablen			0,13
	Modellkonstruktion linear			0,11
	Modellkonstruktion additiv			0,15
	Gewichtende Methode			−0,15
	Längsschnittstudie			−0,15
R^2		0,05	0,16	0,24

– nicht signifikant

- Einkommensdivergenz (s.o.)
- Armut, Wohlfahrt (s.o.)
- Urbanität (s.o.)
- BIP, GDP (s.o.)
- Bevölkerungswachstum (s.o.)
- Erwerbspersonen (s.o.).

Zudem kann die Wahl des Analyseverfahrens eine Rolle spielen. Die einbezogenen Variablen sind:

- Fixed Effects Model/Querschnitt (nein/ja)
- Fixed Effects Model/Längsschnitt (nein/ja)
- Modellkonstruktion linear (nein/ja)
- Modellkonstruktion additiv (nein/ja)
- Modell mit Fehlerkorrektur (nein/ja)
- Gewichtende Methode (nein/ja)
- Quer- oder Längsschnittstudie (Querschnitt/Längsschnitt)
- Anzahl der berücksichtigten Kontrollvariablen
- Logarithmische Transformation der abhängigen Variable (nein/ja)
- Abhängige Variable mit Differenzenoperator (nein/ja)
- Wurden andere Formen der Transformation verwendet (nein/ja)

In Tab. 2 sind die Ergebnisse der Analysen dargestellt. Der t-Wert wird schrittweise durch verschiedene Gruppen von unabhängigen Variablen erklärt. Spalte 1 der Tabelle enthält die standardisierten partiellen Regressionskoeffizienten für den

Einfluss der Operationalisierungsvariablen auf die t-Werte. In Spalte 2 wurden zusätzlich Kontrollvariablen und in Spalte 3 Merkmale der Modellcharakterisierung berücksichtigt. In der Tabelle sind ausschließlich signifikante Einflussfaktoren aufgeführt.

Es zeigt sich, dass methodenspezifische Unterschiede in den Untersuchungen einen Einfluss auf das Untersuchungsergebnis haben. Vergleichsweise hohe t-Werte und damit Ablehnungen der Abschreckungshypothese erzielten Untersuchungen, in denen die unabhängige Variable als Anteil der Verurteilungen zu Todesstrafen an allen Verurteilungen erfasst wurde, als Kontrollvariablen das Bruttoinlandsprodukt, der Urbanisierungsgrad oder die Einkommensdivergenz berücksichtigt wurden, die Anzahl der Kontrollvariablen groß ist oder die spezifizierten Modelle lineare oder additive Verknüpfungen unterstellten. Vergleichsweise niedrige t-Werte und damit Bestätigungen der Abschreckungshypothese erzielten Untersuchungen, in denen die abhängige Variable als Kriminalitätsbelastungsziffer operationalisiert wurde, als Kontrollvariablen die Arbeitslosigkeit, das Armutsniveau oder der Anteil der Erwerbsbevölkerung berücksichtigt wurden, die Modellberechnungen mit Längsschnittdaten erfolgten oder Regressionskoeffizienten mit der gewichteten Methode der kleinsten Quadrate geschätzt wurden. Die erklärte Varianz der multiplen Regression liegt bei 24 %.

Der Anteil der Verurteilungen zu Todesstrafen an allen Verurteilungen scheint nach dem Ergebnis in Tab. 2 kein guter Abschreckungsindikator zu sein, während die Kriminalitätsbelastungsziffer besser in der Lage ist als andere Delinquenzvariablen, die Wirkungen der Todesstrafe zu erfassen. Von den Kontrollvariablen haben insbesondere Merkmale zur Charakterisierung von Armut und Reichtum einer Region bzw. Gesellschaft sowie Kennzeichen des Arbeitsmarkts einen Einfluss auf Schätzwerte, die den Einfluss der Todesstrafe auf Delinquenz beschreiben. Aus anomietheoretischer Sicht müsste Delinquenz durch die ökonomische Situation und durch Arbeitsmarktmerkmale erklärt werden: Ökonomische Deprivation und Ungleichheit sowie eine hohe Arbeitslosigkeit müsste zu einer hohen Delinquenzrate führen. Aus der Sicht dieser Theorie wäre ein Modell zur Erklärung von Delinquenz falsch spezifiziert, wenn diese Merkmale fehlen würden. Eine solche Fehlspezifikation müsste die Schätzungen des Einflusses der Todesstrafe auf Delinquenz beeinflussen. In bivariaten Analysen zeigt sich besonders deutlich, wie die Berücksichtigung von nur einer der beiden Kontrollvariablen das Ergebnis tangiert. Der Anteil theoriekonsistenter und signifikanter Effektschätzungen liegt bei 34 %, wenn die Arbeitslosigkeit als Kontrollvariable berücksichtigt wird; bei einer Berücksichtigung des Bruttoinlandsprodukts liegt dieser Anteil bei 8 %. Nach der Anomietheorie müssten beide Variablen relevant sein und die Berücksichtigung lediglich einer Variable müsste zu verzerrten Schätzungen führen. Allerdings gibt es von allen Effektschätzungen dieser Metaanalyse keine einzige, die beide Merkmale als Kontrollvariablen berücksichtigt hat, so dass alle Effektschätzungen verzerrt sein dürften.

Nach Tab. 2 hat auch die Modellcharakterisierung einen Einfluss auf das Untersuchungsergebnis. Dies stimmt mit dem Ergebnis der Metaanalyse von Yang und Lester (2008) überein.

Tab. 3 Erklärung des Untersuchungsergebnisses (Effektschätzungen) durch methodenspezifische Merkmale und durch den Forschungskontext

Unabhängige Variablen		Datenbasis der Effektschätzungen	
		Verschiedene Datenquellen (1)	Nur UCR-Daten (2)
Operationalisie-rungen	Gesetzliche Androhung der Todesstrafe	–	–
	Anteil der Verurteilungen zu Todesstra-fen an allen Verurteilungen	0,08	–
	Kriminalitätsbelastungsziffer	–	–
Berücksichtigte Kontrollva-riablen	Arbeitslosigkeit	–0,17	–
	Einkommensdivergenz	–	–
	Armut, Wohlfahrt	–0,11	–
	Urbanität	–	–
	BIP, GDP	0,18	–
	Erwerbspersonen	–	–
Modellcharakte-risierung	Anzahl Kontrollvariablen	0,19	–
	Modellkonstruktion linear	–	–
	Modellkonstruktion additiv	0,15	0,17
	Gewichtende Methode	–	–
	Längsschnittstudie	–0,16	–
Forschungskon-text	Institutsangehörigkeit Forscher	–0,45	–0,35
R^2		0,31	0,17
Fallzahl		535	285

6. Der Einfluss forschungs- und publikationsspezifischer Kriterien auf das Untersuchungsergebnis

Die erste Hypothese lautet, dass Kriminologen, Soziologen und Juristen die Hypothese von der abschreckenden Wirkung der Todesstrafe häufiger falsifizieren als Ökonomen. Das Ergebnis der Hypothesenprüfung ist in Tab. 3 beschrieben. Es handelt sich wie in Tab. 2 um multiple Regressionen, wobei der t-Wert durch verschiedene Gruppen von unabhängigen Variablen erklärt wird. Die Zahlenwerte sind standardisierte partielle Regressionskoeffizienten.

In Spalte 1 wird der Einfluss von Operationalisierungen, berücksichtigten Kontrollvariablen und Modellcharakterisierungen auf die Größe von Effektschätzungen dargestellt. Zudem wurde der Einfluss der Institutsangehörigkeit der Forscher berücksichtigt, wobei lediglich unterschieden wurde, ob er einem kriminologischen, soziologischen oder rechtswissenschaftlichen Institut angehört (Code 1) oder einem wirtschaftswissenschaftlichen (Code 2). In Spalte 2 wird diese Analyse wiederholt, wobei lediglich solche Effektschätzungen berücksichtigt wurden, die auf den Daten der Uniform Crime Reports basieren.

Nach den Ergebnissen in Tab. 3 ist die Wahrscheinlichkeit einer Falsifikation von abschreckenden Effekten durch die Todesstrafe erheblich von der Fachrichtung des Forschers abhängig. Der standardisierte Regressionskoeffizient für dieses Merkmal ist erheblich größer als alle anderen des Modells. Auch wenn die Analyse auf solche Effektschätzungen beschränkt wird, die auf den Daten der Uniform Crime Reports basieren, ist die Institutsangehörigkeit des Forschers die zentrale Variable, um Unterschiede in den Ergebnissen zu erklären.

Dieses Ergebnis wird bestätigt, wenn anstatt der Effektschätzungen die Beurteilungen der Forscher über das Gesamtergebnis der Studie betrachtet werden. Dieses Gesamturteil wurde auf einer Skala von −2 (volle Zustimmung zur Abschreckungshypothese) bis +2 (volle Ablehnung der Abschreckungshypothese) erfasst. Der Grad der Zustimmung ist unter Ökonomen deutlich größer als unter Kriminologen, Soziologen und Rechtswissenschaftlern. Beschränkt man die Analyse auf Studien, die auf den Daten der Uniform Crime Reports basieren, erhält man folgende Ergebnisse: 15 Studien stammen von Kriminologen, Soziologen oder Rechtswissenschaftlern. Der Durchschnittswert für das Gesamturteil dieser Untersuchungen liegt bei +1,2; dies entspricht einer teilweisen Ablehnung der Abschreckungshypothese. 16 Studien stammen von Ökonomen. Der Durchschnittswert für diese Untersuchungen liegt bei −1,3; dies entspricht einer teilweisen Zustimmung zur Abschreckungshypothese. Entsprechende Resultate zeigen sich auch bei Studien, die nicht auf Daten der Uniform Crime Reports basieren.

Die zweite Hypothese lautet, dass empirische Untersuchungen zur Wirkung der Todesstrafe auf der Basis des Rational-Choice-Ansatzes die Abschreckungshypothese häufiger bestätigen als andere Untersuchungen. Die verwendete Theorie und die Institutszugehörigkeit der Forscher korrespondieren jedoch so stark, dass eine simultane Berücksichtigung beider Merkmale in einem Modell zu verzerrten Schätzungen führen würde. Deshalb wurde für die Hypothesenprüfung in der oben dargestellten multiplen Regression die Institutsangehörigkeit des Forschers durch ein Merkmal ersetzt, das die theoretische Basis einer Effektschätzung charakterisiert. Bei der Operationalisierung dieses Merkmals wurde lediglich unterschieden, ob der Arbeit ein Rational-Choice-Ansatz zugrunde liegt (Code 1) oder nicht (Code 0). Das Ergebnis der Analyse ist in Tab. 4 beschrieben.

Nach den Ergebnissen in Tab. 4 ist die Wahrscheinlichkeit einer Falsifikation von abschreckenden Effekten durch die Todesstrafe von der theoretischen Basis der Untersuchung abhängig. Der standardisierte Regressionskoeffizient für dieses Merkmal ist erheblich größer als alle anderen des Modells. Auch wenn die Analyse auf solche Effektschätzungen beschränkt wird, die auf Daten der Uniform Crime Reports basieren, ist die Theoriewahl des Forschers die zentrale Variable, um Unterschiede in den Ergebnissen zu erklären.

In der Regel basieren die Arbeiten von Ökonomen auf einen Rational-Choice-Ansatz, aber es gibt einige Ausnahmen. In Abb. 2 werden Effektschätzungen aus Untersuchungen dieser beiden Gruppen verglichen. Demnach ist der Anteil theoriekonsistenter und signifikanter Effektschätzungen erheblich geringer, wenn Ökonomen nicht auf einen Rational-Choice-Ansatz zurückgreifen. Bei diesen Studien findet man keinen Unterschied zu Untersuchungen von Kriminologen, Soziologen und

Tab. 4 Erklärung des Untersuchungsergebnisses (Effektschätzungen) durch methodenspezifische Merkmale und die theoretische Basis

Unabhängige Variablen		Datenbasis der Effektschätzungen	
		Verschiedene Datenquellen (1)	Nur UCR-Daten (2)
Operationalisie- rungen	Gesetzliche Androhung der Todesstrafe	–	–
	Anteil der Verurteilungen zu Todesstrafen an allen Verurteilungen	0,08	–
	Kriminalitätsbelastungsziffer	–	–
Berücksichtigte Kontrollva- riablen	Arbeitslosigkeit	−0,13	–
	Einkommensdivergenz	–	–
	Armut, Wohlfahrt	−0,09	–
	Urbanität	–	–
	BIP, GDP	0,09	–
	Erwerbspersonen	–	–
Modellcharakte- risierung	Anzahl Kontrollvariablen	0,18	–
	Modellkonstruktion linear	–	–
	Modellkonstruktion additiv	0,16	0,16
	Gewichtende Methode	–	–
	Längsschnittstudie	−0,19	–
Theoretische Basis	Rational-Choice	−0,45	−0,50
R^2		0,26	0,30
Fallzahl		535	285

Rechtswissenschaftlern, die auf nichtutilitaristischen Theorien basieren. Demnach scheint die theoretische Grundlage einer Arbeit und nicht die Institutszugehörigkeit des Forschers die entscheidende Determinante des Untersuchungsergebnisses zu sein. Somit bilden die theoretische Verortung einer Studie und das der Untersuchung zugrunde liegende Menschenbild einen ergebnisrelevanten Forschungskontext, wobei die Wahl der theoretischen Grundlage stark mit der Institutszugehörigkeit des Forschers korrespondiert.

7. Fazit

Insgesamt gesehen sprechen die Ergebnisse der Metaanalyse mit Studien zur Todesstrafe für eine erhebliche Verzerrung der Forschungsergebnisse. Den größten Einfluss auf die Ergebnisse hat der Forschungskontext; die theoretische Grundlage und Fachrichtung der Forscher bestimmen die (publizierten) Resultate. Auf Grund der empirischen Untersuchungen von Kriminologen, Soziologen oder Rechtswissenschaftlern müsste man die Hypothese von der Abschreckungswirkung der Todesstrafe ablehnen, während die Untersuchungsergebnisse von Wirtschaftswissenschaftlern den umgekehrten Schluss nahelegen, wenn die Studie auf Rational-Choice-Theo-

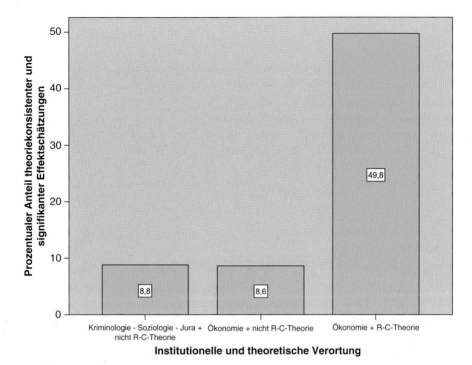

Abb. 2 Beziehung zwischen der Institutsangehörigkeit des Forschers, der theoretischen Grundlage der Studie und dem Anteil theoriekonsistenter und signifikanter Effektschätzungen

rien basiert. Die jeweils gewählte Handlungstheorie wird meist empirisch bestätigt. Durch diese Mechanismen der Wissenschaftsproduktion sind fachspezifisch unterschiedliche Wissenswelten entstanden: Während im wirtschaftswissenschaftlichen Kontext durch die Bestätigung der Abschreckungshypothese das Bild von homo oeconomicus gefestigt wird, unterstützen die Untersuchungen von Kriminologen, Soziologen oder Rechtswissenschaftlern die in diesen Fachrichtungen gebräuchlichen nicht-utilitaristischen Handlungstheorien. Empirische Forschung wird zur self-fulfilling prophecy. Zu einem ähnlichen Ergebnis kam die Studie von McManus (1985), die einen Einfluss kriminalpolitischer Präferenzen der Forscher auf das Ergebnis von Abschreckungsstudien bestätigte. Die empirische Forschung zur Abschreckungswirkungswirkung der Todesstrafe scheint dem Popperschen Ideal des kritischen Rationalismus nur bedingt zu entsprechen (Popper 2007).

Die durchgeführte Metaanalyse kann die Frage, welche Untersuchungsergebnisse zuverlässiger sind, nicht beantworten. Allerdings legen die Analysen der hier vorgestellten Studie eine Hypothese nahe, die den Einfluss des Forschungskontextes auf das Untersuchungsergebnis erklären kann. Sind Abschreckungseffekte der Todesstrafe nur gering oder gar nicht vorhanden, so können in Untersuchungen zufällig signifikante Ergebnisse erzielt werden. Bei einem Signifikanzniveau von 5 % sind auch 5 % der Effektschätzungen aus Zufallsstichproben signifikant, wenn in der Grundgesamtheit kein Zusammenhang besteht. Bei den Untersuchungen zur Abschreckungswirkung der Todesstrafe werden zwar keine Zufallsstichproben verwendet, aber die vorgestellten inferenzstatistischen Überlegungen können auf andere Stichprobenarten übertragen werden. Zudem führen Modifikationen der Modellspezifikation, des Analyseverfahrens und der Operationalisierungen zu einem veränderten Anteil signifikanter Effektschätzungen. Das theoretische Vorverständnis des Forschers und vermutlich auch Selektionen durch den Publication Bias haben eine Filterwirkung, so dass die veröffentlichten Ergebnisse durch fachspezifische Wissenschaftsproduktions- und Publikationsprozesse verzerrt sind. Nach dieser Hypothese könnte nicht von einer Abschreckungswirkungswirkung der Todesstrafe ausgegangen werden. Auf jeden Fall können die Publikationen zur Abschreckungswirkungswirkung der Todesstrafe nicht zur Legitimation dieser Sanktion herangezogen werden.

Literatur

Amnesty International (2008) Wenn der Staat tötet. Liste der Staaten mit und ohne Todesstrafe, Stand 23. Oktober 2008. Internetpublikation: http://www.amnesty.de/files/todes-strafe_laenderliste.pdf; Stand 12/2009

Antony J, Entorf H (2003) Zur Gültigkeit der Abschreckung im Sinne der ökonomischen Theorie der Kriminalität: Grundzüge einer Meta-Studie. In: Albrecht H-J, Entorf H (Hrsg) Kriminalität, Ökonomie und Europäischer Sozialstaat. Physica-Verlag, Heidelberg, S 167–185

Auer KH (2005) Das Menschenbild als rechtsethische Dimension der Jurisprudenz. Lit-Verlag, Wien

Beccaria C (1766) Über Verbrechen und Strafen. Übersetzt und herausgegeben von W. Alff, 1988. Insel-Verlag, Frankfurt a. M.

Becker GS (1968) Crime and punishment: an economic approach. J Polit Econ 76:169–217

Bentham J (1823) An introduction to the principles of morals and legislation. Reprint, 1996. Clarendon, Oxford

Böckenförde E-W (2001) Vom Wandel des Menschenbildes im Recht. Rhema-Verlag, Münster

Bowers J, Pierce GL (1975) The illusion of deterrence in Isaac Ehrlich's research on capital punishment. Yale Law J 85:187–208

Chan J, Oxley D (2004) The deterrent effect of capital punishment: a review of the research evidence. Crime and Justice Bulletin 84:1–24

Dahrendorf R (2006) Homo Sociologicus. Ein Versuch zur Geschichte, Bedeutung und Kritik der Kategorie der sozialen Rolle, 16. Aufl. VS Verlag für Sozialwissenschaften, Wiesbaden

Dietz A (2005) Der homo oeconomicus. Gütersloher Verlagshaus, Gütersloh

Dölling D (2007) Zur Willensfreiheit aus strafrechtlicher Sicht. Forensische Psychiatrie, Psychologie, Kriminologie 1:59–62

Dölling D, Entorf H, Hermann D, Häring A, Rupp T, Woll A (2006) Zur generalpräventiven Abschreckungswirkung des Strafrechts – Befunde einer Metaanalyse. Soziale Probleme 17:193–209

Dölling D, Entorf H, Hermann D, Rupp T, Woll A (2007) Metaanalyse empirischer Abschreckungsstudien – Untersuchungsansatz und erste empirische Befunde. In: Lösel F, Bender D, Jehle J-M (Hrsg) Kriminologie und wissensbasierte Kriminalpolitik. Entwicklungs- und Evaluationsforschung. Forum, Mönchengladbach, S 633–648

Dölling D, Entorf H, Hermann D, Rupp T (2009) Is deterrent effective? Results of a meta-analysis of punishment. European J Crim Policy Res 15:201–224

Ehrlich I (1973) Participation in illegitimate activities: a theoretical and empirical investigation. J Polit Econ 81:521–565

Ehrlich I (1975) The deterrent effect of capital punishment: a question of life and death. Am Econ Rev 65:397–417

Ehrlich I (1977) Capital punishment and deterrence: some further thoughts and additional evidence. J Polit Econ 85:741–788

Feuerbach PJA (1799) Revision der Grundsätze und Grundbegriffe des positiven peinlichen Rechts 1. Henningsche Buchhandlung, Erfurt

Forst BE (1983) Capital Punishment and Deterrence Conflicting Evidence. J Crim Law Criminol 74:927–942

Fricke R, Treinis G (1985) Einführung in die Metaanalyse. Methoden der Psychologie, Bd. 3. Huber, Bern u. a.

Glass GV (1976) Primary, secondary, and meta-analysis of research. Educ Res 5:3–8

Kriz J (1981) Methodenkritik empirischer Sozialforschung. Eine Problemanalyse sozialwissenschaftlicher Forschungspraxis. Teubner, Stuttgart

Mannheim K (1970) Wissenssoziologie. In: Wolff KH (Hrsg.) Auswahl aus dem Werk, 2. Aufl. Luchterhand, Neuwied

Manstetten R (2002) Das Menschenbild in der Ökonomie – Der homo oeconomicus und die Anthropologie von Adam Smith. Karl Alber Verlag, Freiburg

McManus WS (1985) Estimates of the deterrent effect of capital punishment: the importance of the researcher's prior beliefs. J Polit Econ 93:417–425

Popper K (2007) Logik der Forschung, hrsg. von H. Keuth, 3. Aufl. Akad.-Verl, Berlin

Rosenthal R (1991) Meta-Analytic Procedures for Social Research. Revised Edition. Sage, Beverly Hills

Rupp T (2008) Meta analysis of crime and deterrence: a comprehensive review of the literature. Dissertation, Technische Universität Darmstadt. http://tuprints.ulb.tu-darmstadt.de/1054/2/rupp_diss.pdf (11/2008)

Scheler M (1926) Die Wissensformen und die Gesellschaft. Der Neue Geist, Leipzig

Stanley TD (2001) From wheat to chaff: meta-analysis as quantitative literature review. J Econ Perspect 15:131–150

Weber M (1980) Wirtschaft und Gesellschaft. Grundriss der Verstehenden Soziologie. 5. Aufl. (Studienausgabe), herausgegeben von Johannes Winckelmann. Mohr, Tübingen

Yang B, Lester D (2008) The deterrent effect of executions: a meta-analysis thirty years after Ehrlich. J Crim Justice 36:453–460

Kapitel 19
Das Personal der modernen Gesellschaft

Markus Pohlmann

1 Einleitung

Die Soziologie ist seit langem davon abgekommen, Gesellschaft als das zu denken, was zwischen Einzelnen entsteht, sondern sieht vielmehr das Individuum als gesellschaftlich „geformt" an. Der Grund für diese eigenwillige Lösung des Henne- und Eiproblems ist einfach. Um Individuum zu sein, so die Soziologie, bedarf es bereits der Gesellschaft. Seine Identität entsteht bei aller Eigendynamik nicht ohne den Spiegel der Anderen. Ohne Gesellschaft ist der Einzelne nicht lebensfähig. Um Individuum zu werden, bedarf es bereits sozialer Anerkennungs- und Begrenzungsstrukturen, ohne welche die Entfaltung unserer „Einzigartigkeit" nicht gelänge. Klar ist auch: Dieses gesellschaftliche Spiel beginnt bereits vor unserer Geburt. So entscheiden z. B. gesellschaftliche Regeln und Wahrscheinlichkeiten bereits darüber mit, wer sich mit wem paart und in welcher Familie wir aufwachsen. Auch in modernen Gesellschaften gibt es - bezogen auf Schicht und sozialen Status - eine hohe Rate von Paaren, die auf Basis sozialer Ähnlichkeit und milieuspezifischer Gelegenheitsstrukturen zusammenfinden. Bezogen auf die Sozialstruktur ist es keine Frage, gleich und gleich gesellt sich gerne. Damit verstetigen sich Klassen-, Schicht- und Milieuunterschiede und mit ihnen die für sie typischen Bedingungen des Aufwachsens. Da der Mensch ein soziales Wesen ist, erscheint Gesellschaftlichkeit als Bedingung von Individualität und diese wiederum als Voraussetzung für Gesellschaftlichkeit. Nur in diesem Wechselspiel, das für die Soziologie mit der Gesellschaft (und nicht mit dem Individuum) beginnt, ist für die Soziologie also die Entfaltung von Individualität denkbar.

Um aber zu verstehen, wie es um den Menschen moderner Gesellschaften in seinen verschiedenen gesellschaftlichen Rollen und damit das Menschenbild in

M. Pohlmann (✉)
Max-Weber-Institut für Soziologie, Bergheimer Str. 58, 69115 Heidelberg, Deutschland
E-Mail: markus.pohlmann@soziologie.uni-heidelberg.de

M. Hilgert, M. Wink (Hrsg.), *Menschen-Bilder,*
DOI 10.1007/978-3-642-16361-6_19, © Springer-Verlag Berlin Heidelberg 2012

der Soziologie bestellt ist, ist es ebenso notwendig zu begreifen, dass für die Soziologie das Individuum nicht in seinem ganzen Menschsein interessant ist, weil es nicht gänzlich gesellschaftlich beansprucht wird. Viele menschliche Komponenten, wie z. B. unbewusste chemische oder molekulare Prozesse des Organismus bleiben in der Regel (sofern keine thematisierbaren Störungen auftreten) gesellschaftlich ausgeblendet. Auch das Bewusstsein und die innere Gefühlswelt halten viel mehr und anderes bereit als gesellschaftlich zum Ausdruck kommen kann. So entzieht sich z. B. die reiche innere Welt der Selbstwahrnehmungen, Neurosen, Obsessionen, Perversionen etc. bis auf einen Zipfel rationalisierten Selbstzeugnisses in der Regel einer gesellschaftlich verständlichen Darstellung. Menschsein ist deswegen für die Soziologie immer mehr und anderes als sich gesellschaftlich fassen, artikulieren oder beanspruchen lässt. Organische und chemische Prozesse, physische und psychische Entwicklungen, Bewusstsein und Unbewusstes, Körperlichkeit und Geist – nicht alles findet Eingang in gesellschaftliche Prozesse und nicht alles lässt sich von der Soziologie thematisieren. Für die Erklärung psychischer Prozesse interessiert sich die Psychologie, für physische Prozesse interessieren sich die Biologie, Medizin, Chemie, Pharmazie, Neurophysiologie, Humangenetik etc. Die Soziologie ist weit davon entfernt, all deren Erklärungsperspektiven bündeln zu wollen, um den Menschen als Ganzes in Blick zu nehmen. Sie beschränkt sich in der Regel auf die soziale oder gesellschaftliche Seite des Menschseins. Dies mag auf den ersten Blick überraschen. Gilt die Soziologie doch als Wissenschaft vom Menschen oder von den Menschen. Aber für sie verbirgt sich zu viel Verschiedenes hinter dem Begriff. Sie hat also, so enttäuschend dies für einen Artikel zu diesem Thema sein mag, kein „Menschenbild" im engeren Sinne, sondern eine Analyseperspektive, die sich für die gesellschaftliche Seite des Menschen interessiert.

Genau dafür interessiert sich der folgende Artikel. Er beschäftigt sich also nicht mit dem Menschenbild der Soziologie, sondern mit der Prägung von Personen durch gesellschaftliche Zusammenhänge. Dabei versucht er zum einen begriffliche Klarheit herzustellen und zum anderen zu zeigen, wie sich diese gesellschaftlichen Konditionierungsformen von Personen im historischen Verlauf verändert haben. Dazu wird zunächst grundlegend auf die Bedeutung von „Person" in der modernen Gesellschaft eingegangen (1.), um sodann am Beispiel des Bürgertums eine spezifische Formgebung von Person in modernen Gesellschaften einzublenden (2.). Im Anschluss daran wird dann eine weitere Konkretisierung der Person in modernen Gesellschaften thematisiert, nämlich die für moderne Arbeitsgesellschaften dominante Form des „Personals" (3.). Da die Eliten und die Masse sich in der Regel als Personal von Organisationen verdingt, wird es wichtig werden, welche gesellschaftliche Bedeutung diese Erwartungs- und Darstellungsform heute gewonnen hat und wie sich diese gesellschaftlich wandelt (4.). Dass dabei in einer durch das Personal geprägten postheroischen Gesellschaft trotzdem Einzelne hervorgehoben, mit Helden- und Schurkenrollen versehen und mit „Persönlichkeit" ausgestattet werden, interessiert im letzten Schritt unserer Argumentation (5.).

1. Der Mensch als Person – Begriffliche und historische Vorklärungen zum Personenverständnis in der Soziologie

In der Notwendigkeit des „sich gesellschaftlich verständlich machen" liegt für jeden Einzelnen von uns keine Beliebigkeit, sondern sie ist von Bedingungen abhängig, die sich durch die Teilnahme an gesellschaftlichen Kommunikations- und Kooperationszusammenhängen ergeben. Die Untersuchung der *Art dieser gesellschaftlichen Konditionierung* ist ein Kern der soziologischen Beschäftigung mit Individuen oder Personen.

Das, was die Soziologie erklären möchte, hat jenen Zuschnitt von Menschsein vor Augen, in denen der Mensch sich als soziales Wesen artikuliert. Immer dreht es sich also für die Soziologie um das sinnhafte, wechselseitig aufeinander oder auf Dritte bezogene „soziale Handeln" der Menschen, mit dem sie gesellschaftlich in Erscheinung treten. Der Mensch wird von der Gesellschaft mit Rechten und Pflichten ausgestattet, an ihn werden gesellschaftliche Erwartungen adressiert und für ihn eröffnen sich bestimmte gesellschaftliche Darstellungsformen. Für diese Formgebung interessiert sich die Soziologie und bezeichnet diese als „Person", „Subjekt", „Individuum" oder „Akteur". Gleichviel, welche Bezeichnung gewählt wird, sie bezeichnet immer nur die soziale Seite des Menschseins, die gesellschaftliche Formgebung von Identität, nicht mehr und nicht weniger. Am Beispiel der „Person" soll dies kurz erläutert werden.

Unter „Person" versteht die Soziologie von Mauss bis Luhmann (ganz einfach und plakativ ausgedrückt) also eine Art historisch bewegliches, „*gesellschaftliches Korsett*" (oder: eine gesellschaftliche Maske oder Adresse) des Menschen. Es macht in der Moderne „Individualität" (und nach Kant auch: Mündigkeit) als Zurechnung erst möglich. Es wird *von anderen* in Kommunikation produziert und durch Konventionen, Zurechnungen und Erwartungen angepasst. Das Subjekt wächst mit seinen Selbstwahrnehmungen an ihm und mit ihm (oder bleibt davor zurück). Es kann das Korsett ausdehnen, anmalen, verzieren, aber er kann es nur um den Preis seiner gesellschaftlichen Persönlichkeit sprengen. Es eröffnet ihm *gesellschaftliche Bewegungsfreiheit* und *beschränkt* sie zugleich. Damit ist die gesellschaftliche Zurechnung als „Person" eine Bedingung seiner Selbstdarstellung. Sie schließt bestimmte „Unzurechenbarkeiten" und „Verrücktheiten" aus der Darstellung aus, soweit ihnen nicht in gesellschaftlich verständlicher Weise Ausdruck verliehen werden kann. Dies fängt mit der Kleidung an und hört mit gesellschaftlichen Konventionen nicht auf. Wir alle sind gezwungen und wollen uns als mehr oder weniger zurechenbar, ansprechbar und vernünftig präsentieren. Welche kulturellen Standards dabei gelten, mag historisch und je nach Kulturkreis variieren, nicht aber die Tatsache, dass moderne Gesellschaften ihre Mitglieder in ihrer Mündigkeit beanspruchen. Diese können ihre Identität nur im Umgang mit ihrer gesellschaftlichen Darstellungsform entfalten.

Mit der Analyse der gesellschaftlichen Form „Person" kann die Soziologie die grundlegenden Erwartungen und Pflichten, die gesellschaftlich relevanten Darstellungs- und Umgangsformen der Menschen einblenden und im historischen Verlauf inhaltlich bestimmen. Zugleich sorgen die gesellschaftlichen Teilbereiche oder Wertsphären für einen je spezifischen Zuschnitt der Erwartungen und Darstellungen[1]. Die Person figuriert als juristische Person oder Rechtsperson, als geschäftsfähige Person in der Wirtschaft oder z. B. als Bürgerin oder Bürger (im Sinne der Angehörigkeit zu einer Polis) in Politik und Gesellschaft.

Dabei fängt die Soziologie aber auch historisch den Wandel in der gesellschaftlichen Formgebung von Personen ein. Solche historischen Veränderungen des gesellschaftlichen Erwartungshorizonts werden z. B. mit dem Thema der „Individualisierung" oder der „Zivilisierung" etc. angesprochen. So wird an uns als Personen gesellschaftlich immer stärker die Erwartung adressiert, uns als Individuum darzustellen und unser Leben individuell zu führen. Vorstellungen der Machbarkeit der eigenen Biographie, der Lebensführung, werden als gesellschaftliche Artikulationsform der Person sowie als Erwartungshorizont und Zurechnungsform von Verantwortung oder Schuld selbstverständlich. Oder im Zivilisationsprozess, wie z. B. Elias ihn beschreibt, rücken die Scham- und Peinlichkeitsschwellen vor und vieles zuvor Natürliche der Person ist gesellschaftlich nicht mehr artikulier- oder darstellbar. Bestimmte Formen der Aggression, natürliche Verrichtungen, Köpergeräusche oder –gerüche werden nun kontrolliert, aus dem gesellschaftlichen Leben verbannt, sublimiert oder kaschiert. Wo sie doch noch unwillentlich auftauchen, sind sie als „ Allzumenschliches" peinlich geworden und geben bei häufiger Wiederholung Anlass, über die Zurechen- oder Zumutbarkeit der Person nachzudenken.

Anknüpfend an diese Zivilisierung hinterlässt auch die Verbreitung des Bürgertums in modernen Gesellschaften seine Spuren in der gesellschaftlichen Formgebung von Identitäten. Sie wollen wir im nächsten Schritt genauer untersuchen.

2. „Wer immer strebend sich bemüht, den können wir erlösen" (Goethe, Faust) – Auf den Spuren moderner Bürgerlichkeit

Das Bürgertum erscheint heute als gesellschaftlich so verbreitet, dass es alles und nichts zu sein scheint, eine beinahe differenzlose Kategorie[2]. Aber gleichwohl beschreibt der Begriff soziologisch eine wichtige historische Formgebung für moder-

---

[1] Mit all diesen Zuschnitten von Erwartungs-, Zurechnungs- und Darstellungsformen in den verschiedenen institutionellen Feldern erfährt der Mensch als Person also seine weitere Vergesellschaftung. Sie wird durch Sozialisationsprozesse sichergestellt und mündet in einer oft selbstverständlichen Annahme von mit ihnen verbundenen Erwartungs- und Darstellungshorizonten.

[2] Deswegen erscheint das Bürgertum heute vielen Autoren eher einer historischen Beschäftigung wert (vgl. nur Kocka 1987, 2008), und einem Bezug zur Gegenwart scheinen die gesellschaftlichen Spannungsmomente zu fehlen. Die sozialen Differenzen und Konflikte, mit denen man das Bürgertum konfrontieren konnte – sei es die mangelnde Satisfaktionsfähigkeit der Bürgerlichen oder die „Charaktermasken" der Bourgeoisie – sind entschwunden. Die Verbürgerlichung von Proletariat und Adel taten das Ihre dabei. Auch einschlägige Verkehrskreise des Bürgertums haben an Relevanz verloren. Die bürgerliche Salon- und die schöngeistige bürgerliche Assoziationskultur

ne Identitäten (vgl. dazu auch Bude 2005; Hartmann 2002, 2006, 2007; Pohlmann 2008; Fischer 2004, 2005, 2008). Für uns ist das Argument wichtig, dass die gesellschaftliche Verbreitung des Bürgertums zwar zum Verlust seiner ständischen Form, aber nicht etwa zu seiner Auflösung geführt hat. Vielmehr können wir zeigen, dass wir eine immer noch klar sozialstrukturell abgegrenzte, interne Differenzierung in verschiedene bürgerliche Lebensweisen und Lebensstile erleben. Es ist ein Zerfall *in*, aber nicht *von* Fraktionen des Bürgertums. Sie teilen nicht nur den Zwang zur „Besonderung" und damit auch die Tendenz, sich gegeneinander abzuschließen, sondern auch die grundlegende Angewiesenheit auf das Erworbene. Dies schafft im Bürgertum eine Rastlosigkeit des Erwerbens, die sowohl Ferguson (1767) als dann auch Weber (1910/1982) genau im Blick hatten. Die enge Verknüpfung von Status und Leistung, der Kompetenzerwerb durch Bildung fügen sich in dieses Muster.

Die bürgerliche Person weist sich durch Erwerb und Leistung aus, durch erworbenen Status. Im Vordergrund von Bürgerlichkeit stehen dabei Wertvorstellungen von *Selbständigkeit und Selbstverantwortlichkeit, einer Art inneren Selbstverantwortlichkeit für das säkularisierte Seelenheil.* Sie lassen sich an der Anforderung ablesen, sein Leben selbst in die Hand zu nehmen. Sie schaffen jene säkulare Verbindung zwischen Selbstverwirklichung, Autonomieanspruch und Seelenheil, die den meisten von uns so vertraut und so typisch für unsere bürgerliche Gesellschaftsformation ist.

Wir alle teilen das gesellschaftliche Schicksal, dass unseren Status keine herkunftsbezogene Zugehörigkeiten so absichern, dass wir uns ohne Anstrengung, Qualifikation und Leistung darauf berufen können. Dies macht unsere gesellschaftliche Positionierung unruhiger und freier zugleich. Anders als in früheren Zeiten der Adel, der Klerus oder das Bauerntum, die ihren Stand durch besondere eigene Leistungen bereichern konnten, aber nicht mussten, sind wir darauf verwiesen. Anders als früher beispielsweise der Adel fallen wir ohne Leistung und erworbenen Status (entsprechend dem literarische Vorbild der Buddenbrooks) nach und nach auf *nichts* zurück.

Diese Formation bürgerlicher Identitätsbildung dominiert in den modernen westlichen Gesellschaften. Deswegen erweist sich in diesen die notwendige habituelle Besonderung immer auch an selbständige Lebensführung, Statuserwerb durch Bildung und Leistung geknüpft und erschöpft sich nicht mehr in der sozialen Herkunft. Die soziale Herkunft ist nach wie vor ein wichtiger habitueller Aspekt der bürgerlichen Person, der den leistungsbezogenen Karriereversprechen der Organisation oft entgegensteht. Aber sie vermag direkt – ohne formale Bildung und organisationale

---

sind untergegangen, und mit ihr hat die Sozialform des Bürgertums an Aggregationshöhe ihrer Vergesellschaftung verloren (Lepsius 1987: 96). In der Sozialstrukturanalyse ist daher vom Bürgertum kaum noch die Rede. Der Begriff wurde weitgehend abgelöst von Positionsbestimmungen, wie z. B. der oberen Dienstklasse oder den höher qualifizierten Angestellten, ohne dass eine darüber liegende Abstraktionsebene noch bemüht wird. Auch der Begriff der bürgerlichen Gesellschaft wurde in der Soziologie durch den sozialstrukturell unbestimmten Begriff der „Zivilgesellschaft" abgelöst. Die Diskussion um die „Zivilgesellschaft" tritt heute in die Fußstapfen einer auf Plato und Aristoteles zurückgehenden Diskussion um die politische Verfasstheit von Gesellschaften, während das sozialstrukturelle Erbe in der Soziologie weitgehend verwaist ist.

Karriere – nur noch wenig bewirken. Auch die freie Unternehmerschaft vergibt die Nachfolge nicht mehr ohne Bezug auf höhere Bildung und professionelle Qualifikation. Und fragt man, wer in modernen Gesellschaften durch Ansehen, Titel und Position hervorgehoben wird, so erkennt man schnell, dass man es in der Regel mit angestelltem Personal zu tun hat. Die Kanzlerin oder die Regierungsmitglieder, die Industrie- oder Bankenmanager, die Gewerkschaftsbosse oder Parteichefs, die Wissenschaftler, Richter oder Generäle, kurzum: die Eliten der modernen Gesellschaft gehören in der Regel zum Personal von Organisationen. Selbst vor Künstlern macht dieser Trend nicht halt. Die bekannten unter ihnen haben oft an einer Kunsthochschule studiert und gehören später zu ihrem Personal. Sie stehen den Organisationen in der Regel zwar vor, aber sie sind entweder gewählt und/oder kontraktuell gebunden und deswegen (mit Ausnahme der Lebenszeit-Beamten) prinzipiell austauschbar.

Das Personal-Sein wird deswegen in modernen Gesellschaften zu einer weiteren Formgebung der bürgerlichen Identität, die so weit verbreitet ist, dass sie auch jene trifft, die z. B. als Unternehmer, Selbständige, Arbeitslose oder Lebenszeit-Beamte formal dem Personal-Sein entzogen sind. Deswegen beschäftigen wir uns im folgenden mit dem soziologischen Blick auf das Personal der modernen Gesellschaft.

3. Das Personal oder: „I always want to look like the best version of me" (Samantha, Sex and the City)

Als Personal kann man in einem ersten Zugriff angestellte, dienstleistende Personen bezeichnen, die in modernen Gesellschaften weit überwiegend in Organisationen beschäftigt werden. Sie sind für diese eine „Ressource" und die organisationalen Abteilungen, die sich mit ihnen beschäftigen, werden auch offen so tituliert: als Human Resources-Abteilungen oder als Personalabteilungen mit einem Human Resources-Ansatz. Entsprechend wird auch Personalverwaltung oder heute: Personalmanagement in der praxisbezogenen Literatur begriffen als „sämtliche Strategien, Methoden und Instrumente, die der Beschaffung, Erhaltung, Entfaltung, Nutzung und Freisetzung von Personal im Hinblick auf die Unternehmensziele" dienlich sind. Die Perspektive der instrumentellen Nutzung von Personen sowie ihren Rolle als Ressourcen wird dabei nüchtern offengelegt.

Diese Ressourcen werden als Personal zwischen Organisationen nach Tauschprinzipien gehandelt, als ob ihre Arbeitskraft eine Ware wäre. Damit erfährt das „gesellschaftliche Korsett" der Person durch die Organisation einen weiteren Zuschnitt. *„Personal" ist eine dem Handel und der Vermarktlichung ausgesetzte Form von Person.* Auf diese Zumutung reagiert das „Personal", indem es versucht, die Insignien der eigenen Austauschbarkeit in der Selbstdarstellung als „Persönlichkeit" zu löschen. Es dreht sich dann darum, besser, origineller, flexibler, dynamischer, schneller etc. als andere zu sein, eben „wertvoller", schwerer ersetzbar.

Die Semantik von „Personal" kann dessen Herkunft als eines dem Nutzenkalkül des Herrn unterworfenen Dienstleisters nicht abstreifen – und genau so wenig kann es die Selbstdarstellung einer Person als „Personal". Da sie nur als solches zur Persönlichkeit wird und sich gesellschaftlich vor allem dadurch qualifiziert, orientiert sich die soziale Formgebung ihrer personalen Identität an ihrem Beitrag zur Ressourcenverwertung. „I always want (and have, d. V.) to look like the best version of me" (Samantha, Sex and the City) ist die Devise des Personals, um seinen „Wert" zu behaupten.

Anders als für die Menschen in der Organisation bedeutet „Humanität" im Kontext von Personalpolitiken nur: Nutzbarmachung des Humanpotentials für organisationale Zwecke. Personalentwicklung und Persönlichkeitsentwicklung als Aufgabenfeld der Organisation orientieren sich daran. Sie versuchen Nicht Nutzbares oder Störendes wie Neurosen, Suchtprobleme, Beziehungsprobleme, soziale Inkompetenzen oder das Personal, dem dies zugerechnet wird, zu neutralisieren oder zu externalisieren (durch Kliniken, Ärzte, Familien, Coaches oder durch Entlassungen von Personal) oder dort, wo es möglich ist, in Nutzbares zu transformieren: in Profilneurosen, Arbeitssucht, Führungsaspiration und Teamfähigkeit. Nur in dieser Form erweist sich „Menschlichkeit" für den Nutzenkalkül der Organisation zugänglich und wird entsprechend in der Organisation aufbereitet. Der immer nur partielle Einbezug der Mitglieder setzt die Organisation vom und die Mitglieder für den großen Rest an „Menschlichkeit" frei. Für die Organisationen heißt das, dass sie auch ganz andere Zwecke als „menschliche", für die Mitglieder, dass sie auch ganz andere Zwecke als „organisationale" verfolgen können. Je mehr Menschen aber beginnen, *personale* Defizite (im Spiegel des Nutzenkalküls der Organisation) als persönliche Defizite zu verstehen und „Personalsein" mit „Menschsein" zu verwechseln, desto stärker wird deutlich, wie sehr in modernen Gesellschaften Personalpolitik ganz direkt Gesellschaftspolitik ist. Nicht nur, weil *personale* Identitätsformen sich ausbreiten, sondern weil andere Identitätsformen davor zurückbleiben, zur Restgröße, zum „Hobby" zu verkommen drohen. Dass dies zunehmend der Fall ist, dafür sorgen die Karrieresysteme moderner Gesellschaften, mit denen wir uns im nächsten Schritt beschäftigen.

4. Die Karriere oder: Der Weg vom kleinen zum großen Rädchen

„Jeder der sich einfügt", so die von Marianne Weber überlieferten Worte Max Webers, „wird zu einem Rädchen in der Maschine, genau wie im industriellen Großbetrieb und innerlich zunehmend darauf gestimmt, sich als ein solches zu fühlen und sich zu fragen, ob er nicht von diesem kleinen Rädchen zu einem größeren werden kann. Und so fürchterlich der Gedanke erscheint, daß die Welt etwa einmal von nichts als Professoren voll wäre - man müßte ja in die Wüste entlaufen, wenn derartiges einträte - noch fürchterlicher ist der Gedanke, daß die Welt mit nichts als jenen Rädchen, also mit lauter Menschen angefüllt wäre, die an einem kleinen Pöstchen kleben und nach einem größeren streben. (...) Es fragt sich, was wir dieser Maschinerie entgegenzusetzen haben, um einen Rest des Menschentums frei zu halten von dieser Parzellierung der Seele, von dieser Alleinherrschaft bürokratischer Lebensideale.... (Weber 1922: 421 ff.).

Während der Arbeitsvertrag die Person als Personal partiell integriert, sorgt die Karriere für eine rangorientierte Positionierung und hierarchische Einordnung des Personals im Zeitverlauf. Auch wer keine Karriere in einer Organisation, sondern z. B. die Perfektionierung seines häuslichen Flötenspiels verfolgt, erfährt eine karriereorientierte Einordnung. Keine Karriere ist auch eine Karriere. Karriere bezieht sich in einem soziologischen Verständnis nicht nur auf Wege nach oben, sondern ebenso auf Stillstand und Abstieg. Karrieren in modernen Gesellschaften weisen aber nicht nur innerhalb von Organisationen Rangpositionen zu, sondern beeindrucken auch gesellschaftliche Statuszuweisungen. Sie entscheiden in modernen Gesellschaften in erheblichem Maße über objektive Möglichkeiten der Lebensführung, über Klassen- und Schichtpositionierungen. Dies verschafft ihnen bei Organisationen und Personen ihre hervorgehobene Bedeutung. Denn Karrieren gründen heute im Regelfall auf den Selektionsformen von Organisationen – auch wenn die Selbstselektion des Personals dabei eine wichtige Rolle spielt. Außerhalb von Organisationen sind Karrieren selten geworden.

Karriere ist die gesellschaftlich etablierte Form des Aufstiegsstrebens. Wer in der Organisation etwas erreichen und/oder bewirken will, so die verbreitete Vorstellung, *muss* in entscheidende Positionen hinein, *muss* Karriere machen. Stillstand ist Rückschritt. Wer heute den Sprung nicht schafft, sortiert morgen in einer staubigen Kammer Akten und ist übermorgen, mit der nächsten Entlassungswelle, freigesetzt. Karrieren stellen daher unabhängig von den jeweils zu bewältigenden, ggf. schnell wechselnden Aufgaben der Organisation *Motive* zur Verfügung. Man muss sich nicht mit allem, was die Organisation macht, identifizieren, sondern im Zweifelsfall reicht die Orientierung an der eigenen Karriere. Diese stellt auf der einen Seite Leistungsmotive sicher, schafft auf der anderen Seite aber auch Motive für Leistungsentzug – im Falle eines vom Personal auch empfundenen Zurückbleibens oder eines vorzeitigen Karriereendes. Aber dadurch, dass Karrieren *Laufbahnen* schaffen, die für das Personal und die Organisation immer unsicher und kontingent sind und diese mit hohen Prämien (in Form von Anerkennung, Aufgabenvielfalt, Statusaufwertung etc.) und hohen Kosten im Falle des Scheiterns (Missachtung, Statusabwertung, Arbeitsmarktrisiken etc.) versehen, werden aus diesen Laufbahnen nur allzu oft „Rennbahnen", die das Personal selbst dann auf Trab halten, wenn es längere Zeit auf einer Stelle bleiben muss. Und wenn es kein Positionswettlauf mehr ist, wie im Falle universitärer Professuren, dann setzt eben der Reputationswettlauf ein: um knappe Forschungsmittel, gute Studierende, beste internationale Kontakte, beste Zeitschriften oder um Exzellenz und den elitären Status der eigenen Universität. Doch damit nicht genug: Auch unsere Lebensverläufe erfahren durch Karrieren einen chronologischen biographischen Zuschnitt. Wir müssen uns nun in *Lebensläufen* darstellen. Diese erfahren durch die Karrierestationen eine (zumindest für Personalabteilungen) unmissverständliche Bestimmung anhand von Kriterien organisationaler Verwertung. Der Erfolg oder Misserfolg im Karriereverlauf muss sich daran bemessen lassen. Manches erscheint nun verspätet, wie z. B. der Studienabschluss, anderes nicht gut genug und weiteres nicht sehr reputierlich. Lücken müssen geschlossen, Engagement und Aspiration den Lebenslauf durchziehen, auch wenn man am liebsten auf der faulen Haut lag. Dass diese Bestimmung uns im Regelfall nicht äußerlich bleibt, sondern sich auch in selbstbezogene Reflexionen von falschen und richtigen Entscheidungen übersetzt, kann jeder der Selbstdarstellung von Personen und ihren Tätigkeiten anhören. Nur die Karriere, nicht die Stelle, gibt den Personen ein individuelles Profil. Sie können beobachten, wie man ankommt, eingeschätzt und als wie attraktiv man erachtet wird (Luhmann 2002: 107). Auf diese Weise sind wir Normierungen und Standardisierungen von „Attraktivität" ausgesetzt, auf die wir zwar individuell reagieren (und uns damit unserer Besonderheit versichern) können. Aber wir werden deren kollektiver Geltung zugleich auch unterworfen, ob wir wollen oder nicht.

Organisationen versprechen uns dabei, wenn die Leistung stimmt, Karrieren unabhängig von sozialer Herkunft, Geschlecht, Alter oder Ethnie. Sie verkörpern in modernen Gesellschaften das meritokratische Prinzip und damit das Versprechen, das jede und jeder alles erreichen könne. Die Träume von Glück, Reichtum und Macht werden in modernen Gesellschaften nach Maßgabe der Organisationen und den Beziehungen geträumt, die den Zugang zu ihnen eröffnen. Organisationen erscheinen als Garanten sozialer Durchlässigkeit und sozialer Gerechtigkeit. Sie sind für moderne Gesellschaften zum Erreichen von Zielen nahezu unersetzbar geworden, deren mit Abstand bedeutendste Kulturtechnik. Und für jeden Einzelnen eröffnen sie ebenso viele Zugänge wie sie verschließen. Dabei ist vor dem Hintergrund der bürgerlichen Leistungsideologie auffallend, dass im Ergebnis häufig Einstellungskriterien zur Anwendung kommen, die mit Leistung wenig zu tun haben. Dazu gehören sicherlich Alter, ethnische Zugehörigkeit, Geschlecht und Aussehen, aber auch soziale Herkunft, Beziehungen oder entfernte Bekanntschaften (schwache Netze). Leistungs- und Qualifikationszuschreibungen codieren nur die Kommunikation über Karrieren; sie determinieren Karriereverläufe nicht. Sie versehen diese weder für die Organisation noch für die Person mit hinreichender Erwartbarkeit. Auch wem hohe Leistungsbereitschaft und gute Qualifikationen zuerkannt werden, kann als zu jung oder zu alt, zu unattraktiv oder als mit dem falschen Geschlecht behaftet, als bedrohlich gut, zu teuer, zu wenig originell oder sozial inkompetent „ausgemustert" werden. Organisationen lassen einen Gutteil ihrer tatsächlich wirksamen Kriterien im Dunkeln und bewahren sich auf diese Weise ein ebenso hohes Maß an Flexibilität (inklusive aller möglichen Ideosynkrasien) wie die Akteure selbst. Deswegen entsteht eine sichtbare Differenz zwischen der gesellschaftlichen Ungleichheit in den Karrierechancen verschiedener Schichten, Klassen und Stände und den Proklamationen der Personalabteilungen. Diese sind zwar organisatorisch dem Leistungsprinzip verpflichtet, ohne jedoch sicherstellen zu können, dass es bei der Auswahl tatsächlich nach Leistungs- und Qualifikationszuschreibungen geht oder dass dahinter tatsächlich belastbare Leistungsbereitschaften und Qualifikationen stehen. Dadurch entstehen für beide Seiten Unsicherheiten, die derzeit dafür sorgen, dass sich das Hamsterrad der Karriere für viele immer schneller dreht.

4. Die Entgrenzung von Arbeit und das „unternehmerische Selbst"

Denn je wichtiger auf der einen und je unsicherer auf der anderen Seite die Karriere für das Personal erscheint, desto stärker wird Arbeit entgrenzt und selbsttätig von Leistungsgrenzen befreit. Mit dieser „Entgrenzung von Arbeit" deutet sich derzeit ein Erwartungswandel bezüglich der Leistungen des Personals an. Waren früher in der Vorstellung einer „Normalleistung" Erwartungsgrenzen bezüglich der Nutzung der Arbeitskraft verankert, erweisen sich diese Grenzen heute als ausgeweitet. Eine tendenzielle Grenzenlosigkeit der Erwartung (nicht: der Nutzung) hat sich etabliert. Sie findet ihren Widerhall in Identifikationsformen, bei welchen der Anspruch entgrenzter Leistungserbringung verinnerlicht und als Kriterium der Selbst- und Fremdbewertung etabliert ist. Dies ist insbesondere bei Eliten und Professionen der Fall und findet dort seine entsprechende identitätsformierende Resonanz. Sie findet ihren Niederschlag aber auch in Form von *Personalpolitiken,* die den Arbeitsmarkt" zum Weitertreiben der Anspruchsspirale bei gleichzeitiger Kostensenkung nutzen. Das beginnt bei den Praktika, geht über unsichere Projektarbeit bis hin zu indirekten Kennzahlsystemen der Leistungsbewertung. Diese legen den bestmöglichen Output fest (auch bei sog. Benchmarks), aber überlassen den Input der selbstverantwortlichen Leistungserbringung des Personals, was in aller Regel die Leistungsspirale nur weiter nach oben treibt (Pohlmann et al. 2003).

Der massive Einzug von hochqualifiziertem Personal lässt sich nicht nur an der zunehmenden Dominanz von angestellten Akademikern in den Großorganisationen ablesen. Zugleich werden dadurch auch zentralistische, mit steilen Hierarchien versehene, unflexible Organisationsformen von Arbeit in Frage gestellt und Dezentralisierung sowie die Zuweisung von verantwortlicher Autonomie werden zu zentralen Rationalisierungsformen. Diskutiert wird, inwiefern heute der „Geist" selbstständiger „Arbeitskraftunternehmer" (Pongratz und Voß 2000) in den Bürohallen umgehe. Registriert wird ein personalpolitischer Erwartungswandel, der „Unternehmersein" als Anspruch an jeden Mann und jede Frau formuliert (vgl. zu dieser Diskussion Pongratz und Voß 2000; Moldaschl und Voß 2003; Negt 2005; Bröckling 2007 u. v. a.). So schreibt Negt: „Eine der größten Sumpfblüten im Morast der ideologischen Umdefinitionen von Leben und menschlichen Zwecken ist der „Mensch als Unternehmer", seine unternehmerische Daseinsbestimmung als eine Art Existential. Unternehmer bezeichnet zukünftig keinen Beruf mehr oder eine Rolle oder einen Eigentumsstatus; vielmehr ist Unternehmersein der wesentliche Daseinszweck" (Negt 2005: 262). Der Mensch erscheint, entsprechend der Prinzipien der Humankapitaltheorie, ökonomisch nicht mehr nur als Tauschpartner, sondern als jemanden, „der für sich selbst sein eigenes Kapital ist, sein eigener Produzent, seine eigene Eigentumsquelle" (Foucault 1979: 314).

Die (oft selbst geglaubte) Darstellung der eigenen Biographie wird nun hintergründig von einer Perspektive bestimmt, in der Wissen, Fertigkeiten, Gesundheit, äußeres Erscheinungsbild, Sozialprestige, Arbeitsethos und persönliche Gewohnheiten als knappe Ressourcen anzusehen sind, die aufzubauen, zu erhalten und zu mehren Investitionen erfordern (Bröckling 2007: 90). Der Mensch erscheint als Person gänzlich als Subjekt und Objekt seiner eigenen Entscheidungen, sich selbst verfügbar und nutzbar. Diese Vorstellung der unternehmerischen Verfügbarkeit des Selbst ist ein roter Faden, der das sich etablierende Deutungsmuster des „unternehmerischen Selbst" strukturiert. Für das Personal der modernen Gesellschaft wird kontrafaktisch ihre unternehmerische Daseinsbestimmung zu einer Art formgebender Identität.

Entgrenzte Arbeit jedenfalls, die sich selbsttätig normierten Leistungsstandards entzieht, ist nach vielen Befunden zum Signum der Angestelltenarbeit geworden (Schmidt 1999; Minssen 2000; Moldaschl und Voß 2003; Sauer 2004). Doch diese wird durch ihre „Selbstrationalisierung" keineswegs einer Verunsicherung der Beschäftigungsverhältnisse entzogen, sondern vielmehr zu immer weiterreichenden „Opfergaben" verpflichtet. Während die Rationalisierung der Produktion eine massive Reduktion der Produktionsarbeit erlaubt, ist auch die sich ausbreitende Angestelltenarbeit von der Rationalisierung nicht mehr ausgenommen. Im Gegenteil: eine neue „Ökonomie der Unsicherheit" (Sauer 2003 u. a.) trifft sie heute mit ungeahnter Wucht (vgl. für detaillierte empirische Analysen auch Pohlmann et al. 2003 dazu auch: Trautwein-Kalms und Ahlers 2003; Wagner 2003 u. v. a.). Fällt aber das Konstrukt einer legitimen „Normalleistung", sind die einen im „Hamsterrad" einer nicht enden wollenden Leistungsanforderung gefangen, das sie schnell an die „natürlichen" Grenzen ihrer Leistungsfähigkeit heranführt, während den anderen ein Aufspringen immer weniger möglich wird.

Die negativen Begleiterscheinungen der Leistungsverausgabung werden im Karrieresystem jedoch entweder nicht oder anders thematisiert und individuell zugerechnet. Es lag dann nicht an der Belastung im Job, sondern an der Person, die diese nicht oder nur mit „persönlichen Problemen" wie Alkoholismus, Tablettensucht, Neurosen aushalten konnte. So wird die sachliche und soziale Konditionierung der Selbstdarstellung zu einem Element des Karrieresystems, das nicht nur seine Auswahl daran orientiert, sondern auch einen Teil der Folgen der Leistungsverausgabung zu externalisieren vermag. Dafür sind dann die Familien, Therapeuten, Orthopäden oder Entzugskliniken verantwortlich.

Es ist dieser Erwartungshorizont, der also nicht nur Anforderungen an das Personal-Sein derzeit bestimmt, sondern auch die Formgebung personaler Identitäten. Denn wir alle kommen nicht umhin, in der selbstverantwortlichen Sinnsuche und Lebensführung darauf zu rekurrieren und unsere Selbst-Wertschätzung auch daran zu orientieren. Je mehr wir vor diesem Erwartungshorizont zurückbleiben, je mehr sind und werden wir darauf verwiesen.

5. Zum Schluss: Persönlichkeit ist wieder in!

Vor dem Hintergrund dieser Erwartungsspirale, dem das Personal moderner Gesellschaften ausgesetzt ist, überrascht es nicht, dass „Persönlichkeiten" und „Eliten" wieder in Mode sind. Denn mit Marx, Weber, Sombart, Simmel, Horkheimer, Ador-

no waren fast alle Klassiker der Soziologie der Meinung, dass die Rationalisierungsformen der modernen Gesellschaften, allen voran Kapitalismus und Bürokratie, das
Risiko bargen, den Menschen nur noch als Rädchen im Getriebe zu begreifen, ihm
im Schraubstock der Verhältnisse das Besondere zu nehmen. Moderne Gesellschaften waren für sie post-heroische Gesellschaften. Und dagegen begehrten sie auf.
Vor allem waren es bereits für sie die Organisationen der Gesellschaft, welche für
den post-heroischen Zuschnitt der Erwartungshorizonte sorgen. Dadurch, dass sie
Menschen als Personal und das Menschliche nur noch als Restgröße zur Reproduktion ihrer Ressource behandeln, scheint kein Platz mehr für herausragende Persönlichkeiten, für Helden oder Eliten zu sein. Diesem funktionalen Zuschnitt wurden
die meisten Berufsrollen ausgesetzt. Der „organizational man", wie es dann in der
neuen Welt hieß, war zugleich mehr und weniger als ein Held. Er – man beachte
die männliche Form – war anders als der Held fachgeschult, hatte also ein Mehr an
Kompetenzen und dafür ein Weniger an Aufopferungsbereitschaft. Zumindest sollte
das Leben nicht mit einem Streich riskiert werden.

Aber das Personal muss dabei (anders als z. B. die durch Privateigentum vor Austauschbarkeit besser geschützte Unternehmerschaft) danach trachten, die Insignien
der eigenen Austauschbarkeit in der verwissenschaftlichten Organisation zu tilgen.
Dass dies historisch gelingen konnte, lag u. a. darin begründet, dass zum einen auch
das modernste formale Regelwerk keine „perfekt" funktionierende Organisation
schuf, sondern immer wieder an die Grenzen einer unbestimmbaren Sozialität von
Beziehungen stieß (vgl. Pohlmann 2002). Zum anderen reproduzierte die Kopplung
der Organisation an Märkte die Unbestimmtheiten beständig. Hier war das (immer
höher qualifizierte) Personal immer wieder neu gefordert und fand Ankerpunkte für
das In-Szene-Setzen von „Persönlichkeit". An diesen Ankerpunkten hat sich der
Raum für heroische Inszenierungen im verwissenschaftlichten, durchorganisierten
abstrakten Kapitalismus reproduziert. Diese Unbestimmtheiten bilden bis heute die
Kulisse für die heroischen Inszenierungen eines „postheroischen Personals (vgl.
auch Pohlmann 2002). Auch die gesellschaftliche Hervorhebung der Rolle der (als
Personal beschäftigten) Eliten findet hier ihren Grund .Aus „Beamten" werden Manager, aus Verwaltungs- und Koordinationstätigkeiten das Management der Organisation. Immer höhere Gehälter und Provisionen sichern den einmal etablierten
Mythos der Besonderheit nach innen und außen ab.

Auch deshalb hat das Helden- oder Schurkenhafte in modernen Organisations-
gesellschaften noch seinen Platz. Im Elitediskurs der Medien ist diese Gegenbewe-
gung klar zu erkennen. Je größer Gesellschaften und je abstrakter ihre Verbindungs-
formen werden, desto stärker beanspruchen sie Personen darin, abstrakte Zusammenhänge zu symbolisieren. Je postheroischer die Zeiten, desto stärker arbeitet die
Medienindustrie daran, Helden oder Schurken zu produzieren, also Personen aus
dem grauen Allerlei der Organisationen hervorzuheben. Seien es Politiker und ihre
Affären, Top-Manager oder Top-Banker und ihre Moral, Elite und Prominenz wird
medial hergestellt, um „Persönlichkeiten" dort zu restaurieren, wo die moderne Gesellschaft längst ihre Voraussetzungen untergraben hat.

Persönlichkeit[3] ist deswegen wieder in. Je abstrakter moderne Gesellschaften werden, desto mehr illuminieren sie Personen und Persönlichkeiten als Konkretionsformen von Gesellschaft. So können ihre Mitglieder medial verstärkt Erwartungen und Enttäuschungen adressieren. Sie können auf diese Weise trotz der abstrakten Systemzusammenhänge, z. B. der Wirtschaft, deren Machbarkeit und Steuerbarkeit signalisieren, wirtschaftlichen Erfolg und Marktversagen persönlich zurechnen. Systeme und Strukturen fallen schließlich nicht vom Himmel, sondern werden von identifizierbaren Menschen gemacht. Sie haben Stellen und Positionen, Macht und Einfluss, stehen wichtigen Organisationen oder gar Staaten vor. Kein „Boot" ohne Steuermann, kein Staat ohne regierende Politiker, keine Wirtschaft ohne einen „Ackermann" – in den medial unterfütterten Alltagsvorstellungen von modernen Gesellschaften sind die wichtigsten Adressen immer noch Personen, auch wenn sich die Zurechnungsweisen auf sie historisch verändert haben. Nun könnte man es dabei bewenden lassen und die Personalisierung abstrakter gesellschaftlicher Bewegungsgesetze als „funktionale Fiktion" moderner Gesellschaften begreifen, die es ihnen erlaubt, im Umgang mit ihrer eigenen Komplexität die Handlungs-, Verantwortungs- und Schuldfähigkeit jedes Einzelnen für gesellschaftliche Entwicklungen sicher zu stellen. U.A. dadurch bekommt diese Sichtweise ihre Berechtigung. Aber auch die Risiken einer solchen Personalisierung sollen nicht verschwiegen werden. Nicht nur, dass sich Personen als „Eliten" illuminieren und bestimmte Kreise sich dadurch sozial weiter abschließen können, sondern häufig trifft Personen (wie z. B. ältere Langzeitarbeitslose) Verantwortung auch dort, wo Systeme versagen.

Literatur

Bude H (2005) Auf der Suche nach der neuen Bürgerlichkeit. In: Hettling M, Ulrich B (Hrsg) Bürgertum nach 1945. Hamburger Edition, Hamburg, S 160–183

Baecker D (1994) Postheroisches Management. Ein Vademecum. Merve, Berlin

Bröckling U (2007) Das unternehmerische Selbst. Soziologie einer Subjektivierungsform. Suhrkamp, Frankfurt a. M.

Ferguson A (1767) An essay on the history of civil society. Edinburgh, London

Fischer J (2004) Bürgerliche Gesellschaft. Zur historischen Soziologie der Gegenwartsgesellschaft. In: Albrecht C (Hrsg) Die bürgerliche Kultur und ihre Avantgarden. Ergon, Würzburg

Fischer J (2005) „Weltgesellschaft" im Medium der bürgerlichen Gesellschaft. Sociologica internationalis 43(172):59–98

Fischer J (2008) In welcher Gesellschaft leben wir eigentlich? ApuZ 9–10:9–16

Foucault M (1979/2006) Die Geburt der Biopolitik. Geschichte der Gouvernementalität II. In: von Sennelart M (Hrsg) Suhrkamp, Frankfurt a. M.

---

[3] Unter *Persönlichkeit* lässt sich eine Präsentationsform von Person verstehen, der andere Personen in besonderem Maße Wahrhaftigkeit, individuellen Ausdruck und Originalität zurechnen. Sie wird dann als gesellschaftlich besonders anerkannt und hervorgehoben, wenn die Zuschreibung von Wahrhaftigkeit und Originalität sich verknüpft mit einer als wichtig erachteten gesellschaftlichen Funktion oder Position.

Hartmann M (2002) Der Mythos von den Leistungseliten, Spitzenkarrieren und soziale Herkunft in Wirtschaft, Politik, Justiz und Wissenschaft. Campus Verlag, Frankfurt a. M.

Hartmann M (2006) Vermarktlichung der Elitenrekrutierung? Das Beispiel der Topmanager. In: Münkler H (Hrsg) Deutschlands Eliten im Wandel. Campus Verlag, Frankfurt a. M., S 431–454

Hartmann M (2007) Karrieremuster deutscher Topmanager. Personalführung 40(1):54–63

Kocka J (1987) Bürgertum und Bürgerlichkeit als Probleme der deutschen Geschichte vom späten 18. Zum frühen 20. Jahrhundert. In: Kocka J (Hrsg) Bürger und Bürgerlichkeit im 19. Jahrhundert. Vandenhoeck & Ruprecht, Göttingen, S 21–63

Kocka J (2008) Bürger und Bürgerlichkeit im Wandel. ApuZ, 9–10:3–9

Lepsius MR (1987) Zur Soziologie des Bürgertums und der Bürgerlichkeit. In: Kocka J (Hrsg) Bürger und Bürgerlichkeit im 19. Jahrhundert. Vandenhoeck & Ruprecht, Göttingen, S 79–100

Lepsius MR (1993) Demokratie in Deutschland. Vandenhoeck & Ruprecht, Göttingen

Luhmann N (2002) Organisation und Entscheidung. Westdeutscher Verlag, Opladen

Minssen H (Hrsg) (2000) Begrenzte Entgrenzungen. Wandlungen von Organisation und Arbeit, Aufl. Sigma, Berlin

Moldaschl M, Voß GG (2003) Subjektivierung der Arbeit. Hampp, Mering

Negt O (2005) Die Faust-Karriere. Vom verzweifelten Intellektuellen zum gescheiterten Unternehmer. Steidl, Göttingen

Pohlmann M (2002) Management, Organisation und Sozialstruktur – Zu neuen Fragestellungen und Konturen der Managementsoziologie. In: Schmidt R, Gergs H, Pohlmann M (Hrsg) Managementsoziologie. Perspektiven, Theorien, Forschungsdesiderate. Rainer Hampp Verlag, Mering

Pohlmann M et al (Hrsg) (2003) Dienstleistungsarbeit – Auf dem Boden der Tatsachen, Aufl. sigma, Berlin

Pohlmann M (2008) Der diskrete Charme der Bourgeoisie? – Ein Beitrag zur Soziologie des modernen Wirtschaftsbürgertums. In: Sigmund S, Albert G, Bienfait A, Stachura M (Hrsg) Soziale Konstellation und historische Perspektive. Festschrift für M. Rainer Lepsius. VS Verlag für Sozialwissenschaften, Wiesbaden, S 228–252

Pongratz HJ, Voß GG (2000) Vom Arbeitnehmer zum Arbeitskraftunternehmer – Zur Entgrenzung der Ware Arbeitskraft. In: Heiner M (Hrsg) Begrenzte Entgrenzungen. Wandlungen von Organisation und Arbeit, Aufl. sigma, Berlin, S 225–248

Sauer D (2003) Einleitung: Arbeit, Leistung und Interessenhandeln in der „tertiären" Organisation. Dienstleistungsarbeit als Forschungsfeld. In: Pohlmann M et al (Hrsg) Dienstleistungsarbeit – auf dem Boden der Tatsachen, Aufl. sigma, Berlin, S 15–26

Sauer D (2004) Arbeit im Übergang. VSA, Hamburg

Schelsky H (1957) Die skeptische Generation, eine Soziologie der deutschen Jugend. Eugen Diederichs Verlag, Düsseldorf

Schmidt G (Hrsg) (1999) Kein Ende der Arbeitsgesellschaft. Arbeit, Gesellschaft und Subjekt im Globalisierungsprozess, Aufl. sigma, Berlin

Trautwein-Kalms G, Elke A (2003) High Potentials unter Druck – Gestaltung der Arbeits- und Leistungsbedingungenvon Software-experten und IT-Dienstleistern. In: Pohlmann M et al (Hrsg) Dienstleistungsarbeit – Auf dem Boden der Tatsachen, Aufl. sigma, Berlin, S 243–294

Wagner A (2003) Dienstleistungsbeschäftigung im europäischen Vergleich. In: Pohlmann, M et al (Hrsg) Dienstleistungsarbeit – Auf dem Boden der Tatsachen, Aufl. sigma, Berlin, S 27–68

Weber M (1984) Max Weber. Ein Lebensbild. Mohr Siebeck, Tübingen

Weber M (1910/1982[4]) Die protestantische Ethik I, hg. v. Johannes Winckelmann, 4. erw. Aufl. Mohn, Gütersloh (zit. PI)

Weber M (1922/1985[5]) Wirtschaft und Gesellschaft. Grundriss der verstehenden Soziologie, 5. rev. Aufl. besorgt von Johannes Winckelmann. Mohr, Tübingen, S 551–575

Kapitel 20
Person als Schlüsselkategorie in der Ethik

Peter Kunzmann

Ein strittiger Leitbegriff

„Der Streit um die Person in der Ethik" – so benannte Honnefelder (1993) ein recht grundsätzliches Referat zum Thema. Es gibt diesen Streit, was zunächst nicht weiter verwunderlich ist: Ethik ist die Reflexion auf die Prinzipien guten Handelns. Viele der Leitbegriffe, ohne die die Ethik nicht auskommen kann, sind von der Art, dass sie auch schlecht *mit* ihnen zurechtkommt. Sie sind umstritten, und der Streit um sie scheint einen Teil der Substanz des Faches auszumachen. Zunächst trifft dies auch für die „Person" in der Ethik zu, wie mit Blick auf die Zahl und die Bandbreite der Publikationen allein aus den letzten zwei Jahrzehnten ersichtlich wird.

In der Auffassung, was denn eine „Person" sei, verdichten sich in der Ethik die jeweiligen Positionen, denn der Sinn von „Person" ergibt sich in der Tat jeweils nur im Kontext eines ganzen Ethik-Entwurfs. Darin liegt auch der Reiz des Themas für eine große Anthologie zu den Menschenbildern in der Wissenschaft: Es wird anhand des Personbegriffs deutlich, wie Menschen als moralische Akteure und als Adressaten moralisch relevanter Handlungen in einer Konzeption von Ethik „abgebildet" werden.

„Person" ist ein Thema von Bedeutung. Aber eines, dessen Rang selbst erstaunlicherweise bestritten wird. Die Bedeutung – in diesem Sinne von „Rang" – von „Person" in der Ethik ist selbst Gegenstand von Streit. Manche Konzeptionen von Philosophie, von Ethik, Moral oder auch von Recht sind ohne „Person" gar nicht denk-bar. Dennoch wird „der Person-Begriff mit dem Verdacht konfrontiert, ethisch unbrauchbar zu sein" (Wils 1997, S. 26) wofür als „Gründe genannt werden: semantische Mehrdeutigkeit, eine analytische Unschärfe oder eine ideologische Engführung der Debatte" (Wils 1997, S. 26). Was die Mehrdeutigkeit angeht, gibt es wohl keine Zweifel: M. Theunissen hat sie schon vor Jahrzehnten vorgeführt und geurteilt: „Schauen wir uns … in der gegenwärtigen Philosophie um, so sehen wir … die Mannigfaltigkeit der Bedeutungen des Personbegriffs ist so verwirrend,

P. Kunzmann (✉)
Ethikzentrum, Friedrich-Schiller-Universität Jena, Zwätzengasse 3, 07743 Jena, Deutschland
E-Mail: peter.kunzmann@uni-jena.de

M. Hilgert, M. Wink (Hrsg.), *Menschen-Bilder,*
DOI 10.1007/978-3-642-16361-6_20, © Springer-Verlag Berlin Heidelberg 2012

daß man von *der* personalen Anthropologie, genau genommen, gar nicht sprechen kann" (Theunissen 1966, S. 465).

Nun sind auch viele andere Begriffe in Moral und Ethik notorisch vieldeutig und nicht selten ideologisch befrachtet, ohne dass verlangt würde, sie aus den Diskursen auszuscheiden: Begriffe wie Handlung, Tugend, Glück etc. Eine gewisse Ausnahme bildet vielleicht die „Menschenwürde", die, wie der Begriff der Person, inhaltlich nicht einfach einheitlich zu bestimmen ist und von der zugleich immer wieder behauptet wird, die Ethik führe besser ohne diesen Begriff.

Was Person heißen kann

Bei Person haben wir ein „sehr umfängliches semantisches Feld" vor uns, wie Sturma (2001b, S. 341) schreibt, um dann auf fünf Zeilen aufzuzählen, was alles dazu gehört, u. a. Mensch, Selbstzweck, Intersubjektivität, Zurechenbarkeit, aber auch die Fähigkeit „Wünsche zweiter Ordnung" zu haben. Wir haben eines jener semantischen Felder vor uns, für die Wittgenstein die Familienähnlichkeit ersann: „Wir sehen ein kompliziertes Netz von Ähnlichkeiten, die einander übergreifen und kreuzen. Ähnlichkeiten im Großen und Kleinen" (Wittgenstein 1960, S. 324).

Es fällt in dieser Wirrnis nicht leicht, einen einzelnen Faden herauszugreifen und daraus zu spinnen, wie die vielen Bestimmungsstücke zueinander stehen und was entsprechend eine „Person" ausmacht.

In einem äußerst lehrreichen Überblick hat Lomasky (1992, S. 953) drei Typen von Personbegriffen für die Ethik gegenübergestellt (in der Theologie etwa bräuchte man andere). Lomasky definiert nicht, was Person ist, sondern legt drei Zugänge frei, wie dies üblicherweise versucht wird. Diese Typologie erscheint mir hilfreich für eine Art von Verständnis-Schneise, der ich folgen will – das komplexe Feld löst sich nicht auf, aber wichtige Konturen werden sichtbar. Bei Lomasky heißt es:

> Type 1: Persons are all and only human beings.
> Type 2: Persons are all and only those beings who possess moral standing (or who posses the highest moral standing).
> Type 3: Persons are all and only those beings who display attribute F (where F signifies some suitably elevated cognitive ability).

Ethischer Eckpunkt ist Typ 2, denn mit Person zeichnen wir üblicherweise etwas oder besser gesagt *jemanden* aus, dem ein moralischer Status zukommen soll oder eben ein besonderer, ein höherer Status.

Typ 1 bezeichnet, was in der Literatur gelegentlich als „traditionalistisch" (Sturma 2001a, S. 14) deklariert wird. Allerdings sind die Traditionen, auf die hier Bezug genommen wird, nicht so eindeutig, wie manche uns gerne glauben machen: „Person" als Fachbegriff wurde in der Patristik nämlich nicht für den Menschen geprägt, sondern zur Lösung trinitätstheologischer und christologischer Probleme. Bis „Person" auch *in philosophicis* zu einem Quasi-Synonym für „Mensch" wurde, war es ein längerer Weg. Die Gleichsetzung von Mensch und Person sieht sich heute dagegen dem Vorwurf ausgesetzt, dann sei „Person" ja eine überflüssige Doppelung. Dem entgehen viele ihrer Vertreter durch den Hinweis auf sehr verschiedene religiöse oder metaphysische Zusatzannahmen (Schmidinger 1994, S. 126), die allerdings nicht-empirischer Art sind.

Wirkmächtig wird die Gleichsetzung politisch, juristisch und gesellschaftlich durch jene Kreise, die betonen, dass *nur* Menschen und zwar *alle* Menschen Personen seien und entsprechenden moralischen und rechtlichen Status hätten. In einer ganz auffallend spezifisch deutschen Diskurslandschaft kann diese Position gerade nicht als Sondervotum kirchlicher, zumal katholischer Kreise und entsprechend eingestellter Parteipolitiker verstanden werden. Ganz unabhängig welchen Rang ein Beobachter der Gleichsetzung von Mensch und Person einräumen mag: Es ist ein deskriptives Faktum, dass diese Lehre die deutsche Bioethik und vor allem die entsprechend deutsche Rechtswirklichkeit ganz massiv mitgestaltet. Ich greife hier nicht in solchen Streit ein – allerdings ist offenkundig, dass z. B. sowohl das Embryonenschutzgesetz wie das Stammzellgesetz in Wortlaut und Entstehung gar nicht denkbar wären ohne die besagte kategorische Gleichsetzung von biologisch „menschlichem Leben" und jenen umfassenden Schutzansprüchen, der die entsprechenden Kreise gerne mit dem wuchtigeren Terminus „Person" Nachdruck verleihen (Quante 2007, S. 19–22).

Vermeidet man alle politischen Untertöne, passt auf die Gleichsetzung von Menschen und Person der nüchterne Ausdruck „Äquivalenzthese" – Personen sind alle Menschen und nur Menschen. Zumindest dem Umfang des Begriffs, nicht seinem Inhalt nach, sind Mensch und Person äquivalent.

Personen und ihre kognitiven Fähigkeiten

„Dagegen" und hier heißt dagegen: *grundsätzlich und ausdrücklich* dagegen, steht Lomaskys Typen-Formel 3, wie sich zeigen wird. Zunächst sieht es beinahe nach einer Explikation aus: Was macht etwas, oder besser: jemanden zu einer Person? „Some suitably elevated cognitive ability", eine hinreichend ausgeprägte kognitive Fähigkeit.

Man könnte etwa sagen, Person sei, wer oder was ein Selbstbewusstsein von sich selbst durch die Zeit hat, wie es der Klassiker dieser Art von Persondefinition[1], John Locke, ausgeführt hat. Dies wurde aufgegriffen von Tooley, von Harris und Singer (1994, S. 120) und seinen Schülern. Es kommen auch andere Eigenschaften oder Leistungen des Bewusstseins in Frage, etwa die Fähigkeit Wünsche zweiter Ordnung zu hegen. Das heißt: Zu seinen eigenen Bewusstseinsvollzügen selbst noch einmal bewusst Stellung zu nehmen. Dieses Kriterium hat vor allem Frankfurt (1971, S. 5–20) in die Diskussion eingebracht, wo es gute Wurzeln (Pfordten 2003,

---

[1] „We must consider what Person stands for; which, I think, is a thinking intelligent Being, that has reason and reflection, and can consider it self as it self, the same thinking thing in different times and places; which it does only by that consciousness which is inseparable from thinking, and as it seems to me essential to it ...." (Locke 1979, 335).

S. 105–118) geschlagen hat. Personen können sich zu sich selbst und zu ihren Bewusstseinsinhalten (Wimmer 1999, S. 329–345) verhalten, eben Wünsche zweiter Ordnung hegen. Es ließen sich noch viele dieser kognitiven Fähigkeiten anführen, die einen Mensch zu einer Person machen.

Das Bemerkenswerte liegt darin, dass hier erst noch nach etwas gesucht wird, was einen einzelnen Menschen zum Personsein qualifiziert. In der „klassischen" Ontologie verstand man die Frage, als laute sie, *warum* denn der Mensch als solcher eine Person sei – eben weil *der* Mensch personale Fähigkeiten besitzt, etwa im Unterschied zum Tier. In der v. a. durch Locke begründeten Sichtweise, Lomasky-Typ 3 von Personsein, die heute vor allem die analytische Philosophie durchzieht, lautet die Frage vielmehr: *Wann* ist der Mensch eine Person? Es geht jetzt um eine Zusatz-Qualifikation sozusagen, durch die individuell dieser und jener Mensch zur Person wird.

Dass hier ein gewaltiger Bruch vorliegt, offenbart sich nicht auf Anhieb, weil die Kriterien „normalerweise" auf Menschen zutreffen. Im Wortlaut Helga Kuhses: „Sie haben Bewußtsein, sie sind sich ihrer persönlichen Identität bewußt, sie haben Vernunft, Autonomie und einen Sinn für Moral; sie sind fähig, Gefühle zu empfinden und enge sowie dauerhafte Beziehungen aufzubauen; sie entwickeln Pläne, Ziele usw. … Menschliche Wesen mit den erwähnten Eigenschaften wollen wir demgemäß als ‚Personen' bezeichnen" (Kuhse und Singer 1999, S. 110). Im Wortlaut Peter Singers sind Personen: „Wesen, die bewußt und fähig sind, Lust und Schmerz zu erfahren, … selbstbewußt und vernunftbegabt" (Singer 1994, S. 136), planen für die Zukunft, gehen dauerhafte Beziehungen ein, haben gewisse Sprachfähigkeiten, haben Wünsche und Ziele und sind sich ihrer „selbst als einer distinkten, in der Zeit existierenden Entität bewußt" (Singer 1994, S. 155). Aber eben nur diejenigen menschlichen Wesen, auf die genau diese Charakteristik zutrifft.

Personsein hängt an definierten Leistungen des Bewusstseins – und zwar den Leistungen genau dieses menschlichen Individuums. Dadurch werden manche Menschen gemäß ihrer kognitiven Defizite vorübergehend oder dauerhaft von der Liste der „Personen" gestrichen. Es geht um die *„marginal cases"*, die Grenzfälle und Sonderfälle des „Menschseins", die sicher Menschen sind, aber gemessen an ihren kognitiven Fähigkeiten nicht als Personen gemäß Lomasky-Typ 3 einzustufen wären. Dies betrifft menschliche Föten bis zu einem Stadium, in dem die Entwicklung ihrer Neurophysiologie die Erfüllung eines kognitiven Mindeststandards überhaupt erwarten lässt. Dies trifft Menschen, deren kognitive Leistungen dauerhaft unter das irgendwie geforderte Maß gesunken sind oder es nie erreichten, die Debilen, die Dementen, die Moribunden, die Komatösen.

Moralische Fronten

Hier taucht „Person" als Begriff in jenen Kämpfen auf, in denen die einen Schutzrechte mit Berufung auf den Personstatus einfordern und die anderen diese Schutzrechte mit Hinweis auf dessen Fehlen verweigern. Informierten Zeitgenossen begegnen diese Kämpfe in vielerlei Gestalt, da sie in und durch die Medien ausgetragen werden und Teil der politischen Debatte sind. Hier tun sich in der Ethik und in der öffentlichen Moral Gräben auf, die sich sehr gut an der Reichweite des Personenbegriffs nachzeichnen lassen. Für die eine Streitpartei sind alle Menschen „Personen", von allem Anfang und bis ganz zum Ende, mit jenen moralischen und juristischen Rechten, die wir Personen zusprechen. Das Votum der Gegenpartei in Fragen von Abtreibung und Euthanasie verbindet sich mit dem Absprechen des Person-Status für solches menschliche Leben. Gerade für diese Kämpfe hat Singer die Nichtäquivalenz von Mensch und Person herausgestellt, was die enorme Schärfe in die bioethischen Debatten der letzten Jahre brachte: Ob ein Gegenstand, (ganz neutral formuliert), nicht so sehr in seinen Eigenschaften verändert sein kann, dass er den Status einer Person insgesamt verlieren kann. Ist es noch sinnvoll, Menschen als „Personen" zu bezeichnen, die über keine der Funktionen mehr verfügen, die wir Personen „üblicherweise" zusprechen, etwa Selbstbewusstsein, Selbstbezug, Selbststeuerung? Und umgekehrt: Würden wir etwas *schon* „Person" nennen, das sich *aktuell,* so wie es sich jetzt darstellt, in keiner relevanten Eigenschaft von einem Zellhaufen unterscheidet oder von einer Säugetier-Zygote? Peter Singer und mit ihm eine ganze Denkrichtung vor allem der englischsprachigen Ethik verneint diese Fragen, ganz gemäß dem Lomasky-Kriterium 3. Diesen Wesen fehle die kognitive Voraussetzung, in einem moralisch relevanten Sinne „Person" zu sein. In einer Singerschen Perspektive haben wir es mit Wesen zu tun, die entweder in der Lage sind; sich selbst zu begreifen, oder auch nicht.

Die moralischen Konsequenzen zumindest gegenüber schon geborenen Menschen wie etwa den Demenz-Patienten erscheinen mir durchaus kontraintuitiv. Zum einen sind Menschen, die sich ihrer selbst und ihrer Geschichte, aber auch ihrer eigenen Interessen nicht mehr bewusst sind, aber schon ein Leben hinter sich haben, in ganz anderer Weise selbst lebendiger Teil der Lebensgeschichte anderer Menschen. Dies haben die Theoretiker im Blick, die gerne auf den Beziehungsaspekt von Personsein hinweisen. Vor allem aber zeigt bei aller Entfremdung die mögliche Vertrautheit mit einem dementen Patienten, dass es Kontinuität auch da gibt, wo das eigene Bewusstsein des betroffenen dementen Menschen nicht mehr hinreicht, oder er nicht mehr dahinkommt, diese seine Welt zu erinnern. Andernorts (Kunzmann 2006, S. 129–143) habe ich dafür das Bild eines Seils gewählt, aus vielen Fasern gesponnen. Es passt sehr viel besser zu jener organischen Einheit, die wir als Personen kennen und wozu auch die leibliche Dimension sich einschließen lässt. Die Vielzahl der Fasern garantiert, dass das Seil nicht reißt, wenn auch die eine oder andere Ader sich löst. Um im Bild zu bleiben: Persondefinitionen à la Singer machen alles abhängig von einer einzigen Faser und dazu von einer, die schon beim „normalen" Menschen nicht konstant gegeben ist und immer wieder auftaucht und verschwindet, nämlich die Fähigkeit bestimmte kognitive Leistungen zu erbringen.

In Rahmen von Singers Ethik macht dies allerdings einen entscheidenden Unterschied, nämlich denjenigen, ob etwas oder jemand Träger von Interessen sein kann und von welchen. „Personen" können dies in andere Weise, eben weil sie sich selbst denken und entsprechend Wünsche und Präferenzen für sich selbst haben können. Bei Wesen, die ihre eigene Existenz in der Vergangenheit und vor allem in Zukunft denken können, so die Theorie, sind diese notwendigerweise reicher und gewichtiger, als bei solchen, bei denen dies nicht der Fall ist.

Gerade dafür hat Singer die Nichtäquivalenz von Mensch und Person zugeschärft; und er hat sie in eine Richtung weiterinterpretiert. Das Schlüsselwort heißt Speziesismus, mutmaßlich von Richard Ryder 1970 erfunden und von Singer zur festen Münze im bioethischen Diskurs geprägt. Speziesismus heißt: Der Hinweis auf die Artzugehörigkeit zu *Homo sapiens* erschleicht einen besonderen moralischen Status für Menschen durch ein Merkmal, das selber gar nicht moralrelevant ist, eben die Artzugehörigkeit. Hält man sich, so die Singer-Klientel, an das, was moralisch wirklich Relevanz beanspruchen kann, die individuellen Fähigkeiten, Wünsche, Interessen, Bedürfnisse, spielt die Spezies keine Rolle. Genau dies erfasst ein entsprechend formulierter und zur Geltung gebrachter Personbegriff – der jetzt quer zur Artzugehörigkeit geht. Selbstbewusstsein und Zukunftswünsche finden wir eben nicht bei allen Menschen, aber, darauf besteht Singer, bei manchen hinreichend bewussten Tieren, die wir entsprechend zu behandeln hätten. „Es gibt noch andere Personen auf diesem Planeten. Bei den Großen Menschenaffen sind die Beweise, dass sie Personen sind, gegenwärtig am schlüssigsten, doch auch bei Walen, Delphinen, Elefanten, [anderen] Affen, Hunden, Schweinen und anderen Tieren lässt sich zeigen, dass sie sich ihrer Existenz in der Zeit bewusst sind und denken können. Dann müssen sie auch als Personen angesehen werden" (Singer 1998, S. 183).

Die Speziesismus-Diskussion hat mehr als nur frischen Wind in die Tierethik gebracht – sie hat sie revolutioniert. Allerdings um einen hohen Preis: Die krude Fassung der Geschichte, wie sie Singer vorträgt, unternimmt waghalsige Mutmaßungen über tierisches Bewusstsein. Er vergisst dabei alle Vorsicht, die sich am Ende des 20 Jahrhunderts hinsichtlich unserer Grenzen des Fremdverstehens nahe legte.

Und sie hatten den Preis, dass eben geistig schwerstbehinderte und demente Menschen aus jenem Schutz herausfallen, der mit Person markiert war. Singers Begriff der Person ist also nicht *weiter*, Singers Begriff ist *anders* – fundamental anders als in der Äquivalenzthese. „so dass die Grenzen zwischen Personen und Nicht-Personen bei ihm durch verschiedene Spezies" (Seel 1995, S. 278) verlaufen.

Wesentliches über Personen

Der Riss geht aber noch tiefer. Der Personbegriff wird nicht nur durch verschiedene Definitionen gespalten, die sich verschiedenen ethischen Ansätzen verdanken. Der Dissens reicht über die Ethik hinaus in das ontologische Weltbild: R. Spaemann, ein profilierter Verfechter der Äquivalenz, nennt Singers Position „anti-ontologisch" (Spaemann 1987, S. 87), also bar jeder vorgelagerten Seinslehre. Während die traditionelle Lehre von der Person deren moralischen Rang aus deren Sein und Wesen erwachsen ließ, scheint Singer ohne eine solche Seinslehre auszukommen.

Das stimmt nicht – Singer ist anti-essentialistisch. Es gibt bei ihm keine allgemeine „Natur", kein „Wesen" des Menschen, von dem der einzelne nur Exemplar wäre. Darunter liegt ein bestimmtes Weltbild, eine philosophische Weltanschauung, die man als „Nominalismus" bezeichnen kann: Real ist nur das Konkrete; jede Abstraktion ist unwirklich, eben nur ein Name, eine Bezeichnung für etwas. Das heißt: Der Mensch wird nicht sozusagen „als solcher", seinem Wesen, seiner Essenz nach als Mensch betrachtet. Beruft sich Spaemann ganz profiliert auf den „platonisch-aristotelischen Gedanken der Realität des Allgemeinen" (Spaemann 1987, S. 93), ist dies für Singer in einem Maß abwegig, dass er es nicht einmal der Erwähnung für wert hält. Nach einer Deutung des Menschen im Allgemeinen zu fragen, wie es sich bei den meisten zeigt, im „Normalfall" – „ut in plurimis" (Spaemann 1987, S. 93) sagt Spaemann – liegt Singer vollkommen fern. Es geht bei ihm darum, ob dieses individuelle Exemplar der Spezies, dieser konkrete Mensch die hinreichenden Merkmale von Person besitzt.

Auf die Spitze getrieben wird dies durch einen Nominalismus in der zeitlichen Dimension: ob jemand diese Merkmale jetzt gerade, just in diesem Augenblick realisiert. Real ist nur die Gegenwart. Singer wendet sein Personkonzept auch im Blick auf das Individuum strikt nominalistisch an, d. h. hier: Zu jedem Zeitpunkt neu – ihn interessiert konsequent nicht, was ein Individuum schon einmal war und was es einmal sein wird. Das gilt auch für den Fötus, der noch nicht Person, und für den Komatösen, der nicht mehr Person ist. Wenn ein Wesen Eigenschaften nur „potentiell" hat, übersetzt dies Singer konsequent mit „nicht-reale" Eigenschaften.

Die Problematik um die zeitliche Gestalt von Personen ist nicht neu; sie hat schon John Locke beschäftigt. Mitte des 20. Jahrhunderts bekamen die streitenden Positionen die Namen „substantialistisch" und „aktualistisch" (Weier 1986, Kap. 7). Aktualistisch ist jene Position, die besagt, dass Person nur ist, was sich in diesem Augenblick als Person *aktualisiert*. Mit Blick auf Singer spricht man heutzutage präziser von „Ereignisontologie": Die Welt zerfällt in aktuelle Ereignisse. Eine die Zeit übergreifende und durchgreifende Instanz, die man „Substanz" nennen könnte, kommt abermals für Singer nicht einmal in Frage. Die Folge ist sein strikter Nominalismus, in dem ein Mensch sein Personsein auch verlieren und sogar wiedergewinnen kann.

Der Dissens und seine Geschichte

Überblicken wir den Dissens nochmals: Mit Blick auf diesen Befund wird klar, dass wir es mit einer Äquivokation zu tun haben, einer vollständigen Begriffsmehrdeutigkeit – die Bedeutung von Person ist in den beiden Gebräuchen mit anderen Bestimmungsstücken verbunden. Das einzige, was die beiden gerade noch eint, ist, dass sie auf Menschen angewandt werden, aber eben in sehr verschiedener Hinsicht; mit der Einschränkung, dass wir in einem Fall mit „Person" Menschen bezeichnen, nur Menschen und alle Menschen, während im anderen Fall nicht alle Menschen und nicht nur Menschen Personen sind.

Wie ist das erklärlich? An dieser Stelle könnte eine kleine idealtypische Begriffsgeschichte helfen: Einer der Ankerpunkte des Personbegriff in der europäischen

Philosophiegeschichte war die Definition, die Boethius (Contra Eutychen et Nestorium IV) gab: *Individua substantia naturae rationabilis* – eine individuelle Substanz von vernünftiger Natur. Sie war nie die einzig autoritative und doch diente sie über Jahrhunderte als definitorischer Ausgangspunkt, an dem sich alle abzuarbeiten hatten. Noch heute fehlt die Formel in keinem Handbuchartikel zum Thema. Sie enthält quasi schon als Pole, was uns hier klar getrennt entgegentritt – nämlich die Betonung auf die Substanz einerseits und die Vernünftigkeit andererseits. Beides tritt in der wechselvollen Begriffsgeschichte zusammen auf: Ein Beleg wäre die Bearbeitung des Themas bei Thomas von Aquin, bei dem das Individuelle und Selbständige gerade durch das Vernünftige begründet wird, denn die vernünftigen Substanzen, so Thomas, seien in höherem Maße selbsttätig, verfügten mehr über ihre Akte als dies im Vernunftlosen der Fall sei.[2]

Der Tendenz nach lösen sich die beiden Pole voneinander. Es gibt z. B. eine Tradition, die in einer Pseudo-Etymologie erklärt, „persona" sei „per se una" – Substanz, Feststehendes, Beständiges im Vollsinn. Diese Tradition ist überraschend breit belegt und hat überraschend starke Zeugen wie Peter Abaelard.[3]

Auf der anderen Seite bewirkt z. B. der juristische Personbegriff eine Akzentverschiebung, für den Personbegriff etwas wie Zurechnung, aber auch die Befähigung zu Rechten und Pflichten beinhaltet, und damit die juridische Disjunktion von Personen und Sachen in den ethischen Begriff einträgt. Dies beeinflusst das Personkonzept eines John Locke oder auch eines Immanuel Kant, der sie den Sachen gegenüberstellt, und für den „dagegen vernünftige Wesen Personen genannt werden, weil ihre Natur sie schon als Zwecke an sich selbst, d. i. als etwas, das nicht bloß als Mittel gebraucht werden darf, auszeichnet"[4]. „Dadurch ist er (…) eine und dieselbe Person, d. i. ein von Sachen, dergleichen die vernunftlosen Thiere sind, mit denen man nach Belieben schalten und walten kann, durch Rang und Würde ganz unterschiedenes Wesen"[5].

Letztlich aber, so Mohr (2001, S. 115), begründen es weder „diachrone Identität des Subjekts noch die Fähigkeit ‚ich' zu sagen", „ein Wesen als Person zu bezeichnen, zumal wenn damit die Zuschreibung moralischer Dignität begründet werden soll."

---

[2] Thomas von Aquin, Summa Theologiae, I q. 29, a. 1, corp: „Sed adhuc quodam specialiori et perfectiori modo invenitur particulare et individuum in substantiis rationalibus, quae habent dominium sui actus, et non solum aguntur, sicut alia, sed per se agunt: actiones autem in singularibus sunt."

[3] Die Formel Abaelards „Persona quippe quasi per se una dicitur" steht in der „Expositio Symboli quod dicitur Apostolorum"; dieser und zahlreiche weitere Belege für die Formel in Dieter Teichert (1999, bes. S. 92, Anm. 264).

[4] Kant, Immanuel, Grundlegung zur Metaphysik der Sitten, AA VII, 429.

[5] Kant, Immanuel, Anthropologie in pragmatischer Hinsicht, § 1, AA VII, 127.

Person und moralischer Status

Damit wiederum gelangen wir an jene Bedeutung von Person, die wir zunächst übergangen (s. o.) hatten: „Persons are all and only those beings who possess moral standing (or who possess the highest moral standing)."

Hier wird schon klarer, dass die drei Typen nicht gleichrangig nebeneinander stehen können: 1 und 3 schließen sich wechselseitig aus. Beide können dazu herangezogen werden, Typ 2 zu begründen – aber nicht umgekehrt.

Dieser Typ 2 bestimmt sich in Kantischer Perspektive, wie Mohr schreibt, eminent in der „Möglichkeit vernünftiger Selbstbestimmung und der Achtung vor dem Sittengesetz. Hierin gründet die Selbstzweckhaftigkeit und … aus dieser folgt unmittelbar die Pflicht der wechselseitigen Achtung" (Mohr 2001, S. 115).

Für Kant ruht die fundamentale Bedeutung von Person als Objekt, als Adressat von Handlungen, als *moral patient,* wie man sagen könnte, in dessen Konstitution als *moral agent,* als autonomes Handlungssubjekt. Viele Entwürfe von der Grundlegung moralischer Verpflichtung überhaupt folgen ihm darin. Bei den beiden diskutierten Konzepten ist dies nicht der Fall.

Es muss auch nicht so sein. „Personen" haben in Singers Ethik „*highest moral standing*", weil sie die anspruchsvollsten Träger von Interessen sind, die wir kennen. Diese Interessen, Wünsche, Präferenzen oder besser deren Respektierung wird in Singers präferenzutilitaristischem Ansatz zur eigentlich verbindliche Norm. Das allgemein utilitaristische Prinzip, das Glück zu mehren, konkretisiert sich hier in der Förderung fremder Präferenzen. Das Glück zu mehren heißt, die Präferenzen der von den Handlungen Betroffenen so gut es geht zu erfüllen. Erst in diesem Horizont werden die Eigenschaften von Personen, besondere Präferenzen oder Präferenzen in besonderer Weise zu haben, ethisch relevant. Personen sind nicht aus sich heraus besonders wertvoll und sie sind es auch nicht, weil sie selbst besondere *moralische Subjekte* wären. Deshalb liegt hier auch kein naturalistischer Fehlschluss vor, wie Beauchamp[6] vermutet hat. Der hohe Rang von Person wird moralisch gerade nicht durch ihre ontologische Ausstattung bewirkt – er ergibt sich aus der vorgängigen ethischen Konzeption, nach deren Kriterien Personen ihren besonderen moralischen Status zugewiesen bekommen. Was Person als *Adressat von Handlungen* bedeutet, bestimmt sich in Rang und Inhalt eindeutig im Kontext einer ethischen Theorie – hier eben zweier ethischer Theorien, die nicht viel gemein haben. Auch wenn sich beide, vielleicht sogar alle Seiten sich Mühe geben, den moralischen Personbegriff

---

[6] „The belief persists in philosophy, religion, science, and popular culture that some special cognitive property of persons like self-consciousness confers a unique moral standing. However, no set of cognitive properties confers moral standing, and metaphysical personhood is not sufficient for either moral personhood or moral standing. Cognitive theories all fail to capture the depth of commitments embedded in using the language of „person." It is more assumed than demonstrated in these theories that nonhuman animals lack a relevant form of self-consciousness or its functional equivalent. Although nonhuman animals are not plausible candidates for moral personhood, humans too fail to qualify as moral persons if they lack one or more of the conditions of moral personhood. If moral personhood were the sole basis of moral rights, then these humans would lack rights – and precisely for the reasons that nonhuman animals would" (Beauchamp 1999, 310 f.).

gleichsam aus dem metaphysischen herauswachsen zu lassen: Der Überstieg von der ontologischen Festschreibung zur moralischen Relevanz, dem *moral standing*, wird durch die vorgelagerten Theorien geleistet.

Gerade deshalb ist „Person" eine echte Schlüsselkategorie in der Ethik: In ihr kulminiert und kristallisiert sich die ganze Architektur einer ethischen Theorie, wie eben Singers Präferenz-Utilitarismus. Der fundamentale Dissens über das, was Person ausmacht, ist zugleich Indikator für den noch fundamentaleren Dissens in der Frage, was gutes menschliches Handeln überhaupt ausmacht und worin die moralischen Qualitäten des Menschseins liegen.

„Ein Mensch sein" hat viele denkbare Bedeutungen – nicht nur *homo sapiens* sein oder eine bestimmte Zahl von Chromosomen haben. Dass „Menschsein" aber selbst zur Grundlage eines besonders hohen moralischen Status wird, gemäß der „konservativen" Position, verdankt sich wiederum einem umfassenden Entwurf eines sittlichen Kosmos, indem eben diese Eigenschaft zur Auszeichnung wird. Genau deshalb ist es von diesem Standpunkt aus Unfug, wenn man ihm vorhält, „Person" sei einfach nur eine Dopplung von „Mensch" – in „Person" geht die Anerkennung von Qualitäten als moralrelevant ein.

Der Knotenpunkt der Argumentationen

Person ist ein sogenanntes „*thick concept*", einer jener Begriffe, die zugleich einen Sachverhalt behaupten *und* ihn bewerten. (So wie etwa „Versagen" ein Scheitern benennt, und zugleich als schuldhaftes qualifiziert.) Wenn wir etwas Person nennen, dann bezeichnen wir damit eben gleichzeitig einen bestimmten Sachverhalt und ordnen ihm zugleich eine bestimmte moralische Relevanz zu.

Entsprechend können wir das Ergebnis differenzieren:

In „Person" kulminieren Ansprüche, die aus vorgelagerten theoretischen und praktischen Theorien resultieren und die nicht umgekehrt von Persondefinitionen abhängen. Das macht es nicht schwer, sondern unmöglich, die Personbegriffe wechselseitig zu übersetzen. Eine „integrierte Theorie der Person", von der Herrmann (2001, S. 183) sprach, ist nirgendwo in Sicht. Über Bedeutung von Person im Sinne von semantischer Bedeutung wird man sich wegen der Theorieabhängigkeit noch lange streiten. Sollte man umgekehrt den Streit um die semantische und pragmatische Bedeutung von Person wie Birnbacher (2001, 310 ff.) zu einem Streit um des Kaisers Bart erklären? Sollen wir also der Empfehlung folgen, und den Personbegriff ganz vermeiden?

Das ist wenig hilfreich, denn im Personbegriff oder den Personbegriffen verdichten sich wiederum Ansprüche, die ohne sie nicht zu formulieren wären. Sie sind Knotenpunkte in Argumentationen, die umgekehrt ohne sie so nicht zu formulieren wären – eben *die* Auszeichnung von besonderen Wesen, von Entitäten im Gesamt eines ethischen Ansatzes. Hier hat der Begriff Person seine Bedeutung, d. h. *semantischen Sinn* und argumentative *Relevanz*. Das spricht gegen das Unterfangen, den Personbegriff aus der Ethik tilgen zu wollen.

Person als moralisches Agens

Dagegen spricht noch ein letztes: Dass nämlich der ganze Streit um Person den Blick verengt auf die Funktion von Person als *„moral patient"*, als Objekt einer Handlung. Man *muss* nicht den Anspruch der Person als *Handlungsobjekt* auf deren Sonderheit als *Handlungssubjekt* gründen. Man muss die Verpflichtung, dass wir Personen auf eine angemessene Weise behandeln müssen, nicht begründen damit, dass sie selbst auf besondere Weise handeln können. Dabei hat die Tradition des Personbegriffs eine Fülle von Ansätzen formuliert, die mir durch die *moral-patient*-Perspektive ungebührlich überlagert und verstellt scheinen und die „Person" in der Ethik noch eine andere Bedeutung verleihen. Dazu zählten die phänomenalen Eigenarten von Person wie etwa Gewissen oder Befähigung zu Klugheit – ein ganzes Bündel von Fähigkeiten, die Personen, verstanden als geistbegabte Individuen zu den Ankerpunkten von Verantwortung machen können. Wem „geistbegabt" zu pathetisch klingt, kommt vielleicht Sturmas Definition entgegen, Person sei eine „Lebensform einer vernünftigen Existenz, die für Gründe empfänglich ist und aus Gründen heraus handeln kann" (Sturma 2001b, S. 345). Es gehört zu den reizvollen Aspekten einer ethischen Theorie der Person als *moralisches Agens,* dass sie auf andere Personen adäquat eingehen kann und auch auf Nicht-Personen.

Literatur

Beauchamp T (1999) The failure of theories of Personhood. Kennedy Inst Ethics J 9(4):309–324
Birnbacher D (2001) Selbstbewusste Tiere und bewusstseinsfähige Maschinen – Grenzgänge am Rand des Personenbegriffs. In: Sturma D (Hrsg) Philosophiegeschichte – Theoretische Philosophie – Praktische Philosophie. Person, Paderborn, S 301–319
Frankfurt H (1971) Freedom of the will and the concept of a person. J Philos 68:15–20
Herrmann M (2001) Der Personbegriff in der analytischen Philosophie. In: Sturma D (Hrsg) Philosophiegeschichte – Theoretische Philosophie – Praktische Philosophie. Person, Paderborn, S 167–185
Honnefelder L (1993) Der Streit um die Person in der Ethik. Philosophisches Jahrbuch 100:246–265
Kant I Anthropologie in pragmatischer Hinsicht. Grundlegung zur Metaphysik der Sitten
Kuhse H, Singer P (1999) Individuen, Menschen, Personen: Fragen des Lebens und Sterbens. St. Augustin
Kunzmann P (2006) Meine Tante ohne mich. Über das un-bestreitbare Personsein von Demenzpatienten. In: Aldebert H (Hrsg) Demenz verändert. EB – Verlag, Schenefeld, S 129–143
Locke J (1979) An essay concerning human understanding. In: Nidditch PH von (Hrsg) Oxford University, Oxford
Lomasky L (1992) Person, concept of. In: Becker LC (Hrsg) Encyclopedia of Ethics. New York
Mohr G (2001) Der Begriff der Person bei Kant, Fichte und Hegel. In: Dieter S (Hrsg) Philosophiegeschichte – Theoretische Philosophie – Praktische Philosophie. Person, Paderborn, S 103–137
Pfordten D (2003) Tierwürde nach Analogie der Menschenwürde? In: Andreas B (Hrsg) Tiere Beschreiben. Erlangen, S 105–118
Quante M (2007) Person. Berlin

Schmidinger H (1994) Der Mensch ist Person. Insbruck

Seel M (1995) Versuch über die Form des Glücks: Studien zur Ethik. Frankfurt a. M.

Singer P (1994) Praktische Ethik, 2., rev. u. erw. Aufl. Stuttgart

Singer P (1998) Leben und Tod. Erlangen

Spaemann R (1987) Das Natürliche und das Vernünftige: Essays zur Anthropologie. München

Sturma D (2001a) Person und Philosophie der Person. In: Paderborn D (Hrsg) Person. Philo-so-phiegeschichte – Theoretische Philosophie – Praktische Philosophie. Mentis-Verlag S 11–21

Sturma D (2001b) Person und Menschenrechte. In: Ders. (Hrsg) Philosophie-geschichte – Theore-tische Philosophie – Praktische Philosophie. Person, Paderborn S 337–359

Teichert D (1999) Personen und Identitäten. Walter De Gruyter Inc, Berlin

Theunissen M (1966) Skeptische Betrachtungen über den anthropologischen Personbegriff. In: Rombach H (Hrsg) Die Frage nach dem Menschen. FS M. Müller, Freiburg-München, S 461–490

Weier W(1986) Phänomene und Bilder des Menschseins. Rodopi, Amsterdam

Wils J (1997) Person – Ein sinnloser Begriff in der Ethik? In: Strasser P, Starz E (Hrsg) Personsein aus bioethischer Sicht: Tagung der österreichischen Sektion der IVR in Graz 29. und 30. November 1996. F. Steiner, Stuttgart, S 26–42

Wimmer R (1999) Ethische Aspekte des Personenbegriffs. In: Engels E-M (Hrsg) Biologie und Ethik. Stuttgart, S 329–345

Wittgenstein L (1960) Philosophische Untersuchungen. In: Schriften 1 (Ders.), Frankfurt a. M., S 279–544

Teil V
Menschen-Bilder und Wissenschaft: Philosophie

Kapitel 21
Die Freiheit des Willens und der Pfeil der Zeit

Anton Friedrich Koch

Weil sich in der Natur freie Akteure entwickelt haben, ist die Zeit asymmetrisch ausgerichtet, hat sie also einen „Pfeil", und zwar nun auch rückwirkend für den Zeitraum, als es noch keine freien Wesen gab, und vorgreifend für die Zeit, wenn es keine freien Wesen mehr geben wird. Das ist die These dieses Aufsatzes. Vertreten werden soll also eine *Freiheitstheorie des Zeitpfeils*. Sie wird von drei wesentlichen Ingredienzien zehren: erstens von der internen Struktur der Wahrheit als der Quelle unseres Verständnisses a priori der asymmetrischen Zeitstruktur, zweitens von der Willensfreiheit, die es uns erlaubt, die Struktur der Wahrheit asymmetrisch auf die Zeitreihe zu übertragen, und drittens von einem vorgängigen Wesensbezug der Zeitreihe zur menschlichen Subjektivität, der die Bedingung der Möglichkeit dafür ist, dass freie Akteure die Struktur der Wahrheit als Asymmetrie in der Zeitreihe implementieren und dann a priori wiedererkennen können.

I. Die Modi der Zeit und die Aspekte der Wahrheit

Wir nehmen den Raum egozentrisch wahr und legen dabei unseren je eigenen Leib als Bezugsrahmen für die Verankerung eines informellen dreidimensionalen Koordinatensystems zugrunde, das seinen Ursprung im fiktiven Schnittpunkt einfallender Lichtwellen irgendwo hinter unseren Augen haben dürfte. Es ist uns klar, dass andere Personen dasselbe Verfahren zur Verankerung der räumlichen Indikatoren („hier", „da vorne", „da oben", „rechts" usw.) anwenden, und wir wissen uns entsprechend zu benehmen, wenn wir miteinander reden, haben dies ja auch in unserem Spracherwerb von Älteren so gelernt und tragen die Lehre weiter an die Jüngeren. Kein Ort im Raum ist absolut *hier* oder *rechts*, absolut *hinten* oder *unten*, sondern jedes Subjekt ist sich selbst das hiesige und teilt sich den Raum nach den Fluchtlinien ein, die von seinem Leib wegführen.

A. F. Koch (✉)
Philosophisches Seminar der Universität Heidelberg, Schulgasse 6,
69117 Heidelberg, Deutschland
E-Mail: a.koch@uni-heidelberg.de

M. Hilgert, M. Wink (Hrsg.), *Menschen-Bilder,*
DOI 10.1007/978-3-642-16361-6_21, © Springer-Verlag Berlin Heidelberg 2012

Mit der Zeit verhält es sich anders; sie stellen wir uns nicht egozentrisch, sondern nunkzentrisch vor. Zwar ist auch das *Nunc* nicht absolut, sondern als konkret gefülltes flüchtig – kaum gekommen, schon vergangen –, und als leeres, reines, abstraktes Jetzt wandert es gleichsam an der Zeitgeraden entlang Richtung Zukunft (und nimmt uns ein Stück weit mit, bis wir sterben). Aber es ist doch, nicht zuletzt wegen seines unerbittlichen Wanderns, intersubjektiv verbindlicher als das *Ego*. Nicht durch mich und meine Lebenszeit wird definiert, was *jetzt* oder *gegenwärtig* ist, sondern die Gegenwart gehört (unbeschadet kleiner Einschränkungen durch die Spezielle Relativitätstheorie) uns allen gleichermaßen; aber nicht für immer, denn sie wandert weiter in die Zukunft, bzw. die Zeitgerade zieht durch sie hindurch in die Vergangenheit, und früher oder später wird es für niemanden unter den Jetzigen mehr eine Gegenwart geben. Dass jeweils ein Zeitpunkt sich gegen alle anderen als der gegenwärtige *aufspreizt* (mit Hegel zu reden) und dass dies längs der Zeitreihe mit gleichförmiger „Geschwindigkeit" in die Richtung der Zukunft geschieht, unterscheidet die Zeit grundsätzlich vom Raum. Andererseits kann sie raumanalog als eine Linie konzipiert werden. Diese beiden Sachverhalte erlauben es, mit dem britischen Philosophen McTaggart eine lebensweltliche A-Reihe, eine halbwissenschaftliche B-Reihe und eine streng wissenschaftliche C-Reihe der Zeit zu unterscheiden, wobei in der A-Reihe die Differenz zum Raum voll, in der hybriden B-Reihe halb und in der C-Reihe nicht entwickelt ist.[1]

In der A-Reihe werden die Ereignisse ausgehend von der jeweiligen Gegenwart in zukünftige, gegenwärtige und vergangene eingeteilt. („Der Winter ist vergangen, jetzt ist Frühling und bald Sommer.") In der B-Reihe spielen Zukunft, Gegenwart und Vergangenheit – die Modi der Zeit – keine Rolle mehr, sondern werden die Ereignisse objektiv als frühere und spätere geordnet (erst die Arbeit, dann der Feierabend). Die C-Reihe schließlich ist die B-Reihe ohne zeitliche Asymmetrie. Hier wird die Zeit als eine Linie ohne Pfeil gedacht. Es gibt auf ihr nur Ereignisse, die sozusagen zeitlich links oder zeitlich rechts von anderen Ereignissen liegen.

In den Naturwissenschaften wird von der A-Reihe abstrahiert und die Zeit als B-Reihe betrachtet. Die B-Reihe entsteht aber durch eine Überlagerung der A-Reihe (vergangen, gegenwärtig, zukünftig) und der C-Reihe (zeitlich rechts, zeitlich links). Das Frühere liegt nur deshalb nicht einfach zeitlich „links" (oder „rechts") vom Späteren, sondern kommt *früher*, weil es *vergangen* ist, wenn das Spätere *gegenwärtig* ist. So zehrt die B-Reihe begrifflich von der A-Reihe. Wenn man von der A-Reihe abstrahiert, dürfte die Zeit daher strenggenommen nur als C-Reihe betrachtet werden, und so geschieht es auch in der fundamentalen Naturwissenschaft, der Quantenphysik, die keinen Pfeil der Zeit kennt.

Wenn man aber von der A-Reihe abstrahieren kann, so dass nur die C-Reihe übrig bleibt, dann müsste man auch umgekehrt von der C-Reihe abstrahieren können, so dass nur die A-Reihe übrigbliebe, also nur Zukunft, Gegenwart und Vergangenheit ohne Sukzession, ohne quasiräumliches Außereinander. Das ist zugegebenermaßen ein seltsamer Gedanke: Zukunft, Gegenwart und Vergangenheit nicht nacheinander (in der B-Reihe) oder nebeneinander (in der C-Reihe), sondern ineinander

---

[1] McTaggart 1908.

verschachtelt und verkeilt. Die reine A-Reihe wäre also gar keine *Reihe* mehr, sondern ein Strukturganzes aus ursprünglicher Zukunft, Gegenwart und Vergangenheit ohne das quasiräumliche Außereinander von Zeitpunkten, d. h. ohne zeitliche Sukzession. Wir müssen also streng zwischen der sukzessiven *A-Reihe der Zeit* und der nichtsukzessiven *reinen A-Zeit* unterscheiden, die dem nahekommen dürfte, was sonst in der Metaphysik unter der Ewigkeit verstanden wurde: ein Jetzt, das sich nicht mehr längs der Zeitgeraden bewegt, sondern stillsteht jenseits der Zeitgeraden. Aber der Unterschied ist, dass unsere reine, nichtsukzessive A-Zeit nicht bloß Gegenwart, sondern gleichermaßen Vergangenheit und Zukunft, alles in einem, sein soll. Und dies, so könnte man gegen die metaphysische Tradition einwenden, ist der bessere, der angemessene Begriff der Ewigkeit.

Natürlich ist die nichtsukzessive A-Zeit fürs erste nur ein Abstraktionsprodukt. De facto tritt sie nie für sich, sondern nur sukzessiv, als Reihe, also nur in Verbindung mit der C-Reihe auf – es sei denn, es gäbe so etwas wie ein Proustsches Wiederfinden der verlorenen Zeit. Dann wäre die reine A-Zeit konkret erlebbar und tatsächlich die bessere Ewigkeit: ein Zusammenfallen von Zukunft, Gegenwart und Vergangenheit, das von der zeitlichen Sukzession, die weiterhin vorkäme, nicht gestört werden könnte: das „Jetzt" der Erlösung, obwohl das Wort „Jetzt" unpassend wäre, weil es die Gegenwart auf Kosten der Zukunft und der Vergangenheit hervorheben würde, die doch zur Ewigkeit als reiner A-Zeit auch dazugehören würden.

Doch gleichviel, ob die A-Zeit nur Abstraktionsprodukt oder auch erlebbar ist, wir alle verstehen – und darauf kommt es im Augenblick an – die Zukunft, Gegenwart und Vergangenheit jedenfalls nicht aus der zeitlichen Folge, sondern umgekehrt die zeitliche Folge aus unserem Wissen a priori von den zeitlichen Modi. (Heidegger hat in *Sein und Zeit* als erster diese These aufgestellt. Die reine A-Zeit heißt bei ihm ursprüngliche Zeitlichkeit.)

Was wir a priori wissen, wissen wir aufgrund unseres Verständnisses des Faktums der Wahrheit. Das Faktum der Wahrheit ist der Sachverhalt, dass wir Wahrheitsansprüche erheben. Die Wahrheit aber hat drei wesentliche Aspekte, die sich dann wohl zu den drei Modi der Zeit in Beziehung setzen lassen müssen – und tatsächlich setzen lassen –, einen realistischen, einen pragmatischen und einen phänomenalen Aspekt.

Der realistische Aspekt der Wahrheit ist unsere allgemeine vortheoretische Objektivitätsthese, auf die wir uns in unseren diversen Wahrheitsansprüchen mit festlegen. Wir unterstellen nämlich, dass dasjenige, was wir als der Fall seiend beanspruchen, unabhängig davon der Fall ist, dass wir den betreffenden Wahrheitsanspruch erheben. (Auch wenn ich gar nicht daran dächte, dass Heidelberg am Neckar liegt, läge Heidelberg am Neckar.) Es gibt also kein sprachspielinternes Gütesiegel – Konsens, Kohärenz, gerechtfertigte Behauptbarkeit oder was auch immer –, kraft dessen eine Meinung wahr und der gemeinte Inhalt der Fall wäre; sondern wenn etwas, völlig unabhängig von unserer Meinung der Fall ist, dann ist die Meinung, sofern sie dieses Der-Fall-Seiende zum Inhalt hat, wahr.

Es gibt eine philosophische Extremposition, die den realistischen Wahrheitsaspekt mit der Wahrheit gleichsetzt oder vielmehr verwechselt. Das ist der *metaphysische Realismus*. Aber diese Position lässt sich nicht halten; denn sie hätte zur Folge, dass die Dinge als völlig unabhängig von unseren Meinungen, d. h. als Dinge an sich, begriffen werden müssten, zu denen es keinen Erkenntniszugang geben *kann*. Wahrheit würde dann zu einer bloß faktischen, unentdeckbaren Korrespondenz des Denkens mit einer unerkennbaren Wirklichkeit. Unser Bemühen um Erkenntnis würde zum Ratespiel, und zwar ohne die Möglichkeit, herauszufinden, ob wir richtig oder falsch raten.

Ein Gegengewicht zu unseren realistischen Tendenzen haben wir am pragmatischen Wahrheitsaspekt. Unsere Wahrheitsansprüche sind keine bloßen Wetten, keine Ansprüche, richtig geraten zu haben, sondern Wissensansprüche; sie unterliegen daher Begründungspflichten. Doch auch hier drohen Einseitigkeiten, diejenigen des Pragmatismus. Wahr ist dem Pragmatismus zufolge das, was zu glauben gut ist oder was zu glauben sich lohnt und auszahlt, also etwa das, was sich nach bestimmten Regeln erfahren, erleben, erkennen, begründen oder rechtfertigen lässt. So wird das Wahrheitsprädikat im Pragmatismus tendenziell zu dem sprachspielinternen Gütesiegel der berechtigten Behauptbarkeit. Der Dissens unter den Pragmatisten betrifft nur noch die Frage, worin die berechtigte Behauptbarkeit besteht: im Konsens aller oder der meisten oder der kompetentesten Debattanten oder in interner Kohärenz eines ganzen Systems von Meinungen usw. usf.

Bleibt drittens der phänomenale Wahrheitsaspekt. Aristoteles hatte ihn vor Augen, als er den Aussagesatz als den *logos apophantikos*, den ans Licht bringenden, aufzeigenden oder sehenlassenden Satz bestimmte. Mittels eines Aussagesatzes lassen wir eigens etwas sehen, was in der Vielfalt dessen, was sich uns in der Wahrnehmung – also in sensorischer, sozusagen *analoger* Repräsentation – zeigt, leicht unbeachtet bleiben könnte. Aus dieser Vielfalt greifen wir in begrifflicher, sozusagen *digitaler* Repräsentation ein Detail heraus und bringen es in den Brennpunkt der Aufmerksamkeit, wenn wir sagen, was wir wahrnehmen. Unter ihrem phänomenalen Aspekt betrachtet, erscheint die Wahrheit daher einseitig als unmittelbares Offenbarsein des Realen. Dabei wird übersehen, dass wir dem Offenbarsein der Dinge auch tätig entgegenkommen müssen und sie in die Unverborgenheit bringen müssen. Unverborgenheit, *alêtheia*, ist das griechische Wort für Wahrheit. Heidegger, der den phänomenalen Aspekt der Wahrheit betont, sagt daher statt „Wahrheit" meistens „Unverborgenheit".

Versuchen wir nun, die Modi der Zeit von den Aspekten der Wahrheit her zu verstehen. Der pragmatische Wahrheitsaspekt verweist, wie der Name schon sagt, auf unsere Praxis. Diese gründet in unserem Wollen, und das Wollen jedes Menschen ist auf ein letztes Ziel hin orientiert, das man mit Aristoteles formal als das Glück, *eudaimonia*, konzipieren kann. Aus unserem praktischen Bezug auf das Glück als letztes Ziel verstehen wir a priori die Zukunft.

Aus den beiden anderen Wahrheitsaspekten sollten sich dann die beiden übrigen Zeitmodi verstehen lassen. Aber nehmen wir einen kleinen Umweg. Traditionell werden in der Philosophie (etwa bei Kant) drei „Seelenvermögen" unterschieden: Wollen, Fühlen und Erkennen. Das Wollen vermittelt, wie gesehen, zwischen dem pragmatischen Wahrheitsaspekt und dem Zeitmodus der Zukunft. Vielleicht lassen sich auch das Fühlen und das Erkennen für entsprechende Vermittlungsdienste in Anspruch nehmen.

Was zunächst den realistischen Wahrheitsaspekt angeht, so ist zu bedenken, dass wir uns als Naturwesen nicht erschaffen, sondern uns „immer schon" vorfinden in apriorischer Vergangenheit. Wir finden uns vor vermöge dessen, was die Tradition das „Gefühl der Lust und Unlust" nennt. Mit Lust und Unlust reagieren wir unwillkürlich (ob wir wollen oder nicht) auf das, was ohne unser Zutun immer schon der Fall ist. So vermittelt das Gefühl der Lust und Unlust zwischen dem realistischen Wahrheitsaspekt und dem Zeitmodus der Vergangenheit.

Bleibt der phänomenale Wahrheitsaspekt. Im Erkennen, besonders in der Wahrnehmung, sind wir in apriorischer Gegenwart bei den Dingen, von denen wir uns in Freiheit jeweils lösen können (um nach vorn in die Zukunft zu schreiten). Wahrnehmbar ist überhaupt nur das zeitlich Gegenwärtige; das Vergangene kann nur erinnert und das Zukünftige nur erwartet werden. Die Wahrnehmung also vermittelt zwischen dem phänomenalen Wahrheitsaspekt und dem Zeitmodus der Gegenwart.

Kraft dieser Zusammenhänge verfügen wir über ein reiches Verständnis a priori der Zeitmodi (unabhängig von unserem Verständnis der Zeit*folge*) aus dem Faktum der Wahrheit. Das ist das erste Ingrediens unserer Freiheitstheorie des Zeitpfeils. Da nun ferner Fühlen, Wollen und Erkennen unser Handeln anleiten, wird auch das Handeln und das, was ihm zugrunde liegt, unsere Willensfreiheit, auf Wahrheit und auf Zeit bezogen sein. Damit kommen wir zum zweiten Ingrediens der Theorie.

II. Freiheit, Wahrheit, Zeit und der Determinismus nach Naturgesetzen

Auch die Freiheit wird also drei wesentliche Aspekte haben. Leibniz identifiziert sie als Intelligenz, Spontaneität und Kontingenz.[2] Mit Kant würde man sie als Autonomie des Willens, Unabhängigkeit vom Naturzusammenhang und Freiheit der Willkür (oder Wahlfreiheit) bezeichnen. Ich nenne sie den praktischen, den kosmologischen und den elektoralen Freiheitsaspekt.

Gemäß dem praktischen Freiheitsaspekt ist unser Wille autonom, selbstgesetzgebend, und das Gesetz, das er sich gibt, ist das der Universalisierbarkeit von Handlungsmaximen. Kants kategorischer Imperativ wäre als eine mögliche Formel der Willensautonomie zu nennen: Handle so, dass die Maxime deines Handelns zugleich als ein allgemeines Gesetz gelten könnte. Es ist offenkundig, dass der praktische Freiheitsaspekt, die Autonomie des Willens, mit dem pragmatischen Wahrheitsaspekt, dem Seelenvermögen des Wollens und dem Zeitmodus der Zukunft in eine Reihe gehört. Die Autonomie des Willens gibt unserem natürlichen Streben nach Glück eine neue, vernünftige Richtung.

In die Reihe: realistischer Wahrheitsaspekt, Gefühl der Lust und Unlust, Vergangenheit, passt der elektorale Freiheitsaspekt, also die Wahl- oder Willkürfreiheit. Denn mit der Bipolarität von Lust und Unlust sind zwei Weisen vorgezeichnet, wie

---

[2] Leibniz 1968, 320 (§ 288).

unsere Vergangenheit, wie unsere faktische Natur, die wir immer schon mitbringen, uns naturwüchsig voranschreiten lässt: durch Streben oder Fliehen, durch Tun oder Lassen, durch eine Wendung nach rechts oder nach links auf dem Weg nach vorn in die Zukunft. Diese naturwüchsige Wahl wird durch den elektoralen Freiheitsaspekt konterkariert.

Für den kosmologischen Freiheitsaspekt, die Unabhängigkeit vom Naturzusammenhang, bliebe dann die Reihe: phänomenaler Wahrheitsaspekt, Wahrnehmung, Gegenwart, übrig, was auch insofern sinnvoll und angemessen erscheint, als wir in der Wahrnehmung jeweils bei den Dingen und in deren Gegenwart sind, von deren Naturzusammenhang wir uns dank dem kosmologischen Freiheitsaspekt jeweils auch lösen können, um nicht naturwüchsig und heteronom, sondern selbstbestimmt und autonom in die Zukunft voranzuschreiten. Der kosmologische Aspekt relativiert also unser Sein bei den Dingen und ist derjenige, kraft dessen die Freiheit mit dem Naturdeterminismus unverträglich ist.

Die Zukunft wird, um kurz zu resümieren, ursprünglich verstanden aus dem pragmatischen Aspekt der Wahrheit und ist durch dessen Vermittlung geprägt vom praktischen Aspekt der Freiheit, der Autonomie des Willens. Ebenso ist die Vergangenheit über den realistischen Aspekt der Wahrheit geprägt vom elektoralen Aspekt der Freiheit, der natürlichen Wahlfreiheit, in die wir ohne unser Zutun „geworfen" sind und in der wir uns immer schon vorfinden. Die Gegenwart ist über den phänomenalen Aspekt der Wahrheit geprägt vom kosmologischen Aspekt der Freiheit, der Unabhängigkeit vom Naturzusammenhang. Eingedenk dieser Verbindungen von Wahrheit, Freiheit und Zeit, können wir uns nun der Zeitstruktur zuwenden.

Wahrnehmbar ist nur die gegenwärtige Zeit, andere Zeiten müssen erinnert oder durch induktive Folgerungen erschlossen werden („es donnert, also muß es soeben geblitzt haben", „es blitzt, also wird es gleich donnern", usf.). Induktives Schließen entlang der Zeitreihe setzt aber voraus, dass die Zeitpunkte, was ihre Füllung mit Ereignissen angeht, einander nach strengen Gesetzen determinieren. Jeder Weltzustand hängt mit jedem früheren und späteren Weltzustand nach strengen Naturgesetzen zusammen. Dies ist eine weitere Disanalogie von Zeit und Raum. Die Zeit ist dem Gesagten zufolge anders als die Dimensionen des Raumes eine Determinationsachse für den kosmischen Prozess. Aber dieser strenge zeitliche Determinismus nach Naturgesetzen, der dem kosmologischen Freiheitsaspekt im Wege stehen könnte, macht noch nicht den Pfeil der Zeit verständlich, denn frühere Zeiten sind durch spätere ebensosehr determiniert wie spätere durch frühere.

Dann aber lässt der Determinismus nach Naturgesetzen auch die Frage unbeantwortet, wie es möglich ist, die Zukunft von der Vergangenheit a priori zu unterscheiden. Diese Unterscheidung muss, weil wir sie a priori treffen, mit uns selbst zu tun haben, und zwar mit uns, sofern wir Wahrheitsansprüche erheben, also sprechen. Ein Teil der Antwort liegt, wie wir gesehen haben, im Wahrheitsbegriff selber: Aus dem pragmatischen Aspekt der Wahrheit verstehen wir a priori die Zukunft, aus dem phänomenalen die Gegenwart und aus dem realistischen die Vergangenheit. Nur müssen diese Differenzierungen eben auch auf der Zeitgeraden implementiert werden; der schieren C-Reihe der Zeit kann man ja unmöglich ansehen – weder a posteriori noch a priori –, welcher Zeitpunkt gerade der gegenwärtige und welche Richtung die der

Zukunft, welche die der Vergangenheit ist. Da das Faktum der Wahrheit mit unser-
eins, näher mit unserem phylogenetischen Spracherwerb, in die Welt gekommen ist,
wird die Implementierung der Wahrheitsstruktur und des Zeitpfeils in der Zeitreihe
mit uns und unserem Sprechen zu tun haben. Spezifisch für sprechende gegenüber
nichtsprechenden Wesen in der Einwirkung auf die Welt ist die begriffliche Artikulation ihres Begehrungsvermögens, also der Sachverhalt, dass sie einen Willen haben
und sich als frei verstehen. Also wird der Zeitpfeil wesentlich auf unseren freien
Willen bezogen sein; und es kommt nun darauf an, den Zusammenhang zu finden
zwischen der Existenz freier Subjekte und dem Sachverhalt, dass die Zukunft offen
und planbar und die Vergangenheit determiniert und erinnerbar ist.

Dazu muss man sich klarmachen, dass der Naturdeterminismus ein bedingter
Determinismus ist; denn die Naturgesetze haben konditionale Form: „Wenn die
Welt zum Zeitpunkt t_x im Zustand x ist, so ist sie zum Zeitpunkt t_y im Zustand y".
Andererseits gelten die Naturgesetze streng, d. h. ausnahmslos. Wenn die Freiheit
real ist, muss es wegen ihres kosmologischen Aspektes eine Unabhängigkeit vom
Naturgeschehen geben; aber sie kann den strengen Bedingungszusammenhang der
Naturgesetze nicht beeinträchtigen. Es bleiben für mögliche Bestimmtheitslücken
also allein die jeweiligen Rand- oder Anfangsbedingungen, d. h. die bedingenden
Weltzustände übrig. Gesetze oder Weltzustände – tertium non datur. Wenn wir die
Freiheit nicht in Gesetzeslücken finden können (weil es dergleichen nicht gibt),
müssen wir sie in Bestimmtheitslücken der Weltzustände suchen. Freiheit ist also
nur dann real, wenn es in den Weltzuständen objektive Unbestimmtheiten gibt, Lücken im Der-Fall-Sein selber, die auf der Ebene der Sprache die Form von Wahr-
heitswertlücken haben.

Allerdings gilt in der klassischen Logik das Bivalenzprinzip: Sätze sind entweder wahr oder falsch. Also müssen jene Unbestimmtheiten, da sie zu Wahrheitswert-
lücken führen, prinzipiell unentdeckbar sein. Nur dann kann die Zweiwertigkeit
wenigstens als regulatives Prinzip in Kraft bleiben. Denn nur dann können wir angesichts einer offenen Frage zum Stand der Dinge nie sicher sein, auf eine objektive
Unbestimmtheit gestoßen zu sein, sondern müssen stets gewärtigen, dass nur eine
Lücke in unserem Wissen vorliegt, die durch weiteres Nachforschen geschlossen
werden könnte.

Auch objektive Lücken, im Sein selber, können im Prinzip geschlossen werden,
aber nicht durch Theorie, sondern nur durch Praxis. Solange jedoch keine freien
Akteure in der Welt auftreten, werden sich jene Lücken gemäß dem Naturdeterminismus von einem Weltzustand auf den nächsten vererben, oder vielmehr wird,
da dann noch kein Pfeil der Zeit existiert, das intrinsische Bestimmtheitsdefizit der
Welt in beiden zeitlichen Richtungen konstant bleiben.

III. In drei Schritten zur Freiheitstheorie des Zeitpfeils

Versuchen wir nun, die Freiheit in drei Schritten so einzuführen, dass die Bedingungen der Möglichkeit des Zeitpfeils schrittweise erfüllt werden.

In einem ersten Schritt nehmen wir an, dass zu jedem Zeitpunkt, zu dem ein freies Subjekt existiert, eine freie Handlung erfolgen kann, durch die eine Seinslücke geschlossen, d. h. eine Unbestimmtheit in der Welt beseitigt wird. Mit dem Platonischen Schöpfungsmythos im *Timaios* könnte man sagen, dass der Demiurg – der göttliche Welthandwerker – zwar den Rohbau der Welt erstellt hat, dass aber für die innerweltlichen Subjekte noch Malerarbeiten zu erledigen übrigblieben. Die innerweltlichen Akteure komplettieren also die Welt von innen und erhöhen durch ihre freien Handlungen die kosmische Bestimmtheit. Diese nimmt entlang des Zeitpfeils zu, solange freie Akteure in der Welt existieren.

Doch das ist nur die eine Seite einer doppelten Ansicht von der Zeit und ihrem Pfeil; denn gemäß dem Naturdeterminismus wird sich andererseits jeder neue kosmische Bestimmtheitsgrad symmetrisch in beiden zeitlichen Richtungen fortpflanzen, so dass durch eine freie Handlung die Welt insgesamt, einschließlich der Vergangenheit, eine andere, bestimmtere wird, als es die „vorige", nun untergegangene Welt war.

Es zeigt sich hier – das ist der zweite Schritt – die Notwendigkeit einer zweidimensionalen Betrachtung der Zeit, die Notwendigkeit einer doppelten zeitlichen Buchführung sozusagen. Dem entspricht phänomenal das Verfließen der Zeit, das „Wandern" des abstrakten Jetzt entlang der Zeitgeraden oder der Zeitgeraden durch das abstrakte Jetzt hindurch, das uns vertraut ist und uns doch verwirrt, weil die Zeit selber als das Maß der Veränderung ihrerseits sich nicht ändern oder verfließen zu können scheint. Aus diesem Grund können Theorien, die die Zeit ausschließlich eindimensional betrachten (nur eine einfache zeitliche Buchführung anerkennen), dem Phänomen des Verfließens der Zeit nicht Rechnung tragen. Mit der Freiheitstheorie des Zeitpfeils erfüllen wir en passant auch dieses Desiderat. Wir zerlegen also um der doppelten Buchführung willen die eine, eindimensionale Zeit in Gedanken in eine Naturzeit und eine Handlungszeit, und dies so, dass in der Handlungszeit die Bestimmtheit der jeweils ganzen Naturzeit, d. h. der ganzen naturzeitlichen Welt, durch freie Handlungen zunehmen kann. Mit der Zeit ändert sich die Zeit, und zwar die ganze Zeit bzw. der ganze Weltprozess einschließlich der Vergangenheit und der Zukunft. Indem ich jetzt eine Bestimmtheitslücke fülle, sorge ich dafür, dass von jetzt an gilt, dass diese Lücke seit Anbeginn der Welt gefüllt bzw. dass ihre jetzige Füllung durch frühere Weltzustände hinreichend nach Naturgesetzen bedingt war.

Betrachten wir eine freie Handlung, die zu einem bestimmten Zeitpunkt geschieht, sagen wir zum Jahresbeginn 2010 mitteleuropäischer Zeit. Irgend jemand mag aus freien Stücken genau um Mitternacht eine Silvesterrakete abgefeuert haben. Da das Abfeuern frei geschah, war bis Ende 2009 objektiv unbestimmt, ob es eintreten würde oder nicht. Die Welt vor 2010 hatte in dieser Hinsicht eine Seinslücke, und zwar die ganze damalige Welt einschließlich ihrer damaligen Vergangenheit und damaligen Zukunft, d. h. einschließlich ihrer ganzen damaligen Naturzeit. Durch das Abfeuern der Rakete ist diese Lücke ein für allemal geschlossen worden: Die Welt bzw. die Naturzeit seit 2010 ist insgesamt, einschließlich Vergangenheit und Zukunft, eine andere als die Welt bzw. die Zeit vor 2010. Es gibt also einen Sinn, in dem man sagen kann, dass mit jeder freien Handlung eine ganze Welt und ihre ganze Naturzeit verlorengeht, freilich meistens auf unspektakuläre Weise zugunsten einer nur geringfügig bestimmteren Welt und Zeit.

Dem Naturdeterminismus wird dabei Rechnung getragen; denn in der Welt und Zeit seit Neujahr 2010 ist durch jenes freie Abfeuern der Rakete selber nun dasjenige gesetzt, was, gegeben die Naturgesetze, an den hinreichenden kausalen Bedingungen des Abfeuerns in der Welt und Zeit vor Ende 2009 noch fehlte. Eine freie Handlung hebt also, indem sie vollzogen wird, sich als freie auf und wird zu einem Stück Natur. Sie setzt in der neu von ihr gestifteten Naturzeit rückwirkend sich als ein nach Naturgesetzen notwendiges Geschehen, denn sie bestimmt rückwirkend die Antezedensbedingungen in der neuen Naturzeit so, dass nunmehr sie selber, diese Handlung, naturnotwendig erfolgen musste. Unsere doppelte zeitliche Buchführung erlaubt uns also zu verstehen, dass und wie in der Handlungszeit die verschiedenen Naturzeiten (und Welten) aufeinander folgen.

Aber diese Konzeption reicht noch nicht aus, um uns den Zeitpfeil verständlich zu machen. Zwar nimmt in der Handlungszeit die Bestimmtheit der Naturzeiten asymmetrisch zu; aber ungefähr so wie die Entropie; d. h., man versteht noch nicht, warum sie eher in die eine als in die andere Richtung zunimmt, was also die Zukunft *fundamental* gegenüber der Vergangenheit auszeichnet. Dem entspricht folgendes Problem: Auf jedem erreichten Stand der Entwicklung der Naturzeit oder, einfacher gesagt, in jeder neuen Naturzeit scheint eine zeitliche Symmetrie zwischen Vergangenheit und Zukunft zu herrschen. Denn nach dem Bisherigen wird durch eine freie Handlung die Welt und die zugehörige Naturzeit in *beiden* zeitlichen Richtungen weiterbestimmt. Eine freie Handlung greift also in die naturzeitliche Vergangenheit ebenso ein wie in die naturzeitliche Zukunft und stiftet eine neue Naturzeit, in der sie im nachhinein notwendig ist. Zum Pfeil der Zeit gehört es aber, dass die Vergangenheit festgelegt und die Zukunft partiell offen ist. Diese fundamentale Asymmetrie ist durch die beiden bisherigen Theorieschritte noch nicht abgedeckt worden.

Wir wollen daher in einem dritten Schritt die Asymmetrie der Zeit noch enger als bisher auf die Aspekte der Wahrheit beziehen. Erinnern wir uns daran, dass wir unser reiches Verständnis der Modi der Zeit unserem Verständnis a priori der Aspekte der Wahrheit verdanken. Die Wahrheit bzw. das Der-Fall-Sein selber ist intern strukturiert und daher auch die reine A-Zeit. Die Struktur des Der-Fall-Seins und der A-Zeit war unser erstes Theorie-Ingrediens; sie sollte sodann durch die menschliche Freiheit, unser zweites Theorie-Ingrediens, in Gestalt einer fundamentalen Asymmetrie in der Zeitreihe implementiert werden. Das Problem dabei war zuletzt, dass die Bestimmtheit der Zeitreihe zwar einsinnig wächst, dies aber so, dass dabei die ganze Zeit jeweils bestimmter wird. Quantitativ ist die Bestimmtheit der Zukunft daher zu jedem gegebenen Zeitpunkt dieselbe wie die Bestimmtheit der Vergangenheit. Wenn uns die Zukunft in der A-Reihe offen und die Vergangenheit festgelegt erscheint, so muss dies also auf eine qualitative Differenz zwischen der Bestimmtheit der Zukunft und der Bestimmtheit der Vergangenheit zurückgehen. Wir wissen im Prinzip auch, wie: Jene Offenheit und diese Festgelegtheit ergeben sich aus dem pragmatischen bzw. aus dem realistischen Aspekt der Wahrheit.

Unser dritter und abschließender Schritt in der Entwicklung der Freiheitstheorie des Zeitpfeils muss daher die These sein: Die Bestimmtheitslücken der Zukunft einer gegebenen Naturzeit, zum Beispiel der jetzigen, sind in der Summe quantitativ gleich den Bestimmtheitslücken der Vergangenheit der Naturzeit, aber qualitativ radikal verschieden.

Um diese These zu begründen und die qualitative Differenz zwischen den beiden Sorten von Bestimmtheitslücken zu verstehen, brauchen wir als drittes Theorie-Ingrediens einen Wesensbezug der sukzessiven Zeit zur menschlichen Subjektivität. Die Zeitgerade muss sozusagen schon für die menschliche Freiheit präpariert sein, damit wir frei in sie eingreifen und ihre latente Asymmetrie eigens „setzen" (akzentuieren) und a priori erkennbar machen können. Beginnen wir mit einem Seitenblick auf eine physikalische Theorie, die ebenfalls objektive Unbestimmtheiten annimmt, wenn auch zu anderen Zwecken und aus anderen Gründen, die Quantenphysik.

In einem bekannten Gedankenexperiment sperrt Erwin Schrödinger eine Katze zusammen mit einem radioaktiven Atom und einem Giftbehälter in einem Kasten ein, und zwar so, dass beim Zerfall des Atoms das Gift freigesetzt wird und die Katze stirbt. Für das Atom als Mikroobjekt gelten unmittelbar die Gesetze der Quantenphysik, denen zufolge die und die Wahrscheinlichkeit besteht, dass das Atom nach der und der Zeit zerfallen ist. Nach einer gewissen Zeit gibt es also, von unserem lebensweltlichen, makroskopischen Standpunkt aus gesprochen, zwei Möglichkeiten: Entweder ist das Atom zerfallen und die Katze tot, oder das Atom ist nicht zerfallen und die Katze am Leben. Nach der Quantenphysik müsste jedoch statt dessen, solange niemand eine Messung vornimmt, d. h. in den Kasten schaut, eine Überlagerung oder Superposition beider Möglichkeiten auftreten können.[3] Nach der Quantenphysik ist nämlich unbestimmt, ob das Atom zerfallen ist, bis man nachschaut. Dank dem Verstärkungsmechanismus, der den Atomzerfall an die Öffnung des Giftbehälters koppelt, sollte dann auch objektiv unbestimmt sein, ob die Katze lebt oder tot ist. Solange niemand nachschaut, besteht eine Überlagerung beider Möglichkeiten, und die Katze ist weder tot noch lebendig oder beides zugleich (der Möglichkeit nach beides, der Wirklichkeit nach keins von beiden, könnte man mit Aristoteles sagen).

Die quantentheoretischen Unbestimmtheiten und Überlagerungen haben selber mit der Freiheit nichts zu tun. Nach der sogenannten Wellenfunktion besteht eine bestimmte Wahrscheinlichkeit, dass die Katze lebt, und eine bestimmte Wahrscheinlichkeit, dass sie tot ist, und die Summe dieser Wahrscheinlichkeiten ist 1. Das ist die objektive Realität, die *ganze* Realität bezüglich der Frage nach Leben oder Tod der Katze, solange niemand nachschaut. Wenn aber jemand den Kasten öffnet, dann „bricht die Wellenfunktion zusammen" (wie man sagt), und die Realität ist nun so oder so bestimmt, die Katze lebt (hoffentlich), oder sie ist (bedauerlicherweise) tot. Von unserem lebensweltlichen Standpunkt aus betrachtet, ist die Katze natürlich entweder schon tot oder aber noch am Leben, auch wenn noch niemand nachgeschaut hat.

Die Quantenphysik kennt Unbestimmtheiten und Superpositionen im Mikroskopischen. Aber im Katzenkasten würden sie künstlich verstärkt zu einer makroskopischen Unbestimmtheit und Superposition. Das ist paradox, aber nicht unser

---

[3] Vgl. Zeilinger 2003, 99.

Problem, sondern das der Quantenphysiker. Ganz analog dazu nehmen wir nun etwas an, was keineswegs paradox ist: dass die von einem Menschen jeweils erlebte Gegenwart rein als solche mikroskopische Bestimmtheitslücken der Vergangenheit zu makroskopischen Bestimmtheitslücken in der Zukunft verstärkt. Das heißt, die Bestimmtheitslücken in der Vergangenheit haben mikroskopische Form, sind aber nicht von der Art der quantentheoretischen Unbestimmtheiten, sondern solche, die mit den Mitteln der Physik (jedenfalls mit den Mitteln der jeweils gegenwärtigen Physik) gar nicht beschreibbar, geschweige denn entdeckbar sind. (Beschrieben und entdeckt werden könnten sie allenfalls mit den Mitteln einer späteren Physik; aber dann ist es zu spät; denn dann werden sie – durch Freiheit – geschlossen, also keine Lücken mehr sein.) Die Bestimmtheitslücken der Zukunft hingegen haben makroskopische Form. Für die Zukunft gilt wirklich, was im Fall der Gegenwart oder Vergangenheit paradox ist: dass die Katze sich in einem Überlagerungszustand von Tod und Leben befindet. Dieser Überlagerungszustand bricht für einen Zeitpunkt jeweils dann zusammen und wird zu einem wohlbestimmten Zustand (sei es des Lebens oder des Todes), wenn der Zeitpunkt zur Gegenwart wird. Die von den Menschen erlebte Gegenwart fährt wie ein Reißverschlussschieber an der Zeitachse entlang und schiebt die offene Zukunft hinter sich zur geschlossenen Vergangenheit zusammen.

Die Zukunft also ist offen, eine Verzweigung alternativer makroskopischer Möglichkeiten, die einander überlagern, bis sie durch Freiheit so oder so entschieden und die Ergebnisse in der Vergangenheit abgelegt werden, die nur noch mikroskopische und prinzipiell unentdeckbare Bestimmtheitslücken hat. Die qualitative Differenz von Zukunft und Vergangenheit besteht in der Zeitreihe also darin, dass wir die Zukunft auf erkennbare und planbare Weise beeinflussen können, durch das Schließen makroskopischer Bestimmtheitslücken, die Vergangenheit jedoch nur auf unspezifische, unplanbare, unstrukturierte Weise, durch das unbeabsichtigte Füllen unbekannter mikroskopischer Bestimmtheitslücken.

Zu überlegen wäre, ob nicht nur freie Subjekte, sondern stellvertretend für sie auch beliebige Makroobjekte die Funktion des Bestimmens und Ablegens längs der Zeitachse übernehmen können, also vielleicht auch schon eine Katze in einem Kasten; denn Makroobjekte sind keineswegs Aggregate – bloße mereologische Summen – von Mikroobjekten, sondern kategorial von diesen unterschieden und schon kraft ihrer phänomenalen Eigenschaften wesentlich auf menschliche Subjektivität bezogen. Letztlich gründet also das Bestimmen der unmittelbaren Zukunft und ihr Ablegen als Vergangenheit so oder so in einer zweiten Art der Kausalität neben der Naturkausalität, eben derjenigen aus Freiheit, der Akteurskausalität. Wo aber die Akteurskausalität anfängt im langwierigen Prozess der Evolution, dürfte teils eine empirische, teils vielleicht auch eine Definitionsfrage sein.

Die Zeit verfließt und geht verloren, weil ständig Verzweigungen der Zukunft und damit Freiheitsspielräume wegfallen. Dadurch ändert die Zeit selber *mit der Zeit* ihren Charakter. Sie ist eine andere 2010 als 1960 oder 1910; nicht nur die Ereignisse, die sie jeweils „füllten", sind andere. Die Freiheitstheorie des Zeitpfeils beläßt es dabei. Sie ist eine Theorie auf dem Standpunkt der Endlichkeit. Sollte es jedoch ein Wiederfinden der verlorenen Zeit geben, von der Art, wie Proust es beschreibt, so besäße ein Standpunkt der Unendlichkeit konkrete Realität und die Theorie müsste neu überdacht und jedenfalls ergänzt werden.

Literatur

Leibniz GW (1968) Die Theodizee. Übersetzung von Artur Buchenau. Zweite, durch ein Literaturverzeichnis und einen einführenden Essay von Morris Stockhammer ergänzte Auflage, Hamburg

McTaggart JME (1908) The Unreality of Time. Mind 17:457–474

Zeilinger A (2003) Einsteins Schleier. Die neue Welt der Quantenphysik, München

Teil VI
Menschen-Bilder und Wissenschaft:
Wissenschaftsgeschichte

Kapitel 22
Wissenschaft des Judentums 1819–1933 – Wissenschaft, Selbstbild und Trugbilder

Johannes Heil

In den Jahren 1833/34 malte Moritz Daniel Oppenheim „Die Heimkehr des Freiwilligen aus den Befreiungskriegen zu den nach alter Sitte lebenden Seinen". Der Titel klang wohl auch damals umständlich, aber er lieferte dem zeitgenössischen Betrachter die komplexe Geschichte und ihre Deutung gleich mit.[1] Heute sollte man hinzufügen, dass es sich in der Szene um einen jüdischen Freiwilligen handelte, der im Besitz des gerade erworbenen Bürgerrechts am Krieg gegen Napoleon teilgenommen hatte und sich nun den kritischen Blicken seiner Eltern aussetzte, während seine Schwester zwischen den beiden Welten, die sichtbar aufeinanderprallen, zu vermitteln versucht (Abb. 1).

Oppenheim hat mit seinem Gemälde, das das biedere Format des Genregemäldes vermittels kritischer Selbstreflexion unterlief, gleich zwei Konfliktkreise seiner Zeit ausgedrückt: Da ist einmal die Rücknahme der bürgerlichen Gleichstellung der Juden infolge des Wiener Kongresses. Der jüdische Freiwillige war der kurzlebige Typ einer hoffnungsfrohen Vergangenheit, die in den Jahren des Vormärz weiter entrückt schien denn je. Und was hier als familiärer Konflikt um das Verhältnis von Tradition und Reform in Szene gesetzt wurde, setzte sich in jenen Jahren trotz oder gerade wegen der erlebten politisch-gesellschaftlichen Zurücksetzung im Innern der Gemeinschaft ungemindert fort.

Oppenheim, im Jahr 1800 geboren, entstammte einer observanten Hanauer Familie und erlernte nach ersten Anfängen in Hanau die Malerei mit Stationen in München und Paris sowie schließlich in Rom, wo er im Kreis der romantisch-katholischen Nazarener um Friedrich Overbeck wichtige künstlerische Impulse erfuhr und als Jude zugleich einen ausgesprochen ambivalenten Stand hatte. Die Bevorzugung religiöser Themen in den römischen Jahren ist daher als Akt der Selbstbe-

---

[1] Öl auf Leinwand, 86.4×94 cm, The Jewish Museum, New York; vgl. Maurice Berger et al., Masterworks of the Jewish Museum, New York 2004, S. 42 f.

J. Heil (✉)
Erster Prorektor Hochschule für Jüdische Studien Heidelberg,
Landfriedstr. 12, 69117 Heidelberg, Deutschland
E-Mail: johannes.heil@hfjs.eu

M. Hilgert, M. Wink (Hrsg.), *Menschen-Bilder*,   351
DOI 10.1007/978-3-642-16361-6_22, © Springer-Verlag Berlin Heidelberg 2012

Abb. 1 Moritz Daniel Oppenheim, „Die Heimkehr des Freiwilligen aus den Befreiungskriegen zu den nach alter Sitte lebenden Seinen", New York, The Jewish Museum. Oil on canvas, 86, 2 × 94 cm; Geschenk von Richard und Beatrice Levy, Photo John Parnell, © 2010 The Jewish Museum/Art Resource/Scala, Florenz

hauptung zu lesen. Nach seiner Rückkehr nach Frankfurt 1825 traten Portraits und Auftragsarbeiten, etwa für die Rothschilds, in den Vordergrund.[2]

Die Bilder jener Jahre, insbesondere der bekannte Zyklus *Bilder aus dem altjüdischen Familienleben*, erscheinen ganz konventionell in ihren Mitteln und in ihrer Kunstauffassung, haben aber gerade deswegen eine nachgerade subversive Botschaft mit ganz selbstbewusstem Anspruch: dass das Jüdische sich ungebrochen in das romantische Selbstbild der deutschen Mehrheitsgesellschaft einzeichnen lasse.

Damit war der Maler auf der Höhe seiner Zeit. Mit dem Pinsel übertrug er die Debatten seiner Zeitgenossen auf Leinwand. Und er wurde der Maler des jüdischen Bürgertums, der dessen Aspirationen ins Bild setzte. Eines seiner ausdrucksstärks-

---

[2] Ruth Dröse et al., Der Zyklus „Bilder aus dem altjüdischen Familienleben" und sein Maler Moritz Daniel Oppenheim, Hanau 1996.

Abb. 2 Porträt Leopold
Zunz, Gemälde eines ano-
nymen Künstlers, Moritz D.
Oppenheim zugeschrieben,
um 1875, Jüdisches Museum
Berlin, Dauerleihgabe Israel
Museum, Jerusalem, Photo
Jens Ziehe

ten Portraits zeigt Leopold Zunz (1794–1886), einen der Gründungsväter der *Wissenschaft des Judentums*. Damit sind wir bei der Vorgeschichte von Oppenheim und seinem Werk (Abb. 2).

Im Herbst 1819 kam in Berlin ein Zirkel jüngerer jüdischer Akademiker zusammen in der Absicht, die miteinander verknüpften Projekte Emanzipation und innere jüdische Reform auf dem Wege einer umfassenden geisteswissenschaftlichen Durchdringung des eigenen Erbes auf den Weg zu bringen. Der anfänglich noch ganz dem aufklärerischen Emanzipationsdenken des vergangenen Jahrhunderts verpflichtete Name *Verein zur Verbesserung des Zustandes der Juden im deutschen Bundesstaate* wurde schon 1821 mit deutlich nach innen verweisendem Akzent als *Verein für Cultur und Wissenschaft des Judenthums* gefasst. Die *Wissenschaft des Judentums* war ein Produkt der enttäuschenden Gegenwartserfahrungen. Eine Generationenspanne seit Moses Mendelssohns weltgeschichtlichem Spagat zwischen vorsichtiger Öffnung mit dem Ziel der Traditionswahrung und aufklärerischem Universalismus hatte genügt, um nicht mehr als zerstobene Hoffnungen zu hinterlassen. Keiner der Reformer der Generation nach Mendelssohn erreichte dessen Format[3]; die innerjüdische Reform selbst hatte sich im Reformeifer verloren und setzte sich dem Vorwurf der Preisgabe von Identität und Tradition aus. Die *Wissenschaft des Judentums* als Antwort auf diese Krise war post-aufklärerisch und defensiv zugleich ausgerichtet. Der Versuch, Judentum als selbstverständliches und produktives Moment der allgemeinen Menschheitsentwicklung zu verstehen, war

---

[3] Vgl. Steven M. Lowenstein, The Jewishness of David Friedländer and the Crisis of Berlin Jewry, Ramat-Gan 1994; Michael A. Meyer, Von Moses Mendelssohn zu Leopold Zunz. Jüdische Identität in Deutschland 1749–1824, München 1994, S. 66–98; Christoph Schulte, Die jüdische Aufklärung, München 2002, S. 94, passim.

an einer Umwelt gescheitert, die nicht mehr allgemeinen Idealen und rationalen Imperativen zu folgen bereit war, sondern sich partikularistischen, nationalen Zielen verschrieb und die *Kritik der reinen Vernunft* bevorzugte.[4] Das Jahr 1819 mit den „Hep-Hep"-Pogromen hatte auf dramatische Weise deutlich gemacht, dass den Juden kein Platz in der sich formierenden bürgerlichen Gesellschaft zugestanden werden sollte.[5]

Ein dritter Weg zwischen Assimilation/Konversion und Traditionalität hin zu einer neuen jüdischen Existenz und Identität sollte gefunden werden. Die Mitglieder des Vereins unternahmen einen radikalen Perspektivenwechsel: vom historisch vielfach geprüften Vertrauen in die Ewigkeit der Thora und damit der eigenen Lebensgrundlage zu einem oft schmerzhaften Prozess der Selbstvergewisserung über die eigenen Wurzeln, ihre Tragfähigkeit, ihre Bedeutung im Prozess der Zivilisation. Reden wurden gehalten, Programme formuliert, eine Zeitschrift konzipiert. Der hier erkennbare Eifer darf aber nicht über die ungünstige Ausgangslage hinwegtäuschen. Die Stimmung war defensiv und skeptisch, nicht nur gegenüber der Umwelt, sondern auch nach innen. Bezeichnend ist die Frage, die der Gastgeber Joel Abraham List bei der Gründung des Vereins am 7. November 1819 an die Mitglieder stellte: „Wozu ein eigensinniges Verbleiben bei etwas, das ich nicht achte und worunter ich so sehr leide?"[6] Das war, wie die lebhaft vorgetragene Sorge um die rapide Selbstauflösung der Gemeinschaft nahe legt, mehr als nur rhetorisch formuliert. Und die späteren Karrieren prominenter Mitglieder des Vereins wie Eduard Gans oder Heinrich Heine zeigen, wie niedrig die existentielle Frustrationsschwelle selbst im Innern des Vereins lag.[7] Lists Anfrage sprach ganz direkt die Selbstzweifel nicht nur der Mitglieder des elitären Kreises an, sondern barg die Frage, die gegenüber anderen Juden zu beantworten die Mitglieder sich verpflichtet und herausgefordert fühlten: eine Quintessenz des Judentums zu umschreiben, mit der sich die Mitglieder des Vereins identifizieren konnten und die sie als Rahmen einer modernen jüdischen Identität nach außen tragen konnten. Aus der wissenschaftlichen Beschäftigung mit dem eigenen Erbe sollte die Basis für eine selbstbewusste jüdische Identität gewonnen wäre, die es wert und die robust genug wäre, gegen die fortdauernde und gerade wieder erlebte Feindseligkeit von außen zu bestehen.[8]

---

[4] Meyer, Von Mendelssohn zu Zunz (wie Anm. 3), S. 99–105; David Sorkin, Moses Mendelssohn und die theologische Aufklärung (Jüdische Denker; 4), Wien 1999, S. 191 f.

[5] Werner Bermann/Rainer Erb, Die Nachtseite der Judenemanzipation. Der Widerstand gegen die Integration der Juden in Deutschland 1780–1860, Berlin 1989, S. 218–240; Stefan Rohrbacher, The „Hep Hep" Riots of 1819. Anti-Jewish Ideology, Agitation, and Violence, in: Werner Bergmann et al. (Hg.), Exclusionary Violence. Antisemitic Riots in Modern German History, Ann Arbor 2002, S. 23–42.

[6] Nach Siegfried Ucko, Geistesgeschichtliche Grundlagen der Wissenschaft des Judentums, in: Zeitschrift für die Geschichte der Juden in Deutschland 5 (1933–35), S. 9–11.

[7] Meyer, Von Mendelssohn zu Zunz (wie Anm. 3), S. 191–208.

[8] Meyer, Von Mendelssohn zu Zunz (wie Anm. 3), S. 190–195; vgl. auch Christian Wiese, Struggling for Normality. The Apologetics of Wissenschaft des Judentums in Wilhelmine Germany as an Anti-Colonial Intellectual Revolt Against the Protestant Construction of Judaism, in: Rainer Liedtke et al. (Hg.), Toward Normality? Acculturation and Modern German Jewry (Schriften-

Es ist wohl beispiellos in der Geschichte, dass sich eine über ihre Religion verbundene und sozial verfasste Traditionsgemeinschaft – Judentum – über die Selbstreflexion, zumal auf dem Wege einer kritischen Erschließung ihrer Grundlagen, neu zu konstituieren suchte. Das bedeutete einen radikalen Wechsel der persönlichen Perspektiven auf das Eigene und eine unbedingte Öffnung für Anfragen und Infragestellungen aller Art, aber auch die Suche nach anderen als die gewohnten Anknüpfungspunkte zur Grundierung der eigenen Existenz.

Zur Beantwortung der provozierenden Frage, mit der List seine Gäste empfangen hatte, stellten sich die Vereinsmitglieder der Aufgabe einer kritischen Bestandsaufnahme. Sie geriet von Anbeginn an zur radikalen Introspektion. Die Richtung hatte Leopold Zunz bereits 1818 vorgegeben. Seine Schrift „Etwas über die rabbinische Literatur" kann als antizipierte Gründungsschrift der *Wissenschaft des Judentums* betrachtet werden. Mit ihrem nur im Rückblick harmlos klingenden Titel bietet sie ein Paradestück methodisch rekonstruierender Dekomposition des traditionellen Zugangs zur ererbten Tradition, und das durchaus im Interesse der Bewahrung Letzterer. Allein schon das knappe Wort „Etwas" bedeutete einen Bruch im Umgang mit der Tradition; es meinte nicht weniger, als dass man (gegen die Maskilim, die jüdischen Aufklärer) das Ganze erhalten, aber (gegen die Altgläubigen) auch in seinen einzelnen Teilen betrachten und auf seine Bedeutung hin kritisch überprüfen dürfe. „Über die rabbinische Literatur" war dann nur konsequent, aber noch radikaler im Ansatz: Hier ging es nicht mehr um die mündliche Thora in ihrer Gesamtheit, sondern um einen jenseits weiterhin legitimer traditional-gläubiger Zugänge zur bloßen Literatur geratenen Traditionstext, der beliebige Teilfragen und multiple methodische Zugriffe erlauben würde, vor allem künftige, die Zunz noch gar nicht im Blick hatte.[9]

Zunz wurde als Yom Tov Lipman Zunz 1794 in Detmold geboren und besuchte 1803–1809 die Wolfenbütteler Samson-Schule, wo er die Umformung von einer traditionellen Lehranstalt mit armseligen Bedingungen in eine moderne Reformschule erlebte. Nach dem Abitur am Wolfenbütteler Gymnasium wechselte er zum Studium der Klassischen Philologie und Geschichte nach Berlin und wurde 1821 in Halle promoviert. Seine wegweisende Schrift von 1818 *Etwas über die rabbinische Literatur* war also nicht nur in methodischer Hinsicht ein kühnes Unternehmen,

---

reihe des LBI; 68), Tübingen 2003, S. 77–101; Christhard Hoffmann, Die Verbürgerlichung der jüdischen Vergangenheit. Formen, Inhalte, Kritik, in: Ulrich Wyrwa (Hg.), Judentum und Historismus. Zur Entstehung der jüdischen Geschichtswissenschaft in Europa, Frankfurt am Main 2003, S. 152 f.

[9] Leopold Zunz, Etwas über die rabbinische Literatur, nebst Nachrichten über ein altes bis jetzt ungedrucktes hebräisches Werk, Berlin 1818; Ndr. in: Ders., Gesammelte Schriften, Bd. 1, Berlin 1875, S. 1–32; vgl. Ismar Schorsch, The Ethos of Modern Jewish Scholarship, in: Leo Baeck Year Book 35 (1990), S. 55–71; Meyer, Von Mendelssohn zu Zunz (wie Anm. 3), S. 184 f.; vgl. Ismar Schorsch, Das erste Jahrhundert der Wissenschaft des Judentums (1819–1919), in: Michael Brenner et al. (Hg), Wissenschaft vom Judentum. Annäherungen nach dem Holocaust, Göttingen 2000, hier S. 16–19.

sondern zeigt in jungen Jahren einen unerhörten Anspruch, gepaart mit scharfsinni-
gem Blick und Bereitschaft zu konsequenter Analyse des Gegenstandes.[10]

Von da war auch das Programm des Vereins bestimmt, das langfristig angelegt
war und zugleich unverzügliche Umsetzung erforderte. Die Notwendigkeit von
Ressourcen und Resonanz, die ein solch anspruchsvolles Programm erfordert hätte,
einmal beiseite gelassen, zeigt schon an dieser Stelle, dass der Verein vor einer
kaum zu bewältigenden Aufgabe stand. Entsprechend unterschiedlich fielen auch
die einzelnen programmatischen Entwürfe aus. Hatte Immanuel Wolf (Wohlwill) in
der ersten und einzigen Ausgabe der vereinseigenen *Zeitschrift für die Wissenschaft
des Judenthums* 1823 mit Philologie, Geschichte und Philosophie immerhin drei
Teilfächer der künftigen Jüdischen Studien ausgewiesen[11], so war dieser Kanon bei
Zunz schon 1818 viel weiter, bis in die Naturwissenschaften hinein, konzipiert gewesen („Inbegriff der gesamten Verhältnisse, Eigenthümlichkeiten und Leistungen
der Juden in bezug auf Religion, Philosophie, Geschichte, Rechtswesen, Litteratur
überhaupt, Bürgerleben und alle menschlichen Angelegenheiten"). Das war in seiner Zeit kaum realisierbar, auf lange Sicht aber ungemein dynamisch und erscheint
ausgesprochen modern. Gemeinsam war diesen Ansätzen, dass sie das existentiell
als problematisch erlebte Erbe auf dem Wege der wissenschaftlichen Durchdringung distanzierten, und das mit dem Ziel, es auf diesem Wege zu bewahren und sich
neu anzueignen.

Identität und innere Reform

Die mit so viel Programmatik an den Start gegangene Zeitschrift ist über das dritte Heft des ersten Jahrgangs 1823 nicht hinausgekommen. Im gleichen Jahr löste
sich der Verein schon wieder auf, er war am Missverhältnis zwischen hochfliegen-
den Plänen, persönlichen Ambitionen und mangelnder Resonanz gescheitert. Seine
Mitglieder zerstreuten sich. Einige fanden im akademischen Zwischenbereich eine
Perspektive und verbanden wie der Historiker Isaak Marcus Jost (1793–1860) oder
eben Zunz das Amt eines Lehrers an Gemeindeschulen mit umfangreichem wissen-
schaftlichem Schaffen. Andere wie der dem Verein zeitweilig verbundene Heinrich
Heine (1797–1856) oder sein Wortführer, der Philosoph Eduard Gans (1797–1839),
unterzogen sich der Taufe, die Gans immerhin den Weg zur angestrebten juristi-

---

[10] Vgl. Leon Wieseltier, „Etwas über die jüdische Historik" – Leopold Zunz and the Inception of
Modern Jewish Historiography, in: History and Theory 20 (1981), S. 135–149; Giuseppe Veltri,
A Jewish Luther? The Academic Dreams of Leopold Zunz, in: Jewish Studies Quarterly 7 (2000),
S. 338–351; ferner Shulamit Volkov, Die Erfindung einer Tradition. Zur Entstehung des moder-
nen Judentums in Deutschland, in: HZ 253 (1991), S. 603–628; Meike Berg, Jüdische Schulen in
Niedersachsen, Tradition – Emanzipation – Assimilation: Die Jacobson-Schule in Seesen (1801–
1922), Die Samsonschule in Wolfenbüttel (1807–1928), Köln etc. 2003.

[11] Immanuel Wolf, Über den Begriff einer Wissenschaft des Judenthums, in: Zeitschrift für die
Wissenschaft des Judenthums 1 (1823), S. 1–24, hier S. 16–20.

schen Professur ebnete. Nur der Gegenstand des Vereins wirkte fort, eben weil die
einmal gestellten Fragen und Forderungen sich nicht erledigt hatten.

Es reicht kein einzelner Begriff, um die Aufgabenstellung des Vereins zu beschreiben. Seine Motive und Zielsetzungen waren gleichermaßen persönlich-eman-
zipatorischer wie auch wissenschaftlich-akademischer Natur. Die Mitglieder des
Kreises hätten das eine vom anderen kaum getrennt, und erst der weitere Verlauf des
Projekts im 19. und 20. Jahrhundert zeigt den Abstand zwischen dem kurzfristigen
Erfolg des einen im Unterschied zum immer wieder von Rückschlägen gezeichneten Gang der Dinge beim anderen. Auf kurze Sicht erfolgreich war das Programm
nach innen hinein. Wissenschaft und Kultusreform befruchteten und legitimierten
sich gegenseitig.[12] In vielen Fällen waren auch die Träger identisch. Persönlichkeiten der ersten Stunde wie Jost und Zunz legten vom Scheitern des Vereins unbe-
eindruckt in den folgenden Jahren wegweisende Studien zu Geschichte, Literatur
und Philologie des Judentums vor. Jost hat mit seiner mehrbändigen *Geschichte
der Israeliten*, die in den Jahren 1820–1829 erschien, den Juden seiner Zeit eine
Deutung ihrer Vergangenheit an die Hand gegeben, die eine stolze Geschichtsschau
mit dem Nachweis ihrer Kompatibilität mit den Idealen der sich formierenden bürgerlichen Gesellschaft bot; es war dies der überhaupt erste nennenswerte Versuch
einer Gesamtdarstellung jüdischer Geschichte.[13] Unter der Vielzahl von Zunz' weiteren Arbeiten sind neben der Schrift *Die synagogale Poesie des Mittelalters* (1855)
besonders *Die Gottesdienstlichen Vorträge der Juden* (1832) hervorzuheben; bei
letzterer unterstrich Zunz im langen Untertitel das Besondere seines historisch-kritischen Zugangs zur Traditionsliteratur.[14]

Das war aber kein Rückzug auf das Akademische, sondern sollte im Gegenteil
die wissenschaftliche Untermauerung der praktischen Erneuerung des religiösen
Lebens bereitstellen. Im historisch-kritischen Vorgehen sollte das Essentielle des
Judentums gegenüber dem historisch Zugewachsenen herausgearbeitet werden,
eben das, was der Historiker Heinrich (Zvi) Graetz (1817–1891) 1846 in *Die Konstruktion der jüdischen Geschichte* als unveränderliche Grundidee des Judentums
freilegte. Der Titel der Schrift macht noch immer Staunen, denn für gewöhnlich
wird Geschichte entdeckt, gelesen, geschrieben. Sie ist also schon da und wird nicht
erst errichtet. Dem jungen Mann ging es bei seiner Konstruktion allerdings auch
nicht um Neuschöpfung, sondern eher um die konstruktive Enthüllung geschicht-
licher Gesetzmäßigkeiten, nämlich um Konturierung, Gliederung, Ordnung und
letztlich um Sinn im Vorgefundenen.[15]

---

[12] Vgl. Nils H. Roemer, Jewish Scholarship and Culture in Nineteenth-Century Germany. Between History and Faith, Madison/Wi 2005.

[13] Isaak M. Jost, Geschichte der Israeliten seit der Zeit der Maccabäer bis auf unsre Tage, 9 Bde.,
Berlin 1820–1828; vgl. Michael Brenner, Propheten des Vergangenen. Jüdische Geschichtsschreibung im 19. und 20. Jahrhundert, München 2006.

[14] Leopold Zunz, Die gottesdienstlichen Vorträge der Juden historisch entwickelt. Ein Beitrag
zur Alterthumskunde und biblischen Kritik, zur Litteratur- und Religionsgeschichte, Berlin 1832;
Ders., Synagogale Poesie des Mittelalters, Berlin 1855.

[15] Heinrich Graetz, Die Konstruktion der jüdischen Geschichte (1846), hg. Nils Römer, Düsseldorf 2000, S. 77; vgl. Marcus Pyka, Jüdische Identität bei Heinrich Graetz, Göttingen 2008; fer-

Die *Konstruktion* war der Versuch, mit den noch jungen Methoden einer kritischen Wissenschaft die Ziel- und Sinnhaftigkeit jüdischer Existenz in der Geschichte neu zu begründen. Es war auch ein Gegenentwurf gegen althergebrachte Verständnisse, die der Geschichte allerlei Sinn und Ziel zuschrieben, die Juden aber höchstens im Museum der Menschheitsgeschichte auftreten ließen. Sie wurzelten in christlichen Vergangenheitskonzepten, die Judentum als Überwundenes betrachteten und im aufklärerischen Fortschrittsdenken ungebrochen fortgeschrieben wurden. Graetzens große Geschichte der Juden (erschienen in den Jahren 1853–1876) präsentierte die Vergangenheit in innerer Geschlossenheit als Geschichte von Heroen und Geistesleistungen, ferner als fortwährende Bedrängung durch die Umwelt. Er hat dabei die gängigen teleologischen Konzepte seiner Umwelt jüdisch umgeschrieben und eine Deutung gewonnen, die den Bruch mit der eigenen Tradition vermeiden und zugleich in seiner Zeit als modern gelten konnte: „Das hebräische Volk hatte aber eine Lebensaufgabe, und diese hat es geeint und im grausigsten Unglück gestärkt und erhalten."[16]

Das Übersetzungswerk der „Rabbiner-Bibel", an dem Leopold Zunz zusammen mit anderen jüdischen Wissenschaftlern seit 1839 arbeitete[17], zeigt den Zusammenhang zwischen dem Wissenschaftlichen und dem Praktischen ebenso an wie Josts Unterrichtswerke, wo neben Lehrbüchern für den Englisch- und Deutschunterricht auch eine in ihrer Art völlig neuartige Kinderbibel zu verzeichnen ist.[18] Dabei ging die Bedeutung der Wissenschaft in Hinsicht der Neubegründung jüdischer Identität und Religiosität deutlich über eine reine Hilfstätigkeit hinaus. Wissenschaft wurde zu deren unentbehrlicher Quelle. Das mag schon für den Berliner Verein gegolten haben, wurde aber von Vertretern der folgenden Generation deutlich ausgesprochen.

Zacharias Frankel (1801–1875) sortierte die verschiedenen Aufgaben, als er in der Zeit seines Wechsels nach Breslau neben der *Zeitschrift für die religiösen Interessen des Judentums* 1851 auch zur Gründung der *Monatsschrift für Geschichte und Wissenschaft des Judentums* (MGWJ) schritt, die bis 1939 bestehen sollte. Frankel hat die *Wissenschaft des Judentums* in seinem programmatischen Artikel in der Eröffnungsnummer der MGWJ von 1854 regelrecht sakralisiert und zum Gesellen

---

ner Ulrich Wyrwa, Die europäischen Seiten der jüdischen Geschichtsschreibung, in: Ders. (Hg.), Judentum und Historismus. Zur Entstehung der jüdischen Geschichtswissenschaft in Europa, Frankfurt am Main 2003, hier S. 23–28; Shulamit Volkov, Jewish History. The Nationalism of Transnationalism, in: Gunilla Budde et al. (Hg.), Transnationale Geschichte. Themen, Tendenzen und Theorien, Göttingen 2006, hier S. 197.

[16] Heinrich Graetz, Geschichte der Juden von den ältesten Zeiten bis auf die Gegenwart, aus den Quellen neu bearbeitet, Bd. 1: Geschichte der Israeliten von ihren Uranfängen (um 1500) bis zum Tode des Königs Salomo (um 977 vorchristl. Zeit), Leipzig 1874, Einl. = Michael Brenner et al. (Hg.), Jüdische Geschichte lesen. Texte der jüdischen Geschichtsschreibung im 19. und 20. Jahrhundert, München 2003, S. 37.

[17] Die vierundzwanzig Bücher der Heiligen Schrift nach dem masoretischen Text übersetzt von Leopold Zunz [et al.], Tel-Aviv/Stuttgart 1997.

[18] Isaak M. Jost, Neue Jugendbibel, Enthaltend die Religiösen und Geschichtlichen Urkunden der Hebräer, mit Sorgfältiger Auswahl für die Jugend übersetzt und erläutert, 1. Theil: Die Fünf Bücher Mosis, Berlin 1823.

von Offenbarung erhoben, als er schrieb: „Geschichte und Wissenschaft des Judenthums, sie scheinen die wirksamen Hebel, um die abgespannten Gemüther wieder
in Bewegung zu setzen und für das Höhere erneuete Theilnahme zu wecken. Das
Judenthum, das gegen außen nur eine Geschichte der Passivität hat, nur von dem
an ihm Geschehenen zu erzählen weiß, lässt in ihr wahrnehmen eine Manifestation
des Göttlichen, eine Offenbarung der Religion. Geschichte in ihrer letzten Deutung
ist die Vereinigung der auseinander liegenden wechselnden und vorübergehenden
Erscheinungen in einem Brennpunkt, von dem aus der Strahl der Gottheit auf die
Begebenheiten fällt und in ihnen der über Jahrhunderte hinaus waltende Plan offenbar wird [...] Der göttliche Gedanke blieb in den Geschlechtern unwandelbar, er
wurde mit derselben unveränderten Begeisterung von den jedesmaligen Trägern
getragen. Doch die Träger sind schwächer geworden, jenes innere Leben hat an
Intensität verloren; und so ist seit einem gewissen Zeitraume das Judenthum in das
Stadium der Geschichte getreten, und die Forschung sucht nun eine Geschichte für
jene frühere Zeit auf."[19]

Frankels ganz eigene Wissenschaftsgläubigkeit mag heute befremden und als
Illusion abgetan werden. Sie ging freilich nur unwesentlich über das hinaus, was
Leopold Ranke (1795–1886) in seiner Berliner Antrittsvorlesung von 1836 über
„ewige Gesetze" und das Vordringen der Geschichtswissenschaft zu „den tiefsten
und geheimsten Regungen des Lebens, welche das Menschengeschlecht führt", vorgetragen hatte.[20] In seiner Zeit war dann erst recht ein solchermaßen religiös aufge-
ladenes Verständnis von *Wissenschaft des Judentums* integrationsfähig; es konnte,
wie Wolf Landau es 1852 formulierte, als „einziges Regenerationsmittel des Judentums" verstanden werden und das Instrumentarium bereitstellen, um die Emanzipa-
tionskrise im Gefolge von plötzlich gewonnenen individuellen Möglichkeiten und
Freiheiten zu bewältigen und Judentum neu zu konzeptualisieren: Wo vor nicht langer Zeit noch „das gemeinschaftlich erlittene Unrecht eine äußere Kette des Zusam-
menhaltens bildete", erschien nun die Wissenschaft „als die Seele des Judenthums
und der Brennpunkt jüdischer Einheit", ja „als klare reine Erkenntnis der Religion",
auch als „einzige Berechtigung unseres Daseins als Volk" und schließlich als „die
Wiege und Ernährerin des Judenthums und sein untrüglicher Schutz jetzt und immerdar"[21] – gerade einmal „Amen" steht an dieser Stelle nicht geschrieben.

---

[19] Zacharias Frankel, Einleitendes, in: Monatsschrift für Geschichte und Wissenschaft des Judenthums 1 (1851/52), S. 3 f.; vgl. Andreas Brämer: Rabbiner Zacharias Frankel, Wissenschaft des
Judentums und konservative Reform im 19. Jahrhundert, Hildesheim etc. 2000.

[20] Leopold Ranke, Über die Verwandtschaft und den Unterschied der Historie und der Politik,
hg. Wolfgang Hardtwig, in: Über das Studium der Geschichte, München 1990, S. 51; vgl. Otto
G. Oexle, Krise des Historismus – Krise der Wirklichkeit, in: Ders. (Hg.), Krise des Historismus
– Krise der Wirklichkeit. Wissenschaft, Kunst und Literatur 1880–1932 (Veröff. des Max-Planck-
Instituts für Geschichte; 228), Göttingen 2007, S. 56.

[21] Wolf Landau, Die Wissenschaft, das einzige Regenerationsmittel des Judenthums, in: Monatsschrift für Geschichte und Wissenschaft des Judentums 1.13 (1852), S. 483–499, hier 485, 499;
ganz ähnlich auf die Aufgabe der Wissenschaft als Garant der Emanzipation bezogen bei Zunz,
Einleitung, Zur Geschichte und Literatur, Berlin 1845, wieder in: Ders., Gesammelte Schriften,
Bd. 1, hier 58 f.

Das Religiöse als Moment von Selbstvergewisserung ist in der Entwicklung der *Wissenschaft des Judentums* das ganze 19. Jahrhundert hindurch und bis weit in das 20. Jahrhundert jedenfalls weitaus bestimmender geblieben, als es eine Betrachtung erkennen lassen will, die nur auf Moritz Steinschneiders angebliches und seither lustvoll kolportiertes Wort vom „ehrenvollen Begräbnis", das die *Wissenschaft* „den Überresten des Judentums" zu bereiten „die Aufgabe" habe, blickt. Das mag der Orientalist Steinschneider (1816–1907) gesagt haben[22], aber damit ist nicht einmal gesagt, was er damit gemeint haben mag. Auch fragt sich, ob Zunz in seinem Streben nach Emanzipation „von den Theologen"[23], wenn er denn am Ende nicht überhaupt christliche Theologen meinte, die sich ihr domestiziertes Judentum erhalten wollten, sogleich eine „antitheologische oder antireligiöse Zielrichtung" einschlagen[24] oder eher nur das Verhältnis von Wissenschaft und Offenbarungsgewissheit neu bestimmen wollte.

Die teils gegebene, teils polemisch gefühlte religiöse Bindung der *Wissenschaft des Judentums* war auch der Punkt, an dem nach 1900 ihre innerjüdischen Kritiker ansetzten. Diese Verpflichtung dürfte es gewesen sein, die schon Moritz Steinschneider zur Ablehnung von Rufen an die Berliner Hochschule und das Budapester Rabbinerseminar bestimmte.[25] Auf der anderen Seite des Spektrums hat Theodor Zlocisti (1874–1943), Mediziner und 1893 Mitbegründer des Berliner Vereins *Jung-Israel* sowie Teilnehmer des 6. Zionistenkongresses 1903, das Erbe der *Wissenschaft des Judentums* einer umfassenden Kritik unterzogen, die wiederum am Religiösen, gerade in seiner liberalen Erscheinung, ansetzte. Jenseits des großen Zunz wollte er wenig gelten lassen, aber der Heroe galt ihm als unverstandener „Prediger in der Wüste", der allein „nie die lebendigen Beziehungen der Wissenschaft zum Leben der Judenheit verloren hatte". Zlocistis Polemik, die vieles von Gerschom Scholems späterer Kritik an der *Wissenschaft des Judentums* vorwegnahm, forderte unbedingte Zweckmäßigkeit einer jüdischen Wissenschaft ein („Judas schöpferische Geister waren immer zu demokratisch, um Werte und Werke zu produzieren, die nicht Allen – wenigstens ideal – zugänglich waren"). Die Veröffentlichungen der *Monatsschrift für Geschichte und Wissenschaft des Judentums* galten ihm als „getretener Quark. Anmerkungsweisheit […] ausgeräumte Notizzettel, unverdaut wieder ausgeschieden". Was er da mit starken Worten als „Niedergang" beschrieb, war in seinen Augen „notwendige Folge der verhängnisvollen Einschnürung des Judentums auf den Konfessionalismus. Die Lüge der ‚mosaischen Konfession' hat der Wissenschaft – da sie nicht Patristik und Kirchengeschichte ist – das Fundament geraubt, so wie sie uns zu Halbnaturen gemacht hat. Mit unseren metaphysischen

---

[22] Gershom Scholem (Judaica 1, Frankfurt am Main 1963, S. 153) berief sich dazu auf Gotthold Weil, der in einem Nekrolog den verstorbenen Steinschneider mit diesen Worten zitierte.

[23] Zunz, Einleitung, Zur Geschichte und Literatur, Berlin 1845, wieder in: Ders., Gesammelte Schriften, Bd. 1, hier S. 57; vgl. Céline Trautmann-Waller, Selbstorganisation jüdischer Gelehrsamkeit und Universität seit der ‚Wissenschaft des Judentums', in: Wilfried Barner et al. (Hg.), Jüdische Intellektuelle und die Philologien in Deutschland 1871–1933, Göttingen 2001, hier S. 79.

[24] Peter Schäfer, Judaistik – jüdische Wissenschaft in Deutschland heute. Historische Identität und Nationalität, in: Saeculum 42 (1991), hier S. 203 f., 212.

[25] Schorsch, Das erste Jahrhundert (wie Anm. 9), S. 20 f.

Bedürfnissen allein sollten wir im Judentum wurzeln. Aber wo mit den tausendfältigen Lebensbedingnissen?"[26]

Identität und Umwelt

Die Kritiker hatten ja nicht unrecht. Die *Wissenschaft des Judentums* fand abseits der Universitäten an jüdischen Bildungseinrichtungen wie dem 1854 gegründeten *Jüdisch Theologischen Seminar* in Breslau oder der 1872 eröffneten *Hochschule für die Wissenschaft des Judentums* in Berlin statt. Dass selbst die jüdische Orthodoxie sich dem Impuls zur wissenschaftlichen Selbsterforschung nicht verschließen wollte, änderte das Gesamtbild keineswegs, im Gegenteil.[27] Wie gut auch immer, die *Wissenschaft* blieb innerjüdischen Zielsetzungen und einzelnen denominationellen Ansprüchen verpflichtet und wurde außerhalb davon nicht sichtbar wahrgenommen. Sie blieb eine Angelegenheit der Juden. Das mag im ersten Moment auch stimmig sein?, wird aber fraglich, sobald man bedenkt, dass analog auch noch nach Edward Saïd die Orientalistik nicht nur Angelegenheit der „Orientalen" ist.[28] Die akademische Marginalisierung der *Wissenschaft des Judentums* war das Ergebnis umfassender Verweigerung durch ihr Umfeld und ist zuallerletzt den Juden selbst anzulasten, die alles vorhatten, nur nicht den Weg ins wissenschaftliche Abseits. Die 1819 und später vorgelegten Programme bargen Zielsetzungen nach innen, formulierten aber ebenso Angebote und Ansprüche nach außen. Von Anfang an hatte sich die *Wissenschaft des Judentums* in einer doppelten apologetischen Bindung befunden. Die Behauptung einer neu begründeten jüdischen Identität gegen die entschiedenen Verfechter der ungewandelten Tradition war das eine; die Auseinander-

---

[26] Theodor Zlocisti, Forderung und Forderung der Wissenschaft des Judentums, in: Ost und West 3,2 (1903), Sp. 73–80 (Sperrungen im Original); zum Kontext: Steven M. Lowenstein, in: Michael Meyer et al. (Hg.), Deutsch-Jüdische Geschichte der Neuzeit, Bd. 3, München 1997, S. 278 f.; Christian Wiese, Wissenschaft des Judentums und protestantische Theologie im Wilhelminischen Deutschland. Ein Schrei ins Leere?, Tübingen 1999, S. 54 f.; ferner Michael Brenner, Jüdische Kultur in der Weimarer Republik, München 2000; Ulrich Sieg, Jüdische Intellektuelle im Ersten Weltkrieg. Kriegserfahrungen, weltanschauliche Debatten und kulturelle Neuentwürfe, Berlin 2001, S. 319–330.

[27] Vgl. Carsten Wilke, Interkulturelle Anbahnungen - Das Rabbinat und die Gründung des Jüdisch-Theologischen Seminars Breslau 1854, in: Kalonymos 7 (2004), S. 1–3; ferner Mordechai Breuer, Jüdische Orthodoxie im Deutschen Reiche 1871–1918. Die Sozialgeschichte einer religiösen Minderheit, Frankfurt am Main 1986, S. 162, passim; Hanna Liss, „Das Erbe ihrer Väter": Die deutsch-jüdische Bibelwissenschaft im 19. und 20. Jh. und der Streit um die Hebräische Bibel, in: Daniel Krochmalnik et al. (Hg.), מה טוב חלקנו. Wie gut ist unser Anteil. Gedenkschrift für Yehuda T. Radday, Heidelberg 2004, S. 21–36.

[28] Mit neuer Übersetzung und weiteren Texten des Autors von 2003 versehen: Edward Said, „Orientalismus". Aus dem Englischen von Hans Günter Holl, Frankfurt am Main 2009; als Diskussionsbeiträge vgl. etwa Daniel M. Varisco, Reading Orientalism. Said and the Unsaid, Seattle 2007, S. 300–304, passim; ferner Bharat B. Mohanty, Orientalism. A Critique, Jaipur 2005, S. 252 ff.; Markus Schmitz, Kulturkritik ohne Zentrum. Edward W. Said und die Kontrapunkte kritischer Dekolonisation, Bielefeld 2008.

setzung mit der nichtjüdischen Umwelt und deren meist abwertenden Beurteilung oder absichtsvollen Ignorierung des jüdischen Reformprojekts war das andere.

Wenn der *Verein für Cultur und Wissenschaft des Judenthums* von 1819 eine über die wissenschaftliche Schau gewonnene, reflektierte jüdische Existenz anstrebte, sollte das als jüdische Antwort auf den Strom der Zeit und mit den Mitteln und Motiven dieser Zeit verstanden werden. Es ging Zunz und seinen Mitstreitern darum, die jüdische Stimme hörbar zu machen, mit dem Anspruch, Judentum als Teil der weiteren kulturellen und geschichtlichen Bewegungen zu etablieren. Immanuel Wolf formulierte das 1823 so: „So zeigt sich also das Judenthum in dem größten Theile der Weltgeschichte, als bedeutendes und einflussreiches Moment der Weltgeschichte, als bedeutendes und einflussreiches Moment der Entwicklung des menschlichen Geistes."[29] Es war, wie ein moderner Beobachter es fasste, nicht weniger als die „Wiedereingliederung" der Juden in die Geschichte zu leisten.[30] Eben diese Bedeutung aber wurde von den besten Köpfen der Zeit ausdrücklich bestritten. Der heute so selbstverständlich klingende Anspruch klang damals wie eine Kampfansage. Auch wenn die historische Rolle der Juden nach außen hin nicht mehr strikt theologisch abwertend bestimmt wurde, sollte ihnen in Hinblick der Menschheitsgeschichte nur mehr eine rein antiquarische und damit distanzierte Position ohne Bedeutung für die Gegenwart zugestanden werden.[31]

Dem Zeitpunkt nach wohl zufällig, aber in der Sache bezeichnend, fiel der jüdische „historical turn" der Jahre 1818/1819 mit der Gründung der *Gesellschaft für ältere deutsche Geschichtskunde* in Frankfurt im Januar 1819 zusammen, aus der die langlebigen *Monumenta Germaniae Historica* hervorgehen sollten, deren erster Band 1826 vorlag. Das war das kühne Projekt der Konstruktion eines kollektiven Gedächtnisses einer sich gerade selbst erfindenden Nation. Und das war nicht irgendein Verein, sondern eine quasi-hoheitliche Unternehmung auf Initiative des demissionierten Reichsfreiherrn Karl vom Stein mit – wenngleich privater – Beteiligung der in Frankfurt ansässigen Gesandten mehrerer Bundesstaaten. Die Gründung der *Wissenschaft des Judentums* verlief also zeitlich analog zur Selbstvergewisserung der umgebenden deutschen Gesellschaft, die ihren Blick historisch ausrichtete, um sich selbst zu definieren, dabei geleitet von einem in Metternichs Wien zu Unrecht kritisch beäugten, nämlich ganz altständisch-restaurativen, romantischen Ideal.[32]

---

[29] Wolf, Über den Begriff (wie Anm. 11), S. 14; vgl. Nahum N. Glatzer, The Beginnings of Modern Jewish Studies, in: Alexander Altmann (Hg.), Studies in Nineteenth-Century Jewish Intellectual History, Cambridge, Mass. 1964, hier S. 36; CélineTrautmann-Waller, Selbstorganisation jüdischer Gelehrsamkeit und die Universität seit der *Wissenschaft des Judentums*, in: Wilfried Barner et al. (Hg.), Jüdische Intellektuelle und die Philologien in Deutschland, 1871–1933, Göttingen 2001, hier S. 79, 82.

[30] Meyer, Von Mendelssohn zu Zunz (wie Anm. 3), S. 193; vgl. auch Christian Wiese, Struggling for Normality (wie Anm. 8), S. 77–101.

[31] Meyer, Von Mendelssohn zu Zunz (wie Anm. 3), S. 207 f.; Stefi Jersch-Wenzel, in: Michael Meyer et al. (Hg.), Deutsch-Jüdische Geschichte der Neuzeit, Bd. 2, München 1996, S. 38–43.

[32] Vgl. Hans-Ulrich Wehler, Deutsche Gesellschaftsgeschichte, Erster Band: Vom Feudalismus des alten Reiches bis zur defensiven Modernisierung der Reformära, 1700–1815, München 1987; S. 399; Horst Fuhrmann, „Sind eben alles Menschen gewesen". Gelehrtenleben im 19. und 20.

Die Gleichzeitigkeit von *Wissenschaft* und *Monumenta* scheint zunächst gar nicht erkannt oder weiter bedacht worden zu sein und ist erst 1913 mit Erscheinen der ersten Bände der *Monumenta Talmudica* einmal angesprochen worden. Von da hat es noch mehr als neunzig Jahre gedauert, bis jüdische *Wissenschaft* und *Monumenta* zusammenfanden: 2005 kam der erste Band der *Monumenta Germaniae Historica. Hebräische Texte aus dem mittelalterlichen Deutschland* zum Erscheinen.[33]

Im Ursprung, für die Jahre der Restauration nach dem Wiener Kongress, des Beginns der romantisch-nationalen Bewegung in Deutschland und wachsender Judenfeindschaft mit Höhepunkt in den „Hep-Hep"-Pogromen von 1819 lassen sich also zwei Konfliktfelder bezeichnen, in denen sich die Wissenschaft des Judentums bewegte: einmal die unausweichliche innerjüdische Konfrontation über den Ort der Tradition und dann die als unerhörter Einbruch verstandene und reflexartig abgewehrte Öffnung der jüdischen Wissenschaft in die nichtjüdische Umwelt hinein. Das bedeutete Gegnerschaft von zwei diametral entgegengesetzten Seiten mit völlig verschiedenen Ausgangspositionen und konträren argumentativen Stoßrichtungen. Die einen befürchteten die Aushöhlung des religiösen Kerns des Judentums und eine Entwertung der Tradition. Die anderen witterten eine neuerliche, umfassendere Begründung der in rechtlich-sozialer Hinsicht gerade abgewehrten Ansprüche der Juden auf Gleichwertigkeit und erklärten sie zum unerhörten Skandal.

Denn es traten diese Juden mit der ausdrücklichen Absicht an, sich der historisch-kritischen Instrumentarien zu bedienen, die ihre Umwelt eben erst bereitgestellt hatte. Nur waren das keinesfalls innerjüdisch approbierte Instrumentarien, und auf der anderen Seite hatten auch die Urheber dieser Instrumentarien keinesfalls die Absicht, diese anderen als sich selbst zur Verfügung zu stellen, schon gar nicht den Juden, die daraus etwas ganz Eigenes kreieren würden: nämlich einen historisch untermauerten, nur als konkurrierend zu verstehenden Anspruch auf Ebenbürtigkeit.[34] Tatsächlich war der Historismus der *Wissenschaft des Judentums* in Gegenstand, Zielen und Ergebnis der romantisch-nationalen, nämlich christlich-deutschen Selbstbesinnung diametral entgegengesetzt. Der Anspruch, auch die jüdischen *Monumenta* in die historische Hinterlassenschaft der *Germania* einzubringen, wurde entsprechend ignoriert oder barsch abgewiesen. Alle Pläne, Lehrstühle für die Wissenschaft des Judentums einzurichten, scheiterten an offen ausgesprochenen wie stillschweigenden Bedenken von Universitäten und Ministerien.[35] Zum sicht-

---

Jahrhundert, dargestellt am Beispiel der Monumenta Germaniae Historica und ihrer Mitarbeiter, München 1996, S. 13–20.

[33] Monumenta Talmudica, hg. Salomon Funk, Bd. 1: Bibel und Babel, Wien/Leipzig 1913; vgl. die Besprechung durch David Feuchtwang, in: MGWJ 59 (1915), hier S. 107; vgl. Hebräische Berichte über die Judenverfolgungen während des Ersten Kreuzzuges, hg. Eva Haverkamp (Monumenta Germaniae Historica – Hebräische Texte aus dem mittelalterlichen Deutschland; 1), Hannover 2005.

[34] Vgl. Schorsch, Das erste Jahrhundert (wie Anm. 9), S. 11–24; ferner Susannah Heschel, Revolt of the Colonized: Abraham Geiger's Wissenschaft des Judentums as a Challenge to Christian Hegemony in the Academy, in: New German Critique 77 (1999), S. 61–85.

[35] Alfred Jospe, The Study of Judaism at German Universities before 1933, in: Year Book of the Leo Baeck-Institute 27 (1982), S. 295–313; Wiese, Wissenschaft des Judentums (wie Anm. 26),

baren Ausdruck der entschieden verteidigten Grenzlinie wurde das geistige Erbe des aschkenasischen Judentums mental ausgelagert und landeten die hebräischen Handschriften nordeuropäischer Provenienz in den Orientabteilungen königlicher und anderer Bibliotheken, wo sie auch heute noch vielfach falsch aufgehoben sind. Im „Berliner Antisemitismusstreit" der Jahre 1879/80, der beim zweiten Hinsehen ein erster deutscher Historikerstreit mit Heinrich Treitschke und Heinrich Graetz als den maßgeblichen Protagonisten war, kam die Unvereinbarkeit der widerstreitenden historischen Ansprüche offen zum Ausbruch. Was Graetz als jüdischen Anteil und Erleben an der europäischen Geschichte zu berichten hatte, hätte, wenn ernst genommen, der national ausgerichteten deutschen Geschichtsschreibung nur einen kaum willkommenen Spiegel vorgehalten.[36]

Selbstbild und Idealbild

Dabei haben Graetz und andere vor und nach ihm nicht einmal den direkten Schlagabtausch gesucht. Sie haben mit Absicht kein Gegen-Walhall errichten wollen, sondern eher einige alhambrische Anklänge ins Bild gebracht, wie sie dann ja auch vielfach im Synagogenbau des 19. Jahrhunderts sichtbar wurden (Abb. 3).[37]

Eduard Gans (1797–1839), der später als Hegels Nachlassverwalter zu Ansehen gelangte, rückte in einer Bittschrift an die Adresse der preußischen Regierung zur Anerkennung der Statuten des *Vereins für Cultur und Wissenschaft der Juden* sich und die anderen Reformwilligen seines Zirkels dezidiert in die vorbildgebende Tradition der spanischen Juden und wollte den Behörden sein Projekt mit dem Hinweis schmackhaft machen, dass diese spanischen Juden moralisch weniger gesunken, reiner in der Sprache, von besserer Ordnung des Gottesdienstes und überhaupt von sicherem Geschmack gewesen seien.[38] Für Isaak Markus Jost, den Begründer der modernen jüdischen Historiographie, „leuchtete" im sechsten Band der seinerzeit bahnbrechenden „Geschichte der Israeliten" 1826 den Juden „der Halbmond wie ein Stern entgegen. Was auch seine Bedeutung seyn mochte, er konnte ihnen nur

---

S. 363 f.; Michael Brenner, Orchideenfach, Modeerscheinung oder ein ganz normales Thema? Zur Vermittlung von Jüdischer Geschichte und Kultur an deutschen Universitäten, in: Eli Bar Chen et al. (Hg.), Jüdische Geschichte – alte Herausforderungen, neue Ansätze, München 2003, S. 13–15.

[36] Karsten Krieger (Bearb.), Der „Berliner Antisemitismusstreit" 1879–1881. Eine Kontroverse um die Zugehörigkeit der deutschen Juden zur Nation. Kommentierte Quellenedition i. A. des Zentrums für Antisemitismusforschung, München 2003; vgl. dazu insb. Paul Mendes-Flohr, Jüdische Identität. Die zwei Seelen der deutschen Juden, München 2004, S. 35–39.

[37] Inventar: Harold Hammer-Schenk, Synagogen in Deutschland. Geschichte einer Baugattung im 19. und 20. Jahrhundert (1780–1933), Hamburg 1981; vgl. ferner Ivan D. Kalmar, Moorish style: Orientalism, the Jews, and Synagogue Architecture, in: Jewish Social Studies 7 (2001), S. 68–100.

[38] Ismar Schorsch, From Text to Context. The Turn to History in Modern Judaism, Hanover 1994, S. 75.

Abb. 3 Die 1873–77 im „maurischen Stil" erbaute Synagoge von Heilbronn, Fotosammlung Stadtarchiv Heilbronn, Aufnahme Karl Rühling

eine günstige Veränderung versprechen."[39] Noch entschiedener in positivem Kontrast zur abendländisch-lateinischen Geschichte, aber unter der Textoberfläche auch mit kaum verborgener Kritik der romantisch-restaurativen politischen Bestrebungen seiner Zeit bietet sich das Islambild des gelehrten Reformers Abraham Geiger (1810–1874) dar: „Der Islam hatte nicht ein Ideal der Vergangenheit, dem er entgegenstrebte, nicht die schwächliche Sehnsucht in sich, bloße Zustände, wie sie ehedem waren, abzuspiegeln, er lebte in der unmittelbaren Gegenwart und suchte diese zu benutzen und zu erfrischen. Diese Gesundheit seines Wesens gab ihm eine reale Macht innerhalb der Weltgeschichte."[40] Und der in Breslau ausgebildete Kul-

---

[39] Isaak Marcus Jost, Die Geschichte der Israeliten seit der Zeit der Maccabäer bis auf unsere Tage nach den Quellen bearbeitet, Bd. 6, Berlin 1826, S. 2; vgl. insg. George Mosse, German Jews Beyond Judaism, Bloomington 1983; Ders., Jewish Emancipation between ‚Bildung' and Respectability, in: Jehuda Reinharz et al. (Hg.), The Jewish Response to German Culture. From the Enlightenment to the Second World War, Hanover 1985, S. 1–16; Meyer, Von Mendelssohn zu Zunz (wie Anm. 3), S. 195–97.

[40] Abraham Geiger, Das Judentum und seine Geschichte in vierunddreissig Vorlesungen [1864/65], Ndr., Breslau 1910, S. 212; vgl. Jacob Lassner, Abraham Geiger. A Nineteenth-Century Jewish Reformer on the Origins of Islam, in: Martin Kramer (Hg.), The Jewish Discovery of Islam; Studies in Honor of Bernard Lewis, Tel Aviv 1999, S. 103–135; Susannah Heschel, Der jüdische Jesus und das Christentum: Abraham Geigers Herausforderung an die christliche Theologie, Ber-

turgeschichtler David Kaufmann (1852–1899) nannte die „Herrschaft der Araber in Spanien" gar „jenen Traum der Weltgeschichte".[41] Dass die Vergangenheit hier in Form von Idealbildern vorgestellt wurde, war vielleicht nicht einmal unbeabsichtigt geschehen und sollte durchaus durchschaut werden. „Traum" konnte ja auch so zu verstehen sein, dass die dazugehörige ‚Wirklichkeit' dazu noch einzulösen und wiederherzustellen sei.

John M. Efron hat die jüdischen Orientvorlieben in Abwandlung des Said'schen Orientalismuskonzepts auf den eigenen „kolonialen Status" der Juden in ihrer mitteleuropäischen Umgebung bei gleichzeitig vorweggenommener post-kolonialer Attitüde der jüdischen Orientwissenschaftler zurückführen wollen.[42] In der Tat hat man im Verlauf der gottesdienstlichen Reformen des 19. Jahrhunderts bereitwillig die Gottesdienstsprache vom weichen aschkenasischen auf den markanten sephardischen Ton umgestellt und auch gerne Texte spanischer Provenienz in die Gebetsordnungen aufgenommen.[43]

Die Geschichte der Juden im muslimischen Spanien lieferte den idealen Fluchtpunkt, um der eigenen Vergangenheit zu entkommen, die man angegriffen wusste und selbst mit Distanz betrachtete. Die vom Historismus bestimmte „Verbürgerlichung" der jüdischen Vergangenheit war darauf angewiesen, sich einen geeigneten Referenzrahmen zu suchen, in dem die wesentlichen Werte und Paradigmen der bürgerlichen Kultur abbildbar waren. Eine pure Leidensgeschichte, die in der traditionellen gottesdienstlichen Praxis obendrein präsent war und zunehmend als störend empfunden wurde, bot sich dafür kaum an, dagegen aber eine distanzierte, abgeschlossene Geschichte, die gerade in solch fortsetzungsloser Abgeschlossenheit auch die nötigen Idealisierungen zuließ.[44]

Der Fluchtpunkt Spanien inspirierte aber nicht nur die liberalen Reformer. Denn es haben ja nicht nur liberale wie Jost und Geiger ihren antiorthodoxen Reformeifer

---

lin 2001; Dies., Abraham Geiger and the Emergence of Jewish Philoislamism, in: Dirk Hartwig (Hg.), „Im vollen Licht der Geschichte" – die Wissenschaft des Judentums und die Anfänge der kritischen Koranforschung, Würzburg 2008, S. 65–85.

[41] D[avi]d K[aufma]nn, Rezension zu Moritz Güdemann, Das jüdische Unterrichtswesen während der spanisch-arabischen Periode, Wien 1873, in: MGWJ 23 (1874), hier S. 87; vgl. Elisabeth Hollender, „Verachtung kann Unwissenheit nicht entschuldigen" - die Verteidigung der Wissenschaft des Judentums gegen die Angriffe Paul de Lagarde's 1884–1887, in: Frankfurter Judaistische Beiträge 30 (2003), S. 169–205; George Y. Kohler, Maimonides and Ethical Monotheism - The Influence of the „Guide of the Perplexed" on German Reform Judaism in the Late Nineteenth and Early Twentieth Century, in: James T. Robbinson (Hg.), The Cultures of Maimonideanism. New Approaches to the History of Jewish Thought, Leiden 2009, S. 309–334.

[42] Edward Saïd, Orientalismus. Dt. Erstausgabe, Frankfurt am Main etc. 1981; vgl. John M. Efron, From Mitteleuropa to the Middle East. Orientalism Through a Jewish Lens, in: Jewish Quarterly Review 94,3 (2004), S. 490–520; ferner Markus Schmitz, Kulturkritik ohne Zentrum. Edward W. Said und die Kontrapunkte kritischer Dekolonisation, Bielefeld 2008.

[43] Schorsch, From Text to Context (wie Anm. 38), S. 71–74; Efron, From Mitteleuropa to the Middle East (wie Anm. 42), S. 491 f.; vgl. auch Aaron W. Hughes, Contextualizing Contexts. Orientalism and Geiger's „Was hat Mohammed aus dem Judenthume aufgenommen?" Reconsidered, in: Dirk Hartwig (Hg.), „Im vollen Licht der Geschichte", S. 87–98.

[44] Hoffmann, Verbürgerlichung (wie Anm. 8), S. 165 f.

in schöne Bilder vom fruchtbaren, freiheitlichen Geist unter dem Halbmondhimmel Spaniens gepackt, sondern auch konservative und orthodoxe Autoren das Bild vom goldenen spanischen Zeitalter mit oft überschwänglichen Formulierungen bedient. Und es war ja nicht der liberale Geiger, sondern der konservative Graetz, der in den Spaniern die Vorläufer des eigenen konservativen Reformmittelwegs erkannte und schrieb: Die spanischen Juden des Mittelalters „liebten ihre Religion mit der ganzen Glut der Begeisterung, wie sie die Bibel vorschreibt und der Talmud einschärft, war ihnen als solche heilig und unverbrüchlich, aber sie waren ebenso weit entfernt von dumpfer Stockgläubigkeit wie von hirnloser Schwärmerei."[45] Und noch nach der Wende zum 20. Jahrhundert, als der kulturprägende Einfluss der historisch ganz eigen legitimierten Amsterdamer und Hamburger Sephardim längst im Schwinden begriffen war, schrieb der in Pleschen/Provinz Posen geborene, orthodoxe Bad Homburger Rabbiner Heymann Kottek (1860–1913): „Unsere Vorfahren stellten zu allen Zeiten und an jedem Ort, wo man sie nicht zurückdrängte, ihr bestes Können in den Dienst des Staates, der ihnen Aufnahme gewährte. Auch in Spanien versagten sie nicht, wo es galt, mit ihrem klugen Rat und ihrer eisernen Tatkraft sich dem Staat zu widmen. Als Räte und als Minister gekrönter Häupter erwiesen sie ihrem Lande unschätzbare Dienste."[46] So viel ist gewiss: Kottek verfügte weder über sephardische Stichwortgeber, noch leiteten ihn spezielle orientalistische Neigungen. Er trug auch kaum etwas Neues zum etablierten positiven Spanienbild bei, aber bereitwillig unterschrieb und transportierte er es in seinem Kreis weiter.

Wissenschaft und Religion, wenngleich zwischen den verschiedenen jüdischen Denominationen unterschiedlich gewichtet, fügten sich zu einer Vergangenheit und Gegenwart verbindenden Kontinuität zusammen. Der Berliner Rabbiner Simon Bernfeld (1860–1940), der sich als Sammler und Bearbeiter religiöser Dichtung des Mittelalters einen Namen gemacht hatte, bediente sich vermutlich ganz bewusst religiös konnotierter Termini und sprach mit Blick auf Spanien von der „erlösende[n] Kraft der Wissenschaft als ein unerschöpflicher, nie versiegender Quell".[47] Denkt man diesen Satz zu Ende, dann scheint es, als habe das 1492 an sein Ende gebrachte ideale spanische Vorbild die Remedur für die Provokationen der eigenen Gegenwart bereiten sollen. Bernfelds Diktion bewegt sich zugleich – diesmal wohl unbeabsichtigt, aber darum nicht minder bezeichnend – in brisanter Nähe zur Semantik von Richard Wagners Erlösungsantisemitismus, die auf ihre, radikale Weise in der Aufforderung zur Selbstaufgabe des Judentums gipfelte.[48] Dass all diesen Anstrengungen kaum Erfolg beschieden war, verdeutlicht das böse Wort des sonst

---

[45] Graetz, Geschichte (wie Anm. 16), Bd. 5, S. 371.

[46] Heymann Kottek, Geschichte der Juden, Frankfurt am Main 1915, S. 179.

[47] Michael Sachs, Die religiöse Poesie der Juden in Spanien [1845]. Zum zweiten Male mit biogr. Einl. und erg. Anmerkungen hg. von S. Bernfeld, Berlin 1901, S. 184; zur Person vgl. Schorsch, From Text to Context (wie Anm. 38), S. 83 f.; Margit Schad, Rabbiner Michael Sachs: Judentum als höhere Lebensanschauung (Netiva 7). Hildesheim etc. 2007, S. 349–352, 362–372.

[48] Jens Malte Fischer, Richard Wagners ‚Das Judentum in der Musik' – Eine kritische Dokumentation als Beitrag zur Geschichte des Antisemitismus, Frankfurt am Main 2000, S. 173.

doch so aufgeschlossenen Theodor Mommsen über die „talmudische Geschichts-
schreiberei" des Heinrich Graetz.[49]

Die Spanienvorliebe der Protagonisten der *Wissenschaft des Judentums* war ein
Selbstbetrug vermittels Wissenschaft. Weder war das ideale Selbstbild stimmig,
noch wurde es auf Seiten der stillschweigenden Adressaten honoriert. Es ist auch
in seiner Zeit bereits kritisch beäugt worden, früh schon durch Heinrich Heine, der,
konvertiert und ob seiner Konversion mit sich selbst hadernd, dem stolzen Don
Isaak des *Rabbi von Bacharach* nur den dekadenten Teil des eigenen, zerrissenen
Ich einschrieb. Gemeint ist jene Szene, wo der dem Pogrom gerade noch entkom-
mene Rabbi Abraham bei seiner Ankunft in der Frankfurter Judengasse auf den
stolzen „spanischen Ritter" trifft, der seinen Auftritt mit Charme, Bildung und Welt-
gewandtheit inszeniert und den frommen Glaubensgenossen doch nur mit Spott
überzieht: „Ich liebe Eure Küche weit mehr als Euren Glauben. Selbst in Euren besten Zeiten [...] hätte ich es nicht unter Euch aushalten können, und ich wäre gewiß
eines frühen Morgens aus der Burg Sion entsprungen und nach Phönizien emigriert,
oder nach Babylon, wo die Lebenslust schäumte im Tempel der Götter." Dieser
Spanier war dann für den gläubigen Abraham auch kein Jude mehr („Du lästerst,
Isaak, den einzigen Gott [...] du bist weit schlimmer als ein Christ, du bist ein Heide, ein Götzendiener"), und zur Vervollständigung des Bildes höchster Indifferenz
lässt Heine den Spanier prompt entgegnen: „Ja, ich bin ein Heide, und ebenso zuwider wie die dürren Hebräer sind mir die trüben, qualsüchtigen Nazarener."[50] Heine,
der die Vorarbeiten zu seiner Geschichtsnovelle einmal ganz wissenschaftlich im
Archiv begonnen hatte, gestand mit der Unversöhnlichkeit seiner Protagonisten,
die er mit den archetypischen Namen Abraham und Isaak versah, in dieser wohl ab-
sichtsvoll Fragment gebliebenen Novelle die Unfähigkeit zur Gewinnung eines mit
sich selbst versöhnten Selbstbildes ein.

Anders Rudolf Mosse, der den Speisesaal seines Berliner Hauses ausgerechnet
durch den wilhelminischen Hofmaler Anton von Werner 1899 mit dem heute nur
noch als Vorzeichnung erhaltenen Bild *Gastmahl im Hause Mosse* versehen ließ. In
einer von Veronese inspirierten Mahlszene sitzt der Hausherr christusgleich inmitten seiner jüdischen und christlichen Freunde, das alles im Ornat des 17. Jahrhunderts vor historischen Kulissen, in denen sich die Renaissance und das noch fernere
Mittelalter mischen. Fasst will man sich beim Betrachten in eine zeitgenössische
Meistersinger-Inszenierung versetzt sehen, jedenfalls aber vor dem trotzig auf-
trumpfenden Versuch wiederfinden, sich selbst mit einer Geschichte zu umgeben,
deren Akteure die eigenen Vorfahren allenfalls geduldet, aber kaum an ihrem eigenen Tisch zugelassen hatten. Wer wollte, konnte die Szene dann auch jüdische lesen
und in dem erhobenen Trinkkelch einen Kiddush-Becher erkennen[51] – im Gesamten

---

[49] Mommsen, Auch ein Wort über unser Judentum, zit. nach Krieger, Der „Berliner Antisemitismusstreit" (wie Anm. 36), Bd. 2, S. 695–709.

[50] Heinrich Heine, Der Rabbi von Bacharach, in: Heines Werke, hg. Erwin Kalischer et al., Bd. 6,
Berlin, o.J., S. 70; vgl. Schorsch, From Text to Context (wie Anm. 38), S. 80 f.

[51] Vgl. Elisabeth Kraus, Die Familie Mosse. Deutsch-jüdisches Bürgertum im 19. und 20. Jahrhundert, München 1999, S. 477 f.

Abb. 4 Anton von Werner, Das Gastmahl der Familie Mosse, 1899, als Entwurf für das Wandbild im Speisesaal der Villa Mosse am Leipziger Platz in Berlin, 1945 zerstört; © Jüdisches Museum Berlin, Ankauf aus Mitteln der Stiftung Deutsche Klassenlotterie Berlin, Photo Jens Ziehe

also den idealen Ausdruck jüdischer Subkultur im Deutschland der Kaiserzeit, die uneingeschränkt deutsch und doch bewusst jüdisch zugleich war. (Abb. 4)[52]

Der Dekor des Berliner Mosse-Hauses kreiste 1899 noch immer um die Fragen, die die Begründer der Wissenschaft des Judentums achtzig Jahre zuvor umgetrieben hatte. Immerhin, Rudolf Mosse hatte, auch von den zwischenzeitlichen Erträgen der Wissenschaft zehrend, darin einen Platz gefunden, der die eigene Herkunft einschloss, nicht ahnend, dass diese Selbstinszenierung wenige Jahrzehnte zerstört werden sollte.

Die knappe Übersicht über die historischen Bedingungen der *Wissenschaft des Judentums* hat noch etwas gezeigt: den Abstand zwischen gestern und heute. Natürlich sind auch heute ideologisch-gesellschaftliche fachliche Voraussetzungen der Disziplin und ihrer Teilfächer augenfällig, die sich nach einzelnen Ländern – man denke nur an Israel, Deutschland oder die U.S.A. – ganz verschieden darbieten. Die *Jüdischen Studien* als Teil des neuen ethnischen Selbstbewusstseins in den U.S.A.[53] haben sich notwendigerweise von den vorsichtig tastenden Zugängen zu einem neuen, auf das wesentliche beschränkten Zugang der Judaistik im Nachkriegsdeutschland auf der einen und von der (so nie eingelösten Erwartung einer) staatstragenden Rolle der *madaei ha-jehadut* in Israel unterschieden. Die Selbst- und Menschenbild begründende Bedeutung der *Wissenschaft des Judentums* und ihre Inanspruchnah-

---

[52] Der Begriff nach David Sorkin, The Transformation of German Jewry, 1780–1840, New York etc.; vgl. Simone Lässig, Jüdische Wege ins Bürgertum. Kulturelles Kapital und sozialer Aufstieg im 19. Jahrhundert, Göttingen 2004, S. 22 ff.

[53] Vgl. Frederick E. Greenspahn, Have we arrived? The Case of Jewish Studies in U.S. Universities, in: Midstream 52.5 (2006), S. 16–19.

me für religiöse und ideologische Bedürfnisse ist dahin, zumindest was die Selbst-
verständnisse der Akteure anbelangt. Stattdessen bewegt sich die Disziplin in einem
amorphen Terrain unterschiedlicher Interessenten und Interessen, mit multiplen An-
knüpfungsmöglichkeiten. Vor allem sah sie sich in den vergangenen Jahrzehnten
einer raschen Abfolge von Wechseln in der Art solcher Voraussetzungen und Anfragen ausgesetzt.

Die spezifisch deutsche, streng philologisch ausgerichtete akademische *Judaistik* der Nachkriegszeit, die sich seit den frühen 1960er Jahren sukzessive etablierte[54], war eine merkwürdig paradoxe Antwort auf die Zerstörung des deutschen
Judentums in den Jahren 1933–1945: endlich akademisch etabliert, aber als strikt
textorientierte Wissenschaft vom Judentum ohne ausdrücklichen Religions- und
Gemeindebezug.[55] Sie war sich ihrer aus der Katastrophe des deutschen Judentums folgenden Voraussetzungen stets bewusst[56], hat aber die Ursache ihrer Entstehung anderen Disziplinen, anfänglich der Soziologie und danach immer stärker
den Geschichtswissenschaften, überlassen.[57] Michael Brenner und Stefan Rohrbacher haben diese Paradoxie mit Blick auf den Bruch, den die Jahre 1933 bis 1945
zwischen Wissenschaft des Judentums, Judaistik und Jüdischen Studien bedeuten,
damit beschrieben, dass es „nach dem Holocaust wohl nur noch um Annäherungen
an diese Tradition [der WdJ] gehen kann."[58] Soll mehr wirklich nicht möglich und
angemessen sein?

Die Hochschule für Jüdische Studien Heidelberg ist einer der Orte, die über
eine Annäherung hinauslangen will. Sie sollte gemäß ihrem Gründungsauftrag im
Unterschied zur universitären Judaistik eigentlich vor allem breit geschultes Ge-
meindepersonal hervorbringen. Sie hat aber von Anbeginn an und in den dreißig
Jahren ihrer Existenz eine ganz eigene Anziehung und Dynamik entwickelt. Geholfen hat ihr neben der fortschreitenden gesellschaftlichen Sensibilisierung für die
Anfragen der jüngsten Vergangenheit dabei auch die Neuausrichtung des Fachfel-
des, mit der Entstehung der breiter angelegten *Jewish Studies*, die in den siebziger
Jahren von den USA ihren Ausgang nahmen. Während sich andere mit diesem Paradigmenwechsel schwer taten und bis zuletzt um das Verhältnis von *Judaistik und*

---

[54] Michael Brocke, ‚Judaistik' Between ‚Wissenschaft' and ‚Jüdische Studien' – Jewish Studies
in Post WWII Germany, in: Albert van der Heide et al. (Hg.), Jewish Studies and the European
Academic World (Collection de la REJ; 37), Paris 2005, S. 51–74.

[55] Anklänge schon bei Ismar Elbogen, Ein Jahrhundert Wissenschaft des Judentums, Berlin 1922,
S. 41.

[56] Karl E. Grözinger, „Jüdische Studien" oder „Judaistik" in Deutschland. Aufgaben und Strukturen eines „Faches", in: Brenner et al. (Hg), Wissenschaft vom Judentum (wie Anm. 9), S. 71 f.;
ferner Peter Schäfer, Judaistik – jüdische Wissenschaft in Deutschland heute. Historische Identität
und Nationalität, in: Saeculum 42 (1991), hier S. 199, 211, 216.

[57] Werner Bergmann, Stark im Auftakt – schwach im Abgang. Antisemitismusforschung in den
Sozialwissenschaften, in: Ders. et al. (Hg.), Antisemitismusforschung in den Wissenschaften, Berlin 2004, S. 219–239; Reinhard Rürup, Der moderne Antisemitismus und die Entwicklung der
historischen Antisemitismusforschung, in: ebd., S. 117–135.

[58] Michael Brenner, Stefan Rohrbacher, Vorwort, in: Michael Brenner et al. (Hg) Wissenschaft
vom Judentum (wie Anm. 9), S. 8 (Hervorhebung im Original).

Jüdischen Studien sowie um die Berechtigung letzterer gestritten wurde, konnte die Heidelberger Hochschule diesen Impuls leichter aufnehmen und ausgestalten: sie fügte sich fachlich in das (eingedenk Zunz' Programm tatsächlich gar nicht so) neue, jetzt international approbierte Konzept multipler fachlicher Ableitungen der Disziplin, und sie zog in großer Zahl auch nichtjüdische Studierende an, die ganz eigene Umsetzung und Anwendungen der Jüdischen Studien vornahmen. Auch und besonders sie haben die Wissenschaft des Judentums am Ende in das kulturelle Selbstbild Europas einzuhegen geholfen, wenn sie heute in Museen, Archiven, im Kulturbereich von Kommunen oder Stiftungen und anderswo arbeiten. Der alte Traum ist – trotz oder gerade in Konsequenz der Schoah – auf grausam-paradoxe Weise eingelöst worden.

Damit ist aber kein Kreis geschlossen. Obendrein sind den *Jüdischen Studien* als hybrider Disziplin in der Summe unterschiedlicher Fächer zwischenzeitlich neue Perspektiven zugewachsen. Als paradigmatische Erfahrungswissenschaft zu Geschichte und Kultur der Minderheit ist es ihr auch aufgegeben, in den sich religiös und kulturell ausdifferenzierenden Gesellschaften Europas Orientierung zu bieten und einen Beitrag zu Bezeichnung und Vermittlung von Selbstverständnissen und Menschenbildern zu leisten.[59]

---

[59] Vgl. Johannes Heil, Jüdische Studien als Disziplin, in: Ders./Daniel Krochmalnik (Hg.), Jüdische Studien als Disziplin – die Disziplinen der Jüdischen Studien. Festschrift der Hochschule für Jüdische Studien Heidelberg 1979–2009 (= Schriften der Hochschule für Jüdische Studien Heidelberg; 13), Heidelberg 2010, hier S. 13–22.

Sachverzeichnis

A

Abhängigkeit im Alter, 222
Abschreckungstheorie, 291
Ackerbau, 56
Aischylos, 136
    Perser-Tragödie, 137
Akteur-Netzwerk-Theorie, 5
Allen Brain Atlas, 273
Alter, 205
    Abhängigkeit und Angewiesenheit, 222
    Coram-Struktur, 219
    differenziertes Menschenbild, 215
    Entwicklungsmöglichkeiten, 224
    Metamorphosen, 218
    neuer gesellschaftlicher Entwurf, 215
    Sexualität, 211
    verändertes Verständnis, 220
Altersbild, 215
    kollektives, 216
Altersforschung, 208
Alterspotenziale
    theoretisch-konzeptionellen Analyse, 218
Altes Testament, 118, 130
Anomietheorie, 283
Anthropologie
    alttestamentliche, 115
    christliche, 68
    historische, 118
    manichäische, 82
    personale, 324
    philosophische, 129
    platonische, 81
Anthroponym, 106
Anthropozän, 254
Apokryphon des Johannes, 75, 81
Aquakultur, 252
Arbeitsmarkt, 318
Aristoteles, 72, 80

Askese, 76
Athletik, 29
Atomismus, 268
Auferstehungsglaube, 51
Ausdruckscharakter, 189
Ausschweifung, 87
Außenseele, 50
Australopithecine, 245, 246
Autobiographie, 86, 100
    der Renaissance, 91
    humanistische, 89

B

Barbarentum, 40
Benchmark, 318
Berliner Antisemitismusstreit, 364
Bestimmtheitslücken der Zukunft, 347
Beziehung, homoerotische, 30
Beziehungsglaube, 51
Biblia Hebraica, 115
Biblische Epoche, 117
Bilateria, 244
Bioethik, 325
Biologie, 242, 261
Biosphäre, 258
Blue Brain Project, 269, 272
Blues-Harmonik, 194
Bürgerlichkeit, moderne, 312
Bürgertum, 312
Bürokratie, 320

C

Cardano, Girolamo, 94
Cellini, Benvenuto, 91
Chronikbücher, 120
Cladogenese, 243
Code, neuronaler, 274
Conditio humana, 135, 139

M. Hilgert, M. Wink (Hrsg.), *Menschen-Bilder,*
DOI 10.1007/978-3-642-16361-6, © Springer-Verlag Berlin Heidelberg 2012

D

Dadaismus, 195
Dante, 87
Darstellung des Humanen, 4, 105, 113
Demokratie, 196
    griechische, 38, 138
Demutsformel, 94
Denken, idiographisches, 230
Despotie, persische, 138
Determinismus nach Naturgesetzen, 342
Deutsche Klassik, 129
Diogenes, 72
Dionysostheater, 138
Discourse of Eunuchs
    in Power, 156
    out of Power, 168
Disziplin, athletische, 29
Domestikation, 249
Dreiklangsharmonik, 194
Dualismus von Geist und Fleisch, 58

E

Ehrenstatue, 44
Ekdysia, 30
Embodied mind, 274
Embryologie, antike, 79
Embryonalentwicklung, 72
Emergenz, 268
Empowering Impotence, 174
Endosymbionten-Theorie, 243
Endymatia, 30
Entgrenzung von Arbeit, 318
Entwicklungspsychologie, 229
Entwicklungstheorie, 224
Ephebie, 29
Ereignisontologie, 329
Erster Weltkrieg, 196
Ethik, 323
Eucyten (Zellen), 243
Eudaimonia, 221
Eunomie, 219
Eunuch-Bashing, 155
Eunuchen, 149
Evolution, 243, 244
Evolutionsbiologie, 242
Evolutionstheorie, 241
Existenzphilosophie, 130, 131, 198
Exkursionsseele, 50

F

Fehlfarbenbilder der Hirnaktivität, 266
Flexibilität, kathektische, 224
Fortuna, 91
Fossilgeschichte des Menschen, 244

Frauenbild in der griechischen Antike, 33
Freiheit, 341
    des Willens, 337
Freiheitsaspekt
    elektoraler, 341
    kosmologischer, 342
    praktischer, 341
Freiheitstheorie des Zeitpfeils, 337, 343
Frömmigkeitsregel, 53

G

Geburt, sanfte, 234
Gedenkstatue, 44
Gehirn-Geist-Problem, 273
Gemeinwohl, 219
Geschichte, jüdische, 357
Gesellschaft, moderne, 309
Gestaltlosigkeit, 74
Gesundheit, 229
Gesundheitsbegriff, 234
Gliedervergottung, 14
Gnostizismus, 68
Grabstatue (Kouroi), 32
Griechen-Barbaren-Dichotomie, 144
Gymnasien, 30

H

Habsucht, 87
Handeln, eigenverantwortliches, 91
Hebräische Bibel, 128
Heiliger Geist, 63
Heilkunde, ärztliche, 229
Heilung, 229
Hellenismus, 35
Hep-Hep-Pogrome, 363
Herodot, 143
    Historien, 143
Herrschaftssymbol, 23
Hetäre, 31, 34
Hirnareale, 266
Hirnerkrankung, 261
Hirnforschung, 261
    Funktionalismus, 273
    Trend zur Industrialisierung, 271
Historiographie
    in China, 149
    jüdische, 364
Historische Theologie, 67
Hochmut, 87
Homer, 140
Homo religiosus, 118
Homo sapiens, 241
    Entwicklung der Gattung, 247
Houhanshu, 157

Human Genome Project, 271
Human Resource, 314
Humankapitaltheorie, 318

I

Identitätsbildung, bürgerliche, 313
Ikonographie, 136
Ilias, 140
Individualdistanz, 256
Individualisierung, 90
Individualität, 311
Individualporträt, griechisches, 43
Informationsverarbeitung, 273
Irenäus, 78

J

Jagd, 30
Jazzoper,
Jeune France, 201
Johannesevangelium, 53
Judaistik der Nachkriegszeit, 370
Judentum, 351
Jugenddelinquenz, 286, 287
Jüngstes Gericht, 65

K

Kapitalismus, 320
Karriere, 316
Karrieresystem, 319
Kastration, 158
Keilschrifttafel, 105
Kinderheilkunde, 231
Kollegen-Effekt, 258
Konditionieren, 283
Konditionierung, gesellschaftliche, 311
Konfuzius, 157, 174
König David, 119–127
    fünf Bücher Davids, 126
Kore, 35
Körper
    als Gesamtheit, 25
    als kultureller Faktor, 28
    als Leitmotiv der Lebenskultur, 27
    erotisch-athletischer, 29
    männlicher, 28
    nackter, 27
    polykletischer, 46
Körpergefäß, 14
Körperkonzept, 14
Körperlosigkeit, 74
Körpersprache, 35
Körperteillisten, ägyptische, 13
Kriminalitätsbelastungsziffer, 301

Kriminalitätstheorie
    neoklassische, 282
    ökonomische, 282
    situative, 284
    tiefenpsychologische, 285
Kriminalitätsursache, 283
Kriminalstatistik des FBI, 293
Kriminologie, 281
    ohne Täter, 284
Kult, 56
Kultur
    altägyptische, 13
    des Sterbens, 235
    des unmittelbaren Handelns, 45
Kunst- und Musiktherapie, 231
Kunst, altgriechische, 27
    Handwerker, 36
    Sklaven, 36
Kunsttheorie Polyklets, 45

L

Lebensbeichte, 87
Lebensfunke, 72, 76, 81
Lebensgestaltung, 234
Lebensimpuls, 216
Lebensklugheit, 95, 96
Lebenskunst, 230, 233
Lehrmythen, 69
    gnostische, 70
    christlich-gnostischer, 80
    der Valentinianer, 77
Leib Christi, 61, 64
Leistungsideologie, 317
Lernen am Modell, 283
Lerntheorie, 283
Liebesgebot, 53
Liebeslieder, neuägyptische, 18
Listenwissen, 13

M

Makroevolution, 243
Mann, Thomas, 207–209
Maskenspiel, 88
Material-culture-Forschung, 5
Matthäusevangelium, 52
Mensch
    als Geschöpf Gottes, 128
    als Person, 311
    als Unternehmer, 318
    hylischer, 77
    innerer, 49, 58
    moderner, 253
Mensch-Tier-Unterscheidung, 80

Menschenbild
    ägyptischer Körperteillisten, 13
    autodynamisches, 52, 55, 64
    bei Paulus, 54, 57
        tiefendynamische Aspekte, 61
        transformative Aspekte, 57
    biblisches, 127
    christliches, 115
    der Heilkunde, 229
    ethisches, 52
    ganzheitliches, 56
    heterodynamisches, 53
    in der Kriminologie, 281
    multiperspektivisches, 115
    onomastisches, 105
    privates, 89
    soteriologisches, 52
    tiefendynamisches, 50, 54, 61, 65
    transformationsdynamisches, 50, 54
    transformatives, 57, 64
        der Bibel, 49
Menschenklassendeterminismus, 82
Menschenklassenlehre, 75, 81
Metaphysik, 339
Mikroevolution, 243
Militia Christi, 56
Ming History, 151
Modell, nomothetisches, 230
Monolatrie, 51
Monotheismus, 51
Monumenta Talmudica, 363
Moral, öffentliche, 326
Motivation, 255
Mumifizierung, 17
Musikerleben, 238
Mythos
    des Ptolemäus, 78
    doktrinaler, 69
    manichäischer, 82

N
Nacktheit, 31, 42
    idealisierende, 42
Nationalsozialismus, 197, 199
Naturdeterminismus, 342, 343, 345
Naturgesetze, 343
Natürlichkeit, biologische, 56
Naturobjekt, 18
Naturzeit, 345
Neandertaler, 249
Neokortex, 269
    Modellierung, 269
Neuer Mensch, 181

Neurobiologie, 267
    kognitive, 262
Neuroenhancement, 262
Neurotransmitter, 274
Neurowissenschaft
    Aufwärtskausalität, 266
    kognitive, 263
    molekulare, 267
    Reduktionismus, 265
    systemtheoretische Ansätze, 265
Nominalismus, 329
Nutztierzucht, 251

O
Oberschicht, 38
Offenheit, 225
Olympia, 27, 30
Onomastikon, 110
Ontogenese des Gehirns, 263
Ontologie, 326
Operette, 186
Opernwelt, 184
Oppenheim, Moritz Daniel, 351
Orakel von Delphi, 88
Ordnung
    des Lebens, 223
    des Todes, 223
Organisationen, 316, 317
Orientalism, 135
Orientalistik, 361
Osiris, 16, 21

P
Paläoanthropologie, 244
Palliation, 217
Papyrus Ebers, 13
Person
    als Adressat von Handlungen, 331
    als moralisches Agens, 333
    bürgerliche, 313
    Definition, 311
    in der Ethik, 323
    juristische, 312
    kognitive Fähigkeiten, 325
    Lomasky-Kriterien, 324
    Moral, 326
    moralischer Status, 331
    Semantik, 324
Personal
    Definition, 314
    der modernen Gesellschaft, 309
    Semantik, 314
Personalentwicklung, 315

Personalpolitik, 318
Personennamen
    altorientalische, 111
    Kompendium, 109
Personenverständnis in der Soziologie, 311
Persönlichkeit, 319
Persönlichkeitsentwicklung, 232, 315
Persönlichkeitsstörung, dissoziale, 286
Personzentrum, 51
Petrarca, 86
Pfeil der Zeit, 337
Plato, 80
Polis, 27, 219
Polyklet, 45
Porträt, individuelles, 43
Positivismus, kriminalsoziologische Richtung,
    283
Pragmatismus, 340
Prägung, 256
    durch gesellschaftliche Zusammenhänge,
    310
Primat, 245
Prinzip, hermeneutisches, 86
Protocyten, 243
Psalmen, 125
Psychoanalyse, 62
Psychophysik, 81
Ptolemäus, 79
Pyramidentexte, 15

Q
Qualifikation, 317
Quantenphysik, 346

R
Rabbiner-Bibel, 358
Rangordnung, 257
Raum, öffentlicher, 220
Realismus
    konzeptueller, 43
    metaphysischer, 339
Realität, 4
Reflexionsebene
    epistemologisch-methodologische, 3
    inhaltliche, 3
    sozialhistorische, 3
    weltanschauliche, 3
Rehabilitation, 217, 222

S
Salutogenese, 230
Samuelbücher, 119
Sargtext, 17
Saturninus, 69, 70, 75
Schicksalsgöttinnen, 87

Schlachtfeld, 31
Schlüsselreiz, 255
Schöpfung, protologische, 78
Schöpfungsbericht, 57
Schreib- und Gelehrtenausbildung,
    altbabylonische, 108
Seelenfunken, 73
Seelensubstanz, 77
Selbst
    dissoziatives, 50
    im Rückblick, 86
    zentriertes, 50
Selbstaktualisierung, 216
Selbständigkeit, 313
Selbstporträt, 85
Selbstrationalisierung, 319
Selbstverantwortlichkeit, 313
Signalverarbeitung, 274
Sophia Achamoth, 77
Sozialparänese, 53
Sozialstruktur, 309
Sozialwissenschaft, 281
Soziobiologie, 67
Soziologie, 309
    Personenverständnis, 311
Sparta, 28
Spätstil der Künstler, 209
Speziesismus, 328
Sprachspiel, 275
Staats- oder Eunomnia-Elegie, 219
Stammbaum des Lebens, 243
Sterbebegleitung, 236
Sterbeprozess, 236
Streben nach Glück, 236
Substanz, ungeformte, 79
Sündenkatalog, 88

T
Täterpersönlichkeit, 287
Tempel von Esna, 23
Territorialverhalten, 256
Theologie
    häretische, 69
    historische, 67
Todesstrafe, 291
    Abschreckungswirkung, 291
        Forschungsstand, 293
        Metaanalysen, 295
        Rational-Choice-Ansatz, 303
    empirische Studien, 292
        deskriptive Ergebnisse, 298
        Effektschätzungen, 296
        forschungs- und publikationsspezifische
            Kriterien, 302
Totenseele, 50

Transboundary bodies, 149
Transformationsdynamik, 58
Trinkgelage, 31

U
Unbewusstes, 61, 62
Universitas, 5
Unsterblichkeit der Seele, 51
Unvergängliches, 16
Urchristentum, 49, 54
Uruk-Warka-Sammlung, 105

V
Vasenmalerei, 30
Verantwortungsethik, 219
Verbotene Stadt, 151, 152
Verkörperter Geist, 274
Verleugnung des Todes, 237
Vernunft, 58, 64
Vorsehung, göttliche, 93

W
Wahrheitsaspekt, phänomenaler, 340
Wahrnehmung, 342
Weiblichkeit, 33
Weimarer Republik, 181, 197
Weishu, 160
Weiße-Kragen-Kriminalität, 286
Weltschöpferengel, 73
Weltsicht, apokalyptische, 65
Willensautonomie, 341
Wirklichkeit, 4
    phänomenale, 4
Wissenschaft des Judentums, 351

Z
Zeitgerade, 344
Zeitoper, 182
Zeitroman, 196
Zellen (Eucyten), 243

Printing: Ten Brink, Meppel, The Netherlands
Binding: Stürtz, Würzburg, Germany